Lodovico Cateni
Roberto Fortini
Claudio Bernardi

NUOVA GEOMETRIA

per il liceo classico e il liceo artistico

NUOVA EDIZIONE

a cura di Claudio Bernardi

2

LE MONNIER

Alla revisione degli esercizi hanno collaborato Andrea Cossio, Elisa Masiello, Marcella Spezza, Viviana Tarantino, Paola Turbanti.

Redazione e impaginazione: Ediprint Service, Città di Castello (PG).

Il Sistema Qualità di Mondadori Education S.p.A. è certificato da **BVQI** secondo la **Norma UNI EN ISO 9001:2000** (Vision 2000) per le attività di: **progettazione, realizzazione e commercializzazione di testi scolastici e universitari, dizionari e supporti.**

Ristampa:

14 13 12 11 10 2009 2010 2011 2012 2013

La Tipografica Varese

GEOMETRIA DEL PIANO

Capitolo XII

LA MISURA DELLE GRANDEZZE. LA GEOMETRIA ANALITICA.

Classi di grandezze.

1 Nel capitolo II abbiamo studiato che, dati due *segmenti* qualunque **a** e **b**, siamo sempre in grado di *confrontarli* (cioè di stabilire se **a** > **b**, oppure **a** = **b**, oppure **a** < **b**) e di *sommarli* (cioè di costruire il segmento che abbiamo indicato con la scrittura **a** + **b**).

Più precisamente, nell'insieme **S** di *tutti* i segmenti abbiamo definito la *relazione binaria* «≤» (1) che gode delle seguenti proprietà.

Qualunque siano **a**, **b**, **c** ∈ **S**:

1) **a** ≤ **a** (*la relazione è* **riflessiva**);
2) (**a** ≤ **b** *e* **b** ≤ **c**) ⇒ (**a** ≤ **c**) (*la relazione è* **transitiva**);
3) *una almeno delle due situazioni* **a** ≤ **b** *e* **b** ≤ **a** *si verifica.*

È chiaro che le due situazioni citate nella proprietà 3 (**a** ≤ **b** e **b** ≤ **a**) si verificano simultaneamente se esiste un movimento rigido che porta uno dei segmenti **a, b** a coincidere con l'altro. Ove ciò accada si preferisce, nel nostro contesto, non usare la scrittura «**a** = **b**», che conviene adoperare solo nel caso in cui **a** e **b** sono lo stesso segmento. Al suo posto si adotta la scrittura «**a** ≡ **b**», che si legge **a** è *equivalente* a **b**.

Nell'insieme **S** è inoltre definita l'operazione «+» che gode delle proprietà seguenti.

---

(1) Ricordiamo che

una **relazione binaria** *associa fra loro coppie di elementi di un dato insieme*; ad esempio, nell'insieme delle rette del piano è definita la relazione «*r* è parallela ad *s*» che, come è noto, gode delle proprietà riflessiva, simmetrica e transitiva, mentre la relazione «*r* è perpendicolare ad *s*» gode soltanto della proprietà simmetrica;

una **operazione** (binaria) *associa ad ogni coppia* (a; b) *di elementi di un dato insieme uno ed un solo elemento* c *di questo.*

Qualunque siano **a**, **b**, **c** $\in$ **S**:

4) **a + b ≡ b + a** (*l'operazione + è* **commutativa**);

5) **a + (b + c) ≡ (a + b) + c** (*l'operazione + è* **associativa**);

6) **(a ≤ b** *e* **c ≤ d)** $\Rightarrow$ **(a + c ≤ b + d)** (*la relazione ≤ e l'operazione + sono* **compatibili**).

2 DEFINIZIONE. *Si dice* **classe completa** (*o* **classe chiusa**) ([2]) *ogni insieme* **J** *nel quale siano definite una relazione binaria «≤» ed una operazione «+» che godano delle sei proprietà di cui al n. precedente (con la precisazione che la scrittura* «**x ≡ y**» *sta ancora a significare* «**x ≤ y** ed **y ≤ x**»).

Un esempio di classe completa è costituito dall'insieme di *tutte le superfici piane* (oppure dall'insieme di *tutti i poligoni*). Per questa classe la scrittura «$a \leq b$» va intesa nel senso che l'estensione di a è minore od uguale all'estensione di b, mentre la scrittura «$a \equiv b$» sta a significare che le due superfici a e b sono *equivalenti*.

L'insieme di *tutti gli angoli* costituisce una classe completa solo se si accettano anche gli angoli maggiori di un angolo giro (il che, a rigore, non è molto corretto); in caso contrario, infatti, non sempre esisterebbe la somma di due angoli (ad esempio di due angoli concavi).

È facile convincersi che la relazione binaria «≡» fra elementi di una classe completa gode delle proprietà riflessiva, simmetrica e transitiva (il che viene espresso dicendo che si tratta di una «relazione di equivalenza»). Nel seguito non faremo alcuna differenza fra due elementi *equivalenti* di una classe completa; nel senso che, in pratica, identificheremo un elemento con tutti quelli equivalenti ad esso.

In ogni classe completa risulta definita anche la relazione binaria «<». Infatti si ha $A < B$ quando è $A \leq B$ con *A non equivalente* a *B*.

Si dimostra che dalle sei proprietà citate discendono le usuali proprietà di cui godono la relazione ≤ e l'operazione + nell'insieme dei numeri razionali positivi.

3 DEFINIZIONI. *Gli elementi di ogni classe completa si chiamano* **grandezze**. *Due grandezze appartenenti ad una stessa classe completa si dicono* **omogenee**. *Si dice* **classe di grandezze** (*o, semplicemente,* **classe**) *ogni sottoinsieme di una classe completa.*

Ad esempio, formano altrettante classi i segmenti minori di un segmento dato, i poligoni regolari inscritti in un dato cerchio, gli angoli acuti, ecc.

Si noti che esistono classi nelle quali l'operazione «+» non sempre dà un risultato; così la somma di due angoli acuti non è necessariamente un angolo acuto. Per cui molte *classi* non sono *classi complete*.

([2]) NOTA PER L'INSEGNANTE. - Abbiamo introdotto il termine *classe completa* o *chiusa* per mettere in evidenza il fatto che l'operazione «+» dà sempre un risultato che appartiene alla stessa classe. Invece, parlando semplicemente di classe (classi separate, classi contigue, ...) non richiediamo la chiusura rispetto all'operazione «+». L'aggettivo *completa* può forse sembrare ambiguo perché richiama la completezza dei numeri reali; comunque, i principali esempi di classi complete che considereremo nel seguito soddisfano al postulato della continuità (n. 7).

Per quanto riguarda il successivo esempio della classe dei poligoni, precisiamo che la relazione «$a \leq$ b» si può definire rigorosamente così: «a è equiscomponibile con un poligono contenuto in b».

4 Nei capitoli II e III abbiamo introdotto, per i segmenti e per gli angoli, i concetti di **multiplo** e **sottomultiplo**. Le corrispondenti definizioni si estendono a tutte le altre grandezze. Per cui diremo che una *grandezza B* è *multipla* di una *grandezza A* secondo il *numero* (naturale non nullo) n, ovvero che A è *sottomultipla* di B secondo il *numero* n, se

$$B \equiv A + A + \ldots + A \qquad (n \text{ addendi});$$

e scriveremo $B \equiv nA$, ovvero $A \equiv \dfrac{B}{n} = \dfrac{1}{n} B.$

5 Si dice che una grandezza C è gli *m ennesimi* di una grandezza B (con m, n numeri naturali non nulli), e si scrive

$$C \equiv \frac{m}{n} B = m \frac{B}{n},$$

se C è il multiplo secondo m del sottomultiplo di B secondo n.

Ad esempio, il segmento c, somma di tre segmenti uguali ciascuno alla metà di b, si indica con la scrittura $c \equiv (3/2)\, b$.

Le classi separate. Il postulato di Dedekind.

6 DEFINIZIONE. *Due classi di grandezze, le une omogenee alle altre, si dicono* **separate** *se ogni grandezza della prima classe è minore od uguale a ciascuna grandezza della seconda classe.*

Ad esempio, sono separate:

a) la classe costituita da un segmento l e da tutti i segmenti minori di l e la classe costituita da tutti i segmenti maggiori di l;

b) la classe costituita da tutti i segmenti minori di un segmento l e quella costituita da tutti i segmenti maggiori di l;

c) la classe formata dai segmenti minori di un segmento l e quella formata dai segmenti maggiori di un segmento m, con $l < m$.

Non sono, invece, separate le classi $l, 3l, 5l, \ldots$ e $2l, 4l, 6l, \ldots$ costituite dai multipli dispari e dai multipli pari di un segmento l.

7 POSTULATO DI DEDEKIND O DELLA CONTINUITÀ. **Due classi separate di segmenti ammettono un elemento separatore**. *Cioè esiste almeno un segmento (elemento separatore) che è maggiore od uguale di tutti i segmenti di una classe e minore od uguale di tutti i segmenti dell'altra.*

Con riferimento ai casi considerati al n. 6 è chiaro che i rispettivi elementi separatori sono: nell'esempio *a* il segmento l (appartenente ad una delle due classi); nell'esempio *b* il segmento *l* (che non appartiene ad alcuna classe); nell'esempio *c* i segmenti *m* ed *l* e tutti gli altri infiniti segmenti maggiori di *l* e minori di *m*.

Si faccia bene attenzione al fatto che il postulato di Dedekind fa riferimento ad uno o più elementi separatori appartenenti all'insieme **S** di *tutti* i segmenti. Non è detto che si possa trovare un elemento separatore in un insieme **S**′ di segmenti diverso da **S** (anche nel caso in cui **S**′ sia una classe completa). Ad esempio, se **S**′ è l'insieme di tutti i segmenti uguali agli m/n di un segmento dato (con m, n, numeri interi positivi qualunque) e consideriamo le due classi separate costituite l'una dagli elementi di **S**′ per i quali è $(m/n)^2 < 2$ e l'altra dagli elementi di **S**′ per i quali è $(m/n)^2 > 2$, allora si può dimostrare che esse non ammettono in **S**′ alcun elemento separatore (mentre lo ammettono in **S**).

8 Il postulato di Dedekind riguarda i segmenti. Tuttavia, è possibile dimostrare, a partire da esso, che *proprietà del tutto analoghe valgono per classi separate di grandezze di altro tipo*: *angoli*, *poligoni*, ecc. Sempre che, beninteso, l'elemento separatore si intenda appartenente all'insieme di *tutti* gli angoli, di *tutti* i poligoni, ecc.

Dal postulato di Dedekind seguono – con dimostrazioni piuttosto complesse che qui non è il caso di riportare – certe proprietà che continuano ad essere chiamate *postulati* per ragioni storiche; cioè per il fatto che come tali era logico considerarle prima del 1872, allorché i lavori quasi contemporanei di *Dedekind* e *Cantor* diedero un assetto unificato e più coerente alla teoria delle grandezze. Ne citiamo alcune.

POSTULATO DELLA DIVISIBILITÀ. *Ogni grandezza è divisibile in un numero qualunque di parti uguali.*

Da tale proprietà segue, in particolare, che:

esiste uno ed un sol punto che divide un segmento in due segmenti uguali;

esiste una ed una sola semiretta che divide un angolo in due angoli uguali.

POSTULATO DI EUDOSSO-ARCHIMEDE. *Date due grandezze omogenee e disuguali, esiste un multiplo della minore che supera la maggiore.*

Da questa proprietà segue che:

date due grandezze omogenee e disuguali, esiste un sottomultiplo della maggiore che è più piccolo della minore. Infatti, se A e B, con $A < B$, sono due grandezze omogenee, per il postulato di Eudosso-Archimede esiste un numero intero m per il quale si ha $mA > B$; d'altra parte, per il postulato della divisibilità, esiste il sottomultiplo di B secondo il numero m; ed è chiaro che da $mA > B$ segue la disuguaglianza $A > B/m$.

POSTULATO (introdotto nel cap. VII). *Un segmento ed un arco di circonferenza che uniscono due punti uno interno ed uno esterno rispetto ad una circonferenza, intersecano questa in un punto.*

9 Fra le molte proprietà deducibili dal postulato di Dedekind, presentiamo la seguente che, pur non avendo seguito nei nostri studi di geometria, è ben nota perché interessa altri rami della matematica.

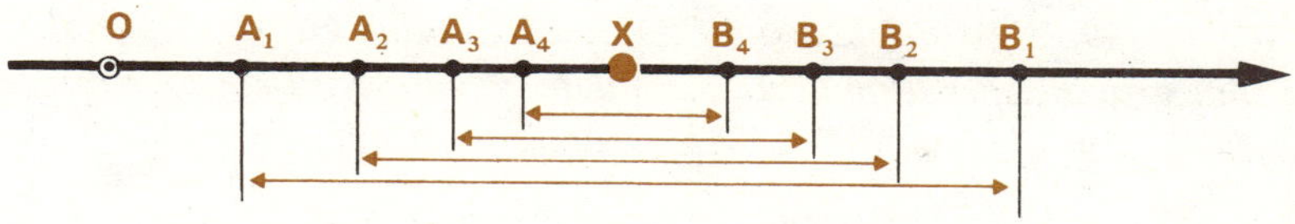

Fig. 1 - Teorema degli intervalli imbottigliati.

TEOREMA DEGLI INTERVALLI IMBOTTIGLIATI. *Dati infiniti segmenti* A_1B_1, A_2B_2, A_3B_3, ... *tali che il primo contenga il secondo, questo contenga il terzo e così via, esiste almeno un punto comune a tutti i detti segmenti.*

Sia r la retta su cui giacciono gli infiniti segmenti (fig. 1). Fissata su r un'orientazione, supponiamo che tutti i punti A_i precedano tutti i punti B_i. Sia O un punto di r che precede A_1.

La classe dei segmenti OA_1, OA_2, OA_3, ...
e la classe dei segmenti OB_1, OB_2, OB_3, ...

sono separate. Pertanto, esiste almeno un segmento OX (con X che segue O su r) che è maggiore od uguale di tutti i segmenti della prima classe e minore od uguale di tutti i segmenti della seconda. È facile ora concludere che X è un punto comune a tutti i segmenti A_iB_i.

Le grandezze commensurabili ed il loro rapporto.

10 Consideriamo le tre coppie di segmenti disegnate in fig. 2.

La prima è composta dai segmenti a e b, con a somma di tre segmenti uguali a b; di modo che si ha «$a \equiv 3b$».

La seconda è composta dai segmenti c e d, con c somma di tre segmenti uguali, ciascuno, alla quarta parte di d; di modo che si ha «$c \equiv \frac{3}{4} d$».

La terza è composta dai segmenti e ed f, con e somma di cinque segmenti tutti uguali alla terza parte di f; di modo che si ha «$e \equiv \frac{5}{3} f$».

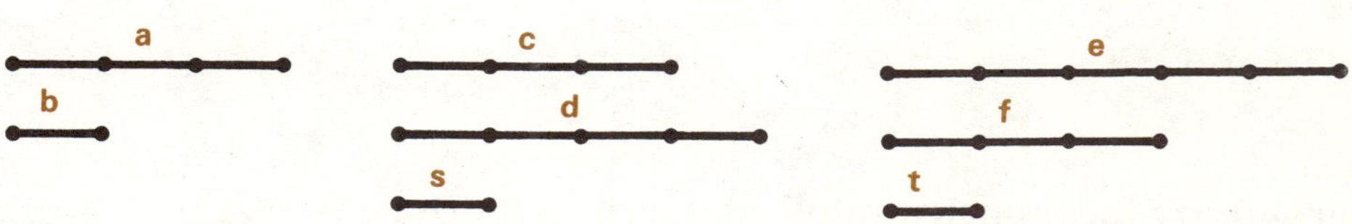

Fig. 2. - Segmenti commensurabili.

In tutti e tre i casi esiste un terzo segmento che è contenuto un numero intero di volte in entrambi i segmenti considerati.

Nel primo caso questo terzo segmento è lo stesso segmento b, che è contenuto 3 volte in a e 1 volta in b; nel secondo caso è il segmento s, uguale alla quarta parte di d, che è contenuto 3 volte in c e 4 volte in d; ed infine, nel terzo caso, è il segmento t, uguale alla terza parte di f, contenuto 5 volte in e e 3 volte in f.

Si ha, pertanto, che i segmenti a, b, e così pure c, d ed e, f, ammettono un sottomultiplo comune. Diremo che i segmenti a e b sono **commensurabili**, e così pure i segmenti c e d, e i segmenti e ed f. In generale, vale la

DEFINIZIONE. *Due grandezze omogenee si dicono* **commensurabili** *quando ammettono una grandezza sottomultipla comune; cioè quando esiste una terza grandezza, omogenea con le prime due, che è contenuta un numero intero di volte in ciascuna di esse.*

11 DEFINIZIONE. *Date due grandezze commensurabili* A *e* B, *per le quali è* «$A \equiv \frac{m}{n} B$» (*essendo* m, n *numeri naturali non nulli*), *chiameremo* **rapporto** *di* A *a* B, *o fra* A *e* B *il numero* m/n; *e scriveremo*:

$$\frac{A}{B} = \frac{m}{n}, \quad \textit{ovvero} \quad A : B = \frac{m}{n}.$$

Pertanto, con riferimento agli esempi del n. precedente, possiamo dire che i rapporti di *a* a *b*, di *c* a *d*, di *e* ad *f* sono rispettivamente uguali a 3, a 3/4, a 5/3; e scrivere:

$$\frac{a}{b} = 3, \qquad \frac{c}{d} = \frac{3}{4}, \qquad \frac{e}{f} = \frac{5}{3}.$$

Facciamo notare che sussiste l'equivalenza logica

$$\left(\frac{A}{B} = \frac{m}{n}\right) \Leftrightarrow \left(A \equiv \frac{m}{n} B\right).$$

12 Sappiamo dall'aritmetica che si dice **numero razionale** (positivo) ogni numero che sia *intero*, o *frazionario* (cioè della forma *m/n*). Pertanto,

il rapporto di due grandezze commensurabili è un numero razionale.

È noto che i numeri razionali possono essere scritti anche in forma decimale. In tal caso essi sono o *interi*, o *decimali limitati*, o *decimali illimitati periodici*.

Così, negli esempi precedenti, abbiamo:

$$\frac{a}{b} = 3, \qquad \frac{c}{d} = \frac{3}{4} = 0{,}75, \qquad \frac{e}{f} = \frac{5}{3} = 1{,}666... = 1{,}(6).$$

Le grandezze incommensurabili ed il loro rapporto.

13 Non sempre, date due grandezze omogenee, è possibile trovarne una terza che sia contenuta un numero intero di volte in ciascuna di esse. In questo caso le grandezze si dicono **incommensurabili**.

DEFINIZIONE. *Due grandezze omogenee si dicono* **incommensurabili** *quando non ammettono una grandezza sottomultipla comune; cioè quando non è possibile determinare una terza grandezza, a queste omogenea, che sia contenuta un numero intero di volte in ciascuna di esse.*

Un esempio di grandezze incommensurabili è dato dal lato e dalla diagonale di un quadrato.

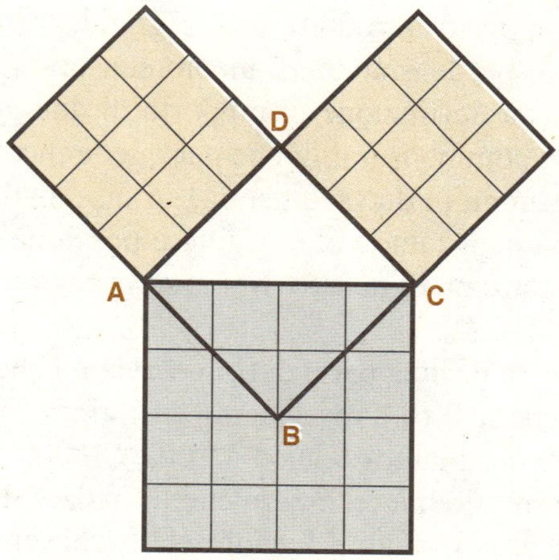

Fig. 3. - Il lato e la diagonale di un quadrato sono segmenti incommensurabili.

14 TEOREMA. *Il lato e la diagonale di un quadrato sono segmenti incommensurabili.*

Sia dato un quadrato *ABCD* (fig. 3) e si tracci la diagonale *AC*. Vogliamo dimostrare che il lato *AD* e la diagonale *AC* sono incommensurabili.

Premettiamo che, per il teorema di Pitagora applicato al triangolo rettangolo isoscele *ACD*, il quadrato costruito su *AC* è equivalente alla somma dei due quadrati uguali costruiti su *AD* e *DC*.

Ragioniamo per assurdo e ammettiamo che *AC* e *AD* siano segmenti commensurabili, cioè che essi abbiano un sottomultiplo comune, contenuto m volte in *AC* ed n volte in *AD*.

Ciò consentirebbe di suddividere ciascun lato dei quadrati costruiti su *AD* e *DC* in n parti uguali e ciascun lato del quadrato costruito su *AC* in m parti, uguali fra loro ed uguali alle precedenti. Congiungendo i punti di divisione, così ottenuti, con segmenti paralleli ai lati, i quadrati di lati *AD* e *DC* verrebbero scomposti, ciascuno, in n^2 quadratini, uguali fra loro ed uguali agli m^2 quadratini nei quali rimarrebbe scomposto il quadrato di lato *AC*.

Per quanto abbiamo premesso, il numero dei quadratini che ricoprono il quadrato di lato *AC* dovrebbe essere doppio del numero dei quadratini che ricoprono il quadrato di lato *AD*. Dovrebbe, cioè, valere la seguente uguaglianza fra numeri interi:

$$m^2 = 2\, n^2.$$

Ora, la precedente uguaglianza è assurda.

Infatti, m^2 o non contiene il fattore 2 o lo contiene con esponente pari ([3]), mentre $2n^2$ contiene il fattore 2 necessariamente con esponente dispari.

L'assurdo deriva dall'aver ammesso che *AC* e *AD* siano commensurabili. Non rimane, dunque, che concludere che essi sono incommensurabili.

([3]) Il quadrato di un numero intero, scomposto in fattori primi, contiene ogni fattore con esponente pari. Esempi:

$$m = 2^3 \cdot 5 \quad ; \qquad m^2 = 2^6 \cdot 5^2;$$
$$m = 3^2 \cdot 7 \quad ; \qquad m^2 = 3^4 \cdot 7^2.$$

15 La definizione di rapporto introdotta per le grandezze commensurabili non ha, evidentemente, significato per le grandezze incommensurabili. Vediamo, allora, come si può introdurre una nuova definizione di rapporto di due grandezze omogenee, che valga sia per le grandezze commensurabili che per quelle incommensurabili.

Consideriamo, ad esempio, i due segmenti A, B disegnati in fig. 4. Per determinare il rapporto A/B riportiamo – tante volte quante è possibile – il segmento B sul segmento A, a partire da un estremo di questo. Nel caso in esame, B è contenuto 2 volte in A con un resto r_1 minore di B (4).

Riportiamo, poi, su r_1 la decima parte di B: osserviamo che $B/10$ è contenuto 4 volte in r_1, con un resto r_2 minore di $B/10$. Proseguiamo così, riportando via via su r_2 e sui successivi resti i sottomultipli decimali di B, cioè $B/100$, $B/1000$, ... Il procedimento è lecito in base al postulato della divisibilità (che permette di parlare di $B/10$, $B/100$, ecc.), oltre che, naturalmente, in base alla possibilità di confrontare e di sommare segmenti.

Se ad un certo punto si arriva ad un *resto nullo*, le cifre trovate consentono di scrivere un numero *decimale limitato*, che è il *rapporto* dei due segmenti. In caso contrario, scrivendo via via le successive cifre, si ottiene un *numero decimale illimitato* che, a seconda dei casi, può essere *periodico* o *non periodico*. Qualunque sia la situazione che si presenta

assumiamo per DEFINIZIONE *tale numero come* **rapporto** *dei due segmenti.*

Analogo procedimento può essere adottato per trovare il rapporto di due qualunque grandezze omogenee A, B, eventualmente diverse dai segmenti.

Se A e B sono commensurabili il rapporto A/B è uguale al quoziente m/n di due numeri interi positivi: si tratta quindi di un *numero razionale* (intero, o decimale limitato, o decimale illimitato periodico). Se, invece, A e B sono incommensurabili, allora il rapporto A/B è un *numero irrazionale* (cioè decimale illimitato aperiodico).

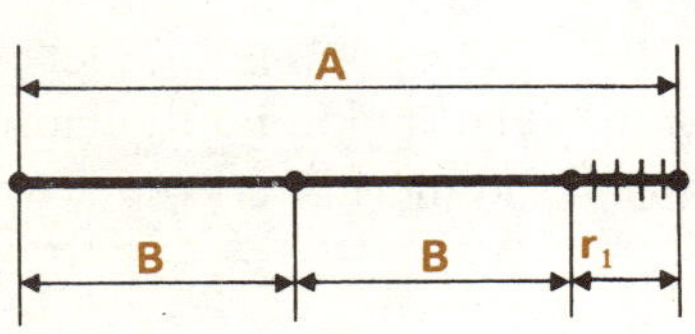

Fig. 4. - Procedimento di divisione decimale.

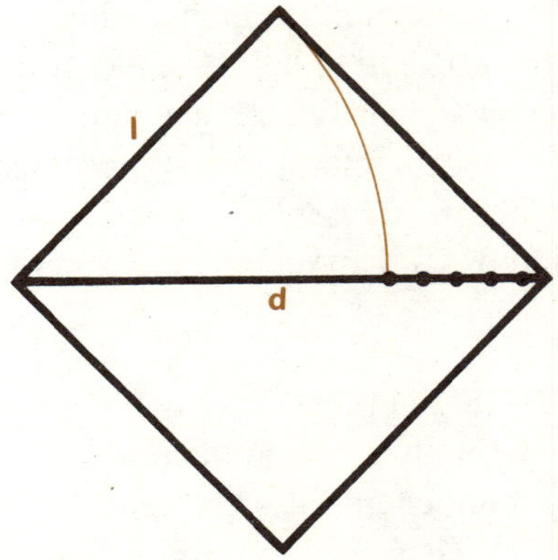

Fig. 5. - Segmenti incommensurabili.

(4) Se $A < B$, allora B è contenuto *zero* volte in A con un resto $r_1 = A$ minore di B. Notiamo anche che, per il postulato di Eudosso-Archimede, B è contenuto in A un numero *finito* di volte.

Un esempio di questa seconda situazione si presenta allorché A e B sono rispettivamente la diagonale d ed il lato l di un quadrato. Riportando l su d si comincia a stabilire che l è contenuto una sola volta in d, con un resto r_1 (fig. 5). Cioè che

$$l < d < 2l.$$

Riportando $l/10$ su r_1 si trova che vi è contenuto 4 volte con un resto r_2; per cui si conclude che

$$1{,}4\, l < d < 1{,}5\, l \qquad \left(\text{ovvero } 1{,}4 < \frac{d}{l} < 1{,}5\right).$$

Confrontando $l/100$ con r_2 si ricava, poi, che

$$1{,}41\, l < d < 1{,}42\, l \qquad \left(\text{ovvero } 1{,}41 < \frac{d}{l} < 1{,}42\right).$$

Se operiamo così di seguito, non arriveremo mai ad avere un resto nullo; infatti, se, ad esempio, trovassimo che $r_3 = 0$ si avrebbe $1{,}41\, l = d$ ossia $d = (141/100)l$; per cui l e d sarebbero commensurabili, contrariamente a quanto abbiamo dimostrato al n. 14.

Né le cifre, che si trovano operando con i successivi sottomultipli decimali di l, daranno luogo ad un allineamento decimale *periodico*, perché, in tal caso, esisterebbe una frazione generatrice di cui quell'allineamento sarebbe la rappresentazione decimale. Per quanto abbiamo detto sopra quella frazione generatrice sarebbe il rapporto fra d ed l; per cui d ed l risulterebbero commensurabili.

In conclusione, col procedimento indicato si viene a costruire un *allineamento decimale, illimitato, aperiodico* (1,4142...).

16 Poiché l'unione dei due insiemi dei numeri razionali (positivi) e dei numeri irrazionali (positivi) costituisce *l'insieme dei* **numeri reali** (positivi), possiamo asserire che

il rapporto di due grandezze omogenee è un numero reale (positivo)*; esso è razionale o irrazionale a seconda che le due grandezze siano commensurabili o incommensurabili.*

17 Se il rapporto di due grandezze omogenee A, B è il numero reale α, anziché scrivere «$A/B = \alpha$», si usa scrivere anche

$$A = \alpha B,$$

e si dice che la grandezza A è il *prodotto* della grandezza B per il numero α.

18 Date due grandezze A, B, possiamo considerare, oltre al rapporto A/B, anche il rapporto B/A, il quale si dice **rapporto inverso** del precedente. Ad esempio, se

$$\frac{A}{B} = \frac{3}{4}, \qquad \text{si ha} \qquad \frac{B}{A} = \frac{4}{3}.$$

Nel caso che i due rapporti siano numeri razionali, sappiamo che il loro prodotto è uguale all'unità. Lo stesso si dimostra nel caso dei rapporti irrazionali.

Misure di grandezze.

19 Conviene, talvolta, determinare il rapporto delle grandezze di una stessa classe rispetto a una grandezza prefissata, a quelle omogenea. Per esempio, se abbiamo dei segmenti, può convenire determinare il loro rapporto rispetto al *metro*.

Il rapporto, in tale caso, viene chiamato, più propriamente, **misura** *rispetto al metro*. È evidente che la misura dello stesso metro è 1 ed è per questo che la prefissata grandezza si dice **unità di misura** o, semplicemente, **unità**. Dunque:

la **misura** *di una grandezza rispetto ad una prefissata* **unità** *è il* **«numero reale positivo»** *che esprime il* **rapporto** *fra quella grandezza e la grandezza assunta come unitaria.*

La misura di un segmento si dice *lunghezza*, quella di un angolo *ampiezza*, quella di una superficie *area*, quella di un solido *volume*.

La lunghezza di un segmento, l'ampiezza di un angolo, l'area di una superficie, il volume di un solido sono quindi *numeri reali positivi*.

20 Non ci soffermiamo ad illustrare la *misura di un* **angolo** *in gradi, primi e secondi*, che è già nota ai nostri lettori dalla Scuola Media (e che abbiamo brevemente richiamato nel cap. I).

Aggiungiamo soltanto che lo stesso tipo di misura (detta ancora *ampiezza*) si introduce anche per gli **archi** di una data circonferenza. Con la sola variante che il *grado*, anziché come 360ª parte dell'angolo giro, viene definito come 360ª parte della circonferenza. Conseguentemente il *primo* è la 60ª parte dell'arco grado ed il *secondo* è la 60ª parte dell'arco primo.

Ne discende che una circonferenza, una semicirconferenza, un quarto di circonferenza hanno rispettivamente ampiezze di 360°, 180°, 90°.

È evidente che, in una data circonferenza, *un arco e l'angolo al centro corrispondente hanno ampiezze uguali.*

21 Nota. Non occorre confondere un segmento AB, che è una *grandezza geometrica*, con la sua *misura*, che è un numero reale. Spesso si denota quest'ultima con un «soprassegno»: così, se la lunghezza di AB rispetto ad una prefissata unità è 7, si scrive

$$\overline{AB} = 7.$$

Scritture come

$$\overline{AB} = 7 \text{ cm}, \qquad \text{area rettangolo} = 56 \text{ m}^2,$$

sono poco corrette; ma vengono tollerate per rendere più sintetiche le scritture.

Proprietà delle misure.

22 Sia J una classe completa di grandezze. Abbiamo visto che – fissata una unità U, appartenente a J – ad ogni $A \in J$ corrisponde uno ed un sol numero reale positivo α ottenuto determinando il rapporto fra A ed U.

Questa situazione viene descritta dicendo che la **misura** è una **funzione m** *definita in* J *ed avente valori nell'insieme* $\mathbf{R}^+$ *dei numeri reali positivi* (o che la *misura* è una *funzione* da J ad R^+).

La funzione m gode delle sottoelencate proprietà, intuitivamente evidenti, di cui, per semplicità, omettiamo le non sempre facili dimostrazioni. Avvertiamo che con α e β abbiamo indicato le misure rispetto ad U ordinatamente di due grandezze A e B appartenenti a J.

1) *La misura della somma* A + B *delle grandezze* A *e* B *è uguale alla somma* $\alpha + \beta$ *delle rispettive misure*. In simboli:

$$\text{m}\,(A + B) = \text{m}\,(A) + \text{m}\,(B), \qquad \text{qualunque siano} \quad A, B \in J \text{ (5)}.$$

2) *A seconda che si abbia* $A \lessgtr B$ *od* $A \equiv B$ *si ha pure, rispettivamente,* $\alpha \lessgtr \beta$ *od* $\alpha = \beta$*, e viceversa*. In simboli:

$$\begin{aligned} (A \lessgtr B) &\Leftrightarrow [\text{m}\,(A) \lessgtr \text{m}\,(B)], \\ (A \equiv B) &\Leftrightarrow [\text{m}\,(A) = \text{m}\,(B)], \end{aligned} \qquad \text{qualunque siano } A, B \in J.$$

3) *Il rapporto di due grandezze omogenee è uguale al rapporto delle rispettive misure*. In simboli:

$$\frac{A}{B} = \frac{\text{m}\,(A)}{\text{m}\,(B)}, \qquad \text{qualunque siano} \quad A, B \in J.$$

4) *Dato un numero reale positivo* α *esiste una ed una sola grandezza* A, *omogenea con l'unità fissata* U, *tale che la misura di* A *rispetto ad* U *sia uguale ad* α. (L'*unicità* va intesa nel senso che, come già abbiamo notato, due grandezze di ugual misura, o equivalenti, A ed A' debbono essere pensate come un'unica grandezza).

23 Le proprietà ora enunciate permettono, in molti casi, di passare dalle grandezze alle rispettive misure trasferendo, così, all'aritmetica o all'algebra certi problemi geometrici. E, viceversa, consentono di estendere alla geometria particolari situazioni introdotte nell'algebra. Un esempio in merito è costituito dalle *classi contigue*. A questo proposito cominciamo col richiamare alcune nozioni presentate in algebra.

24 DEFINIZIONE. *Due insiemi* J_1 *e* J_2 *si dicono in* **corrispondenza biunivoca** *se è possibile associare i loro elementi in modo che*: 1) *ad ogni elemento di* J_1 *corrisponda uno ed un solo elemento di* J_2; 2) *ogni elemento di* J_2 *sia il corrispondente di uno ed un solo elemento di* J_1.

Due elementi $a \in J_1$ e $b \in J_2$, associati da detta corrispondenza, si dicono *corrispondenti* od *omologhi*.

Ad esempio, dato un cerchio di centro O, i due insiemi costituiti dai settori circo-

(5) Si noti che il simbolo + che compare nei due membri dell'uguaglianza caratterizza due diverse operazioni: una volta la somma di due grandezze ed una volta la somma di due numeri reali.

lari e dagli angoli al centro di tale cerchio possono essere posti in corrispondenza biunivoca associando ad ogni settore *AOB* l'angolo al centro *AOB*. Se, invece, consideriamo gli insiemi J_1 degli angoli alla circonferenza ed J_2 degli angoli al centro, non è biunivoca la corrispondenza che associa ad ogni angolo alla circonferenza *ACB* l'angolo al centro *AOB* che insiste sullo stesso arco *AB*; infatti, mentre ad ogni elemento di J_1 corrisponde uno ed un solo elemento di J_2, ogni elemento di J_2 è, invece, il corrispondente di infiniti elementi di J_1.

25 DEFINIZIONE. *Si dice che due successioni infinite di numeri costituiscono una* **coppia di classi contigue** *se*:

1) *ogni elemento della prima successione è minore di ogni elemento della seconda*;
2) *esse godono della proprietà «dell'avvicinamento indefinito», nel senso che, scelto un qualsiasi numero positivo* ε, *esistono un elemento della seconda successione ed uno della prima la cui differenza sia minore di* ε.

Tali sono, ad esempio, le due successioni:

1; 1,4; 1,41; 1,414; 1,4142; ... (*classe per difetto*),
2; 1,5; 1,42; 1,415; 1,4143; ... (*classe per eccesso*),

ottenute calcolando con il metodo esposto al n. 15 i valori approssimati per difetto e per eccesso del rapporto *d/l* fra la diagonale ed il lato di un quadrato.

È noto che ogni coppia di *classi contigue di numeri razionali* individua uno ed un solo *numero reale* (detto *elemento separatore* delle due classi) che è maggiore o uguale di tutti i numeri della prima classe e minore o uguale di tutti quelli della seconda. Nel caso delle due classi sopra indicate, tale numero reale è $\sqrt{2}$.

26 Anche per le *grandezze geometriche* è possibile parlare di *classi contigue*.

Sia J una classe completa di grandezze e siano J_1, J_2 due successioni composte da elementi di J. Fissata una grandezza unitaria u, diremo che J_1 e J_2 costituiscono una coppia di classi contigue se tali sono le classi formate dalle misure rispetto ad u dei loro elementi.

In virtù dei teoremi del n. 22 ciò comporta che le classi J_1, J_2 sono *separate*; e che, scelta una grandezza arbitraria $\sigma \in J$, è possibile trovare una grandezza $B \in J_2$ ed una grandezza $A \in J_1$ tali che sia $B < A + \sigma$. Ovviamente, le classi contigue J_1, J_2 non possono ammettere più di un elemento separatore appartenente a J.

27 CRITERIO DI EQUIVALENZA. *Due grandezze omogenee* E, E′ *che siano elementi separatori della medesima coppia di classi contigue sono* **equivalenti**.

La cosa è implicita in quanto detto fin qui; ma, comunque, basta pensare che E ed E' hanno la stessa misura.

28 NOTA. Prima di abbandonare l'argomento dei numeri reali, desideriamo far notare che, nella pratica, la misura di una qualunque grandezza risulta sempre un valore

approssimato, sia per la imprecisione degli strumenti di misura che noi possediamo, che per la limitazione dei nostri sensi. Pertanto ci si limita sempre a considerare le sole prime cifre decimali delle misure osservate. Di conseguenza, nella pratica si adoperano soltanto i *numeri razionali.*

Ciò nonostante la geometria razionale sente la necessità di introdurre ed usare i numeri irrazionali, perché il suo scopo non è solo quello di determinare formule e metodi che risolvano i problemi pratici, ma anche quello, più elevato e formativo, di indagare sulle verità di ragione.

La geometria analitica.

29 Siamo ora in grado di introdurre quella rappresentazione grafica dei numeri reali come punti di una retta che costituisce la base dei diagrammi cartesiani e della «geometria analitica».

Data una semiretta s di origine O (fig. 6) e fissato un segmento unitario u, in virtù di quanto stabilito al n. 15 e del teorema 4° del n. 22, possiamo far corrispondere ad ogni punto A di s il numero reale assoluto α uguale al rapporto OA/u; viceversa, ogni numero reale assoluto α è il corrispondente del punto A di s ottenuto come secondo estremo di quel segmento OA la cui misura rispetto ad u è uguale ad α.

Si viene così a stabilire una **corrispondenza biunivoca** «*punto-numero*» fra l'insieme dei punti della semiretta s e l'insieme dei numeri reali assoluti.

Tale corrispondenza biunivoca consente, fra l'altro, di interpretare in senso numerico il postulato di Dedekind. Infatti, date due classi separate di segmenti, possiamo disporre questi su di una semiretta s in modo che abbiano un estremo coincidente con l'origine O di s. Ad ogni segmento delle due classi viene così associato un punto di s (il suo secondo estremo) e a tale punto corrisponde un numero. Le due classi separate di segmenti possono allora essere pensate come due classi separate R_1, R_2 di numeri reali. Ed il postulato di Dedekind ci dice che tali classi R_1, R_2 ammettono almeno un elemento separatore.

Fig. 6. - Numeri reali assoluti e punti di una semiretta.

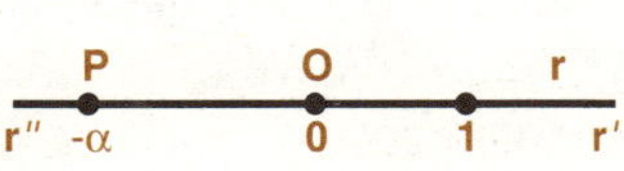

Fig. 7. - Numeri reali e punti di una retta.

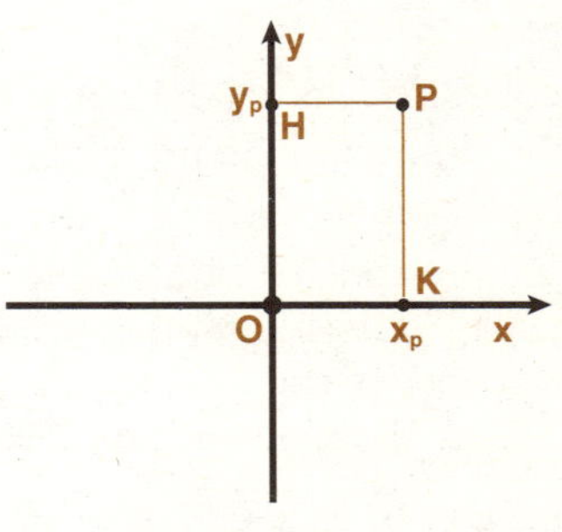

Fig. 8. - Coppie di numeri e punti del piano.

30 Al n. precedente abbiamo visto come, fissata una unità di misura, si riesce a stabilire una corrispondenza biunivoca fra l'insieme dei punti di una semiretta e l'insieme

dei numeri reali assoluti. È facile estendere tale corrispondenza biunivoca agli insiemi dei punti di una retta r e dei numeri reali. Infatti, un punto O di r (da pensarsi come origine) individua due semirette r' ed r'' (fig. 7): basta allora associare

ai punti di r' i numeri positivi nel modo già visto,
all'origine O il numero 0,
ad ogni punto P di r'' il numero negativo $-\alpha$ dove α è la misura del segmento OP.

Il discorso si può estendere ai punti del piano, considerando le coppie di numeri reali. Più precisamente, per individuare un *riferimento cartesiano* nel piano, si tracciano due rette perpendicolari x ed y; per ciascuna di esse si stabilisce una corrispondenza biunivoca con l'insieme R dei numeri reali.

Dato un punto P del piano (fig. 8), si tracciano le parallele per P alle rette x ed y; detti H e K i punti in cui tali parallele incontrano rispettivamente gli assi y ed x, il numero reale associato a K (nella corrispondenza biunivoca fra R e l'asse x) è detto *ascissa* di P e viene indicato con la scrittura x_P; mentre il numero reale associato ad H (nella corrispondenza biunivoca fra R e l'asse y) è detto *ordinata* di P e viene indicato con la scrittura y_P.

Al punto P viene così associata la coppia ordinata di numeri reali $(x_P; y_P)$, detti *coordinate* di P. La corrispondenza è biunivoca: ad ogni punto corrisponde una e una sola coppia ordinata, e ad ogni coppia ordinata corrisponde uno e un sol punto.

Non intendiamo svolgere qui una trattazione della *geometria analitica*, che viene studiata in altro testo. Ci limitiamo a citare un fatto fondamentale: ogni retta r è rappresentata da una equazione di primo grado nelle incognite x ed y, cioè da una equazione del tipo $ax + by + c = 0$ con a, b non entrambi nulli; un punto P appartiene ad r se e solo se le sue coordinate verificano l'equazione. E, viceversa, ogni equazione del tipo $ax + by + c = 0$, con a, b non entrambi nulli, rappresenta una retta.

Si ha così una traduzione e una interpretazione algebrica dei concetti di punto e di retta, cioè degli enti fondamentali della geometria piana.

31 **Appunti di logica**. – Nei capitoli precedenti abbiamo via via enunciato i vari postulati (o assiomi) della geometria piana, deducendone numerosi teoremi. Abbiamo così ottenuto una *teoria assiomatica*. Pensiamo ora alla teoria in senso astratto, cercando di non fare alcun riferimento alle idee intuitive di punto e di retta.

La geometria analitica permette di costruire un *modello* della teoria, cioè di dare un significato astratto alle parole *punto* e *retta*, in modo che siano soddisfatte le proprietà espresse dagli assiomi. Vediamo come si procede.

Sia R l'insieme dei numeri reali; sia RxR l'insieme di tutte le coppie ordinate di numeri reali (si dice che RxR è il *prodotto cartesiano* di R con se stesso). Consideriamo poi tutte le equazioni di primo grado nelle incognite x, y, cioè tutte le equazioni del tipo $ax + by + c = 0$, con a, b non entrambi nulli.

E ora diamo una nuova *interpretazione* (cioè un nuovo significato) alle parole punto e retta:

ogni volta che leggiamo «*punto*», dobbiamo intendere «coppia ordinata di numeri reali»;

ogni volta che leggiamo «*retta*», dobbiamo intendere «insieme delle coppie che soddisfano una equazione di primo grado in x, y».

Abbiamo così dato alle parole punto e retta un senso puramente algebrico (che potrebbe essere capito anche da chi non conosca il consueto significato geometrico di tali parole); ma, per strano che possa sembrare questo modo di procedere, siamo in grado di verificare che con la nuova interpretazione valgono tutti gli assiomi da noi enunciati ([6]).

Ad esempio, il primo postulato (n. 16, cap. II) dice che per due punti distinti passa una e una sola retta. Nel nostro caso due «punti» sono due coppie di numeri reali $(x_1; y_1)$ ed $(x_2; y_2)$. La geometria analitica insegna a trovare un'equazione di primo grado che è verificata da tali coppie: questa equazione individua la «retta» che passa per i due «punti» dati.

Vediamo un altro esempio. Il postulato di Euclide (n. 1, cap. III) afferma che, dati un punto A ed una retta r, con A non appartenente ad r, esiste una e una sola retta s passante per A e senza punti in comune con r. In effetti, dati un «punto» $(p; q)$ ed una «retta» $ax + by + c = 0$, basta considerare l'equazione

$$ax + by - (ap + bq) = 0. \tag{1}$$

La coppia $(p; q)$ verifica tale equazione, perché sostituendo p al posto di x e q al posto di y il primo membro si annulla (il «punto» dato appartiene alla «retta» trovata); e il sistema formato dall'equazione data e dalla (1) non ammette soluzioni (le due «rette» non hanno punti in comune).

L'interpretazione descritta fornisce un *modello* per la geometria euclidea: usando i numeri reali, abbiamo costruito una struttura in cui valgono le proprietà espresse dai postulati. Di conseguenza, in tale struttura (cioè con il nuovo significato attribuito alle parole punto e retta), valgono anche i teoremi della geometria piana.

Il concetto logico di modello per una teoria è molto astratto e tutt'altro che facile. La sostanza del discorso precedente, comunque, si può riassumere così. Per introdurre e studiare il piano della geometria euclidea, abbiamo due metodi:

– *metodo sintetico*: si enunciano opportuni postulati e si dimostrano teoremi (come abbiamo fatto nei capitoli precedenti);

– *metodo analitico*: si parte dai numeri reali e si interpretano gli enti geometrici in modo algebrico.

Ebbene, *i due metodi sono equivalenti*, nel senso che seguendo le due strade si trovano gli stessi risultati. Naturalmente, nelle varie situazioni (in particolare per risolvere problemi) potrà essere preferibile talora il metodo sintetico, talora il metodo analitico. In altre parole, siccome disponiamo di due metodi, è lecito scegliere di volta in volta quello che ci pare conduca al risultato nel modo più rapido e convincente.

([6]) A rigore, è necessaria qualche altra precisazione. In particolare, per interpretare l'uguaglianza di segmenti si ricorre alla formula che in geometria analitica permette di calcolare la distanza di due punti.

Capitolo XIII

LA PROPORZIONALITÀ FRA GRANDEZZE.

Le proporzioni fra grandezze.

1 Nell'esempio illustrato in fig. 1 il rapporto fra i due segmenti A, B è uguale al rapporto fra i due angoli C, D (infatti, entrambi i rapporti sono uguali a 5/3). Si dice allora che i due segmenti A, B e i due angoli C, D formano, nell'ordine indicato, una *proporzione*; e si scrive

(1) $$A : B = C : D.$$

In generale, vale la seguente

DEFINIZIONE. *Quattro grandezze* A, B, C, D, *le prime due omogenee fra loro e le ultime due omogenee fra loro, formano nell'ordine una* **proporzione** *se il rapporto fra* A *e* B *è uguale al rapporto fra* C *e* D.

La proporzione (1) si legge: «A *sta a* B *come* C *sta a* D».

Le quattro grandezze A, B, C, D sono i *termini* della proporzione.

La prima A e la quarta D sono i *termini estremi*, mentre la seconda B e la terza C sono i *termini medi*.

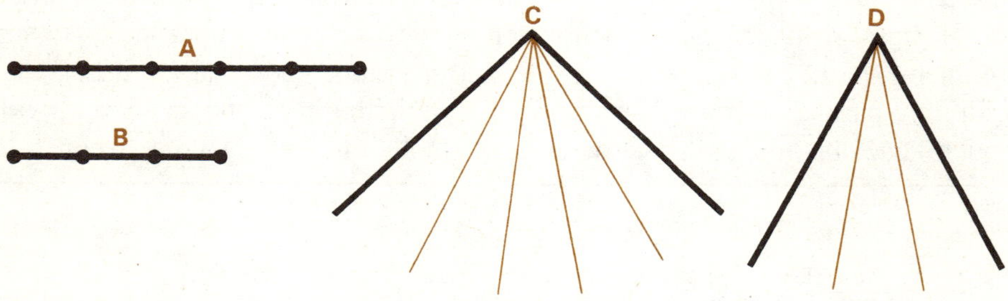

Fig. 1. - Grandezze in proporzione.

Rispetto ad ogni rapporto, la prima grandezza è il *termine antecedente* e la seconda il *termine conseguente*; pertanto la prima grandezza A e la terza C costituiscono gli antecedenti, mentre la seconda B e la quarta D sono i conseguenti.

La quarta grandezza D si definisce la *quarta proporzionale* dopo A, B, C.

2 Una *proporzione* del tipo

$$A : M = M : B,$$

nella quale i medi sono uguali, si dice **continua**. In essa le tre grandezze A, M, B sono *omogenee* fra loro.

La grandezza M è chiamata *media proporzionale* o *media geometrica* fra le altre due A e B.

3 TEOREMA FONDAMENTALE SULLE PROPORZIONI FRA GRANDEZZE. *Condizione necessaria e sufficiente affinché quattro grandezze, a due a due omogenee, formino una proporzione è che siano in proporzione le rispettive misure.*

Siano A, B, C, D quattro grandezze, con:

$$A \equiv aU_1, \qquad B \equiv bU_1, \qquad C \equiv cU_2, \qquad D \equiv dU_2.$$

Poiché il rapporto di due grandezze è uguale al rapporto delle rispettive misure (n. 22, 3°, cap. XII), valgono le due uguaglianze

(1) $$A : B = a : b \qquad \text{e} \qquad C : D = c : d.$$

Ne segue, per la proprietà transitiva dell'uguaglianza, che:

se sono uguali i primi membri delle (1), cioè se $A : B = C : D$, allora sono uguali anche i secondi membri, cioè si ha pure $a : b = c : d$ (la condizione è *necessaria*);

se sono uguali i secondi membri delle (1), cioè se $a : b = c : d$, allora sono uguali anche i primi membri, cioè si ha pure $A : B = C : D$ (la condizione è *sufficiente*).

Proprietà delle proporzioni fra grandezze.

4 Il teorema precedente consente di estendere alle proporzioni fra grandezze le proprietà delle proporzioni fra numeri studiate nell'aritmetica. Fra di esse ricordiamo il

TEOREMA FONDAMENTALE SULLE PROPORZIONI NUMERICHE. *Condizione necessaria e sufficiente affinché quattro numeri reali positivi costituiscano, in un dato ordine, una proporzione è che il prodotto dei medi sia uguale a quello degli estremi.*

Ossia: se a, b, c, d sono quattro numeri reali positivi e si ha $a : b = c : d$, abbiamo pure $a \cdot d = b \cdot c$. E, viceversa, da $a \cdot d = b \cdot c$, segue che $a : b = c : d$.

5 TEOREMI. *Siano* A, B, C, D *quattro grandezze delle quali è noto per* «ipotesi» *che*

(1) $$\mathbf{A : B = C : D}.$$

*Da ciò seguono le sei «*tesi*» seguenti.*

I) *A seconda che sia* A $\gtreqless$ B *è pure* C $\gtreqless$ D; *e viceversa* (*il simbolo* $\gtreqless$ *va letto, in questo caso, maggiore, o equivalente, o minore*).

II) B : A = D : C (*proprietà dell'invertire*).
In una proporzione fra grandezze gli antecedenti si possono scambiare con i rispettivi conseguenti.

III) (A + B) : B = (C + D) : D (*proprietà del comporre*).
In una proporzione fra grandezze ad ogni antecedente si può aggiungere il proprio conseguente.

IV) (A – B) : B = (C – D) : D (*proprietà dello scomporre*).
In una proporzione fra grandezze, nella quale ogni antecedente è maggiore del rispettivo conseguente, ad ogni antecedente si può sottrarre il proprio conseguente.

V) A : C = B : D (*proprietà del permutare i medi*).

VI) D : B = C : A (*proprietà del permutare gli estremi*).

In una proporzione fra grandezze, tutte e quattro omogenee, si possono scambiare fra di loro i medi o gli estremi.

Dimostriamo la II. Dette a, b, c, d le misure rispettivamente delle quattro grandezze A, B, C, D, per il teorema n. 3 dall'ipotesi $A : B = C : D$ si deduce la proporzione fra numeri $a : b = c : d$. Per il teorema n. 4, si ha allora $ad = bc$ e, quindi, vale anche la proporzione numerica $b : a = d : c$ (perché il prodotto dei medi è uguale a quello degli estremi). Da quest'ultima proporzione, ancora per il teorema n. 3, segue la tesi $B : A = D : C$.

Omettiamo le facili dimostrazioni delle altre cinque proprietà che si basano sulla applicazione dei teoremi n. 3 e 4.

6 TEOREMA DELL'UNICITÀ DELLA QUARTA PROPORZIONALE. *Date tre grandezze ordinate* A, B, C, *le prime due omogenee, esiste una ed una sola quarta grandezza* X, *omogenea a* C, *tale che con le tre date formi la proporzione*

(1) $$A : B = C : X.$$

Siano a, b, c le misure delle grandezze A, B, C, le prime due riferite ad una stessa unità di misura, e si indichi con x la misura, riferita alla stessa unità adoperata per C, della grandezza incognita X.

a, b, c, in quanto misure di grandezze, sono numeri positivi.

In virtù del teorema fondamentale sulle proporzioni fra grandezze (n. 3), per dimostrare l'esistenza e l'unicità della grandezza X, soddisfacente alla (1), basta dimostrare l'esistenza e l'unicità del *numero positivo* x che soddisfa l'equazione

$$\frac{a}{b} = \frac{c}{x}, \qquad \text{o l'equazione equivalente} \qquad ax = bc.$$

Quest'ultima equazione, essendo a, b, c diversi da zero, ammette l'unica soluzione $x = bc/a$ (che è accettabile perché positiva).

Classi di grandezze direttamente proporzionali.

7 NOTA PER L'INSEGNANTE. *La teoria della proporzionalità fra classi di grandezze, richiede il concetto di corrispondenza fra gli elementi delle classi. Tale corrispondenza è, generalmente, biunivoca, ma può anche essere di tipo diverso. Così gli angoli al centro e gli angoli alla circonferenza che insistono sugli stessi archi costituiscono due classi di grandezze direttamente proporzionali, ma non in corrispondenza biunivoca.*

Tuttavia, nella stesura di questo capitolo, abbiamo preferito limitare l'esposizione a classi di grandezze in corrispondenza biunivoca, perché quasi tutti gli esempi di grandezze proporzionali, di cui dobbiamo trattare, sono in corrispondenza biunivoca.

Facciamo notare che le definizioni seguenti sono del tipo «due classi di grandezze, in corrispondenza biunivoca, sono direttamente proporzionali se...». Esse sono perfettamente legittime in quanto, limitando il loro esame a certe classi di grandezze, non prendono posizione per quel che si riferisce ad altri tipi di classi. Non ugualmente legittime sono le definizioni che dicono: «due classi di grandezze sono direttamente proporzionali se sono in corrispondenza biunivoca e se...». Da esse, infatti, risulterebbe che la corrispondenza biunivoca è condizione necessaria *per la proporzionalità fra classi di grandezze.*

8 Sia data una classe J_1 di segmenti a, b, c, ... (fig. 2); costruiamo la classe J_2 dei rettangoli α, β, γ, ... aventi tutti la stessa altezza h e, per base, rispettivamente, i segmenti a, b, c, ...

Fra le due classi viene così a stabilirsi una *corrispondenza biunivoca* (n. 24, cap. XII) dato che ad ogni segmento della prima classe corrisponde un rettangolo della seconda e viceversa.

Consideriamo, ora, due segmenti qualunque della classe J_1 e i due rettangoli corrispondenti della classe J_2. È facile convincersi che il rapporto dei due segmenti è uguale a quello dei due rettangoli. Ad esempio, dalla figura 2 risulta chiaramente che

$$a : b = \alpha : \beta = 3/4.$$

Ciò consente di affermare che i segmenti della prima classe sono **direttamente proporzionali** (o, semplicemente, **proporzionali**) ai rettangoli corrispondenti della seconda classe. In generale, si dà la seguente

DEFINIZIONE. *Le grandezze di due classi in corrispondenza biunivoca si dicono* **direttamente proporzionali**, *quando il rapporto di due grandezze qualunque della prima classe è uguale al rapporto delle due grandezze corrispondenti della seconda classe.*

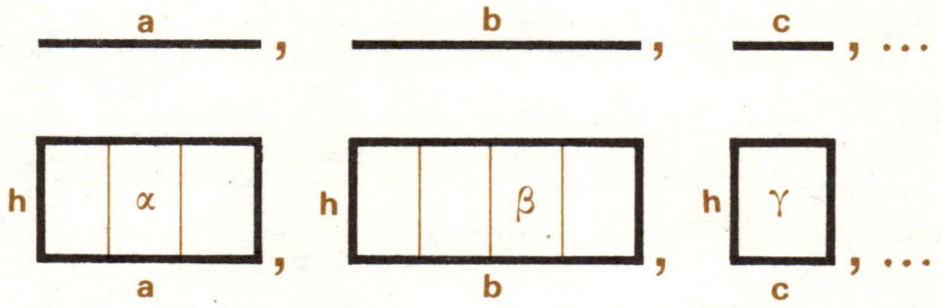

Fig. 2. - Classi di grandezze proporzionali.

1° criterio di proporzionalità.

9 Date due classi complete di grandezze in corrispondenza biunivoca, per stabilire se le grandezze delle due classi sono direttamente proporzionali è proprio necessario verificare che *tutti* i rapporti fra grandezze della prima classe sono uguali ai rapporti delle grandezze corrispondenti della seconda classe, oppure si può trovare un *criterio* mediante il quale si pervenga a quella conclusione in modo più semplice?

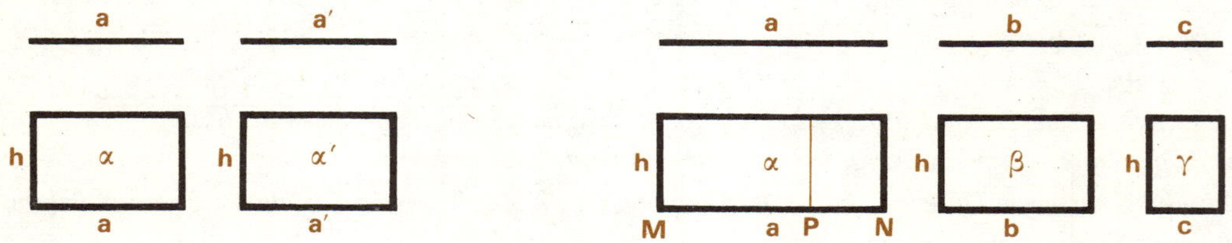

Figg. 3 e 4. - Proprietà delle grandezze proporzionali.

Riprendiamo l'esempio, visto al n. 8, della classe J_1 dei segmenti e della classe J_2 dei rettangoli di altezza h. Se due segmenti a, a' (fig. 3) sono uguali, anche i rettangoli corrispondenti α, α' sono evidentemente uguali; di più, se un segmento a (fig. 4) è uguale alla somma di due segmenti b, c, anche il rettangolo α corrispondente ad a è uguale alla somma dei rettangoli β, γ, rispettivamente corrispondenti ai segmenti b, c.

Infatti, essendo $a = b + c$, è possibile determinare sulla base MN di α un punto P tale che $MP = b$, $PN = c$. Condotta, poi, da P la perpendicolare ad MN, essa scompone il rettangolo α in due rettangoli uguali ai rettangoli β, γ perché hanno rispettivamente uguali le basi e l'altezza.

Le proprietà viste caratterizzano le classi di grandezze direttamente proporzionali. Vale cioè il

1° CRITERIO DI PROPORZIONALITÀ. *Condizione necessaria e sufficiente affinché due classi complete di grandezze in corrispondenza biunivoca siano* **direttamente proporzionali** *è che a grandezze* **equivalenti** *di una classe corrispondano grandezze equivalenti dell'altra* ([1]) *e che alla* **somma** *di due grandezze qualunque di una classe corrisponda la somma delle due grandezze corrispondenti dell'altra.*

([1]) Nel caso in cui una o entrambe le classi siano formate da segmenti (o da angoli) l'aggettivo *equivalenti* va inteso nel senso di *congruenti* o (seguendo l'indirizzo adottato fin dai primi capitoli) di *uguali*.

Il che si esprime più brevemente dicendo:

Condizione necessaria e sufficiente affinché due classi complete di grandezze in corrispondenza biunivoca siano **direttamente proporzionali**, *è che la corrispondenza conservi l'***equivalenza** *e la* **somma**.

Per semplificare l'esposizione, ci limitiamo a dare un'idea della dimostrazione.

Supponiamo che A_1 e B_1 siano due grandezze della prima classe tali che il rapporto A_1/B_1 sia compreso, ad esempio, fra 2,1 e 2,2; ci proponiamo di mostrare che anche il rapporto fra le due grandezze corrispondenti A_2 e B_2 della seconda classe è compreso fra 2,1 e 2,2.

Nelle nostre ipotesi, A_1 è equivalente a

$$B_1 + B_1' + B_1/10 + C_1$$
dove B_1' è equivalente a B_1 e $C_1 < B_1/10$.

Indichiamo con l'indice "1" le grandezze della prima classe e con l'indice "2" le grandezze corrispondenti nella seconda classe. Si osservi che, nella seconda classe:

– a B_1' corrisponde una grandezza B_2' equivalente a B_2 perché la corrispondenza conserva l'equivalenza;

– a $B_1/10$ corrisponde una grandezza E_2 equivalente alla decima parte di B_2: infatti sommando 10 addendi equivalenti a $B_1/10$ si trova B_1; siccome la corrispondenza conserva l'equivalenza e la somma, sommando 10 addendi equivalenti a E_2 si trova B_2, cioè $E_2 = B_2/10$;

– $C_2 < B_2/10$: infatti, da $C_1 < B_1/10$ si deduce $C_1 + X_1 = B_1/10$ (dove X_1 è un'opportuna grandezza), da cui $C_2 + X_2 = B_2/10$, e quindi $C_2 < B_2/10$.

Tenendo ancora presente che la corrispondenza conserva la somma, concludiamo che A_2 è equivalente a

$$B_2 + B_2' + B_2/10 + C_2$$
dove B_2' è equivalente a B_2 e $C_2 < B_2/10$,

cioè che il rapporto fra le due grandezze A_2 e B_2 è compreso fra 2,1 e 2,2.

Considerando approssimazioni via via migliori del rapporto A_1/B_1 (che può essere espresso da un numero razionale o irrazionale), si trova che la corrispondenza conserva i rapporti fra grandezze.

10 Dall'esempio considerato all'inizio del n. precedente segue che

rettangoli di ugual base [*di uguale altezza*] *sono proporzionali alle rispettive altezze* [*alle rispettive basi*];

ovvero, passando dalle grandezze alle misure:

le aree di due rettangoli di ugual base [*di ugual altezza*] *stanno fra loro come le lunghezze delle rispettive altezze* [*delle rispettive basi*].

11 Dal criterio del n. 9 è facile dedurre il seguente

TEOREMA. *Gli* **archi** *di una stessa circonferenza o di circonferenze uguali, i corrispondenti* **angoli al centro** *ed i corrispondenti* **settori circolari** *formano tre classi di grandezze a due a due direttamente proporzionali.*

Proprietà delle grandezze proporzionali e omogenee.

12 Sappiamo che, date due classi di grandezze in corrispondenza biunivoca e direttamente proporzionali $A_1, B_1, C_1, \ldots$ ed $A_2, B_2, C_2, \ldots$ sussistono le proporzioni

$$A_1 : B_1 = A_2 : B_2 , \qquad A_1 : C_1 = A_2 : C_2 , \qquad \ldots$$

Ora, se le grandezze della prima classe sono *omogenee* con quelle della seconda, si può applicare la proprietà del permutare i medi ottenendo:

$$A_1 : A_2 = B_1 : B_2 , \qquad A_1 : A_2 = C_1 : C_2 , \qquad \ldots$$

cioè

$$\frac{A_1}{A_2} = \frac{B_1}{B_2} = \frac{C_1}{C_2} = \ldots = r \qquad \text{(con } r \text{ costante).}$$

In conclusione: *se le grandezze di due classi in corrispondenza biunivoca oltre ad essere fra loro* **proporzionali** *sono anche* **omogenee***, allora il rapporto* r *delle grandezze corrispondenti è costante* (*ed è detto* **coefficiente di proporzionalità**).

13 TEOREMA. *Se le grandezze* A_1, B_1, C_1, ... *ed* A_2, B_2, C_2, ... *di due classi complete di grandezze in corrispondenza biunivoca sono* **proporzionali** *e* **omogenee***, allora la somma* $A_1 + B_1 + C_1 + \ldots$ *di un certo numero di grandezze della prima classe sta alla somma* $A_2 + B_2 + C_2 + \ldots$ *delle corrispondenti grandezze della seconda classe come una qualunque grandezza della prima classe sta alla sua corrispondente della seconda classe.*

Tale *proprietà*, detta *del comporre*, si esprime in breve dicendo che

in una sequenza di rapporti uguali fra grandezze omogenee, la somma di un certo numero di antecedenti sta alla somma dei relativi conseguenti come ogni antecedente sta al suo conseguente.

La dimostrazione è immediata. Infatti, in virtù del criterio del n. 9, le grandezze $A_1 + B_1 + C_1 + \ldots$ ed $A_2 + B_2 + C_2 + \ldots$ si corrispondono nella proporzionalità che intercede fra le due classi. E per quanto visto al n. precedente il loro rapporto è uguale a quello di due qualunque altri elementi corrispondenti:

$$\frac{A_1 + B_1 + C_1 + \ldots}{A_2 + B_2 + C_2 + \ldots} = \frac{A_1}{A_2} = \frac{B_1}{B_2} = \frac{C_1}{C_2} = \ldots$$

2° criterio di proporzionalità.

14 2° CRITERIO DI PROPORZIONALITÀ. *Condizione necessaria e sufficiente affinché due classi di grandezze in corrispondenza biunivoca siano* **direttamente proporzionali** *è che sia* **costante** *il* **rapporto delle misure** *delle grandezze corrispondenti.*

Infatti, con riferimento alle misure delle grandezze considerate, cioè alle due classi proporzionali di numeri reali a_1, b_1, c_1, ... ed a_2, b_2, c_2, ... possiamo ripetere il ragionamento fatto al n. 12 per concludere che

$$a_1 : a_2 = b_1 : b_2 = c_1 : c_2 = ...$$

Viceversa, se vale la precedente catena di uguaglianze, permutando i medi nelle proporzioni

$$a_1 : a_2 = b_1 : b_2 , \qquad b_1 : b_2 = c_1 : c_2 , \qquad ...$$

otteniamo le proporzioni

$$a_1 : b_1 = a_2 : b_2 , \qquad b_1 : c_1 = b_2 : c_2 , \qquad ...$$

Da queste ultime, per il teorema fondamentale sulle proporzioni fra grandezze (n. 3), deduciamo che:

$$A_1 : B_1 = A_2 : B_2 , \qquad B_1 : C_1 = B_2 : C_2 , \qquad ...$$

Classi di grandezze inversamente proporzionali.

15 DEFINIZIONE. *Due classi di grandezze in corrispondenza biunivoca* A_1, B_1, C_1, ... *ed* A_2, B_2, C_2, ... *si dicono* **inversamente proporzionali** *quando il rapporto di due grandezze qualunque della prima classe è uguale al rapporto inverso* (n. 18, cap. XII) *delle due grandezze corrispondenti della seconda classe.* Cioè quando

$$A_1 : B_1 = B_2 : A_2 , \qquad A_1 : C_1 = C_2 : A_2 , \qquad \text{ecc.}$$

16 TEOREMA. *Condizione necessaria e sufficiente affinché due classi di grandezze in corrispondenza biunivoca siano* **inversamente proporzionali** *è che le misure delle grandezze di una classe siano* **direttamente proporzionali agli inversi** *delle misure delle grandezze corrispondenti dell'altra.*

Se, infatti, indichiamo con a_1, b_1, a_2, b_2, le misure delle grandezze A_1, B_1, A_2, B_2, dalla proporzione fra grandezze

$$A_1 : B_1 = B_2 : A_2 \tag{1}$$

discende la proporzione fra le rispettive misure (n. 3)

$$a_1 : b_1 = b_2 : a_2 . \tag{2}$$

E quest'ultima – osservato che $b_2 : a_2 = (1/a_2) : (1/b_2)$ – può essere scritta nella forma

(3) $$a_1 : b_1 = \frac{1}{a_2} : \frac{1}{b_2}.$$

Viceversa, se vale la (3), allora vale la (2) e, quindi, vale la (1).

17 TEOREMA. *Condizione necessaria e sufficiente affinché due classi di grandezze in corrispondenza biunivoca* $A_1, B_1, C_1, \ldots$ *ed* $A_2, B_2, C_2, \ldots$ *siano* **inversamente proporzionali** *è che sia* **costante il prodotto** *delle misure delle grandezze corrispondenti*: $a_1 \cdot a_2 = b_1 \cdot b_2 = c_1 \cdot c_2 = \ldots$

Infatti, se le due classi di grandezze sono inversamente proporzionali, per la (2) del n. precedente si ha:

(1) $a_1 : b_1 = b_2 : a_2$ e, analogamente, $b_1 : c_1 = c_2 : b_2$, ecc.

Applicando il teorema n. 4, ne deduciamo che

(2) $a_1 a_2 = b_1 b_2$, $b_1 b_2 = c_1 c_2$, ecc.

e quindi che

(3) $a_1 a_2 = b_1 b_2 = c_1 c_2 = \ldots =$ costante.

Viceversa, se sussistono le (3) sussistono anche le (2) e, quindi, le (1). Per cui le due date classi di grandezze sono inversamente proporzionali.

18 Dal teorema precedente e dal 2° criterio di proporzionalità risulta che, se X e Y rappresentano due qualsiasi grandezze corrispondenti di due classi in corrispondenza biunivoca e se x e y sono le rispettive misure, allora, se abbiamo

$$\frac{y}{x} = \text{costante} = h, \qquad \text{cioè} \qquad y = hx,$$

le due classi sono *direttamente proporzionali*; se invece si ha

$$xy = \text{costante} = k, \qquad \text{cioè} \qquad y = \frac{k}{x},$$

le due classi sono *inversamente proporzionali*.

Aree di poligoni.

19 Al n. 19 del cap. XII abbiamo definito l'*area* come la misura di una superficie rispetto ad un'altra presa come unità di misura. Per la semplicità dei calcoli conviene prendere per superficie unitaria il quadrato costruito sul segmento fissato quale unità delle lunghezze.

Se per segmento unitario è stato scelto il metro, assumeremo quindi il *metro quadrato* come *unità di misura delle superfici*.

20 AREA DI UN RETTANGOLO. *L'area di un rettangolo è uguale al prodotto delle misure della base e dell'altezza.*

Siano R e Q (fig. 5) il rettangolo dato e il quadrato costruito sull'unità di lunghezza, assunto come unità di misura della superficie. Costruiamo il rettangolo R' che ha l'altezza uguale all'altezza di R e la base uguale alla base di Q.

Indichiamo con a, b le lunghezze dell'altezza e della base di R e con A, A' le aree di R, R' rispetto a Q.

Poiché le aree di due rettangoli, come R, R', che hanno uguale altezza, stanno fra loro come le lunghezze delle rispettive basi (n. 10) abbiamo

$$A : A' = b : 1; \qquad \text{da cui} \qquad A = b \cdot A'.$$

E analogamente, siccome R' e Q hanno uguale base, le loro aree stanno come le lunghezze delle loro altezze (n. 10). Si ha cioè

$$A' : 1 = a : 1; \qquad \text{da cui} \qquad A' = a\,.$$

Sostituendo nella precedente uguaglianza otteniamo

$$A = b \cdot a\,.$$

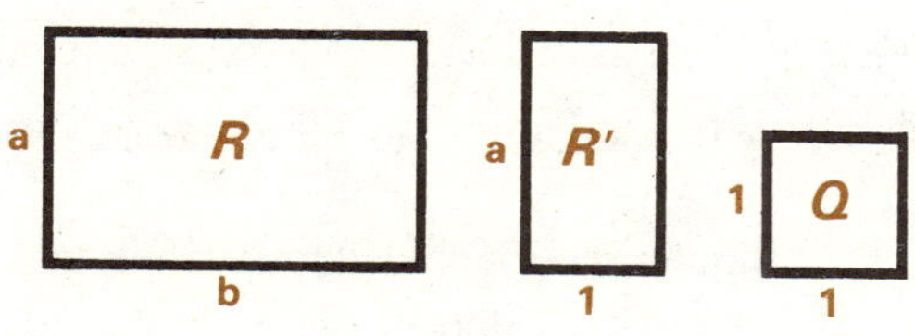

Fig. 5. - Area di un rettangolo.

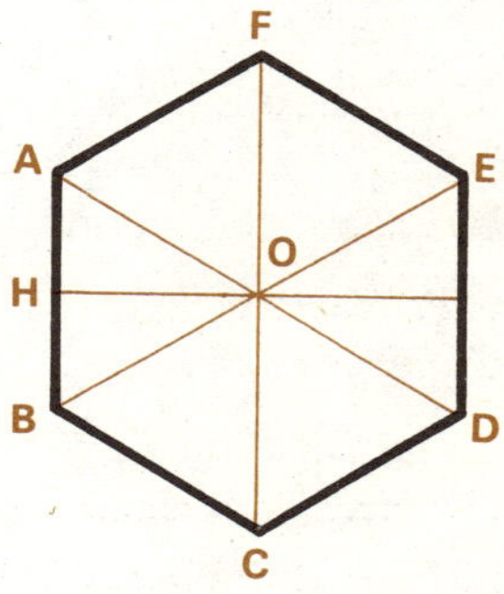

Fig. 6. - Area di un poligono regolare.

21 AREA DI UN QUADRATO. *L'area di un quadrato è uguale al quadrato della lunghezza del suo lato.*

Indicate con A l'area e con l la lunghezza del lato del quadrato, abbiamo, per quanto stabilito al n. precedente,

$$A = l^2.$$

22 AREA DI UN PARALLELOGRAMMA. *L'area di un parallelogramma è uguale al prodotto delle misure della base e dell'altezza.*

Nel capitolo X abbiamo studiato che un parallelogramma è equivalente ad un rettangolo di ugual base e ugual altezza. Siccome l'area di un rettangolo è uguale al prodotto della lunghezza della base per quella dell'altezza, se indichiamo con A l'area del parallelogramma e con b, a le lunghezze della sua base e della sua altezza, abbiamo

$$A = b \cdot a.$$

23 AREA DI UN TRIANGOLO. *L'area di un triangolo è uguale al semiprodotto delle misure di un lato e dell'altezza ad esso relativa.*

Nel capitolo X abbiamo studiato che un triangolo è equivalente ad un parallelogramma di uguale altezza e la cui base è la metà di quella del triangolo. Pertanto, dette a, b le misure dell'altezza e della base del triangolo, per quanto stabilito al n. precedente, la comune area A del parallelogramma e del triangolo è $a(b/2)$. Cioè

$$A = \frac{1}{2} \cdot b \cdot a .$$

24 AREA DI UN TRAPEZIO. *L'area di un trapezio è uguale al prodotto della semisomma delle misure delle basi per la lunghezza dell'altezza.*

Sappiamo dal capitolo X che un trapezio è equivalente a un triangolo di uguale altezza e che ha per base la somma delle basi del trapezio. Quindi, se con A indichiamo l'area del trapezio, con b, b' le lunghezze delle sue basi e con a la lunghezza della sua altezza, dalla formula che dà l'area di un triangolo si ottiene

$$A = \frac{1}{2} \cdot (b + b') \cdot a .$$

25 AREA DI UN POLIGONO REGOLARE. *L'area di un poligono regolare è uguale al prodotto delle misure del semiperimetro e dell'apotema.*

Sia $ABCD$... (fig. 6) un poligono regolare di n lati, e siano l la lunghezza di un suo lato ed a quella dell'apotema OH.

Unendo il centro O con i vertici A, B, C, D, ..., il poligono viene decomposto in tanti triangoli isosceli uguali quanti sono i suoi lati; la base di ciascuno di questi triangoli è uguale al lato del poligono e l'altezza è uguale all'apotema. Quindi l'area di uno di essi è $l \cdot a/2$. L'area A del poligono è n volte l'area di uno dei precedenti triangoli; si ha dunque

$$A = n \cdot \frac{1}{2} la = \frac{1}{2} \cdot (nl) \cdot a .$$

Detta $2p$ (= nl) la misura del perimetro del poligono, si conclude che

$$A = \frac{1}{2} \cdot 2p \cdot a = p \cdot a .$$

26 COROLLARIO. *Un poligono regolare è equivalente ad un triangolo che ha per base il perimetro del poligono e per altezza l'apotema.* Basta osservare che tanto il poligono quanto il triangolo hanno area uguale a $p \cdot a$.

Capitolo XIV

SIMILITUDINE E OMOTETIA.

Il teorema di Talete.

1 DEFINIZIONE. *Si dice* **fascio di rette parallele** *l'insieme di tutte le rette del piano che sono parallele ad una data retta* a.

Due rette r, r' che intersecano la a rispettivamente nei punti A, A' (fig. 1) intersecano anche ogni altra retta del fascio. Le rette r ed r' si dicono **trasversali**.

Il fascio di rette parallele determina una corrispondenza biunivoca fra i punti delle trasversali r ed r': due punti, uno di r e l'altro di r', sono corrispondenti se stanno su una stessa retta parallela ad a (ad esempio, in fig. 1 si corrispondono i punti A e A', B e B', ecc.). Anche i *segmenti* AB ed $A'B'$ (che uniscono coppie di punti corrispondenti) vengono chiamati *corrispondenti*.

2 TEOREMA DI TALETE. *Le due classi di segmenti corrispondenti individuati da un fascio di rette parallele su due trasversali sono direttamente proporzionali.*

Osservato che la corrispondenza che associa ai segmenti AB, BC, CD, ... della trasversale r rispettivamente i segmenti $A'B'$, $B'C'$, $C'D'$, ... della trasversale r' è biunivoca, per provare l'enunciato applichiamo il 1° criterio di proporzionalità introdotto al n. 9 del cap. XIII. Pertanto, dobbiamo dimostrare:

1) *che a segmenti uguali di* r *corrispondono segmenti uguali di* r';

2) *che alla somma di due segmenti, presi su* r*, corrisponde, su* r'*, il segmento somma dei due segmenti corrispondenti a quelli fissati su* r.

1) Sia $AB = CD$ (fig. 1). Vogliamo provare che è pure $A'B' = C'D'$.

Dette a, b, c, d le rette del fascio passanti rispettivamente per i punti A, B, C, D, conduciamo per A e per C le parallele alla r': sia P il punto in cui la prima di tali rette interseca la retta b, e sia Q il punto in cui la seconda interseca la retta d. I triangoli ABP, CDQ sono uguali perché hanno

$AB = CD$ per ipotesi,

$A\widehat{B}P = C\widehat{D}Q$ perché corrispondenti rispetto alle parallele b, d tagliate da r,

$B\widehat{A}P = D\widehat{C}Q$ perché corrispondenti rispetto alle parallele AP, CQ tagliate da r.

Segue da ciò l'uguaglianza dei segmenti AP, CQ. D'altra parte si ha pure $AP = A'B'$ e $CQ = C'D'$ come lati opposti dei parallelogrammi $APB'A'$ e $CQD'C'$; il che porta a concludere $A'B' = C'D'$.

2) Sia $GH = CD + EF$ (fig. 2). Vogliamo dimostrare che $G'H'$, corrispondente di GH, è la somma di $C'D'$ ed $E'F'$, rispettivamente corrispondenti di CD ed EF (con $C, D, E, F, G, H \in r$ e $C', D', E', F', G', H' \in r'$).

Per le ipotesi fatte esiste un punto K del segmento GH che lo divide in due segmenti GK e KH rispettivamente uguali a CD ed EF. Sia k la retta del fascio passante per K e sia K' il punto in cui k interseca la trasversale r'. Poiché abbiamo stabilito che a segmenti uguali di r corrispondono segmenti uguali di r', da

$$GK = CD \quad \text{e} \quad KH = EF \quad \text{segue} \quad G'K' = C'D' \quad \text{e} \quad K'H' = E'F'.$$

Pertanto si conclude che

$$G'H' = G'K' + K'H' = C'D' + E'F' \text{ (}^1\text{)}.$$

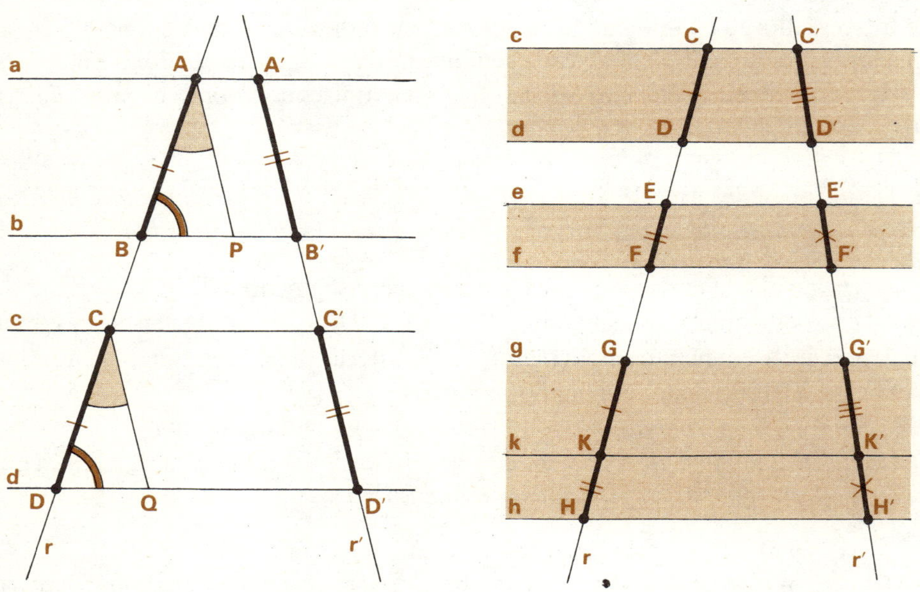

Figg. 1 e 2. - Il teorema di Talete.

[1] A rigore andrebbe dimostrato che dal fatto che il punto K è interno al segmento GH, segue che anche il punto K' è interno al segmento $G'H'$.

3 COROLLARIO. *Una retta parallela ad un lato di un triangolo determina sugli altri due lati, o sui loro prolungamenti, segmenti proporzionali.*

Sia ABC un triangolo (fig. 3); conduciamo una parallela al lato BC, che interseca le rette AB, AC nei punti D, E. Per il vertice A tracciamo la parallela p a BC. Se applichiamo il teorema di Talete alle tre parallele p, DE, BC e alle loro trasversali AB, AC abbiamo:

$$AB : AC = AD : AE = DB : EC.$$

4 TEOREMA (inverso del precedente corollario). *Una retta che determina su due lati di un triangolo, o sui loro prolungamenti, segmenti proporzionali, è parallela al terzo lato.*

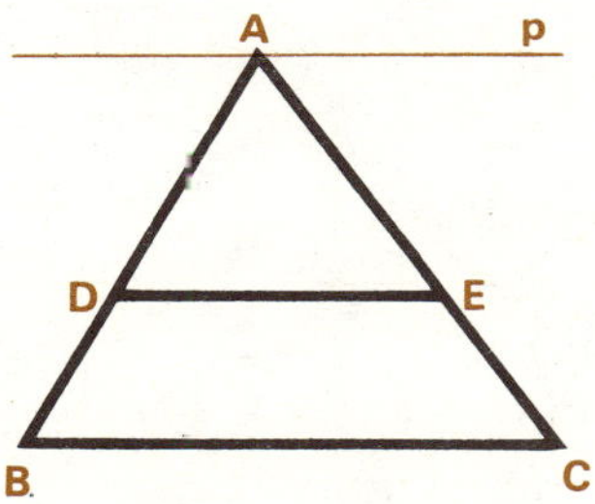

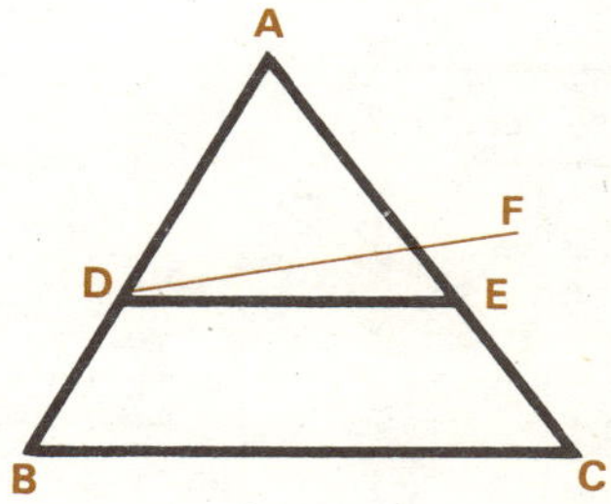

Figg. 3 e 4. - Corollario del teorema di Talete e teorema inverso.

Dato un triangolo ABC (fig. 4), si consideri una retta che interseca le rette AB ed AC rispettivamente in due punti D ed E, tali che sia

$$AB : DB = AC : EC \quad (^2).$$

Vogliamo dimostrare che DE è parallela a BC.

Ragioniamo per assurdo e supponiamo che DE non sia parallela a BC. In tal caso esisterebbe una retta DF, passante per D e parallela a BC, che incontrerebbe la retta AC in un punto F *distinto* da E.

Per il precedente corollario si avrebbe:

$$AB : DB = AC : FC .$$

Confrontando tale proporzione con quella fornitaci dall'ipotesi del teorema si cade in assurdo. Infatti, per l'unicità della quarta proporzionale (n. 6, cap. XIII) dovrebbe risultare FC uguale ad EC, mentre noi abbiamo supposto il contrario.

([2]) Se avessimo ammesso la proporzione $AD : DB = AE : EC$, applicando il componendo, avremmo ottenuto $(AD + DB) : DB = (AE + EC) : EC$. Da cui $AB : DB = AC : EC$. Avremmo, cioè, ritrovato la stessa proporzione da noi considerata.

Applicazioni del teorema di Talete.

5 1° PROBLEMA. *Dividere un segmento in parti direttamente proporzionali a più segmenti dati.*

Sia AB il segmento da dividere (fig. 5) e siano m, n, p gli altri segmenti assegnati. Si disegni una semiretta qualsiasi r, di origine A e non giacente sulla retta AB, e su di essa, a partire da A, si riportino consecutivamente i segmenti m, n, p in AC, CD, DE. Si unisca E con B e da C e D si conducano le parallele alla EB; siano X, Y le loro intersezioni col segmento AB. I punti X, Y risolvono il problema.

Infatti, per il teorema di Talete abbiamo:

$$AX : m = XY : n = YB : p.$$

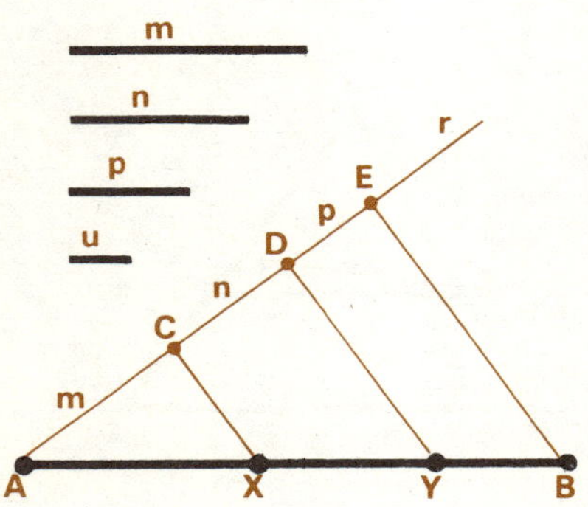

Fig. 5. - Divisione di un segmento in parti proporzionali a segmenti dati.

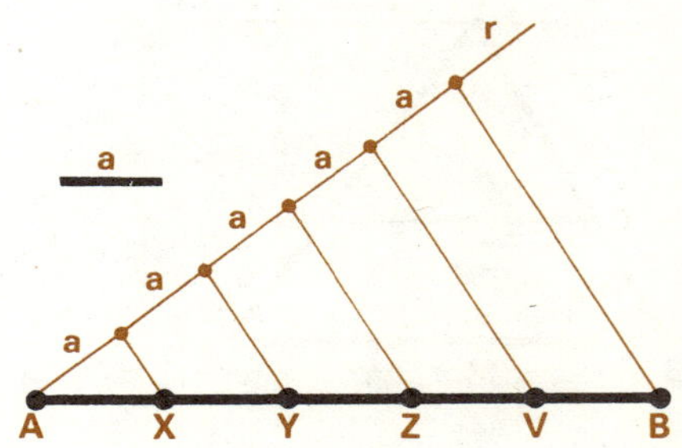

Fig. 6. - Divisione di un segmento in parti uguali.

6 Il problema precedente comprende anche quello di *dividere un segmento in parti proporzionali a più numeri dati*. Infatti, basta sostituire ai numeri dati segmenti ad essi proporzionali, ed operare, poi, come nel caso precedente.

Se, ad esempio, si deve dividere il segmento AB in parti direttamente proporzionali ai numeri 2, 3 e 4, si considera un segmento arbitrario u e si costruiscono (fig. 5) i segmenti $p = 2u$, $n = 3u$, $m = 4u$. Si divide, poi, AB in parti proporzionali ai segmenti p, n, m.

7 2° PROBLEMA. *Dividere un segmento in* h *parti uguali.*

Si tratta di un caso particolare del 1° problema. Basta prendere, al posto dei segmenti m, n, p, tanti segmenti, uguali ad un segmento arbitrario a, quante sono le unità del numero h. La fig. 6 mostra come si può dividere un segmento AB in 5 parti uguali.

8 3° PROBLEMA. *Costruire il segmento quarto proporzionale dopo tre segmenti assegnati.*

Siano m, n, p i tre segmenti dati (fig. 7). Si disegni un angolo qualsiasi ABC e su un suo lato BA si riportino consecutivamente, a partire da B, i segmenti m, n in BD, DE; sull'altro lato BC si prenda il segmento BF uguale a p. Si unisca F con D e da E si conduca la parallela a FD che incontra BC in X. Il segmento FX risolve il problema.

Infatti, per il teorema di Talete, abbiamo:

$$BD : DE = BF : FX ; \qquad \text{cioè} \qquad m : n = p : FX.$$

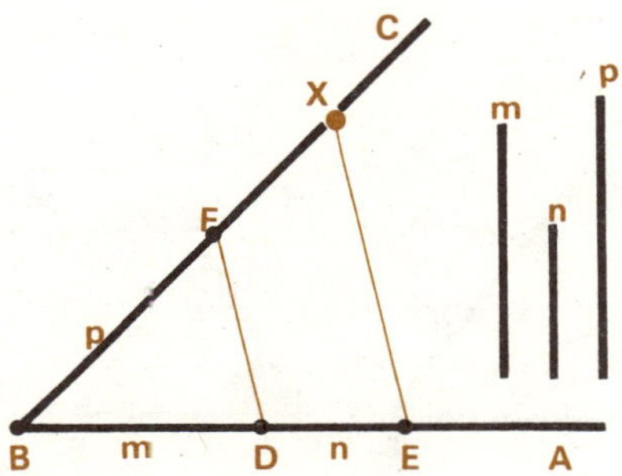

Fig. 7. - Quarto proporzionale dopo tre segmenti dati.

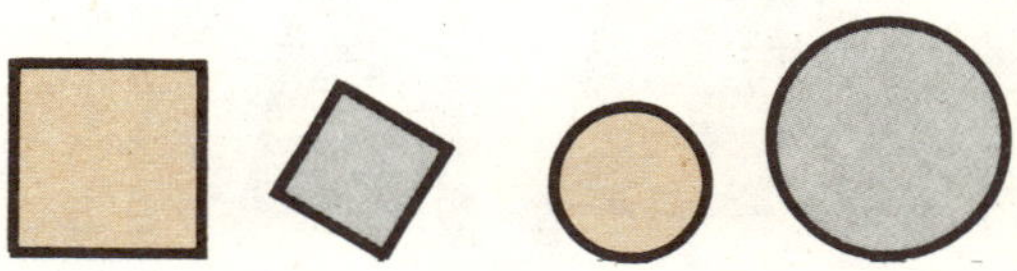
Fig. 8. - Coppie di figure simili.

Le figure simili.

9 Due triangoli equilateri o due quadrati con i lati diversi, due cerchi di raggi disuguali, pur non essendo uguali hanno in comune ciò che comunemente si chiama *forma*. Abbiamo così la nozione *intuitiva* di forma triangolare equilatera, forma quadrata, forma circolare, ecc.

Esempi di figure che, pur non essendo uguali, hanno la stessa forma sono gli oggetti piani e le loro fotografie fatte di fronte, i disegni e i loro ingrandimenti, ecc.

Riassumendo, in una figura geometrica noi distinguiamo forma ed estensione. Abbiamo chiamato *equivalenti* due figure di uguale estensione, ora chiameremo **simili** due figure di ugual forma (fig. 8). È evidente che *due figure uguali sono anche equivalenti e simili*; e che, viceversa, *due figure che siano equivalenti e simili sono uguali*.

Ci sono due metodi per definire rigorosamente la similitudine:

– un metodo generale, cioè che si può applicare a tutte le figure, basato sulle *omotetie*;

– un metodo più semplice, applicabile solo ai poligoni.

Iniziamo con questo secondo metodo. Più avanti, dopo aver introdotto le omotetie, accenneremo al primo metodo (n. 45).

10 Cominciamo dai triangoli. Dall'osservazione diretta di un triangolo e di una sua immagine fotografica si ricava che *gli angoli nell'immagine si sono conservati uguali*, mentre i lati sono tutti maggiori o tutti minori; più in particolare, se l'immagine di un lato è, ad esempio, la metà di questo, anche le altre immagini sono la metà dei rispetti-

vi lati. In altre parole, *i lati dell'immagine sono proporzionali ai rispettivi lati della figura iniziale*.

Analogamente, se noi fotografiamo un rettangolo, avremo per immagine un altro rettangolo la cui base e la cui altezza sono proporzionali alla base e all'altezza del rettangolo dato; se questa base è, ad esempio, tripla della sua immagine, anche l'altezza è tripla della sua immagine.

Le relazioni precedenti di *uguaglianza di angoli* e di *proporzionalità di lati*, che sussistono fra un poligono e una sua immagine, servono nella geometria razionale per *definire* la similitudine fra poligoni.

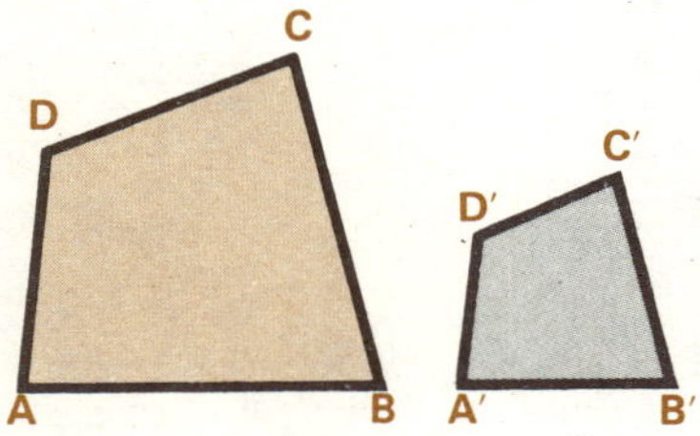

Fig. 9. - Poligoni simili.

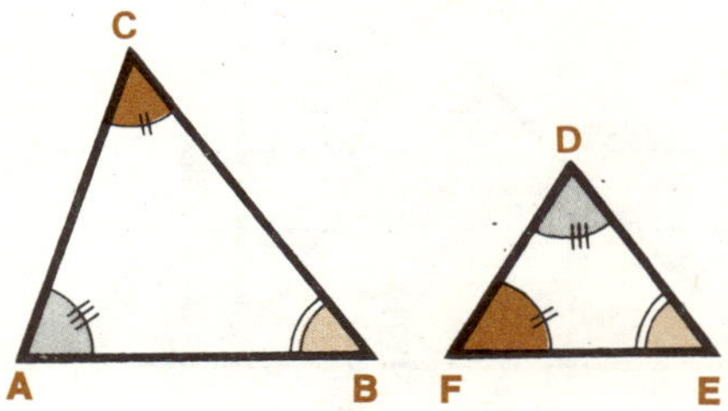

Fig. 10. - Triangoli simili.

11 Si considerino i due quadrilateri disegnati in fig. 9. Abbiamo indicato i loro vertici rispettivamente con le lettere A, B, C, D e con A', B', C', D'. In questo modo abbiamo indirettamente definito una corrispondenza biunivoca fra i vertici del primo e i vertici del secondo, cioè la corrispondenza che associa A con A', B con B' ecc.

Diremo *corrispondenti od omologhi* due angoli, uno del primo e uno del secondo quadrilatero, che abbiano per vertici punti corrispondenti; e diremo *corrispondenti* od *omologhi* due lati aventi per estremi due coppie di vertici corrispondenti. Ad esempio, sono omologhi gli angoli BCD e $B'C'D'$, come pure i lati DA e $D'A'$.

12 DEFINIZIONE. *Due poligoni* P *e* P′ *con lo stesso numero di lati si dicono* **simili** *se è possibile porre in corrispondenza biunivoca i vertici di* P *con i vertici di* P′ *in modo che:*

a vertici consecutivi di P *corrispondano vertici consecutivi di* P′;
gli angoli corrispondenti siano uguali;
i lati omologhi siano proporzionali.

In tal caso, si dice anche che i due poligoni hanno *ordinatamente* gli angoli uguali e i lati proporzionali.

Ad esempio, i due quadrilateri della fig. 9 sono simili perché si ha:

$$\widehat{A} = \widehat{A'}, \qquad \widehat{B} = \widehat{B'}, \qquad \widehat{C} = \widehat{C'}, \qquad \widehat{D} = \widehat{D'}$$

e, inoltre,

$$\frac{AB}{A'B'} = \frac{BC}{B'C'} = \frac{CD}{C'D'} = \frac{DA}{D'A'} = r\,.$$

Talvolta i poligoni simili non sono similmente disposti. In tal caso è necessario star bene attenti nella determinazione degli elementi omologhi; a questo scopo è spesso conveniente far riferimento agli angoli.

Consideriamo, ad esempio, i triangoli simili ABC, DEF (fig. 10) aventi gli angoli A e D uguali, e così pure gli angoli B ed E.

Poiché si ha:

$$\widehat{A} = \widehat{D}, \qquad \widehat{B} = \widehat{E}, \qquad \widehat{C} = \widehat{F},$$

i vertici A, B, C del primo triangolo hanno per omologhi rispettivamente i vertici D, E, F del secondo.

Ne segue che ai lati AB, BC, CA del primo triangolo corrispondono ordinatamente i lati DE, EF, FD del secondo; per cui si ha:

$$AB : DE = BC : EF = CA : FD.$$

Nei triangoli simili la determinazione delle varie coppie di lati corrispondenti è più rapida che negli altri poligoni simili. Basta tener presente che «due lati sono corrispondenti se opposti ad angoli uguali».

13 Due poligoni uguali, oltre ad avere gli angoli uguali, hanno anche i lati corrispondenti proporzionali in quanto i loro rapporti sono sempre uguali ad 1. Pertanto, *due poligoni uguali sono anche simili.*

Si noti anche che la *relazione di similitudine* fra poligoni gode delle proprietà *riflessiva* (ogni poligono è simile a se stesso), *simmetrica* (se un poligono P è simile a un poligono P', allora P' è simile a P) e *transitiva* (se un poligono P è simile a un poligono P' e P' è simile a un poligono P'', allora P è simile a P'').

I triangoli simili.

14 La definizione n. 12, data per la similitudine dei poligoni, risulta sovrabbondante nel caso particolare in cui i poligoni considerati sono triangoli.

Infatti, per i triangoli – contrariamente a quanto avviene per gli altri poligoni – l'uguaglianza degli angoli e la proporzionalità dei lati non sono proprietà indipendenti, bensì la prima implica la seconda, e viceversa. Ciò discende immediatamente dal seguente teorema e dal successivo teorema n. 19.

15 TEOREMA. *Se due triangoli hanno gli angoli a due a due uguali, allora i loro lati sono proporzionali.*

Siano ABC, $A'B'C'$ (fig. 11) due triangoli tali che:

$$\widehat{A} = \widehat{A'}; \qquad \widehat{B} = \widehat{B'}; \qquad \widehat{C} = \widehat{C'}.$$

Vogliamo dimostrare che sussistono le proporzioni:

$$AB : A'B' = BC : B'C' = CA : C'A'.$$

Infatti, se $AB = A'B'$, i due triangoli, avendo due angoli e il lato comune uguali, sono uguali; si ha allora $BC = B'C'$, $CA = C'A'$ e quindi valgono le precedenti proporzioni.

Nel caso in cui i lati AB, $A'B'$ siano disuguali, sui lati AB, AC dell'angolo BAC si prendano i segmenti

$$AD = A'B', \qquad AE = A'C'. \tag{1}$$

Si congiunga D con E. I triangoli ADE, $A'B'C'$ risultano uguali perché hanno gli angoli di vertici A, A' uguali per ipotesi e i lati che li comprendono uguali per costruzione. Ne segue l'uguaglianza degli angoli ADE, $A'B'C'$.

Siccome l'angolo $A'B'C'$ è per ipotesi uguale all'angolo ABC, sono uguali anche gli angoli ADE, ABC.

Questi angoli sono corrispondenti rispetto alle rette DE, BC tagliate dalla trasversale AB; ed essendo essi uguali, le rette DE, BC sono parallele.

Possiamo, pertanto, applicare al triangolo ABC il corollario n. 3 e scrivere la proporzione:

$$AB : AD = AC : AE,$$

che, per le (1), può essere scritta nella forma

$$AB : A'B' = AC : A'C'.$$

In modo analogo si dimostra che

$$AC : A'C' = BC : B'C'.$$

Riassumendo, abbiamo: $AB : A'B' = BC : B'C' = CA : C'A'$.

16 Dal precedente teorema e dalla definizione n. 12 segue il

1° CRITERIO DI SIMILITUDINE DEI TRIANGOLI. *Se due triangoli hanno gli angoli a due a due uguali, allora essi sono simili.*

Siano ABC ed $A'B'C'$ due triangoli tali che $\widehat{A} = \widehat{A'}$ e $\widehat{B} = \widehat{B'}$. Tenendo presente che la somma degli angoli di un triangolo è un angolo piatto, si deduce facilmente che $\widehat{C} = \widehat{C'}$. Di conseguenza, per applicare a due triangoli il 1° criterio di similitudine, basta sapere che *due angoli del primo triangolo sono rispettivamente uguali a due angoli del secondo.*

17 COROLLARI. 1) *Due triangoli rettangoli con un angolo acuto uguale sono simili.*

2) *Due triangoli isosceli con l'angolo al vertice uguale, oppure con gli angoli alla base uguali, sono simili.*

3) *Se in un triangolo* ABC *un segmento* DE (*con* D *sul lato* AB *ed* E *sul lato* AC) *è parallelo al lato* BC (fig. 11), *allora i due triangoli* ABC, ADE *sono simili.*

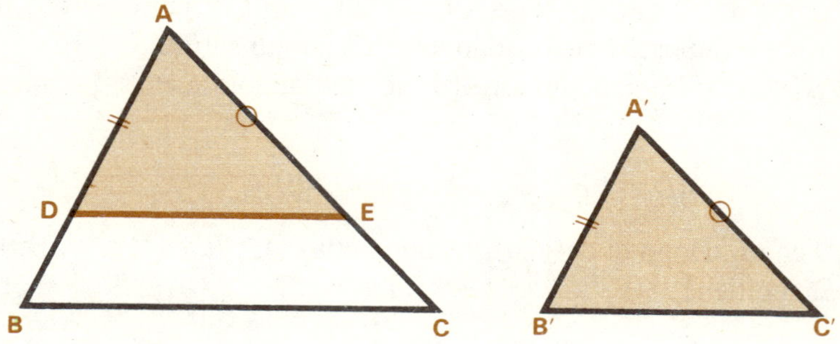

Fig. 11. - Criteri di similitudine dei triangoli.

18 2° CRITERIO DI SIMILITUDINE DEI TRIANGOLI. *Se due triangoli hanno un angolo uguale ed i lati che lo comprendono in proporzione, allora essi sono simili.*

Vogliamo dimostrare la similitudine di due triangoli ABC, $A'B'C'$ (fig. 11) sapendo che hanno uguali gli angoli di vertici A, A' e che

(1) $$AB : A'B' = AC : A'C'.$$

Infatti, se $AB = A'B'$ è anche, per la (1), $AC = A'C'$; allora i due triangoli avendo due lati e l'angolo da essi compreso uguali, sono uguali e quindi simili (n. 13).

Se invece i lati AB, $A'B'$ sono disuguali, sui lati AB, AC, dell'angolo BAC si prendano i segmenti

$$AD = A'B', \qquad AE = A'C'.$$

Congiunto D con E, i triangoli ADE, $A'B'C'$ risultano uguali perché hanno gli angoli di vertici A, A' uguali per ipotesi e i lati che li comprendono uguali per costruzione.

Ora, se nella proporzione (1) ad $A'B'$ e $A'C'$ si sostituiscono rispettivamente i segmenti uguali AD, AE, si ottiene la proporzione

$$AB : AD = AC : AE$$

dalla quale segue, per il teorema n. 4, che DE è parallela a BC.

Se ne deduce che gli angoli ADE, AED, risultano ordinatamente uguali agli angoli ABC, ACB (ad essi corrispondenti rispetto alle parallele DE, BC tagliate dalle trasversali AB, AC) e che, quindi, il triangolo ABC è simile al triangolo ADE per il primo criterio di similitudine. Ora, essendo il triangolo ADE uguale al triangolo $A'B'C'$, possiamo concludere che i triangoli ABC, $A'B'C'$ sono simili.

19 3° CRITERIO DI SIMILITUDINE DEI TRIANGOLI. *Se due triangoli hanno i lati proporzionali, allora essi sono simili.*

Siano $ABC, A'B'C'$ due triangoli (fig. 11) tali che

(1) $$AB : A'B' = AC : A'C' = BC : B'C'.$$

Vogliamo dimostrare che essi sono simili.

Infatti, se $AB = A'B'$, anche $AC = A'C'$ e $BC = B'C'$; per cui i due triangoli, avendo i tre lati rispettivamente uguali, sono uguali e quindi simili.

Se AB e $A'B'$ sono disuguali, sui lati AB, AC dell'angolo BAC si prendano i segmenti

$$AD = A'B' \qquad \text{ed} \qquad AE = A'C'$$

e si congiunga D con E. Dopo di che, sostituendo nella (1) $A'B'$ ed $A'C'$ rispettivamente con AD ed AE, si ottiene

$$AB : AD = AC : AE \, .$$

Da tale proporzione, per il teorema n. 4, si ricava che DE è parallela a BC e quindi che gli angoli ADE, ABC (corrispondenti fra rette parallele tagliate da una trasversale) sono uguali, così come sono uguali gli angoli AED, ACB.

Avendo tutti gli angoli a due a due uguali, i triangoli ABC, ADE sono simili; per cui sussiste la proporzione fra lati corrispondenti

$$AB : AD = BC : DE;$$

ovvero, essendo $AD = A'B'$,

$$AB : A'B' = BC : DE \, .$$

D'altra parte, per le (1), sappiamo che $AB : A'B' = BC : B'C'$.

Confrontando queste ultime due proporzioni, per l'unicità della quarta proporzionale (n. 6, cap. XIII), ricaviamo che $DE = B'C'$.

Segue da ciò che i triangoli ADE, $A'B'C'$, avendo i lati rispettivamente uguali, sono uguali; ed allora, il triangolo ABC, essendo simile al triangolo ADE, è anche simile al triangolo $A'B'C'$.

20 TEOREMA. *Se due triangoli sono simili, allora le altezze relative a due lati omologhi sono proporzionali a questi lati* ([3]).

Siano ABC, $A'B'C'$ due triangoli simili (fig. 12) e AH, $A'H'$ le altezze relative ai lati omologhi BC, $B'C'$. Vogliamo dimostrare che si ha la proporzione

$$BC : B'C' = AH : A'H'.$$

Osserviamo, intanto, che i triangoli rettangoli ABH, $A'B'H'$ sono simili, perché hanno gli angoli acuti ABH, $A'B'H'$ uguali per ipotesi (n. 17, 1°). E poiché nei triangoli simili i lati omologhi sono in proporzione, abbiamo:

$$AB : A'B' = AH : A'H'.$$

D'altra parte, per la similitudine dei triangoli ABC, $A'B'C'$, si ha

$$AB : A'B' = BC : B'C';$$

([3]) Poiché le varie coppie di lati omologhi sono proporzionali, si ha che le altezze corrispondenti a lati omologhi sono proporzionali ad una qualsiasi coppia di lati omologhi.

da cui segue, per la proprietà transitiva dell'uguaglianza:

$$BC : B'C' = AH : A'H'.$$

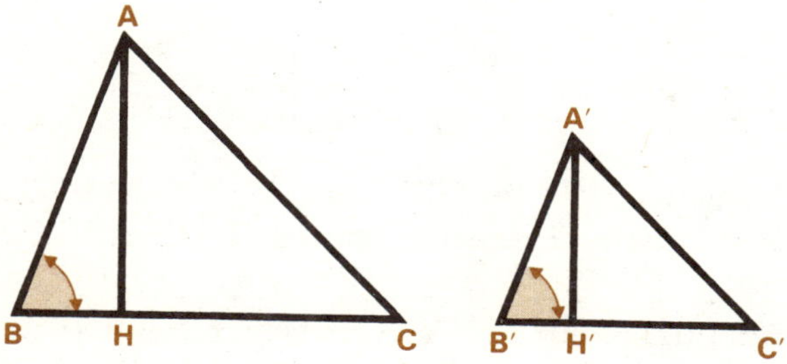

Fig. 12. - Proprietà delle altezze di triangoli simili.

Equivalenza di poligoni e proporzionalità di segmenti.

21 TEOREMA. *Condizione necessaria e sufficiente affinché quattro segmenti siano in proporzione è che il rettangolo costruito sugli estremi sia equivalente al rettangolo costruito sui medi.*

Siano a, b, c, d quattro segmenti, α, β, γ, δ le loro misure rispetto ad una medesima unità u ed $R\,(a\,;\,d)$, $R\,(b\,;\,c)$ i due rettangoli aventi rispettivamente per dimensioni a, d e b, c. Vogliamo dimostrare che:

se $a : b = c : d$, allora $R\,(a\,;\,d) \equiv R\,(b\,;\,c)$; e viceversa.

La condizione è necessaria. Dalla proporzione fra grandezze $a : b = c : d$ si passa alla proporzione fra le loro misure $\alpha : \beta = \gamma : \delta$ (n. 3, cap. XIII) e da questa si ricava l'uguaglianza $\alpha \cdot \delta = \beta \cdot \gamma$. Ora $\alpha \cdot \delta$ e $\beta \cdot \gamma$ sono le aree dei due rettangoli $R\,(a\,;\,d)$ ed $R\,(b\,;\,c)$, i quali, dunque, sono equivalenti.

La condizione è sufficiente. Da $R\,(a\,;\,d) \equiv R\,(b\,;\,c)$ si ricava successivamente che: $\alpha \cdot \delta = \beta \cdot \gamma$; $\alpha : \beta = \gamma : \delta$; $a : b = c : d$.

22 COROLLARIO. *Condizione necessaria e sufficiente affinché un rettangolo sia equivalente ad un quadrato è che il lato del quadrato sia medio proporzionale fra due lati consecutivi del rettangolo.*

23 Come applicazione della teoria della similitudine facciamo ora vedere come si possano dimostrare, per altra via, i due teoremi di Euclide che noi abbiamo già dimostrato nel cap. XI con la teoria dell'equivalenza.

Facciamo, intanto, osservare che, in virtù del corollario n. 22, i due teoremi di Euclide possono essere enunciati nella forma seguente:

1° TEOREMA DI EUCLIDE. *In un triangolo rettangolo un cateto è medio proporzionale fra l'ipotenusa e la sua proiezione su di essa.*

2° TEOREMA DI EUCLIDE. *In un triangolo rettangolo l'altezza relativa all'ipotenusa è media proporzionale fra le proiezioni dei cateti sull'ipotenusa.*

Sia ABC un triangolo rettangolo di ipotenusa BC (fig. 13) e sia H il piede dell'altezza relativa all'ipotenusa stessa.

Dobbiamo dimostrare che valgono le proporzioni:

(1) $$BC : BA = BA : BH$$

(2) $$BH : AH = AH : HC.$$

Infatti, i triangoli rettangoli HBA e HAC, avendo, ciascuno, un angolo acuto in comune con il triangolo rettangolo ABC, sono simili ad esso (n. 17, 1°) e, quindi, simili fra loro (n. 13).

Dalla similitudine dei triangoli ABC, HBA, ponendo in proporzione i lati opposti ad angoli uguali, discende la (1). Analogamente, dalla similitudine fra i triangoli HBA, HAC, segue la (2).

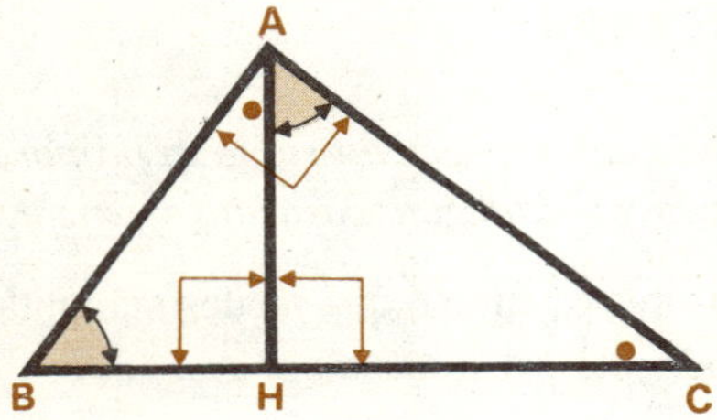

Fig. 13. - I teoremi di Euclide.

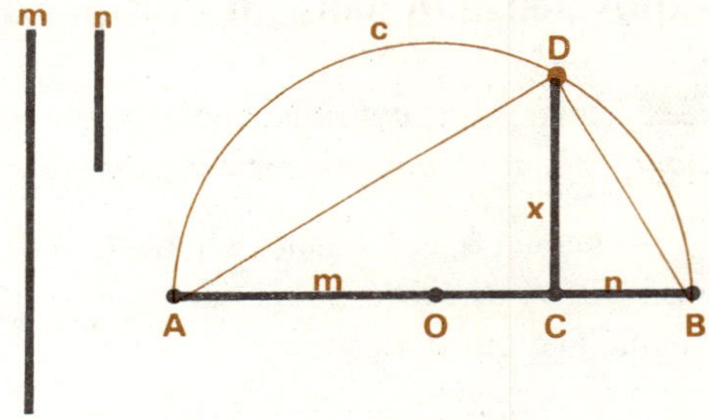

Fig. 14. - Segmento medio proporzionale fra due segmenti dati.

24 PROBLEMA. *Costruire il segmento medio proporzionale fra due segmenti dati.*

Si costruisca il segmento AB somma dei segmenti dati $AC = m$ e $CB = n$ e se ne determini il punto medio O (fig. 14). Fatto centro in O, si descriva una semicirconferenza c, di diametro AB e da C si conduca la perpendicolare al segmento AB, che interseca c in D. Unito D con A e con B si ottiene il triangolo ADB, rettangolo in D perché l'angolo ADB è inscritto in una semicirconferenza. Applicando a tale triangolo il 2° teorema di Euclide si deduce che DC è il segmento cercato.

I poligoni simili.

25 Abbiamo dimostrato che due triangoli sono simili se hanno gli angoli rispettivamente uguali, oppure se hanno i lati omologhi in proporzione. Invece, come abbiamo già notato, per i poligoni con più di 3 lati l'uguaglianza degli angoli e la proporzionalità dei lati sono due proprietà *indipendenti* fra loro, cioè può valere una senza che valga l'altra.

Ad esempio, un quadrato ed un rettangolo hanno gli angoli uguali, ma non hanno i lati proporzionali, mentre un quadrato ed un rombo, pur avendo i lati proporzionali, non hanno gli angoli uguali (figg. 15 e 16).

Pertanto, per dimostrare la similitudine di due poligoni (non triangoli), dovremo dimostrare sia che gli angoli sono uguali, sia che i lati omologhi sono proporzionali.

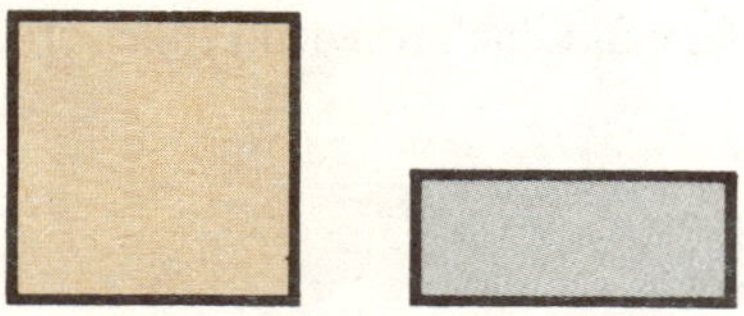

Fig. 15. - Poligoni equiangoli non simili.

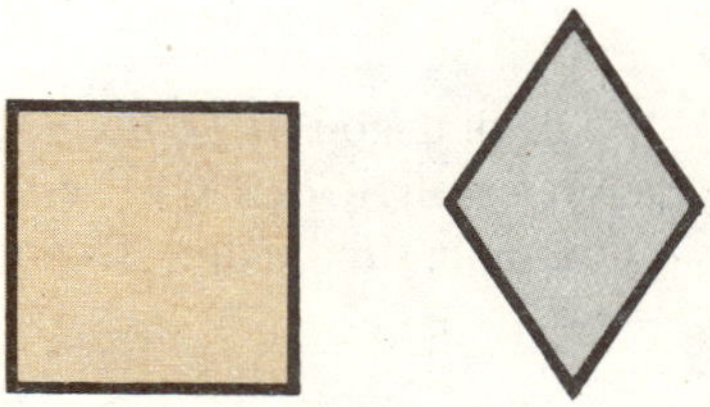

Fig. 16. - Poligoni con i lati proporzionali, non simili.

26 TEOREMA. *Due poligoni regolari di ugual numero di lati sono simili.*

Siano dati due poligoni regolari di n lati.
La somma degli angoli interni di ciascuno di essi è

$$(n-2) \text{ angoli piatti;}$$

quindi ogni angolo, di entrambi i poligoni, è uguale a

$$\frac{n-2}{n} \text{ angoli piatti.}$$

Da ciò discende l'uguaglianza degli angoli dei due poligoni.

D'altra parte, essendo i lati del primo poligono uguali fra loro, e così quelli del secondo, il rapporto fra due lati omologhi non varia al variare della coppia considerata. Quindi i lati omologhi sono proporzionali.

27 TEOREMA. *Due poligoni simili vengono decomposti dalle diagonali condotte da due vertici corrispondenti in triangoli simili ed ugualmente disposti.*

Siano $ABCDE$, $A'B'C'D'E'$ due poligoni simili (fig. 17); cioè con gli angoli rispettivamente uguali ed i lati corrispondenti proporzionali.

Da due vertici corrispondenti A, A' conduciamo tutte le possibili diagonali. Vogliamo dimostrare che i triangoli ABC, ACD, ADE, in cui viene scomposto il primo poligono, sono rispettivamente simili ai triangoli $A'B'C'$, $A'C'D'$, $A'D'E'$ secondo cui è decomposto il secondo.

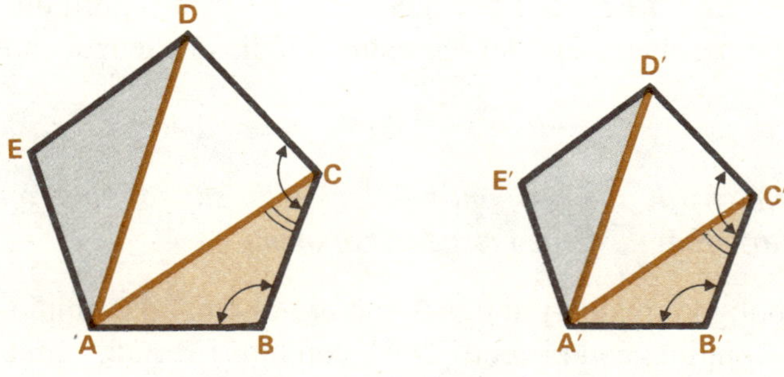

Fig. 17. - Scomposizione di poligoni simili in triangoli simili.

I due triangoli ABC, $A'B'C'$ sono simili per il 2° criterio di similitudine avendo gli angoli di vertici B, B' uguali ed i lati AB, $A'B'$ e BC, $B'C'$ proporzionali per ipotesi. Dalla loro similitudine deduciamo che sono uguali gli angoli ACB, $A'C'B'$ e che vale la proporzione

$$AC : A'C' = BC : B'C'.$$

Se dagli angoli BCD, $B'C'D'$, uguali per ipotesi, togliamo i due precedenti (uguali), otteniamo gli angoli ACD, $A'C'D'$, essi pure uguali.

Ora, dalla similitudine dei poligoni dati abbiamo:

$$BC : B'C' = CD : C'D';$$

da questa e dalla precedente proporzione, per la proprietà transitiva della uguaglianza, ricaviamo:

$$AC : A'C' = CD : C'D'.$$

Possiamo, pertanto, concludere che i triangoli ACD, $A'C'D'$, essendo i lati AC, CD del primo proporzionali ai lati $A'C'$, $C'D'$ del secondo e gli angoli ACD, $A'C'D'$ da essi compresi uguali, sono simili.

In modo analogo si dimostra che sono simili i triangoli delle rimanenti coppie.

28 COROLLARIO. *Le diagonali omologhe di due poligoni simili stanno fra loro come i lati omologhi.*

29 TEOREMA. *I perimetri di due poligoni simili stanno fra loro come due lati omologhi.*

Se a, b, c, d, e ed a', b', c', d', e' sono i lati rispettivamente omologhi di due poligoni simili (fig. 18), si ha

$$\frac{a}{a'} = \frac{b}{b'} = \frac{c}{c'} = \frac{d}{d'} = \frac{e}{e'}.$$

Applichiamo a tale sequenza di rapporti uguali la proprietà del comporre (n. 13, cap. XIII):

$$\frac{a+b+c+d+e}{a'+b'+c'+d'+e'} = \frac{a}{a'}.$$

La somma $a+b+c+d+e$ è il perimetro $2p$ del primo poligono e la somma $a'+b'+c'+d'+e'$ è il perimetro $2p'$ del secondo; quindi, sostituendo, abbiamo

$$2p : 2p' = a : a'.$$

30 TEOREMA. *I perimetri di due poligoni regolari dello stesso numero di lati stanno fra loro come i rispettivi raggi e come i rispettivi apotemi.*

Siano dati due poligoni regolari di ugual numero di lati, ad esempio due pentagoni regolari (fig. 19). Congiungendo i centri O, O' con tutti i vertici, veniamo a dividere ciascuno dei due poligoni in cinque triangoli isosceli uguali.

Siano AOB, $A'O'B'$ due di tali triangoli. Essi sono simili (n. 17, 2°) per avere gli angoli al vertice AOB, $A'O'B'$ uguali in quanto entrambi quinta parte dell'angolo giro.

Siano OH, $O'H'$ le altezze di tali triangoli, relative alle basi AB, $A'B'$, cioè gli apotemi dei due poligoni. Poiché le basi di due triangoli simili stanno tra loro come le altezze relative e come i lati corrispondenti, abbiamo

$$AB : A'B' = OH : O'H' = OA : O'A'.$$

D'altra parte, due poligoni regolari dello stesso numero di lati sono simili (n. 26) e quindi i loro perimetri $2p$ e $2p'$ stanno fra loro come i lati corrispondenti AB e $A'B'$ (n. 29). Per cui si ha:

$$2p : 2p' = OH : O'H' = OA : O'A'.$$

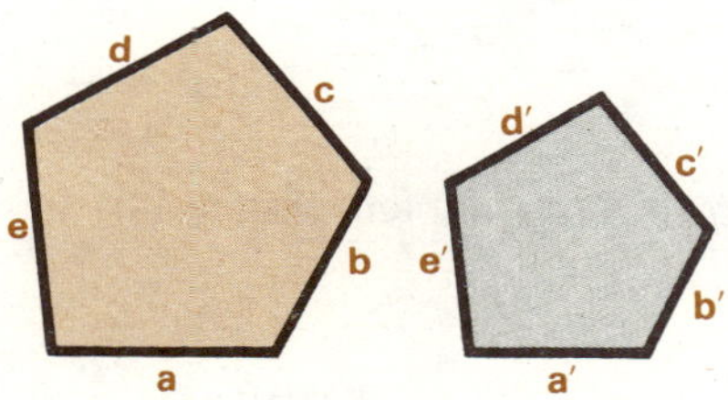

Fig. 18. - Relazione fra i perimetri di poligoni simili.

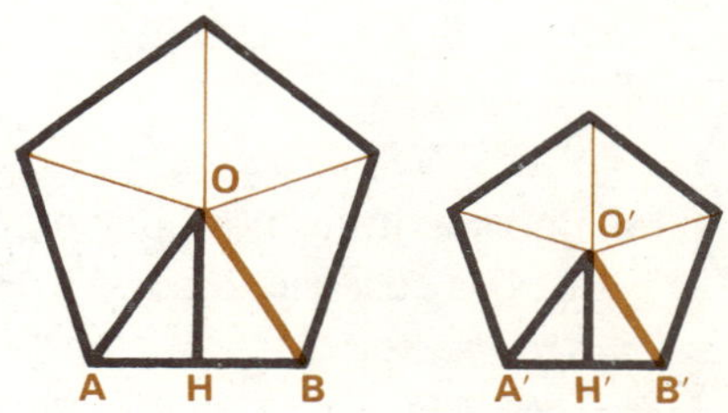

Fig. 19. - Relazione fra perimetri, apotemi e raggi di poligoni regolari.

Relazioni fra lati e superfici di poligoni simili.

31 LEMMA ([4]). *Se quattro segmenti sono in proporzione, sono in proporzione anche i quadrati costruiti su di essi.*

Siano a, a', b, b' le lunghezze di quattro segmenti in proporzione. Per il teorema n. 3 del cap. XIII si ha $a/a' = b/b'$.

Eleviamo ambo i membri al quadrato: $(a)^2/(a')^2 = (b)^2/(b')^2$.

Pertanto le aree dei quadrati costruiti sui quattro dati segmenti formano una proporzione. Per lo stesso teorema sopra menzionato, sono in proporzione anche i quadrati.

32 COROLLARIO. *In due poligoni simili, i quadrati costruiti sui lati dell'uno sono proporzionali ai quadrati costruiti sui lati corrispondenti dell'altro.*

33 TEOREMA. *Due triangoli simili stanno fra loro come i quadrati costruiti su due loro lati corrispondenti.*

([4]) Si dice *lemma* un teorema che non interessa tanto in sé, quanto per la dimostrazione di teoremi successivi.

In virtù del precedente corollario è sufficiente dimostrare il teorema per una qualsiasi coppia di lati corrispondenti.

Dati due triangoli simili, siano:

a, a' le lunghezze di due lati corrispondenti,
h, h' le misure delle altezze ad essi relative,
S, S' le aree dei due triangoli.

Poiché quattro grandezze sono in proporzione se sono in proporzione le loro misure, basta dimostrare che

(1) $$S : S' = (a)^2 : (a')^2.$$

D'altra parte, $S = a \cdot h/2$ ed $S' = a' \cdot h'/2$; per cui il 1° membro $S : S'$ della (1) è uguale a

$$\frac{ah}{2} : \frac{a'h'}{2} = \frac{ah}{a'h'} = \frac{a}{a'} \cdot \frac{h}{h'} = \frac{a}{a'} \cdot \frac{a}{a'} = \frac{(a)^2}{(a')^2}$$

(abbiamo sostituito il rapporto h/h' col rapporto a/a' in virtù del teorema n. 20).

Si trova così che $S : S' = (a)^2 : (a')^2$.

34 TEOREMA. *Due poligoni simili stanno fra loro come i quadrati costruiti su due loro lati corrispondenti.*

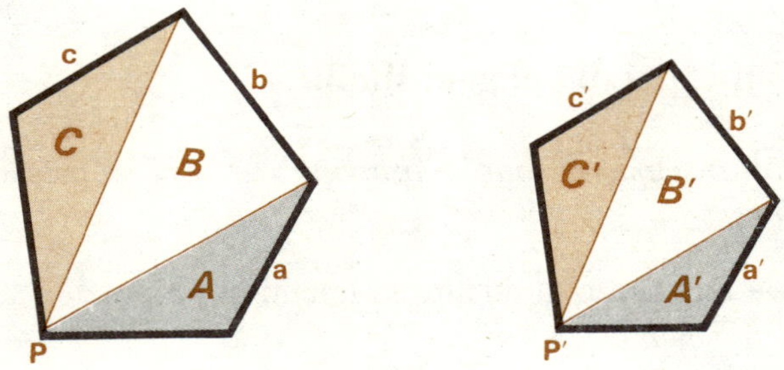

Fig. 20. - Relazioni fra poligoni simili e quadrati di lati omologhi.

Come nel teorema precedente è sufficiente dimostrare che le *aree* di due poligoni simili stanno fra loro come i quadrati delle *lunghezze* di due lati corrispondenti.

Siano dati due poligoni simili, ad esempio due pentagoni (fig. 20). Da due vertici corrispondenti P e P' conduciamo tutte le possibili diagonali; sappiamo che esse scompongono i poligoni in coppie di triangoli simili (n. 27).

Indichiamo con A, B, C, A', B', C' le aree di tali triangoli e con a, b, c, a', b', c' le lunghezze dei rispettivi lati opposti ai vertici P e P'.

Per il teorema precedente abbiamo:

(1) $$A : A' = (a)^2 : (a')^2;$$

$$B : B' = (b)^2 : (b')^2; \qquad C : C' = (c)^2 : (c')^2 .$$

Per il corollario n. 32, i secondi membri delle precedenti uguaglianze sono uguali e quindi sono uguali anche i primi membri. Per cui si ha:

$$A : A' = B : B' = C : C'.$$

Applichiamo a questa sequenza di rapporti uguali la proprietà del comporre (n. 13, cap. XIII). Abbiamo:

$$(A + B + C) : (A' + B' + C') = A : A'.$$

Sostituiamo ora, in virtù della (1), al rapporto $A : A'$ il rapporto uguale $(a)^2 : (a')^2$ e osserviamo che le somme $A + B + C$ e $A' + B' + C'$ sono uguali alle aree S e S' dei due poligoni; otteniamo, pertanto,

$$S : S = (a)^2 : (a')^2.$$

Le omotetie.

35 Un'**omotetia** (dal greco *homos-tethós*, cioè *ugualmente collocato*) è una *trasformazione* del piano in se stesso, cioè una *corrispondenza* fra punti del piano, così definita.

DEFINIZIONE. *Fissati un punto* O, *detto* **centro**, *ed un numero reale non nullo* k, *detto* **rapporto di omotetia**, *si dice che il punto* A′ *è il corrispondente o l'immagine del punto* A *nella omotetia di centro* O *e rapporto* k *se* (figg. 21 e 22)

1) *i tre punti* **O, A, A′** *sono* **allineati**;

2) *vale l'uguaglianza* « **OA′ : OA = k** ».

Figg. 21 e 22. - Punti che si corrispondono in una omotetia.

Per distinguere il caso in cui il centro O è esterno al segmento AA' da quello in cui O è interno ad esso, si assume k come *positivo* nella prima situazione e come *negativo* nella seconda ([5]). Così, nella fig. 21 è $k = 3$, mentre nella fig. 22 è $k = -1{,}5$.

([5]) NOTA PER L'INSEGNANTE. Talvolta, vengono usate le locuzioni «omotetia diretta» e «omotetia inversa» per indicare, rispettivamente, le omotetie con rapporto positivo e quelle con rapporto negativo; ma tali dizioni, a rigore, non sono corrette. In effetti, come i movimenti rigidi si distinguono in diretti e inversi (si veda il cap. VIII), così si parla anche di *similitudini dirette* e *inverse*: ad esempio, i due quadrilateri in fig. 9 sono direttamente simili (se percorriamo i due contorni nello stesso verso a partire da due vertici corrispondenti, troviamo via via vertici corrispondenti), mentre i due triangoli in fig. 10 sono inversamente simili (per trovare via via vertici corrispondenti, occorre procedere in un triangolo in verso orario e nell'altro in verso antiorario). Si può dimostrare che, in questo senso, *una qualunque omotetia è una similitudine diretta*. Del resto, un'omotetia di rapporto $k = -1$ è una simmetria centrale, che, come è noto, è un movimento rigido diretto.

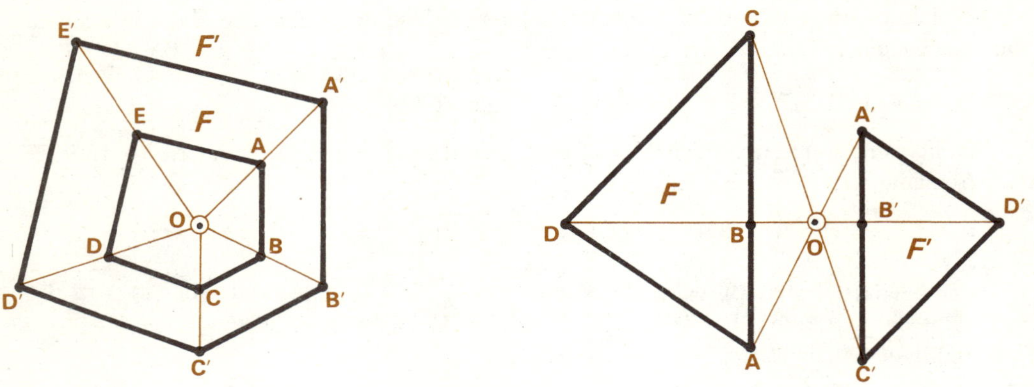

Figg. 23 e 24. - Coppie di figure omotetiche.

36 DEFINIZIONE. *Una figura* **F′** *si dice* **corrispondente** (*o* **immagine**, *o* **omotetica**) *di una figura* **F** *nella* **omotetia** *di centro* O *e rapporto* k *se la figura* **F′** *è l'insieme delle immagini dei punti di* **F** (figg. 23 e 24).

È chiaro che:
F è l'immagine di **F′** nella omotetia di centro O e rapporto $1/k$;
per $k = 1$ le figure **F** ed **F′** coincidono;
per $k = -1$ le figure **F** ed **F′** sono simmetriche rispetto ad O.

37 TEOREMA. *Se due figure* **F**, **F′** *sono omotetiche, allora il rapporto delle distanze fra due punti* A′, B′ $\in$ **F′** *e fra i due punti corrispondenti* A, B $\in$ **F** *è costante ed uguale al valore assoluto* |k| *del rapporto di omotetia.*

Infatti, indicato con O il centro di omotetia (fig. 25), si osserva che i triangoli OAB, $OA'B'$ sono simili per il 2° criterio (n. 18) perché hanno l'angolo di vertice O in comune ed i lati che lo comprendono in proporzione dato che, per la definizione n. 35, è $OA' : OA = OB' : OB = |k|$. Ne segue che si ha pure $A'B' : AB = |k|$.

38 Quali sono i punti e le rette *unite* in una omotetia (diversa dall'identità)?
La risposta non è difficile. Dalla definizione segue infatti che:
– l'unico punto unito è il centro O;
– le rette unite sono tutte e sole le rette passanti per O.

39 Siano $(A; A')$, $(B; B')$, $(C; C')$, ... altrettante coppie di punti che si corrispondono nella omotetia di centro O e rapporto k. Si dimostra che

TEOREMA. *Se* A, B, C *sono allineati* (fig. 24), *tali sono anche* A′, B′, C′, *con* B′ *interno al segmento* A′C′ *se* B *è interno al segmento* AC.

1° COROLLARIO. *Il segmento* AB, *la retta* AB, *l'angolo* AVB (fig. 26) *hanno per immagini nell'omotetia considerata rispettivamente il segmento* A′B′, *la retta* A′B′, *l'angolo* A′V′B′.

Si può parlare, pertanto, di segmenti, rette, angoli corrispondenti.

2° COROLLARIO. *In una omotetia, due rette corrispondenti* AB, A′B′ *sono parallele.*

Infatti, se la retta AB non passa per il centro O, allora basta ricordare che i triangoli OAB, $OA'B'$ della fig. 25 sono simili (n. 37) e tener presente il teorema n. 4. Se, invece, il centro O appartiene alla retta AB, allora la retta $A'B'$ coincide con AB e, dunque, è parallela ad essa (si osservino le rette BD e $B'D'$ della fig. 24).

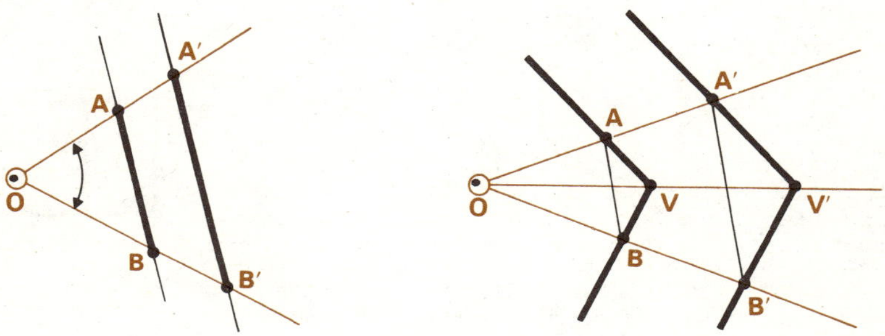

Figg. 25 e 26. - Proprietà delle figure omotetiche.

40 TEOREMA. *In una omotetia, due angoli corrispondenti* AVB *ed* A′V′B′ *sono uguali.*

Infatti, i triangoli AVB, $A'V'B'$ (fig. 26) sono simili per il 3° criterio (n. 19) perché si ha $A'B' : AB = |k|$ (con k rapporto di omotetia) per il teorema n. 37, e così pure $A'V' : AV = |k|$ e $B'V' : BV = |k|$. Ne segue l'uguaglianza degli angoli $AVB, A'V'B'$.

41 TEOREMA. *Due poligoni che si corrispondono in una omotetia sono simili.*

Essi, infatti (figg. 23 e 24), hanno gli angoli corrispondenti uguali (n. 40) ed i lati omologhi proporzionali (n. 37).

Si osservi che due poligoni simili non sono in generale omotetici. Tuttavia, sottoponendo uno dei due poligoni simili ad un opportuno movimento rigido, si riescono a rendere omotetici i due poligoni.

42 Facciamo osservare che una *omotetia* rimane individuata, oltre che assegnandone il *centro* O ed il *rapporto* k, anche quando si conoscano:

il centro O e *due punti corrispondenti* A, A′ (perché $OA' : OA = k$),

due coppie di punti corrispondenti (A; A′) *e* (B; B′) (perché le rette AA' e BB' si intersecano in O ed è $A'B' : AB = |k|$, essendo il segno di k deducibile dalla posizione di O rispetto ai punti A, A').

43 La fig. 27 mostra come due cerchi di raggi diversi e non concentrici si corrispondano in due omotetie di centri O ed O'. Saprebbero i lettori giustificare razionalmente la cosa tenendo conto che i diametri AB e CD sono paralleli ([6])? Se i due cerchi avessero raggi uguali esisterebbero ancora due omotetie in cui essi si corrispondono? E se i due cerchi fossero concentrici con raggi diversi?

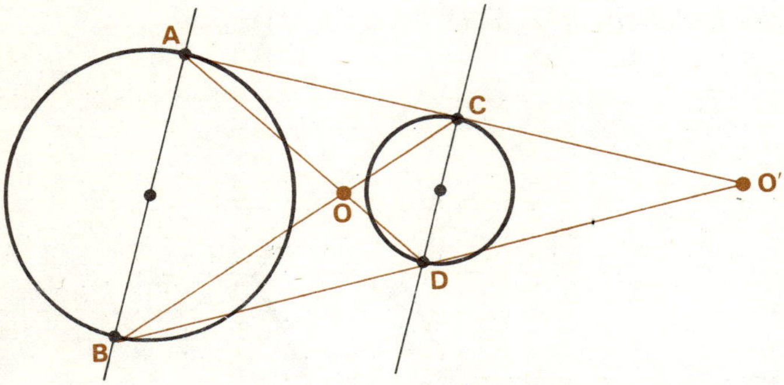

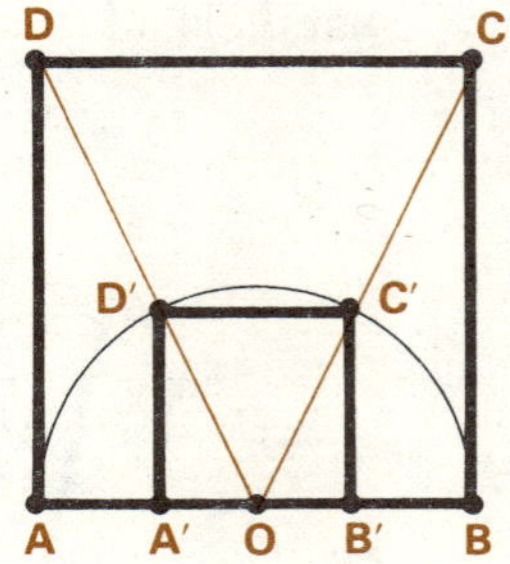

Figg. 27 e 28. - Problemi sulle figure omotetiche.

44 PROBLEMA RISOLTO. *Sul diametro* AB *di un semicerchio di centro* O *si costruisca, dalla parte del semicerchio, il quadrato* ABCD. *Si congiungano* C *e* D *con* O *e siano* C′ *e* D′ *le relative intersezioni con la semicirconferenza che limita il semicerchio. Condotti i segmenti* C′B′ *e* D′A′ *perpendicolari ad* AB, *si dimostri che il quadrilatero* A′B′C′D′ *è un quadrato.*

Costruita la figura (fig. 28), si rileva che le coppie di punti $(A;\ A')$, $(B;\ B')$, $(C;\ C')$, $(D;\ D')$ sono, ciascuna, allineate con O. Inoltre i triangoli OAD ed $OA'D'$, ODC ed $OD'C'$, OCB ed $OC'B'$, sono, a due a due, simili, per cui si ha:

$$OA : OA' = OD : OD';$$
$$OD : OD' = OC : OC';$$
$$OC : OC' = OB : OB'.$$

Quindi:

$$OA : OA' = OD : OD' = OC : OC' = OB : OB'.$$

Ciò basta per concludere che i due quadrilateri $ABCD$, $A'B'C'D'$ si corrispondono in una omotetia di centro O. E poiché il primo dei due quadrilateri è un quadrato, anche il secondo – simile ad esso – è un quadrato.

([6]) Si facciano corrispondere due punti P, P' delle due circonferenze se le corde AP, CP' sono parallele. I triangoli rettangoli APB, $CP'D$ sono simili e con i lati paralleli perché ...; quindi essi sono associati nell'omotetia che ha per centro il punto O' di intersezione ... Se, invece, facciamo corrispondere due punti Q, Q' se sono parallele le corde AQ, DQ', allora ...

La similitudine in generale.

45 Al n. 12 abbiamo definito i poligoni simili; siamo ora in grado di introdurre rigorosamente il concetto più generale di *figure simili* (che si può applicare anche, ad esempio, a settori circolari, a linee curve, ecc.).

Osserviamo preliminarmente che, se partiamo da due figure omotetiche e sottoponiamo la seconda ad un movimento rigido, otteniamo una figura che normalmente non è più omotetica con la prima figura considerata, ma ne conserva la forma.

DEFINIZIONE. *Due figure* **F** *ed* **F′** *si dicono* **simili** *se è possibile, con un movimento rigido, disporre* **F′** *in modo che risulti omotetica con* **F**.

Tali sono, ad esempio, le figure **F** ed **F′** della fig. 29: con una rotazione di centro *P*, infatti, la figura **F′** va nella posizione **F″**, che è omotetica con **F**.

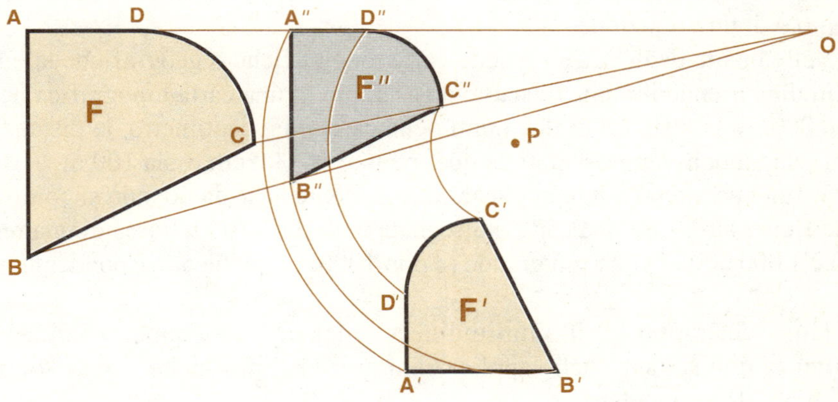

Fig. 29. - Figure simili.

La precedente definizione consente di considerare anche una similitudine come una *corrispondenza* fra punti del piano. In quest'ottica, possiamo allora affermare che

una similitudine è la composizione di una omotetia e di una isometria (o movimento rigido).

46 Molte delle proprietà viste a proposito dei poligoni simili valgono, più in generale, per le figure simili. Così, date due figure simili,

le lunghezze di segmenti corrispondenti (cioè che congiungono punti corrispondenti), *o di archi corrispondenti, o di elementi lineari corrispondenti stanno in un rapporto costante* **r**, *detto* **rapporto di similitudine**;

gli angoli corrispondenti sono uguali;

le aree di superfici (poligonali o no) corrispondenti sono in un rapporto costante $\mathbf{r}^2$, *detto* **rapporto superficiale**, *che è uguale al quadrato del rapporto di similitudine.*

Rapporto di similitudine o scala.

47 Le similitudini hanno una notevole importanza pratica.

La copia di un disegno, o di un quadro, o di una fotografia non sempre viene effettuata a grandezza naturale. Le riproduzioni dei dipinti celebri che troviamo nei libri di Storia dell'arte sono figure *simili* agli originali e notevolmente più piccole (si ha, allora, una *riduzione* degli originali). Quando, invece, si aumentano le dimensioni di una fotografia formato tessera per ricavarne un quadro, si ha un *ingrandimento*.

Le carte topografiche costituiscono un esempio di *riproduzione ridotta* di porzioni di terreno (supposte piane).

La terminologia vista nei paragrafi precedenti si applica anche in questi casi concreti. Ad esempio, siano A, B due punti della figura originale ed A', B' i rispettivi punti della figura (simile) riprodotta. Il rapporto $A'B' : AB$ viene chiamato **rapporto di similitudine**. Esso, chiaramente, è maggiore o minore di 1 a seconda che sia $A'B' > AB$, ovvero $A'B' < AB$; cioè a seconda che ci si trovi nel caso di un ingrandimento o di una riduzione.

Nelle piante degli edifici e nelle carte topografiche o geografiche tale rapporto di similitudine prende il nome di **scala**; ad esempio in una carta topografica nella scala di 1 a 10 000, se la distanza di due punti della carta è un centimetro, la distanza sul terreno fra i due luoghi rappresentati da quei punti è 10 000 cm ossia 100 m.

Si stia ben attenti a *non* applicare direttamente la scala quando si confrontano *aree* di due figure simili: se una carta è disegnata in scala 1/1000, l'area di una regione nella realtà è 1 000 000 di volte più grande (e non 1000) di quella corrispondente nella carta.

48 L'uso del rapporto di similitudine r e del rapporto superficiale r^2 ha grande importanza non soltanto nelle applicazioni grafiche, ma anche nella risoluzione algebrica di problemi geometrici.

Se, infatti, di una figura **F** sono noti i vari elementi a, b, c, ... e di una figura **F**′, simile ad **F**, è noto il solo elemento a', abbiamo che il rapporto di similitudine è

$$r = \frac{a'}{a}, \qquad \text{ovvero} \qquad r = \sqrt{\frac{a'}{a}}$$

a seconda che a ed a' siano segmenti, oppure superfici. La conoscenza di r consente di dedurre facilmente i vari elementi lineari e superficiali di **F**′. Infatti, se b e b' sono due segmenti corrispondenti, si ha:

$$\frac{b'}{b} = r, \qquad \text{da cui} \qquad b' = br\,.$$

Se, invece, c e c' sono superfici corrispondenti, abbiamo:

$$\frac{c'}{c} = r^2, \qquad \text{da cui} \qquad c' = cr^2\,.$$

Il metodo ora esposto consente, spesso, notevoli economie di calcolo.

Per chiarire le idee, si rifletta sulla risoluzione del seguente problema.

49 PROBLEMA RISOLTO. *Dato un triangolo isoscele* C *di base* b *e altezza* h (fig. 30), *trovare a quale distanza* x *dal vertice si deve condurre un segmento parallelo alla base affinché il triangolo* A *e il trapezio* B, *nei quali rimane diviso* C, *stiano nel rapporto 9/7.*

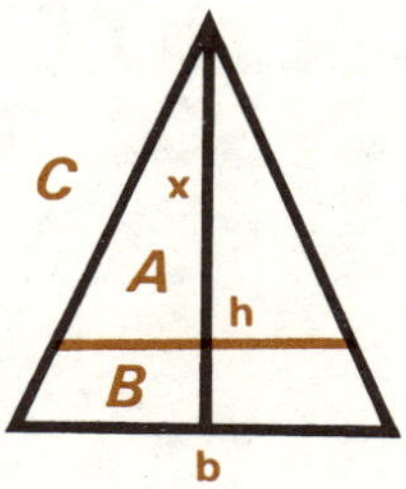

Fig. 30. - Uso del rapporto di similitudine.

Dall'enunciato del problema si deduce che $A/B = 9/7$. Da cui, applicando il componendo, si ricava che

$$\frac{A+B}{A} = \frac{9+7}{9} = \frac{16}{9},$$

$$\text{cioè} \quad \frac{C}{A} = \frac{16}{9}; \qquad \text{e quindi} \quad \frac{A}{C} = \frac{9}{16}.$$

Osservato che il triangolo A e il triangolo C sono simili (n. 17, 3°), indicando con r il rapporto di similitudine, abbiamo allora $r^2 = 9/16$; cioè $r = 3/4$.

Ora, poiché x ed h sono altezze omologhe di triangoli simili, si ha:

$$x = rh, \qquad \text{cioè} \qquad x = \frac{3}{4}h.$$

Capitolo XV

APPLICAZIONI DELLA SIMILITUDINE. COSENO E SENO DEGLI ANGOLI CONVESSI.

Proprietà delle bisettrici di un triangolo.

1 TEOREMA DELLA BISETTRICE. *La bisettrice di un angolo di un triangolo divide il lato opposto in parti proporzionali agli altri due lati.*

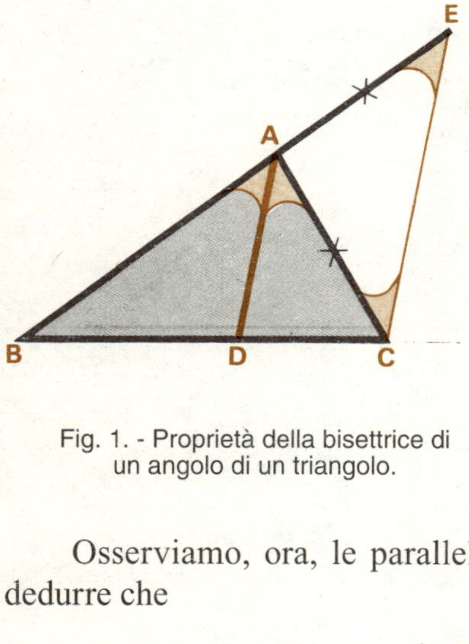

Fig. 1. - Proprietà della bisettrice di un angolo di un triangolo.

Sia ABC il triangolo dato (fig. 1) e sia AD la bisettrice dell'angolo BAC. Vogliamo dimostrare che vale la proporzione

$$BD : DC = AB : AC.$$

Dal vertice C si tracci la parallela alla bisettrice AD; sia E l'intersezione di tale parallela con il prolungamento del lato AB.
Per il corollario del teorema di Talete (n. 3, cap. XIV) abbiamo:

$$BD : DC = AB : AE.$$

Osserviamo, ora, le parallele AD, EC, tagliate dalle trasversali AE ed AC, per dedurre che

$$B\widehat{A}D = A\widehat{E}C, \quad \text{perché corrispondenti;}$$
$$D\widehat{A}C = A\widehat{C}E, \quad \text{perché alterni interni.}$$

Ed essendo $B\widehat{A}D = D\widehat{A}C$ per ipotesi, si ha $A\widehat{E}C = A\widehat{C}E$; per cui il triangolo ACE risulta isoscele sulla base CE. Ciò consente di sostituire AC ad AE nella precedente proporzione, ottenendo la tesi $BD : DC = AB : AC$.

Proprietà delle secanti e delle tangenti ad una circonferenza.

2 TEOREMA DELLE DUE CORDE. *Condotte per un punto interno ad una circonferenza due corde, esse si dividono in modo che le due parti dell'una formano i medi e le due parti dell'altra gli estremi di una proporzione.*

Siano BC e DE due corde di una circonferenza che si incontrano in un punto interno A (fig. 2). Vogliamo dimostrare che vale la proporzione

$$AB : AE = AD : AC.$$

Si uniscano B con E e C con D. I triangoli ABE, ADC sono simili perché hanno gli angoli di vertici A uguali (opposti al vertice) e gli angoli ADC, ABE uguali perché angoli alla circonferenza che insistono sullo stesso arco CE. Pertanto, fra i lati corrispondenti vale la proporzione tesi $AB : AE = AD : AC$.

3 TEOREMA DELLE DUE SECANTI. *Condotte da un punto esterno ad una circonferenza due secanti, si ha che una intera secante e la sua parte esterna formano i medi e l'altra secante e la sua parte esterna gli estremi di una proporzione.*

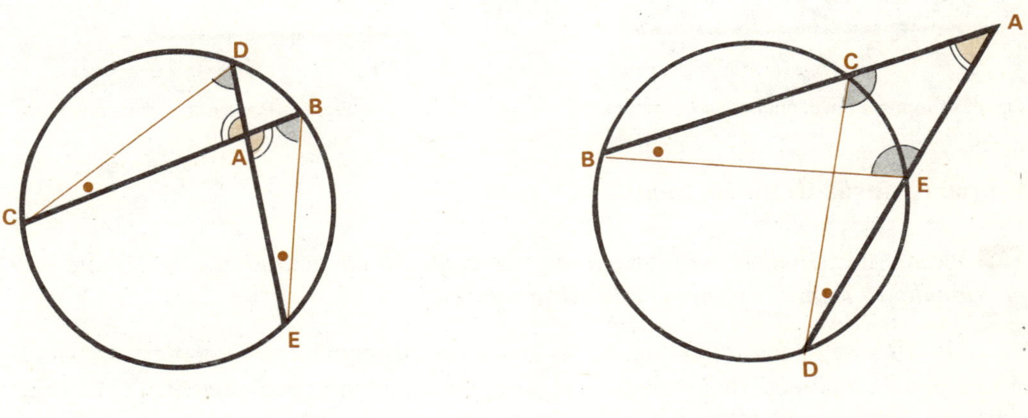

Figg. 2 e 3. - Proprietà delle corde e delle secanti di una circonferenza.

Siano AB e AD due secanti condotte ad una circonferenza da un punto esterno A (fig. 3). Vogliamo dimostrare che sussiste la proporzione

$$AB : AD = AE : AC.$$

Si uniscano B con E e C con D. I triangoli ABE, ACD sono simili perché hanno l'angolo di vertice A in comune e gli angoli ADC, ABE uguali perché angoli alla circonferenza che insistono sullo stesso arco CE. Pertanto, fra i lati corrispondenti vale la proporzione tesi $AB : AD = AE : AC$.

4 TEOREMA DELLA SECANTE E DELLA TANGENTE. *Condotte da un punto esterno ad una circonferenza una tangente ed una secante, la tangente* ([1]) *è media proporzionale fra l'intera secante e la parte esterna di questa.*

Siano AB e AD una tangente e una secante condotte ad una circonferenza da un punto esterno A (fig. 4). Vogliamo dimostrare che

$$AD : AB = AB : AC.$$

Si unisca B con C e con D. I triangoli ABD, ACB sono simili perché hanno l'angolo di vertice A in comune e gli angoli ADB, ABC uguali (angoli alla circonferenza che insistono sullo stesso arco BC); perciò fra i loro lati corrispondenti vale la proporzione tesi $AD : AB = AB : AC$.

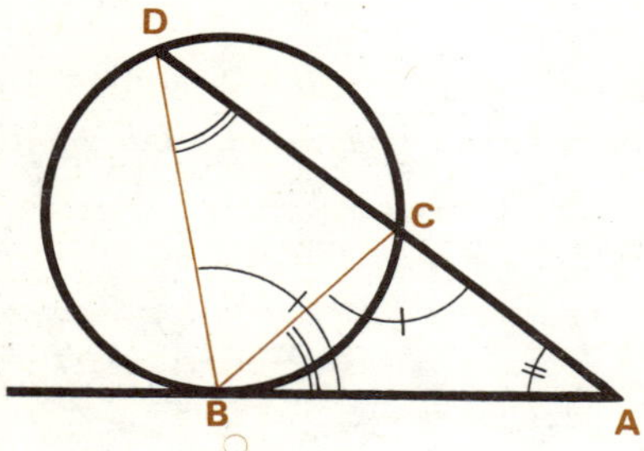

Fig. 4. - Proprietà della tangente e della secante.

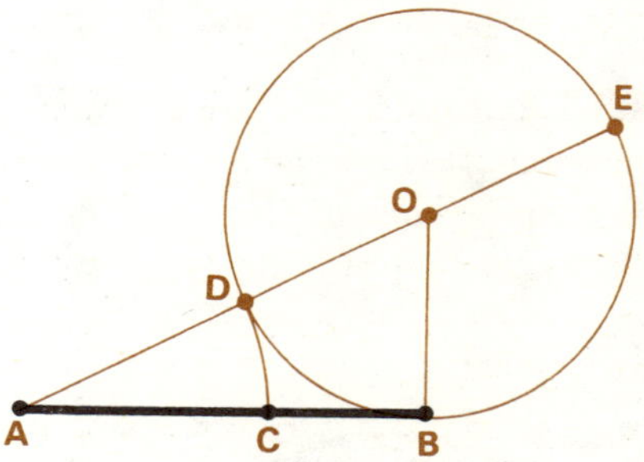

Fig. 5. - Parte aurea di un segmento.

La parte aurea di un segmento.

5 PROBLEMA. *Dividere un segmento in due parti tali che una di esse sia media proporzionale fra l'intero segmento e la parte restante.*

Sia AB il segmento dato (fig. 5); da B si tracci il segmento BO perpendicolare ad AB ed uguale alla metà di AB stesso e si descriva la circonferenza di centro O e raggio OB. Condotta la retta AO, siano D, E le sue intersezioni con la circonferenza. Infine si riporti il segmento AD in AC. Ebbene: il punto C divide il segmento dato AB nelle parti richieste.

Infatti, poiché la tangente è media proporzionale fra l'intera secante e la sua parte esterna (n. 4) abbiamo:

$$AE : AB = AB : AD.$$

Applicando la regola dello scomporre (n. 5, cap. XIII) si trova:

$$(AE - AB) : AB = (AB - AD) : AD.$$

([1]) Per tangente si intende il segmento che ha per estremi il punto esterno e il punto di tangenza.

Per costruzione, si ha $AB = 2OB = DE$, per cui:

$$AE - AB = AE - DE = AD = AC;$$

inoltre è

$$AB - AD = AB - AC = CB;$$

sostituendo, si ha:

$$AC : AB = CB : AC;$$

e per la proprietà dell'invertire (n. 5, cap. XIII):

$$AB : AC = AC : CB.$$

6 DEFINIZIONE. *Si dice* **parte aurea** *o* **sezione aurea** *di un segmento la parte di esso che è media proporzionale fra l'intero segmento e la parte restante.*

Segue dalla precedente definizione che, indicate con l, x, $l - x$ le misure del segmento dato AB (fig. 5), della sua sezione aurea AC e del segmento restante CB, sussiste la proporzione fra numeri $l : x = x : (l - x)$.

E poiché il prodotto dei medi è uguale a quello degli estremi, si ricava:

$$x^2 = l\,(l - x); \qquad \text{cioè} \qquad x^2 + lx - l^2 = 0.$$

Risolvendo quest'ultima equazione di 2° grado e scartando la radice negativa si stabilisce che

$$\boldsymbol{x = l\,\frac{\sqrt{5} - 1}{2}}.$$

Alla stessa conclusione si può pervenire anche per via geometrica. Infatti, con riferimento alla fig. 5, abbiamo:

$$x = \overline{AD} = \overline{OA} - \overline{OD} = \sqrt{\overline{AB}^2 + \overline{OB}^2} - \overline{OD} =$$

$$= \sqrt{l^2 + \left(\frac{l}{2}\right)^2} - \frac{l}{2} = \sqrt{\frac{5l^2}{4}} - \frac{l}{2} = l\,\frac{\sqrt{5} - 1}{2}.$$

Il decagono ed il pentagono regolari.

7 TEOREMA. *Il lato del decagono regolare inscritto in un cerchio è la parte aurea del raggio.*

Sia AB il lato del decagono regolare inscritto in un cerchio di centro O.

Vogliamo dimostrare che AB è la parte aurea del raggio OA (fig. 6).

Infatti, unito *O* con *A* e con *B* si ha che l'angolo *AOB* è la decima parte di un angolo giro, ossia che è un angolo di 36°.

Poiché il triangolo *AOB* è isoscele, essendo il suo angolo al vertice di 36°, gli angoli alla base *OAB*, *OBA* sono di 72°.

Si tracci ora la bisettrice dell'angolo *OBA* e sia *C* la sua intersezione col lato *OA*. Si consideri il triangolo *ABC*; esso ha l'angolo *ABC* di 36° e l'angolo *BAC* di 72°; segue che anche l'angolo *ACB* è di 72° e che il triangolo *ABC* è isoscele, per cui $AB = BC$.

Similmente il triangolo *OBC*, avendo gli angoli *OBC*, *COB* di 36°, è isoscele, per cui si ha $BC = CO$.

Possiamo intanto concludere che $AB = BC = CO$; di più, essendo i triangoli isosceli *OAB*, *BAC* simili perché hanno tutti gli angoli rispettivamente uguali, si ha:

$$OA : AB = AB : AC;$$

e siccome $AB = OC$, sostituendo otteniamo

$$OA : OC = OC : AC.$$

Da tale proporzione si deduce che *OC* è la parte aurea di *OA*; ossia che il lato *AB* del decagono regolare inscritto nel cerchio è la parte aurea del raggio.

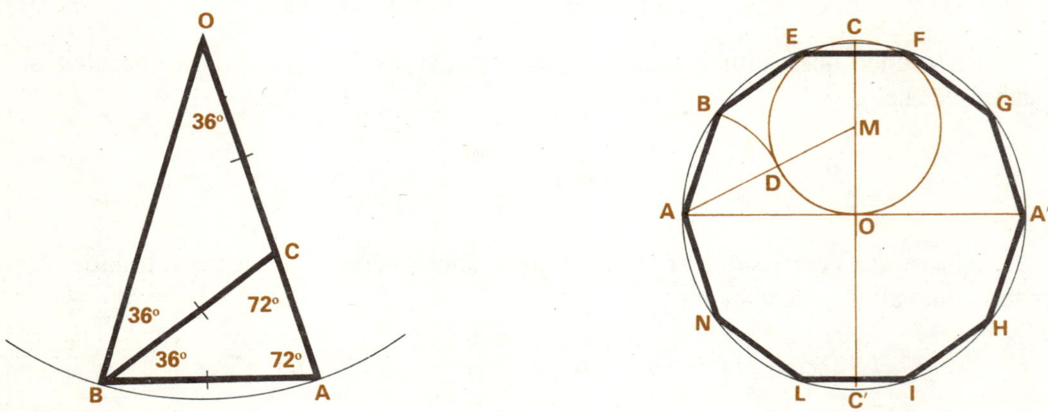

Figg. 6 e 7. - Parte aurea del raggio e costruzione del decagono regolare.

8 OSSERVAZIONE. Per dividere una circonferenza in dieci parti uguali si può procedere nel seguente modo. Si traccino due diametri perpendicolari *AA'*, *CC'* (fig. 7) e la circonferenza di diametro *OC* e centro *M*; unito *A* con *M* ed indicato con *D* il punto d'intersezione di questa circonferenza col segmento *AM*, si ha che *AD* è la parte aurea di *OA* (n. 5) e che quindi *AD* è il lato del decagono regolare inscritto nella circonferenza data (n. 7).

Segue che se, con apertura di compasso uguale ad *AD*, partendo da *A*, s'interseca successivamente la circonferenza nei punti *B*, *E*, *F*, *G*, *A'*, *H*, *I*, *L*, *N*, si divide questa in dieci parti uguali.

Se si uniscono alternativamente i punti di divisione, ora determinati, si ottiene il **pentagono regolare** inscritto nello stesso cerchio.

Raggi dei cerchi inscritto e circoscritto ad un triangolo.

9 Sia ABC (fig. 8) un triangolo circoscritto ad un cerchio di centro O e raggio lungo r. Conduciamo i raggi OD, OE, OF che uniscono il centro O con i punti di contatto. I lati del triangolo, in quanto tangenti al cerchio, sono rispettivamente perpendicolari a tali raggi.

Congiunto O con i vertici A, B, C, si scompone il triangolo dato nei triangoli OAB, OBC, OCA, di altezze OD, OE, OF; per cui l'area S del triangolo ABC è uguale alla somma delle aree dei tre triangoli citati.

Posto $\overline{AB} = c$, $\overline{BC} = a$, $\overline{CA} = b$, $a + b + c = 2p$, abbiamo:

$$S = \frac{ar}{2} + \frac{br}{2} + \frac{cr}{2} = \frac{(a+b+c)r}{2} = \frac{2pr}{2} = pr;$$

$$\boldsymbol{r = \frac{S}{p}}.$$

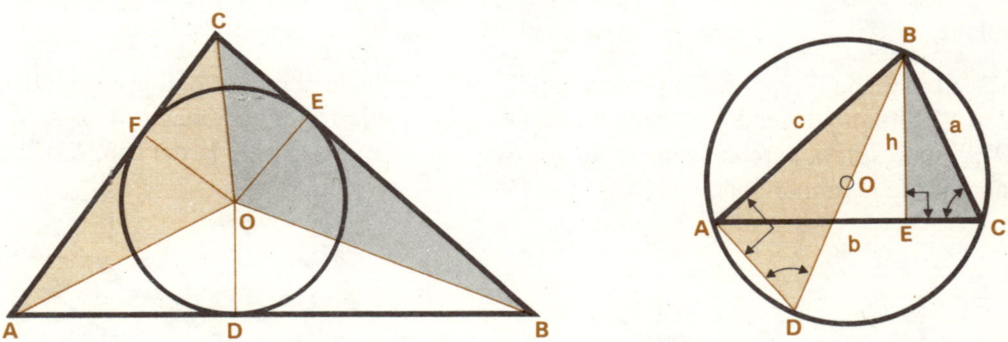

Figg. 8 e 9. - Raggi dei cerchi inscritto e circoscritto ad un triangolo.

10 Sia ABC (fig. 9) un triangolo e sia O il centro del cerchio circoscritto. Tracciato il diametro BD, si unisca D con A e si conduca l'altezza BE relativa al lato AC.

I triangoli DAB, CEB, rettangoli in A ed in E (si osservi che l'angolo DAB è retto, perché inscritto in una semicirconferenza), sono simili perché hanno gli angoli acuti ADB, ACB uguali in quanto insistono sullo stesso arco AB. Si ha, quindi, la proporzione

$$DB : BC = AB : BE.$$

Indichiamo con R la lunghezza del raggio OB, con a, b, c le lunghezze dei lati BC, CA, AB e con h la lunghezza dell'altezza BE.

Nella proporzione precedente sostituiamo ai segmenti le loro misure; si ottiene la proporzione numerica

$$2R : a = c : h,$$

da cui $2\,Rh = ac$, od anche $R = \dfrac{ac}{2\,h} = \dfrac{abc}{2\,bh}$.

Indicata con S l'area $bh/2$ del triangolo, si conclude che

$$\boldsymbol{R = \frac{abc}{4\,S}}.$$

Coseno e seno degli angoli convessi.

11 Sia α un angolo acuto. Consideriamo un fascio di rette parallele, che siano perpendicolari ad un lato dell'angolo (fig. 10).

Sappiamo dal teorema di Talete (n. 2, cap. XIV) che

$$OA : OA' = AB : A'B' = BC : B'C' = \ldots = costante.$$

Tale *costante*, che è detta **rapporto di proiezione** *di* **r**$'$ *su* **r**, dipende solo dall'angolo α.

Si noti che il rapporto di proiezione di r' su r è uguale al rapporto di proiezione di r su r'. Infatti, facendo riferimento alla fig. 11, i due triangoli rettangoli OAA' ed OXX' sono simili, perché hanno un angolo acuto in comune (n. 17, 1° del cap. XIV); e quindi vale la proporzione $OA : OA' = OX' : OX$.

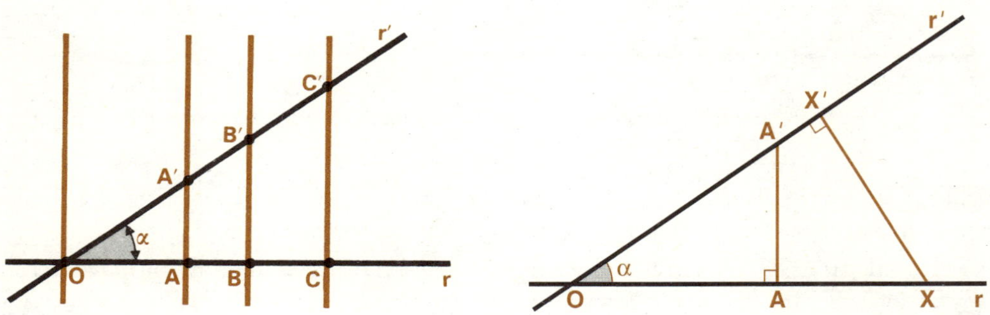

Figg. 10 e 11. - Rapporto di proiezione di una retta su un'altra.

12 Il rapporto di proiezione viene chiamato **coseno** dell'angolo α e viene indicato, in forma abbreviata, con la scrittura «*cos* α».

Ad esempio, è facile verificare che:

$\cos 30° = \dfrac{\sqrt{3}}{2}$ (fig. 12; si tratta del rapporto fra l'altezza e il lato di un triangolo equilatero);

$\cos 45° = \dfrac{\sqrt{2}}{2}$ (fig. 13; si tratta del rapporto fra il lato e la diagonale di un quadrato);

$\cos 60° = \dfrac{1}{2}$ (fig. 14; anche in questo caso abbiamo a che fare con la metà di un triangolo equilatero).

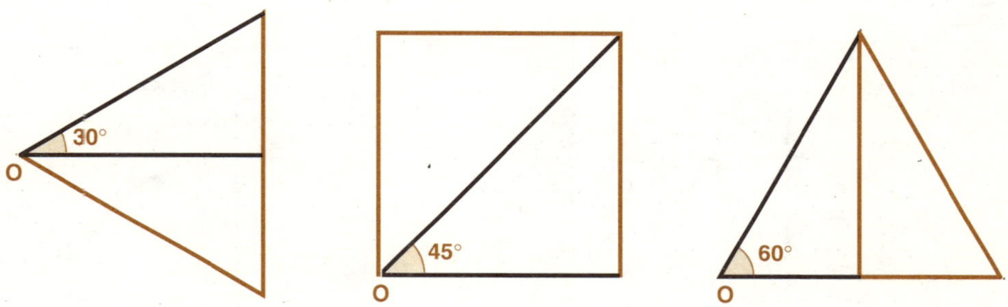

Figg. 12, 13 e 14. - Coseni e seni degli angoli di 30°, 45° e 60°.

13 Sia α un angolo acuto. Consideriamo ancora un fascio di rette parallele, che siano perpendicolari ad un lato dell'angolo (fig. 10).

Per la similitudine dei triangoli OAA', OBB', OCC', ..., valgono le proporzioni

$$AA' : OA' = BB' : OB' = CC' : OC' = \ldots = \textit{costante}.$$

Tale costante, che dipende solo dall'angolo α, è chiamata **seno** dell'angolo α ed è indicata, in forma abbreviata, con la scrittura «*sen* α».

Lasciamo ai lettori il compito di verificare che:

$\text{sen } 30° = \dfrac{1}{2}$ (fig. 12);

$\text{sen } 45° = \dfrac{\sqrt{2}}{2}$ (fig. 13);

$\text{sen } 60° = \dfrac{\sqrt{3}}{2}$ (fig. 14).

Lo studio delle proprietà dei seni e dei coseni degli angoli, detto **trigonometria** (o *goniometria*), verrà ripreso in forma più approfondita negli anni successivi del Liceo; per ora ci limitiamo alle proprietà fondamentali.

14 Si consideri nel piano cartesiano la circonferenza di centro l'origine O e raggio unitario; sia α un angolo convesso, con il vertice nell'origine, un lato sul semiasse delle x positive, e giacente nel semipiano delle ordinate positive (fig. 15). Sia P il punto di intersezione dell'altro lato dell'angolo con la circonferenza e sia H la proiezione di P sull'asse delle x. Abbiamo allora

$$\text{sen}\,\alpha = \frac{\overline{PH}}{1} = \overline{PH} = \textit{ordinata}\text{ di } P;$$

$$\cos\alpha = \frac{\overline{OH}}{1} = \overline{OH} = \textit{ascissa}\text{ di } P.$$

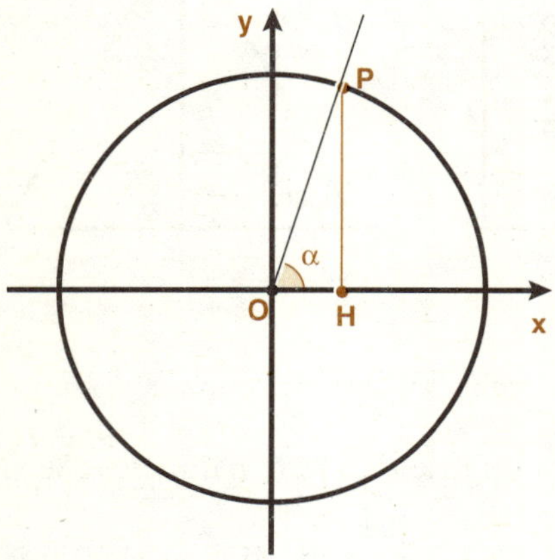

Fig. 15. - Coseno e seno di un angolo acuto.

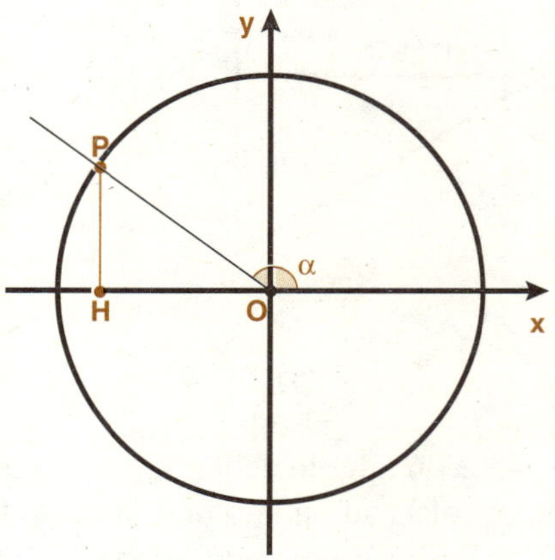

Fig. 16. - Coseno e seno di un angolo ottuso.

15 Le considerazioni precedenti permettono di introdurre il seno e il coseno per tutti gli *angoli convessi*, cioè anche per l'angolo nullo, l'angolo retto e gli angoli ottusi.

Nel caso $\alpha = 0°$, il punto P appartiene all'asse x; si ha allora

$$\text{sen}\,0° = 0, \qquad \cos 0° = 1.$$

Se $\alpha = 90°$, il punto P appartiene all'asse y; si ha allora

$$\text{sen}\,90° = 1, \qquad \cos 90° = 0.$$

Se poi α è ottuso, il punto P appartiene al secondo quadrante (fig. 16); si ha allora

$$0 < \text{sen}\,\alpha < 1, \qquad -1 < \cos\alpha < 0.$$

Sottolineiamo il fatto che *i valori assoluti del seno e del coseno di un qualunque angolo sono minori o uguali a* 1.

16 Applicando il teorema di Pitagora al triangolo *OPH* delle figure 15 o 16, otteniamo:

$$\overline{PH}^2 + \overline{OH}^2 = \overline{OP}^2, \qquad \text{cioè} \qquad (\text{sen}\,\alpha)^2 + (\cos\alpha)^2 = 1.$$

Pertanto, *la somma dei quadrati del seno e del coseno di un qualunque angolo è uguale ad* 1.

Tale relazione permette di calcolare il coseno di un angolo una volta che se ne conosca il seno, e viceversa.

Salvo casi particolari, è comunque difficile determinare il *valore esatto* del seno o del coseno di un angolo. D'altra parte, l'uso di questi concetti si rivela molto utile nello studio delle altre scienze (in particolare della fisica); e nelle applicazioni è sufficiente conoscere *valori approssimati* del seno e del coseno. Tali valori approssimati sono riportati in apposite *Tavole;* oggi sono forniti, più rapidamente, dagli strumenti elettronici di calcolo, come le calcolatrici scientifiche e i computer.

Relazioni fra lati e angoli nei triangoli rettangoli.

17 Al n. 12 del cap. V abbiamo visto che due triangoli rettangoli sono uguali se hanno, oltre all'angolo retto, due elementi ordinatamente uguali (che non siano i due angoli acuti). Questo significa che, una volta *fissati due elementi di un triangolo rettangolo* (che non siano i due angoli acuti), *gli altri lati e angoli sono univocamente determinati.* Vedremo in questo paragrafo che l'introduzione del seno e del coseno permette di *calcolare* le lunghezze dei lati e le ampiezze degli angoli a partire dalle misure degli elementi noti.

18 Sia *ABC* un triangolo rettangolo in *C* (fig. 17); chiamiamo α l'angolo acuto di vertice *A*. Applicando le definizioni precedenti, abbiamo che

$$\text{sen}\,\alpha = \frac{BC}{AB}, \qquad \cos\alpha = \frac{AC}{AB}.$$

In altre parole, in un triangolo rettangolo,

il seno di un angolo acuto è uguale al rapporto fra il cateto opposto a quell'angolo e l'ipotenusa; il coseno di un angolo acuto è uguale al rapporto fra il cateto adiacente a quell'angolo e l'ipotenusa.

Consideriamo ora anche l'angolo acuto β di vertice *B* del triangolo rettangolo *ABC* (fig. 17). Abbiamo

$$\text{sen}\,\beta = \frac{AC}{AB} = \cos\alpha, \qquad \cos\beta = \frac{BC}{AB} = \text{sen}\,\alpha.$$

Pertanto, in un triangolo rettangolo,

il seno di un angolo acuto è uguale al coseno dell'altro angolo acuto.

Le relazioni che abbiamo trovato permettono di rispondere alla domanda iniziale, cioè, usando una espressione piuttosto diffusa, di *"risolvere" un triangolo rettangolo.* La cosa è chiarita dagli esempi seguenti.

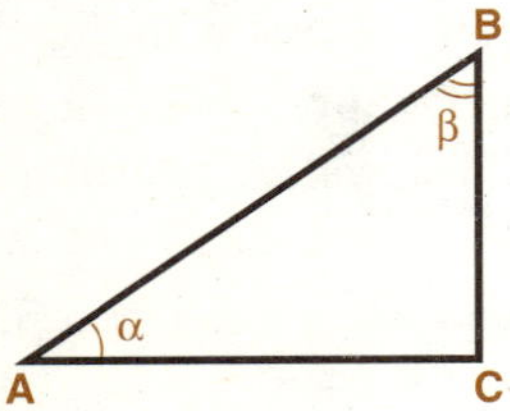

Fig. 17. - Triangolo rettangolo.

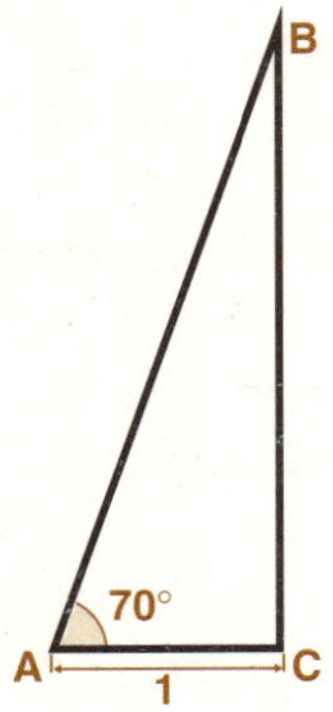

Fig. 18. - 1° Problema risolto.

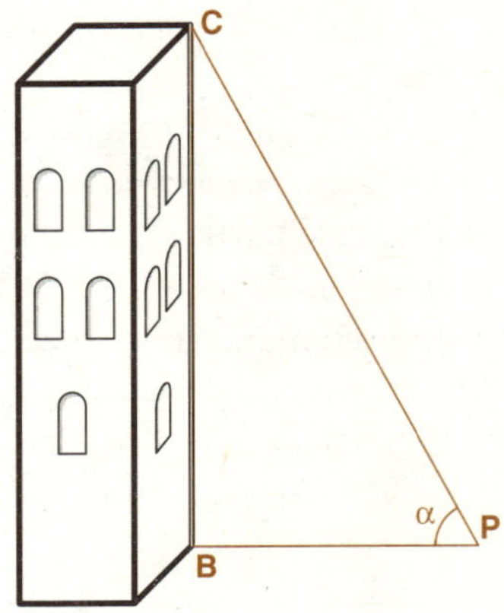

Fig. 19. - 3° Problema risolto.

19 1° Problema risolto. *In un triangolo* ABC *rettangolo in* C, *si ha* $\widehat{A} = 70°$ *ed* AC = 1 m (fig. 18). *Determinare il perimetro del triangolo.*

Ricorrendo ad una calcolatrice (o consultando le Tavole), troviamo $\cos 70° = 0{,}342...$ Dalla relazione $\cos \alpha = AC/AB$ ricaviamo allora $0{,}342... = 1/AB$, da cui $AB = 2{,}923...$ m.

A questo punto, la lunghezza del cateto BC si deduce o applicando il teorema di Pitagora o partendo dalla relazione $\text{sen}\, 70° = BC/AB$. Si trova così $BC = 2{,}747...$ m e si conclude che il perimetro cercato è $(1 + 2{,}923... + 2{,}747...)$ m $= 6{,}67...$ m.

20 2° Problema risolto. *In un triangolo* ABC *rettangolo in* C, *si ha* AC = 12 cm *e* BC = 5 cm. *Determinare le ampiezze degli angoli acuti.*

In primo luogo calcoliamo la lunghezza (in cm) dell'ipotenusa AB: $\sqrt{12^2 + 5^2} = 13$.
A questo punto, basta applicare le formule trovate al n. 18:

$$\text{sen}\, \alpha = \cos \beta = \frac{BC}{AB} = \frac{5}{13}.$$

Pertanto, α è l'angolo acuto il cui seno è $5/13 = 0{,}3846...$ Con una calcolatrice scientifica si trova che l'ampiezza di α è di $22{,}6...°$; e quindi l'ampiezza di β è di $67{,}3...°$.

21 3° Problema risolto. *Ci proponiamo di determinare l'altezza di un campanile, avendo a disposizione solo strumenti che permettono di misurare lunghezze sul terreno ed angoli.*

Sia P un punto sul terreno tale che: 1) da P sia visibile la cima C del campanile, e

2) si possa misurare la distanza di P dalla base B del campanile (fig. 19). Detto allora α l'angolo BPC, nel triangolo rettangolo PBC abbiamo $\operatorname{sen}\alpha = BC/PC$, $\cos\alpha = PB/PC$. Se ne deduce

$$\frac{\operatorname{sen}\alpha}{\cos\alpha} = \frac{BC}{PB}, \qquad \text{da cui} \qquad BC = PB \cdot \frac{\operatorname{sen}\alpha}{\cos\alpha}.$$

Naturalmente, è necessaria un po' di attenzione nel caso (frequente nella pratica) in cui il campanile è a punta: in tal caso, il punto B è la proiezione della cima C e per determinare la distanza PB si deve tener conto anche di un tratto interno alla base del campanile.

Capitolo XVI

RETTIFICAZIONE DELLA CIRCONFERENZA E QUADRATURA DEL CERCHIO.

Linee piane e loro lunghezza.

1 Un filo sottilissimo comunque disposto sul piano, il segno tracciato dalla punta di una matita fatta scorrere su di un foglio, il contorno di una superficie piana forniscono intuitivamente l'idea di ciò che noi chiamiamo **linea piana**.

Un'idea più chiara delle linee piane si può dare precisando: 1) che di esse fanno parte i segmenti, le spezzate aperte o chiuse, le circonferenze e gli archi di circonferenza; 2) che, nel piano, l'unione di due linee piane aperte con un estremo in comune è ancora una linea piana.

2 Cerchiamo di chiarire, ancora a livello intuitivo, che cosa si intende per *lunghezza di una linea* piana. Data una linea α, disponiamo sul piano un filo flessibile, ma inestensibile, in modo che coincida con α: se ora tendiamo il filo, in modo da fargli assumere la forma di un segmento, possiamo affermare che la linea data ed il segmento ottenuto hanno la *stessa lunghezza.*

Due linee con la stessa lunghezza si dicono *equivalenti.* Il segmento equivalente ad una linea viene detto **linea rettificata**. Pertanto:

- due linee sono equivalenti *se e solo se* i due segmenti che le rettificano sono uguali;
- la *lunghezza di una linea* è la lunghezza del segmento ad essa equivalente, cioè della linea rettificata.

La lunghezza della circonferenza.

3 Ci proponiamo ora di introdurre rigorosamente la lunghezza di una circonferenza, cioè di determinare la lunghezza della corrispondente circonferenza rettificata. A questo scopo, confrontiamo la circonferenza rettificata con i perimetri dei poligoni regolari inscritti e circoscritti nella circonferenza.

4 Prendiamo in considerazione le due classi formate l'una dai perimetri p degli infiniti poligoni regolari inscritti nella circonferenza e l'altra dai perimetri P degli infi-

niti poligoni regolari circoscritti. Vogliamo dimostrare che: 1) le due *classi sono contigue* (nn. 25 e 26, cap. XII); 2) ammettono come *elemento separatore* (ovviamente unico) la circonferenza rettificata **c**.

Premettiamo il seguente

POSTULATO DI ARCHIMEDE. **Il segmento** a **che rettifica un arco** AB **di circonferenza (minore di una semicirconferenza) è maggiore della corda** AB **che lo sottende e minore della somma** $AA' + A'B$ **dei due segmenti di tangente condotti per gli estremi** A **e** B (fig. 1) ([1]).

5 Siamo ora in grado di dimostrare che:

TEOREMA. *La circonferenza rettificata è maggiore del perimetro di ogni poligono regolare inscritto e minore del perimetro di ciascun poligono regolare circoscritto.*

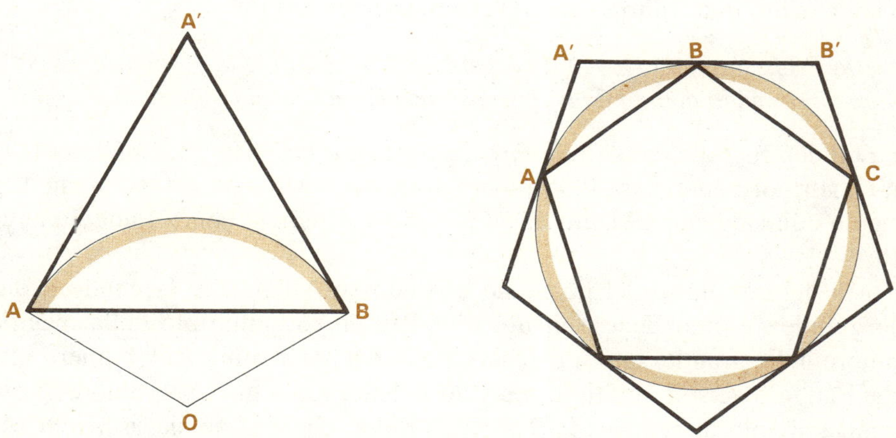

Figg. 1 e 2. - Postulato di Archimede. Classi separate di perimetri di poligoni inscritti e circoscritti.

Consideriamo due poligoni regolari di n lati, l'uno inscritto e l'altro circoscritto alla circonferenza e disposti come in fig. 2, cioè in modo che i vertici del primo coincidano con i punti di tangenza del secondo. Osserviamo che, adottando le notazioni in fig. 2,

$$AA' + A'B = 2 \cdot A'B = A'B';$$

applicando il postulato di Archimede ed indicando ancora con a l'arco rettificato AB, si ha

---

([1]) Le rette tangenti alla circonferenza nei suoi due punti A e B si incontrano in un punto A' perché perpendicolari alle due rette incidenti OA e OB, essendo O il centro della circonferenza (si ricordi che i due raggi non giacciono su uno stesso diametro). La scrittura

$$AB < a < AA' + A'B$$

non è contraddittoria perché $AB < AA' + A'B$ in quanto un lato di un triangolo è minore della somma degli altri due.

$$AB < a < A'B'.$$

Moltiplicando per n i membri di queste disuguaglianze, otteniamo

$$n \cdot AB < n \cdot a < n \cdot A'B'.$$

A questo punto basta osservare che $n \cdot AB$, $n \cdot a$ ed $n \cdot A'B'$ sono rispettivamente uguali al perimetro p del poligono regolare inscritto di n lati, alla circonferenza rettificata ed al perimetro P del poligono regolare circoscritto di n lati, per concludere che

$$\mathrm{p} < \mathbf{c} < \mathrm{P}.$$

6 Abbiamo dimostrato che le classi dei perimetri dei poligoni regolari inscritti e circoscritti sono separate e che **c** ne è *un* elemento separatore. Resta da far vedere che tale elemento separatore è *unico*, cioè che le due classi godono della proprietà dell'avvicinamento indefinito. A questo scopo premettiamo il

LEMMA. *Prefissato ad arbitrio un segmento σ, è possibile determinare un poligono regolare circoscritto ad una data circonferenza il cui lato sia minore di σ.*

Sia O il centro della data circonferenza di raggio OC (fig. 3). Condotta la tangente in C, si riporti su di essa il segmento prefissato $MN = \sigma$, in modo che il suo punto medio coincida con C. Uniti M ed N con O, si indichi con α l'angolo al centro MON.

In virtù del corollario del postulato di Eudosso-Archimede (secondo il quale date due grandezze omogenee e disuguali esiste un sottomultiplo della maggiore che è minore della grandezza più piccola), possiamo determinare un numero intero n tale che l'angolo ω, sottomultiplo secondo n dell'angolo giro, sia minore di α ([2]). Costruiamo l'angolo al centro $AOB = \omega$ in modo che OC ne sia la bisettrice. Il segmento AB, secondo cui ω è tagliato dalla tangente MN, è il lato del poligono

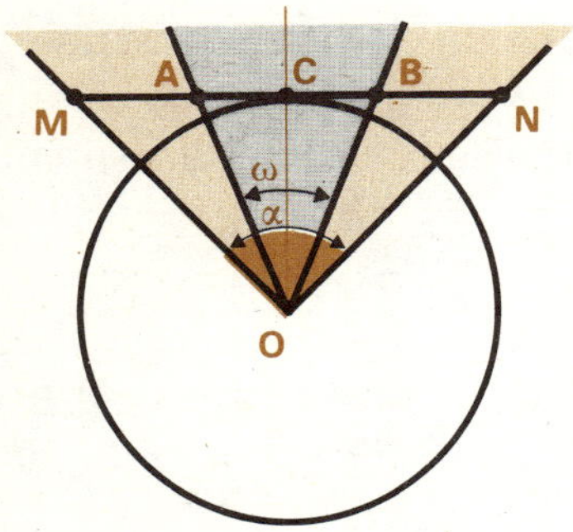

Fig. 3. - Illustrazione del lemma.

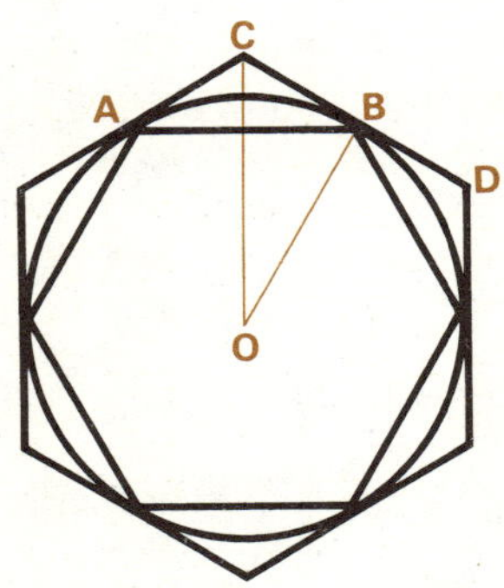

Fig. 4. - Confronto di perimetri di poligoni inscritti e circoscritti.

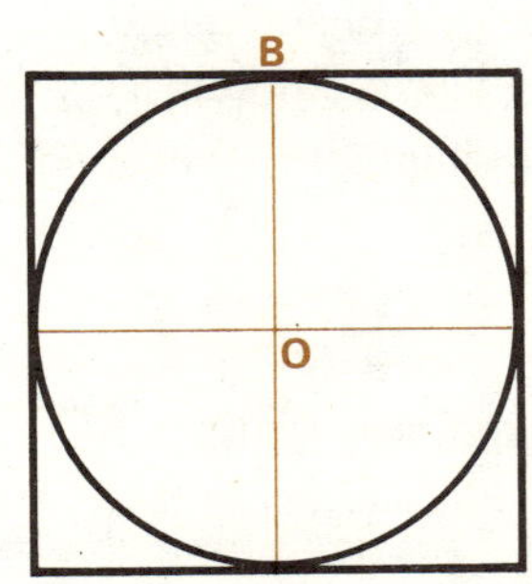

Fig. 5. - Perimetro del quadrato circoscritto.

([2]) Se, ad esempio, l'angolo α risulta uguale a 8°, poiché 360 : 8 = 45, i sottomultipli ω dell'angolo giro secondo i numeri 46, 47, ... sono minori di α.

regolare di n lati circoscritto alla circonferenza. E poiché ω è contenuto in α, anche AB è parte di MN; cioè si ha

$$AB < \sigma.$$

7 Possiamo ora dimostrare che le classi dei perimetri dei poligoni considerati godono della proprietà dell'avvicinamento indefinito.

TEOREMA. *Prefissato ad arbitrio un segmento σ, è possibile determinare due poligoni regolari, uno circoscritto ed uno inscritto in una data circonferenza, tali che la differenza dei loro perimetri sia minore di σ.*

Siano p e P i perimetri di due poligoni regolari dello stesso numero n di lati, rispettivamente inscritto e circoscritto alla data circonferenza di centro O e raggio $OB = r$, e disposti in modo che i vertici dell'uno coincidano con i punti di tangenza dei lati dell'altro (fig. 4). Sia AB il lato del poligono inscritto e sia CD quello del poligono circoscritto.

Poiché due poligoni regolari dello stesso numero di lati sono simili, i loro perimetri stanno come i rispettivi raggi:

$$\mathrm{P} : \mathrm{p} = OC : OB.$$

Applicando la proprietà dello scomporre otteniamo

$$(\mathrm{P} - \mathrm{p}) : \mathrm{p} = (OC - OB) : OB.$$

Sappiamo che il rapporto di due grandezze non cambia quando si sostituiscono ad esse i rispettivi multipli secondo uno stesso numero; per cui possiamo scrivere

$$(\mathrm{P} - \mathrm{p}) : \mathrm{p} = 8 \cdot (OC - OB) : (8 \cdot OB).$$

Osserviamo, ora, che $8 \cdot OB = 8r$ è il perimetro del quadrato circoscritto alla data circonferenza (fig. 5). Pertanto, per il teorema n. 5, si ha $\mathrm{p} < 8 \cdot OB$ e quindi anche (tenuto conto che, in una proporzione con i conseguenti disuguali, gli antecedenti sono disuguali nello stesso ordine):

$$\mathrm{P} - \mathrm{p} < 8\,(OC - OB).$$

D'altra parte, in un triangolo un lato è maggiore della differenza degli altri due; per cui dall'osservazione del triangolo OBC si ricava che

$$OC - OB < CB.$$

Abbiamo, dunque:

$$\mathrm{P} - \mathrm{p} < 8\,(OC - OB) < 8 \cdot CB = 4 \cdot CD.$$

Per il precedente lemma si può trovare un numero n tale che il lato CD del poligono regolare circoscritto di n lati risulti minore di un qualunque segmento prefissato; ad esempio sia minore di $\sigma/4$. Per tale n si ha dunque:

$$P - p < 4 \cdot CD < 4 \cdot \frac{\sigma}{4} = \sigma.$$

8 Resta così dimostrato che le classi considerate sono *contigue*. E poiché avevamo visto che la circonferenza rettificata **c** era elemento di separazione di tali classi, possiamo ora asserire che **c** è anche l'*unico* elemento separatore. In conclusione,

la circonferenza rettificata è l'unico segmento maggiore del perimetro di un qualunque poligono regolare inscritto nella circonferenza e minore del perimetro di un qualsiasi poligono regolare circoscritto.

L'unicità di **c** va intesa nel senso che ogni altro segmento x, per cui si abbia $p < x < P$ (qualunque siano p e P), è uguale a **c**.

9 TEOREMA. *Due circonferenze rettificate stanno tra loro come i rispettivi raggi.*

Indichiamo con $\mathbf{c}_1$ e $\mathbf{c}_2$ due circonferenze rettificate e con r_1 ed r_2 i rispettivi raggi. Vogliamo dimostrare che

$$r_1 : r_2 = \mathbf{c}_1 : \mathbf{c}_2 .$$

Sia x il segmento quarto proporzionale dopo r_1, r_2, $\mathbf{c}_1$, cioè il segmento tale che

$$(1) \qquad r_1 : r_2 = \mathbf{c}_1 : x .$$

Avremo dimostrato il teorema se faremo vedere che $\mathbf{c}_2 = x$.

Circoscriviamo alla circonferenza di raggio r_1 e inscriviamo in essa due poligoni regolari dello stesso numero di lati, di rispettivi perimetri P_1 e p_1. Operiamo analogamente sulla circonferenza di raggio r_2 e indichiamo con P_2 e p_2 i perimetri dei due poligoni (fig. 6).

Tali poligoni sono simili perché sono regolari ed hanno lo stesso numero di lati. Da ciò deduciamo che i loro perimetri stanno fra loro come i rispettivi raggi e come i rispettivi apotemi. Pertanto si ha:

$$p_1 : p_2 = r_1 : r_2; \qquad P_1 : P_2 = r_1 : r_2 .$$

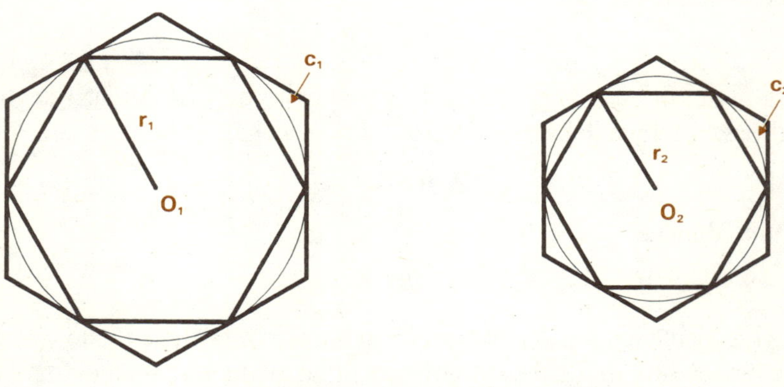

Fig. 6. - Rapporto tra le circonferenze e i rispettivi raggi.

Cioè, per la (1):

$$p_1 : p_2 = \mathbf{c}_1 : x ; \qquad P_1 : P_2 = \mathbf{c}_1 : x .$$

Osserviamo queste proporzioni. Per le relazioni di disuguaglianza che sussistono fra antecedenti e conseguenti, dal fatto che $p_1 < \mathbf{c}_1$ e $P_1 > \mathbf{c}_1$, discendono le disuguaglianze

$$p_2 < x \qquad \text{e} \qquad P_2 > x ;$$

cioè:

$$p_2 < x < P_2 .$$

Pertanto il segmento x risulta maggiore del perimetro di ogni poligono regolare inscritto nella circonferenza di raggio r_2 e minore del perimetro di ogni poligono regolare circoscritto. Per quanto stabilito al n. 8 possiamo concludere che $x = \mathbf{c}_2$, come dovevamo dimostrare.

10 Riprendiamo la proporzione sopra dimostrata:

$$\mathbf{c}_1 : \mathbf{c}_2 = r_1 : r_2 .$$

Sostituiamo ai due termini del secondo rapporto i loro multipli secondo il numero 2; l'uguaglianza vale ancora e si ha

$$\mathbf{c}_1 : \mathbf{c}_2 = 2r_1 : 2r_2 .$$

Poiché le quattro grandezze che formano la proporzione sono omogenee, possiamo permutare i medi. Otteniamo così:

$$\mathbf{c}_1 : 2r_1 = \mathbf{c}_2 : 2r_2 .$$

Con ciò abbiamo dimostrato il

TEOREMA. *Il rapporto tra una circonferenza rettificata e il suo diametro è costante.*

Indicato con $\boldsymbol{\pi}$ (pi greco) tale rapporto costante, possiamo scrivere «$\mathbf{c}/(2r) = \boldsymbol{\pi}$»; ovvero:

$$\mathbf{c} = 2\boldsymbol{\pi} r .$$

Il valore di π.

11 La formula precedente permette di determinare la lunghezza della circonferenza rettificata (e quindi la *lunghezza della circonferenza*) quando sia noto il valore di π.

Che π sia un numero compreso fra 3 e 4 lo si può stabilire facilmente osservando che i perimetri dell'esagono regolare inscritto in un cerchio di raggio r e del quadrato circoscritto sono rispettivamente uguali a $6r$ e ad $8r$. Da $6r < 2\pi r < 8r$ segue che $3 < \pi < 4$. Naturalmente, le ricerche sul valore di π non si sono fermate qui. Noi ci limitiamo a riferire:

1) che è stato dimostrato che π è un *numero irrazionale* (per cui circonferenza rettificata e relativo diametro sono *grandezze incommensurabili*);

2) che prima dell'avvento degli elaboratori elettronici erano state calcolate «manualmente» (con il cosiddetto metodo degli «sviluppi in serie») 808 cifre decimali di π;

3) che oggi, con l'uso dei calcolatori, sono state trovate più di un miliardo di cifre decimali di π.

Al problema della determinazione di π è legato quello della costruzione con *riga* e *compasso* del segmento equivalente ad una circonferenza di raggio noto (*rettificazione della circonferenza*). Di tale problema si occupa diffusamente una delle *letture* della nostra raccolta. Qui ci limitiamo a riferire che è stata dimostrata l'*impossibilità* di effettuare tale costruzione con gli strumenti citati. Con altri strumenti, assai più complicati, si riesce invece nell'intento.

Il valore di π approssimato per difetto a meno di un milionesimo è

$$\boldsymbol{\pi = 3{,}141592}\,.$$

12 Prima di abbandonare l'argomento vogliamo far cenno al metodo che consentì ad Archimede di affrontare organicamente – per primo – lo studio dei valori approssimati di π. Il procedimento da lui adottato, detto dei *perimetri*, è concettualmente assai semplice, anche se comporta calcoli piuttosto laboriosi.

Se dalle disuguaglianze fra grandezze (n. 5)

$$\mathrm{p} < \mathbf{c} < \mathrm{P}$$

si passa a quelle fra le corrispondenti misure rispetto al diametro $2r$, si ottiene

$$\frac{\mathrm{p}}{2r} < \frac{\mathbf{c}}{2r} < \frac{\mathrm{P}}{2r}\,, \qquad \text{cioè} \qquad \frac{\mathrm{p}}{2r} < \pi < \frac{\mathrm{P}}{2r}\,.$$

All'aumentare del numero n dei lati dei poligoni regolari considerati, i due numeri $\mathrm{p}/2r$ e $\mathrm{P}/2r$ approssimano sempre meglio π (l'uno per difetto e l'altro per eccesso).

Per valutare il grado di approssimazione raggiunta basta calcolare la differenza:

$$d = \frac{\mathrm{P}}{2r} - \frac{\mathrm{p}}{2r}\,.$$

Se, ad esempio, si trova che $d = 0{,}003...$, allora possiamo concludere che $\mathrm{p}/2r$ e $\mathrm{P}/2r$ approssimano π a meno di 4 millesimi.

Archimede, partendo dagli esagoni regolari inscritto e circoscritto e raddoppiando successivamente il numero n dei lati fino a 96, determinò i perimetri di questi poligoni e ne dedusse che

$$3 + \frac{10}{71} < \pi < 3 + \frac{10}{70} \,.$$

Si noti che $3 + 1/7 = 22/7 = 3{,}1428...$ differisce per eccesso da π di meno di due millesimi.

Il calcolo della lunghezza $\overline{AC} = l_{2n}$ del lato del poligono regolare inscritto di $2n$ lati a partire dalla misura nota $\overline{AB} = l_n$ del lato del poligono regolare inscritto di n lati può essere effettuato nel modo seguente, con riferimento alle notazioni adottate in fig. 7.

Per il teorema di Pitagora applicato al triangolo rettangolo AOH:

$$\overline{OH} = \sqrt{r^2 - \left(\frac{l_n}{2}\right)^2} = \frac{1}{2}\sqrt{4r^2 - (l_n)^2} \,.$$

Per il 1° teorema di Euclide applicato al triangolo rettangolo ACD:

(1) $$\overline{AC}^2 = (l_{2n})^2 = 2r \cdot \overline{CH} = 2r\,(r - \overline{OH}) = 2r\left[\, r - \frac{1}{2}\sqrt{4r^2 - (l_n)^2}\,\right].$$

La fig. 7 mostra anche come, nota la lunghezza $\overline{AB}$ del lato di un poligono regolare inscritto, si possa da essa dedurre la lunghezza $\overline{A'B'}$ del lato del poligono regolare circoscritto con ugual numero di lati. Infatti, per la similitudine dei due triangoli OAB, $OA'B'$, si ha la proporzione

$$OH : OC = AB : A'B'$$

nella quale i primi tre termini hanno misure note ed il quarto è il lato di cui si cerca il valore.

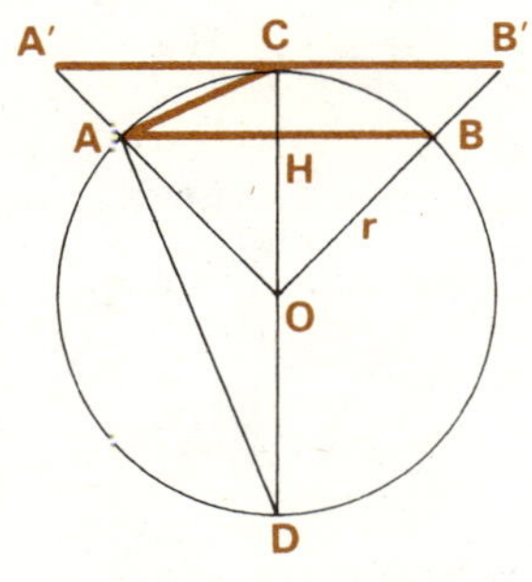

Fig. 7. - Calcolo di valori approssimati di π.

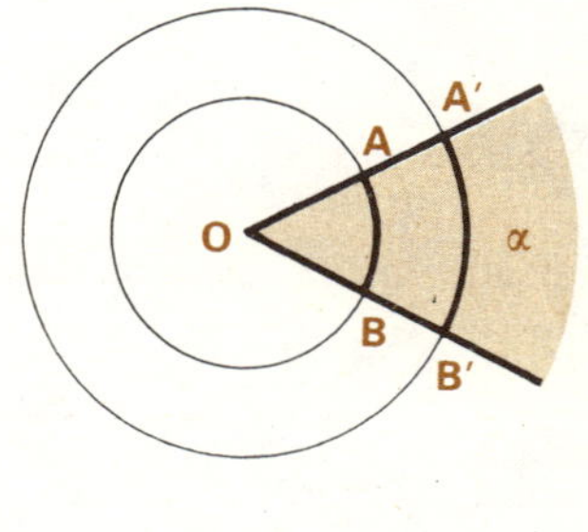

Fig. 8. - Misura di un angolo in radianti.

Utilizzando una calcolatrice tascabile provvista del tasto per l'estrazione della radice quadrata, o ricorrendo ad un calcolatore, i nostri lettori possono percorrere (con tanta minor fatica!) una strada analoga a quella di cui si servì Archimede per determinare valori approssimati di π. Ad esempio, se nella (1) si pone uguale ad 1 la lunghezza r del raggio, ottenendo

$$(l_{2n})^2 = 2 - \sqrt{4 - (l_n)^2} \,,$$

e si assume come valore approssimato per difetto di π il numero $n \cdot l_n/(2r) = \mathrm{p}_n/2$, si ricava successivamente, a partire dal valore noto di l_6:

$l_6 = 1,$	$p_6 = 6,$	$\pi \simeq 3;$
$l_{12} = 0{,}5176\ldots,$	$p_{12} = 6{,}2116\ldots,$	$\pi \simeq 3{,}105\ldots;$
$l_{24} = 0{,}2610\ldots,$	$p_{24} = 6{,}2652\ldots,$	$\pi \simeq 3{,}132\ldots;$
$l_{48} = \ldots,$	$p_{48} = \ldots,$	$\pi \simeq \ldots$

Lunghezza di un arco di circonferenza.

13 Siano r ed l le misure, rispetto ad una stessa unità, del raggio di una circonferenza e di un arco della medesima. Sia, inoltre, α^o l'ampiezza in gradi dell'angolo al centro corrispondente all'arco considerato.

Poiché gli archi di una stessa circonferenza sono proporzionali ai rispettivi angoli al centro, considerato che alla intera circonferenza corrisponde un angolo al centro di 360 gradi, possiamo impostare la proporzione:

$$l : 2\pi r = \alpha^o : 360^o;$$

da cui si ottiene:

$$l = \frac{\pi r \alpha^o}{180^o} = r \cdot \alpha^o \cdot 0{,}01745\ldots;$$

$$\alpha^o = \frac{180^o l}{\pi r} = \frac{l}{r} \cdot 57^o\,17'\,44{,}\ldots'' .$$

14 TEOREMA. *In due circonferenze gli archi (rettificati) che sottendono angoli al centro uguali stanno come i rispettivi raggi.*

Consideriamo, per comodità, due circonferenze che abbiano lo stesso centro O (fig. 8). Siano $OA = r$, $OA' = r'$ i loro raggi ed $A\widehat{O}B = A'\widehat{O}B' = \alpha$ i due angoli al centro uguali.

Indicati con l e l' gli archi AB, $A'B'$ rettificati, vogliamo dimostrare che:

$$l : l' = r : r'.$$

Per quanto detto al n. precedente si ha:

$$l = \frac{\pi\alpha^o}{180^o} \cdot r, \qquad l' = \frac{\pi\alpha^o}{180^o} \cdot r'.$$

Dividendo membro a membro ricaviamo:

$$l \cdot l' = r : r'.$$

15 COROLLARIO. *Se un angolo al centro di una circonferenza sottende un arco lungo quanto il raggio, lo stesso angolo, posto al centro di un'altra circonferenza, sottende ancora un arco lungo quanto il nuovo raggio.*

Infatti, dalla proporzione $l : l' = r : r'$ si deduce che, se $l = r$, allora è anche $l' = r'$.

Misura in radianti degli angoli e degli archi.

16 Il precedente corollario consente di dare la seguente

DEFINIZIONE. *Si dice* **radiante** *l'angolo* ρ *che, posto al centro di una qualunque circonferenza, sottende un arco lungo quanto il raggio.*

Assunto l'angolo ρ come angolo unitario, si introduce un nuovo sistema di misura degli angoli (diverso da quello in gradi), detto *sistema* di *misura in radianti.*

Sia α un angolo qualunque e α_r la sua misura in radianti; cioè sia

$$\alpha_r = \frac{\alpha}{\rho}.$$

Considerata una qualunque circonferenza, sia l l'arco rettificato corrispondente all'angolo al centro α; per definizione l'arco rettificato corrispondente all'angolo al centro ρ è uguale al raggio r. Poiché in una stessa circonferenza gli angoli al centro sono proporzionali ai rispettivi archi, si ha:

$$\frac{\alpha}{\rho} = \frac{l}{r}.$$

Ne deduciamo che

$$\alpha_r = \frac{l}{r}.$$

Cioè: *la misura in radianti di un angolo al centro è data dal rapporto fra il corrispondente arco rettificato e il raggio.*

In particolare, poiché gli archi corrispondenti agli angoli al centro giro, piatto e retto sono, rispettivamente, la circonferenza, la metà e la quarta parte di questa, abbiamo:

$$(\text{angolo giro})_r = \frac{2\pi r}{r} = 2\pi;$$

$$(\text{angolo piatto})_r = \frac{\pi r}{r} = \pi;$$

$$(\text{angolo retto})_r = \frac{\pi r:2}{r} = \frac{\pi}{2}.$$

17 Dalla formula $\alpha_r = l/r$, trovata al n. precedente, risolvendo rispetto ad l si ha:

$$l = r \cdot \alpha_r.$$

Cioè: *la lunghezza di un arco di circonferenza è uguale al prodotto della lunghezza del raggio per la misura in radianti del corrispondente angolo al centro.*

18 Siano α e β due angoli qualunque; indichiamo con α°, β° le loro misure in gradi e con α_r, β_r le loro misure in radianti. Poiché il rapporto di due grandezze è uguale al rapporto delle rispettive misure, *qualunque sia l'unità adottata*, abbiamo:

$$\frac{\alpha}{\beta} = \frac{\alpha^\circ}{\beta^\circ}; \qquad \frac{\alpha}{\beta} = \frac{\alpha_r}{\beta_r};$$

e, quindi,

$$\alpha^o : \beta^o = \alpha_r : \beta_r .$$

La precedente proporzione consente di passare dalla misura di un angolo in gradi a quella in radianti e viceversa. Ad esempio, volendo calcolare l'ampiezza x in gradi dell'angolo di un radiante, possiamo scrivere:

$$x : 180^o = 1 : \pi ;$$

da cui

$$x = 57^o \, 17' \, 44,...''$$

19 Nel capitolo XII abbiamo esteso agli archi di circonferenza la misura in gradi. Analoga estensione vogliamo fare ora per la misura in radianti.

DEFINIZIONE. *Si dice* **radiante** *l'arco di circonferenza sotteso dall'angolo radiante, cioè l'arco lungo quanto il raggio.*

Misurare gli archi di una circonferenza *in radianti* significa assumere l'arco radiante come unità di misura. Pertanto, indicati con l un arco di circonferenza di raggio r e con l_r la sua misura in radianti, si ha:

$$l_r = \frac{l}{r} .$$

Confrontando la formula precedente con la analoga ($\alpha_r = l/r$) del n. 16, ne deduciamo che *un arco di circonferenza e il corrispondente angolo al centro hanno, in radianti, la stessa misura*. Ad esempio, sia la circonferenza che l'angolo giro misurano, in radianti, 2π.

Facciamo notare che, mentre l'angolo uguale ad un *radiante* è ben determinato, l'arco uguale ad un *radiante* varia col variare della circonferenza considerata; più precisamente, varia *proporzionalmente* al raggio di questa.

Area di una superficie piana.

20 Per chiarire l'idea intuitiva di *superficie piana* ci limitiamo a ricordare: 1) che rientrano fra le superfici piane i poligoni, i cerchi e le loro parti (come settori e segmenti circolari); 2) che l'unione e l'intersezione di due superfici (con almeno un punto in comune) sono ancora superfici.

21 I nostri lettori conoscono le formule che permettono di calcolare le aree di rettangoli, triangoli, trapezi, ... Abbiamo ottenuto quelle formule nel cap. XIII (n. 19 e seguenti) sfruttando il concetto di *poligoni equiscomponibili* (concetto introdotto e studiato nel cap. X): ad esempio, per determinare l'area di un trapezio **T**, si scompone **T** in due parti che, riunite opportunamente, formano un triangolo.

Per trovare l'area di un qualunque poligono possiamo seguire un procedimento basato sull'equiscomponibilità: infatti, si riesce sempre a scomporre il poligono dato in più parti, con le quali si può ricomporre un quadrato (n. 6 del cap. XI).

22 Consideriamo ora, invece di un poligono, una superficie come un cerchio, o un settore circolare. Come è del tutto intuitivo, il metodo precedente non è applicabile in generale: non si

riesce a ritagliare un cerchio in un numero finito di parti e poi, con quelle parti, a ricomporre un quadrato.

Si pone così il *problema della misura* di una data superficie piana **S**; si tratta, in generale, di un problema molto complesso.

Calcolo approssimato dell'area di una superficie piana.

23 Data una qualunque superficie piana **S** esistono svariati metodi per determinare valori approssimati per difetto e per eccesso della sua area $\mathscr{A}(\mathbf{S})$. Noi daremo un cenno del più semplice.

Consideriamo ad esempio la superficie **S** rappresentata in fig. 9 (si tratta di una riproduzione in scala 1 : 3 000 000 della Corsica). Disegniamo, sopra ad **S**, un reticolato a maglie quadrate con il lato di 2 mm. Contiamo, poi, prima i quadratini interamente contenuti in **S** (sono 205) e successivamente quelli la cui intersezione con **S** è un insieme non vuoto (cioè contiene almeno un punto). Questi ultimi sono 291, costituiti dai 205 contati in precedenza e da altri 86 parzialmente riempiti dai punti di **S**. Poiché ogni quadratino ha l'area di 4 mm^2, concludiamo che

$$(4 \times 205)\ mm^2 = 820\ mm^2 \leqslant \mathscr{A}(\mathbf{S}) \leqslant (4 \times 291)\ mm^2 = 1164\ mm^2 .$$

Naturalmente, moltiplicando tali valori per $3\,000\,000^2$ otteniamo due valori approssimati per difetto e per eccesso dell'area della Corsica (supposta piana):

$$7\,380\ km^2 \leqslant \text{area Corsica} \leqslant 10\,476\ km^2 .$$

È evidente che diminuendo i lati delle maglie del reticolato si ottengono valori che approssimano meglio quello di $\mathscr{A}(\mathbf{S})$.

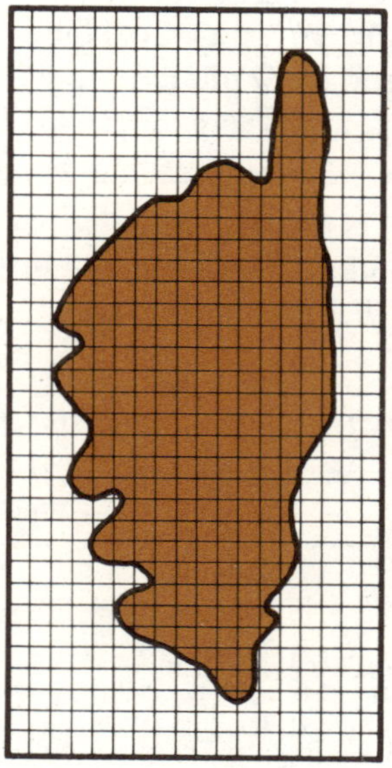

Fig. 9. - Calcolo approssimato di un'area.

L'area del cerchio.

24 Consideriamo, ora, la superficie che più ci interessa: **il cerchio**. Determineremo l'area del cerchio seguendo un procedimento non troppo diverso da quello visto nel paragrafo precedente; tuttavia, invece che a reticolati, faremo riferimento ai poligoni regolari inscritti e circoscritti.

In effetti, il problema della ricerca dell'area del cerchio verrà trattato in modo sostanzialmente analogo a quello visto nelle pagine precedenti per la ricerca della lunghezza della circonferenza. Anche questa volta dimostreremo che il cerchio è l'elemento di separazione di due classi contigue di superfici; e precisamente della classe formata dagli infiniti poligoni regolari inscritti nel cerchio e di quella costituita dagli infiniti poligoni regolari circoscritti.

Prima di entrare nei particolari della trattazione, rimandiamo i lettori al capitolo XII nel quale abbiamo chiarito sotto quale aspetto bisogna guardare le superfici piane per poterle considerare una *classe completa di grandezze*, per applicar loro il postulato di Dedekind e concludere che due *superfici comprese fra le medesime classi contigue di superfici risultano equivalenti*.

25 TEOREMA. *Ogni poligono regolare* **p** *inscritto in un cerchio* **C** *è contenuto in* **C**; *mentre* **C** *è contenuto in ciascun poligono regolare* **P** *circoscritto ad esso* ([3]).

Sia AB un lato di un poligono regolare **p** inscritto in un cerchio **C** (fig. 10). Poiché gli estremi A e B del segmento AB appartengono a **C** e poiché **C** è una figura convessa, anche ogni altro punto di AB appartiene a **C**. Ragionando analogamente per gli altri lati si conclude che ogni punto del contorno di **p** appartiene a **C**; e quindi che anche ogni altro punto di **p** è pure punto di **C**. D'altra parte esistono superfici contenute in **C**, ma non in **p**, come il segmento circolare di base AB.

Sia $A'B'$ un lato di un poligono regolare **P** circoscritto a **C** (fig. 10). È chiaro che **C** giace nel semipiano di origine $A'B'$ e che contiene il centro O (perché tutti i punti interni all'altro semipiano distano da O più del raggio OB). Ragionando analogamente per gli altri lati di **P** si conclude che **C** è contenuto in tutti i semipiani aventi per origini le rette dei lati e passanti per O. Tenuta presente la definizione di poligono convesso come intersezione di semipiani (cap. V), se ne deduce che tutti i punti di **C** appartengono a **P**. D'altra parte, esistono superfici contenute in **P**, ma non in **C**, come il «triangolo» a base curvilinea $AA'B$ i cui punti interni sono tutti esterni a **C**.

26 *Prefissato ad arbitrio un poligono* σ, *è possibile trovare due poligoni regolari* **P** e **p**, *il primo circoscritto e l'altro inscritto in un dato cerchio* **C**, *tali che la differenza delle loro aree sia minore di quella di* σ.

([3]) Dicendo che «**p** è contenuto in **C**» vogliamo significare più precisamente, che «**p** è una parte di **C**, ma non lo ricopre del tutto». In forma più rigorosa «**C** è la somma di **p** con un'altra superficie». Avremmo potuto anche dire che «**p** è incluso in senso stretto in **C**, (cioè $\mathbf{p} \subset \mathbf{C}$)»: non abbiamo usato questa locuzione perché essa implica che l'area di **p** è minore *o uguale* dell'area di **C** (si pensi ad una superficie **S** ottenuta togliendo un sol punto ad una superficie **S′**: avremmo $\mathbf{S} \subset \mathbf{S'}$, con *area* $\mathbf{S}$ = *area* $\mathbf{S'}$); il che potrebbe creare qualche perplessità nel lettore che osservi come, nel nostro caso, è chiaramente *area* $\mathbf{p}$ < *area* $\mathbf{C}$.

Scegliamo **P** e **p** in modo che abbiano lo stesso numero n di lati e disponiamoli, come in fig. 11, con i punti di tangenza di **P** coincidenti con i vertici di **p**.

Osservando la fig. 11 ed adottandone le notazioni, si ricava agevolmente che la differenza $\mathscr{A}(\mathbf{P}) - \mathscr{A}(\mathbf{p})$ delle aree dei due poligoni è uguale ad n volte l'area del triangolo $AA'B$: per cui si ha:

(1) $$\mathscr{A}(\mathbf{P}) - \mathscr{A}(\mathbf{p}) = n \cdot \frac{\overline{AB} \cdot \overline{A'H}}{2} .$$

Sappiamo che il perimetro di un poligono regolare inscritto è minore del perimetro di qualunque poligono regolare circoscritto allo stesso cerchio (n. 5).

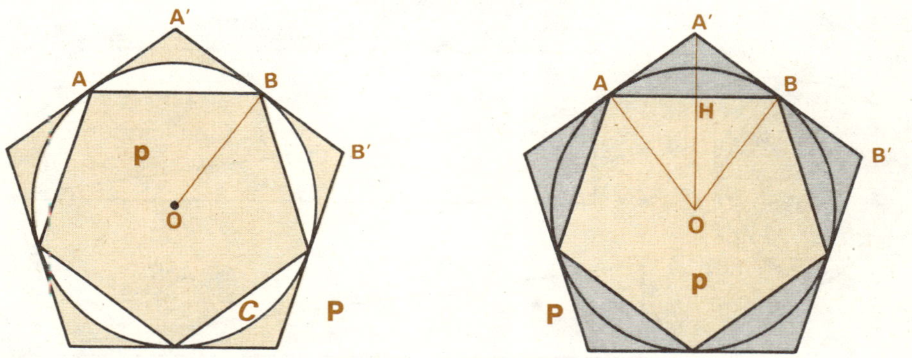

Figg. 10 e 11. - Confronto fra cerchio e poligoni regolari inscritti e circoscritti.

Pertanto, la lunghezza $n \cdot \overline{AB}$ del perimetro di **p** è minore della misura $8r$ del perimetro del quadrato circoscritto al cerchio **C** (abbiamo indicato con r la lunghezza del raggio). D'altra parte, il cateto $A'H$ del triangolo rettangolo $A'HB$ è minore dell'ipotenusa $A'B$. Per cui dalla (1) deduciamo:

$$\mathscr{A}(\mathbf{P}) - \mathscr{A}(\mathbf{p}) < \frac{8r \cdot \overline{A'B}}{2} = 4r \cdot \frac{\overline{A'B'}}{2} = 2r \cdot \overline{A'B'} .$$

Sia h la misura dell'altezza del rettangolo equivalente ad σ ed avente per base il diametro del cerchio **C**; cioè sia $\mathscr{A}(\sigma) = 2r \cdot h$.

Al n. 6 abbiamo visto che il numero n può essere scelto in modo da rendere il lato $A'B'$ del poligono regolare circoscritto minore di un qualunque segmento prefissato. Scegliamo allora n in modo che $\overline{A'B'} < h$. In questa situazione si ha

$$\mathscr{A}(\mathbf{P}) - \mathscr{A}(\mathbf{p}) < 2r \cdot \overline{A'B'} < 2r \cdot h = \mathscr{A}(\sigma);$$

che è quanto dovevamo dimostrare.

27 Abbiamo dimostrato (n. 25) che le classi formate dai poligoni regolari circoscritti ed inscritti in un cerchio **C** sono *separate* e che **C** ne è *un* elemento separatore. Inoltre abbiamo provato (n. 26) che tali classi godono della proprietà dell'avvicinamento indefinito. Possiamo dunque concludere che *i poligoni regolari inscritti e circoscritti ad un* *cerchio formano una coppia di classi contigue che ammette il cerchio stesso come unico elemento separatore.*

L'*unicità* dell'elemento separatore **C** va intesa nel senso che, se **T** è una superficie per la quale è $\mathbf{p} < \mathbf{T} < \mathbf{P}$ (qualunque siano i poligoni inscritto e circoscritto al cerchio che si vogliano considerare), allora **T** è equivalente al cerchio **C**.

28 TEOREMA. *Un cerchio è equivalente ad un triangolo avente per base la circonferenza rettificata e per altezza il raggio.*

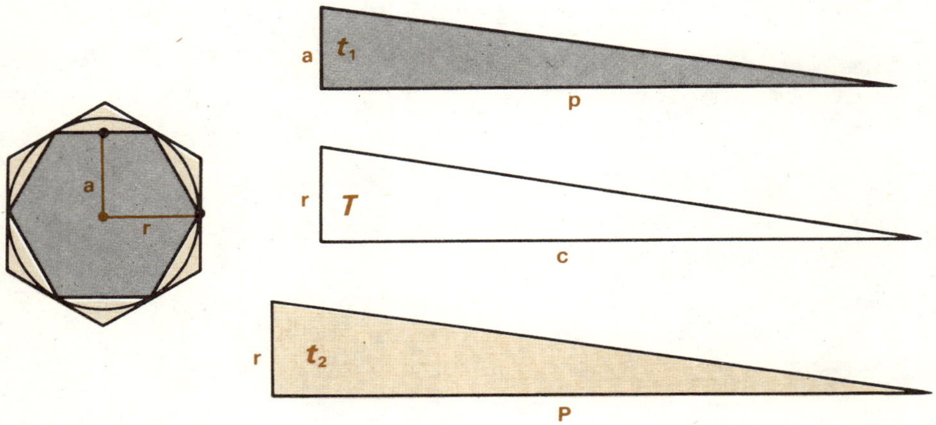

Fig. 12. - Triangolo equivalente ad un cerchio.

Dato un cerchio, siano **c** la circonferenza rettificata ed r il raggio (fig. 12). Indichiamo con p e P i perimetri di due qualunque poligoni regolari rispettivamente inscritto e circoscritto al cerchio e con a l'apotema del primo di essi. Tali poligoni sono equivalenti ordinatamente ai triangoli $\mathbf{t}_1$ e $\mathbf{t}_2$ aventi per basi i loro perimetri p e P e per altezze i loro apotemi a ed r. Sia, infine, **T** un triangolo avente per base la circonferenza rettificata **c** e per altezza il raggio r del cerchio.

L'area $\mathcal{A}(\mathbf{T})$ del triangolo **T** è maggiore di quella di $\mathbf{t}_1$ (perché si ha $\mathbf{c} > \mathrm{p}$ ed $r > a$) e, quindi, anche dell'area $\mathcal{A}(\mathbf{p})$ del poligono inscritto. Analogamente l'area di **T** è minore di quella di $\mathbf{t}_2$ (perché è $\mathbf{c} < \mathrm{P}$, mentre le due altezze sono entrambe uguali ad r); di conseguenza, $\mathcal{A}(\mathbf{T})$ è minore pure dell'area $\mathcal{A}(\mathbf{P})$ del poligono circoscritto.

Essendo

$$\mathcal{A}(\mathbf{p}) < \mathcal{A}(\mathbf{T}) < \mathcal{A}(\mathbf{P})$$

ci troviamo nelle condizioni previste a conclusione del n. precedente, per cui possiamo dedurne che **T** è equivalente al cerchio.

29 Dal teorema precedente segue che, indicando con c ed r le lunghezze della circonferenza e del raggio, si ha:

$$Area\ cerchio = \frac{1}{2} cr = \frac{1}{2} \cdot 2\pi r \cdot r\,;$$

$$\textbf{Area cerchio} = \pi \mathbf{r^2}.$$

30 TEOREMA. *Due cerchi stanno fra loro come i quadrati costruiti sui rispettivi raggi.*

Indichiamo con A_1, A_2 le aree dei due cerchi e con r_1, r_2 le lunghezze dei rispettivi raggi. Per quanto stabilito al n. precedente abbiamo:

$$A_1 = \pi r_1^2 \qquad \text{e} \qquad A_2 = \pi r_2^2.$$

Dividendo membro a membro otteniamo la proporzione numerica

$$A_1 : A_2 = r_1^2 : r_2^2$$

da cui si deduce la proporzione fra grandezze in enunciato.

31 Al n. 11 abbiamo detto che con riga e compasso non si può rettificare una circonferenza; analogamente si dimostra che con questi strumenti non si può *quadrare* un cerchio, cioè non è possibile costruire il quadrato equivalente a un dato cerchio. Con tali strumenti si possono solamente avere risoluzioni *approssimate* di questo problema, mentre con altri strumenti si può eseguire la costruzione *esatta*.

I due problemi della rettificazione della circonferenza e della quadratura del cerchio costituiscono in sostanza un solo problema. Basta pensare che il rettangolo che ha per base la semicirconferenza rettificata e per altezza il raggio è equivalente al cerchio.

Area del settore circolare.

32 Siano r ed $\mathcal{A}$ la lunghezza del raggio di un cerchio e l'area di un settore appartenente allo stesso cerchio. Sia, inoltre, α° l'ampiezza in gradi dell'angolo al centro corrispondente al settore considerato.

Poiché i settori di uno stesso cerchio sono proporzionali ai rispettivi angoli al centro (cap. XIII, n. 11), considerato che all'intero cerchio corrisponde un angolo al centro di 360 gradi, possiamo impostare la proporzione:

$$\mathcal{A} : \pi r^2 = \alpha^\circ : 360^\circ;$$

da cui si ottiene:

$$\mathcal{A} = \frac{\pi r^2 \alpha^\circ}{360^\circ}\,; \qquad \alpha^\circ = \frac{360^\circ \mathcal{A}}{\pi r^2}\,.$$

33 Sia l la misura dell'arco corrispondente al settore circolare considerato. Poiché i settori sono proporzionali ai rispettivi archi (cap. XIII, n. 11) e poiché l'arco corrispondente all'intero cerchio è la circonferenza, possiamo scrivere la proporzione:

$$\mathcal{A} : \pi r^2 = l : 2\pi r\,; \qquad \text{da cui} \qquad \mathcal{A} = \frac{lr}{2}\,.$$

Tale uguaglianza ci consente di concludere che:

un settore circolare è equivalente ad un triangolo che ha per base l'arco rettificato e per altezza il raggio.

Aree della corona e dei segmenti circolari.

34 Sappiamo che una *corona circolare* è la porzione di piano limitata da due circonferenze con lo stesso centro e di raggi disuguali, le cui lunghezze indicheremo con R ed r (essendo $R > r$). Ovviamente, l'area $\mathscr{A}$ della corona è uguale alla differenza delle aree dei cerchi corrispondenti (fig. 13):

$$\mathscr{A} = \pi R^2 - \pi r^2 = \pi (R^2 - r^2).$$

35 È noto che una corda divide un cerchio in due *segmenti circolari ad una base*. Le loro aree, come mostrano le figg. 14 e 15, si possono ottenere come differenza o come somma delle aree di un settore circolare e di un triangolo.

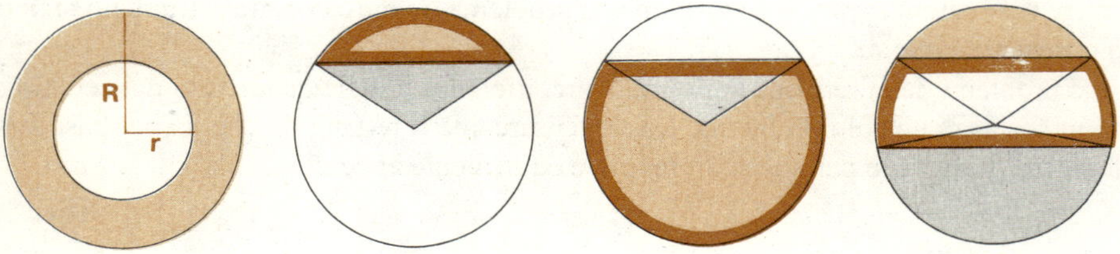

Figg. 13, 14, 15 e 16. - Aree della corona circolare, di due segmenti circolari ad una base e di un segmento circolare a due basi.

Nel capitolo VII abbiamo studiato anche che un *segmento circolare a due basi* è la figura intersezione di un cerchio con una striscia i cui lati contengono due corde parallele del cerchio. Osservando la fig. 16 si capisce come la sua area possa essere in vario modo dedotta da quelle del cerchio, di certi triangoli e di determinati settori circolari.

36 Vogliamo, infine, far cenno ad un altro procedimento mediante il quale avremmo potuto determinare la lunghezza della circonferenza. Esso consiste nel confrontare le due classi dei perimetri dei poligoni regolari inscritti e circoscritti, per dimostrare che si tratta di due classi contigue, senza occuparsi del confronto degli elementi di tali classi con la circonferenza (il che può essere fatto senza introdurre il postulato di Archimede). La lunghezza della circonferenza rettificata viene poi *definita* come l'elemento di separazione di tali classi.

Il procedimento esposto – a parte certi inconvenienti di maggiore astrattezza – ha non solo il pregio di consentire una maggior economia nell'introduzione di postulati, ma anche quello di prestarsi alla determinazione delle lunghezze di curve diverse dalla circonferenza come, ad esempio, archi di ellisse, di parabola, ecc. Si tratta di introdurre, anche per esse, due classi contigue di poligonali rispettivamente inscritte e circoscritte.

Con un metodo analogo si può determinare l'area del cerchio. Si confrontano dapprima le due classi formate dai poligoni regolari inscritti e circoscritti e si dimostra che esse sono contigue, senza occuparsi del confronto degli elementi di tali classi col cerchio. Dopo di che si *definisce* l'area del cerchio come elemento di separazione delle aree dei poligoni di tali classi. Analogamente ci si può comportare, in geometria solida, a proposito del cilindro e del cono.

Il teorema dei seni e il teorema del coseno.

37 A conclusione dello studio della geometria piana, presentiamo due importanti teoremi. In primo luogo, ricordiamo che, dato un triangolo ABC rettangolo in C (fig. 17) e detto α l'angolo acuto di vertice A, abbiamo (n. 18, cap. XV):

$$\text{sen}\,\alpha = \frac{BC}{AB}, \qquad \cos\alpha = \frac{AC}{AB}.$$

38 Sia ora ABC un qualsiasi triangolo; chiamiamo a, b, c le lunghezze dei lati ed α, β, γ le ampiezze degli angoli (fig. 18). Sappiamo che, se un lato è maggiore di un altro lato, allora la stessa disuguaglianza vale tra i due angoli opposti ai lati considerati, e viceversa (nn. 4 e 5, cap. V): ad esempio, $AB > AC$ se e solo se $\gamma > \beta$. Il teorema seguente precisa la situazione.

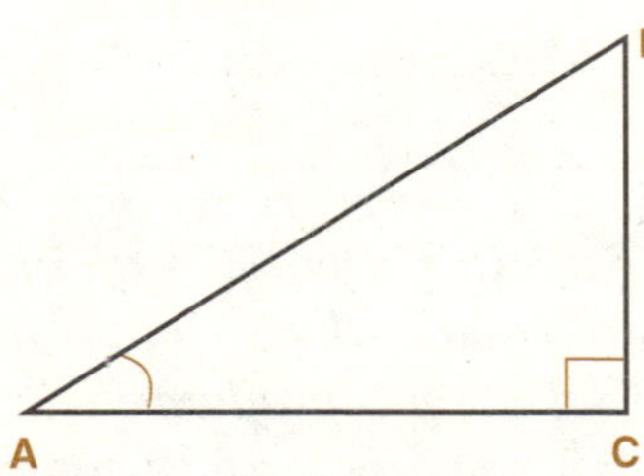

Fig. 17. - Triangolo rettangolo.

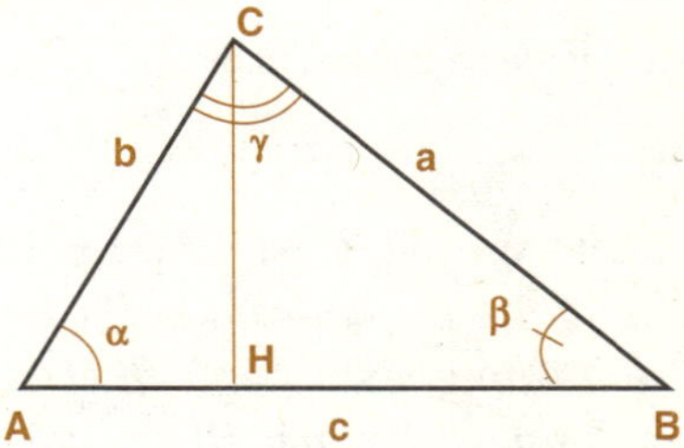

Fig. 18. - Il teorema dei seni.

TEOREMA DEI SENI. *In un qualunque triangolo, con le notazioni in fig.* 18, *si ha:*

$$\frac{a}{\text{sen}\,\alpha} = \frac{b}{\text{sen}\,\beta} = \frac{c}{\text{sen}\,\gamma}.$$

Infatti, tracciamo l'altezza CH (fig. 18). Applicando quanto abbiamo prima ricordato ai triangoli rettangoli AHC e BHC, otteniamo:

$$CH = b\,\text{sen}\,\alpha \qquad \text{e} \qquad CH = a\,\text{sen}\,\beta.$$

Se ne deduce facilmente

$$\frac{a}{\text{sen}\,\alpha} = \frac{b}{\text{sen}\,\beta}.$$

In modo analogo si dimostra l'altra uguaglianza.

La fig. 19 suggerisce un'altra dimostrazione del teorema precedente. Disegniamo la circonferenza circoscritta al triangolo *ABC* e sia *R* il suo raggio. Tracciamo il diametro *BB'*; si noti che il triangolo *BB'C* è rettangolo e che l'angolo *BB'C* è uguale ad α. Si ha così: $a = 2R \operatorname{sen} \alpha$, da cui

$$\frac{a}{\operatorname{sen} \alpha} = 2R.$$

E siccome si può ripetere un ragionamento analogo in relazione ai lati *b* e *c*, concludiamo che, in ogni triangolo, *il rapporto fra un lato ed il seno dell'angolo opposto è costante ed è uguale al diametro della circonferenza circoscritta.*

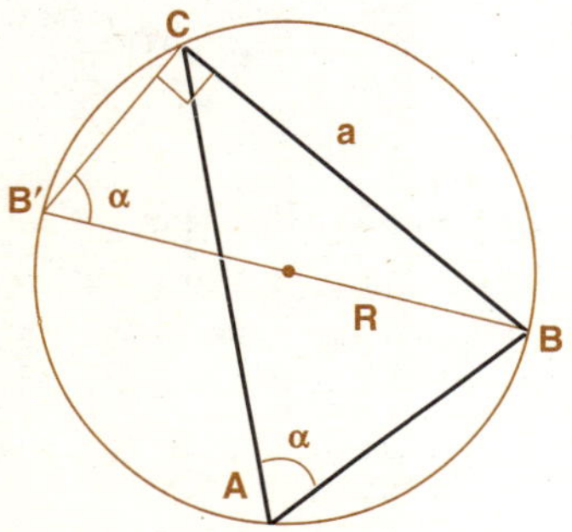

Fig. 19. - Il teorema dei seni (II dim.).

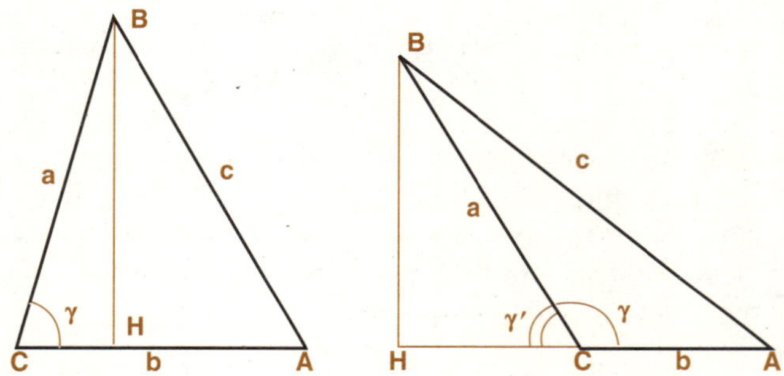

Figg. 20 e 21. - Il teorema del coseno.

39 TEOREMA DEL COSENO (talvolta detto anche *teorema di Carnot*). *In un qualunque triangolo, il quadrato della lunghezza di un lato è uguale alla somma dei quadrati delle lunghezze degli altri due lati, diminuita del doppio prodotto delle lunghezze di questi lati per il coseno dell'angolo fra di essi compreso.* Ad esempio, con le notazioni delle figg. 20 e 21, si ha:

$$c^2 = a^2 + b^2 - 2ab \cos \gamma.$$

(Si noti che il teorema è una generalizzazione del teorema di Pitagora, perché, se l'angolo in *C* è retto, $\cos \gamma = 0$).

Per dimostrare il teorema, tracciamo l'altezza *BH* e notiamo che $BH = a \operatorname{sen} \gamma$. Inoltre, se l'angolo in *C* è acuto (fig. 20), $AH = AC - CH = b - a \cos \gamma$. Se, invece, l'angolo in *C* è ottuso come in fig. 21, allora $\cos \gamma$ è negativo ed è uguale all'opposto di $\cos \gamma'$, essendo γ' l'angolo *BCH* (n. 15, cap. XV). Anche in questo caso si ha, allora, $AH = AC + CH = b + a \cos \gamma' = b - a \cos \gamma$.

Applicando il teorema di Pitagora al triangolo rettangolo *BHA* e sostituendo i valori trovati, otteniamo: $\overline{AB}^2 = \overline{AH}^2 + \overline{BH}^2$

$$c^2 = (a \operatorname{sen} \gamma)^2 + (b - a \cos \gamma)^2 = a^2 (\operatorname{sen} \gamma)^2 + b^2 - 2ab \cos \gamma + a^2 (\cos \gamma)^2.$$

Infine, ricordando che $(\operatorname{sen} \gamma)^2 + (\cos \gamma)^2 = 1$ (n. 16, cap. XV), abbiamo

$$c^2 = a^2 + b^2 - 2ab \cos \gamma.$$

GEOMETRIA DELLO SPAZIO

Capitolo XVII

RETTE E PIANI NELLO SPAZIO.

I piani.

1 *La* **geometria dello spazio** *studia un insieme detto* **spazio**, *i cui elementi si dicono* **punti**.

Come i sottoinsiemi del piano, anche i sottoinsiemi dello spazio sono chiamati **figure**. Due classi di figure rivestono particolare interesse: le **rette** ed i **piani** ([1]).

In *ciascun piano* dello spazio restano validi i postulati, le definizioni ed i teoremi fin qui introdotti. Tale complesso di cognizioni va integrato con altri *postulati* ed altre *definizioni* che consentono di descrivere il più ampio *insieme ambiente* (lo spazio) che intendiamo studiare.

2 POSTULATO. **Dati tre punti A, B, C, non allineati, esiste uno ed un sol piano che li contiene tutti** ([2]).

Ciò si suole anche esprimere dicendo che *per tre punti non allineati passa uno ed uno sol piano*.

Più punti appartenenti ad uno stesso piano si dicono *complanari*. Si osservi che tre punti sono sempre complanari. Si dicono anche *complanari* due *figure* i cui punti appartengono tutti ad uno stesso piano.

3 POSTULATO. **Se una retta r ha in comune con un piano α due punti distinti A e B, allora ogni altro punto di r appartiene ad α.**

In questo caso si usa dire che la retta r *giace* sul piano α, ovvero che α *passa* per la retta r.

([1]) I piani vengono generalmente indicati con le lettere minuscole dell'alfabeto greco: α (alfa), β (beta), γ (gamma), δ (delta), …, π (pi greco), ρ (ro), φ (fi), …, ω (omega).

([2]) Si noti che tre punti non allineati sono sempre *distinti*. Infatti se, ad esempio, i punti A e B coincidessero, allora A, B, C apparterrebbero tutti alla retta AC.

4 1° COROLLARIO. *Esiste uno ed un sol piano passante*:

1) *per una retta* AB *e per un punto* C *esterno ad essa*;

2) *per due rette incidenti* AB *e* BC.

Infatti, per il postulato del n. 2, i tre punti non allineati *A*, *B*, *C* individuano uno e un sol piano α; ad esso, per il postulato del n. 3, appartengono tutti gli altri punti della retta *AB*, ovvero delle rette *AB* e *BC*.

5 2° COROLLARIO. *Il piano è una figura convessa*; *cioè, comunque si scelgano due suoi punti, il segmento che li unisce è tutto contenuto nel piano.*

Infatti, il segmento *AB* che congiunge due qualunque punti di un piano α ha tutti i suoi punti appartenenti alla retta *AB* e, quindi, ad α.

Rette parallele e rette sghembe.

6 DEFINIZIONE. *Due rette nello spazio si dicono* **parallele** *quando coincidono, oppure giacciono su di uno stesso piano e non hanno alcun punto in comune.*

Come nel piano, così anche nello spazio *per un dato punto* P *si può condurre una ed una sola retta* s *parallela ad una assegnata retta* r.

Infatti, se *P* appartiene ad *r*, allora la parallela *s* è la retta *r* stessa. Se, invece, *P* è esterno ad *r*, allora la retta *s*, dovendo essere complanare con *r* e passare per *P*, giace sul piano individuato da *P* e da *r*. Il problema è così ricondotto dallo spazio al piano; e, su questo, *s* esiste ed è unica in virtù del postulato di Euclide.

Dalla precedente definizione discende che due distinte rette parallele giacciono su un piano α che esse individuano.

Riepilogando quanto studiato fin qui, si può, dunque, asserire che:

un piano è individuato:

1) *da tre punti non allineati* (n. 2),
2) *da una retta e da un punto esterno ad essa* (n. 4),
3) *da due rette incidenti* (n. 4),
4) *da due distinte rette parallele.*

7 POSTULATO. **Dato un punto *P*, esistono piani che non lo contengono**.

Un punto *P* non appartenente ad un piano α, viene detto *esterno* ad α.

8 1° COROLLARIO. *Esistono infinite quaterne di punti non complanari.*

Infatti, dati un punto *P* ed un piano α non passante per esso (fig. 1), si possono considerare su α infinite terne di punti non allineati *A*, *B*, *C*. I punti *A*, *B*, *C*, *P* formano una quaterna di punti non complanari.

9 2° COROLLARIO. *Esistono rette non complanari.*

Due rette non complanari si dicono **sghembe**. Tali sono, ad esempio, le rette AB e CP della fig. 1 nella quale A, B, C, P sono quattro punti non complanari.

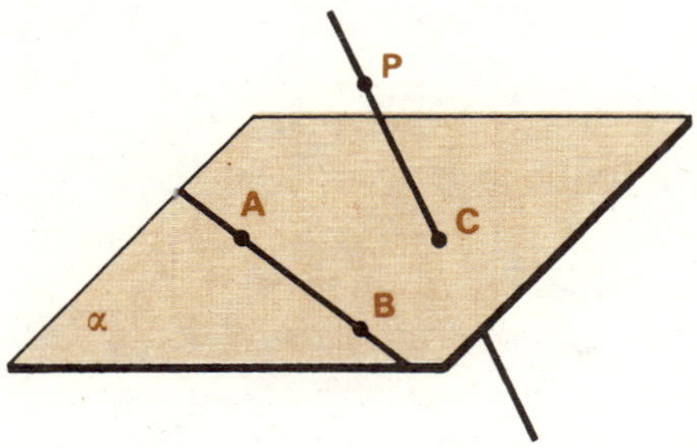

Fig. 1. - Rette sghembe.

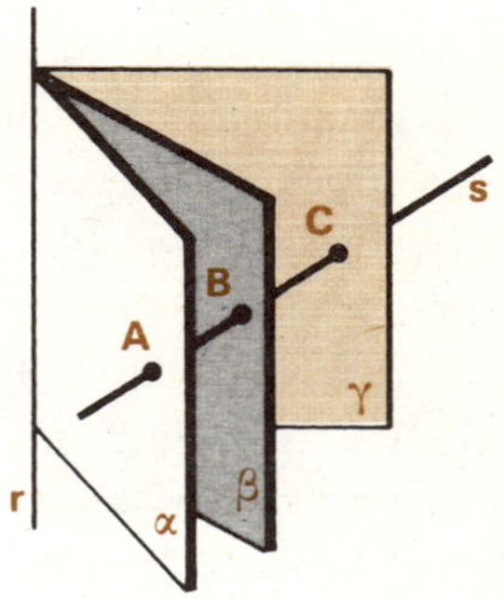

Fig. 2. - Per una retta passano infiniti piani.

10 Da quanto abbiamo fin qui studiato risulta che le *posizioni reciproche di due rette* nello spazio sono tre:

1) *rette incidenti*; 2) *rette parallele*; 3) *rette sghembe.*

11 3° COROLLARIO. *Esistono rette e piani aventi un sol punto in comune.*

Tali sono, ad esempio, il piano α (fig. 1) e la retta PC che unisce un punto P esterno ad α con un punto C di α. La retta PC si dice *incidente* o *secante* rispetto ad α. Il punto C si chiama *punto di incidenza* o *di intersezione* della retta PC con α.

12 4° COROLLARIO. *Per una retta passano infiniti piani.*

Infatti, se r ed s sono due rette sghembe (fig. 2), gli infiniti punti A, B, C, ... di s individuano, insieme alla retta r, altrettanti piani α, β, γ, ... passanti per r e distinti fra loro ([3]).

Si osservi che i punti esterni ad r dei piani β, γ, ... sono tutti non appartenenti ad α; ne segue che esistono infiniti punti esterni ad un dato piano α. Questa considerazione ci assicura che, come ogni retta r è un sottoinsieme del piano che non esaurisce i punti di questo, così *ogni piano è un sottoinsieme dello spazio che non esaurisce i punti dello spazio stesso.*

13 **Appunti di logica.** – Esaminiamo le due definizioni seguenti:

(1) *Due rette si dicono sghembe se non esiste un piano che le contiene.*

(2) *Due rette si dicono sghembe se giacciono su piani diversi.*

Le due definizioni precedenti sembrano esprimere la stessa situazione, ma la

([3]) Se due piani α e β coincidessero, allora le rette r ed $AB = s$ sarebbero complanari, mentre abbiamo supposto che esse siano sghembe.

(1) è *corretta,* mentre la (2) è *sbagliata.* Per rendercene conto, tracciamo la retta AC in fig. 1: questa giace sul piano α, mentre la retta PC non giace su α; ciò nonostante, le rette AC e PC sono *incidenti* e non sghembe. Analogamente, facendo riferimento agli spigoli di una usuale stanza, è facile trovare due rette *parallele,* delle quali una giace sul pavimento e l'altra sul soffitto.

La cosa dipende dal fatto che ogni retta r giace su infiniti piani: una retta s è sghemba con r se *nessuno* dei piani su cui giace r contiene anche s.

Esaminiamo, ora, le due implicazioni seguenti:

(3) *Se due rette non hanno punti in comune, allora sono sghembe.*

(4) *Se due rette sono sghembe, allora non hanno punti in comune.*

L'implicazione (4) è *corretta,* mentre la (3) è *sbagliata.* Infatti, anche due distinte rette parallele non hanno punti in comune: due rette sghembe si differenziano da due distinte rette parallele per il fatto di non appartenere ad uno stesso piano.

14 Come nel piano, anche nello spazio si considerano *movimenti rigidi*: due figure **F** e **G** sono *uguali* (o *congruenti*) se esiste un movimento rigido che porta **F** a coincidere con **G**. Senza presentare l'argomento in modo rigoroso, ci limitiamo a precisare che:

dati due piani α e β sui quali sono state rispettivamente tracciate due rette orientate a **e** b (fig. 3), **esistono movimenti rigidi che portano α su β in modo che** a **e** b **coincidano con orientazioni concordi oppure opposte.**

Da quanto detto segue che *tutti i piani sono uguali*. Infatti, dati due piani, è possibile, con un movimento rigido, portarli a coincidere.

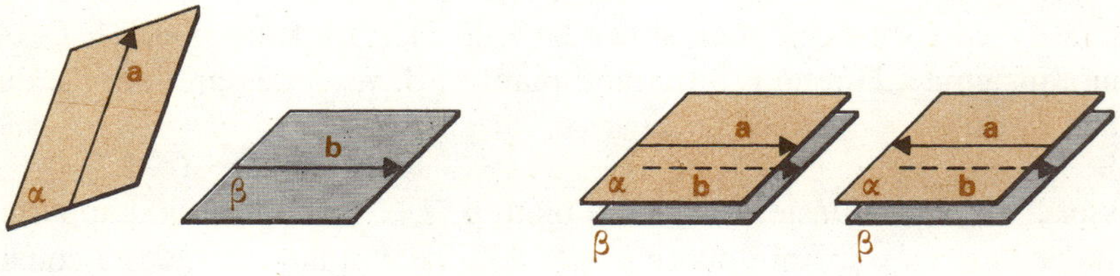

Fig. 3. - Uguaglianza di piani.

I semispazi.

15 Da un punto di vista intuitivo è evidente che, dato un piano α, i punti che non appartengono ad α stanno da una parte o dall'altra rispetto ad α. Questa circostanza, che è alla base del concetto di semispazio, è precisata dal seguente postulato.

POSTULATO. **Ogni piano α suddivide lo spazio s in tre sottoinsiemi disgiunti** α, s' **ed** s''. **I sottoinsiemi** s' **ed** s'' **sono tali che un segmento** BC **i cui estremi appartengono entrambi ad** s' **(o entrambi ad** s''**) non ha alcun punto in comune con** α (fig. 4), **mentre un segmento** DE **i cui estremi appartengono l'uno ad** s' **e l'altro ad** s'' **ha un punto in comune con** α.

DEFINIZIONE. *Con riferimento al precedente postulato, si dice* **semispazio** *di origine* α *(o di bordo* α*) ciascuno dei due insiemi di punti* $\mathbf{S}' = \mathbf{s}' \cup \boldsymbol{\alpha}$ *ed* $\mathbf{S}'' = \mathbf{s}'' \cup \boldsymbol{\alpha}$. *Due semispazi distinti di comune origine, come* **S′** *ed* **S″**, *si dicono* **opposti.**

È evidente che $\mathbf{S}' \cup \mathbf{S}'' = \mathbf{s}$ e che $\mathbf{S}' \cap \mathbf{S}'' = \boldsymbol{\alpha}$.

Un semispazio resta individuato quando se ne conosca l'origine α ed un suo punto *A*, non appartenente ad α (fig. 4). Per questo esso viene talvolta denominato *semispazio* α *A*. Il punto *A* viene detto *interno* al semispazio.

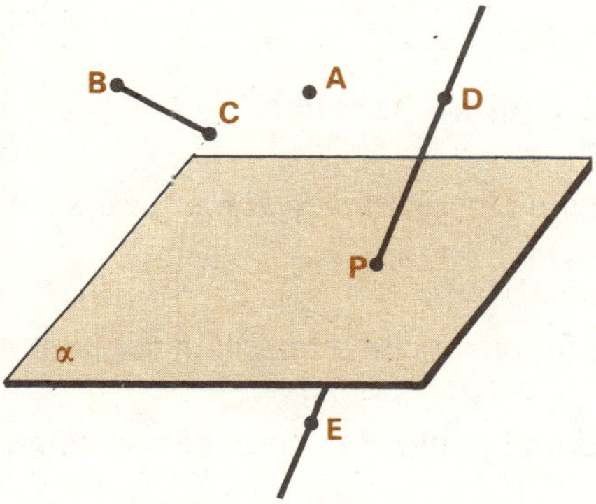

Fig. 4. - Proprietà dei semispazi.

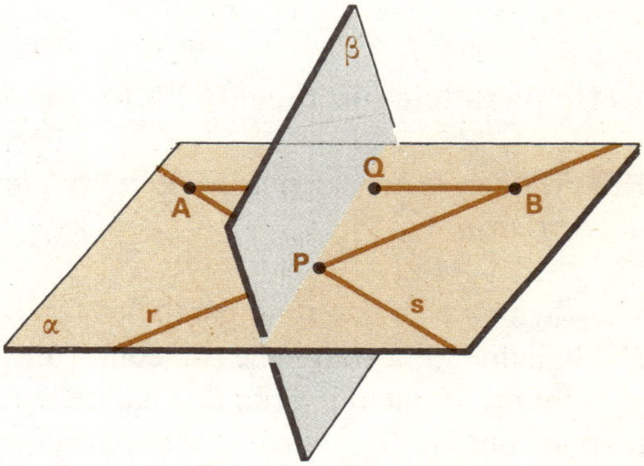

Fig. 5. - Retta comune a due piani.

16 Utilizzando l'osservazione del n. 14 e il postulato del n. 15, si possono provare le seguenti proprietà (che per semplicità non dimostriamo):

1) *tutti i semispazi sono uguali*;

2) *ogni semispazio è una figura convessa*;

3) *una retta incidente un piano* α *in un punto* P (fig. 4) *è divisa da* P *in due semirette che giacciono rispettivamente nei due semispazi opposti di origine* α.

17 TEOREMA. *Se due piani distinti hanno un punto in comune, hanno in comune una retta che passa per quel punto.*

Siano α, β due piani che hanno un punto *P* in comune (fig. 5). Vogliamo dimostrare che essi hanno in comune una retta passante per *P*.

Conduciamo nel piano α, per il punto *P*, due rette distinte *r*, *s*. Ciascuna di esse è divisa da *P* in due semirette che giacciono da parti opposte rispetto a β (n. 16, 3°) (4). Si considerino, allora, una semiretta di *r* e una di *s* situate da parti opposte di β e siano *A* e *B* due punti delle semirette così scelte.

Per il postulato n. 15 il segmento *AB* ha un punto *Q* in comune con β. D'altra parte, *Q* appartiene anche ad α perché il segmento *AB*, avendo i due estremi su α, ha ogni altro suo punto giacente su α (n. 3).

---

(4) Se *r* od *s* giacessero su β il teorema sarebbe già dimostrato.

Possiamo dunque concludere che i piani α, β, avendo in comune i punti *P*, *Q*, hanno in comune la retta passante per essi (n. 3).

Si osservi che un punto *R*, non appartenente alla retta *PQ*, non può appartenere ai due piani α e β perché, se ciò avvenisse, α e β coinciderebbero [n. 4, 1)]; il che sarebbe contro l'ipotesi.

18 Si dice che due piani sono *incidenti* o che *si intersecano* se hanno in comune una retta ed essa soltanto. Tale retta si chiama loro *intersezione*.

Rette parallele intersecate da un piano. Retta e piano paralleli.

19 TEOREMA. *Se due rette sono parallele, ogni piano che ne interseca una interseca anche l'altra.*

Siano *r* ed *s* due rette parallele (fig. 6) e sia α un piano che interseca *r* nel punto *P*. Vogliamo dimostrare che α incontra anche *s*.

Infatti, il piano β delle due parallele *r*, *s*, avendo un punto *P* in comune con α, ha pure in comune con α una retta *a*, passante per *P* (n. 17).

Veniamo così ad avere, *sul piano* β, due parallele *r*, *s* ed una trasversale *a* che incontra *r*; essa, come sappiamo (cap. IV), deve incontrare anche *s*. Si osservi, infine, che il punto comune ad *a* ed *s* è anche comune ad α ed *s* (perché *a* giace su α).

20 DEFINIZIONE. *Una* **retta** *ed un* **piano** *si dicono* **paralleli** *se non hanno alcun punto in comune, oppure se la retta giace sul piano.*

21 TEOREMA. *Una retta che sia parallela ad una retta di un piano è parallela al piano.*

Sia *r* una retta e sia *s* una sua parallela giacente su un piano α. Vogliamo dimostrare che *r* ed α sono paralleli.

Se anche *r* giace su α, allora il parallelismo di *r* ed α è immediato. Consideriamo, dunque, il caso in cui *r* non giace su α (fig. 7) e indichiamo con β il piano delle rette *r* ed *s*, piano che ha in comune con α solo la retta *s*.

Si osservi che se *r* avesse un punto in comune con α tale punto, poiché *r* giace su β,

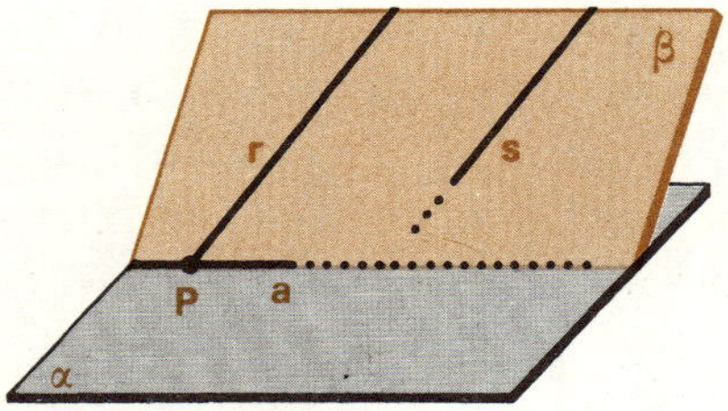

Fig. 6. - Proprietà delle rette parallele.

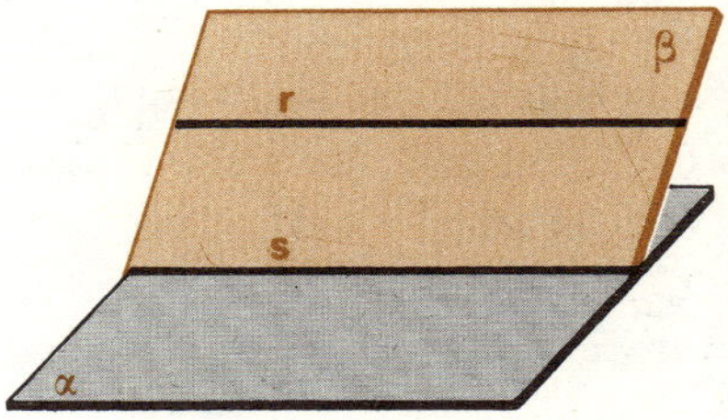

Fig. 7. - Retta e piano paralleli.

sarebbe anche comune a β e ad α, cioè apparterrebbe anche ad *s*. Ma ciò è assurdo perché *r* ed *s* non hanno punti in comune.

22 Dal teorema precedente discende che *per condurre da un punto una parallela ad un piano, basta condurre da quel punto la parallela ad una retta qualunque del piano.*
Dunque: *da un punto si possono condurre infinite parallele ad un piano.*

23 TEOREMA. *Se per una retta* r *parallela ad un piano α si conduce un piano β che interseca α secondo una retta* s, *allora le rette* r *ed* s *sono parallele* (fig. 7).

Se *r* giace su α il teorema è ovvio. Supponiamo, dunque, che *r* sia esterna ad α. Le rette *r* ed *s* sono *complanari* perché giacciono entrambe su β; esse, inoltre, *non hanno punti in comune* perché *s* giace sul piano α che non ha alcun punto in comune con *r*. Dunque, le rette *r* ed *s* sono parallele.

24 Da quanto abbiamo fin qui studiato risulta che le *posizioni reciproche di una retta e di un piano* nello spazio sono tre:

1) *retta incidente al piano*;

2) *retta parallela al piano e giacente su di esso*;

3) *retta parallela al piano ed esterna ad esso.*

Capitolo XVIII

PERPENDICOLARITÀ E PARALLELISMO NELLO SPAZIO.

La perpendicolarità fra rette.

1 Abbiamo studiato a suo tempo che, nel piano, esiste una ed una sola retta perpendicolare ad una assegnata retta r e passante per un punto dato

P esterno ad r, ovvero Q appartenente ad r.

Diversamente accade nello spazio ove, data una retta r:

1) *esiste una ed una sola perpendicolare ad* r *passante per un punto* P *esterno ad* r;
2) *esistono infinite perpendicolari ad* r *passanti per un punto* Q *di* r.

1) Esiste, infatti, un unico piano α che contiene P ed r (fig. 1). La perpendicolare richiesta giace su α perché passa per P e per un punto di r. Per cui il problema è ricondotto dallo spazio al piano.

2) Esistono, invece, infiniti piani α, β, γ, ... passanti per r (fig. 1); su ciascuno di essi vi è una retta perpendicolare ad r nel suo punto Q.

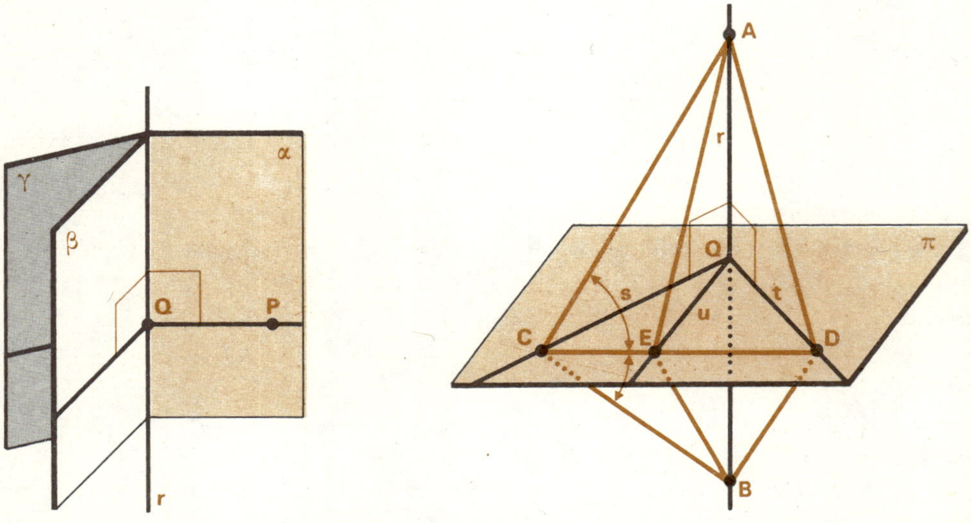

Figg. 1 e 2. - Rette perpendicolari ad una retta passanti per un punto.

2 Vogliamo, ora, dimostrare che le infinite perpendicolari alla retta r nel suo punto Q giacciono tutte su di uno stesso piano π. A questo scopo dobbiamo premettere il seguente

LEMMA. *Se si conducono due perpendicolari ad una retta* r *in un suo punto* Q, *anche ogni altra retta che passi per* Q *e giaccia nel piano* π *delle prime due è perpendicolare alla* r.

Siano s e t le due perpendicolari alla r in Q (fig. 2) e sia u una retta passante per Q e giacente sul piano π. Vogliamo dimostrare che anche la u è perpendicolare alla r.

Si fissino su r due punti A e B, equidistanti da Q e situati da parti opposte rispetto al piano π; si tracci, poi, una retta di π che intersechi le rette s, t, u rispettivamente nei punti C, D, E, con E interno al segmento CD (1). Uniti C, D, E con A e B, possiamo intanto affermare che sia la s che la t sono *assi* del segmento AB (perché perpendicolari ad AB nel suo punto medio Q) e dedurne che

(1) $$CA = CB \qquad e \qquad DA = DB.$$

Segue da ciò l'uguaglianza dei due triangoli ACD, BCD che hanno CD in comune e gli altri lati a due a due uguali in virtù delle (1); dal che si deduce l'uguaglianza dei due angoli ACD, BCD.

A questo punto, possiamo asserire che sono uguali anche i triangoli ACE, BCE, in quanto hanno CE in comune, $CA = CB$ per la prima delle (1) ed $A\widehat{C}E = B\widehat{C}E$ come sopra dimostrato.

Da tale uguaglianza discende che $EA = EB$; per cui il triangolo EAB è isoscele e la mediana EQ relativa alla sua base AB, essendo anche altezza, è perpendicolare alla retta $AB = r$.

3 TEOREMA. *Tutte le perpendicolari ad una retta* r *in un suo punto* Q *giacciono su di un medesimo piano* π.

Si costruiscano due perpendicolari s e t alla r nel suo punto Q (fig. 3). Vogliamo dimostrare che ogni altra retta perpendicolare alla r in Q giace sul piano π individuato da s e da t.

Supponiamo, per assurdo, che esista una retta q perpendicolare alla r in Q e non giacente su π. In tal caso le rette incidenti r e q individuerebbero un piano π' che, avendo il punto Q in comune con π, taglierebbe π secondo una retta p uscente da Q e distinta da q. E poiché, per il lemma precedente, la retta p risulterebbe perpendicolare alla r in Q, avremmo, *nel piano* π', due rette, p e q, perpendicolari alla r in Q. Ma ciò, come sappiamo, non è possibile.

---

(1) La cosa è sempre possibile: basta considerare, fra i quattro angoli convessi formati dalle rette s e t, uno dei due che contengono la u e fissare C su uno dei suoi lati e D sull'altro.

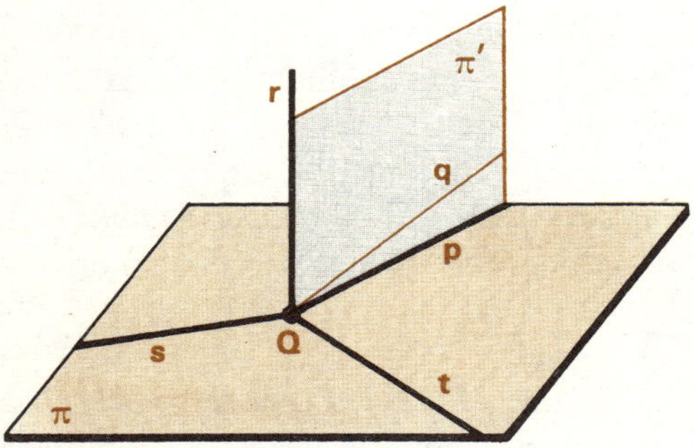

Fig. 3. - Rette perpendicolari ad una retta in un suo punto.

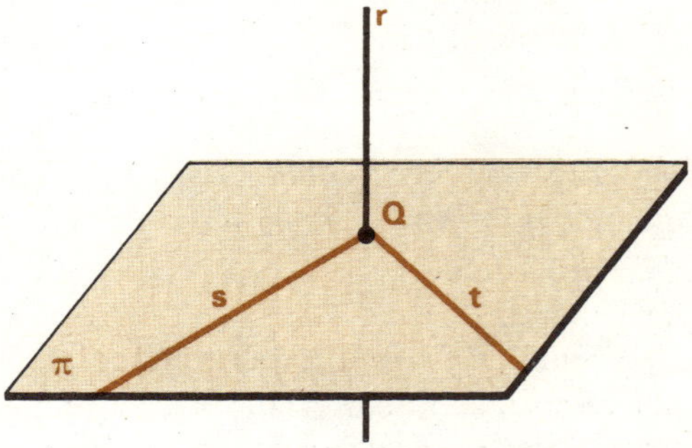

Fig. 4. - Piano perpendicolare ad una retta in un suo punto.

4 **Appunti di logica.** – Esaminiamo con attenzione gli enunciati che abbiamo dimostrato ai nn. 2 e 3. Sono dati una retta *r* ed un suo punto *Q*; inoltre, π è il piano individuato da due rette perpendicolari ad *r* in *Q*. Nel n. 2 abbiamo dimostrato che: «se una retta passante per *Q* giace su π, allora tale retta è perpendicolare ad *r*». Nel n. 3 abbiamo dimostrato che: «se una retta passante per *Q* è perpendicolare ad *r*, allora tale retta giace su π».

I due teoremi, pertanto, sono l'uno l'inverso dell'altro; e si possono enunciare insieme dicendo che: «una retta passante per *Q* è perpendicolare ad *r* se e solo se giace su π».

Notiamo una circostanza insolita: in questo caso ci siamo serviti di una implicazione (n. 2) come premessa (*lemma*) per dimostrare l'implicazione inversa (n. 3).

La perpendicolarità fra retta e piano.

5 Il teorema ora dimostrato ci consente di dare la seguente

DEFINIZIONE. *Una* **retta** *ed un* **piano**, *che si intersecano in un punto* Q, *si dicono* **perpendicolari** *se la retta è perpendicolare a tutte le rette del piano passanti per* Q. Il punto *Q* viene detto *piede* della perpendicolare.

In virtù del lemma n. 2, la precedente definizione può essere così semplificata:

una retta r *ed un piano* π, *che si intersecano in un punto* Q, *si dicono perpendicolari se la* r *è perpendicolare a due distinte rette* s, t *di* π *passanti per* Q (fig. 4).

DEFINIZIONE. *Una* **retta** *si dice* **obliqua** *rispetto ad un* **piano** *se lo interseca senza essere ad esso perpendicolare.*

6 TEOREMA. *Per ogni punto dello spazio si può condurre uno ed un sol piano* π *perpendicolare ad una assegnata retta* r.

1° CASO: *il punto* (indichiamolo con *Q*) *appartiene alla retta* r.

ESISTENZA. Due qualunque rette *s* e *t*, perpendicolari alla *r* in *Q*, individuano il piano π richiesto (n. 5; fig. 4).

UNICITÀ. Se esistesse un secondo piano π′ perpendicolare alla *r* in *Q* (fig. 5), le rette per *Q* tanto di π quanto di π′ sarebbero perpendicolari alla *r*; il che è assurdo perché sappiamo (n. 3) che tutte le perpendicolari ad una retta in un suo punto giacciono su di un solo piano.

2° CASO: *il punto* (chiamiamolo *P*) *è esterno ad* r.

ESISTENZA. Condotta per *P* la perpendicolare $s = PQ$ alla *r* (fig. 5) e tracciata, poi, una seconda perpendicolare *t* alla retta *r* in *Q*, si individua il richiesto piano π (n. 5).

UNICITÀ. L'esistenza di un ulteriore piano π′ perpendicolare alla *r* e passante per *P* e per *Q* va scartata per quanto detto in relazione al 1° caso. Né può esservi un piano π″ passante per *P* e perpendicolare alla *r* in un punto *A* diverso da *Q* (fig. 5), perché allora la retta *PA* sarebbe perpendicolare alla *r* (n. 5) ed il triangolo *PQA* avrebbe due angoli retti.

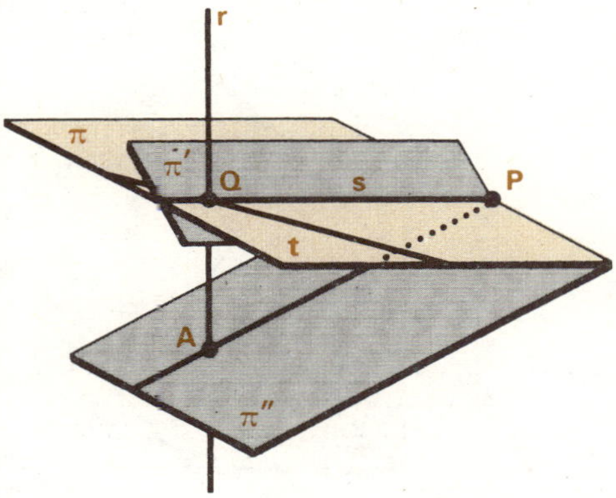

Fig. 5. - Piano per un punto e perpendicolare ad una retta.

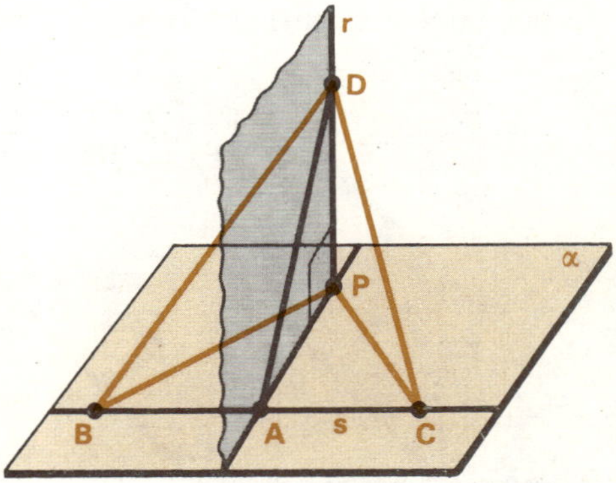

Fig. 6. - Il teorema delle tre perpendicolari.

7 TEOREMA DELLE TRE PERPENDICOLARI. *Se dal piede* P *di una retta* r *perpendicolare ad un piano* α *si conduce la perpendicolare* PA *ad una retta* s *di* α, *allora la* s *è perpendicolare al piano delle rette* r *e* PA (fig. 6).

Presi due punti *B* e *C* di *s*, situati da parti opposte rispetto al punto *A* e tali che $AB = AC$, si uniscano questi con *P* e con un qualunque altro punto *D* di *r* (2).

Osserviamo, ora, che la retta *PA* è l'asse del segmento *BC*, per cui $PB = PC$; inoltre i triangoli *DPB, DPC* sono rettangoli (perché la *r* è perpendicolare ad α) ed uguali (perché hanno uguali i cateti). Ne segue l'uguaglianza delle ipotenuse *BD* e *CD*.

(2) Quando la retta *s* passa per *P*, il teorema è ovvio. Infatti, la retta *s* risulta perpendicolare alla *r* per ipotesi e alla *PA* per costruzione ed è, dunque, perpendicolare al piano di queste due rette (n. 5).

Il triangolo DBC è quindi isoscele; e, pertanto, la mediana DA relativa alla base BC è anche altezza. Il che consente di concludere che la retta s è perpendicolare al piano di r e PA perché perpendicolare alle due rette PA e DA di questo (n. 5).

8 TEOREMA. *Per ogni punto dello spazio si può condurre una ed una sola retta* r *perpendicolare ad un assegnato piano* π.

1° CASO: *il punto* (indichiamolo con Q) *appartiene al piano* π.

ESISTENZA. Sia s una qualunque retta di π passante per Q (fig. 7) e sia α il piano perpendicolare alla s in Q, che interseca il piano π secondo la retta t. Su α si conduca la perpendicolare r alla retta t nel suo punto Q. La r è la retta cercata perché è perpendicolare in Q a due rette di π: la t per costruzione e la s perché questa, essendo perpendicolare ad α, è perpendicolare ad ogni retta di α uscente dal suo piede Q (n. 5).

UNICITÀ. Se esistesse una seconda retta r' perpendicolare in Q a π (fig. 7), il piano β delle rette r, r' taglierebbe π secondo una retta s cui tanto r quanto r' sarebbero perpendicolari. Il che è assurdo perché, *nel piano* β, non possono esservi due distinte perpendicolari ad una stessa retta in un suo punto.

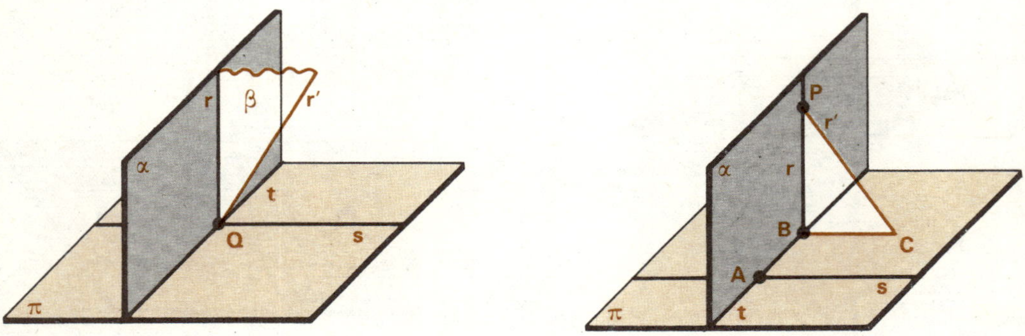

Figg. 7 e 8. - Retta per un punto e perpendicolare ad un piano.

2° CASO: *il punto* (chiamiamolo P) *è esterno a* π.

ESISTENZA. Sia s una qualunque retta di π e sia α il piano passante per P e perpendicolare alla s (n. 6; fig. 8); piano che interseca π secondo la retta t ed s nel punto A. Su α si conduca la retta r passante per P e perpendicolare in B alla t. La r è la perpendicolare cercata in virtù del precedente teorema delle tre perpendicolari (dal piede A della perpendicolare s al piano α si è condotta la perpendicolare $t = AB$ alla retta r di α la quale, quindi, è perpendicolare al piano π delle prime due).

UNICITÀ. Se esistesse una seconda retta r' passante per P e perpendicolare in C al piano π (fig. 8), avremmo un triangolo PBC con i due angoli di vertici B e C retti, il che è assurdo.

Dalla perpendicolarità fra retta e piano al parallelismo fra rette.

9 TEOREMA. *Due rette* r *ed* s *perpendicolari ad uno stesso piano* α *sono parallele.*

Siano *R* ed *S* i punti di intersezione rispettivamente di *r* ed *s* col piano α (fig. 9). Per dimostrare il parallelismo delle rette *r* ed *s*, cominciamo a mostrare che esse sono complanari.

Sia *t* la retta del piano α perpendicolare alla retta *RS* in un suo qualsiasi punto *A*. Per il teorema delle tre perpendicolari (n. 7) la *t* è perpendicolare tanto al piano delle rette *r* ed *RA* quanto a quello delle rette *s* ed *SA*. E poiché esiste un solo piano perpendicolare alla *t* in *A* (n. 6), tali piani coincidono e quindi *r* ed *s* sono complanari.

D'altra parte, le rette *r* ed *s*, perpendicolari al piano α, sono entrambe perpendicolari alla *RS* (n. 5); ed è noto che, *nel piano*, due rette perpendicolari ad una terza sono parallele.

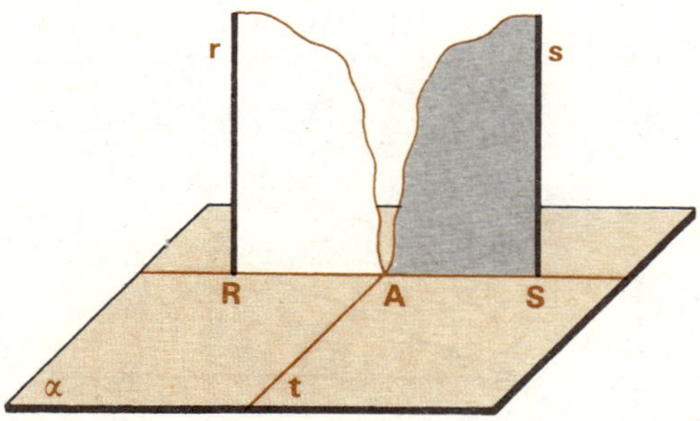

Fig. 9. - Due rette perpendicolari ad uno stesso piano sono parallele.

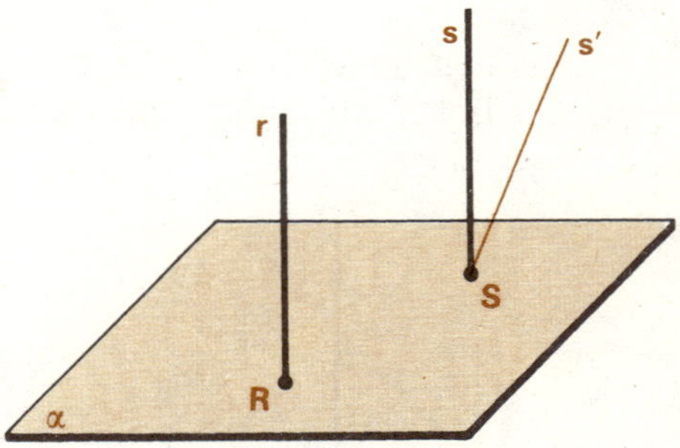

Fig. 10. - Rette parallele tagliate da un piano perpendicolare.

10 TEOREMA (inverso del precedente). *Se due rette* r *ed* s *sono parallele, ogni piano* α *perpendicolare all'una è perpendicolare anche all'altra.*

Supponiamo che la retta *r* (fig. 10) sia tagliata da un piano α ad essa perpendicolare. Vogliamo dimostrare che anche la retta *s* è perpendicolare ad α.

Osserviamo, intanto, che il piano α, poiché incontra la retta *r*, incontra anche, in un punto *S*, la retta *s* parallela ad *r* (n. 19, cap. XVII).

Supponiamo, ora, per assurdo, che *s* ed α non siano perpendicolari. In tal caso esisterebbe una retta *s′* passante per *S* e perpendicolare ad α (n. 8); e per il teorema precedente anche la *s′* sarebbe parallela per *S* alla *r*. Ma ciò contraddice il teorema della unicità della parallela per un punto ad una retta (n. 6, cap. XVII).

11 COROLLARIO. *Due rette* a, b, *parallele ad una retta* c, *sono parallele fra loro* (proprietà *transitiva* del parallelismo fra rette nello spazio).

Infatti, un piano α perpendicolare alla *c* (fig. 11) è perpendicolare anche alle rette *a* e *b* (n. 10). Essendo perpendicolari ad un medesimo piano, le rette *a* e *b* sono parallele (n. 9).

Angoli uguali nello spazio.

12 TEOREMA. *Due angoli con i lati a due a due paralleli e di ugual verso sono uguali.*

Siano *ABC*, *A'B'C'* due angoli aventi i lati *BA*, *B'A'* paralleli e di medesimo verso, così come i lati *BC*, *B'C'*. Vogliamo dimostrare l'uguaglianza di questi angoli.

Possiamo supporre che i punti *A*, *A'*, *C*, *C'* siano tali che *BA* = *B'A'* e *BC* = *B'C'* (fig. 12). Congiungiamo *B* con *B'*, *A* con *A'* e *C* con *C'*. I quadrilateri *ABB'A'*, *CBB'C'* sono parallelogrammi perché hanno, ciascuno, due lati opposti uguali e paralleli. Ne segue che anche gli altri lati opposti *BB'*, *AA'* e *BB'*, *CC'* sono uguali e paralleli. Ciò comporta (n. 11) che sono uguali e paralleli i due segmenti *AA'* e *CC'*. Pertanto, anche il quadrilatero *ACC'A'* è un parallelogramma ed ha gli altri due lati opposti *AC*, *A'C'* uguali.

In conclusione, i due triangoli *ABC*, *A'B'C'*, avendo i lati a due a due uguali, sono uguali. Per cui sono uguali anche i loro angoli *ABC*, *A'B'C'*.

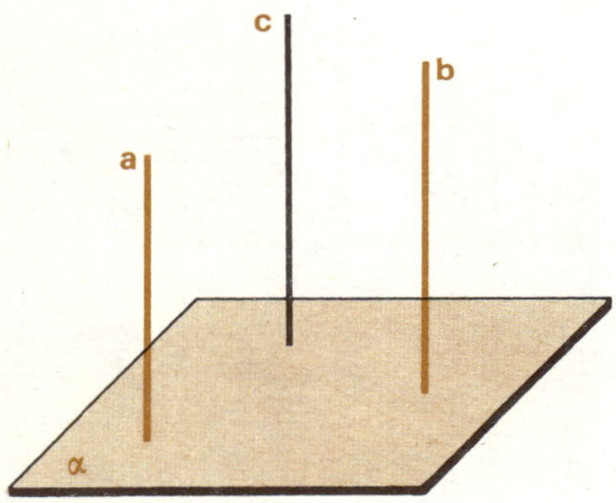

Fig. 11. - Proprietà transitiva del parallelismo.

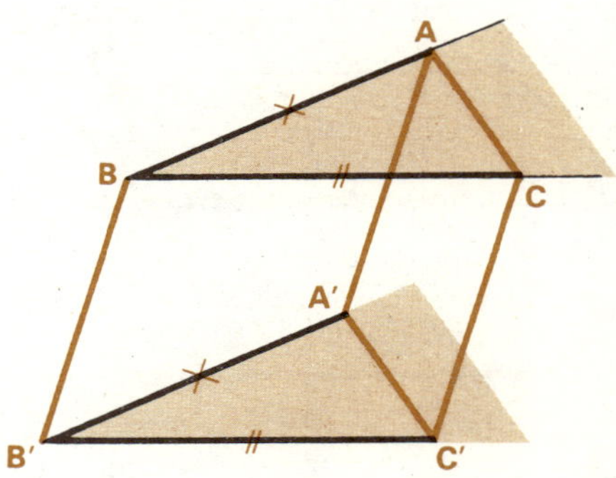

Fig. 12. - Angoli uguali nello spazio.

Piani paralleli.

13 DEFINIZIONE. *Due* **piani** *si dicono* **paralleli** *se coincidono, ovvero se non hanno alcun punto in comune.*

L'esistenza di piani privi di punti comuni è assicurata dal successivo teorema n. 14.

Le proprietà dei piani paralleli sono molto intuitive e possono essere provate con ragionamenti piuttosto semplici. Per questo motivo adotteremo per le dimostrazioni, in quest'ultima parte del capitolo, una forma più schematica, lasciando ai lettori il compito di precisare taluni dettagli. Inoltre, *supporremo sempre* che i piani paralleli considerati siano *distinti*, tralasciando le considerazioni – del tutto ovvie – riguardanti i piani *coincidenti*.

14 TEOREMA. *Due piani* α *e* β *perpendicolari ad una stessa retta* r *sono paralleli.*

Se α e β avessero un punto in comune, per esso passerebbero due piani perpendicolari ad una retta; il che è assurdo (n. 6).

15 TEOREMA. *Se un piano* γ *interseca due piani paralleli* α *e* β, *le rispettive rette* a *e* b *di intersezione sono parallele* (fig. 13).

Le rette *a, b* sono complanari perché giacciono su γ; e non possono avere punti comuni perché, se ne avessero, questi apparterrebbero anche ad α e β che per ipotesi sono paralleli (e distinti).

16 TEOREMA. *Se due piani* α *e* β *sono paralleli, ogni retta* r *che incontra il primo in un punto* A *incontra anche il secondo.*

Il piano γ passante per *r* e per un qualunque punto *P* di β (fig. 13) interseca α e β rispettivamente secondo le rette *a* e *b*. Ora *a* e *b* sono parallele (n. 15); e sappiamo che, *nel piano* γ, la *r*, intersecando la *a* in *A*, incontra anche la *b* in un punto *B*. D'altra parte, siccome *b* giace su β, il punto *B* appartiene anche a β.

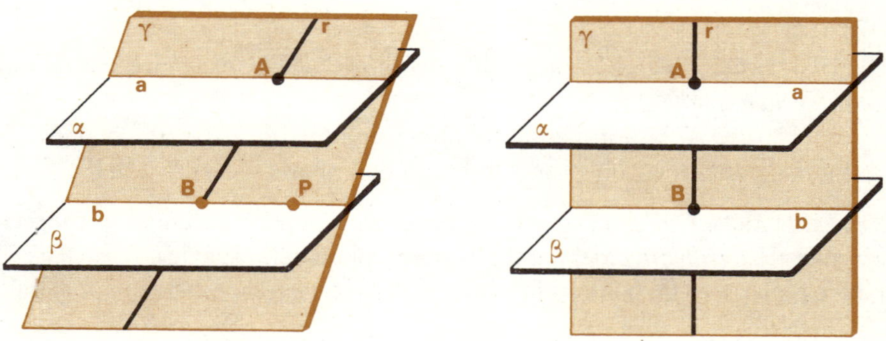

Figg. 13 e 14. - Proprietà dei piani paralleli.

17 TEOREMA. *Se due piani* α *e* β *sono paralleli, ogni retta* r *perpendicolare ad* α *è perpendicolare anche a* β (fig. 14).

Per il teorema precedente la *r*, incontrando α in un punto *A*, interseca anche β in un punto *B*.

Il piano γ, individuato da *r* e da una *qualunque* retta *b* di β che passi per *B*, interseca α secondo una retta *a* parallela a *b* (n. 15). D'altra parte, la *r*, essendo perpendicolare alla *a* (n. 5), è pure perpendicolare (siamo *nel piano* γ) alla *b*. Ed essendo *b* una retta *qualunque* di β passante per *B*, concludiamo che *r* è perpendicolare a β (n. 5).

18 TEOREMA. *Se due rette incidenti* r, s *sono parallele ad un piano* β, *anche il loro piano* α *è parallelo a* β.

Se α e β si intersecassero secondo una retta *x* (fig. 15), almeno una delle due rette *r, s* dovrebbe intersecare la *x* e, di conseguenza, intersecare β. Ma ciò è assurdo essendo *r* ed *s* parallele a β.

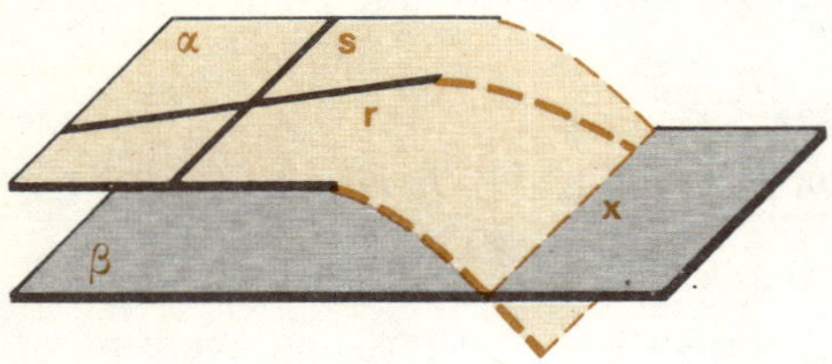

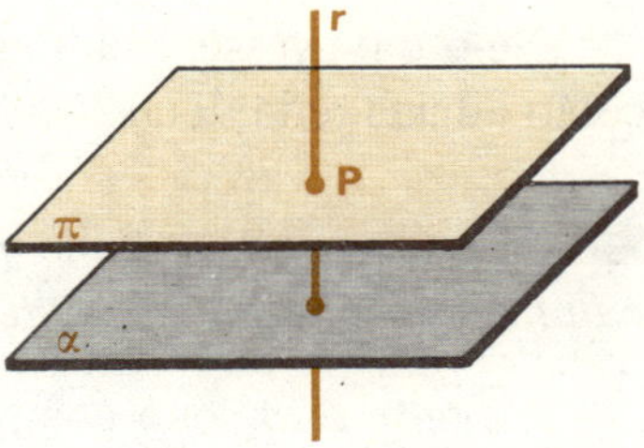

Figg. 15 e 16. - Proprietà dei piani paralleli.

19 TEOREMA. *Per ogni punto* P *dello spazio passa uno ed un sol piano parallelo ad un piano* α *assegnato.*

ESISTENZA. Sia *r* la perpendicolare per *P* ad α (fig. 16). Il piano π perpendicolare in *P* alla *r* è il richiesto (nn. 8, 6 e 14).

UNICITÀ. Un ipotetico secondo piano π′ passante per *P* e parallelo ad α sarebbe perpendicolare alla *r* (n. 17). Per cui esisterebbero due piani distinti (π e π′) perpendicolari alla *r* in *P*; il che è assurdo (n. 6).

20 1° COROLLARIO. *Se due piani* α *e* β *sono paralleli ed un terzo piano* γ *interseca* α, *esso interseca anche* β.

Si osservi che se γ non avesse punti in comune con β, per un punto *P* della retta di intersezione di α con γ passerebbero due piani (α e γ) paralleli a β.

2° COROLLARIO. *Due piani* α *e* β, *entrambi paralleli ad un piano* γ, *sono paralleli fra loro* (proprietà *transitiva* del parallelismo fra piani nello spazio).

Se α e β avessero un punto *P* in comune, per *P* passerebbero due piani paralleli a γ.

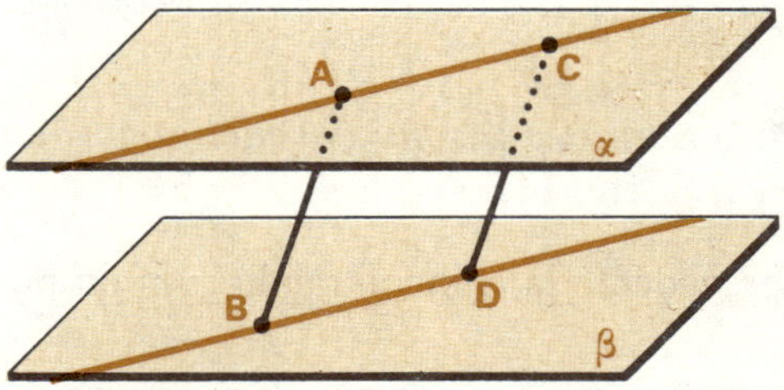

Fig. 17. - Segmenti paralleli compresi fra piani paralleli.

21 TEOREMA. *Segmenti paralleli, compresi tra piani paralleli, sono uguali.*

Siano *AB*, *CD* due segmenti paralleli compresi fra i piani paralleli α e β (fig. 17). Vogliamo dimostrare che *AB* = *CD*. A questo scopo si osservi che il piano delle rette *AB*, *CD* interseca α e β secondo le rette parallele *AC*, *BD* (n. 15); per cui il quadrilatero *ABDC* è un parallelogramma i cui lati opposti *AB*, *CD* sono uguali.

Capitolo XIX

I DIEDRI E LA PERPENDICOLARITÀ FRA PIANI.

I diedri.

1 Nella geometria piana abbiamo introdotto gli angoli come *intersezione* di due *semipiani*. Ci proponiamo, ora, di studiare le figure che si ottengono come *intersezione* di due *semispazi*.

Siano **A** e **B** due semispazi aventi per origini rispettivamente i piani α e β incidenti secondo la retta r (fig. 1). La figura $\mathbf{A} \cap \mathbf{B}$, cioè l'insieme dei punti comuni ai due semispazi, è detta **angolo diedro** *convesso*, o **diedro** *convesso*. La retta r si dice *spigolo* o *costola* del diedro. Tale retta r divide il piano α in due semipiani uno dei quali, α', ha tutti i suoi punti appartenenti a **B** e, analogamente, divide il piano β in due semipiani uno dei quali, β', ha tutti i suoi punti appartenenti ad **A**. Ebbene: i semipiani α' e β' (che limitano il diedro) si dicono le *facce* di questo.

Se, invece, consideriamo l'insieme costituito dai punti *non* appartenenti al diedro convesso e dai punti delle facce di questo (figg. 1 e 2), abbiamo una figura detta **angolo diedro** *concavo* o **diedro** *concavo* (di *spigolo* r ed avente per *facce* i semipiani α' e β').

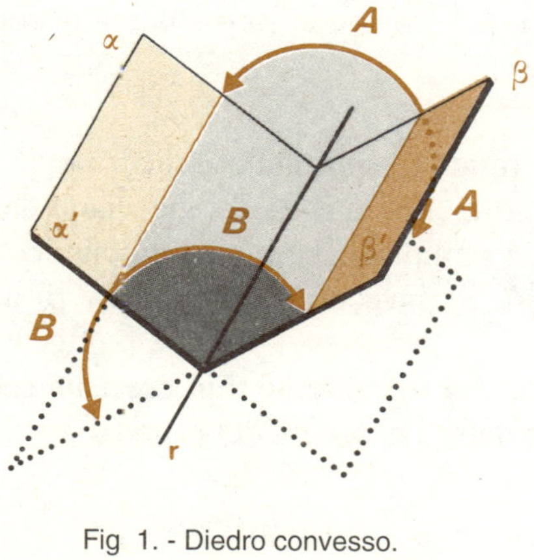

Fig 1. - Diedro convesso.

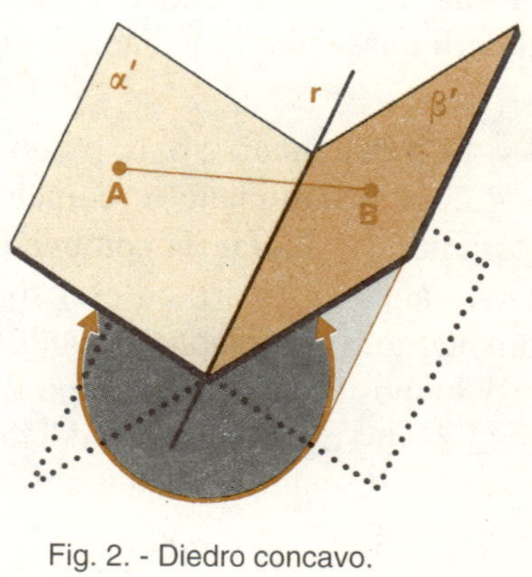

Fig. 2. - Diedro concavo.

Si osservi che un diedro convesso è una figura convessa perché intersezione di due semispazi che sono figure convesse. E che un diedro concavo è una figura concava perché se, ad esempio, prendiamo due suoi punti A e B appartenenti rispettivamente alle facce α' e β' (fig. 2), tutti i punti del segmento AB, estremi esclusi, non appartengono al diedro.

Due semipiani α' e β' di uguale origine r e non opposti individuano – come abbiamo visto – un diedro convesso ed uno concavo. Il primo si indica dicendo semplicemente «il diedro $\alpha'\beta'$» e il secondo si indica dicendo, invece, «il diedro concavo $\alpha'\beta'$». Se A e B sono due punti delle facce α' e β' (fig. 2) i due diedri si indicano anche come «il diedro ArB» e «il diedro concavo ArB».

Se i semipiani α', β' sono opposti, ciascuno dei due semispazi di origine $\alpha' \cup \beta'$ si dice **diedro piatto** (di spigolo r e facce α', β').

Dal momento che tutti i semispazi sono uguali, anche *i diedri piatti sono tutti uguali*.

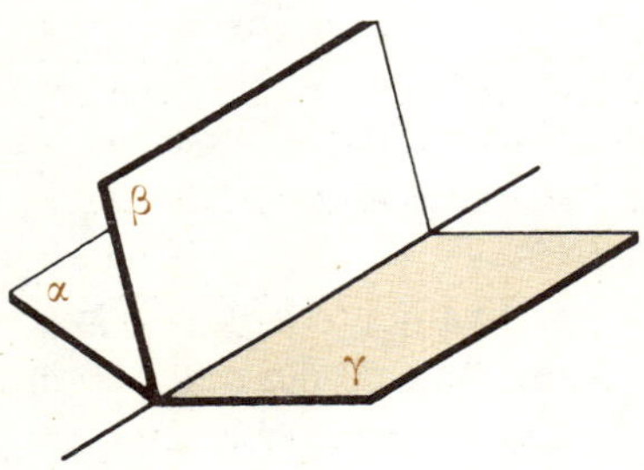

Fig. 3. - Diedri consecutivi.

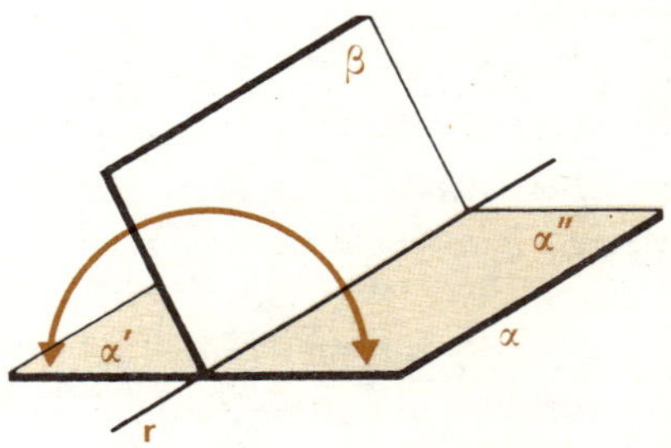

Fig. 4. - Diedri adiacenti.

2 Due *diedri* di uguale spigolo, come $\alpha\beta$ e $\beta\gamma$ della fig. 3, aventi in comune soltanto la faccia β, si dicono **consecutivi**. Due diedri consecutivi, come $\alpha'\beta$ e $\beta\alpha''$ della fig. 4, le cui facce non comuni α' ed α'' sono semipiani opposti, si dicono **adiacenti**.

Il diedro $\alpha\gamma$, *unione* di due diedri consecutivi $\alpha\beta$ e $\beta\gamma$ (fig. 3), si dice loro **somma**. Se i diedri addendi non sono consecutivi, per trovare la loro somma occorre renderli consecutivi mediante un movimento rigido.

3 Dati due diedri $\alpha\beta$, $\alpha'\beta'$, con un movimento rigido trasportiamo il diedro $\alpha'\beta'$ in modo che il semipiano α' coincida col semipiano α e che i due diedri giacciano dalla stessa parte della faccia comune $\alpha' = \alpha$. Se anche i semipiani β e β' coincidono, coincidono anche i diedri, ed essi sono, quindi, *uguali*. Se invece i semipiani β e β' non coincidono, i diedri sono *disuguali*.

Supposto che il semipiano β' sia interno al diedro $\alpha\beta$, diremo, più precisamente, che il diedro $\alpha\beta$ è *maggiore* del diedro $\alpha'\beta'$, o che questo è *minore* del primo.

Le sezioni normali di un diedro.

4 Condotto un piano γ perpendicolare in un qualunque punto P allo spigolo r di un diedro $\alpha\beta$ (fig. 5), siano PQ, PR le semirette intersezioni di γ con le facce α e β. L'angolo QPR viene detto *sezione normale* del diedro $\alpha\beta$.

DEFINIZIONE. *Si chiama* **sezione normale** *di un* **diedro** *l'angolo intersezione del diedro con un piano perpendicolare allo spigolo.*

Si osservi che r, essendo perpendicolare a γ, è perpendicolare anche alle rette PQ, PR (n. 5, cap. XVIII); e che due semirette PQ, PR che siano perpendicolari in P allo spigolo r del diedro, individuano un piano γ perpendicolare ad r. Per cui si può anche asserire che

la sezione normale di un diedro è l'angolo formato da due semirette giacenti sulle sue facce e perpendicolari in un medesimo punto al suo spigolo.

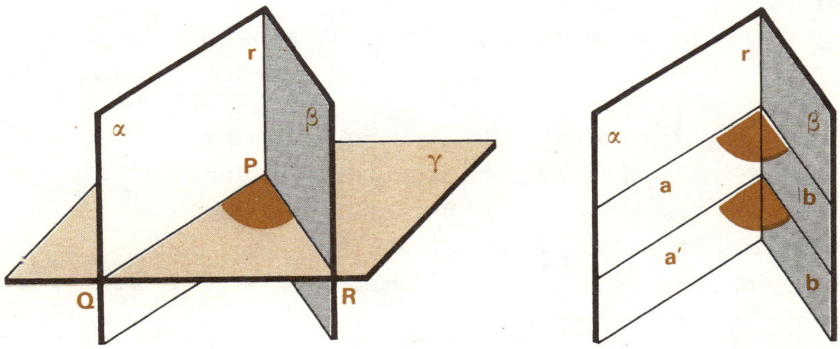

Figg. 5 e 6. - Sezioni normali di diedri.

5 TEOREMA. *Tutte le sezioni normali di un diedro sono uguali.*

Dato un diedro $\alpha\beta$ di spigolo r (fig. 6), siano $\widehat{ab}$, $\widehat{a'b'}$ due sue sezioni normali. Vogliamo dimostrare che esse sono uguali.

Si osservi che le semirette a, a', giacenti sullo stesso semipiano α ed entrambe perpendicolari allo spigolo r, sono parallele. Analogamente sono parallele le semirette b, b'. Ne segue che gli angoli ab, $a'b'$ sono uguali perché hanno i lati paralleli e di medesimo verso (n. 12, cap. XVIII).

6 TEOREMA. *Condizione necessaria e sufficiente affinché due diedri siano uguali è che abbiano sezioni normali uguali.*

Lasciamo ai lettori la dimostrazione che si basa sull'idea di movimento rigido.

7 Da quanto detto fin qui si ricava facilmente che

i diedri stanno fra loro come le rispettive sezioni normali.

Pertanto, se si adotta come *unità di misura* dei *diedri* quel diedro la cui sezione normale è uguale all'angolo unitario (in gradi o in radianti), *la misura di un diedro e quella della sua sezione normale risultano espresse dal medesimo numero*. Ad esempio è 45 la misura in gradi di un diedro che ha per sezione normale un angolo di 45 gradi.

Diedri retti e piani perpendicolari.

8 Su di un piano γ tracciamo due rette a, b perpendicolari, che si intersecano in un punto P (fig. 7); conduciamo, poi, la retta c perpendicolare in P al piano γ. I due piani $ac = \alpha$ e $bc = \beta$ individuano quattro diedri di comune spigolo c; essi, avendo sezioni normali uguali, sono uguali. La costruzione ora descritta ci autorizza a dare le seguenti

DEFINIZIONI. *Due* **piani** *che si intersecano si dicono* **perpendicolari** *se dividono lo spazio in quattro diedri uguali.*

Si dice **diedro retto** *ciascuno dei quattro diedri limitati da due piani perpendicolari.*

In analogia con le definizioni date nella geometria piana, diremo che un *diedro convesso* è **acuto** od **ottuso** a seconda che sia minore o maggiore di un diedro retto; e che due diedri sono *complementari* se la loro somma è un diedro retto; *supplementari* se la loro somma è un diedro piatto.

È chiaro che *due diedri uguali e supplementari sono retti*, e che *se uno dei diedri limitati da due piani che si intersecano è retto, allora sono retti anche gli altri tre.*

9 DEFINIZIONE. *Due* **piani** *che si intersecano e che non sono perpendicolari si dicono* **obliqui**.

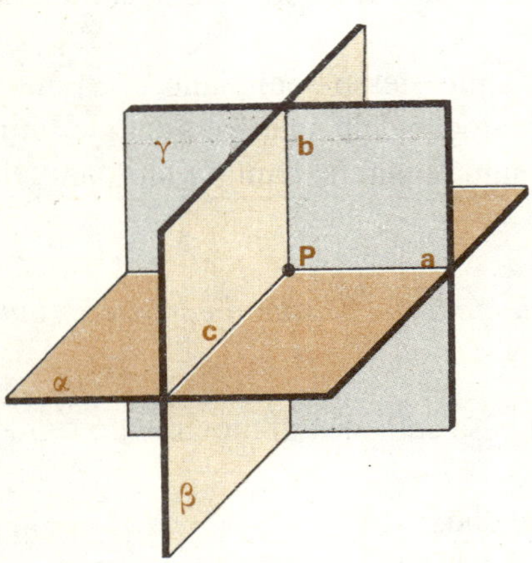

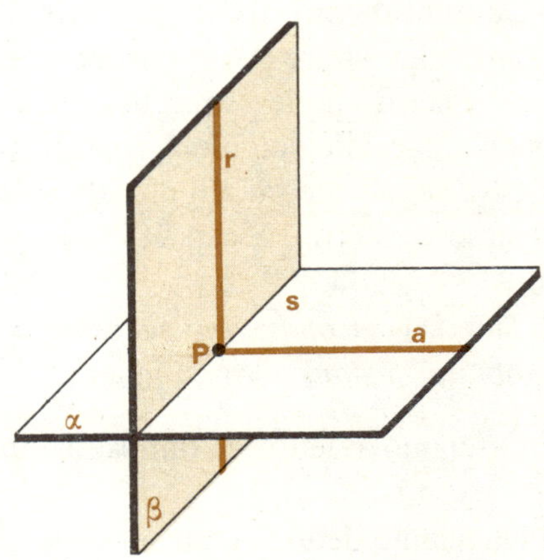

Figg. 7 e 8. - Diedri retti e piani perpendicolari.

10 TEOREMA. *Se una retta* r *è perpendicolare ad un piano* α, *ogni piano passante per* r *è perpendicolare ad* α.

Sia β un qualunque piano passante per r (fig. 8), che interseca α secondo una retta s. Per il punto P di intersezione di r con α conduciamo la retta a di α perpendicolare alla s. Poiché per ipotesi la r è perpendicolare al piano α, essa è perpendicolare alle rette s ed a di α uscenti dal suo piede P (n. 5, cap. XVIII). Pertanto, essendo le tre rette r, s, a a due a due perpendicolari, la sezione normale $\widehat{ra}$ del diedro $\alpha\beta$ è retta; cioè i piani α e β sono perpendicolari.

11 Sempre con riferimento alla fig. 8, si osservi che, dati due piani perpendicolari α e β che si tagliano secondo una retta s, le rette a di α ed r di β perpendicolari alla s in un suo punto P sono perpendicolari fra loro in quanto il diedro $\alpha\beta$ è retto. Vale quindi il

TEOREMA. *Se due piani sono perpendicolari, ogni retta dell'uno che sia perpendicolare alla loro intersezione è perpendicolare all'altro.*

12 TEOREMA. *Se due piani* α *e* β *che si tagliano secondo una retta* s *sono perpendicolari ad un terzo piano* γ, *allora anche la retta* s *è perpendicolare a* γ (fig. 9).

Siano a e b rispettivamente le intersezioni dei piani α e β con γ e sia P il loro punto comune. La retta x di α, perpendicolare in P ad a, e la retta y di β, perpendicolare in P a b, sono entrambe perpendicolari al piano γ (n. 11). Esse, per l'unicità della retta perpendicolare ad un piano in un punto P di questo, coincidono. E poiché x giace su α ed y giace su β non possono che coincidere con la retta s. Tale retta, quindi, è perpendicolare a γ.

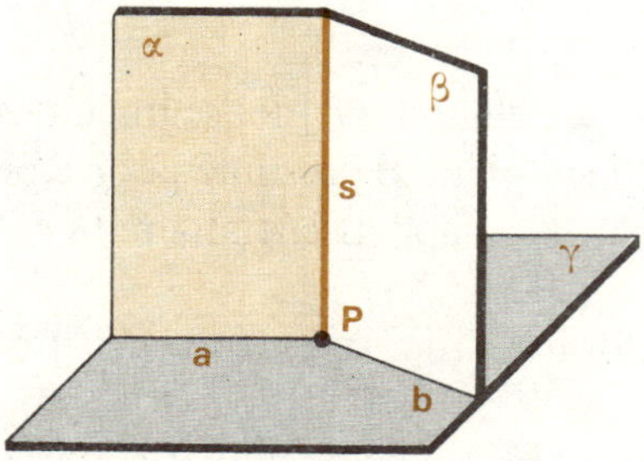

Fig. 9. - Intersezioni di due piani perpendicolari ad un terzo.

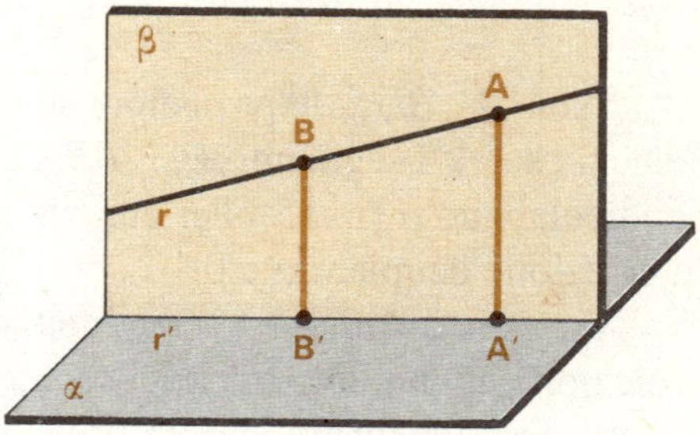

Fig. 10. - Piano per una retta *r* e perpendicolare ad un piano α. Proiezione di *r* su α.

13 TEOREMA. *Per una retta* r *non perpendicolare ad un piano* α *si può condurre uno ed un sol piano* β *perpendicolare ad* α (fig. 10).

ESISTENZA. Basta condurre per un punto A di r la perpendicolare AA' al piano α. Il piano β delle rette r ed AA' è il richiesto perché contiene la retta AA' perpendicolare ad α (n. 10).

Unicità. Il piano β così trovato è unico perché, se ne esistesse un altro β′, la retta *r* di intersezione di β e β′ sarebbe perpendicolare ad α (n. 12), contrariamente all'ipotesi fatta.

Si osservi che la dimostrazione vale anche nel caso in cui *r* giace su α.

14 Riepilogando i teoremi n. 10 e n. 13 abbiamo che, se una retta *r* è perpendicolare ad un piano α, ogni piano per essa è perpendicolare ad α; se, invece, *r* non è perpendicolare ad α (cioè se *r* è obliqua o parallela ad α), allora esiste uno ed un sol piano passante per *r* e perpendicolare ad α.

15 Corollario. *Le perpendicolari condotte a un piano* α *dai punti* A, B, ... *di una retta* r *non perpendicolare ad* α *giacciono tutte sul piano* β *passante per* r *e perpendicolare ad* α (fig. 10).

Si osservi che nella dimostrazione del precedente teorema abbiamo visto che il piano β in enunciato passa, oltre che per la *r*, per la perpendicolare condotta ad α da un punto qualunque (*A*, o *B*, ecc.) della *r* stessa. Ciò equivale a dire che tali perpendicolari giacciono tutte su β.

Proiezioni su di un piano. Distanza di un punto da un piano.

16 Definizioni. *Si dice* **proiezione** *di un punto* A *su di un piano* α *il piede* A′ *della perpendicolare condotta da* A *ad* α (fig. 10).

Si dice **proiezione** *di una* **figura F** *su di un piano* α *l'insieme* **F′** *delle proiezioni dei punti di* **F** *sul piano* α.

17 Teorema. *La proiezione su di un piano* α *di una retta* r [*di un segmento* AB] *non perpendicolare ad* α, *è una retta* [*è un segmento* A′B′] (fig. 10).

Siano *A′*, *B′*, ... le proiezioni su α dei punti *A*, *B*, ... della retta *r* [del segmento *AB* giacente su *r*]. I segmenti *AA′*, *BB′*, ... giacciono tutti sul piano β passante per *r* e perpendicolare ad α (n. 15). Per cui ciascuno dei punti *A′*, *B′*, ... appartiene alla retta *r′* di intersezione dei piani α e β.

Viceversa, si dimostra facilmente che *ogni* punto di *r′* [del segmento *A′B′*] è la proiezione di un punto di *r* [del segmento *AB*].

Si osservi, infine, che la proiezione di una retta *r* [di un segmento *AB*] che sia perpendicolare ad α si riduce ad un sol punto.

18 Teorema. *Il segmento di perpendicolare* PH *condotto ad un piano* α *da un punto* P *esterno ad esso è minore di ogni segmento obliquo* PQ *che congiunga* P *con un punto* Q *di* α, *diverso da* H (fig. 11).

Due segmenti obliqui PQ, PR, *aventi proiezioni uguali sono uguali; e viceversa* (fig. 11).

Lasciamo ai lettori le facili dimostrazioni basate l'una sul fatto che un cateto di un triangolo rettangolo è minore dell'ipotenusa, e l'altra sulla uguaglianza di due triangoli rettangoli.

19 Tenuto conto che, in geometria, «distanza» sta per «minimo percorso», la prima delle due precedenti proprietà giustifica la

DEFINIZIONE. *Si dice* **distanza** *di un* **punto** *da un* **piano** *il segmento di perpendicolare condotto dal punto al piano.*

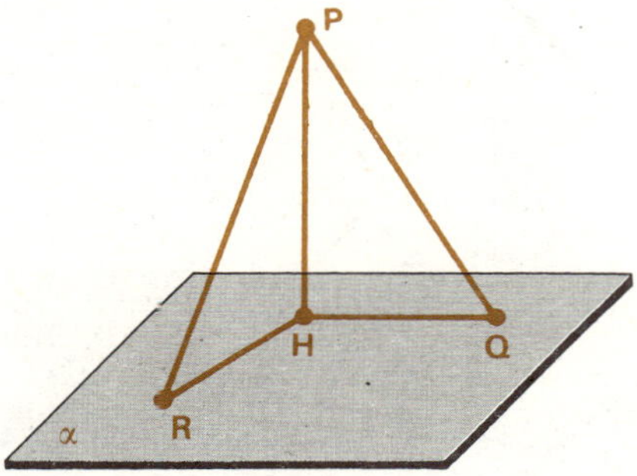

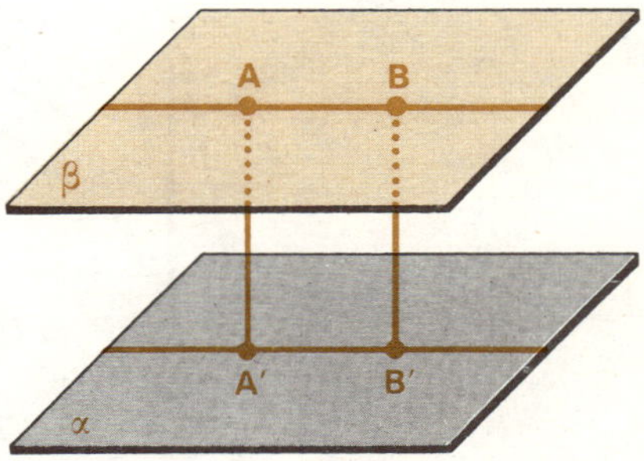

Figg. 11 e 12. - Proiezioni e distanze.

20 Siano α e β due piani paralleli e sia *AB* una retta giacente su β e, quindi, essa pure parallela ad α (fig. 12). Siano *AA′* e *BB′* i segmenti di perpendicolare condotti da *A* e da *B* ad α. Con semplici ragionamenti sulla perpendicolarità e sul parallelismo si prova che il quadrilatero *ABB′A′* è un rettangolo. Da ciò si deduce che *tutti i punti tanto della retta* AB *quanto del piano* β *sono ugualmente distanti da* α. Questa proprietà giustifica le

DEFINIZIONI. *Si dice* **distanza** *di una* **retta** *e di un* **piano paralleli** *la distanza di un punto qualunque della retta dal piano.*

Si dice **distanza** *di due* **piani paralleli** *la distanza di un punto qualunque di uno dei due piani dall'altro.*

Angolo di retta e piano. Angolo e distanza di due rette sghembe.

21 TEOREMA. *L'angolo acuto che una retta obliqua rispetto ad un piano α forma con la sua proiezione su α è il minore fra tutti gli angoli acuti formati dalla stessa obliqua con le altre rette del piano passanti per il punto di incidenza.*

Omettiamo per brevità la dimostrazione.

Ci limitiamo a far osservare la fig. 13, dove la retta *BC* è la proiezione della retta *AB* sul piano α: il teorema afferma che l'angolo *ABC* è minore dell'angolo *ABD*.

22 Il teorema precedente giustifica la seguente

DEFINIZIONE. *Dati un piano* α *ed una retta* r *obliqua rispetto ad esso, si dice* **angolo** rα

di r **ed** α *l'angolo acuto formato dalla* r *con la sua proiezione su* α. *Se* r *ed* α *sono perpendicolari si assume come angolo* rα *l'angolo retto.*

23 DEFINIZIONE. *Si dice* **angolo** *di due* **rette sghembe** r, s *l'angolo acuto o retto formato da una di esse con la parallela all'altra condotta per un suo punto.* Tale è, ad esempio, l'angolo *rq* (fig. 14), essendo *q* la parallela ad *s* passante per un punto *A* di *r* scelto a piacere ([1]).

Se tale angolo è retto, le due **rette sghembe** *si dicono* **ortogonali** (*o* **perpendicolari**).

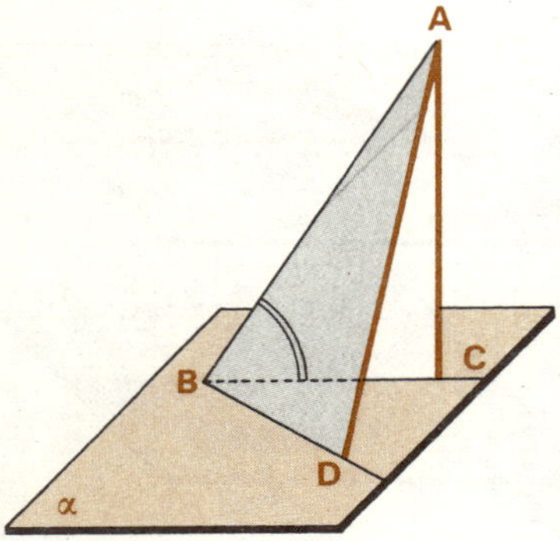

Fig. 13. - Angolo fra retta e piano.

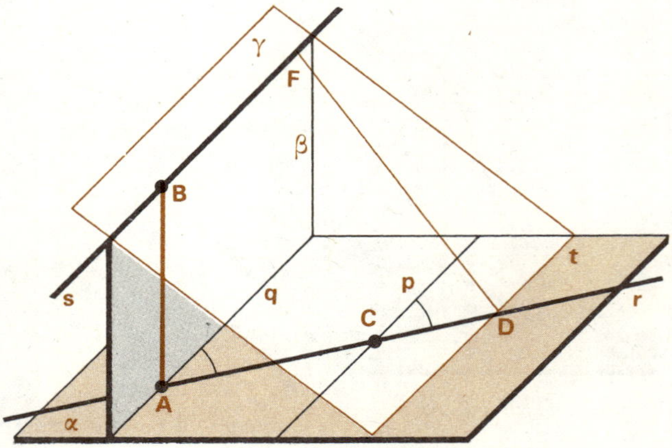

Fig. 14. - Angolo e minima distanza di due rette sghembe.

24 TEOREMA. *Date due rette sghembe, esiste una ed una sola retta perpendicolare ad entrambe. Il segmento di tale perpendicolare compreso tra le due rette è minore di qualunque altro segmento che congiunga due punti di queste.*

Siano *r*, *s* le rette sghembe date (fig. 14). Vogliamo dimostrare che esiste una ed una sola retta perpendicolare ad entrambe; e che il segmento di essa compreso tra *r* ed *s* è minore di qualunque altro segmento che congiunga due punti di *r* ed *s*.

Preso un punto qualunque *C* di *r*, conduciamo da *C* la parallela *p* alla *s*. Il piano α di *r* e *p* è parallelo ad *s* (n. 21, cap. XVII). Per *s* conduciamo il piano β perpendicolare ad α; sia *q* la retta intersezione dei piani α e β; essa è parallela ad *s* (n. 23, cap. XVII).

Indicato con *A* il punto di incontro delle rette *q* ed *r* ([2]), conduciamo per *A*, nel piano β, la perpendicolare alla *q*: sia *B* il suo punto d'intersezione con la *s*.

Poiché *q* ed *s* sono parallele, la retta *AB* è perpendicolare anche alla *s*. E poiché, per il teorema n. 11, la *AB* è perpendicolare al piano α, essa è perpendicolare anche alla retta *r* (n. 5, cap. XVIII).

Abbiamo così determinato *una* retta *AB* perpendicolare alle rette *r*, *s*. Mostriamo, ora, che è *unica*.

([1]) Si osservi che l'angolo di cui alla definizione non dipende dalla particolare scelta del punto *A*. Infatti, se *C* è un ulteriore punto di *r* distinto da *A* e *p* è la parallela condotta per *C* alla *s* (fig. 14), gli angoli *qr* e *pr* sono uguali perché corrispondenti rispetto alle rette parallele *q* e *p* tagliate dalla trasversale *r*.

([2]) Le rette *q* ed *r* debbono necessariamente incontrarsi. Infatti, poiché sono complanari, se non si incontrassero, sarebbero parallele. Ma *q* è parallela ad *s* e quindi (n. 11, cap. XVIII) *s* ed *r* risulterebbero parallele, contro l'ipotesi.

A questo proposito si osservi che un'*altra* retta DF che unisca un punto D di r con un punto F di s (cioè con D ed F non entrambi coincidenti con A e B) non può essere perpendicolare sia alla r che alla s. Infatti, il piano γ delle rette s e DF taglia α secondo una retta t parallela ad s; per cui DF, se fosse perpendicolare alla s, sarebbe perpendicolare anche alla t. Allora FD, dovendo essere perpendicolare pure alla r, sarebbe perpendicolare al piano α; per cui anche il piano γ sarebbe perpendicolare ad α (n. 10). Ma ciò è assurdo perché per la retta s, parallela ad α, verrebbero a passare due piani distinti β e γ perpendicolari ad α.

Infine non è difficile convincersi che $AB < DF$: i due segmenti AB e DF sono compresi fra il piano α e la retta s parallela ad α; e, mentre AB è un segmento di perpendicolare, DF è una obliqua rispetto ad α (si osservino anche le figure 11 e 12).

25 DEFINIZIONE. *Si dice* **minima distanza** (*o, semplicemente,* **distanza**) *di due* **rette sghembe** *il segmento compreso fra le due rette e giacente sull'unica perpendicolare ad entrambe.*

26 **Appunti di logica.** – Abbiamo già avuto modo di sottolineare l'importanza, in logica matematica, dei **quantificatori**, cioè delle locuzioni «*per ogni*» (o tutti, qualsiasi, comunque si prenda, ...) ed «*esiste almeno un*» (si veda il vol. I, n. 46 del cap. VII e il n. 7 del cap. III).

Vari enunciati della geometria dello spazio hanno un'interessante struttura logica proprio per la presenza di più quantificatori. Vediamo alcuni esempi (attenzione: anche se si tratta di enunciati che riguardano situazioni già viste, non è facile esprimerli in modo corretto secondo le regole della logica matematica).

«*Esiste* una retta a ed *esiste* una retta b tali che a e b sono sghembe.» L'enunciato precedente si può rafforzare: «*Comunque si scelga* una retta a, *esiste* una retta b tale che a e b sono sghembe.» Invece, è sbagliato asserire che «*Esiste* una retta a tale che, *comunque si scelga* una retta b, le rette a e b sono sghembe.»

«*Per ogni* punto P e *per ogni* piano α *esiste* una retta r passante per P e parallela ad α». «*Per ogni* punto P e *per ogni* piano α *esiste* una retta r passante per P e perpendicolare ad α». Si noti che, in quest'ultimo caso, l'enunciato si può precisare dicendo che «... *esiste una e una sola* retta ...», mentre una analoga precisazione non è corretta nel caso precedente.

Vediamo, infine, un esempio più complesso. «*Per ogni* piano α, *esiste* una retta r tale che *ogni* piano β passante per r è perpendicolare ad α» (infatti, basta considerare una retta r perpendicolare ad α).

Provino i lettori a costruire altri esempi, prestando attenzione sia all'ordine in cui compaiono, in una stessa frase, i quantificatori, sia alla eventuale presenza della negazione «non».

Capitolo XX

GLI ANGOLOIDI. SIMMETRIE E UGUAGLIANZA NELLO SPAZIO.

Gli angoloidi.

1 DEFINIZIONE. *Date in un certo ordine* n *semirette* (*con* n > 2)
aventi l'origine in comune,
a tre a tre non complanari,
e tali che il piano individuato da due semirette consecutive lasci tutte le altre da una stessa parte,
si dice **angoloide convesso** (*o, semplicemente,* **angoloide**) *l'intersezione degli* n *semispazi che hanno per origini quei piani e che contengono le* n – 2 *semirette restanti.*

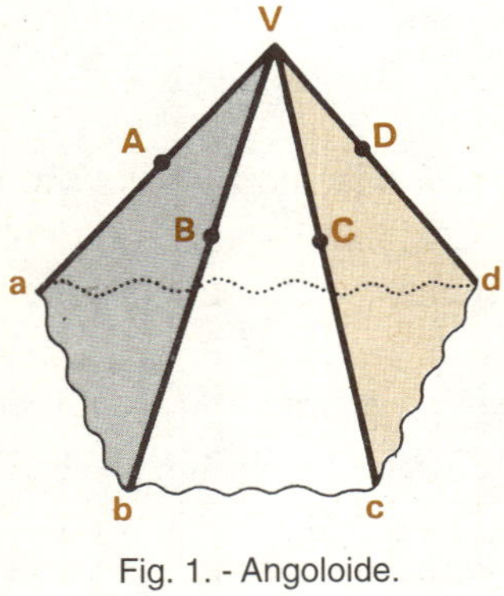

Fig. 1. - Angoloide.

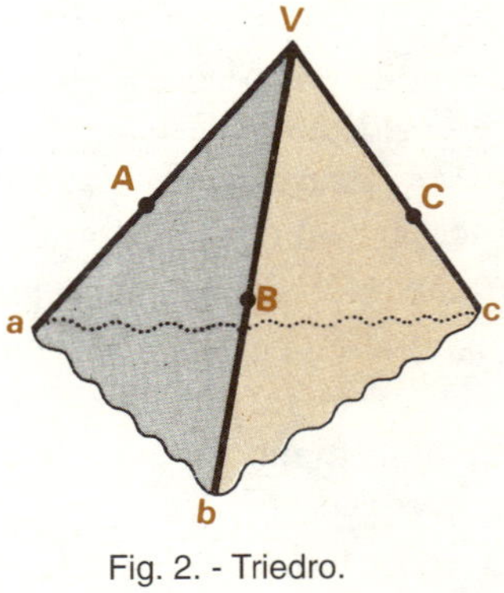

Fig. 2. - Triedro.

Siano date, ad esempio, quattro semirette *a*, *b*, *c*, *d* di comune origine *V* (fig. 1), prese nell'*ordine* nel quale le abbiamo scritte e tali che il piano di due semirette consecutive (cioè di *a* e *b*, o di *b* e *c*, o di *c* e *d*, o di *d* ed *a*) non contenga le restanti e le lasci tutte da una medesima parte. Ciascuno di quei piani individua un semispazio; ad esempio il piano *ab* individua il semispazio di origine *ab* e che contiene sia *c* che *d*. Ebbene: i punti comuni a quei semispazi costituiscono, nel loro insieme, una figura detta *angoloide Vabcd* (ovvero *angoloide VABCD*, se *A*, *B*, *C*, *D* sono quattro punti appartenenti rispettivamente alle semirette *a*, *b*, *c*, *d* e distinti da *V*).

2 L'origine V delle semirette (fig. 1) è il *vertice* dell'angoloide;
le semirette $VA = a$, $VB = b$, … sono gli *spigoli*;
gli angoli (convessi) AVB, BVC, … sono le *facce*.

In quanto intersezione di figure convesse (gli n semispazi) *un angoloide è una figura convessa*.

Un angoloide con *tre* spigoli (fig. 2) prende il nome di **triedro**.

Proprietà delle facce di un angoloide.

3 TEOREMA. *La somma delle facce di un triedro è minore di un angolo giro.*

Sia $VABC$ il triedro dato (fig. 3). Vogliamo dimostrare che

$$A\widehat{V}B + B\widehat{V}C + C\widehat{V}A < 1 \text{ angolo giro.}$$

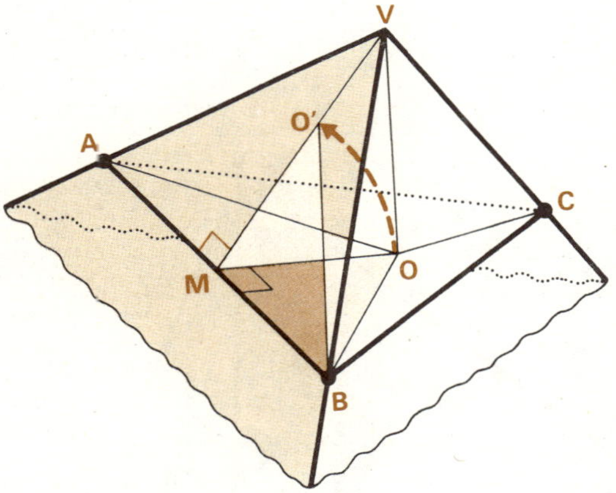

Fig. 3. - Proprietà delle facce di un triedro.

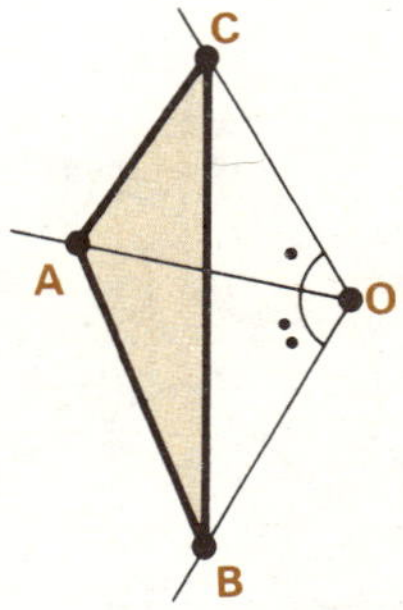

Fig. 4. - Caso particolare.

Fissiamo sugli spigoli del triedro tre punti A, B, C in modo che $VA = VB = VC$. Indichiamo con VO la distanza del vertice V dal piano del triangolo ABC e con M il punto medio di AB, comune piede delle altezze dei triangoli VAB ed OAB, entrambi isosceli: il primo per costruzione ed il secondo perché oblique uguali hanno proiezioni uguali su di un piano (n. 18, cap. XIX).

Facciamo ruotare il triangolo rettangolo OMB attorno al cateto MB fino a portarlo sul piano del triangolo rettangolo VMB. Poiché OM è minore di VM (OM è un cateto e VM è l'ipotenusa del triangolo rettangolo VMO) tale rotazione porta O in un punto O' *interno* al lato VM.

Nel triangolo $VO'B$, l'angolo esterno $MO'B$ è maggiore dell'angolo interno non adiacente MVB. Da $M\widehat{V}B < M\widehat{O'}B$ e da $M\widehat{O'}B = M\widehat{O}B$ si deduce successivamente:

$$M\widehat{V}B < M\widehat{O}B, \qquad 2\,M\widehat{V}B < 2\,M\widehat{O}B, \qquad A\widehat{V}B < A\widehat{O}B\,.$$

Analogamente si dimostra che $B\widehat{V}C < B\widehat{O}C$ e $C\widehat{V}A < C\widehat{O}A$.

Sommando membro a membro queste tre ultime disuguaglianze otteniamo:

$$A\widehat{V}B + B\widehat{V}C + C\widehat{V}A < A\widehat{O}B + B\widehat{O}C + C\widehat{O}A \leqslant 1 \textit{ angolo giro } ([1]).$$

4 TEOREMA. *Ogni faccia di un triedro è minore della somma delle altre due.*

Poniamoci nella condizione più sfavorevole: dato un triedro *Vabc* e supposto che la faccia *ab* sia maggiore delle altre due facce *bc* e *ca*, vogliamo dimostrare che

$$\widehat{ab} < \widehat{bc} + \widehat{ca}.$$

Sia c' la semiretta opposta a c (fig. 5). Se indichiamo con π un angolo piatto, il triedro $Vabc'$ ha le facce rispettivamente uguali ad ab, $\pi - bc$, $\pi - ca$.

Applicando a questo triedro il teorema precedente abbiamo:

$$\widehat{ab} + (\widehat{\pi} - \widehat{bc}) + (\widehat{\pi} - ca) < 2\widehat{\pi}.$$

Spostando di membro e semplificando si ottiene:

$$\widehat{ab} + 2\widehat{\pi} < \widehat{bc} + \widehat{ca} + 2\widehat{\pi}; \qquad \widehat{ab} < \widehat{bc} + \widehat{ca}.$$

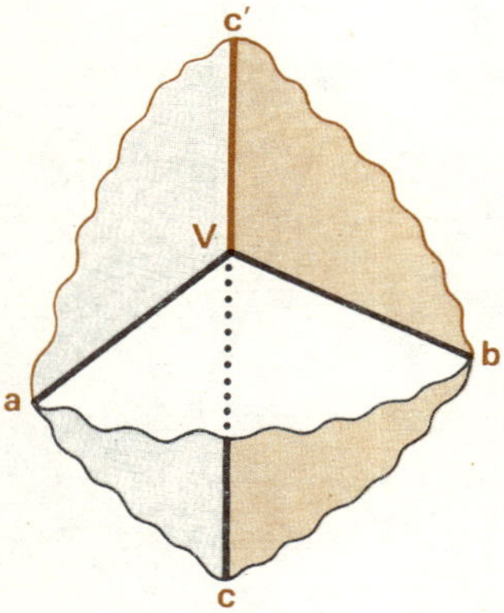

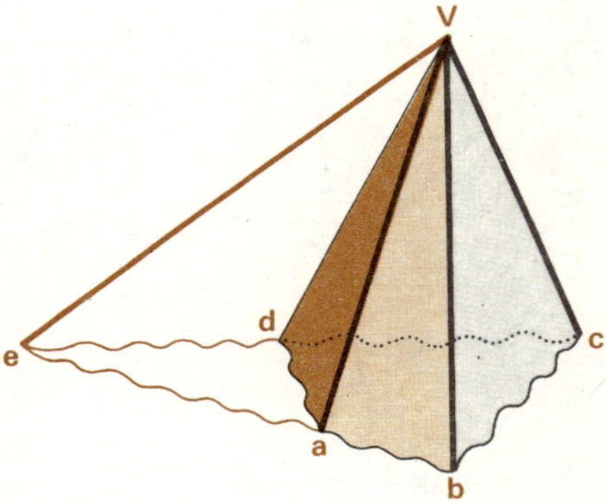

Figg. 5 e 6. - Proprietà delle facce di un triedro e di un angoloide.

5 TEOREMA. *La somma delle facce di un angoloide è minore di un angolo giro.*

---

[1] Si osservi che, se il punto *O* appartiene al triangolo *ABC* (fig. 3), allora la somma degli angoli *AOB*, *BOC*, *COA* è chiaramente *uguale* ad un angolo giro. Se, invece, *O* è esterno al triangolo *ABC* (fig. 4) allora si ha, ad esempio,

$$A\widehat{O}B + B\widehat{O}C + C\widehat{O}A = (A\widehat{O}B + C\widehat{O}A) + B\widehat{O}C = B\widehat{O}C + B\widehat{O}C = 2\,B\widehat{O}C.$$

Ed essendo $B\widehat{O}C$ un angolo convesso, $2\,B\widehat{O}C\ (= A\widehat{O}B + B\widehat{O}C + C\widehat{O}A)$ è *minore* di un angolo giro.

Notiamo che il punto *O* è il circocentro del triangolo *ABC* e segnaliamo che può effettivamente presentarsi il caso in cui *O* è esterno a tale triangolo. Infatti, partiamo da un triangolo ottusangolo *ABC*: detto *O* il suo circocentro, consideriamo un punto *V* la cui proiezione sul piano di *ABC* sia *O*. È facile dimostrare che i segmenti *VA*, *VB*, *VC* sono uguali.

Già sappiamo che l'enunciato è vero per un triedro (n. 3). Consideriamo, ora, un angoloide con 4 spigoli. Ad esempio l'angoloide *Vabcd* della fig. 6. I piani delle due facce *ab*, *cd*, adiacenti alla medesima faccia *ad*, avendo in comune il punto *V* si tagliano secondo una retta passante per *V*. Delle due semirette in cui essa è divisa da *V*, sia *e* quella i cui punti stanno, rispetto al piano *ad*, dalla parte opposta dell'angoloide. Indichiamo con π un angolo piatto e applichiamo il teorema n. 3 al triedro *Vebc*. Abbiamo:

$$\widehat{eb} + \widehat{bc} + \widehat{ce} = (\widehat{ea} + \widehat{ab}) + \widehat{bc} + (\widehat{cd} + \widehat{de}) < 2\widehat{\pi}.$$

Per il teorema n. 4 applicato al triedro *Vade* sappiamo che $\widehat{ad} < \widehat{ea} + \widehat{de}$. Pertanto, se nella precedente disuguaglianza sostituiamo $\widehat{ea} + \widehat{de}$ con $\widehat{ad}$, essa è soddisfatta a maggior ragione. E si ottiene:

$$\widehat{ab} + \widehat{bc} + \widehat{cd} + \widehat{ad} < 2\widehat{\pi}.$$

Abbiamo così dimostrato il teorema per un angoloide di 4 spigoli. Nel caso di un angoloide di 5 spigoli possiamo ragionare analogamente considerando ancora l'intersezione di due facce adiacenti ad una qualunque faccia dell'angoloide dato. Si ottiene così un angoloide di 4 spigoli per il quale è noto che la somma delle facce è minore di 2π. Ragionando come abbiamo fatto sopra, si prova che la somma delle facce dell'angoloide di 5 spigoli è minore di 2π. Analogamente si può provare il teorema per un angoloide di 6 spigoli. E così via.

6 TEOREMA. *Ogni faccia di un angoloide è minore della somma di tutte le altre.*

Infatti, dato un angoloide *Vabcde* (fig. 7), conduciamo per uno spigolo *a* i piani *ac*, *ad* che lo scompongono in triedri. Per il teorema n. 4 abbiamo:

$$\widehat{ab} < \widehat{bc} + \widehat{ac}, \qquad \widehat{ac} < \widehat{cd} + \widehat{ad}, \qquad \widehat{ad} < \widehat{de} + \widehat{ea}.$$

Sommando membro a membro otteniamo:

$$\widehat{ab} + \widehat{ac} + \widehat{ad} < \widehat{bc} + \widehat{ac} + \widehat{cd} + \widehat{ad} + \widehat{de} + \widehat{ea}.$$

Semplificando i termini uguali fra i due membri si ha, infine:

$$\widehat{ab} < \widehat{bc} + \widehat{cd} + \widehat{de} + \widehat{ea}.$$

Le simmetrie nello spazio.

7 Nella geometria del piano abbiamo introdotto due tipi di simmetria: rispetto a un punto e rispetto a una retta. Nello spazio, oltre a queste due simmetrie, ne viene introdotta una terza: *la simmetria rispetto ad un piano*. Vediamo le tre definizioni, notando che le prime due non differiscono da quelle date nella geometria piana.

DEFINIZIONE. *Due punti* A *ed* A′ *si dicono* **simmetrici** *rispetto ad un punto* O, *chiamato* **centro di simmetria**, *se* O *è il punto medio del segmento* AA′ (fig. 8). *I punti* A *ed* A′ *si dicono l'uno il* **simmetrico** *dell'altro rispetto ad* O.

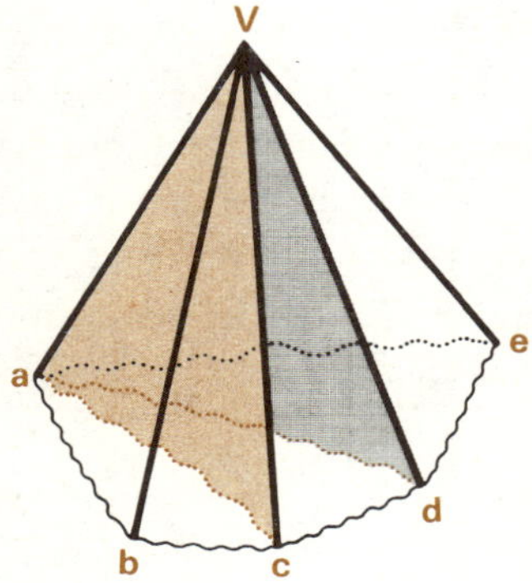

Fig. 7. - Proprietà delle facce di un angoloide.

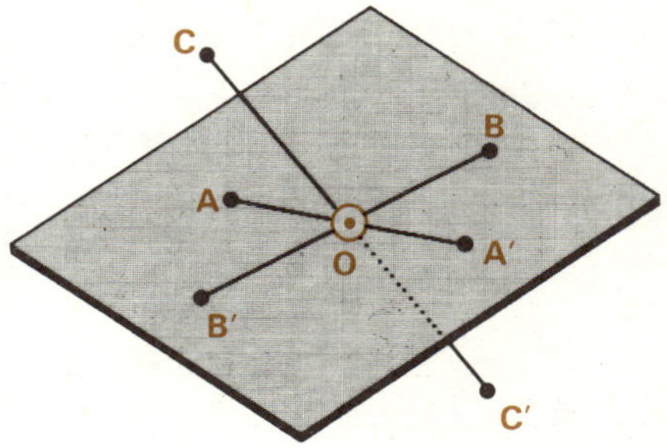

Fig. 8. - Coppie di punti simmetrici rispetto a un punto *O*.

Il punto *O*, ed esso soltanto, ha per simmetrico se stesso.

La corrispondenza che ad ogni punto *A* dello spazio associa il suo simmetrico *A′* rispetto ad *O* è detta **simmetria centrale** e viene indicata con il simbolo «S_O».

Per costruire *A′*, a partire da *A*, basta evidentemente unire *A* con *O* e sul prolungamento, dalla parte di *O*, individuare il punto *A′* tale che sia $OA' = AO$ (fig. 8).

DEFINIZIONE. *Due punti* A *ed* A′ *si dicono* **simmetrici** *rispetto ad una retta* r, *chiamata* **asse di simmetria**, *se* r *è una delle perpendicolari al segmento* AA′ *passanti per il suo punto medio* (fig. 9). *I punti* A *ed* A′ *si dicono l'uno il* **simmetrico** *dell'altro rispetto ad* r.

I punti di *r*, ed essi soltanto, hanno per simmetrici se stessi.

La corrispondenza che ad ogni punto *A* dello spazio associa il suo simmetrico *A′* rispetto ad una retta *r* è detta **simmetria assiale** e viene indicata con il simbolo «S_r».

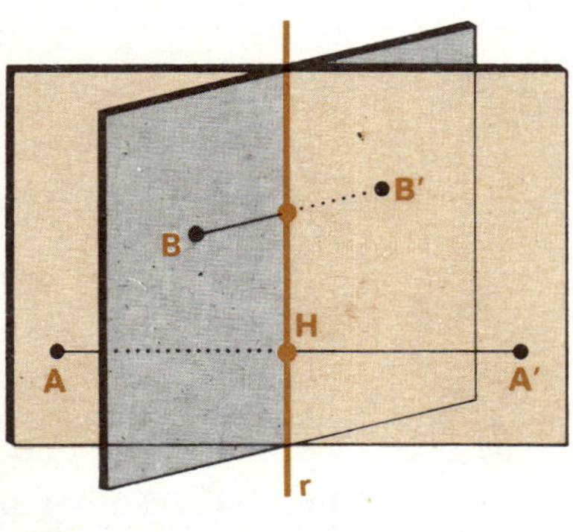

Fig. 9. - Coppie di punti simmetrici rispetto ad una retta *r*.

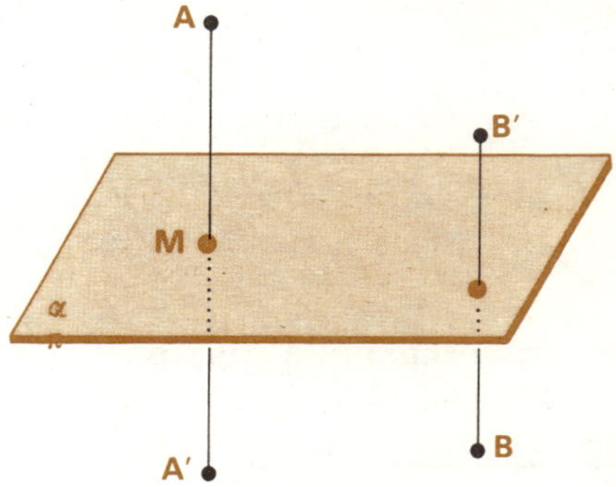

Fig. 10. - Coppie di punti simmetrici rispetto ad un piano π.

Per costruire *A′* a partire da *A* (supponendo $A \notin r$), si conduce, nel piano *Ar*, la retta *s* perpendicolare per *A* alla *r*; detto *H* il punto di incidenza, basta individuare sul prolungamento di *AH*, dalla parte di *H*, il punto *A′* (fig. 9) tale che sia $HA' = HA$.

DEFINIZIONE. *Due punti* A *ed* A′ *si dicono* **simmetrici** *rispetto ad un piano* π, *chiamato* **piano di simmetria**, *se* π *è perpendicolare al segmento* AA′ *nel suo punto medio* (fig. 10). *I punti* A *ed* A′ *si dicono l'uno il* **simmetrico** *dell'altro rispetto a* π.

I punti di π, ed essi soltanto, hanno per simmetrici se stessi.

La corrispondenza che ad ogni punto A dello spazio associa il suo simmetrico A' rispetto a π è detta **simmetria rispetto ad un piano** e viene indicata con il simbolo «S_π».

Dato un punto A esterno a π, il suo simmetrico A' si costruisce conducendo da A il segmento di perpendicolare AM a π e prolungandolo dalla parte di M di un segmento $MA' = AM$. I punti A ed A' giacciono, ovviamente, nei due semispazi opposti di origine π (fig. 10).

Si noti la somiglianza fra le definizioni di simmetria rispetto ad un piano nello spazio e di simmetria rispetto ad una retta nella geometria piana. Vedremo fra poco altre notevoli analogie fra questi due tipi di simmetrie.

8 DEFINIZIONE. *Due* **figure F** *ed* **F′** *si dicono* **simmetriche** *rispetto ad un* **punto** O (*o ad una* **retta** r, *ovvero ad un* **piano** π) *se ogni punto di* **F′** *è il simmetrico rispetto ad* O (*o ad* r, *ovvero a* π) *di un punto di* **F**; *e, viceversa, se ogni punto di* **F** *è il simmetrico di un punto di* **F′**.

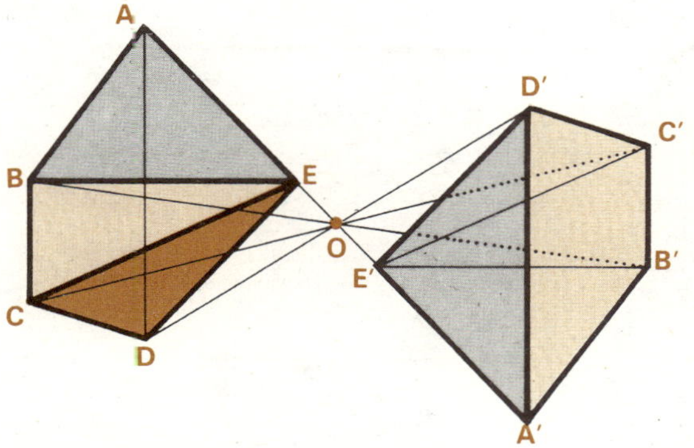

Fig. 11. - Figure simmetriche rispetto ad un punto *O*.

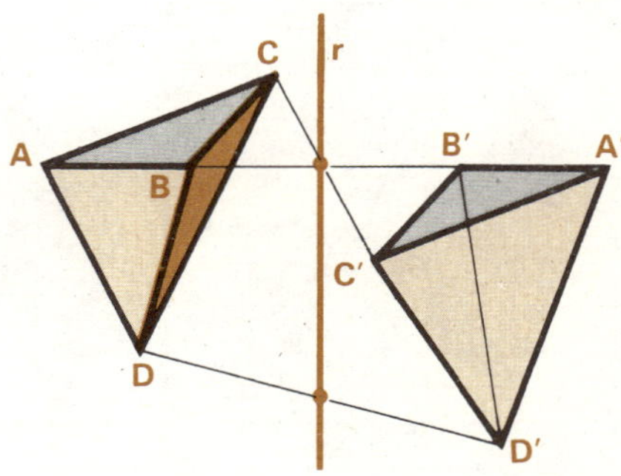

Fig. 12. - Figure simmetriche rispetto ad una retta *r*.

Nelle figg. 11, 12 e 13 sono riportati esempi di solidi simmetrici, due rispetto ad un punto, due rispetto ad una retta e due rispetto ad un piano.

9 Le simmetrie godono, nello spazio, di proprietà analoghe a quelle che valgono nel piano. Enunciamo alcune di esse dimostrandone una sola (a titolo di esempio) e lasciando ai lettori il compito di dimostrare qualcuna delle restanti.

TEOREMI.

1) *La distanza fra due punti* A, B *è uguale alla distanza fra i loro corrispondenti*

A′, B′ *in ogni simmetria* (*cioè in una* S_O, *in una* S_r, *in una* S_π). In altre parole: *ogni simmetria "conserva" le distanze.*

2) *In ogni simmetria* (S_O, *ovvero* S_r, *oppure* S_π) *l'immagine di una retta è una retta, l'immagine di un piano è un piano.*

3) *In una simmetria centrale* S_O *due rette corrispondenti sono parallele e due piani corrispondenti sono paralleli.*

4) *In una simmetria assiale* S_r *a seconda che una retta* a *sia sghemba, parallela, incidente in un punto* P *con l'asse* r, *anche la sua simmetrica* a′ *è rispettivamente sghemba, parallela, incidente in* P *con* r.

5) *In una simmetria assiale* S_r *a seconda che un piano* α *sia parallelo o incidente in un punto* P *all'asse* r, *anche il suo simmetrico* α′ *è rispettivamente parallelo o incidente in* P *ad* r.

6) *In una simmetria* S_π *rispetto ad un piano* π, *due rette simmetriche* a, a′ *sono o entrambe parallele a* π (*e parallele fra loro*), *o entrambe incidenti a* π *nello stesso punto* P.

7) *In una simmetria* S_π *rispetto ad un piano* π, *due piani simmetrici* α, α′ *sono o entrambi paralleli a* π (*e fra loro*), *o intersecano* π *secondo la stessa retta* a.

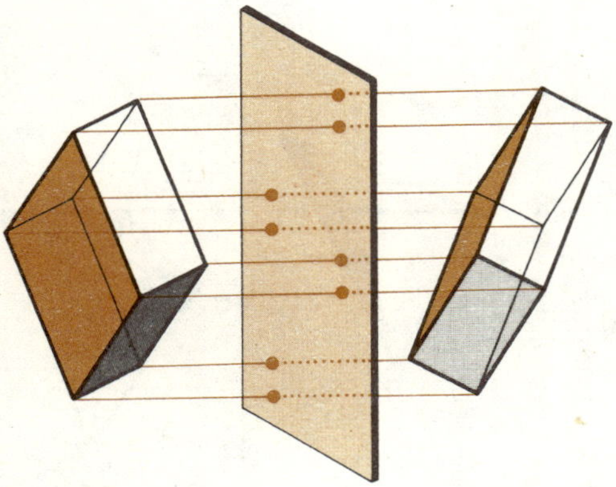

Fig. 13. - Figure simmetriche rispetto ad un piano π.

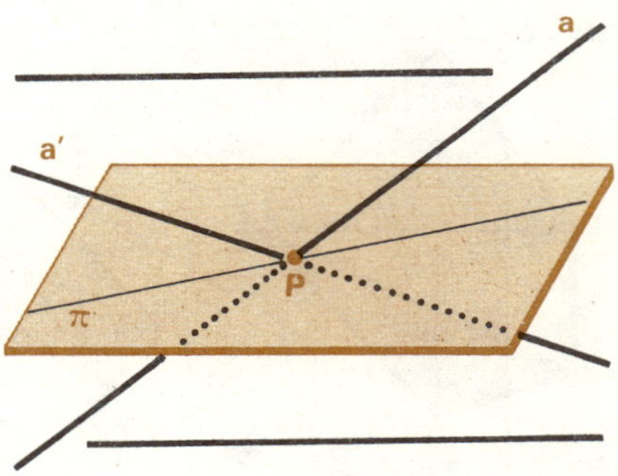

Fig. 14. - Rette simmetriche rispetto ad un piano π.

Dimostrazione teorema 6). Premettiamo che se una delle due rette, ad esempio la *a*, ha un punto *P* su π, allora anche l'altra *a′* passa per *P* (fig. 14). Infatti, il punto *P′* simmetrico di *P* rispetto a π coincide con *P* ed appartiene ad *a′* perché *P* appartiene ad *a*.

Dunque, a seconda che *a* abbia in comune con π o infiniti punti, o un solo punto *P*, o nessun punto, risulta che *a′* ha in comune con π rispettivamente o infiniti punti (coincidenti con quelli di *a*), o solo il punto *P*, o nessun punto. Si noti che in quest'ultimo caso le rette *a*, *a′* sono parallele perché entrambe giacciono sul piano passante per una di esse e perpendicolare a π.

10 Un caso particolarmente semplice e significativo di figure simmetriche rispetto ad un piano è costituito da un oggetto e dalla sua immagine riflessa in uno specchio (la cui superficie funge, in questo caso, da piano di simmetria).

È del tutto intuitivo – e, del resto, lo si può dimostrare – che il simmetrico di un triangolo rispetto ad un piano è un triangolo uguale al dato. Generalmente, però, due figure spaziali simmetriche rispetto ad un piano non sono uguali in quanto non esiste un movimento che può portarle a coincidere. Ad esempio, la mano destra e la mano sinistra possono facilmente essere disposte in modo che risultino simmetriche rispetto ad un piano, ma non è possibile, pensandole come penetrabili l'una nell'altra, portarle a coincidere; infatti un guanto della mano sinistra non entra nella mano destra.

Due figure simmetriche rispetto ad un piano hanno, dunque, le caratteristiche delle figure uguali (uguaglianza di spigoli, angoli, facce, diedri corrispondenti, ...), ma non hanno – in generale – la proprietà di poter essere portate a coincidere con un movimento. Per questo esse vengono dette **inversamente uguali**.

Si parla, invece, di figure **direttamente uguali** quando ci si riferisce al caso in cui il concetto di uguaglianza si applica in modo completo; cioè quando esiste un movimento rigido che porta a coincidere le due figure.

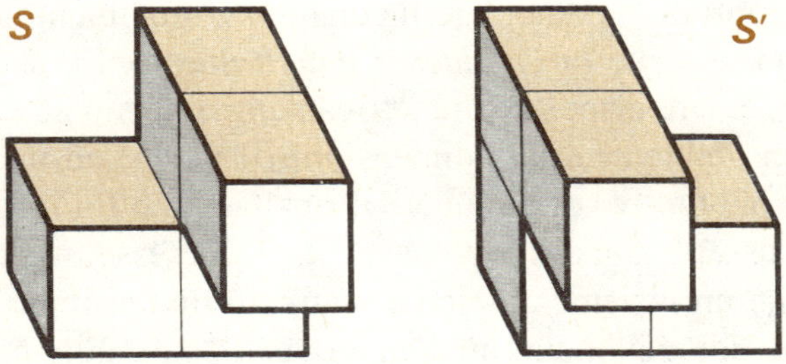

Fig. 15. - Esempio di figure inversamente uguali.

Uguaglianza di figure spaziali.

11 Da quanto abbiamo esposto possiamo concludere che, nello spazio, esistono due specie di *uguaglianza*: la *diretta* e la *inversa*. Più precisamente:

due figure spaziali si dicono **direttamente uguali** *allorché, con un movimento ridigo, si possono portare a coincidere*;

due figure spaziali si dicono **inversamente uguali** *allorché, con un movimento ridigo, si possono disporre in modo da renderle simmetriche rispetto ad un piano.*

Due sfere di ugual raggio o due cubi di uguale spigolo sono uguali sia direttamente che inversamente.

I due solidi **S** ed **S′** della fig. 15 (formati ciascuno dall'unione di quattro cubi tutti di uguale spigolo) sono solo inversamente uguali.

Due riproduzioni (nella medesima scala) della mano destra della statua di un certo personaggio sono due solidi solo direttamente uguali.

Due figure spaziali, dunque, possono essere uguali o solo direttamente, o solo inversamente, o tanto direttamente che inversamente.

Si dimostra che due figure spaziali simmetriche rispetto ad una retta sono direttamente uguali, mentre due figure spaziali simmetriche rispetto ad un punto sono inversamente uguali.

12 In base alle precedenti considerazioni si potrebbe pensare che l'uguaglianza nello spazio presenti aspetti notevolmente diversi rispetto all'uguaglianza nel piano. Un esame più approfondito mostra, tuttavia, maggiori analogie fra le due situazioni. Infatti, come abbiamo detto nel capitolo VIII, anche nel piano si può introdurre una uguaglianza diretta ed una inversa.

Per rendercene conto osserviamo che, in generale, due figure piane simmetriche rispetto ad una retta possono essere portate a coincidere solo mediante un ribaltamento attorno all'asse di simmetria. Ora, se conveniamo di limitare i movimenti rigidi della geometria piana a quelli che, anche nelle posizioni intermedie, mantengono le figure nel loro insieme ambiente (il piano), dobbiamo escludere il ribaltamento dai movimenti effettuabili. Ciò conduce a definire anche nel piano una uguaglianza diretta ed una inversa; cioè ad assumere come *direttamente uguali* due figure che possono essere portate a coincidere mediante un movimento che si svolge tutto all'interno del piano, e come *inversamente uguali* due figure che mediante un tale movimento possono essere disposte simmetricamente rispetto ad una retta.

Passando da un ambiente a due dimensioni (il piano) ad uno a tre dimensioni (lo spazio) non vi è più motivo di escludere il ribaltamento fra i movimenti attuabili.

La precedente osservazione riveste particolare interesse in quanto si può teorizzare e studiare anche un insieme ambiente a quattro dimensioni (l'iperspazio). Nell'iperspazio esistono dei movimenti mediante i quali è possibile far coincidere anche due figure spaziali inversamente uguali. La situazione non è certamente facile da visualizzare. Abbiamo accennato ad essa solo per mostrare che, in definitiva, non vi sono sostanziali differenze fra l'uguaglianza nel piano e quella nello spazio e per fornire, inoltre, una giustificazione dell'uso dell'aggettivo *uguali* anche in riferimento a due figure simmetriche rispetto ad un piano.

13 Come esistono i criteri di uguaglianza dei triangoli, così esistono *criteri* per stabilire l'*uguaglianza dei triedri*. Citiamo un solo caso, a titolo di esempio.

Siano Vabc, V'a'b'c' *due triedri tali che* $\widehat{ab} = \widehat{a'b'}$, $\widehat{bc} = \widehat{b'c'}$, $\widehat{ca} = \widehat{c'a'}$.

Ebbene: a seconda che le facce ab, bc, ca *siano disposte nello stesso ordine o in ordine inverso rispetto alle facce* a'b', b'c', c'a', *i due triedri sono direttamente o inversamente uguali.*

14 Rimandiamo al cap. XXIV per altre considerazioni sull'uguaglianza e sulle isometrie nello spazio.

Capitolo XXI

I POLIEDRI.

Le piramidi.

1 DEFINIZIONE. *Si dice* **piramide** *l'intersezione di un angoloide convesso* VABC..., *di vertice* V, *con un semispazio* **S**, *contenente* V *e disposto in modo che la sua origine* α *intersechi tutti gli spigoli* VA, VB, VC, ... *dall'angoloide in punti* A, B, C, ... *distinti da* V (fig. 1).

In una *piramide* vengono chiamati:
vertice il vertice *V* dell'angoloide;
base il poligono *ABC*... intersezione dell'angoloide con il piano α;
altezza la distanza *VH* del vertice *V* dal piano α;
facce laterali i triangoli *VAB*, *VBC*, *VCD*, ... la cui unione costituisce la *superficie laterale*, mentre l'unione della superficie laterale e della base è la *superficie totale*;
facce le facce laterali e la base;
spigoli i lati delle facce, distinti in *spigoli laterali* (quelli uscenti dal vertice *V*) e *di base* (i rimanenti).

Una *piramide* è una *figura convessa* perché intersezione di due figure convesse: un angoloide ed un semispazio ([1]).

A seconda che la base sia un triangolo, un quadrilatero, ecc., la piramide si dice *triangolare*, *quadrangolare*, ecc. Una piramide triangolare è anche detta *tetraedro*.

2 Se dal piede *H* dell'altezza *VH* (fig. 2) si conduce il segmento *HK* perpendicolare alla retta dello spigolo di base *AB*, il segmento *VK* è perpendicolare ad *AB*, cioè è l'altezza relativa al lato *AB* della faccia *VAB* della piramide. Questa proprietà è una conseguenza del teorema delle tre perpendicolari (n. 7, cap. XVIII).

([1]) Esistono anche *piramidi concave* che non interessano il nostro studio e che, per semplicità, non definiamo. Esse hanno per base poligoni *concavi*.

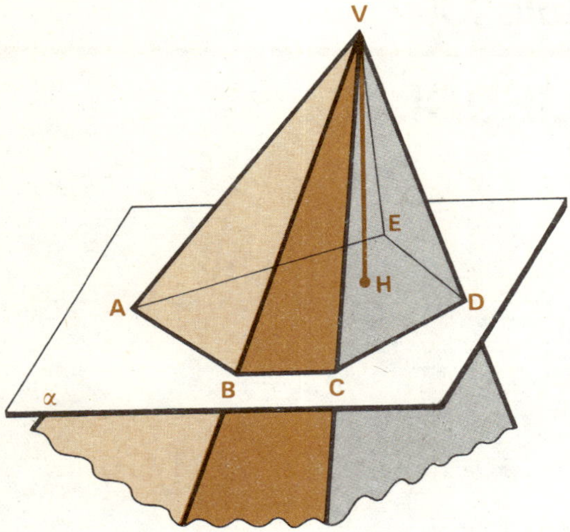

Fig. 1. - Piramide.

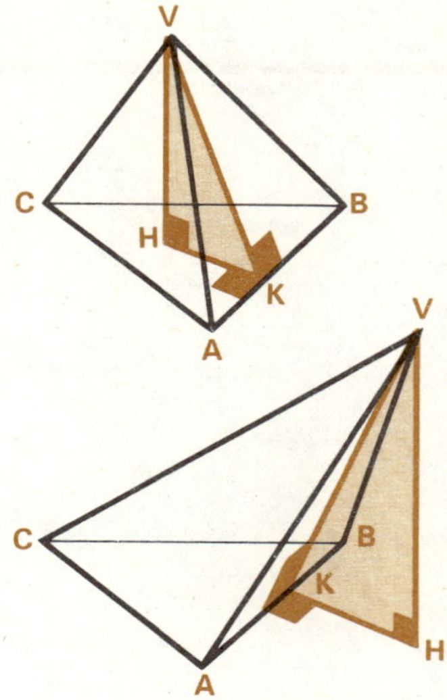

Fig. 2. - Proprietà delle piramidi.

Proprietà della sezione di una piramide con un piano parallelo alla base.

3 TEOREMA. *Sezionando una piramide di vertice* V *e base* **P** = ABC... *con un piano parallelo a* **P** *si ottiene un poligono* **P**′ = A′B′C′... *simile a* **P**; *i perimetri di* **P** *e* **P**′ *stanno fra loro come le rispettive distanze da* V, *mentre* **P** *e* **P**′ *stanno fra loro come i quadrati costruiti su tali distanze* (fig. 3).

Si osservi che i lati AB, BC, ... del poligono base sono paralleli ai lati corrispondenti $A'B'$, $B'C'$, ... del poligono sezione perché intersezioni dei piani delle varie facce con due piani paralleli (n. 15, cap. XVIII). Ne segue che gli angoli corrispondenti $\widehat{A}$ e $\widehat{A'}$, $\widehat{B}$ e $\widehat{B'}$, ... di **P** e **P**′ hanno a due a due i lati paralleli e di ugual verso e sono quindi uguali (n. 12, cap. XVIII). Il parallelismo di AB e $A'B'$ garantisce inoltre la similitudine dei triangoli VAB, $VA'B'$ (cap. XIV); analogamente sono simili i triangoli VBC, $VB'C'$, ecc. Per tali similitudini valgono le proporzioni

$$(1) \qquad AB : A'B' = VB : VB', \qquad BC : B'C' = VB : VB'.$$

Dal loro confronto si ricava che

$$AB : A'B' = BC : B'C'.$$

Poiché in modo analogo si dimostra la proporzionalità delle altre coppie di lati consecutivi corrispondenti di **P** e **P**′, si conclude che **P** e **P**′ sono simili in quanto hanno gli angoli ordinatamente uguali ed i lati omologhi in proporzione.

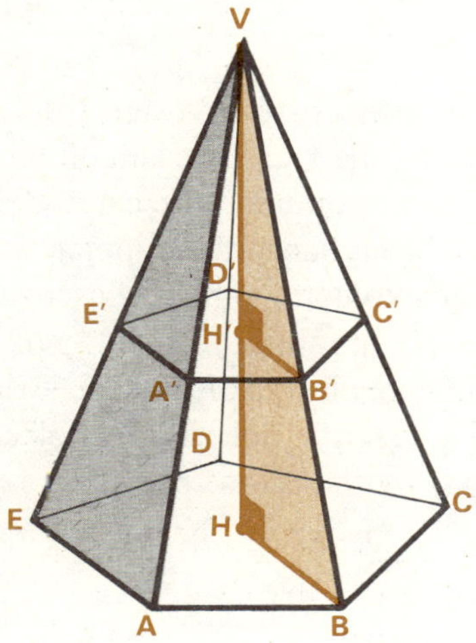

Fig. 3. - Sezione piana di una piramide.

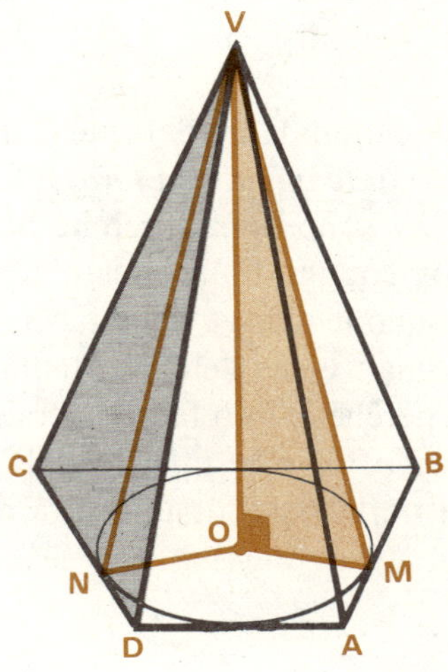

Fig. 4. - Piramide retta.

Passiamo, ora, a considerare la distanze VH e VH' di V dai piani paralleli di **P** e **P**′ (fig. 3). Il piano del triangolo VHB taglia tali piani secondo le rette parallele HB, $H'B'$. Pertanto i triangoli rettangoli VHB, $VH'B'$ sono simili (cap. XIV) e vale quindi la proporzione

$$VB : VB' = VH : VH'.$$

Da questa e dalla prima delle (1) ricaviano che

$$AB : A'B' = VH : VH'. \tag{2}$$

A questo punto basta ricordare che due lati corrispondenti AB, $A'B'$ di due poligoni simili stanno fra loro come i rispettivi perimetri per concludere che

$$\textit{perimetro}\ \mathbf{P} \ : \ \textit{perimetro}\ \mathbf{P}' \ = \ VH : VH'.$$

Infine, tenendo conto che due poligoni simili stanno fra loro come i quadrati $(AB)^2$, $(A'B')^2$ costruiti su due loro lati corrispondenti AB, $A'B'$, si deduce dalla (2) che

$$\mathbf{P} : \mathbf{P}' \ = \ (VH)^2 : (VH')^2.$$

Riepilogando: i poligoni $ABC\ldots$, $A'B'C'\ldots$ sono simili; i loro perimetri stanno fra loro come le rispettive distanze VH, VH' dal vertice V della piramide; i poligoni stessi stanno fra loro come i quadrati costruiti su tali distanze.

Le piramidi rette e le piramidi regolari.

4 DEFINIZIONI. *Una* **piramide** *si dice* **retta** *quando ha per base un poligono circoscrivibile ad un cerchio ed il centro* O *di questo è il piede dell'altezza* (fig. 4).

Una piramide retta la cui base sia un poligono regolare (fig. 5) *viene chiamata* **piramide regolare** ([2]).

Nelle piramidi ora definite *le altezze delle facce laterali* (relative agli spigoli della base) *sono tutte uguali fra loro*. Infatti, con riferimento alla fig. 4, i triangoli rettangoli *VOM*, *VON* sono uguali perché hanno il cateto *VO* in comune ed i cateti *OM*, *ON* uguali come raggi di uno stesso cerchio; ne segue l'uguaglianza delle ipotenuse *VM* e *VN*, che sono le altezze delle facce *VAB*, *VCD* per quanto detto al n. 2. Ciascuna di tali altezze uguali viene detta **apotema** *della piramide*. (Le piramidi non rette non hanno apotema perché le loro facce laterali hanno generalmente altezze disuguali).

Dette a, h, r le misure dell'apotema, dell'altezza e del raggio del cerchio inscritto nella base di una piramide retta, si ha, ovviamente, per il teorema di Pitagora:

$$a^2 = h^2 + r^2.$$

Nelle *piramidi regolari* anche *gli spigoli laterali sono tutti uguali fra loro* (basta osservare, con riferimento alla fig. 5, che sono uguali i triangoli rettangoli *VOA*, *VOB*); per cui *le facce laterali sono triangoli isosceli uguali*.

5 Siano a e $2p$ le misure dell'apotema e del perimetro della base di una *piramide retta* ed $l_1, l_2, \ldots, l_n$ le lunghezze dei suoi spigoli di base. Siano, infine, $\mathscr{A}_l$ ed $\mathscr{A}_t$ le *aree* delle *superfici laterale* e *totale*, e $\mathscr{B}$ l'*area* della *base*. Poiché le facce laterali sono triangoli aventi tutti altezza lunga a (fig. 4), si ha:

$$\mathscr{A}_l = \frac{1}{2}al_1 + \frac{1}{2}al_2 + \ldots + \frac{1}{2}al_n = \frac{1}{2}a(l_1 + l_2 + \ldots + l_n) = \frac{1}{2}a \cdot 2p = a \cdot p;$$

$$\mathscr{A}_t = ap + \mathscr{B}.$$

Il tronco di piramide.

6 DEFINIZIONI. *Si dice* **tronco di piramide** *l'intersezione di una piramide con un semispazio* **S** *non contenente il vertice* V *della piramide, la cui origine è un piano* α *parallelo alla base e secante gli spigoli laterali della piramide stessa* (fig. 6).

Il **tronco di piramide** *si dice* **retto** (fig. 7) *o* **regolare** *se la piramide che lo origina è rispettivamente retta o regolare.*

La base della piramide ed il poligono secondo il quale essa è sezionata dal piano α si dicono *basi* (rispettivamente *maggiore* e *minore*) del tronco. Tali basi sono *poligoni simili* (n. 3). La distanza *HH'* (fig. 6) dei piani (paralleli) delle due basi è l'*altezza* del tronco. Nel tronco di piramide retto (fig. 7) l'altezza è uguale al segmento *OO'* che unisce i centri dei cerchi inscritti nelle due basi.

([2]) L'attributo *regolare* è usato impropriamente perché, come vedremo (nn. 17 e 18), la piramide è un poliedro; e i poliedri regolari godono di particolari proprietà che, generalmente, non sono soddisfatte per le piramidi regolari.

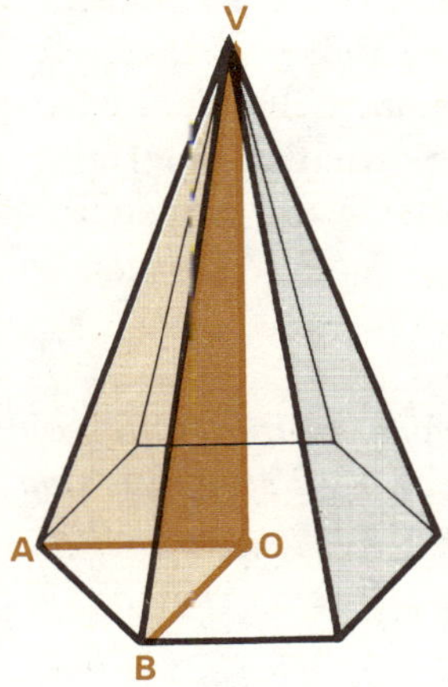

Fig. 5. - Piramide regolare.

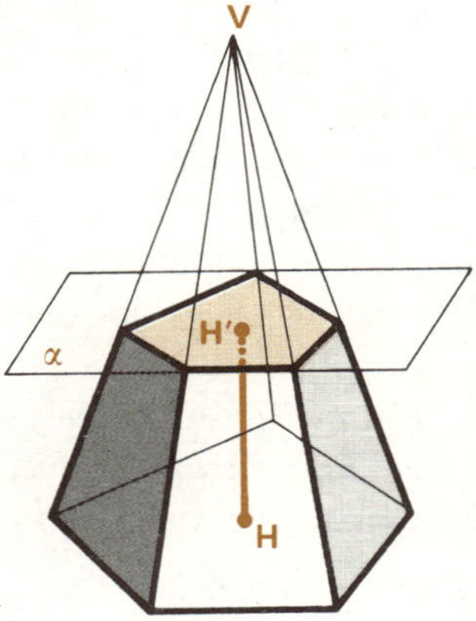

Fig. 6. - Tronco di piramide.

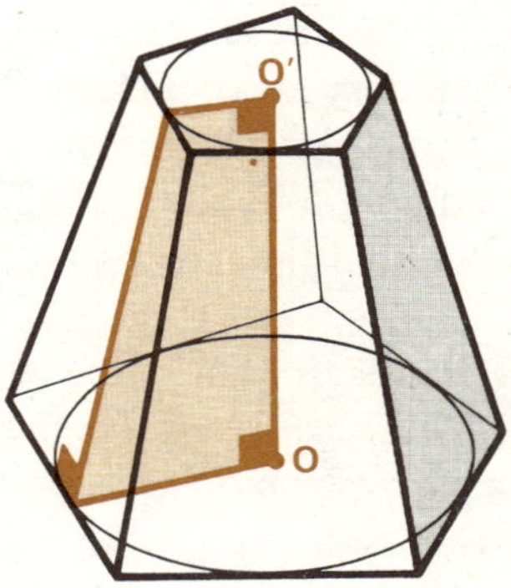

Fig. 7. - Tronco di piramide retta.

I poligoni intersezione del semispazio **S** con le facce laterali della piramide sono *trapezi*, detti *facce laterali* del tronco. La loro unione costituisce la *superficie laterale*. L'unione della superficie laterale e delle due basi è la *superficie totale* del tronco di piramide. Nella *piramide retta* i trapezi che costituiscono la superficie laterale hanno uguale altezza, detta *apotema*. Nella *piramide regolare* quei trapezi sono *isosceli* ed *uguali* fra loro.

7 Siano a, $2p$, $2p'$ le misure dell'apotema e dei perimetri delle basi di un tronco di piramide retta. Siano $\mathscr{A}_l$, $\mathscr{A}_t$, $\mathscr{B}$, $\mathscr{B}'$ le *aree* delle *superfici laterale* e *totale* e delle due *basi*. Poiché le facce laterali sono trapezi aventi tutti altezza lunga a, tenuto conto che la somma di più trapezi di uguale altezza è equivalente ad un trapezio di medesima altezza, avente per base maggiore la somma delle basi maggiori e per base minore la somma delle basi minori, si conclude che

$$\mathscr{A}_l = \frac{1}{2}(2p + 2p')\,a = (p + p')\,a;$$

$$\mathscr{A}_t = (p + p')\,a + \mathscr{B} + \mathscr{B}'.$$

I prismi indefiniti e i prismi.

8 DEFINIZIONE. *Date in un certo ordine* (fig. 8) n *rette parallele* (*con* n > 2)
a tre a tre non complanari
e tali che il piano individuato da due rette consecutive lasci tutte le altre dalla stessa parte,
si dice **prisma convesso indefinito** (*o, semplicemente,* **prisma indefinito**) *l'intersezione degli* n *semispazi che hanno per origini quei piani e che contengono le restanti* n – 2 *rette.*

Un prisma indefinito viene detto *triangolare, quadrangolare*, ecc. a seconda che le rette parallele siano 3, o 4, ecc. Le rette parallele si dicono *gli spigoli*, e le strisce, fra esse comprese, si dicono le *facce* del prisma indefinito. L'unione delle facce costituisce il contorno del prisma indefinito e viene detta **superficie prismatica indefinita**.

Se un piano taglia uno spigolo, li taglia tutti (n. 19, cap. XVII); e se è perpendicolare ad uno, lo è a tutti (n. 10, cap. XVIII). Il poligono che si ottiene intersecando un prisma indefinito con un piano, viene detto una *sezione* del solido stesso.

9 DEFINIZIONE. *Si dice* **prisma** (*finito*) *l'intersezione di un prisma indefinito con due semispazi aventi per origini due piani paralleli* α *e* β *secanti gli spigoli* (*i due semispazi devono essere disposti in modo che ciascuno contenga l'origine dell'altro*) (fig. 8).

I poligoni sezione del prisma indefinito con i piani α e β si dicono le *basi* del prisma. Le porzioni delle facce e degli spigoli del prisma indefinito comprese fra i piani α e β costituiscono rispettivamente le *facce laterali* e gli *spigoli laterali* del prisma; mentre i lati delle basi sono gli *spigoli di base*. La distanza tra α e β è l'*altezza* del prisma. Esso viene detto *triangolare*, *quadrangolare*, ecc. a seconda che abbia per basi triangoli, quadrilateri, ecc. L'unione delle facce laterali è detta *superficie laterale*. L'unione di questa e delle basi è la *superficie totale* ([3]).

10 TEOREMA. *Le facce laterali di un prisma sono parallelogrammi; le sue basi sono poligoni uguali.*

Con riferimento alle notazioni della fig. 8, si osservi che i segmenti AA' e BB', paralleli e compresi fra piani paralleli, sono uguali (n. 21, cap. XVIII); per cui la faccia $ABB'A'$ è un parallelogramma. Segue da ciò che sono uguali e paralleli anche AB ed $A'B'$; così come lo sono, per analogo ragionamento, BC e $B'C'$, CD e $C'D'$, ecc. Dunque, le basi sono poligoni uguali in quanto hanno i lati ordinatamente uguali e così pure gli angoli; questi ultimi perché i loro lati sono, oltre che paralleli, anche di ugual verso (n. 12, cap. XVIII).

I prismi retti e i prismi regolari.

11 DEFINIZIONI. *Un* **prisma** *si dice* **retto** *quando le basi sono perpendicolari agli spigoli laterali* (fig. 9). *In caso contrario il* **prisma** *si dice* **obliquo** (fig. 8).

Un prisma retto, che ha per base un poligono regolare, viene detto **prisma regolare** ([4]).

([3]) Un prisma indefinito e un prisma finito sono figure *convesse* perché intersezioni di figure convesse. Esistono anche *prismi concavi* (finiti) che non interessano il nostro studio e che, per semplicità, non definiamo. Essi hanno per basi due poligoni *concavi*.

([4]) Anche per i prismi, l'attributo *regolare* è usato impropriamente perché, come vedremo (nn. 17 e 18), un prisma regolare è un poliedro che, in generale, non ha le caratteristiche dei poliedri regolari.

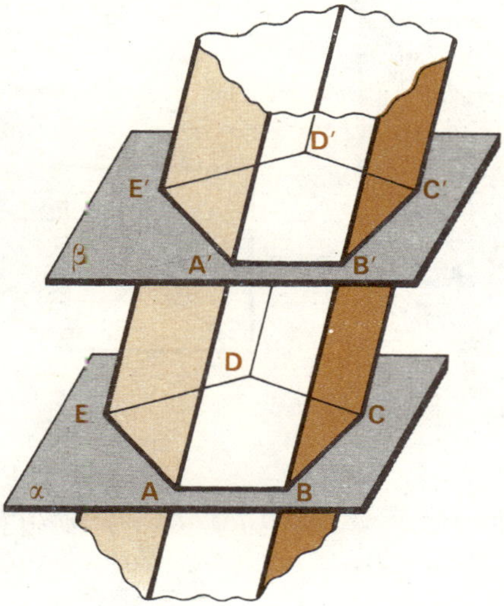

Fig. 8. - Prisma indefinito e prisma (finito).

Fig. 9. - Prisma retto.

In un prisma retto *ogni spigolo laterale è anche altezza* e *le facce laterali sono rettangoli*; se il prisma è regolare, tali rettangoli sono *uguali* fra loro.

12 Siano h e $2p$ le misure dell'altezza e del perimetro di una base di un *prisma retto*. Siano $\mathscr{A}_l$, $\mathscr{A}_t$ e $\mathscr{B}$ le aree della *superficie laterale*, della *superficie totale* e di una *base*. Poiché la somma di più rettangoli di uguale altezza è equivalente ad un rettangolo di medesima altezza, avente per base la somma delle basi, abbiamo:

$$\mathscr{A}_l = 2p \cdot h;$$
$$\mathscr{A}_t = 2ph + 2\mathscr{B} = 2\,(ph + \mathscr{B}).$$

I parallelepipedi, i parallelepipedi rettangoli e i cubi.

13 DEFINIZIONI. *Si dice* **parallelepipedo** *un prisma che ha per basi due parallelogrammi* (fig. 10).

Un **parallelepipedo** *è detto* **rettangolo** *se le sue basi sono rettangoli e gli spigoli laterali sono perpendicolari ad esse* (fig. 11).

Un parallelepipedo rettangolo con tutti gli spigoli uguali viene chiamato **cubo** *o* **esaedro regolare** (fig. 12).

Tutte le *facce* di un parallelepipedo sono, dunque, *parallelogrammi* che, in particolare, divengono *rettangoli* e *quadrati* in un parallelepipedo rettangolo e in un cubo.

Due *vertici* di un parallelepipedo che non appartengono ad una stessa faccia (come D ed N, o come B e Q in fig. 10) si dicono *opposti*. Il segmento che li unisce viene detto *diagonale*. Due *facce* prive di vertici comuni (come $ABNM$ e $DCPQ$ in fig. 10) si dicono *opposte*.

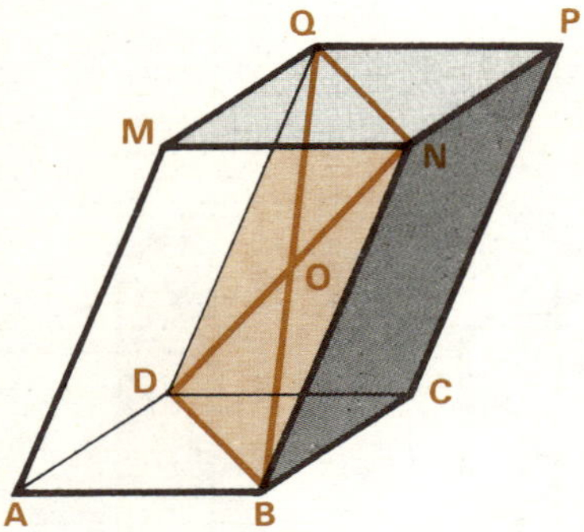

Fig. 10. - Parallelepipedo.

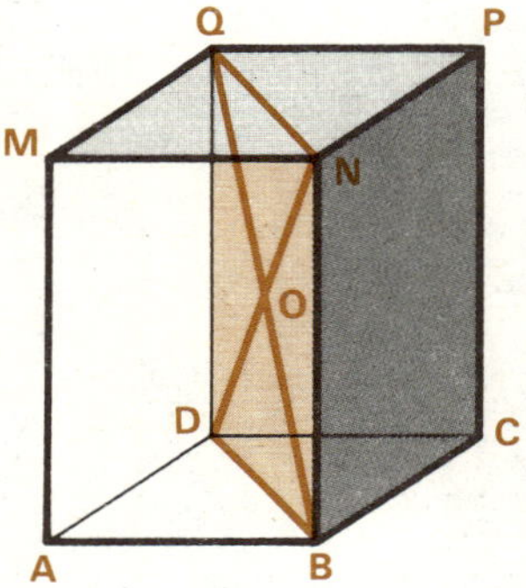

Fig. 11. - Parallelepipedo rettangolo.

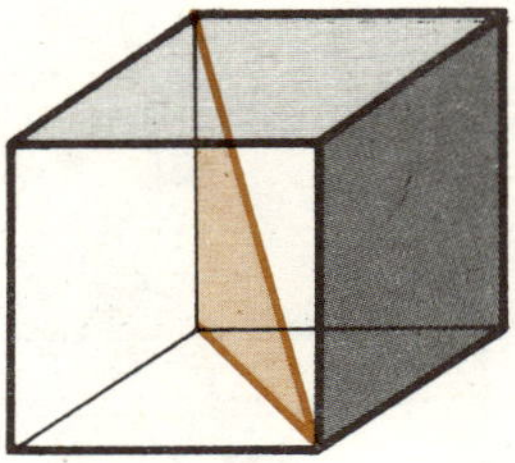
Fig. 12. - Cubo.

14 TEOREMA. *In ogni parallelepipedo le facce opposte sono uguali e parallele e le diagonali passano per uno stesso punto* O *che le divide per metà. Tali diagonali sono uguali in un parallelepipedo rettangolo.*

Con riferimento alla fig. 10 si considerino le due facce opposte *ABNM* e *DCPQ*. Esse hanno gli spigoli a due a due uguali e paralleli (in quanto lati opposti di parallelogrammi). Tale parallelismo comporta anche l'uguaglianza degli angoli e, dunque, l'uguaglianza delle due facce considerate. D'altra parte, le rette *AB, AM*, essendo parallele alle rette *DC*, *DQ*, sono parallele al piano *DCPQ* di queste. Ed il loro piano *ABNM* è parallelo al piano *DCPQ* perché contiene due rette incidenti parallele ad esso.

Si osservi, poi, che il quadrilatero *BDQN* è un parallelogramma perché i suoi lati opposti *BN*, *DQ* sono uguali e paralleli in quanto entrambi uguali e paralleli allo spigolo *AM*. Di conseguenza le diagonali *BQ* e *DN* (del parallelogramma e del parallelepipedo) si incontrano in un punto *O* che le divide per metà. Analogamente si dimostra che la stessa proprietà vale per ogni altra coppia di diagonali.

Se, infine, il parallelepipedo è rettangolo (fig. 11), il quadrilatero *BDQN* è un rettangolo. Infatti, lo spigolo laterale *BN*, essendo perpendicolare al piano della base *ABCD*, è anche perpendicolare alla retta *BD* di quel piano che esce dal suo piede *B*. Ed è noto che le diagonali di un rettangolo sono uguali.

15 Tre spigoli di un parallelepipedo rettangolo che concorrono in un medesimo vertice (ad esempio *BA*, *BC*, *BN* della fig. 11) sono detti le sue *dimensioni*. Posto $\overline{BA} = a$, $\overline{BC} = b$, $\overline{BN} = c$, per il teorema di Pitagora applicato al triangolo *ABD*, si ha $\overline{BD}^2 = \overline{AB}^2 + \overline{AD}^2 = a^2 + b^2$. Applicando lo stesso teorema al triangolo rettangolo *BDN* si ottiene

$$\textit{lunghezza diagonale } DN = \sqrt{\overline{BD}^2 + \overline{BN}^2} = \sqrt{(a^2 + b^2) + c^2} = \sqrt{a^2 + b^2 + c^2}.$$

Nel caso particolare di un cubo con lo spigolo di lunghezza l, dalle uguaglianze $a = b = c = l$ si ricava

$$\text{lunghezza diagonale} = \sqrt{l^2 + l^2 + l^2} = l\sqrt{3}\,.$$

16 Dalle formule ricavate al n. 12 per il prisma retto si deduce immediatamente che per un *parallelepipedo rettangolo* le cui dimensioni misurano a, b, c si ha

$$\mathscr{A}_l = 2\,(a + b)\,c, \qquad \mathscr{A}_t = 2\,(ab + bc + ac).$$

Per il *cubo* si ottiene: $\mathscr{A}_l = 4l^2$, $\mathscr{A}_t = 6l^2$.

I poliedri. I poliedri regolari.

17 DEFINIZIONI. *Si dice* **superficie poliedrica** (*convessa*) *ogni figura formata da poligoni convessi*

a due a due non complanari,

tali che ogni loro lato sia comune a due (*e due soli*) *poligoni,*

e disposti in modo che il piano di ciascuno di essi lasci tutti gli altri in un medesimo semispazio.

Si dice **poliedro** (*convesso*) *l'intersezione di tali semispazi* ([5]).

I poligoni, i loro lati, i loro vertici vengono chiamati rispettivamente *facce*, *spigoli*, *vertici* tanto della superficie poliedrica quanto del poliedro.

I diedri convessi e gli angoloidi convessi individuati rispettivamente da due facce aventi uno spigolo in comune e dalle facce con un vertice in comune vengono detti i *diedri* e gli *angoloidi* tanto della superficie poliedrica quanto del poliedro.

Esempi di poliedri sono le piramidi e i prismi. I poliedri si distinguono in *tetraedri*, *pentaedri*, *esaedri* ecc. a seconda che le loro facce siano in numero di 4, 5, 6 ecc.

Fra i numeri f delle facce, v dei vertici, s degli spigoli di un poliedro, intercorre la relazione, detta *formula di Eulero* (che dimostreremo nella lettura n. XIII),

$$f + v = s + 2.$$

18 DEFINIZIONE. *Si dice* ***regolare*** *un* **poliedro** (*convesso*) *le cui facce sono tutte poligoni regolari uguali fra loro e tale che in ogni suo vertice concorra uno stesso numero di facce.*

Sappiamo che esistono infiniti tipi di poligoni regolari: tanti quanti sono i lati che vogliamo considerare. Invece, *di poliedri regolari ne esistono solo cinque tipi.* Cominciamo a dimostrare che *la possibilità di esistenza* è limitata, appunto, a cinque tipi soltanto.

([5]) Esistono anche *poliedri concavi*, che non interessano il nostro studio e che, per semplicità, non definiamo. Tali sono, ad esempio, le piramidi concave e i prismi concavi ai quali abbiamo in precedenza accennato.

Il ragionamento si basa sul fatto che le facce di ogni angoloide di un poliedro sono almeno tre e che la loro somma è minore di 360° (n. 5, cap. XX), nonché sulla lettura della tabella seguente.

tipo delle facce concorrenti in ciascun vertice	*ampiezza* in gradi di ogni faccia dell'angoloide	*numero* delle facce concorrenti	*somma* delle facce dell'angoloide	*possibilità di esistenza* del poliedro regolare
triangoli	60°	3	180°	*sì*
triangoli	60°	4	240°	*sì*
triangoli	60°	5	300°	*sì*
triangoli	60°	6 o più	360° o più	NO
quadrilateri	90°	3	270°	*sì*
quadrilateri	90°	4 o più	360° o più	NO
pentagoni	108°	3	324°	*sì*
pentagoni	108°	4 o più	432° o più	NO
6 o più lati	120° o più	3 o più	360° o più	NO

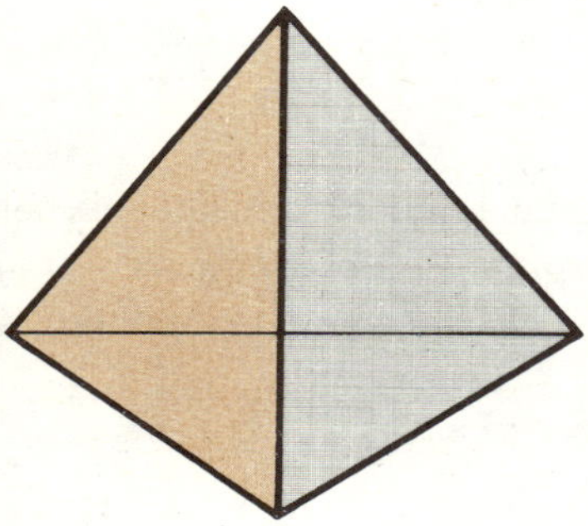

Fig. 13. - Il tetraedro regolare.

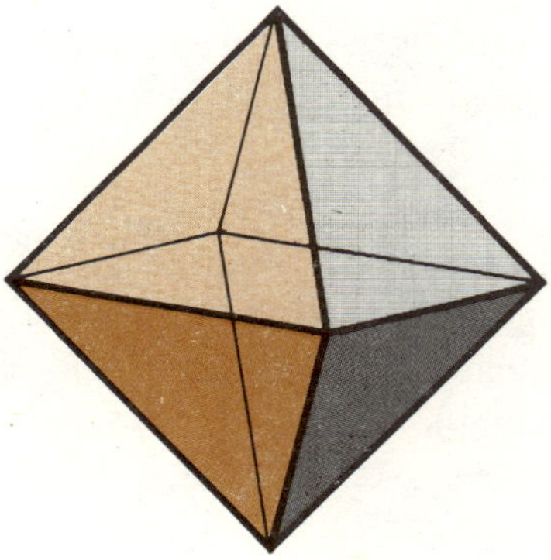

Fig. 14. - L'ottaedro regolare.

19 Si dimostra, poi, che esistono effettivamente i cinque poliedri regolari corrispondenti alle cinque possibilità che abbiamo visto. Essi sono:

il **tetraedro regolare**, che è una piramide triangolare regolare con le facce laterali uguali alla base (fig. 13);

l'**esaedro regolare**, o **cubo** (fig. 12);

l'**ottaedro regolare** che è l'unione di due piramidi quadrangolari regolari situate da parti opposte della comune base e le cui facce sono triangoli equilateri (fig. 14);

il **dodecaedro regolare**, che ha per facce 12 pentagoni regolari uguali disposti come in fig. 15;

l'**icosaedro regolare** la cui superficie è costituita da 20 triangoli equilateri uguali disposti come in fig. 16.

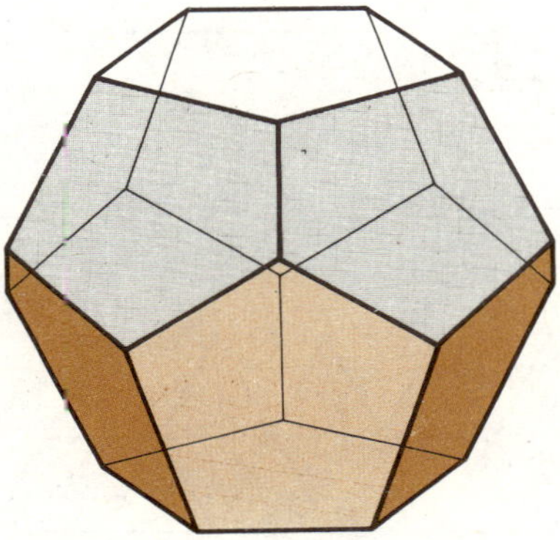

Fig. 15. - Il dodecaedro regolare.

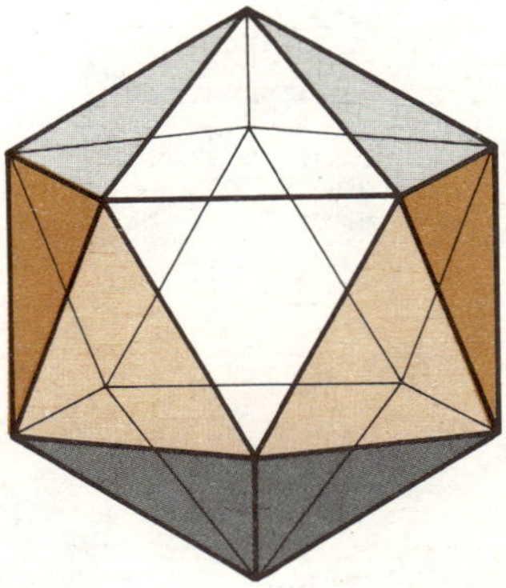

Fig. 16. - L'icosaedro regolare.

20 La tavola in fig. 17 (a pagina seguente) mostra gli **sviluppi** *delle superfici* dei cinque poliedri regolari. Per chiarire che cosa siano tali *sviluppi*, facciamo riferimento ad uno di essi, ad esempio a quello della superficie del *cubo*.

Disponiamo il solido, supposto costruito in cartoncino, con una faccia sul foglio da disegno. Ritagliamo il cartoncino lungo certi spigoli in modo da poter separare le sue facce come appare nell'illustrazione di sinistra, relativa al cubo. Completiamo poi l'operazione disponendo le sei facce del cubo su di un medesimo piano, a forma di croce, come appare nella illustrazione di destra.

È chiaro che con una operazione inversa di quella ora descritta si può costruire un *modello* del cubo. Basta disegnare su un cartoncino lo sviluppo della sua superficie, poi ritagliarlo e piegarlo secondo certi spigoli. Se esternamente a certe facce si sono lasciate delle linguette di cartoncino, si possono, alla fine, incollare le facce adiacenti rendendo così stabile il modello.

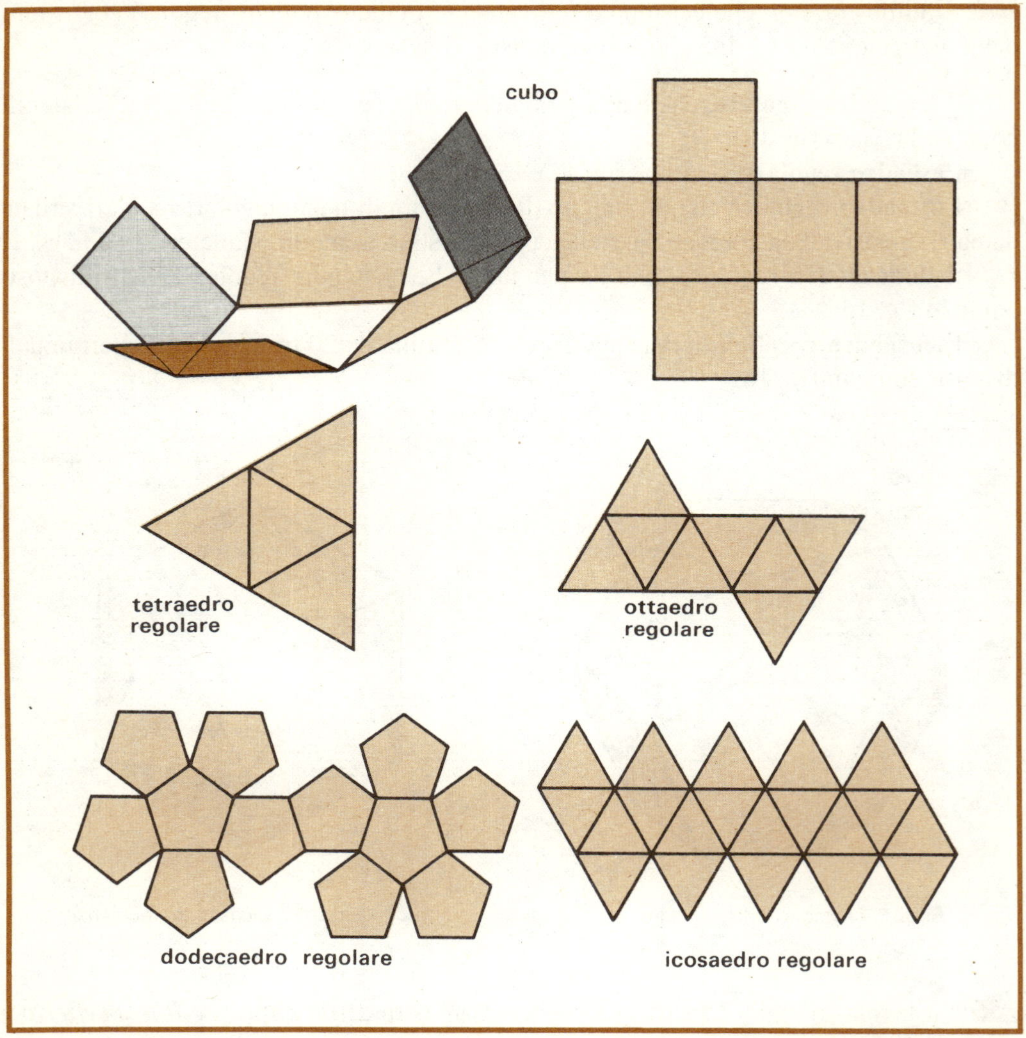

Fig. 17. - Sviluppi delle superfici laterali dei poliedri regolari.

Centri, assi e piani di simmetria dei poliedri.

21 DEFINIZIONI. *Si dice che una figura* **F** *ammette come*

centro di simmetria *un punto* O,	**asse di simmetria** *una retta* r,	**piano di simmetria** *un piano* π,

ovvero che la figura **F** *è* **simmetrica rispetto**

ad O,	**alla** r,	**a** π,

se nella simmetria

di centro O (S_O)	*di asse* r (S_r)	*rispetto a* π (S_π)

la **F** *ha come immagine se stessa (cioè se il simmetrico* P′ *di un qualunque punto* **P** ∈ **F** *è ancora un punto di* **F**).

Nel caso in cui la figura **F** sia un *poliedro*, per verificare che un punto *O*, o una retta *r*, o un piano π sono rispettivamente centro, o asse, o piano di simmetria, basta controllare che nella simmetria considerata *ogni vertice del poliedro abbia come corrispondente se stesso od un altro vertice del poliedro.*

22 TEOREMA. *Sia* **P** *il poligono base di una piramide di vertice* V *e altezza* VO:

1) *se* O *è centro di simmetria per* **P**, *allora la piramide ammette come asse di simmetria la retta* OV;

2) *se* O *appartiene ad un asse di simmetria* r *della base* **P**, *allora la piramide ha come piano di simmetria il piano passante per* **V** *e per* r.

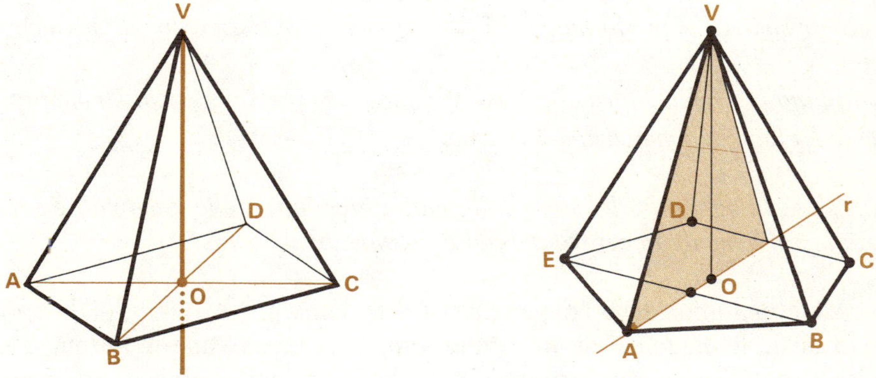

Figg. 18 e 19. - Asse e piano di simmetria nelle piramidi.

1) Poiché *O* è centro di simmetria della base **P**, i vertici di questa si corrispondono a due a due nella simmetria di centro *O*. Supponiamo, ad esempio, che *A* e *C* siano due vertici simmetrici rispetto ad *O* (fig. 18). Poiché la retta *OV* è perpendicolare a **P**, essa è perpendicolare in *O* anche alla retta *AC*.

Ne segue, essendo *OA* = *OC*, che *A* e *C* sono simmetrici anche rispetto alla retta *OV*. Analogamente si ragiona per le altre coppie di vertici corrispondenti di **P**. Quanto a *V*, esso è simmetrico di se stesso rispetto alla retta *OV*. Per quanto detto a conclusione del n. 21, tale retta è asse di simmetria della piramide.

2) Se **P** ha un numero dispari di vertici (fig. 19) uno di essi (diciamo *A*) appartiene ad *r* e gli altri (*B* ed *E*, ecc.) si corrispondono a due a due nella simmetria di asse *r*. Ora, il piano *Vr* – perpendicolare a **P** – è perpendicolare alla retta *BE* per il teorema delle tre perpendicolari (n. 7, cap. XVIII) e divide il segmento *BE* in due parti uguali in virtù della simmetria di *B* ed *E* rispetto ad *r*. In conclusione, *B* ed *E* (così come le

altre coppie di vertici corrispondenti di **P**, distinti da *A*) sono simmetrici rispetto al piano *Vr*, mentre *V* ed *A* sono simmetrici di se stessi. Ne segue (n. 21) che *Vr* è piano di simmetria della piramide.

Se **P** ha un numero pari di vertici, questi sono a due a due simmetrici rispetto a *r*. E il precedente ragionamento può essere ripetuto omettendo l'eccezione riguardante l'unico vertice *A* che appartiene ad *r*.

23 TEOREMA. *Nessuna piramide ammette un centro di simmetria.*

Infatti, i poliedri con un centro di simmetria hanno le facce a due a due parallele (n. 9, 3°, cap. XX); e in una qualunque piramide non vi sono facce parallele.

24 Si dimostra poi il seguente

TEOREMA. *Siano* **P** *e* **P′** *i poligoni base di un prisma retto*:

1) *il piano parallelo a* **P** *e* **P′** *ed equidistante da essi è piano di simmetria del prisma*;

2) *se* O *ed* O′ *sono centri di simmetria di* **P** *e* **P′**, *allora la retta* OO′ *è asse di simmetria del prisma ed il punto medio* M *del segmento* OO′ *è centro di simmetria del prisma* ([6]);

3) *il piano perpendicolare alla base* **P** *e passante per un asse di simmetria della base stessa è piano di simmetria del prisma.*

25 TEOREMA. *In ogni parallelepipedo il punto di incontro delle diagonali è centro di simmetria* (*esso viene detto* **centro** *del parallelepipedo*).

La cosa è una immediata conseguenza del teorema n. 14. Infatti, dalla proprietà secondo la quale le diagonali di un parallelepipedo si intersecano in un punto *O* che divide ciascuna di esse in due parti uguali, discende che nella simmetria di centro *O* i vertici del parallelepipedo si corrispondono a due a due (n. 21).

26 La ricerca di tutti gli elementi di simmetria di un dato poliedro è, spesso, tutt'altro che semplice. Per cui ci limiteremo ad esaminare soltanto due casi particolarmente significativi: il cubo ed il tetraedro regolare.

CUBO. Per il teorema precedente, il cubo è simmetrico rispetto al suo *centro O*.

I tre piani ed i tre assi di simmetria rappresentati in fig. 20 esistono in virtù del teorema n. 24, punti 1 e 2, ove si considerino via via come basi le tre coppie di facce opposte.

In fig. 21 sono disegnati due degli altri sei piani di simmetria del cubo. Ciascuno di essi è individuato da una coppia di diagonali parallele di due facce opposte, ad esempio *AC* ed *EG* (si veda il punto 3 del teorema n. 24).

([6]) Quest'ultima proprietà vale anche per i prismi non retti.

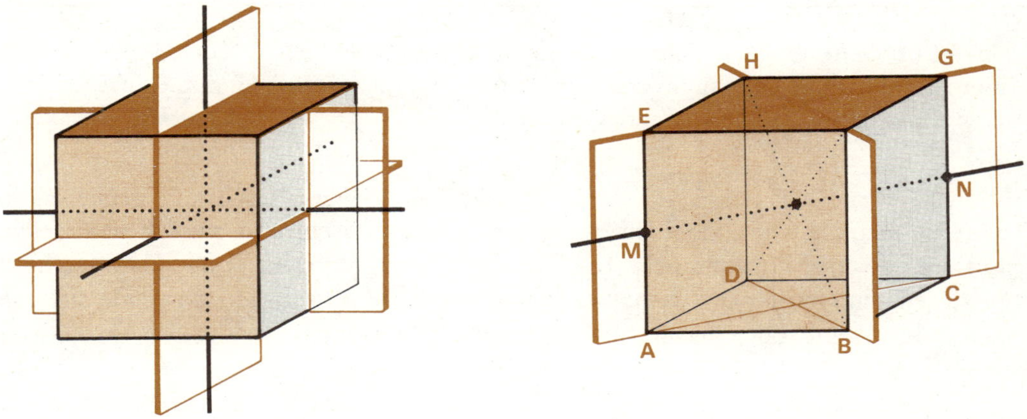

Figg. 20 e 21. - Elementi di simmetria di un cubo.

Infine, le rette, come la *MN* in fig. 21, che congiungono i punti medi *M*, *N* di due spigoli opposti (*EA* e *GC*) sono anche loro assi di simmetria del cubo. Infatti, nella simmetria di asse *MN* si verifica facilmente che si corrispondono le seguenti coppie di vertici del cubo: (*A*; *E*), (*C*; *G*), (*D*; *F*), (*B*; *H*). Le rette di questo tipo sono sei: tante quante le coppie di spigoli opposti.

Poiché si dimostra che non esistono altri elementi di simmetria, si conclude che un cubo ammette un centro, 9 assi e 9 piani di simmetria.

TETRAEDRO REGOLARE. Per il teorema n. 23 il tetraedro non ammette centro di simmetria.

Il piano individuato da uno spigolo *CD* (fig. 22) e dalle mediane *MC*, *MD* delle due facce che non hanno tale spigolo come lato è piano di simmetria del tetraedro regolare (n. 22, 2°). Di piani di questo tipo ve ne sono sei: uno per ogni spigolo.

Il solido ha anche tre assi di simmetria la cui individuazione è molto problematica senza un preciso suggerimento. Si tratta delle rette che passano per i punti medi *M*, *N* di due spigoli sghembi *AB*, *CD* (fig. 23). Per rendersi conto della cosa, si consideri che nella simmetria di asse *MN* si corrispondono fra loro i vertici *A* e *B* ed i vertici C e *D* (si veda il n. 21).

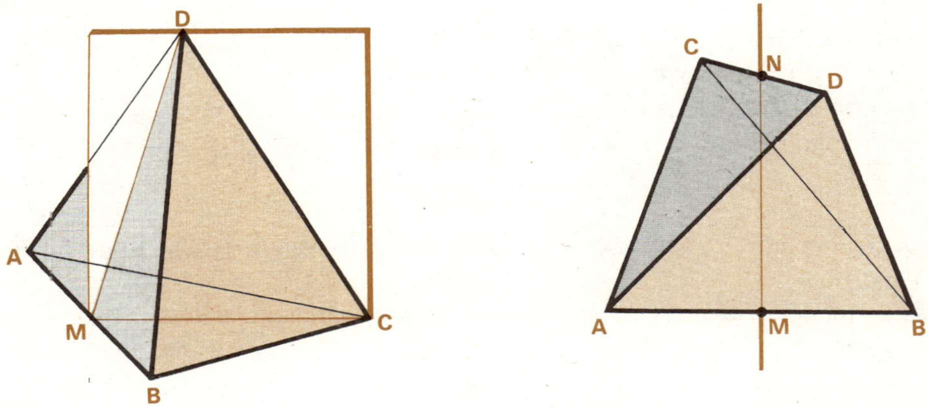

Figg. 22 e 23. - Elementi di simmetria di un tetraedro regolare.

27 **Appunti di logica.** – In matematica, come sappiamo bene, occorre sempre essere rigorosi; tuttavia, il linguaggio che usiamo presenta qualche ambiguità. Consideriamo, ad esempio, la frase:

i cubi C *e* C′ *sono simmetrici rispetto al piano* α.

Questa frase, che indubbiamente è scritta in modo corretto, può riferirsi a due situazioni diverse, illustrate nelle figg. 24 e 25: nel primo caso, si intende dire che il cubo C è il simmetrico di C' rispetto al piano α, mentre nel secondo si intende dire che sia il cubo C sia il cubo C' sono simmetrici rispetto al piano α.

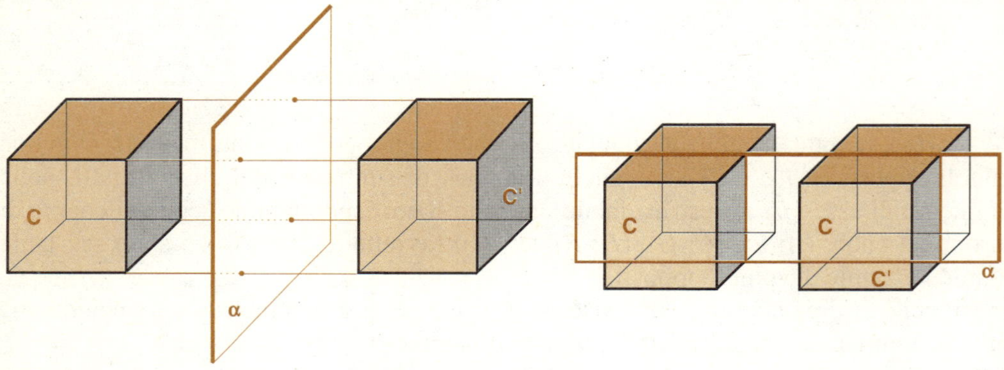

Figg. 24 e 25. - Cubi simmetrici.

Proprio per l'ambiguità del linguaggio corrente, in logica matematica si sente l'esigenza di introdurre un linguaggio simbolico: ad esempio, i nostri lettori conoscono i simboli $\Rightarrow$, $\Leftrightarrow$ e, forse, qualcuno di loro ha avuto occasione di vedere i simboli $\forall$ e $\exists$ che indicano i quantificatori *per ogni* ed *esiste un* (n. 26, cap. XIX). Non entriamo qui nei dettagli del linguaggio logico, ma preferiamo segnalare alcune coppie di frasi del linguaggio corrente in cui una stessa parola, o una stessa locuzione, è usata con due significati diversi; volta per volta, aggiungiamo un breve commento, invitando i lettori a chiarire la situazione ed, eventualmente, a cercare altri esempi.

– Un triangolo *con due angoli uguali* è isoscele.
Due triangoli *con due angoli uguali* sono simili.
La prima frase fa riferimento a due angoli di un unico triangolo, la seconda a due coppie di angoli, ciascuna costituita da un angolo del primo triangolo e da un angolo del secondo.

– Fissati due punti A e B, l'asse del segmento AB è l'insieme dei punti *equidistanti* da A e da B.
Fissato un punto O, una circonferenza è l'insieme dei punti *equidistanti* da O.
La prima frase significa che, se X è un punto qualunque dell'asse, si ha $AX = BX$; la seconda significa che, se X, Y, ... sono più punti della circonferenza, si ha $OX = OY = \ldots$

– Le rette a *e* b sono parallele.
Le rette a *e* b sono parallele al piano α.

Nel primo caso usiamo la congiunzione *e* per dire che le due rette stanno in una certa posizione reciproca; nel secondo caso, la stessa congiunzione collega due frasi, ciascuna delle quali ha senso di per sé: «la retta *a* è parallela al piano α» *e* «la retta *b* è parallela al piano α» (mentre la prima frase non significa che «la retta *a* è parallela» *e* «la retta *b* è parallela»).

In logica matematica, la congiunzione *e* della seconda frase (ma non la *e* della prima) viene detta *connettivo*.

Capitolo XXII

I CORPI ROTONDI.

Superfici e solidi di rotazione.

1 Consideriamo una qualunque linea g giacente su un semipiano α di origine a (fig. 1). Se facciamo ruotare di un giro completo il semipiano α attorno alla retta a, la linea g descrive una superficie Σ detta **superficie di rotazione**.

La retta a è detta *asse di rotazione*, la linea g è chiamata *generatrice* della superficie Σ.

Ogni punto P di g descrive una *circonferenza* che giace su un piano perpendicolare ad a ed ha il suo centro O su a (se P appartiene ad a, la circonferenza si riduce ad un punto). La circonferenza di centro O e raggio OP, e le infinite altre che si ottengono al variare di P su g, vengono dette i *paralleli* di Σ. Le sezioni di Σ ottenute mediante piani passanti per a sono due curve g' e g'' uguali alla curva g e situate simmetricamente rispetto all'asse a. Queste curve vengono dette i *meridiani* di Σ.

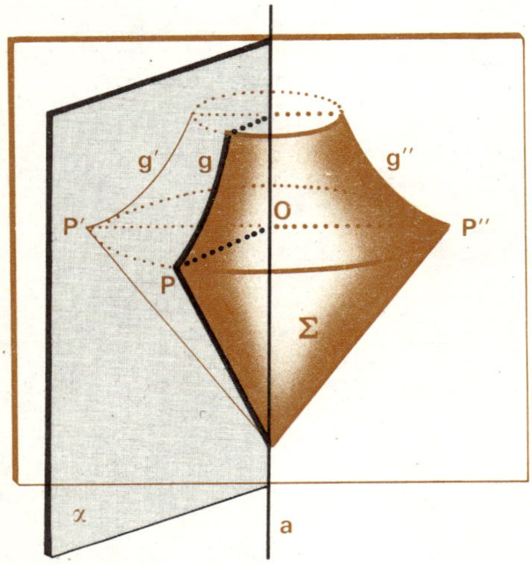

Fig. 1. - Superficie di rotazione.

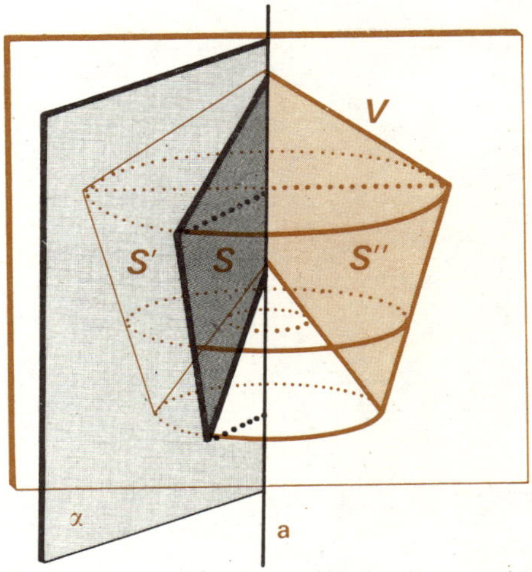

Fig. 2. - Solido di rotazione.

È chiaro che anche g' e g'' possono, al pari di g, essere pensate come *generatrici* della superficie Σ.

2 Consideriamo, ora, una superficie **S** giacente su α (fig. 2). Al ruotare di α di 360° attorno ad a, **S** genera un solido **V**, detto **solido di rotazione**.

Nella rotazione ogni punto di **S** esterno ad a descrive una circonferenza che giace su di un piano perpendicolare ad a e con il centro su a; per cui le sezioni di **V** con piani perpendicolari all'asse a sono costituite da *cerchi* o *corone circolari*.

Invece, le sezioni di **V** con piani passanti per a sono costituite da due superfici **S**$'$ ed **S**$''$, ciascuna uguale ad **S** e simmetriche rispetto ad a.

Il cilindro circolare retto.

3 DEFINIZIONE. *Si dice* **cilindro circolare retto** (*o, semplicemente,* **cilindro**) *il solido generato da un rettangolo* ABCD *nella rotazione completa attorno ad un suo lato* AB (fig. 3).

Si chiamano *altezza*, *asse* e *raggio* del cilindro rispettivamente il segmento AB, la retta AB, uno dei due segmenti AD, BC, uguali perché lati opposti del rettangolo $ABCD$. I due cerchi uguali di centro A e raggio AD, e di centro B e raggio BC sono le *basi* del cilindro.

Gli infiniti segmenti (paralleli all'asse ed equidistanti da esso) con i quali il lato CD viene a coincidere durante la rotazione sono le *generatrici* di quella che è detta *superficie laterale* del cilindro. L'unione di tale superficie laterale e delle due basi costituisce la *superficie totale* del cilindro.

Un *cilindro* si dice **equilatero** quando la sua altezza è uguale al diametro della base; cioè quando la sua sezione con un piano passante per l'asse è un *quadrato*. Il cilindro in fig. 3 è, appunto, equilatero.

4 Un metodo di carattere intuitivo-sperimentale per determinare l'area della superficie laterale del cilindro è il seguente.

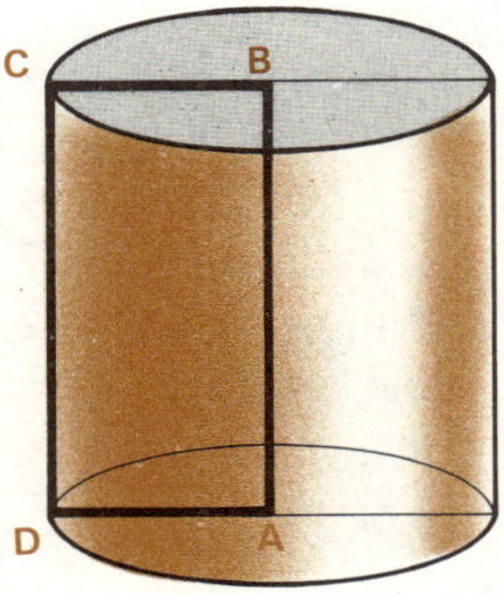

Fig. 3. - Cilindro.

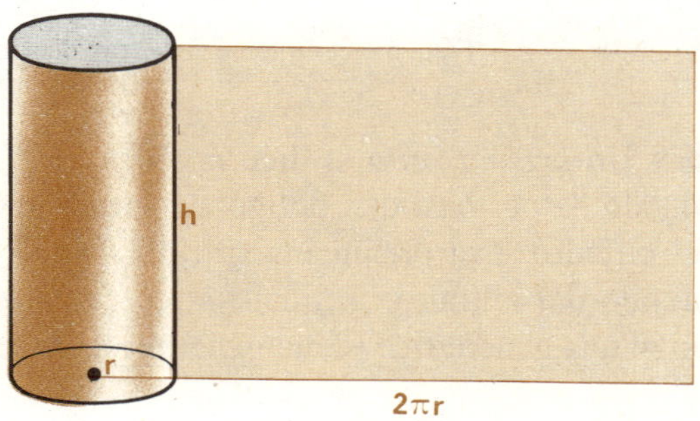

Fig. 4. - Sviluppo della superficie laterale di un cilindro.

Supponiamo che tale superficie sia costituita da un velo flessibile ed inestensibile, e immaginiamo di tagliarla lungo una generatrice e di spiegarla fino a distenderla su di un piano (fig. 4). È chiaro che, così facendo, si ottiene un rettangolo che ha per base il segmento che rettifica la circonferenza di base del cilindro e per altezza la stessa altezza. Proprio per ciò si usa dire che la superficie laterale del cilindro è una *superficie sviluppabile* e che il rettangolo descritto ne è lo *sviluppo*.

A questo punto, se indichiamo con r, h le misure del raggio e dell'altezza del cilindro e con $\mathcal{A}_l$, $\mathcal{A}_t$ le aree delle sue superfici laterale e totale, si ricava immediatamente che:

$$\mathcal{A}_l = 2\pi r \cdot h;$$
$$\mathcal{A}_t = 2\pi r h + 2\pi r^2 = 2\pi r (h + r).$$

5 Siano dati un *piano* α ed un *cilindro* **C** di raggio r ed avente per asse la retta a. Essi si dicono *tangenti* se a ed α sono paralleli e situati a distanza uguale ad r (fig. 5). È chiaro che in tal caso α ha in comune con **C** una generatrice della sua superficie laterale (ed essa soltanto).

Sempre supponendo α parallelo ad a, è chiaro che, se la distanza di a da α è:

maggiore di r, allora $\alpha \cap \mathbf{C} = \varnothing$ (in tal caso, α si dice *esterno* a **C**);

minore di r, allora $\alpha \cap \mathbf{C}$ è un rettangolo (fig. 6) che ha per lati due generatrici della superficie laterale di **C** e due corde dei cerchi base di **C**.

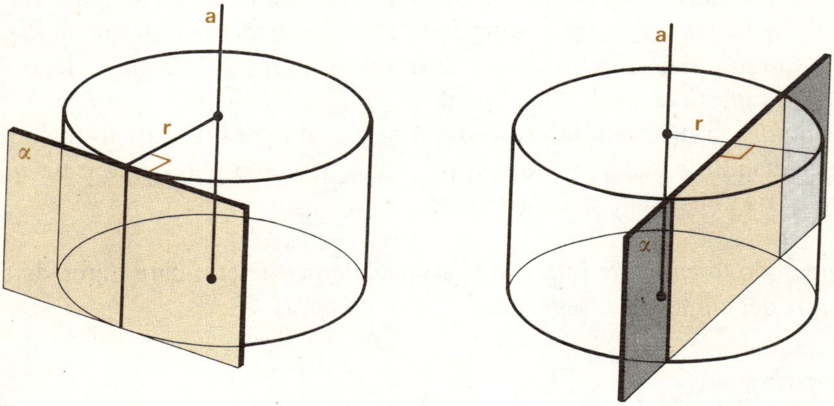

Figg. 5 e 6. - Intersezioni di un cilindro con un piano parallelo all'asse.

6 Un *prisma retto* si dice *inscritto* (fig. 7) o *circoscritto* (fig. 8) ad un *cilindro* quando ha per basi due poligoni rispettivamente inscritti o circoscritti nei cerchi base del cilindro. Nei prismi inscritti gli spigoli laterali sono generatrici della superficie laterale del cilindro; in quelli circoscritti ogni faccia laterale è tangente al cilindro lungo una generatrice (detta *generatrice di contatto*).

7 Facciamo ora cenno ad una dimostrazione di carattere razionale della formula che dà l'area della superficie laterale del cilindro.

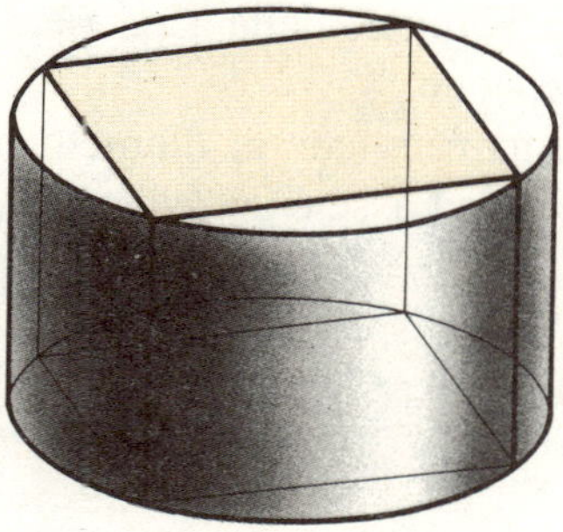

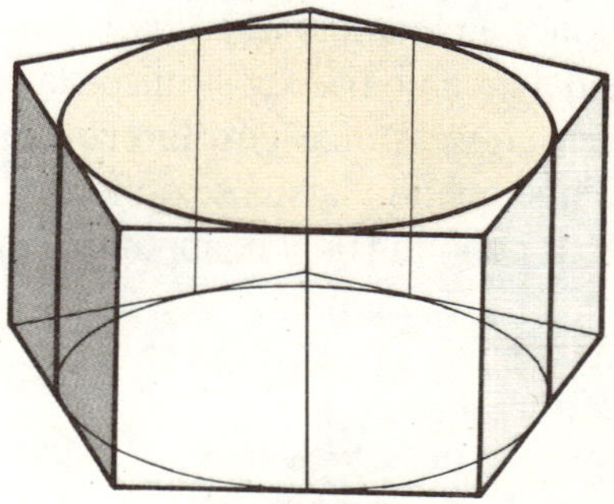

Figg. 7 e 8. - Prismi inscritto e circoscritto ad un cilindro.

TEOREMA. *Le superfici laterali dei prismi regolari inscritti e circoscritti ad un medesimo cilindro formano una coppia di classi contigue.*

Che le due classi sono *separate* lo si deduce osservando:

1) che le superfici di un prisma inscritto e di uno circoscritto sono equivalenti a due rettangoli di uguale altezza (l'altezza del cilindro) ed aventi per basi i perimetri di base dei due prismi;

2) che il perimetro di un poligono regolare inscritto in un cerchio è minore del perimetro di un poligono regolare circoscritto allo stesso cerchio.

Si prova poi che le due classi godono della *proprietà dell'avvicinamento indefinito* considerando un rettangolo ρ di altezza uguale a quella del cilindro ed equivalente ad una superficie σ arbitraria, "piccola a piacere". Se ε è la base di tale rettangolo, basta considerare due poligoni regolari, uno circoscritto ed uno inscritto nel cerchio base del cilindro, tali che la differenza dei loro perimetri sia minore di ε: si individuano così un prisma circoscritto ed uno inscritto tali che la differenza delle loro superfici laterali è minore di ρ e, quindi, anche di σ.

Per quanto visto nel cap. XVI, *il rettangolo che ha per base la circonferenza* (*rettificata*) *della base del cilindro e per altezza l'altezza del cilindro* è *elemento separatore* delle due classi contigue di superfici citate nel teorema.

A questo punto, è del tutto naturale ammettere che anche la *superficie laterale* del cilindro è *elemento separatore* delle stesse classi contigue ed è, quindi, equivalente a tale rettangolo; si conclude così che $\mathscr{A}_l = 2\pi r \cdot h$.

Il cono circolare retto.

8 DEFINIZIONE. *Si dice* **cono circolare retto** (*o, semplicemente,* **cono**) *il solido generato da un triangolo rettangolo* ABC *nella rotazione completa attorno ad un suo cateto* AB (fig. 9).

Si chiamano *vertice*, *altezza*, *asse*, *raggio* e *base* del cono rispettivamente il punto A, il segmento AB, la retta AB, il cateto BC e il cerchio di centro B e raggio BC.

Gli infiniti segmenti con i quali l'ipotenusa AC viene a coincidere durante la rotazione sono le *generatrici* di quella che è detta *superficie laterale* del cono; esse vengono anche chiamate *apotemi* o *lati* del cono. L'angolo CAB (che non varia durante la rotazione) è chiamato *angolo di semiapertura* del cono. L'unione della superficie laterale e del cerchio base costituisce la *superficie totale* del cono.

Un *cono* si dice **equilatero** quando il suo apotema è uguale al diametro della base; cioè quando la sua sezione con un piano passante per l'asse è un *triangolo equilatero*. Il cono in fig. 9 è, appunto, equilatero.

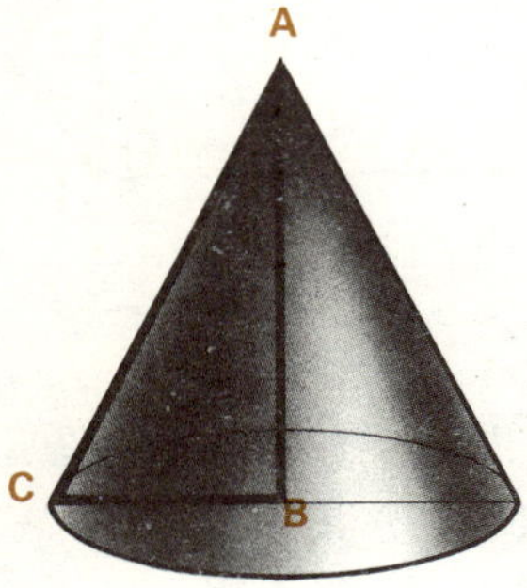

Fig. 9. - Cono.

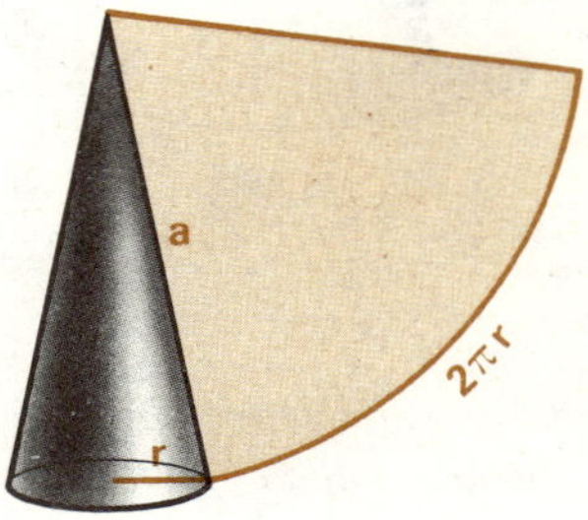

Fig. 10. - Sviluppo della superficie laterale di un cono.

9 Il metodo intuitivo-sperimentale introdotto al n. 4 può essere replicato per determinare l'area della superficie laterale del cono.

Supposto che essa sia costituita da un velo flessibile ed inestensibile, possiamo tagliarla lungo un apotema per spiegarla e distenderla su di un piano (fig. 10). Si ottiene così un settore circolare con il raggio uguale all'apotema e limitato da un arco che ha la stessa lunghezza della circonferenza contorno della base del cono. Per cui la superficie laterale del cono è *sviluppabile* ed il settore circolare di cui sopra ne è lo *sviluppo*.

Se indichiamo con r, a le misure del raggio e dell'apotema e con $\mathcal{A}_l$, $\mathcal{A}_t$ le aree delle superfici laterale e totale del cono, e teniamo presente che l'area di un settore circolare è uguale al semiprodotto delle lunghezze del raggio del settore stesso e dell'arco che lo limita, otteniamo:

$$\mathcal{A}_l = \frac{1}{2} 2\pi r \cdot a = \pi r a;$$

$$\mathcal{A}_t = \pi r a + \pi r^2 = \pi r (a + r).$$

10 Si considerino un *cono* **C** di vertice V, asse a, angolo di semiapertura α ed un *piano* π che forma con la retta a l'angolo β (n. 22, cap. XIX). Essi si dicono *tangenti* se π passa per V ed è $\beta = \alpha$ (fig. 11). È facile dimostrare che, in tal caso, π ha in comune con **C** una generatrice della sua superficie laterale (ed essa soltanto).

Sempre supponendo che π passi per V, si prova che:

se $\beta > \alpha$, allora $\mathbf{C} \cap \pi$ è costituito dal solo vertice V;

se $\beta < \alpha$, allora $\mathbf{C} \cap \pi$ è un triangolo isoscele i cui lati uguali sono due generatrici e la cui base è una corda del cerchio base del cono (fig. 12).

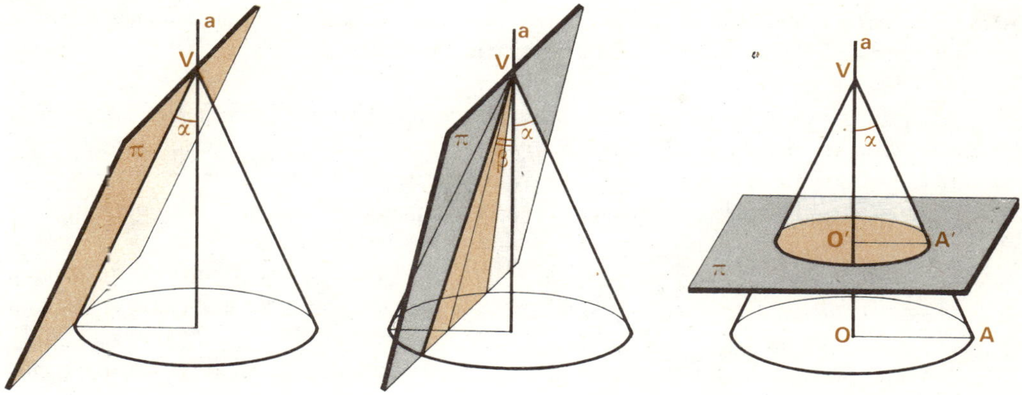

Figg. 11, 12 e 13. - Intersezioni di piani con un cono.

Se invece il piano π è perpendicolare all'asse del cono ed interseca l'altezza *OV* in un suo punto interno *O′* (fig. 13), allora **C** ∩ π è un *cerchio* (n. 2) *il cui raggio* O′A′ *sta al raggio* OA *del cono come* O′V *sta ad* OV; *mentre il cerchio stesso sta al cerchio base del cono come il quadrato costruito su* O′V *sta al quadrato costruito su* OV. Infatti, detto *A′* il punto di intersezione del piano π con la generatrice *VA*, i triangoli rettangoli *VOA*, *VO′A′* sono simili in quanto hanno in comune l'angolo *OVA* = α; si tenga presente che due cerchi stanno fra loro come i quadrati costruiti sui rispettivi raggi.

11 Una *piramide* retta si dice *inscritta* (fig. 14) o *circoscritta* (fig. 15) ad un *cono* quando ha lo stesso vertice del cono e la base è un poligono rispettivamente inscritto o circoscritto nel cerchio base del cono. Nelle piramidi inscritte gli spigoli laterali sono generatrici del cono; in quelle circoscritte ogni faccia è tangente al cono lungo una generatrice (detta *generatrice di contatto*).

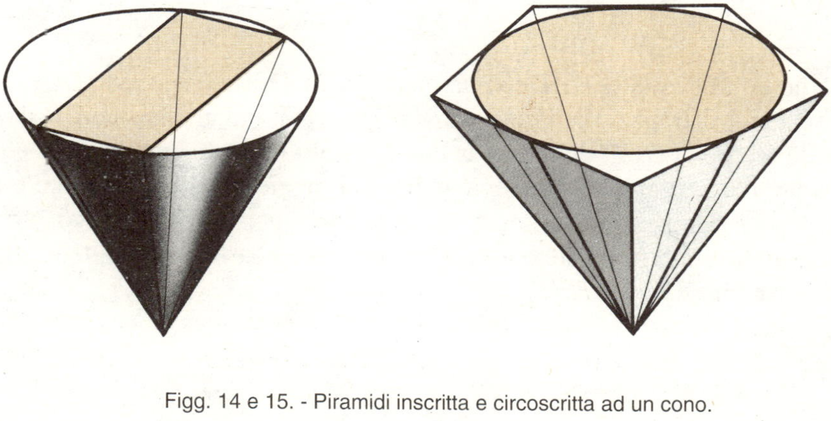

Figg. 14 e 15. - Piramidi inscritta e circoscritta ad un cono.

12 Come per il cilindro (n. 7) così anche per il cono si può dare una dimostrazione non intuitiva della formula relativa all'area della sua superficie laterale.

TEOREMA. *Le superfici laterali delle piramidi regolari inscritte e circoscritte ad un medesimo cono formano una coppia di classi contigue.*

Non riportiamo la dimostrazione, che è analoga a quella vista nel n. 7, ma un po' più complessa.

Si osserva, poi, che *il triangolo che ha per base la circonferenza (rettificata) della base del cono e per altezza l'apotema del cono è elemento separatore* delle due classi contigue di superfici citate nel teorema.

A questo punto, è del tutto naturale ammettere che anche la *superficie laterale* del cono è *elemento separatore* delle stesse classi contigue ed è, quindi, equivalente a tale triangolo; si conclude così che $\mathcal{A}_l = 2\,\pi\, ra/2 = \pi\, ra$.

Il tronco di cono.

13 DEFINIZIONE. *Si dice* **tronco di cono** *l'intersezione di un cono con un semispazio* **S** *che non contiene il vertice* V *del cono e che ha per origine un piano* α, *parallelo alla base, che interseca le generatrici della superficie conica* (fig. 16).

La base del cono ed il cerchio secondo il quale esso è sezionato dal piano α si dicono le *basi* (rispettivamente *maggiore* e *minore*) del tronco. La distanza del piano α da quello della base del cono è l'*altezza* del tronco; essa è uguale al segmento OO' che ha per estremi i centri delle due basi. L'asse del cono è anche *asse* del tronco.

L'intersezione della superficie laterale del cono con il semispazio **S** è detta *superficie laterale* del tronco. L'unione di tale superficie e delle due basi costituisce la *superficie totale* del tronco. L'intersezione AA' di una generatrice VA della superficie conica con il semispazio **S** è detta *lato* o *apotema* del tronco.

Chiaramente, *il* **tronco di cono** *è anche il solido generato da un trapezio rettangolo* OO′A′A *nella rotazione completa attorno alla retta* OO′ *su cui giace il lato* OO′ *perpendicolare alle basi* (fig. 16).

14 Tagliamo un tronco di cono **T** con un piano passante per il suo asse OO': si ottiene, come sezione, il trapezio isoscele $ABB'A'$ (fig. 16). Indichiamo con V il vertice (appartenente alla retta OO') del cono da cui **T** è stato ottenuto, con r, r', a le misure rispettivamente del raggio della base maggiore, del raggio della base minore e dell'apotema del tronco e, infine, con x l'apotema del cono «reciso» $VA'B'$. Possiamo calcolare l'area $\mathcal{A}_l$ della superficie laterale di **T** come differenza fra le aree delle superfici laterali dei due coni VAB e $VA'B'$:

$$(1) \qquad \mathcal{A}_l = \pi\, r\,(a + x) - \pi\, r'x = \pi\,[x\,(r - r') + r\,a].$$

Per la determinazione di x basta osservare che i triangoli rettangoli VOA, $VO'A'$ sono simili; per cui vale la proporzione

$$(x + a) : x = r : r'.$$

Da essa deduciamo che $x = r'a / (r - r')$.
Sostituendo nella (1) ricaviamo, infine:

$$\mathscr{A}_l = \pi \left[\frac{r'a}{r - r'} (r - r') + ra \right] = \pi a (r + r'). \qquad (2)$$

Addizionando ad $\mathscr{A}_l$ la somma delle aree delle due basi si ottiene l'area $\mathscr{A}_t$ della superficie totale del tronco:

$$\mathscr{A}_t = \pi a (r + r') + \pi r^2 + \pi (r')^2 = \pi [r^2 + a (r + r') + (r')^2].$$

Si osservi come dalla (2) si deduce che *la superficie laterale di un tronco di cono è equivalente ad un trapezio che ha per basi le circonferenze* (*rettificate*) *che limitano le basi del tronco e per altezza l'apotema.*

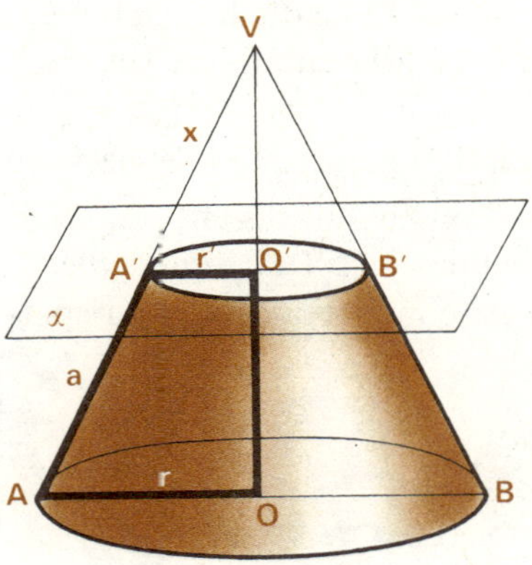

Fig. 16. - Il tronco di cono.

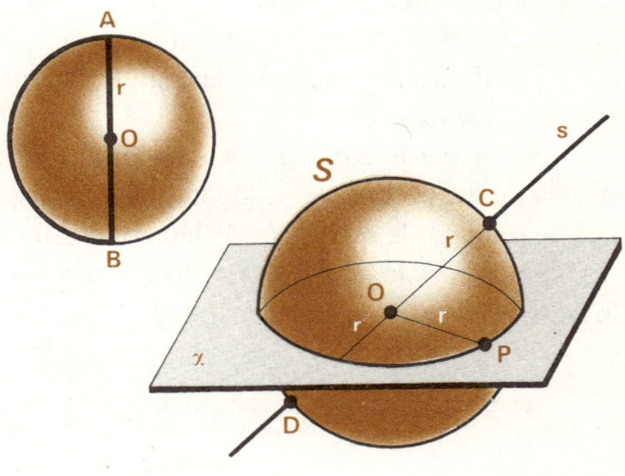

Figg. 17 e 18. - Sfera e superficie sferica.

La superficie sferica e la sfera.

15 DEFINIZIONE. *Un semicerchio di diametro* AB *e la semicirconferenza che lo delimita generano, nella rotazione completa attorno alla retta* AB, *rispettivamente un solido detto* **sfera** *ed una superficie detta* **superficie sferica** (fig. 17).

Ovviamente, la superficie sferica è il *contorno* della sfera.
Il centro O del semicerchio ed il raggio r sono detti *centro* e *raggio* della sfera e della superficie sferica.
È chiaro che la *sfera* e la *superficie sferica* sono i *luoghi geometrici* dei punti P dello spazio per i quali, prefissati un punto O ed un segmento r, si ha rispettivamente «$OP \leq r$» ed «$OP = r$».

Un punto si dice *interno* o *esterno* alla sfera ed alla superficie sferica a seconda che la sua distanza dal centro O sia minore o maggiore del raggio r.

16 Una retta s che passi per il centro O di una superficie sferica **S** ha in comune con essa due (e due soli) punti C, D (fig. 18). Infatti, esistono su s due (e due soli) punti la cui distanza da O è uguale al raggio r della **S**.

Il segmento $CD = 2r$ si dice *diametro* tanto della superficie sferica quanto della sfera da essa limitata.

Un piano α passante per O ha in comune con **S** una *circonferenza* di centro O e raggio r (fig. 18). Infatti, per ogni punto P di $\mathbf{S} \cap \alpha$ si ha $OP = r$ (in quanto $P \in \mathbf{S}$); d'altra parte, il luogo geometrico dei punti P del piano α per i quali si ha $OP = r$ è la circonferenza, giacente su α, di centro O e raggio r. Il piano α si dice *piano diametrale*; esso taglia la sfera e la superficie sferica rispettivamente secondo un *cerchio massimo* ed una *circonferenza massima*.

17 Sia, ora, b una retta non passante per il centro O della superficie sferica **S** (fig. 19) e distante d da O. Consideriamo il piano β passante per b e per O; poiché esso interseca **S** secondo la circonferenza c di centro O e raggio r (n. 16), si ha $\mathbf{S} \cap b = c \cap b$. Per cui il problema della ricerca dei punti comuni ad **S** e b è ricondotto a quello – a noi già noto – della determinazione dei punti comuni alla retta b ed alla circonferenza c nel piano β. Ne segue che:

le rette per le quali $d < r$, così come le rette diametrali, intersecano la superficie sferica in due punti; esse si dicono *secanti* rispetto ad **S** e rispetto alla sfera;

le rette per le quali $d = r$ hanno un sol punto in comune con **S** (rette *tangenti*);

le rette per le quali $d > r$ non hanno punti in comune con **S** (rette *esterne* rispetto ad **S** e rispetto alla sfera).

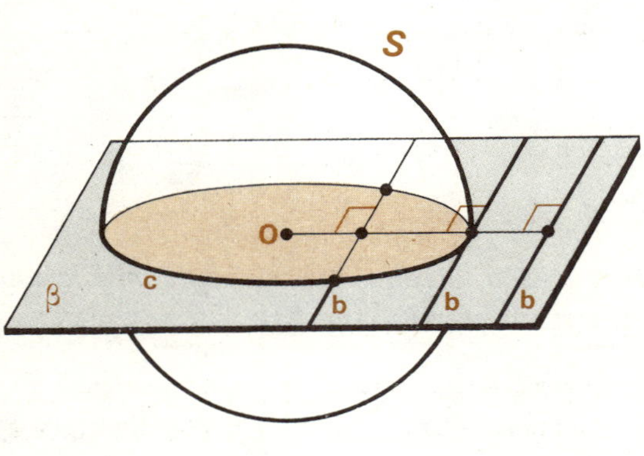

Fig. 19. - Mutue posizioni di una retta e di una superficie sferica.

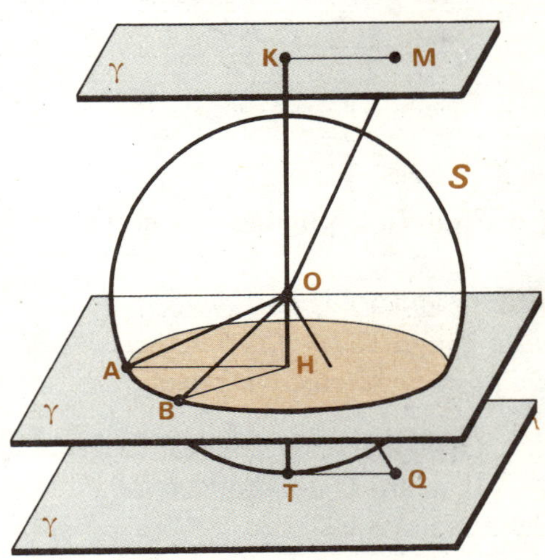

Fig. 20. - Mutue posizioni di un piano e di una superficie sferica.

18 TEOREMA. *Sia* γ *un piano non passante per il centro* O *di una superficie sferica* **S** *e sia* d *la distanza di* γ *da* O:

1) *se* «d < r», *allora* $\mathbf{S} \cap \gamma$ *è una circonferenza di raggio minore di* r;
2) *se* «d = r», *allora* $\mathbf{S} \cap \gamma$ *si riduce ad un sol punto* T;
3) *se* «d > r», *allora* $\mathbf{S} \cap \gamma = \varnothing$.

1) $\mathbf{S} \cap \gamma$ consta di infiniti punti: due per ciascuna delle infinite rette di γ passanti per il piede H della perpendicolare condotta da O a γ (si veda il n. 17 tenendo presente che $OH = d$). Siano A, B due di tali punti (fig. 20). Poiché $OA = OB = r$, anche le proiezioni HA, HB di OA, OB su γ sono uguali (n. 18, cap. XIX). Ne segue che $\mathbf{S} \cap \gamma$ è l'insieme dei punti di γ aventi da H distanza costante, cioè è la circonferenza di centro H e raggio HA.

2) Poiché la distanza OT di O da γ è uguale ad r (fig. 20), il punto T appartiene ad $\mathbf{S} \cap \gamma$. Ogni altro punto Q di γ è esterno ad **S**, dato che l'ipotenusa OQ del triangolo rettangolo OTQ è maggiore del cateto $OT = r$.

3) Poiché la distanza OK di O da γ è maggiore di r (fig. 20), il punto K è esterno ad **S**, così come ogni ulteriore punto M di γ in quanto, osservando il triangolo rettangolo OKM, si ricava $OM > OK > r$.

19 Con riferimento al n. precedente, il *piano* γ di cui al punto 1 si dice *secante* la superficie sferica e la relativa sfera (tale è anche un piano diametrale). Il piano γ di cui al punto 2 si dice *tangente*; esso è perpendicolare al raggio OT nel punto T *di tangenza*. Infine il piano γ di cui al punto 3 si dice *esterno* alla superficie sferica e alla sfera.

Ragionando per assurdo si dimostra facilmente che se un piano γ, posto a distanza d dal centro O di una superficie sferica **S** di raggio r, ha in comune con **S** una circonferenza, o un punto, o nessun punto, allora si ha rispettivamente $d < r$, $d = r$, $d > r$.

20 **Appunti di logica.** – Vediamo meglio, e più in generale, quanto affermato alla fine del n. 19.

Cominciamo con il ricordare che i teoremi che abbiamo incontrato hanno, per la maggior parte, la forma di una *implicazione*: *se* si verifica una certa *ipotesi* **I**, *allora* si verifica una certa *tesi* **T**. In simboli: $\mathbf{I} \Rightarrow \mathbf{T}$.

Abbiamo più volte notato che, dato un teorema del tipo $\mathbf{I} \Rightarrow \mathbf{T}$, l'*implicazione inversa* $\mathbf{T} \Rightarrow \mathbf{I}$ non è sempre un teorema (vari esempi sono riportati nel n. 7 del cap. IV e nel n. 22 del cap. IX).

C'è, tuttavia, un caso particolare in cui è lecito dedurre da certi teoremi i rispettivi inversi. Premettiamo che due o più situazioni si dicono **disgiuntive** allorché si verifica necessariamente una e una sola di tali situazioni. Ad esempio, dati due segmenti a, b, sono disgiuntive le tre situazioni: $a < b$, $a = b$, $a > b$.

Ciò premesso, sussiste la proprietà:

se da certe ipotesi fra loro disgiuntive si deducono tesi fra loro disgiuntive, allora sono automaticamente verificate le implicazioni inverse.

Infatti, sia noto che valgono le implicazioni

$$\mathbf{I}_1 \Rightarrow \mathbf{T}_1, \qquad \mathbf{I}_2 \Rightarrow \mathbf{T}_2, \qquad \mathbf{I}_3 \Rightarrow \mathbf{T}_3, \qquad \dots$$

con $\mathbf{T}_1$, $\mathbf{T}_2$, $\mathbf{T}_3$, ... tesi disgiuntive. Dobbiamo dimostrare che si ha pure

$$\mathbf{T}_1 \Rightarrow \mathbf{I}_1, \qquad \mathbf{T}_2 \Rightarrow \mathbf{I}_2, \qquad \mathbf{T}_3 \Rightarrow \mathbf{I}_3, \qquad \dots$$

Supponiamo, ad esempio, che si verifichi la situazione $\mathbf{T}_1$. Ricordando che $\mathbf{T}_1$, $\mathbf{T}_2$, $\mathbf{T}_3$, ... sono disgiuntive, si conclude subito che non può verificarsi $\mathbf{I}_2$ (perché ne seguirebbe $\mathbf{T}_2$ che è in contrasto con $\mathbf{T}_1$), né $\mathbf{I}_3$ (perché ne seguirebbe $\mathbf{T}_3$), ...

Non resta, dunque, che ammettere che «$\mathbf{T}_1 \Rightarrow \mathbf{I}_1$».

Nel caso del teorema n. 19 avevamo dimostrato:

$d < r \;\Rightarrow\;$ $\mathbf{S} \cap \gamma$ è una circonferenza,
$d = r \;\Rightarrow\;$ $\mathbf{S} \cap \gamma$ si riduce ad un punto,
$d > r \;\Rightarrow\;$ $\mathbf{S} \cap \gamma$ è l'insieme vuoto,

e le tre tesi sono disgiuntive. Siamo quindi sicuri che valgono anche le implicazioni inverse, senza che sia necessaria una dimostrazione.

Un altro esempio è il seguente. Con riferimento ad un triangolo ABC, abbiamo dimostrato (n. 4, cap. V e n. 32, cap. III) che dalle tre ipotesi $a < b$, $a = b$, $a > b$, seguono rispettivamente le tre tesi disgiuntive $\widehat{A} < \widehat{B}$, $\widehat{A} = \widehat{B}$, $\widehat{A} > \widehat{B}$. Ebbene: se avessimo conosciuto la proprietà sopra enunciata, avremmo potuto far a meno di dimostrare i teoremi inversi (n. 5, cap. V e n. 36, cap. III) in base ai quali dalle tre ipotesi $\widehat{A} < \widehat{B}$, $\widehat{A} = \widehat{B}$, $\widehat{A} > \widehat{B}$, discendono rispettivamente le tesi $a < b$, $a = b$, $a > b$.

Invitiamo i lettori a rileggere le implicazioni viste al n. 5 di questo capitolo: quali implicazioni inverse se ne possono dedurre?

21 Si dimostra che *ogni superficie sferica è equivalente al quadruplo di un suo cerchio massimo*. Per cui, indicati con $\mathscr{A}$ l'area della superficie e con r la misura del suo raggio, si ha

$$\mathscr{A} = 4\pi r^2.$$

Diamo, di tale formula, una dimostrazione intuitiva. Essa richiede la conoscenza (che acquisiremo nel capitolo che segue) del volume $\mathscr{V}$ della sfera.

Consideriamo un diametro AB di una superficie sferica **S**, di centro O e di raggio lungo r, e la circonferenza massima c di **S** situata nel piano α passante per O e perpendicolare ad AB (fig. 21).

Diviso AB in n parti uguali e c in $2n$ parti uguali, conduciamo per i punti di divisione di AB gli n piani paralleli ad α e per quelli di c gli n piani diametrali perpendicolari ad α. Tali piani intersecano **S** secondo una *rete* di *meridiani* e di *paralleli* (n. 1).

Conduciamo, poi, per ciascuno dei nodi della rete ottenuta (fig. 22) il piano tangente ad **S**. La totalità di tali piani avvolge (o, secondo la terminologia matematica, *inviluppa*), la superficie sferica ed individua un poliedro (convesso) **P**. A sua volta, ogni faccia di **P**, assunta come base, individua una piramide di vertice O e di altezza lunga r (non si dimentichi che la faccia stessa è tangente ad **S**).

Tenuto conto che **P** e la sua superficie $\mathbf{S}_P$ sono rispettivamente equivalenti alla somma di tutte quelle piramidi e alla somma di tutte le loro basi, si conclude facilmente che

$$\textit{volume}\ \mathbf{P} = \frac{1}{3}\ \textit{area}\ \mathbf{S}_P \cdot r.$$

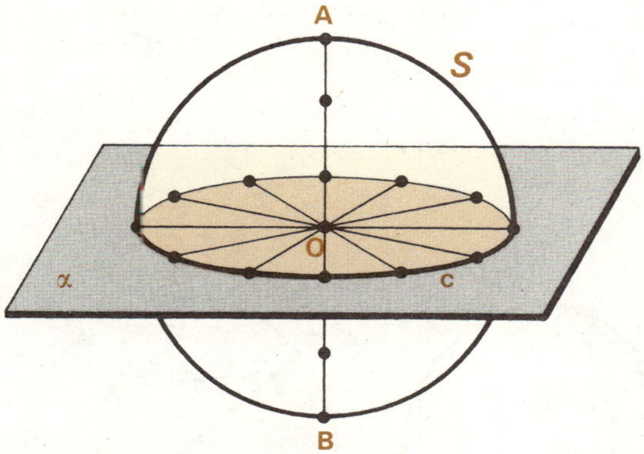

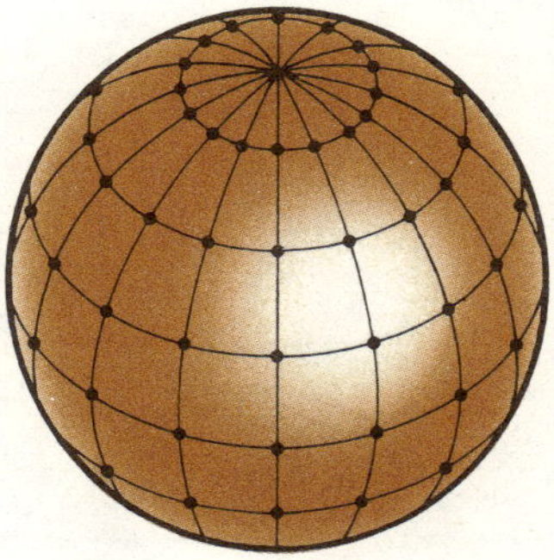

Figg. 21 e 22. - Determinazione dell'area della superficie sferica.

Facciamo ora tendere n all'infinito: si intuisce che la base di ciascuna piramide tende a divenire puntiforme, per cui **P** e $\mathbf{S}_P$ tendono ad identificarsi rispettivamente con la sfera e con la sua superficie **S**. Ciò comporta che

$$\mathcal{V} = \frac{1}{3}\mathcal{A} \cdot r.$$

Se ci è noto che $\mathcal{V} = 4\,\pi\, r^3/3$, dalla precedente uguaglianza ricaviamo:

$$\frac{4}{3}\pi\, r^3 = \frac{1}{3}\mathcal{A} \cdot r; \qquad \mathcal{A} = 4\,\pi\, r^2.$$

Parti della superficie sferica e della sfera.

22 Data una sfera di raggio lungo r e detto MN un suo diametro, si conducano due piani α e β perpendicolari ad MN, il primo in A ed il secondo in B (fig. 23). Indichiamo con C_α e C_β i cerchi sezione della sfera rispettivamente con α e con β.

Le porzioni di sfera e di superficie sferica comprese fra i piani α e β si dicono rispettivamente **segmento sferico a due basi** (le *basi* sono C_α e C_β) e **zona sferica**. Il segmento AB è l'*altezza* tanto del segmento sferico quanto della zona. Si dimostra che

$$\textit{area zona sferica} = 2\,\pi\, r\, \overline{AB}.$$

Le intersezioni del semispazio di origine α e contenente M con la sfera e con la sua superficie si dicono rispettivamente **segmento sferico ad una base** (la *base* è C_α) e **calotta sferica**. Il segmento MA è l'*altezza* tanto del segmento sferico quanto della calotta. Si dimostra che

$$\textit{area calotta sferica} = 2\,\pi\, r\, \overline{MA}.$$

23 Consideriamo un diedro la cui costola passa per il centro O di una sfera di raggio lungo r. Le intersezioni di tale diedro con la sfera e con la sua superficie vengono dette rispettivamente **spicchio sferico** e **fuso sferico** (fig. 24). La sezione normale α del diedro è chiamata *angolo* tanto dello spicchio quanto del fuso. Si dimostra facilmente che *tanto i fusi quanto gli spicchi di una stessa sfera stanno fra loro come i corrispondenti angoli*. Pertanto:

$$\text{area sup. sferica} : \text{area fuso} = 360° : \alpha° ;$$

$$4\pi r^2 : \text{area fuso} = 360 : \alpha ;$$

$$\text{area fuso} = \frac{\pi r^2 \alpha}{90} .$$

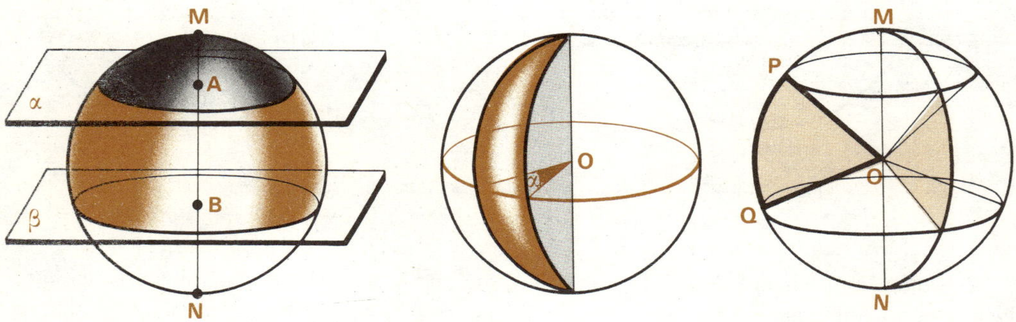

Figg. 23, 24 e 25. - Parti della sfera e della superficie sferica.

24 Data una sfera di centro O e detto MN un suo diametro, siano P e Q due punti appartenenti ad una semicirconferenza massima di diametro MN. Si dice **settore sferico** il solido generato dal settore circolare POQ nella rotazione completa attorno alla retta MN (fig. 25).

Poliedri inscritti e circoscritti ad una sfera. Solidi rotondi inscritti in solidi rotondi.

25 Un *poliedro* si dice *inscritto* in una *sfera* quando tutti i suoi vertici appartengono alla superficie sferica; si dice *circoscritto* ad una *sfera* se tutte le sue facce sono tangenti alla superficie sferica.

Ciascun poliedro regolare è inscrivibile e circoscrivibile in una sfera. (Si vedano in merito le illustrazioni *a*, *b*, *c*, *d* della Tavola in fig. 26). Le sfere inscritta e circoscritta ad un poliedro regolare hanno lo stesso centro; esso è il punto comune alle rette perpendicolari alle facce nei rispettivi centri e viene detto *centro del poliedro regolare*.

26 Premesso che i cilindri, i coni, i tronchi di cono e le sfere vengono chiamati *solidi rotondi*, rimandiamo alla Tavola in fig. 26 per alcuni esempi del concetto di «corpo rotondo inscritto in un altro corpo rotondo».

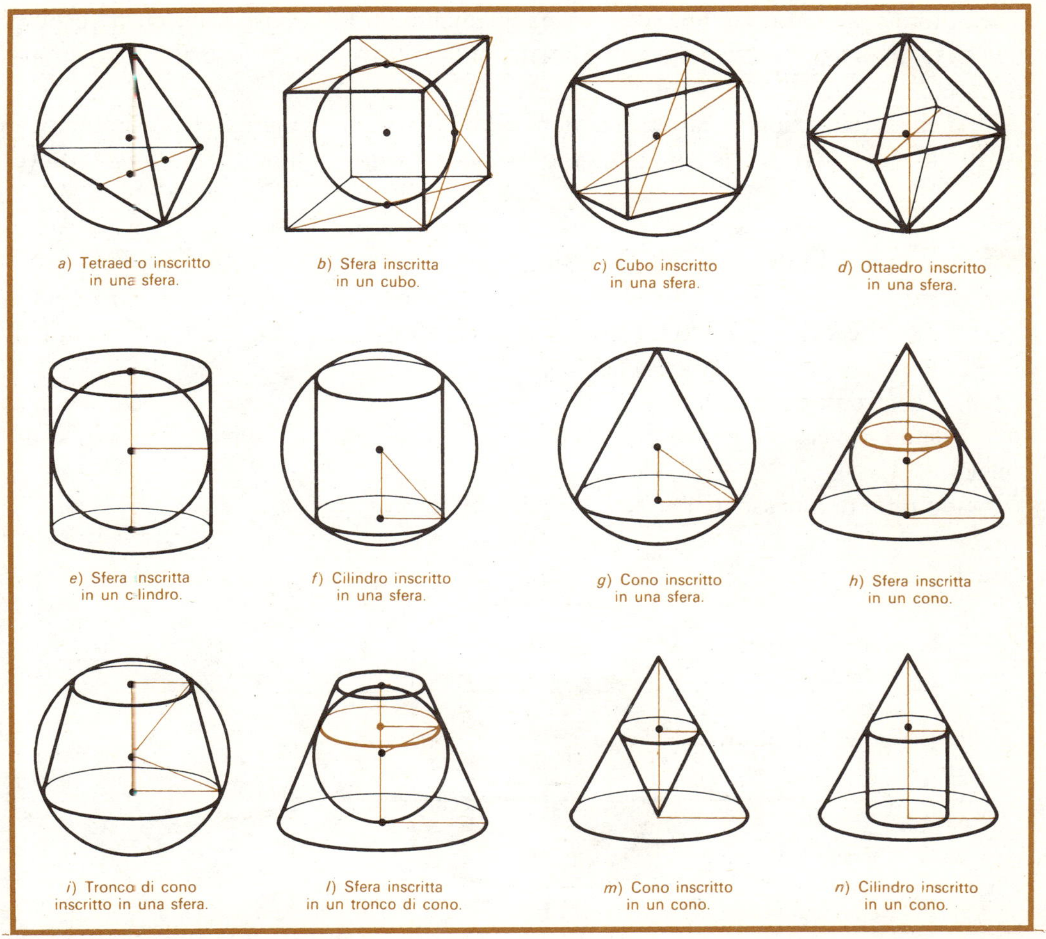

a) Tetraedro inscritto in una sfera. *b*) Sfera inscritta in un cubo. *c*) Cubo inscritto in una sfera. *d*) Ottaedro inscritto in una sfera.

e) Sfera inscritta in un cilindro. *f*) Cilindro inscritto in una sfera. *g*) Cono inscritto in una sfera. *h*) Sfera inscritta in un cono.

i) Tronco di cono inscritto in una sfera. *l*) Sfera inscritta in un tronco di cono. *m*) Cono inscritto in un cono. *n*) Cilindro inscritto in un cono.

Fig. 26. - Sfera inscritta e circoscritta ad un poliedro. Corpi rotondi l'uno inscritto nell'altro.

Centri, assi e piani di simmetria dei solidi rotondi.

27 Da quanto detto al n. 2 si deduce facilmente che

il solido ottenuto facendo ruotare una superficie piana attorno ad una retta complanare r *è simmetrico tanto rispetto alla* r *quanto rispetto a ciascuno degli infiniti piani passanti per la* r.

28 Dalla precedente proprietà segue che l'*asse* del **cono** ed i piani passanti per esso sono rispettivamente asse e piani di simmetria del solido. È poi facile convincersi che il cono non ammette ulteriori elementi di simmetria. In particolare, il cono non possiede centro di simmetria perché se questo coincidesse col vertice o col centro della

base, allora il solido dovrebbe avere rispettivamente un'altra base o un altro vertice; e, in caso diverso, al vertice dovrebbe corrispondere un altro vertice e alla base un'altra base.

Anche la situazione relativa alla sfera è molto semplice: ogni **sfera** è simmetrica rispetto al suo *centro O*, rispetto a tutte le *rette diametrali* e a tutti i *piani diametrali* (e ad essi soltanto).

29 Quanto al **cilindro** esso (n. 27) è simmetrico rispetto al suo asse ed ai piani passanti per esso. Ma vi sono altri elementi di simmetria. Infatti se O, O' sono i centri delle due basi ed M è il punto medio del segmento OO' (fig. 27), è del tutto intuitivo (e, comunque, si può dimostrare) che:

M è centro di simmetria;

il piano π passante per M e perpendicolare all'asse del cilindro è piano di simmetria;

ogni retta di π passante per M è asse di simmetria.

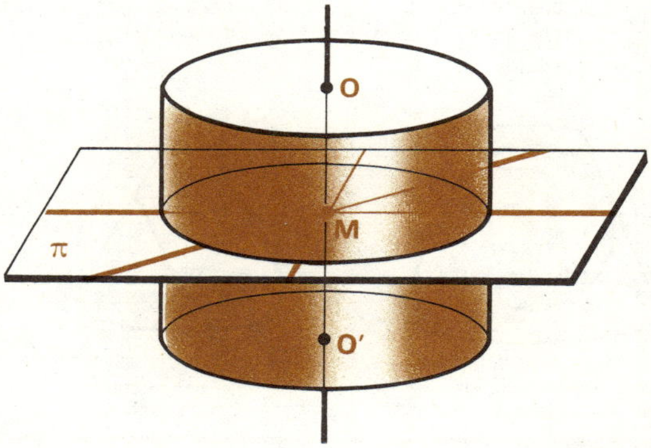

Fig. 27. - Elementi di simmetria del cilindro.

Capitolo XXIII

L'EQUIVALENZA DEI SOLIDI.

L'equivalenza nel piano e nello spazio.

1 Una definizione di **solido** (o di *solido geometrico*) richiede considerazioni piuttosto complesse nelle quali non riteniamo opportuno addentrarci. Ai nostri fini è sufficiente precisare che all'insieme dei *solidi* appartengono i poliedri (convessi e non), i cilindri, i coni, i tronchi di cono, le sfere e quelle che abbiamo chiamato parti della sfera.

Da un punto di vista intuitivo, due *solidi* si dicono *equivalenti* se due loro modelli costruiti con una stessa sostanza omogenea (legno, marmo, ferro, ecc.) e privi di cavità interne hanno lo stesso peso.

2 Come nel caso delle superfici piane, si dice *somma* di due solidi A e B, privi di punti comuni o aventi in comune solo punti dei rispettivi contorni, il solido $C = A \cup B$. A loro volta A e B sono le *differenze* rispettivamente dei solidi C e B e dei solidi C ed A.

Nella geometria del piano, il concetto di *somma* era sufficiente per trattare l'equivalenza dei *poligoni*: nel cap. X (nn. 5 e 10) avevamo detto che due poligoni sono equivalenti quando sono *equiscomponibili*, cioè quando si possono presentare come somme di poligoni uguali. Tuttavia, nel cap. XVI abbiamo visto che lo stesso procedimento non è applicabile a tutte le superfici piane: ad esempio, non si riesce a ritagliare un cerchio in un numero finito di parti e poi, con quelle parti, a ricomporre un quadrato di uguale area.

Nella geometria dello spazio la situazione è più complessa: anche se ci limitiamo ai *poliedri*, non si può introdurre l'equivalenza mediante la scomposizione in parti uguali: è ancora vero che due poliedri (o due solidi) equiscomponibili sono equivalenti, ma esistono poliedri che ci sembrano senz'altro equivalenti, ma non si possono presentare come somme delle stesse parti.

Riprenderemo il discorso nella lettura n. XIV. Qui diciamo subito che, per una trattazione razionale dell'equivalenza dei solidi, è necessario introdurre un nuovo postulato, detto *principio di Cavalieri* (n. 7).

Volume dei solidi. Volume del parallelepipedo rettangolo.

3 Abbiamo definito come misura di una grandezza rispetto ad una prefissata unità di misura, con essa omogenea, il *numero reale* che esprime il rapporto fra quella grandezza e la grandezza assunta come unitaria.

Analogamente a quanto abbiamo fatto per l'unità di misura delle superfici, *assumeremo per unità di misura dei solidi il cubo costruito sull'unità delle lunghezze*; ossia, ad esempio, il *metro cubo*.

La misura di un solido si dice **volume** del medesimo.

Quindi: *si chiama volume di un solido il numero reale che esprime il rapporto fra questo e il solido prescelto come unità di misura*.

Notiamo che *due solidi equivalenti hanno lo stesso volume*; e, inversamente, che *due solidi di ugual volume sono equivalenti*.

4 Consideriamo in primo luogo i parallelepipedi rettangoli. Seguendo un procedimento del tutto analogo a quello visto a proposito dei rettangoli (cap. XIII, n. 10), si dimostra che:

i volumi di due parallelepipedi rettangoli di ugual base stanno fra loro come le lunghezze delle altezze corrispondenti.

5 TEOREMA. *Il volume di un parallelepipedo rettangolo è uguale al prodotto delle lunghezze delle sue tre dimensioni*.

Sia **P** il parallelepipedo rettangolo considerato, di volume $\mathcal{V}$ e le cui dimensioni misurano a, b, c, e sia **C** il cubo unitario (che, ovviamente, ha volume 1 e dimensioni di lunghezza 1, 1, 1). Si considerino, inoltre, i parallelepipedi rettangoli (fig. 1):

P′ di volume $\mathcal{V}'$ e dimensioni lunghe 1, b, c;
P″ di volume $\mathcal{V}''$ e dimensioni lunghe 1, 1, c.

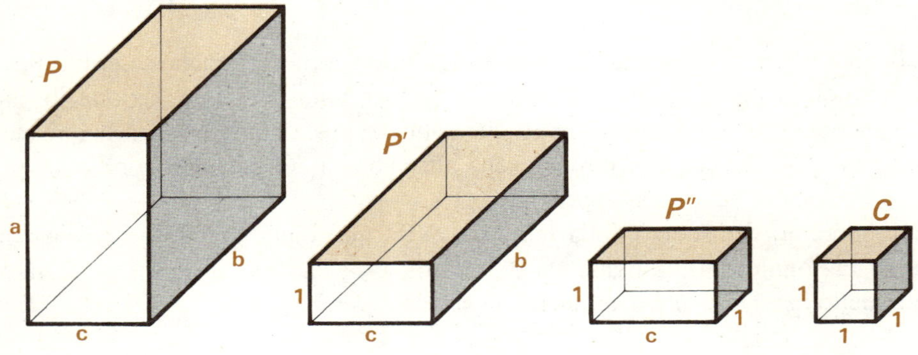

Fig. 1. - Volume di un parallelepipedo rettangolo.

Confrontiamo, ora, **P** con **P′**, **P′** con **P″** e **P″** con **C**, considerando di volta in volta come basi le facce che, avendo due dimensioni uguali, sono uguali. Da quanto detto al n. precedente si ricava:

$$\mathcal{V} : \mathcal{V}' = a : 1 ; \qquad \mathcal{V}' : \mathcal{V}'' = b : 1 ; \qquad \mathcal{V}'' : 1 = c : 1 .$$

Ne deduciamo ordinatamente che:

$$\mathcal{V} = a\mathcal{V}'; \qquad \mathcal{V}' = b\mathcal{V}''; \qquad \mathcal{V}'' = c.$$

Da queste ultime uguaglianze, si ottiene, infine:

$$\mathcal{V} = a\mathcal{V}' = a(b\mathcal{V}'') = abc.$$

6 Il teorema precedente si può anche enunciare dicendo che il *volume di un parallelepipedo rettangolo è uguale al prodotto dell'area* $\mathcal{B}$ *di una base per la lunghezza* h *della relativa altezza*: «volume = $\mathcal{B} \cdot h$».

Nel caso particolare in cui il parallelepipedo sia un *cubo* con lo spigolo di lunghezza l, si ha:

$$\mathcal{V} = l \cdot l \cdot l = l^3.$$

Il principio di Bonaventura Cavalieri.

7 Postulato. **Se due solidi possono essere disposti rispetto ad un piano in modo che ogni piano parallelo a questo li tagli secondo sezioni equivalenti, allora essi sono equivalenti** (1).

Ad esempio, siano dati i due solidi **S**, **S′** in fig. 2, e supponiamo che ogni piano β parallelo ad un fissato piano α li tagli secondo un triangolo ed un quadrilatero di uguale area. Ebbene: il postulato precedente afferma che tale condizione è sufficiente a garantire che i solidi sono equivalenti.

Cerchiamo di chiarire da un punto di vista intuitivo il principio di Cavalieri. Prendiamo due mazzi di carte da gioco uguali (fig. 3); ad uno di essi diamo la configurazione di un parallelepipedo rettangolo; all'altro una configurazione diversa, ad esempio di un parallelepipedo obliquo. Se ora li poggiamo su di uno stesso piano e poi li intersechiamo con un secondo piano parallelo al precedente, otteniamo due rettangoli uguali a due delle carte da gioco e, quindi, equivalenti. Il discorso resta valido anche se pensiamo di adoperare carte sempre più sottili in modo da far tendere all'infinito il loro numero senza variare le altezze dei due mazzi. In questo modo la situazione tende ad essere quella prevista dal principio di Cavalieri. D'altra parte, non v'è dubbio che i due solidi sono equivalenti: per convincersene basta pensare che essi hanno lo stesso peso.

(1) Il principio di Cavalieri, che per comodità abbiamo introdotto come *postulato*, può essere *dimostrato* con considerazioni che presuppongono la conoscenza dell'Analisi matematica.

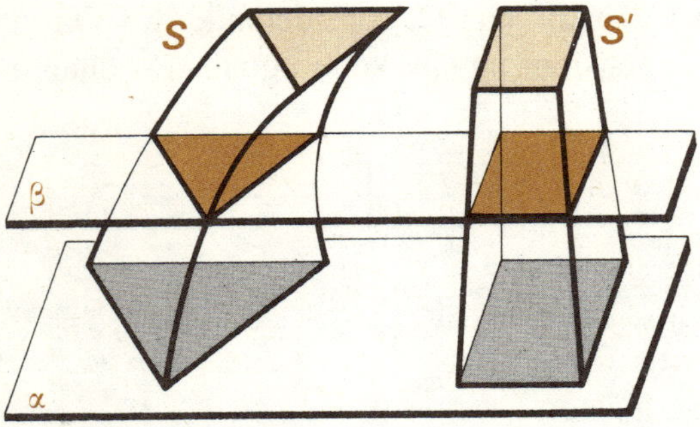

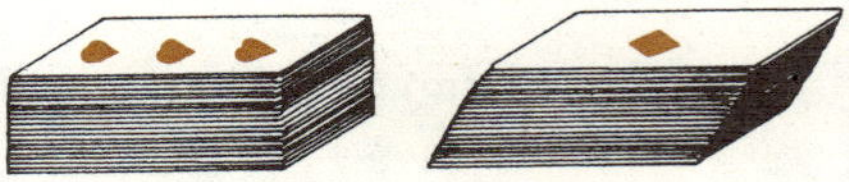

Figg. 2 e 3. - Solidi equivalenti e principio di Cavalieri.

8 Facciamo notare che il principio di Cavalieri esprime una condizione *sufficiente* per affermare che due solidi sono equivalenti. Tale condizione non è anche *necessaria*. Infatti esistono solidi equivalenti (ad esempio, un cubo ed una sfera) per i quali non è possibile trovare alcun fascio di piani paralleli che li taglino secondo sezioni di uguale area.

Equivalenza e volume dei prismi.

9 TEOREMA. *Prismi con basi equivalenti ed altezze uguali sono equivalenti.*

Dati due prismi di basi B, B' equivalenti e di uguali altezze, disponiamoli con le basi su di un piano α in modo che stiano da una stessa parte rispetto ad esso (fig. 4). Poiché i prismi hanno la stessa altezza, anche le altre due basi verranno a situarsi su di uno stesso piano β, parallelo ad α.

Un piano γ parallelo ad α e secante i due prismi li taglia secondo due poligoni sezione S, S' che sono rispettivamente uguali ai poligoni B, B' (si osservi che le basi dei due prismi compresi fra i piani α e γ sono a due a due uguali). Dall'equivalenza di B e B' segue allora l'equivalenza di S ed S'. Da questa, per il principio di Cavalieri, discende l'equivalenza dei due prismi.

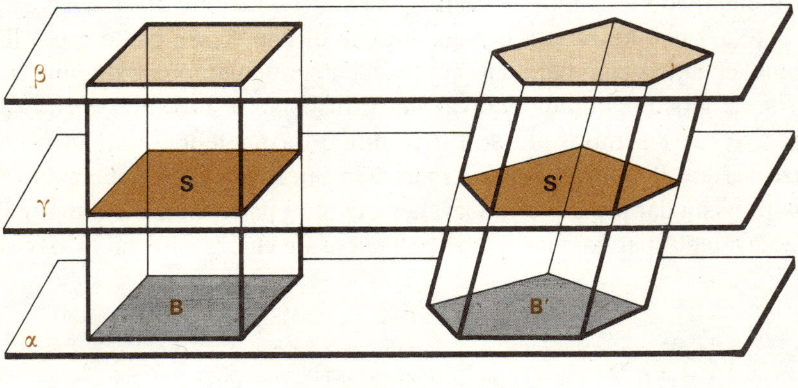

Fig. 4. - Prismi equivalenti.

10 Siano $\mathscr{V}$, $\mathscr{B}$ ed h rispettivamente il volume, l'area di base e la lunghezza dell'altezza di un prisma qualunque. Per il teorema precedente tale prisma è equivalente ad un parallelepipedo rettangolo di base equivalente ed uguale altezza. Poiché il volume del parallelepipedo è $\mathscr{B} \cdot h$ (n. 6), anche per il prisma si ha

$$\mathscr{V} = \mathscr{B} \cdot h.$$

Equivalenza e volume delle piramidi.

11 TEOREMA. *Piramidi con basi equivalenti ed altezze uguali sono equivalenti.*

Date due piramidi di basi equivalenti B, B' ed altezze uguali VH, $V'H'$, disponiamole da una stessa parte rispetto ad un piano α e con le basi su questo (fig. 5). Poiché le piramidi hanno la stessa altezza, i loro vertici V, V' appartengono ad un piano β (non disegnato in fig. 5) parallelo ad α.

Un piano γ parallelo ad α e secante le due piramidi le interseca secondo due poligoni sezione S, S' e taglia i segmenti VH, VH' rispettivamente nei punti K, K'.

Sappiamo (n. 3, cap. XXI) che in ogni piramide una sezione parallela alla base sta a questa come il quadrato costruito sulla sua distanza dal vertice sta al quadrato costruito sull'altezza della piramide stessa. Per cui abbiamo:

$$S : B = (VK)^2 : (VH)^2 \, ; \qquad S' : B' = (V'K')^2 : (V'H')^2 \, .$$

Poiché i secondi membri di queste due proporzioni sono uguali (in quanto $VK = V'K'$ e $VH = V'H'$), sono uguali anche i primi membri:

$$S : B = S' : B'.$$

Permutando i medi (le quattro grandezze sono omogenee) otteniamo

$$S : S' = B : B'.$$

Poiché B e B' sono equivalenti, il secondo rapporto è uguale ad 1. È quindi uguale ad 1 anche il primo rapporto; il che ci dice che S ed S' sono equivalenti; e dunque, per il principio di Cavalieri, che sono equivalenti pure le due piramidi.

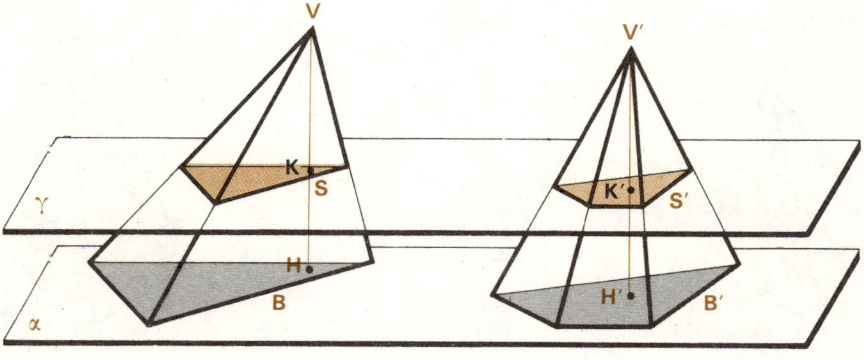

Fig. 5. - Piramidi equivalenti.

12 TEOREMA. *Ogni piramide è equivalente alla terza parte di un prisma di ugual base ed uguale altezza.*

Cominciamo a considerare il caso di una piramide triangolare $ABCV$ (fig. 6). Per i vertici B e C della base tracciamo le parallele allo spigolo AV, che intersecano rispettivamente in B' e C' il piano condotto per il vertice V parallelamente alla base ABC. Si individua così il prisma triangolare $ABCVB'C'$ che ha la stessa base e la stessa altezza della piramide. Si osservi, in particolare, che tale prisma è la somma della piramide data $ABCV$ e della piramide quadrangolare di vertice V e la cui base è il parallelogramma $BB'C'C$ (figg. 6 e 7).

Quest'ultima piramide è divisa dal piano $BC'V$ (fig. 7) nelle due piramidi triangolari $BC'CV$, $BB'C'V$ di medesimo vertice V (e, quindi, di uguale altezza) ed aventi per basi i due triangoli uguali CBC', $BB'C'$ nei quali la diagonale BC' divide il parallelogramma $BB'C'C$. Tali piramidi sono equivalenti in virtù del teorema precedente.

D'altra parte la piramide $BB'C'V$ può anche essere pensata di base $VB'C'$ e vertice B: essa, allora, ha base e altezza rispettivamente uguali alla base ABC e all'altezza della piramide data $ABCV$ (le basi sono uguali come basi opposte del prisma e le altezze sono uguali come distanze dei piani paralleli ABC, $VB'C'$). Sempre dal teorema precedente segue che anche queste due piramidi sono equivalenti.

Poiché il prisma è la somma di tre piramidi equivalenti, ciascuna di esse – e quindi anche la data – è equivalente ad un terzo del prisma.

Passiamo, ora, a considerare una piramide a base qualunque; ad esempio pentagonale come nel caso della piramide $ABCDEV$ rappresentata in fig. 8. Operando in modo analogo a quello descritto precedentemente, conduciamo per i vertici B, C, D, E le parallele allo spigolo AV e tagliamole con il piano per V parallelo alla base $ABCDE$: si individua un prisma pentagonale che ha la stessa base e la stessa altezza della piramide data. I piani passanti per V e per le diagonali AC, AD della base dividono la piramide data in tre piramidi triangolari $ABCV$, $ACDV$, $ADEV$ ed il prisma in tre prismi di basi ABC, ACD, ADE.

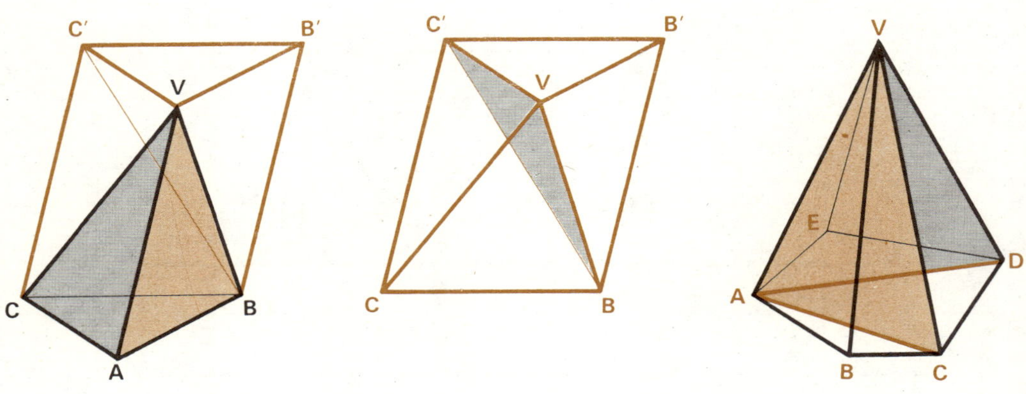

Figg. 6, 7 e 8. - Confronto fra una piramide e un prisma di uguali base ed altezza.

Per la prima parte del teorema, ognuna di tali piramidi triangolari è equivalente ad un terzo del corrispondente prisma triangolare. Pertanto, la somma delle tre piramidi triangolari (cioè la piramide pentagonale) è equivalente ad un terzo della somma dei tre prismi triangolari (cioè al prisma pentagonale).

13 Dalla formula stabilita al n. 10 e dal teorema precedente si ricava che, detti $\mathcal{V}$, $\mathcal{B}$, h rispettivamente il volume, l'area di base e la misura dell'altezza di una piramide, si ha

$$\mathcal{V} = \frac{1}{3}\mathcal{B} \cdot h.$$

Volumi del cilindro e del cono.

14 TEOREMA. *Un prisma ed un cilindro con basi equivalenti ed altezze uguali sono equivalenti.*

La dimostrazione, che lasciamo ai lettori, è del tutto analoga a quella del teorema n. 9. Si faccia questa volta riferimento alla fig. 9 nella quale, rispetto alla fig. 4, il secondo prisma è sostituito da un cilindro.

15 Siano $\mathcal{V}$, r, h rispettivamente il volume e le lunghezze del raggio e dell'altezza di un cilindro. Per il teorema precedente il volume del cilindro è uguale a quello di un prisma la cui area di base $\mathcal{B}$ è uguale all'area πr^2 della base del cilindro e che ha la stessa altezza. Ne deduciamo (n. 10) che

$$\mathcal{V} = \pi r^2 h.$$

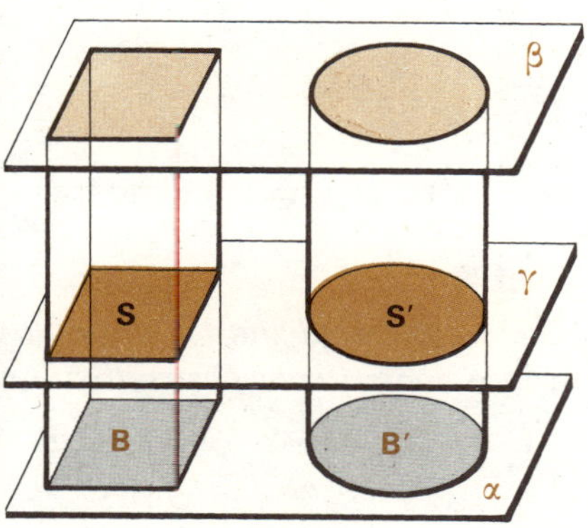

Fig. 9. - Prisma e cilindro equivalenti.

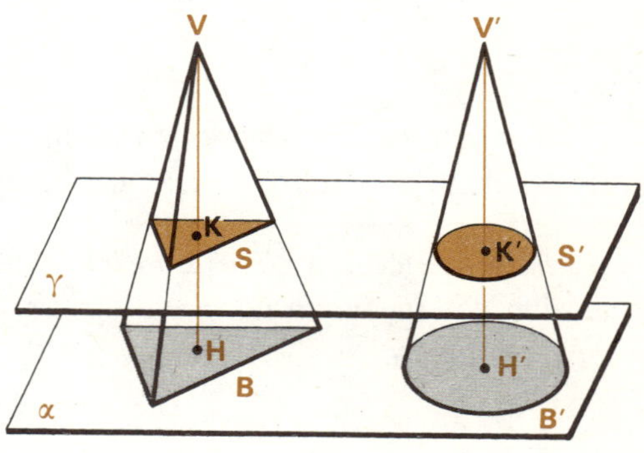

Fig. 10. - Piramide e cono equivalenti.

16 TEOREMA. *Una piramide ed un cono con basi equivalenti ed altezze uguali sono equivalenti.*

La dimostrazione, che lasciamo ai lettori, è del tutto analoga a quella del teorema

n. 11. Si faccia questa volta riferimento alla fig. 10 nella quale, rispetto alla fig. 5, la seconda piramide è sostituita da un cono. Si tenga presente che la proporzione

$$S' : B' = (V'K')^2 : (V'H')^2$$

sussiste, nel caso in esame, per la proprietà enunciata a conclusione del n. 10 del cap. XXII.

17 Siano $\mathscr{V}$, r, h rispettivamente il volume e le lunghezze del raggio e dell'altezza di un cono. Per il teorema precedente il volume del cono è uguale a quello di una piramide la cui area di base $\mathscr{B}$ è uguale all'area πr^2 della base del cono e che ha la stessa altezza. Dalla formula del n. 13 si deduce allora che

$$\mathscr{V} = \frac{1}{3} \pi r^2 h.$$

18 Applichiamo le formule trovate ai nn. 13 e 17 al caso in cui si taglia una piramide [un cono] con un piano parallelo alla base, staccandone una piramide minore [un cono minore] di volume $\mathscr{V}'$, area di base $\mathscr{B}'$ ed altezza di misura h'. Da

$$\mathscr{V} = \mathscr{B}h/3 \qquad \text{e} \qquad \mathscr{V}' = \mathscr{B}'h'/3,$$

dividendo membro a membro, otteniamo

$$\frac{\mathscr{V}}{\mathscr{V}'} = \frac{\mathscr{B}h/3}{\mathscr{B}'h'/3} = \frac{\mathscr{B}}{\mathscr{B}'} \cdot \frac{h}{h'}.$$

D'altra parte, sappiamo che $\mathscr{B}/\mathscr{B}' = h^2/(h')^2$ (n. 3, cap. XXI e n. 10, cap. XXII). Per cui, sostituendo, abbiamo

$$\frac{\mathscr{V}}{\mathscr{V}'} = \frac{h^2}{(h')^2} \cdot \frac{h}{h'} = \frac{h^3}{(h')^3}.$$

Passando dalla proporzione fra misure $\mathscr{V} : \mathscr{V}' = h^3 : (h')^3$ alla proporzione fra le corrispondenti grandezze possiamo affermare che

una piramide [un cono] e la piramide [il cono] che si ottiene mediante un taglio effettuato con un piano parallelo alla base stanno fra loro come i cubi costruiti sulle rispettive altezze.

Volumi del tronco di piramide e del tronco di cono.

19 Sia dato (fig. 11) un tronco di piramide [di cono]; siano B e b le aree della base maggiore e della base minore ed h la lunghezza dell'altezza del tronco. Indichiamo con x la misura della distanza della base minore dal vertice V della piramide [del cono] da cui è stato ottenuto il tronco.

Il volume $\mathscr{V}$ del tronco è dato, evidentemente, dalla differenza dei volumi delle due piramidi [dei due coni] aventi per basi le basi del tronco e il vertice in V. Si ha, dunque:

$$\mathscr{V} = \frac{1}{3} B(h+x) - \frac{1}{3} bx = \frac{1}{3}[Bh + (B-b)x]. \tag{1}$$

D'altra parte si ha (n. 3, cap. XXI e n. 10, cap. XXII)

$$\frac{b}{B} = \frac{x^2}{(x+h)^2};$$

e quindi, estratte le radici quadrate aritmetiche di ambo i membri,

$$\frac{\sqrt{b}}{\sqrt{B}} = \frac{x}{x+h}.$$

Risolvendo rispetto ad x otteniamo:

$$x = \frac{h\sqrt{b}}{\sqrt{B}-\sqrt{b}} = \frac{h\sqrt{b}\left(\sqrt{B}+\sqrt{b}\right)}{B-b}.$$

Sostituendo questo valore della x nella (1), otteniamo:

$$\mathscr{V} = \frac{1}{3}\left[Bh + (B-b)\frac{h\sqrt{b}\left(\sqrt{B}+\sqrt{b}\right)}{B-b}\right] = \frac{1}{3}\left(Bh + bh + h\sqrt{Bb}\right);$$

$$\mathscr{V} = \frac{h}{3}\left(B + b + \sqrt{Bb}\right). \tag{2}$$

La formula trovata ci consente di affermare che *il volume di un tronco di piramide* [*di cono*] *è uguale alla somma dei volumi di tre piramidi* [*di tre coni*] *che hanno la*

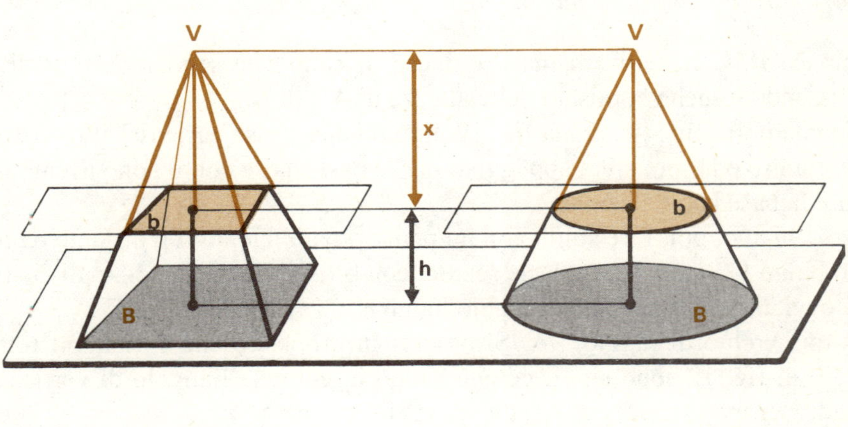

Fig. 11. - Volumi di un tronco di piramide e di un tronco di cono.

stessa altezza del tronco e le cui basi hanno aree uguali a quelle della base maggiore, della base minore e alla media geometrica di queste.

Nel caso del *tronco di cono*, se indichiamo con R ed r le lunghezze del raggio della base maggiore e del raggio della base minore, ricaviamo dalla (2):

$$\mathcal{V} = \frac{h}{3}\left(\pi R^2 + \pi r^2 + \sqrt{\pi R^2 \cdot \pi r^2}\right) = \frac{\pi h}{3}(R^2 + r^2 + Rr).$$

Volume della sfera.

20 Il principio di Cavalieri può essere così generalizzato.

Siano **A**, **B**, **C** *tre solidi che possono essere disposti rispetto ad un piano* α (fig. 12) *in modo che ogni piano* β, *parallelo ad* α, *li tagli rispettivamente secondo le sezioni* S_A, S_B, S_C, *tali che* S_A *sia equivalente alla somma di* S_B *con* S_C. *Ove ciò accada, il solido* **A** *è equivalente alla somma* **B + C** *degli altri due*. La cosa è del tutto intuitiva; comunque la si può giustificare pensando la somma **B + C** come un *unico* solido composto delle due parti **B** e **C** prive di punti comuni.

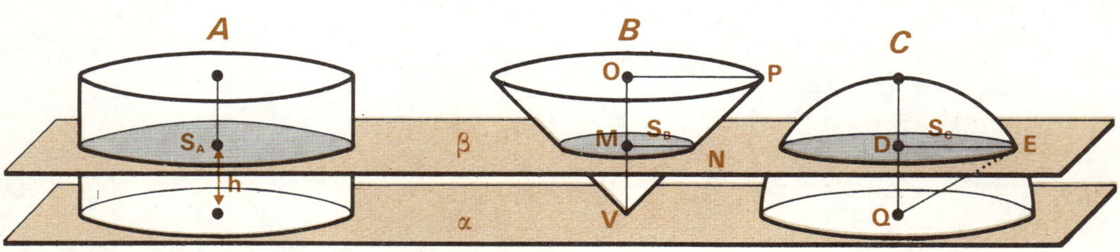

Fig. 12. - Volume della semisfera.

21 TEOREMA. *Se un cilindro ed un cono hanno raggi e altezze uguali al raggio di una semisfera, allora il cilindro è equivalente alla somma del cono e della semisfera.*

Siano **A**, **B**, **C** rispettivamente il cilindro, il cono e la semisfera, tutti di raggio lungo r, essendo r anche la misura delle altezze di **A** e di **B**.

Disponiamoli come mostra la fig. 12, tutti da una stessa parte rispetto ad un piano α, con il cilindro e la semisfera appoggiati per le basi su α e con il cono avente il vertice V su α e la base parallela ad α.

Intersechiamo, poi, i tre solidi con un piano β parallelo ad α e distante da α di un segmento lungo h. Siano S_A, S_B, S_C le sezioni con β rispettivamente di **A**, di **B**, di **C**.

S_A è ovviamente un cerchio di raggio lungo r.

S_B è un cerchio di raggio MN. Si osservi in proposito che i triangoli rettangoli OPV, MNV in fig. 12 sono simili perché hanno in comune l'angolo di vertice V; per cui, essendo per ipotesi $OP = OV$, si ha pure $\overline{MN} = \overline{MV} = h$.

S_C è un cerchio di raggio DE, essendo $\overline{DE} = \sqrt{r^2 - h^2}$, come si ricava applicando il teorema di Pitagora al triangolo QDE, rettangolo in D (dove Q è il centro della semisfera e QD è il segmento di perpendicolare condotto da Q al piano β).

Le aree delle tre sezioni sono dunque:

$$\text{area } S_A = \pi r^2; \quad \text{area } S_B = \pi h^2; \quad \text{area } S_C = \pi\left(\sqrt{r^2 - h^2}\right)^2 = \pi\,(r^2 - h^2).$$

Ne viene che

$$\text{area}\left(S_B + S_C\right) = \pi h^2 + \pi(r^2 - h^2) = \pi r^2 = \text{area } S_A.$$

Da quanto detto al n. precedente si deduce che la somma del cono **B** e della semisfera **C** è equivalente al cilindro **A**.

22 Con riferimento ai solidi di cui al teorema precedente e tenute presenti le formule relative ai volumi del cilindro e del cono, abbiamo:

$$\textit{Volume semisfera} = \textit{Volume cilindro} - \textit{Volume cono} =$$
$$= \pi r^2 \cdot r - \frac{1}{3}\pi r^2 \cdot r = \pi r^3 - \frac{1}{3}\pi r^3 = \frac{2}{3}\pi r^3.$$

Per cui, detti $\mathcal{V}$ ed r il volume della sfera e la misura del suo raggio, si ha

$$\mathcal{V} = \frac{4}{3}\pi r^3.$$

Volumi dei segmenti, degli spicchi e dei settori sferici.

23 Il procedimento di cui ci siamo serviti per determinare il volume della sfera può essere usato per determinare anche i volumi del *segmento sferico ad una base* e del *segmento sferico a due basi*. Nel primo caso basta considerare, dei tre solidi in fig. 12, le porzioni situate nel semispazio di origine β e non contenente α: se ne deduce che il segmento sferico ad una base è equivalente alla differenza tra un cilindro ed un tronco di cono di altezze uguali a quella del segmento. Nel secondo caso, occorre considerare le porzioni dei tre solidi comprese fra β ed un altro piano secante γ, parallelo a β (che, come caso particolare, può coincidere con α): si ricava che il segmento sferico a due basi è ancora equivalente alla differenza fra un cilindro ed un tronco di cono di altezze uguali a quella del segmento.

Indicati con $\mathcal{V}$, a, r_1, r_2 il volume, le misure dell'altezza e dei raggi dei due cerchi base di un segmento sferico a due basi, con calcoli alquanto laboriosi si ricava che

$$\mathcal{V} = \frac{\pi a}{2}(r_1^2 + r_2^2) + \frac{4}{3}\pi\left(\frac{a}{2}\right)^3.$$

Ponendo $r_2 = 0$ si ottiene il volume $\mathcal{V}$ del segmento sferico ad una base:

$$\mathcal{V} = \pi\frac{a}{2}r_1^2 + \frac{4}{3}\pi\left(\frac{a}{2}\right)^3.$$

24 Il volume $\mathscr{V}$ di uno *spicchio sferico* di angolo α, ottenuto da una sfera di raggio lungo *r*, si ricava (tenuto conto di quanto detto al n. 23 del cap. XXII) mediante la proporzione

$$\mathscr{V} : \textit{vol. sfera} = \alpha^\circ : 360^\circ; \qquad \text{da cui} \qquad \mathscr{V} = \pi \frac{r^3\alpha}{270}.$$

25 Quanto al *settore sferico* (n. 24, cap. XXII) ricavato da una sfera di raggio lungo *r*, si dimostra che esso *è equivalente ad un cono la cui altezza misura* r *e la cui base è equivalente alla zona* (*o alla calotta*) *che limita il settore*. Ricordando che l'area della zona (o della calotta) di altezza lunga *h* è $2\pi rh$, se ne deduce che

$$\mathscr{V}\,(\text{settore}) = \frac{1}{3}(2\pi r h)\, r = \frac{2}{3}\pi r^2 h.$$

Capitolo XXIV

RIFLESSIONI E COMPLEMENTI SULLA GEOMETRIA DEL PIANO E DELLO SPAZIO.

NOTA PER L'INSEGNANTE. *Le proposte per i nuovi programmi di matematica (Programmi Brocca e PNI) suggeriscono di rivedere e sistemare, verso la fine del triennio, quanto studiato negli anni precedenti, per mettere in luce la struttura logica della geometria e per dare un cenno ad impostazioni più generali. In questo capitolo finale sono esaminati vari aspetti del discorso geometrico, con il proposito, fra l'altro, di rendere gli studenti più consapevoli dei metodi e dei procedimenti a loro già familiari. Naturalmente, spetta all'Insegnante stabilire come e quando presentare i concetti che seguono, concetti indubbiamente difficili ma di notevole valore culturale.*

Il capitolo consiste di due parti. Nella prima parte si inquadra la trattazione della geometria secondo il «programma di Klein» (proprietà invarianti *per trasformazioni). Si coglie l'occasione per ampliare allo spazio le nozioni viste per la geometria piana nel cap. VIII e per accennare alle similitudini nello spazio.*

La seconda parte inizia con una breve storia della nascita delle «geometrie non euclidee»; *si riprende poi quanto detto nei primi capitoli del primo volume a proposito dei concetti primitivi e dei postulati, fino ad arrivare ad una introduzione dei* «sistemi assiomatici» *e delle loro proprietà.*

Parte I

Trasformazioni geometriche e proprietà invarianti.

Un'introduzione al programma di Klein.

1 L'insegnante disegna sulla lavagna una figura geometrica, mettendone in risalto determinate proprietà. Uno studente ricopia attentamente la figura sul proprio quaderno. Possiamo dire che le due figure sono *uguali*?

La risposta non è così scontata come si potrebbe credere. Se da un lato sembra che non si possa parlare di uguaglianza perché la figura sulla lavagna è più grande di quella copiata sul quaderno, dall'altro lato si deve ammettere che un bravo studente è in grado di ritrovare nella propria figura tutte le proprietà spiegate dall'insegnante alla lavagna: se un segmento *AB* è doppio di un segmento *CD* in una delle due figure, lo è anche nell'altra; così come a due rette perpendicolari sulla lavagna corrispondono due rette perpendicolari sul quaderno (e viceversa). Per cui le due figure possono dirsi *uguali* ove questo aggettivo venga inteso nel senso di disegni che si equivalgono ai fini del consueto studio della geometria.

Abbiamo parlato di studio *consueto* perché il discorso non sarebbe valido nel caso (poco probabile) in cui dovessero restare immutate le misure dei vari segmenti, cioè se un segmento lungo 65 cm sulla lavagna dovesse essere lungo 65 cm anche sul quaderno.

Dunque, in *certi contesti* (ma non in tutti) due figure possono essere considerate uguali anche se non lo sono, purché entrambe godano di *determinate* proprietà.

2 Una situazione in certo senso opposta a quella sopra esaminata è la seguente. Se mostriamo a persone non esperte di geometria il quadrilatero in fig. 1, può capitare che qualcuno, abituato a pensare i quadrati con due lati orizzontali e due verticali, come in fig. 2, dica che è un «rombo». Del resto, il segnale stradale che indica il diritto di precedenza ha le caratteristiche di cui alla fig. 1, ma spesso viene indicato come «segnale a losanga».

Fig. 1. - Quadrato in posizione insolita.

Fig. 2. - Quadrato in posizione usuale.

Vi sono, dunque, dei casi nei quali il diverso orientamento nel piano di due figure uguali può creare una istintiva difficoltà a riconoscerle come tali. Vedremo al n. 13 come ciò possa avere un riscontro matematico.

3 Chiamiamo **A** l'ambiente nel quale operiamo, cioè l'insieme dei punti del piano, o l'insieme dei punti dello spazio (o, eventualmente, un altro insieme).

DEFINIZIONE. *Una* **trasformazione geometrica** (*o, semplicemente, una* **trasformazione**) *nell'ambiente* **A** *è una corrispondenza biunivoca fra* **A** *e se stesso.*

In altre parole, una trasformazione geometrica è una *funzione* che ad ogni punto *P* di **A** associa uno e un sol punto *P′* di **A** (detto *corrispondente* o *immagine* di *P*), in modo che ogni punto sia l'immagine di uno e un sol punto. Pertanto, ogni trasformazione **T** ammette una *trasformazione inversa* $\mathbf{T}^{-1}$: se **T** associa ad un punto P il punto P', allora l'immagine di P' in $\mathbf{T}^{-1}$ è il punto P.

Ad esempio, sono trasformazioni geometriche nel piano le traslazioni, le rotazioni, le simmetrie assiali e centrali e, più in generale, tutte le *isometrie* (cap. VIII). Un'altra trasformazione nel piano si ottiene, fissata un'origine O, facendo corrispondere ad ogni punto P il punto medio P' del segmento OP: si tratta di una *omotetia* (cap. XIV, n. 35) che associa, ad esempio, al punto di coordinate (4; 3) il punto di coordinate (2; 3/2); più in generale, tutte le *similitudini* sono trasformazioni.

Le *simmetrie* viste nel cap. XX (n. 7 e seguenti) sono esempi di trasformazioni geometriche nello spazio.

Precisiamo che, di una trasformazione, interessano solo le posizioni iniziale e finale (e non le posizioni intermedie, qualora la trasformazione si possa realizzare concretamente con un movimento).

Ricordiamo, infine, che un punto o una retta che abbiano per immagine se stessi in una trasformazione si dicono **uniti** in quella trasformazione.

In certi casi si considerano anche trasformazioni da un ambiente ad un altro. Ad esempio, dati due piani paralleli π e π' ed un punto O esterno ad entrambi, si può considerare la trasformazione che ad ogni punto P di π associa il punto P' di π' che è allineato con O e con P.

4 In ogni trasformazione, una *figura* **F′** è la *corrispondente*, o l'*immagine*, di una *figura* **F** se è costituita da tutti e soli i punti immagine dei punti di **F**. (Per evitare equivoci, ribadiamo che una trasformazione non opera solo su una particolare figura, ma su ogni punto di **A**).

Una trasformazione può «conservare», o no, determinate proprietà delle figure, come la perpendicolarità fra rette corrispondenti (nel senso che, se due rette r ed s sono perpendicolari, allora anche le loro immagini r' ed s' sono perpendicolari), o l'uguaglianza dei segmenti (nel senso che a segmenti uguali corrispondono segmenti a loro volta uguali), o la lunghezza dei segmenti (nel senso che se $AB = 5$ cm, allora è pure $A'B' = 5$ cm), o le aree delle superfici, o l'allineamento di tre punti, ecc.

DEFINIZIONE. *Una proprietà è detta* **invariante** *per una trasformazione* **T** *se* **T** *conserva tale proprietà, cioè se, ogni volta che una figura* **F** *gode della proprietà in questione, allora anche la figura* **F′** *immagine di* **F** *gode della stessa proprietà.*

Ad esempio, la perpendicolarità fra rette è una proprietà invariante per similitudini, mentre l'area di una superficie non è conservata dalle similitudini.

Può accadere che, in un certo contesto, ci si debba interessare solo di determinate proprietà delle figure, trascurando le altre proprietà. Ad esempio, le carte geografiche per l'artiglieria (che riproducono zone della Terra abbastanza ampie da non poter trascurare la sua sfericità) sono costruite in modo da conservare gli angoli, anche se questo comporta una deformazione delle linee: si favorisce così il "puntamento", che avviene orientando il cannone su un bersaglio visibile e poi facendolo ruotare dell'angolo suggerito dalla carta per disporlo nella direzione dell'"obiettivo" (supposto non visibile). Pertanto, nell'ambito di un particolare studio, due figure corrispondenti **F** ed **F**′ possono essere considerate «uguali» anche se non lo sono, purché siano conservate certe proprietà. Naturalmente, lo ribadiamo, questo concetto di uguaglianza vale solo nel contesto specifico che ci proponiamo di studiare.

5 La situazione che abbiamo descritto viene chiarita e precisata dal matematico tedesco **Felix Klein** (1849-1925) nel 1872. Il giovanissimo Klein venne incaricato di tenere la prolusione ufficiale all'Università di Erlangen, cioè la lezione introduttiva con la quale usualmente viene inaugurato l'anno accademico. Le idee esposte in quella occasione vennero successivamente chiamate «programma di Klein» o «programma di Erlangen».

Klein pose in risalto che lo studio dei vari settori della geometria dipende non solo dall'*ambiente* **A** considerato, ma anche da un insieme **G** di *trasformazioni*, effettuate in **A**, rispetto alle quali sono *invarianti* determinate proprietà.

Facciamo un esempio per chiarire il concetto. La più semplice proprietà nel piano euclideo è la lunghezza dei segmenti. Le trasformazioni per le quali tale proprietà è invariante sono le isometrie (o movimenti rigidi). Ebbene: quella parte della geometria che studia le figure piane sulla base di confronti effettuabili mediante movimenti rigidi (e che è detta *metrica* perché in essa si introducono le misure di segmenti, superfici, ecc.) è una parte a sé, ben distinta, ad esempio, da quella in cui si studiano le figure piane sulla base di trasformazioni come le omotetie e le similitudini e nella quale sono invarianti le ampiezze degli angoli ma non le lunghezze dei segmenti.

Dipendentemente dalla scelta di **A** e di **G** abbiamo così varie geometrie.

Naturalmente, parlando di varie geometrie non si intende far riferimento alle geometrie non euclidee (di cui parleremo nella seconda parte di questo capitolo), dato che esse si riferiscono ad ambienti completamente diversi rispetto a quello previsto da Euclide. Ci si occupa, invece, proprio della possibilità di avere più geometrie nel medesimo ambiente.

Fissati **A** e **G**, due figure **F** ed **F′** si dicono «equivalenti rispetto a **G**» od «uguali a meno di **G**» se esiste una trasformazione appartenente a **G** che manda **F** in **F′**.

6 DEFINIZIONE. *Date due trasformazioni geometriche* **T** *ed* **U**, *si dice loro* **composizione** (*e si indica con il simbolo* **T** ∘ **U**) *la corrispondenza che ad ogni punto* P *del piano associa il punto* P″ *ottenuto determinando prima l'immagine* P′ *di* P *nella* **T** *e poi l'immagine* P″ *di* P′ *nella* **U**.

Come abbiamo notato a proposito delle isometrie, la composizione non è, in generale, commutativa: salvo casi particolari, applicando prima la **T** e poi la **U** si ottiene un risultato diverso da quello a cui si giunge applicando prima la **U** e poi la **T**.

Siamo ora in grado di precisare che l'insieme **G** di cui si parla nel programma di Klein deve essere un *gruppo* di trasformazioni rispetto all'operazione di *composizione*. Si richiede cioè: che la *trasformazione identica* (cioè la trasformazione che associa ad ogni punto il punto stesso) sia un elemento di **G**; che la corrispondenza inversa di un elemento di **G** appartenga a sua volta a **G**; che, componendo due trasformazioni di **G**, si ottenga ancora una trasformazione di **G**.

Dal fatto che **G** è un gruppo segue che la relazione «**F** ed **F′** sono equivalenti rispetto a **G**» è una *relazione di equivalenza*, cioè che gode delle proprietà riflessiva, simmetrica e transitiva.

Geometria metrica e geometria simile.

7 Analizziamo, ora, alcune delle diverse geometrie assumendo come ambiente **A** (salvo avvertenza in contrario) il piano euclideo; quasi tutte le osservazioni seguenti si possono comunque facilmente estendere allo spazio.

Come abbiamo già detto, se scegliamo come insieme **G** il gruppo delle *isometrie*, allora la relazione «**F** ed **F′** sono equivalenti rispetto a **G**» è l'uguaglianza (o congruenza) nel senso usuale del termine: due figure sono «uguali» se esiste un movimento rigido che le porta a coincidere. In questa geometria che, lo ripetiamo, è detta **geometria metrica** vengono prese in considerazione tutte le proprietà invarianti per isometrie (che sono le ordinarie proprietà geometriche, ivi comprese l'aver un segmento una data lunghezza e l'aver un angolo una assegnata ampiezza).

Se, invece, consideriamo come insieme **G** il gruppo delle *similitudini*, cioè delle trasformazioni nelle quali è costante il rapporto fra un segmento ed il suo corrispondente, otteniamo la **geometria simile**. In tale geometria si conservano gli angoli e quindi si conservano la perpendicolarità ed il parallelismo tra coppie di rette corrispondenti; si può anche parlare di uguaglianza di segmenti (nel senso che a due segmenti il cui rapporto è 1 vengono associati due segmenti ancora nel rapporto 1), ma non si può introdurre il concetto di lunghezza di un segmento.

Le affinità e la geometria affine.

8 Introduciamo, ora, un ulteriore e più ampio esempio di trasformazioni.

DEFINIZIONE. *Una* **affinità** *è una trasformazione del piano in sé nella quale l'immagine di una retta è ancora una retta* (1). In altre parole, una affinità associa a tre punti allineati A, B, C altri tre punti A', B', C' a loro volta allineati.

La geometria che si ottiene considerando come insieme **G** il gruppo delle affinità è detta **geometria affine**.

Da quanto abbiamo studiato segue immediatamente che tutte le isometrie e le similitudini (comprese le omotetie) sono particolari affinità.

---

(1) Questa definizione è corretta solo se ci si limita al piano euclideo. Va cambiata qualora si operi anche con i «punti impropri» o «punti all'infinito».

Un altro esempio di affinità si può dare ricorrendo alla geometria analitica. Basta far corrispondere ad ogni punto P di coordinate $(x; y)$ il punto P' di coordinate $(x; 2y)$. In fig. 3 sono rappresentate due rette a, b e le loro immagini a', b': si noti che gli angoli $\widehat{ab}$ sono diversi dagli angoli $\widehat{a'b'}$. Di conseguenza la perpendicolarità non si conserva nella geometria affine.

9 TEOREMA. *Il parallelismo fra rette è una proprietà invariante per affinità.*

Siano r, s due rette parallele (che possiamo senz'altro supporre distinte) e siano r', s' le due rette corrispondenti in una affinità; vogliamo dimostrare che anche r', s' sono parallele. Infatti, se per assurdo tali rette si incontrassero in un punto P', allora il punto P che ha per immagine P' dovrebbe appartenere all'insieme $r \cap s$ che, invece, è vuoto per ipotesi.

10 TEOREMA. *Ogni affinità conserva il punto medio di un segmento. Più in generale, dati quattro punti allineati* A, B, C, D, *ogni affinità conserva il rapporto* AB/CD.

Per brevità, dimostriamo solo la prima parte dell'enunciato.

Sia AB un segmento e sia M il suo punto medio; siano, poi, A', B' ed M' le immagini dei punti A, B ed M in una affinità: vogliamo dimostrare che M' è il punto medio del segmento AB.

Costruiamo (fig. 4) un parallelogramma $ACBD$, in modo che il segmento AB ne sia una diagonale; si noti che M, essendo il punto medio di AB, è allineato sia con A e B, sia con C e D. Per quanto visto nel teorema precedente, l'immagine di $ACBD$ è un quadrilatero $A'C'B'D'$ con i lati opposti paralleli e, dunque, è a sua volta un parallelogramma, sia pure di forma diversa dal parallelogramma iniziale (fig. 5). Per definizione di affinità, il punto M' deve essere allineato sia con A' e B', sia con C' e D'. In conclusione, M' è il punto di incontro delle diagonali di $A'C'B'D'$ e, in particolare, è il punto medio di $A'B'$.

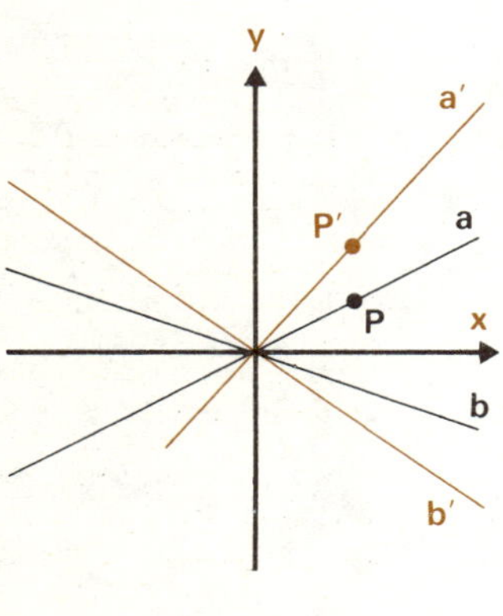

Fig. 3. - Affinità nel piano cartesiano.

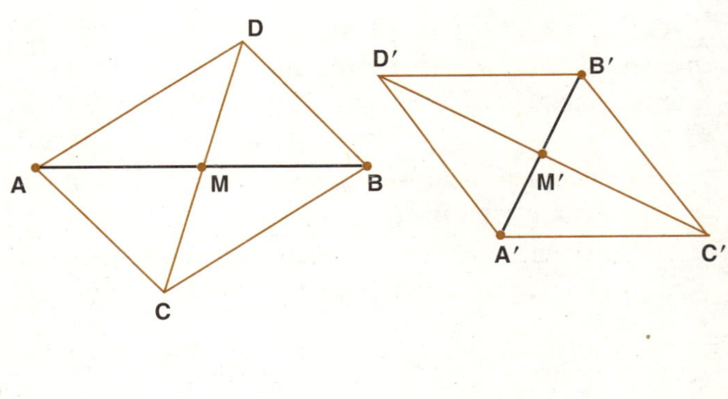

Figg. 4-5. - Una affinità conserva il punto medio.

11 Un esempio più concreto di affinità (fra piani diversi) si ottiene considerando le ombre su di un piano degli oggetti frapposti ai raggi solari e situati su un altro piano (fig. 6). È chiaro che si tratta di un'affinità perché l'immagine di una retta è ancora una retta. La fig. 6 evidenzia come si conservi il parallelismo, ma non la perpendicolarità, e fa capire che il rapporto di due segmenti giacenti su di una stessa retta è un invariante (ad esempio $AC/BC = A'C'/B'C'$), mentre non si conserva il rapporto di due segmenti appartenenti a rette diverse ($BC/CD = 1$ e $B'C'/C'D' \neq 1$).

Aggiungiamo che la luce solare non può essere sostituita con quella di una sorgente puntiforme S (fig. 7) perché i raggi luminosi non sono più paralleli, per cui i punti dei due piani non sono più in corrispondenza biunivoca: al punto B di π corrisponde il punto B' di π', ma ad $A \in \pi$ non corrisponde alcun punto di π'.

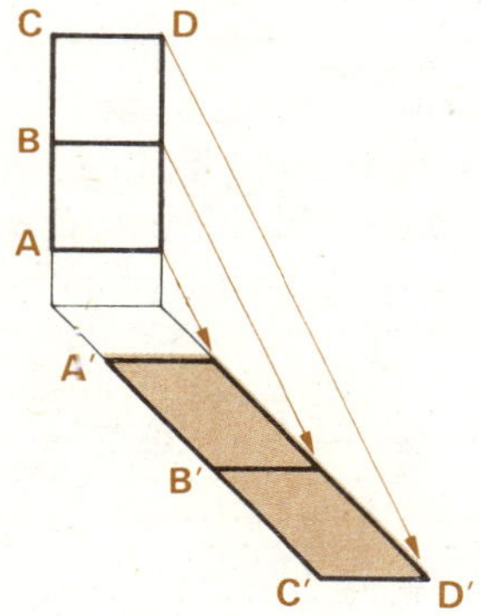

Fig. 6. - Affinità realizzata mediante le ombre.

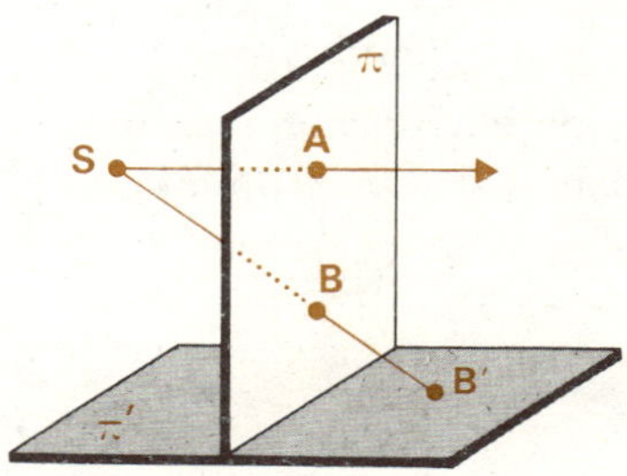

Fig. 7. - Corrispondenza non biunivoca.

12 Enunciamo altre proprietà delle affinità, rimandando agli esercizi per alcune delle relative dimostrazioni.

TEOREMI. 1) *Se in una affinità due punti* A *e* B *sono uniti, allora tutti i punti della retta* AB *sono uniti.*

2) *Se una affinità ha tre punti uniti non allineati, allora è la trasformazione identica (cioè tutti i punti del piano sono uniti).*

3) *Dati due triangoli* **T** *e* **T′**, *esiste una e una sola affinità in cui* **T′** *è l'immagine di* **T**.

4) *Dati due parallelogrammi* **P** *e* **P′**, *esiste una e una sola affinità in cui* **P′** *è l'immagine di* **P**.

5) *Ogni affinità conserva il rapporto* **S**/**R**, *dove* **S** *ed* **R** *sono due superfici.* In altre parole, passando alle misure e dette **S′** ed **R′** le superfici corrispondenti ad **S** e ad **R**, vale l'uguaglianza

$$\frac{\text{area }\mathbf{S}}{\text{area }\mathbf{R}} = \frac{\text{area }\mathbf{S'}}{\text{area }\mathbf{R'}}.$$

Altre trasformazioni e classificazione delle proprietà.

13 Le tre branche della geometria, affine, simile e metrica, sono quelle più comunemente introdotte; tanto è vero che alcuni testi di geometria per le Scuole superiori dividono la materia in questi tre settori. Ma, volendo, si possono prendere in considerazione anche altri gruppi di trasformazioni. Noi ci limiteremo a qualche esempio.

Se consideriamo il gruppo dei movimenti rigidi diretti veniamo a limitare il concetto di uguaglianza alla sola *uguaglianza diretta*. In tale geometria i due triangoli in fig. 8 non sono uguali, perché non esiste alcun movimento rigido diretto che li porti a coincidere.

In una geometria nella quale le uniche trasformazioni ammesse sono le *traslazioni*, i due quadrati delle figg. 1 e 2 non sono uguali. Ciò può chiarire, almeno in parte, le difficoltà che taluni incontrano nel riconoscere subito un quadrato nella fig. 1.

Negli orari ferroviari vengono spesso riprodotti schemi di collegamenti rettilinei fra le principali città. Quei disegni introducono una trasformazione di carattere ancora più generale delle affinità (si tratta di una **trasformazione topologica**), nella quale vengono alterati non solo gli angoli e le lunghezze, ma anche gli allineamenti fra le città indicate. *Invarianti* sono le linee, che, curve o dritte che siano, restano linee, anche se tutte trasformate in segmenti.

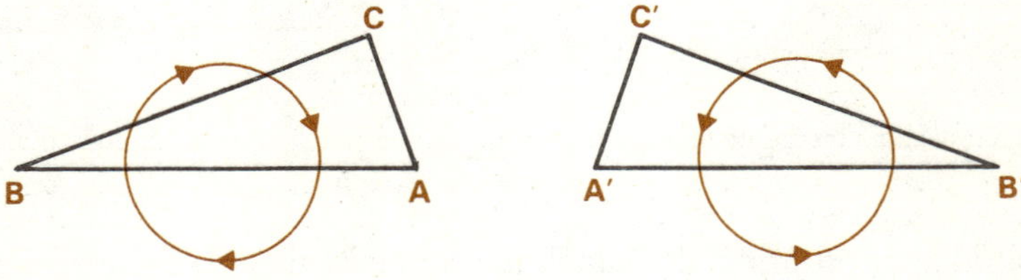

Fig. 8. - Triangoli che non sono direttamente uguali.

14 Per quanto abbiamo premesso, valgono le seguenti inclusioni fra gruppi di trasformazioni:

traslazioni ⊆ isometrie ⊆ similitudini ⊆ affinità ⊆ trasformazioni topologiche.

Una osservazione molto importante è la seguente. Tanto più grande è il gruppo **G** di trasformazioni che si considerano, tanto più piccolo è l'insieme delle proprietà invarianti per le trasformazioni di **G**. Infatti, se abbiamo più possibilità di trasformare una figura **F**, sarà più probabile che non si conservi una certa proprietà di **F**. Se, ad esempio, operiamo su un triangolo equilatero **T** con una similitudine, otteniamo sempre un triangolo equilatero, sia pure diverso da **T** (per cui, essere un triangolo equilatero è una proprietà invariante per similitudini). Se, invece, applichiamo a **T** una affinità, otteniamo un triangolo che, in generale, non è più equilatero (essere un triangolo equilatero non è una proprietà invariante per affinità).

15 Con il programma di Klein vengono posti in risalto certi aspetti del pensiero matematico moderno: come il conferire al discorso geometrico una organizzazione più coerente ed una migliore possibilità di classificazione di enti e di proprietà; o come l'introdurre anche in geometria quelle «strutture algebriche» che si interessano, più che dei singoli oggetti di studio, dei modi in cui questi sono collegati fra loro.

Per ogni concetto geometrico riveste, dunque, un certo interesse il chiedersi in quale delle varie geometrie è più sensato collocarlo; o, meglio, qual è la geometria di tipo più generale in cui esso acquista pieno significato. Qualche esempio in proposito chiarirà il discorso.

La perpendicolarità fra rette è un concetto caratteristico della geometria simile. Si osservi, in proposito, che anche nella geometria metrica si può introdurre la perpendicolarità, ma la geometria simile è più generale della metrica (due figure uguali sono simili, ma non viceversa). Molti altri concetti trattati nel nostro corso trovano la loro più opportuna collocazione nella geometria simile: circonferenza (in ogni similitudine l'immagine di una circonferenza è ancora una circonferenza), triangolo isoscele, ecc.

Il parallelismo fra rette è invece un concetto della geometria affine; di conseguenza, anche il concetto di parallelogramma si colloca a livello affine. Sempre nella geometria affine si può parlare anche di punto medio M di un segmento AB.

Invece, affermazioni come «il quadrato Q ha l'area di 1 m^2», oppure «la distanza del punto P dalla retta r è uguale a 4 cm» appartengono alla geometria metrica. Se poi vogliamo distinguere anche fra le rotazioni di verso orario e quelle di verso antiorario, dobbiamo ricorrere ad una geometria ancor più specifica della metrica: occorre far uso della geometria dei movimenti rigidi diretti (si riveda la fig. 8).

Talvolta capita che concetti che sembrano presentare strette analogie, si collocano a livelli diversi. Lasciamo ai lettori il compito di spiegare perché, ad esempio, il concetto di ortocentro di un triangolo è simile, mentre quello di baricentro è affine.

Le isometrie nello spazio.

16 DEFINIZIONI. *Si dice* **isometria** *ogni corrispondenza* (*funzione*) *che ad ogni punto* P *dello spazio ne associa un altro* P′ (detto *corrispondente* o *immagine di* P) *in modo che, se* A, B *sono due punti comunque scelti ed* A′, B′ *sono le rispettive immagini, i segmenti* AB *ed* A′B′ *siano uguali.*

In una isometria si dice corrispondente o immagine di una figura **F** *la figura* **F′** *insieme delle immagini di tutti i punti di* **F**.

Come nel piano, così anche nello spazio *due figure che si corrispondono in un'isometria sono uguali*; naturalmente, a seconda dei casi, si può trattare di uguaglianza diretta ovvero di uguaglianza inversa. In particolare, l'immagine di una retta è ancora una retta, come l'immagine di un piano è un piano.

Il teorema n. 9, 1° del cap. XX ci assicura che le simmetrie rispetto a un punto, a una retta, a un piano sono isometrie. Un'altra isometria è l'**identità I**, cioè la corrispondenza che associa ad ogni punto il punto stesso.

17 Anche nello spazio, così come nel piano, dato un vettore $\overrightarrow{AB}$, si definisce **traslazione** di vettore $\overrightarrow{AB}$ (e si indica con «$t_{\overrightarrow{AB}}$») la corrispondenza che ad ogni punto P associa il punto P' per il quale si ha $\overrightarrow{PP'} \equiv \overrightarrow{AB}$.

Le proprietà delle traslazioni nello spazio sono analoghe a quelle delle traslazioni nel piano. In particolare si dimostra che:

1) *le traslazioni sono isometrie*;

2) *in ogni traslazione, l'immagine* r′ *di una retta* r *è una retta parallela ad* r *e l'immagine* α′ *di un piano* α *è un piano parallelo ad* α (fig. 9).

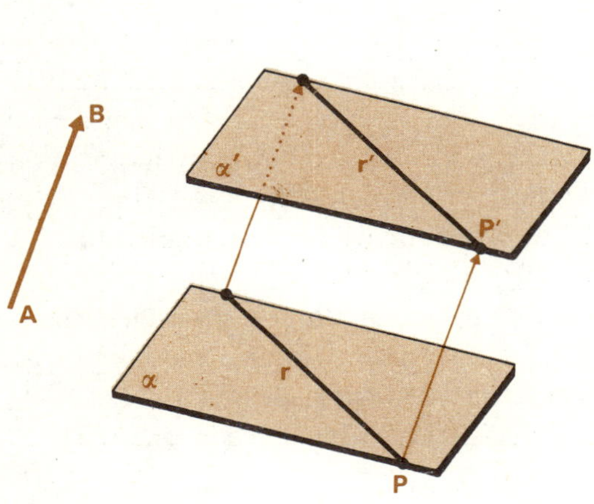

Fig. 9. - Traslazione di vettore $\overrightarrow{AB}$.

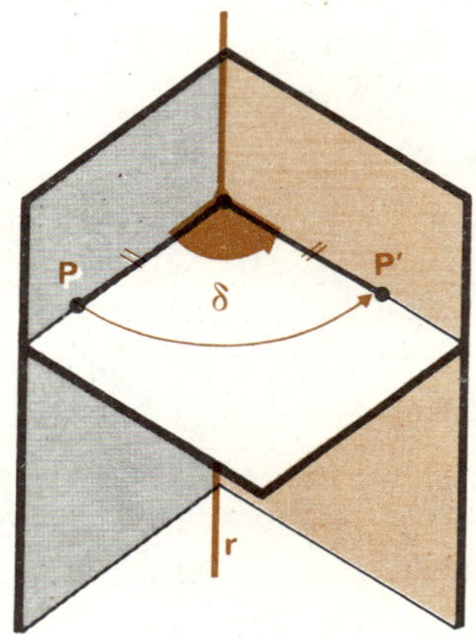

Fig. 10. - Rotazione di asse *r* ed angolo δ.

18 Mentre nel piano abbiamo introdotto le rotazioni attorno ad un punto, nello spazio vengono invece definite le *rotazioni attorno ad una retta*. Esse, da un punto di vista intuitivo-sperimentale, possono essere realizzate pensando ad un solido che sia incollato su una porta e che, insieme a questa, ruoti attorno all'asse dei cardini. Più precisamente, si dà la seguente

DEFINIZIONE. *Siano dati una retta* r *ed un angolo diedro orientato* δ *di spigolo* r. *Si dice* **rotazione** *di* **asse** r *ed* **angolo** δ *la corrispondenza che ad ogni punto* P *associa il punto* P′ *che ha la stessa distanza di* P *da* r *e che è situato sulla semiretta intersezione fra il piano perpendicolare per* P *ad* r *e il semipiano che forma l'angolo diedro* δ *con il semipiano passante per* P *ed* r (fig. 10).

È sperimentalmente intuitivo che le rotazioni sono isometrie.

Come nel piano la simmetria rispetto ad un punto O non è altro che la rotazione di un angolo piatto attorno ad O, così nello spazio *la simmetria rispetto ad una retta* r *coincide con la rotazione di un angolo (diedro) piatto attorno ad* r.

Gli elementi uniti nelle isometrie.

19 DEFINIZIONE. *In una isometria, un* **punto** *si dice* **unito** *se coincide con la sua immagine; analogamente, una* **retta** *o un* **piano** *si dicono* **uniti** *se coincidono con le rispettive immagini.*

Naturalmente, una retta unita o un piano unito non sono necessariamente costituiti da punti uniti. Si pensi, ad esempio, alla traslazione di vettore $\overrightarrow{\mathbf{AB}}$ (con $A \neq B$): le rette e i piani paralleli ad AB "scorrono su se stessi" e sono, dunque, uniti, anche se nessun loro punto è unito.

Con un po' di attenzione, non è difficile individuare gli elementi uniti nelle isometrie studiate fino a questo punto. Per brevità, ci limitiamo a due soli casi, rimandando agli esercizi l'esame di alcuni degli altri.

Nella simmetria rispetto ad un piano π *sono uniti*:
i punti di π *ed essi soltanto*;
le rette di π *e le rette perpendicolari a* π (le prime sono anche rette di punti uniti; mentre, per le seconde, le due semirette in cui esse sono divise da π si scambiano fra loro);
il piano π *ed i piani perpendicolari a* π (il piano π è un piano di punti uniti; mentre i due semipiani in cui π divide un piano perpendicolare a π si scambiano fra loro).

In una rotazione attorno ad una retta r (di angolo diverso da 0° e da 180°, cioè distinta dall'identità e dalla simmetria di asse *r*), *sono uniti*:
i punti di r *ed essi soltanto*;
la retta r (che è una retta di punti uniti) *ed essa soltanto*;
i piani perpendicolari ad r (nessuno dei quali è un piano di punti uniti) *ed essi soltanto*.

La composizione delle isometrie.

20 DEFINIZIONE. *Date due isometrie* **M** *ed* **N** *si dice loro* **composizione** (*e si indica con la scrittura* $\mathbf{M} \circ \mathbf{N}$) *la corrispondenza che ad ogni punto* P *dello spazio associa il punto* P″ *ottenuto determinando prima l'immagine* P′ *di* P *nella* **M** *e poi l'immagine* P″ *di* P′ *nella* **N**.

È chiaro che, data una figura **F**, la sua immagine **F**″ nella composizione delle isometrie **M** ed **N** si ottiene costruendo prima l'immagine **F**′ di **F** mediante la **M** e poi l'immagine **F**″ di **F**′ mediante la **N**.

In alcuni casi non è difficile stabilire a che cosa è uguale la composizione di due isometrie: si tratta, per lo più, dei casi in cui la situazione nello spazio è simile a quella che si presenta nella geometria piana. Ad esempio, i lettori possono convincersi facilmente che:

la composizione delle due traslazioni di vettori $\overrightarrow{\mathbf{AB}}$ *e* $\overrightarrow{\mathbf{CD}}$ *è la traslazione di vettore* $\overrightarrow{\mathbf{AB}} + \overrightarrow{\mathbf{CD}}$;

la composizione di due rotazioni di ugual asse r, *la prima di angolo* δ *e la seconda di angolo* δ' *è ancora una rotazione di asse* r, *avente come angolo la somma algebrica* $\delta + \delta'$ *dei due angoli*;

la composizione di una simmetria (rispetto ad un punto, a una retta, o ad un piano) con se stessa è uguale all'identità.

21 Le composizioni citate sono di tipo elementare. Le altre danno luogo ad isometrie di interpretazione assai più complessa. Noi ci limiteremo ad esaminare le composizioni di simmetrie rispetto a piani distinti.

TEOREMA. *La composizione delle simmetrie rispetto a due piani paralleli* π *e* γ, *presi nell'ordine, è la traslazione di vettore* $2\,\overrightarrow{\mathbf{v}}$, *essendo* $\overrightarrow{\mathbf{v}}$ *un vettore perpendicolare ai piani* π *e* γ, *con il primo estremo su* π *e il secondo su* γ.

Come vedremo, il ragionamento è del tutto analogo a quello che, nella geometria piana, permette di dimostrare che la composizione di due simmetrie rispetto a due rette parallele è una traslazione.

Limitiamoci, per semplicità, a considerare un punto P situato internamente a quello dei due semispazi di origine π che non contiene γ (fig. 11) (per P diversamente disposto si perviene, con ragionamenti analoghi, alle stesse conclusioni).

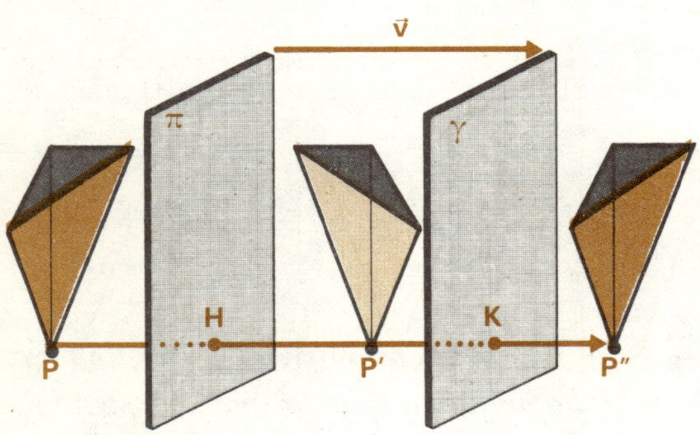

Fig. 11. - Composizione di simmetrie rispetto a piani paralleli.

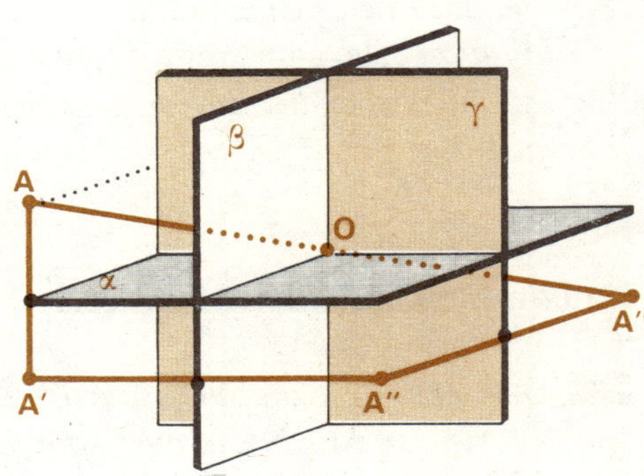

Fig. 12. - Composizione di simmetrie rispetto a tre piani perpendicolari.

Siano P' e P'' rispettivamente il simmetrico di P rispetto a π ed il simmetrico di P' rispetto a γ; indichiamo, inoltre, con H e K i piedi delle perpendicolari condotte da P al piano π e al piano γ. Dobbiamo dimostrare che i vettori $\overrightarrow{\mathbf{PP''}}$ e $2\,\overrightarrow{\mathbf{v}}$ sono equipollenti.

Tali vettori hanno chiaramente la stessa direzione (sono entrambi perpendicolari a π) e lo stesso verso. Resta da provare che hanno la stessa intensità; cioè che il segmento PP'' è doppio del segmento HK. La cosa si ricava immediatamente ricordando che H e K sono i punti medi dei segmenti PP' e $P'P''$:

$$PP'' = PP' + P'P'' = 2HP' + 2P'K = 2(HP' + P'K) = 2HK.$$

22 TEOREMA. *La composizione delle simmetrie rispetto a due piani* π *e* γ *incidenti secondo una retta* r *è la rotazione di asse* r *e di angolo diedro* 2δ, *essendo* δ *l'angolo diedro orientato (acuto o retto) di spigolo* r *con la prima faccia su* π *e la seconda su* γ.

La dimostrazione, che non riportiamo, è del tutto analoga a quella che, nella geometria piana, prova che la composizione di due simmetrie assiali con assi incidenti è una rotazione.

23 COROLLARIO. *La composizione delle simmetrie rispetto a due piani perpendicolari* π *e* γ, *incidenti secondo una retta* r, *è la simmetria di asse* r. In simboli:

$$\mathbf{S}_\pi \circ \mathbf{S}_\gamma = \mathbf{S}_r .$$

Basta osservare che, in questo caso, $2\delta = 1$ angolo piatto e tener presente che la rotazione di 180° attorno ad una retta r è la simmetria di asse r.

24 Un altro TEOREMA, che non dimostriamo, riguarda *la composizione delle simmetrie rispetto a tre piani* α, β, γ, *a due a due perpendicolari.* Esso afferma che tale composizione *è uguale alla simmetria rispetto al punto* O *comune ai piani* α, β, γ (fig. 12). In simboli:

$$\mathbf{S}_\alpha \circ \mathbf{S}_\beta \circ \mathbf{S}_\gamma = \mathbf{S}_O .$$

25 Componendo nello spazio simmetrie, traslazioni e rotazioni si ottengono, in certi casi, isometrie diverse da queste. Ad esempio, la composizione della traslazione di vettore $\vec{v}$ con la simmetria rispetto ad un piano π che sia parallelo a $\vec{v}$ è una nuova isometria, che può essere detta **antitraslazione**. Ma ne esistono altre ancora la cui classificazione completa, abbastanza complessa, esorbita dai limiti di questa esposizione. Ci limitiamo ad enunciare il seguente

TEOREMA. *Ogni isometria nello spazio, che non sia una simmetria rispetto ad un piano, si può ottenere componendo un numero non superiore a 4 di simmetrie rispetto a piani opportuni.*

Isometrie dirette e isometrie inverse.

26 Come nel piano, così anche nello spazio una **isometria** si dice **diretta** se si può realizzare fisicamente (cioè attraverso un movimento rigido). Ove ciò non sia possibile, l'**isometria** si dice **inversa**. Ad esempio, mentre una traslazione è un'isometria

diretta, una simmetria rispetto ad un piano è una isometria inversa. Tenuto presente quanto studiato nel cap. XX, possiamo anche dire che due figure direttamente uguali si corrispondono in un'isometria diretta, due figure inversamente uguali si corrispondono in una isometria inversa.

Come nel piano, così pure nello spazio:

la composizione di due isometrie entrambe dirette o entrambe inverse dà luogo ad una isometria diretta;

la composizione, non importa in quale ordine, di una isometria diretta con una isometria inversa, dà luogo ad una isometria inversa.

Da quanto sopra si deduce ad esempio che:

una rotazione attorno ad una retta è un'isometria diretta;

la simmetria rispetto ad una retta è un'isometria diretta (si ricordi che essa è una particolare rotazione, o si ricorra al corollario n. 23);

la simmetria rispetto ad un punto è un'isometria inversa (si tenga presente il teorema n. 24).

I poliedri simili.

27 Due cubi di spigolo diverso o due sfere di raggio disuguale, pur non essendo uguali, hanno in comune ciò che, nella pratica, si chiama *forma*. Si ha, così, il concetto *intuitivo* di forma cubica, forma sferica, ecc.

Più in generale possiamo affermare che un palazzo ed un suo plastico in gesso, la terra ed un mappamondo, un vagone ferroviario ed un suo modellino, hanno in comune una qualità chiamata forma. Ebbene: diremo che i solidi di tali coppie sono, tra loro, *simili*.

Dagli esempi riportati si deduce facilmente che due solidi simili hanno delle caratteristiche comuni esprimibili con linguaggio geometrico. Occupiamoci, per ora, dei poliedri, cioè dei solidi limitati da facce piane. Osserviamo, intanto, che per essi è *possibile stabilire una corrispondenza biunivoca fra gli elementi dell'uno* (vertici, spigoli, facce, diedri e angoloidi) e *quelli dell'altro*. Non solo, ma notiamo che *gli spigoli corrispondenti sono proporzionali*, che *le facce corrispondenti sono poligoni simili* e che *i diedri e gli angoloidi corrispondenti sono uguali*.

Se, ora, ricordiamo che due poligoni simili stanno fra loro come i quadrati dei lati corrispondenti (cap. XIV), deduciamo subito che *due facce corrispondenti di due poliedri simili stanno come i quadrati costruiti su due spigoli corrispondenti.*

Nei poliedri simili il rapporto costante ρ di due segmenti corrispondenti (spigoli, diagonali, raggi di sfere inscritte o circoscritte, ...) si dice *rapporto di similitudine*. Da quanto abbiamo detto, segue che il rapporto di due facce corrispondenti è ρ^2, cioè è il quadrato del rapporto di similitudine. Quando $\rho = 1$, i due poliedri simili sono uguali.

È importante notare che

1) *i poliedri regolari di ugual numero di facce sono simili*;

2) *tagliando una piramide con un piano parallelo alla base, si ottiene una nuova piramide simile alla data.*

La similitudine nello spazio in generale.

28 Volendo dare una *definizione generale di similitudine* (cioè volendo stabilire quando è che due solidi, non necessariamente poliedrici, sono simili) non possiamo far riferimento – come nel caso dei poliedri – alle proprietà intercorrenti fra spigoli, facce, diedri e angoloidi. Ciò risulta evidente quando, ad esempio, si pensi alla similitudine che intercede fra due sfere di raggio qualunque. Diremo allora che:

due solidi sono simili quando è possibile stabilire una corrispondenza biunivoca fra i punti dell'uno e quelli dell'altro, in modo che la distanza di due punti qualunque A, B *dell'uno sia in rapporto costante con la distanza dei punti corrispondenti* A′, B′ *dell'altro.*

Tale rapporto ρ si dice ancora *rapporto di similitudine.*

29 Una proprietà molto utile nelle applicazioni è la seguente:

due solidi di rotazione sono simili se e solo se sono simili le figure piane ottenute come sezioni dei due solidi con piani passanti per gli assi.

Da tale proprietà deduciamo, in particolare, che:

1) *tutte le sfere sono simili*;
2) *tutti i cilindri equilateri sono simili e così pure tutti i coni equilateri*;
3) *tagliando un cono con un piano parallelo alla base si ottiene un nuovo cono simile al dato.*

30 Ricordando che due facce corrispondenti di due poliedri simili stanno fra loro come i quadrati costruiti su due spigoli corrispondenti, si dimostra facilmente che

le superfici di due poliedri simili stanno fra loro come i quadrati costruiti su due spigoli corrispondenti.

Si dimostra pure che

le superfici totali (o laterali) di due cilindri, o di due coni, o di due tronchi di cono simili, nonché di due sfere, stanno fra loro come i quadrati costruiti su due segmenti corrispondenti (raggi, altezze, apotemi, …).

Ad esempio, dette r_1, r_2, h_1, h_2 le misure dei raggi e delle altezze di due cilindri simili e indicate con $\mathscr{A}_1$, $\mathscr{A}_2$ le aree delle loro superfici laterali, si ha:

$$\frac{\mathscr{A}_1}{\mathscr{A}_2} = \frac{2\pi r_1 h_1}{2\pi r_2 h_2} = \frac{r_1}{r_2} \cdot \frac{h_1}{h_2} = \rho \cdot \rho = \rho^2.$$

Valgono, inoltre, i teoremi seguenti.

Due poliedri simili stanno fra loro come i cubi costruiti su due loro spigoli corrispondenti.

Due cilindri, o due coni, o due tronchi di cono simili, nonché due sfere, stanno fra loro come i cubi costruiti su due segmenti corrispondenti (raggi, altezze, apotemi, ...).

La prima di tali proprietà non è di semplice dimostrazione. Possiamo, però, rendercene conto in modo sperimentale procurandoci dei cubetti uguali e costruendo, con essi, due solidi simili nei quali i lati corrispondenti stiano nel rapporto $1:2$ (o $1:3$, o $2:3$, ...). Se contiamo i cubetti adoperati nelle due costruzioni, possiamo verificare che essi sono rispettivamente n ed $8n$ (o n e $27n$, o $8n$ e $27n$, ...); cioè che essi stanno nello stesso rapporto $1:8$ (o $1:27$, o $8:27$, ...) dei due cubi costruiti mediante i soliti cubetti su due lati corrispondenti.

Quanto alla seconda proprietà si osservi che, ad esempio, indicate con r_1, r_2, h_1, h_2 le misure dei raggi e delle altezze di due cilindri simili di volumi $\mathcal{V}_1$ e $\mathcal{V}_2$, si ha:

$$\frac{\mathcal{V}_1}{\mathcal{V}_2} = \frac{\pi r_1^2 h_1}{\pi r_2^2 h_2} = \left(\frac{r_1}{r_2}\right)^2 \cdot \frac{h_1}{h_2} = \rho^2 \cdot \rho = \rho^3.$$

31 Più in generale, si dimostra che:

1) *il rapporto di due superfici corrispondenti di due solidi simili qualunque è uguale al quadrato del rapporto di similitudine*;

2) *il rapporto di due solidi simili qualunque è uguale al cubo del rapporto di similitudine.*

Parte II

Le geometrie non euclidee ed il metodo ipotetico deduttivo.

Il V postulato di Euclide.

32 Il concetto di rette parallele compare di frequente in questioni di agrimensura (si pensi ai solchi, o ai confini di un campo rettangolare) e quindi, con ogni probabilità, risale agli inizi stessi della geometria.

È dunque naturale che problemi concernenti le rette parallele siano stati affrontati fin dagli albori dello studio della geometria. È certo che se ne occuparono, fra gli altri, Talete, Pitagora, Aristotele; si ignora, però, in quale modo essi impostarono l'argomento.

Spetta senz'altro ad Euclide il merito di aver compreso, per primo, la necessità di introdurre un postulato a sostegno di tutti i successivi ragionamenti sulle rette parallele. Tale postulato (il V nella trattazione di Euclide della geometria piana) dice: «*due rette, tagliate da una terza, si incontrano da quella parte ove la somma degli angoli coniugati interni è minore di due angoli retti*».

All'inizio del cap. III noi abbiamo introdotto un postulato sulle parallele, dovuto a Proclo (V secolo d.C.), diverso nella forma ma non nella sostanza delle conseguenze che ne derivano: «*Dati nel piano una retta* r *ed un punto* P *esterno ad essa, esiste una ed una sola retta* s *passante per* P *e senza punti in comune con* r».

Secondo il pensiero della matematica greca, i postulati sono proprietà che non si possono dimostrare, ma che però possono essere verificate sperimentalmente. Si osservi, ora, che solo il postulato di Euclide sfugge a questa possibilità di verifica sperimentale perché, per poterla effettuare, dovremmo disporre per il disegno di una regione illimitata.

Agli antichi matematici ciò parve una deficienza del perfetto meccanismo della geometria. Si cercò, pertanto, per molti secoli, di eliminare questo presunto difetto della costruzione euclidea tentando di dimostrare il postulato delle parallele che D'Alembert definì «la croce e lo scandalo della geometria elementare».

33 Tra i molti tentativi di dimostrazione del postulato di Euclide va ricordato quello dovuto a Gerolamo Saccheri (1667-1733) che credette di essere riuscito nell'intento mediante un ingegnoso ragionamento per assurdo (alcune pagine del Saccheri sono riportate in una lettura). Le argomentazioni del Saccheri e quelle analoghe di altri matematici contengono errori non facilmente rilevabili ad un primo studio. Tali errori vennero messi in evidenza dalla critica successiva, dopo analisi particolarmente approfondite.

Per quanto vani nel loro ultimo scopo, questi tentativi di dimostrazione del postulato di Euclide risultarono utili, sia perché permisero di trovare importanti relazioni fra i vari enti geometrici, sia perché le premesse (considerate ovvie) alle varie dimostrazioni fornirono altrettanti enunciati equivalenti a quello dato da Euclide.

Tra gli altri citiamo i seguenti: «l'insieme dei punti di un piano equidistanti da una retta e situati da una stessa parte di questa, è una retta», «una perpendicolare e un'obliqua ad una medesima retta si incontrano».

34 Solo verso la fine del 1800 si mostrò che il postulato di Euclide è *indipendente* dagli altri, cioè *non è dimostrabile* a partire da questi.

A proposito di Euclide aggiungiamo un'ultima considerazione. Euclide non aveva né la formazione critica, né le cognizioni di logica matematica necessarie per provare la «indimostrabilità» del suo V postulato. Per cui – dopo aver probabilmente tentato di dimostrarlo – non gli rimanevano che due alternative: o quella di rifugiarsi (come avrebbero fatto tanti suoi successori) nella riduzione ad una delle altre proprietà geometriche apparentemente evidenti, o l'altra – per lui ben poco suggestiva – di darsi per vinto trasformando in un postulato quell'inafferrabile teorema. Euclide scelse la seconda strada, anche se ciò dovette provocargli non poca amarezza della quale troviamo una riprova nel fatto che, nel I libro degli *Elementi*, rimandò il più possibile l'applicazione del V postulato. Ma proprio questa sofferta rinuncia, sottolineando la sua onestà scientifica, costituisce un ulteriore motivo di apprezzamento della figura di Euclide.

La nascita delle geometrie non euclidee.

35 Abbiamo detto che, nel corso dei secoli, vari studiosi avevano inutilmente tentato di dimostrare il V postulato di Euclide. Nella maggioranza dei casi, veniva seguito un ragionamento per assurdo: si partiva cioè dall'ipotesi che il postulato fosse falso e si cercava di dedurne una contraddizione.

Visto che negando il postulato delle parallele non si riusciva ad ottenere la contraddizione cercata, era logico che, prima o dopo, qualche matematico si proponesse di studiare a fondo, in modo sistematico, le conseguenze derivanti dalla negazione dell'assioma stesso.

Non è chiaro chi per primo abbia avuto questa idea. Le prime pubblicazioni in proposito (verso il 1830) sono dovute all'ungherese **Janos Bolyai** (1802-1860) e, circa negli stessi anni ma del tutto indipendentemente, al russo **Nikolaj Lobačevski** (1793-1856). Janos Bolyai, che aveva meno di trent'anni, era figlio di un matematico e si era dedicato al problema delle parallele nonostante l'esplicito scoraggiamento da parte del padre («... per amor del cielo, ti imploro di desistere dal tentativo. Il problema delle parallele è una cosa da temere ed evitare non meno delle passioni dei sensi, poiché anch'esso può rubarti tutto il tuo tempo e privarti della salute, della serenità e della felicità»).

Il giovane Bolyai, resosi conto dell'importanza dei suoi risultati, scrisse al padre: «Ho fatto scoperte così meravigliose che ne sono stato quasi sommerso. [...] Io ho creato un nuovo universo dal nulla». Successivamente, il padre di Bolyai mostrò il lavoro del figlio a **Karl Friedrich Gauss** (1777-1855), che era uno dei matematici più autorevoli dell'epoca. La risposta fu piuttosto secca, se non arrogante: Gauss affermò di aver già raggiunto gli stessi risultati, per cui «lodare questo lavoro sarebbe come lodare me stesso», ed aggiunse di esser contento che qualcun altro avesse pubblicato quelle cose perché gli veniva risparmiata la fatica di scriverle. Il mancato incoraggiamento da parte di Gauss e, più ancora, la rivendicazione di una sua priorità scientifica, scoraggiarono a tal punto il giovane Bolyai da indurlo ad abbandonare quasi completamente gli studi relativi alle nuove geometrie.

In effetti, Gauss si era occupato dell'argomento prima di ricevere gli scritti di Bolyai, ma, come lui stesso aveva confidato in una lettera a un amico, «ci vorrà molto tempo avanti che io renda pubbliche le mie ricerche in proposito. [...] Temo le grida dei Beoti». I timori di Gauss erano legati al convincimento che un'impostazione troppo originale di una questione classica finisse per suscitare più dissensi che consensi. E, in effetti, almeno in matematica, una certa cautela nei riguardi di nuove teorie è normalmente motivata perché, nella maggioranza dei casi, le teorie radicalmente innovatrici si rivelano presto ... sbagliate. Nel nostro caso, i clamori paventati da Gauss non si verificarono. La diffusione delle nuove geometrie, pur suscitando perplessità e riserve, passò quasi inosservata per alcuni decenni.

36 Dati una retta r ed un punto $P \notin r$, possiamo formulare tre ipotesi in relazione all'esistenza e all'unicità di rette passanti per P e parallele ad r:

1) *non esistono rette per* P *parallele ad* r (partendo da questa premessa si ottiene la **geometria ellittica**, o di Riemann);

2) *esiste una ed una sola retta per* P *parallela ad* r (è questo il noto postulato sul quale si sviluppa la **geometria euclidea**);

3) *esistono infinite rette per* P *che non hanno punti in comune con* r (accettando questo assioma si ottiene la **geometria iperbolica**, o di Lobačevski).

Come è intuitivo, si dimostra che la situazione non dipende dalla particolare scelta del punto *P* e della retta *r*; in altre parole, se si ammette che valga una delle tre ipotesi anche in un solo caso, allora la stessa ipotesi si presenta qualunque siano *P* ed *r*.

La geometria iperbolica.

37 Esaminiamo, per prima, la *geometria iperbolica*, facendo riferimento alla fig. 13.

Nell'insieme delle rette passanti per *P*, esistono, in forza del nuovo postulato, infinite rette che non intersecano la *r*; d'altra parte, basta congiungere *P* con i vari punti di *r* per ottenere anche infinite rette dello stesso fascio che intersecano la *r*. Se ne deduce che, nel fascio di centro *P*, esistono due rette, che indicheremo con *TPR* e *T'PR'* (fig. 13), le quali separano le rette secanti rispetto ad *r* da quelle non secanti. Queste ultime, cioè le rette *interne* agli angoli *TPR'* e *T'PR*, vengono dette (per motivi che chiariremo tra poco) *ultra-parallele* alla retta *r*.

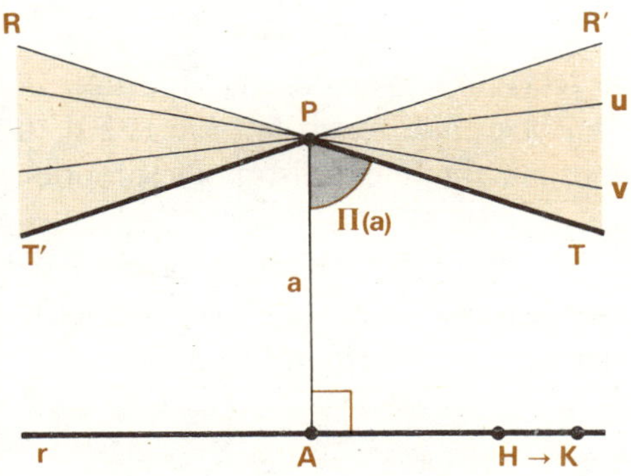

Fig. 13. - Rette per *P* non secanti *r*.

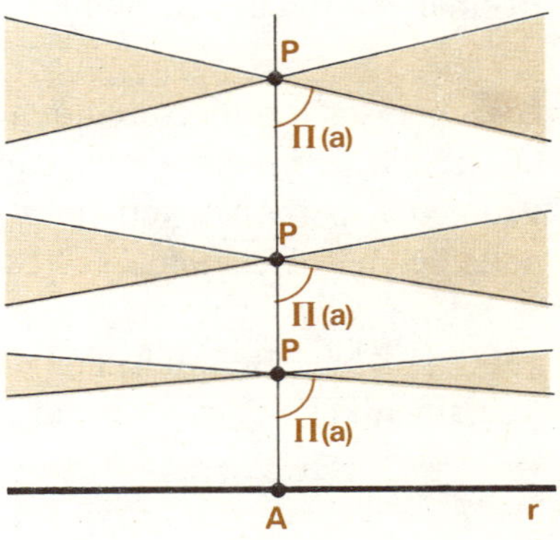

Fig. 14. - Angolo di parallelismo.

Resta da stabilire se le due rette separatrici *TPR* e *T'PR'* sono secanti o non secanti. Se una di esse, diciamo la *TPR*, avesse in comune con *r* un punto *H*, allora un punto *K* che seguisse *H* nel senso indicato in fig. 13 individuerebbe una retta *PK* che sarebbe secante rispetto ad *r* pur giacendo nella zona delle ultraparallele. Essendo ciò assurdo, concludiamo che le rette separatrici sono non secanti.

La qualifica di *parallele* (per *P* alla retta *r*) viene riservata alle semirette *PT*, *PT'*. Più precisamente esse vengono dette *parallele limite* alla retta *r*. Le semirette parallele limite rivestono una notevole importanza in geometria iperbolica e, in un certo senso, svolgono un ruolo analogo a quello delle rette parallele nella geometria euclidea. Ad esempio, la relazione di ultraparallelismo fra rette non è transitiva (in fig. 13 la retta u è ultraparallela ad r ed r è ultraparallela a v, ma u e v sono due rette incidenti); invece, si dimostra che la relazione di parallelismo limite, nell'insieme delle *semirette*, gode della proprietà transitiva (oltre che della proprietà simmetrica).

Consideriamo, ora, il segmento PA, perpendicolare ad r, e indichiamo con a la sua lunghezza. La semiretta PA forma con le due semirette parallele limite per P ad r due angoli uguali APT, APT' che vengono indicati con il simbolo $\Pi(a)$. Un risultato notevole, raggiunto da Bolyai e Lobačevski, fornisce l'ampiezza dell'angolo $\Pi(a)$:

$$\text{tang}\left[\frac{1}{2}\Pi(a)\right] = e^{-a}$$

dove $e = 2{,}71...$ è la base dei logaritmi neperiani.

Si noti che se a è molto "piccolo", allora e^{-a} è circa uguale ad $e^0 = 1$. Ne segue che $\Pi(a)/2$ è circa 45°; cioè che $\Pi(a)$ è quasi un angolo retto. In altre parole, se ci limitiamo a zone piccole del piano, gli angoli in cui giacciono le ultraparallele sono molto piccoli e la situazione è, in definitiva, non troppo diversa da quella euclidea (fig. 14). Se, invece, a è molto "grande", allora e^{-a} è di poco superiore a 0. Ne segue che $\Pi(a)/2$ e $\Pi(a)$ diventano angoli molto "piccoli"; il che vuol dire che, al crescere di a, gli angoli in cui giacciono le ultraparallele finiscono per diventare molto più grandi degli angoli in cui giacciono le rette secanti r (fig. 14).

38 C'è un modo convincente per disegnare le figure in geometria iperbolica? O, meglio, è possibile costruire rappresentazioni che chiariscano le proprietà della geometria iperbolica nello stesso modo in cui le usuali figure ci illustrano le proprietà della geometria euclidea?

Una risposta positiva alle domande precedenti fu data nella seconda metà del 1800 da Klein, Beltrami, Poincaré, che costruirono «*modelli*» per le nuove geometrie. Vediamo di che cosa si tratta, iniziando dal cosiddetto «*cerchio del Klein*».

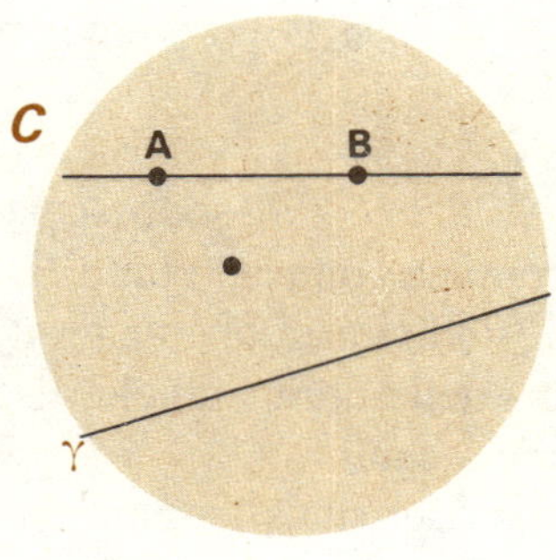

Fig. 15. - Cerchio del Klein.

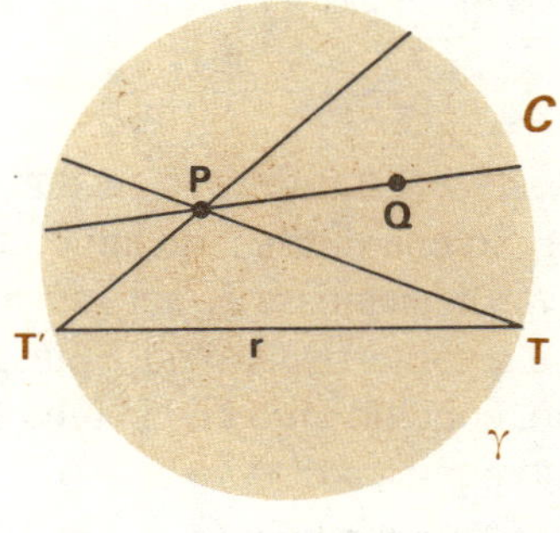

Fig. 16. - Rette per *P*.

Sia **C** un cerchio privato della sua circonferenza contorno γ. Conveniamo di chiamare *punti* solo quelli di **C** (che diviene il nostro *piano*) e *rette* le corde di γ private dei loro estremi (fig. 15). I punti e le rette così definiti soddisfano ai primi postulati della geometria euclidea:

per due punti distinti A, B, passa una ed una sola retta;

ogni retta è un insieme di punti ordinato e denso, privo di primo e di ultimo elemento;

dato un punto, esistono rette cui esso non appartiene;

ogni retta divide il piano **C** in tre sottoinsiemi disgiunti ecc. (postulato dei semipiani opposti).

Non vale, invece, il postulato delle parallele. Infatti, comunque si scelgano una retta r ed un punto P esterno ad essa (fig. 16), esistono infinite rette che passano per P e non intersecano r: ad esempio, con riferimento alla fig. 16, la retta PQ è ultraparallela ad r. Si osservi che, rispetto ad r, le semirette parallele limite sono le semirette PT e PT' (tenendo conto che i punti T e T' non fanno parte del piano **C**, per cui, a rigore, non avremmo dovuto rappresentarli nel disegno).

Vi sono regole che consentono di calcolare, in questo *modello* della geometria iperbolica, le lunghezze dei segmenti e le ampiezze degli angoli. Non le riportiamo data la loro complessità. Tuttavia, la situazione può essere in qualche modo chiarita osservando il quadro del pittore M.C. Escher (riprodotto con colori variati in fig. 17) che, in questa ed in altre sue opere, ha tratto ispirazione dal cerchio del Klein. Si noti

Fig. 17. - La geometria iperbolica in un quadro di Escher.

come ogni particolare viene ripetuto "infinite" volte diventando sempre più piccolo man mano che ci si avvicina al bordo (circonferenza γ). Tali particolari ripetuti sarebbero *simili* fra loro nella geometria euclidea, mentre invece sono *uguali* in geometria iperbolica.

La geometria ellittica.

39 Lo studio della *geometria ellittica*, fino al suo completo sviluppo, è dovuto a **Georg Riemann** (1826-1866) e risale alla metà del 1800. La situazione è più complessa della precedente perché la non esistenza di rette parallele distinte comporta la necessità di modificare altri postulati oltre a quello delle parallele. Per rendercene conto consideriamo un segmento *AB* (fig. 18) e tracciamo per i suoi estremi le perpendicolari *r*, *s*. Poiché la figura ottenuta è simmetrica rispetto alla retta *AB*, due sono le situazioni possibili:

1) le rette *r*, *s* non hanno punti in comune;

2) *r* ed *s* si incontrano "da una parte" nel punto *P*; il che comporta, per la citata simmetria, che esse debbano incontrarsi anche "dall'altra parte" in un punto *Q*.

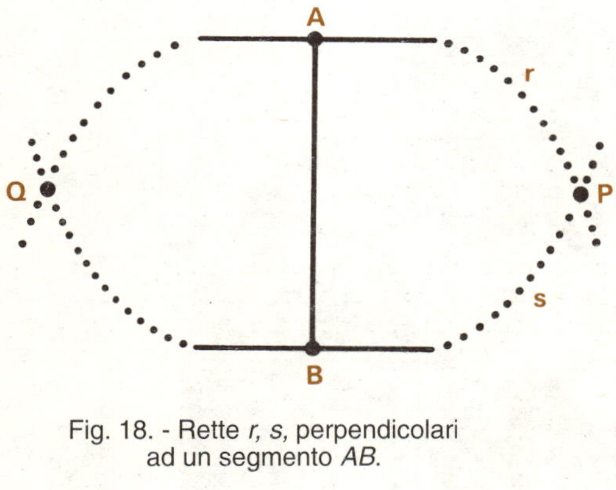

Fig. 18. - Rette *r*, *s*, perpendicolari ad un segmento *AB*.

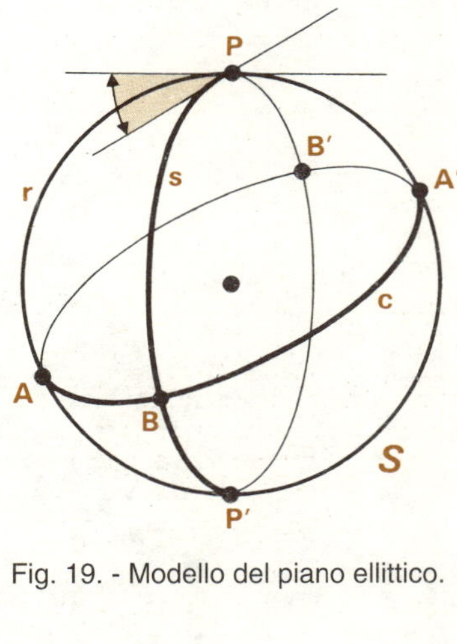

Fig. 19. - Modello del piano ellittico.

Ebbene: mentre in geometria euclidea si ha la prima alternativa, in geometria ellittica si verifica la seconda. Ma, allora, occorre rinunciare all'assioma dei semipiani ed affermare addirittura che ... «*P* e *Q* sono lo *stesso* punto». Seguendo questa via, due rette distinte vengono ad avere sempre uno ed un sol punto in comune.

40 Un *modello* del piano ellittico si ottiene pensando che questo coincida con una superficie sferica **S**: i *punti* del piano ellittico sono le «coppie di punti diametralmente opposti di **S**» (si faccia attenzione: ogni *coppia* $\{A; A'\}$ va pensata come un *unico punto*), mentre le *rette* sono le circonferenze massime di **S** (fig. 19).

In tale modello è rispettata la proprietà secondo la quale per due "punti" distinti passa una ed una sola "retta". Infatti, se $\{A; A'\}$ e $\{B; B'\}$ sono i due punti considerati (fig. 19), sappiamo (dalla geometria euclidea dello spazio) che la circonferenza massima c passante per A, A' e B (cioè di diametro AA' e che contiene B) passa anche per B': la *retta* c (in geometria ellittica) è quella cercata.

Inoltre, poiché (in geometria euclidea dello spazio) due circonferenze massime hanno sempre due punti in comune, diametralmente opposti, si conclude che, nel piano ellittico, due *rette* distinte si intersecano sempre in uno ed un sol *punto*.

L'osservazione del modello suggerisce che ogni *retta* della geometria ellittica va pensata come una linea chiusa, nel senso che chi la percorra torna, prima o poi, al punto di partenza. Ciò implica che una retta ha lunghezza finita.

Come angolo, nel piano ellittico, di due rette r, s che si incontrano nel punto $\{P; P'\}$ si assume l'angolo formato (in termini euclidei) dalle due tangenti alle corrispondenti circonferenze massime di **S** in P o in P' (fig. 19).

Aspetti teorici e pratici delle geometrie non euclidee.

41 Enunciamo, ora, alcune proprietà che vengono dimostrate nelle geometrie non euclidee.

1) La somma degli angoli interni di un triangolo non è costante: in geometria iperbolica è sempre minore di un angolo piatto, in geometria ellittica è sempre maggiore.

2) Se r ed s sono le perpendicolari ad un segmento AB, rispettivamente nei punti A e B (come in fig. 18), la distanza da r dei punti s diminuisce man mano che ci si allontana da B nella geometria ellittica; aumenta in quella iperbolica. Da questa proprietà traggono origine i due aggettivi *ellittica* ed *iperbolica*, che derivano da due verbi greci che significano, appunto, *diminuire* ed *aumentare*.

3) In entrambe le geometrie non euclidee due triangoli con gli angoli rispettivamente uguali sono *uguali*. Per cui, non si può sviluppare l'usuale teoria della *similitudine*.

4) Il rapporto fra una circonferenza rettificata e il suo diametro non è costante, ma varia al variare del raggio della circonferenza (da intendersi ancora come il luogo dei punti aventi distanza assegnata da un punto dato).

5) In geometria ellittica, due rette qualunque r ed s ammettono una (ed una sola) perpendicolare comune (infatti, se nel modello visto pensiamo come poli la coppia di punti in cui le due "rette" r ed s si incontrano, allora il relativo equatore è perpendicolare ad entrambe). Invece, in geometria iperbolica, due rette hanno una perpendicolare comune se e solo se l'una è ultra-parallela all'altra.

6) Dalla prima proprietà si deduce che non esistono quadrilateri con tutti gli angoli retti. In geometria ellittica esistono però triangoli trirettangoli, cioè con tutti e tre gli angoli retti.

7) Non valgono il teorema di Pitagora e i due teoremi di Euclide.

42 Vediamo brevemente un'altra geometria non euclidea, di grande importanza pratica: la **geometria sferica**. Un modello di tale geometria è costituito dalla superficie di una sfera: i *punti* sono i punti della sfera e le *rette* sono, come in geometria ellittica, le circonferenze massime.

La geometria sferica fu sviluppata ben prima delle geometrie iperbolica ed ellittica, per le sue applicazioni soprattutto nella navigazione; in effetti, come si può dimostrare, un *segmento AB* della geometria sferica individua il percorso più breve per andare dal punto *A* al punto *B* su una superficie sferica (si tratta, appunto, di seguire la circonferenza massima passante per *A* e per *B*; questo è il motivo per cui, oggi, gli aerei in viaggio dall'Italia verso città degli Stati Uniti gosso modo alla stessa latitudine, come New York, seguono le rotte artiche invece di volare lungo un parallelo).

La geometria sferica presenta strette analogie con la geometria ellittica. Fra l'altro:

– non esistono rette distinte prive di punti in comune;
– ogni retta ha lunghezza finita (la lunghezza di una circonferenza massima);
– la somma degli angoli interni di un triangolo è maggiore di un angolo piatto e, in particolare, esistono triangoli con tre angoli retti (sulla superficie della Terra, si pensi al triangolo formato dall'equatore e da due meridiani perpendicolari fra loro).

A differenza di quanto avviene in geometria ellittica, tuttavia, non è soddisfatto il postulato secondo cui «*per due punti distinti passa una ed una sola retta*». In termini geografici, infatti, si pensi ai due poli e agli infiniti meridiani che passano per essi. Proprio per questo motivo, in geometria ellittica vengono identificate le coppie di punti diametralmente opposti.

43 Verso la fine del 1800 studi dovuti a **Felix Klein** (1849-1925) e ad **Henry Poincaré** (1854-1912) hanno definitivamente confermato la assoluta coerenza logica delle nuove geometrie. È stato dimostrato, in particolare, che, ove una contraddizione fosse individuabile in una delle tre geometrie, sarebbe allora possibile ricavare, con un opportuno ragionamento, una contraddizione anche nelle altre due.

44 Le considerazioni precedenti fanno nascere spontanea una domanda: se da un punto di vista logico la geometria euclidea e quelle non euclidee hanno lo stesso valore, quale di esse l'esperienza ci fa prescegliere? In altre parole, se le varie geometrie non si contraddicono a vicenda, perché studiano enti diversi, quale di esse meglio si adatta a descrivere le proprietà dello spazio in cui viviamo?

La risposta a questa domanda è estremamente complessa. Prima di tutto si osservi che, per stabilire se la retta dello spazio fisico ha le caratteristiche della retta di Euclide o di quelle di Riemann o di Lobačevski, è necessario precisare che cosa si intende per retta reale. La scelta più ragionevole, preferibile sia per motivi di carattere teorico, sia per la possibilità di verifiche sperimentali, consiste nell'assumere come rette i raggi luminosi. Ciò premesso, Gauss e Lobačevski pensarono alla possibilità di costruire un triangolo di dimensioni enormi e di misurarne, poi, la somma degli angoli interni (che, come abbiamo notato, è diversa nelle tre geometrie). Purtroppo, l'inevitabile imperfezione degli strumenti che abbiamo a disposizione e la limitatezza dello spazio entro il quale tali esperienze possono venire effettuate non hanno consentito di giungere ad una conclusione chiarificatrice.

Si può, tuttavia, affermare che la geometria euclidea, è la più indicata per le applicazioni pratiche, sia per la sua maggiore semplicità, sia perché lo studio della fisica ci assicura che non vi sono discordanze apprezzabili fra i dati rilevabili con gli strumenti a nostra disposizione ed i risultati cui si perviene applicando le leggi della geometria di Euclide. Il che significa che, anche se lo spazio non fosse euclideo, tuttavia la geometria di Euclide ce lo descriverebbe con ottima approssimazione.

Facciamo presente, infine, che gli studiosi di *relatività* (la teoria dovuta ad Einstein) ritengono che, allorché entrano in gioco certe distanze di ordine astronomico, sia più conveniente adoperare la geometria di Riemann.

Un'introduzione al metodo ipotetico deduttivo. Le definizioni e i teoremi.

45 Le due frasi «*in un triangolo la somma degli angoli è un angolo piatto*» e «*un triangolo con due lati uguali è isoscele*» hanno ruoli diversi. La prima frase è un *teorema*, cioè l'enunciato di una proprietà di cui godono certe figure (nel nostro caso i triangoli), mentre la seconda è una *definizione*, cioè una convenzione in base alla quale attribuiamo un preciso significato ad una certa parola (nel nostro caso *isoscele*).

In una **definizione** si introduce una parola nuova (o, talvolta, una locuzione di più parole) per indicare gli oggetti che godono di determinate proprietà. Quindi, una definizione è, essenzialmente, una abbreviazione: è più semplice dire che un quadrilatero è un *quadrato*, invece di dover spiegare ogni volta che ha i lati uguali e gli angoli retti.

46 I nostri lettori hanno incontrato molte definizioni in matematica, ma sono anche abituati a cercare definizioni sul *dizionario di italiano*. Le due situazioni sono radicalmente diverse. In primo luogo, in un dizionario si accettano *circoli viziosi* (una parola viene introdotta ricorrendo a una seconda parola, che, a sua volta, è spiegata per mezzo della prima parola), mentre i circoli viziosi sono invece tassativamente proibiti in matematica. Inoltre, le definizioni nel dizionario sono riportate in *ordine alfabetico*, cioè secondo un ordine puramente convenzionale; mentre in matematica non si può cambiare l'ordine delle definizioni (ad esempio, per introdurre la precedente definizione di quadrato, occorre aver già definito gli angoli retti).

Per altre considerazioni sulle definizioni rimandiamo alla lettura VII del primo volume. Qui ci limitiamo a riportare tre citazioni, con un breve commento.

G.W. Leibniz: «*Le definizioni di per sé sono arbitrarie; tuttavia devono adattarsi all'uso e al consenso comune.*»

G. Saccheri: «*Una definizione è figlia di molti teoremi.*»

G. Peano: «*Le definizioni sono utili ma non necessarie, perché al posto del definito si può sempre sostituire il definiente* [...]. *Se la nuova definizione non è più lunga e più complicata, quella definizione era poco utile. Se si incontrano difficoltà, la definizione non fu ben data.*»

Una definizione del tutto originale non è logicamente sbagliata, ma è senz'altro inopportuna. Una definizione non fornisce nuove informazioni e potrebbe, a rigore, essere eliminata, anche se i successivi enunciati perderebbero in concisione e in chiarezza. Come osserva Saccheri, una definizione si introduce anche per fissare l'attenzione su certi concetti che giocheranno un ruolo importante nel seguito (si pensi ai parallelogrammi, o a concetti specifici, come l'altezza di un triangolo).

47 Un **teorema** esprime una proprietà che riguarda concetti già noti, e che pertanto va dimostrata; a differenza delle definizioni, i teoremi forniscono nuove informazioni.

Per indicare i teoremi si usano talvolta altri nomi:

– *corollario*, se la dimostrazione è breve e semplice;

– *lemma*, se l'enunciato ha interesse più che altro perché permette di dimostrare successivi teoremi;

– *criterio*, se l'enunciato esprime una condizione sufficiente (ad esempio per l'uguaglianza di due figure);

– *regola* (si pensi alla regola di Ruffini o alla regola di Cramer), se vengono fornite indicazioni su come svolgere un calcolo.

48 La maggioranza dei teoremi che si incontrano nelle trattazioni matematiche è un'*implicazione*, cioè è scritta nella forma $p \Rightarrow q$. Come abbiamo già osservato, tuttavia, ci sono teoremi che non contengono implicazioni (ad esempio, il teorema secondo cui «esistono rette sghembe».) Per i teoremi che sono sotto forma di implicazione è importante distinguere l'ipotesi p dalla tesi q.

Fra i vari tipi di dimostrazione, ricordiamo le dimostrazioni *per assurdo*: per dimostrare un enunciato H, si mostra che dalla negazione di H («*non* H») segue una contraddizione. Nel caso in cui H sia del tipo $p \Rightarrow q$, allora la dimostrazione per assurdo consiste quasi sempre nel dimostrare la contronominale *non* $q \Rightarrow$ *non* p: se si verificasse *non* q, allora si avrebbe un contrasto con l'ipotesi p. (Per altri commenti, rimandiamo alla lettura X del primo volume e agli *appunti di logica* n. 7 del cap IV e n. 22 del cap. IX).

I concetti primitivi e gli assiomi.

49 Come avevamo osservato nel cap. II, per dimostrare un teorema, si ricorre ad altri risultati già noti, i quali, a loro volta, erano stati ottenuti da precedenti proprietà. Questo processo a ritroso non può, evidentemente, proseguire all'infinito: è necessario che alcuni enunciati siano accettati senza dimostrazione. Tali enunciati vengono detti **assiomi** o **postulati**, e costituiscono il punto di partenza per dimostrare i teoremi.

Una situazione analoga si incontra a proposito delle definizioni: in ogni definizione, il nuovo termine viene spiegato mediante parole già note; queste, a loro volta, erano state definite in base ad altri concetti. Anche in tal caso deve esserci un punto di partenza, che è costituito dagli **enti** (o **concetti**, o **termini**) **primitivi**, che non vengono definiti. Fra gli enti primitivi della geometria ricordiamo i classici concetti di punto, retta, piano.

50 Come va giustificata la presenza e la scelta degli assiomi e degli enti primitivi?

Fino all'inizio del 1800 venivano accettate, più o meno consapevolmente, le idee degli antichi Greci (e, in particolare, di Aristotele) che avevano stretti legami con la geometria intuitiva. Secondo queste concezioni i concetti primitivi dovevano essere scelti tra gli enti che la natura ci suggerisce e la cui essenza è talmente chiara da poter essere facilmente capita da chiunque.

Ad esempio, forse ci troviamo in imbarazzo se ci viene chiesto che cosa è una retta, ma non c'è bisogno di fornire alcuna spiegazione perché tutti abbiamo l'idea di retta.

Analogamente, i postulati dovevano essere scelti fra quelle proprietà degli enti primitivi così semplici ed evidenti da potersi senz'altro ritenere vere. Nessuno – si pensava – può dubitare che, ad esempio, per due punti distinti passa una retta ed una soltanto.

51 Nel XIX secolo vennero mosse serie critiche a questa impostazione del pensiero geometrico. Si osservò infatti che, da un lato, le idee di punto, retta, piano che ci vengono suggerite dall'esperienza sono piuttosto grossolane e, dall'altro, che il dedurre con l'osservazione sperimentale le loro proprietà può far nascere qualche dubbio, per la soggettività dei nostri sensi e la inevitabile imprecisione degli strumenti che adoperiamo.

52 Anche la nascita delle *geometrie non euclidee*, nella prima metà del 1800, contribuì ad un ripensamento generale: se gli assiomi esprimono proprietà evidenti, non possono certo essere modificati! E invece cambiando i postulati erano state costruite nuove teorie matematiche di grande interesse.

Nello stesso periodo vennero anche introdotti gli spazi a più di tre dimensioni (per un cenno in proposito rimandiamo alla lettura n. XVI): è difficile sostenere che, in questi ambienti, certi concetti, anche i più semplici, siano intuitivi ed evidenti.

53 Da un punto di vista strettamente matematico, l'affermazione secondo la quale «gli assiomi sono verità evidenti che non si dimostrano» è molto discutibile. La *verità* delle teorie matematiche non sta nella pretesa che i postulati siano affermazioni assolute, valide al di fuori del nostro atto di pensiero, ma consiste, invece, nella perfetta consequenzialità dei ragionamenti che portano dalle premesse ai risultati successivi. Quanto poi all'*evidenza* dei postulati, è opportuno osservare che vi sono teoremi più evidenti dei postulati (come il teorema secondo cui «un lato di un triangolo è minore della somma degli altri due») e che, pure, si è ritenuto opportuno di dover dimostrare.

Del resto, se fossimo disposti ad accettare senza dimostrazione i postulati perché evidenti, allora dovremmo comportarci nello stesso modo di fronte a qualunque enunciato che secondo l'intuizione sia corretto, con conseguenze incontrollabili.

54 Le nuove posizioni assunte da più matematici nella seconda metà del secolo XIX vennero sistemate e chiarite con l'opera di David Hilbert (*I fondamenti della geometria*, 1899). L'impostazione hilbertiana, che è oggi normalmente accettata, si può rias-

sumere affermando che *gli assiomi sono visti come definizione dei concetti primitivi*: non ci interessa sapere che cosa è un punto o una retta, ma siamo disposti ad usare questi termini ogni volta che certi oggetti soddisfano le proprietà espresse dai postulati. Le figure acquistano, in questo contesto, solo un ruolo schematico-mnemonico, mentre perdono la funzione di rappresentazione, sia pure approssimata, degli enti geometrici: la geometria diviene una scienza puramente deduttiva.

La scelta dei concetti primitivi e degli assiomi.

55 Secondo la critica moderna l'esperienza può solo fornire modelli comodi, ma imperfetti, degli enti primitivi e suggerirci alcune proprietà da attribuire agli enti stessi; fermo restando che la scelta dei postulati che caratterizzano i concetti primitivi è libera e soggettiva. Ogni autore ha il diritto di partire dalle premesse che ritiene più idonee per lo svolgimento delle argomentazioni successive.

Le teorie geometriche posteriori a quelle di Euclide presentano modeste varianti circa la scelta dei concetti primitivi. Ciò non toglie che sarebbe logicamente possibile (anche se poco conveniente dal punto di vista della difficoltà della trattazione) introdurre enti primitivi completamente diversi da quelli che ci sono abituali. Ad esempio, se si partisse dall'idea primitiva di semispazio, si potrebbero introdurre i piani come origini dei semispazi, le rette come intersezioni di piani, ecc.

56 Una volta fissati i concetti primitivi, debbono essere scelti i postulati che ne precisano le proprietà. Una prima osservazione a questo proposito è la seguente. Più proprietà relative a certi concetti primitivi possono essere fra loro *equivalenti* nel senso che, assumendo una qualunque di esse come postulato, le altre risultano dimostrabili. Ad esempio, nel cap. II, noi dal postulato «dato un punto P, esistono rette che non lo contengono» abbiamo dedotto i due corollari «esistono infinite terne di punti non allineati» e «per ogni punto P passano infinite rette». Ebbene: avremmo potuto, invece, assumere come postulato la seconda o la terza proposizione e dedurre da questa le altre due. È chiaro che, in situazioni di questo tipo, ogni autore è libero di scegliere, fra le diverse alternative, quella più confacente al suo gusto o che egli ritiene più chiara.

57 Vi è, infine, da considerare che anche la matematica moderna – pur senza voler ricalcare l'impostazione, ormai superata, del pensiero aristotelico – preferisce soddisfare, nella scelta degli enti primitivi e dei relativi postulati, alle esigenze dell'esperienza fisica e della intuizione. Se, ad esempio, pensassimo il piano e le rette come insiemi di punti che si succedono in modo discontinuo (come i nodi della quadrettatura di un foglio di carta a quadretti), potremmo ugualmente caratterizzare questa situazione con un conveniente sistema di postulati e saremmo, poi, perfettamente in grado di sviluppare una coerente teoria al riguardo; ma le conclusioni raggiunte avrebbero scarse possibilità di applicazione nelle scienze che studiano la nostra realtà fisica e tutto si ridurrebbe, con ogni probabilità, ad una inappuntabile, ma sterile, costruzione di pensiero.

Risulta, dunque, opportuno, qualunque siano gli enti primitivi ed i postulati prescelti, che questi rispettino le esigenze che emergono dalla geometria intuitiva.

Coerenza e indipendenza di un sistema di assiomi.

58 Per introdurre una teoria assiomatica **T**, occorre in primo luogo precisare i concetti primitivi. Occorre poi fissare gli enunciati (o formule) da assumere come assiomi: l'insieme scelto è detto **sistema di assiomi** di **T**. Per indicare che un enunciato A è un teorema della teoria **T** che ha Σ come sistema di assiomi si scrive $\Sigma \vdash A$ oppure $\mathbf{T} \vdash A$.

Questo è, nella sostanza, il metodo della matematica, detto **metodo ipotetico deduttivo** o **assiomatico deduttivo**. I sistemi di assiomi sono, a loro volta, oggetto di studio.

59 DEFINIZIONE. *Un sistema di assiomi* Σ (*o la corrispondente teoria* **T**) *si dice* **coerente** (*o* consistente, *o* non contraddittorio) *se gli assiomi non sono in contrasto fra loro, cioè se, a partire da* Σ, *non si può dimostrare una contraddizione* (*si ha una contraddizione quando esiste un enunciato* A *tale che* $\Sigma \vdash A$ *e* $\Sigma \vdash$ non A). *In caso contrario,* Σ *si dice, invece,* **incoerente** (*o* inconsistente, *o* contraddittorio).

60 Ci limitiamo ad enunciare un teorema che afferma che in un sistema contraddittorio si può dimostrare qualunque cosa.

TEOREMA. Σ *è incoerente se e solo se per ogni enunciato* H *si ha* $\Sigma \vdash H$.

61 DEFINIZIONE. *Un sistema di assiomi* Σ *si dice* **dipendente** *se esiste un assioma che si può dedurre dai rimanenti.* Σ *si dice* **indipendente** *in caso contrario.*

Si noti che se un assioma si può dedurre dagli altri, si tratta di un teorema ed è inutile assumerlo come postulato.

È evidente che, mentre la non contraddittorietà dei postulati è condizione categorica per la correttezza delle costruzioni geometriche, l'indipendenza è, invece, più che altro una questione di eleganza logica e di semplicità che non ha valore imperativo.

62 Fra *sistemi di assiomi* e *sistemi di equazioni* intercorre una stretta analogia. Si considerino i due sistemi seguenti:

$$\begin{cases} x-y=1 \\ y-z=1 \\ x-z=2 \end{cases} \qquad\qquad \begin{cases} x-y=1 \\ y-z=1 \\ x-z=0. \end{cases}$$

Osservando con attenzione le tre equazioni del primo sistema, ci si accorge che la terza equazione si deduce dalle prime due (basta sommarle membro a membro): pertanto, le equazioni non sono indipendenti fra loro. Nel secondo sistema, sommando membro a membro le prime due equazioni troviamo $x - z = 2$, il che è in contrasto con la terza equazione.

Riassumendo: in un sistema di equazioni, la consistenza corrisponde al fatto che le varie equazioni non esprimano condizioni che si contraddicano fra loro; l'indipendenza al fatto che nessuna equazione sia conseguenza delle altre, cioè che ciascuna equazione dia informazioni nuove.

63 TEOREMA. *Se* $\Sigma \vdash$ H, *allora, aggiungendo a* Σ *la negazione di* H *come nuovo assioma, si ottiene un sistema di assiomi contraddittorio.*

Infatti, il teorema H è in contraddizione con il nuovo assioma *non* H. Aggiungiamo che vale anche l'implicazione inversa, che possiamo enunciare nella forma seguente: se H non è un teorema di un sistema assiomatico Σ, allora aggiungendo a Σ la negazione di H come nuovo assioma, si ottiene un sistema di assiomi coerente.

In particolare, se né H né *non* H sono teoremi di Σ, allora aggiungendo H al sistema di assiomi Σ si ottiene una teoria coerente, ed aggiungendo *non* H al sistema di assiomi Σ si ottiene un'altra teoria coerente.

Un caso particolarmente significativo si presenta se H è il postulato di Euclide sulle parallele e Σ è l'insieme degli altri assiomi della geometria. Visto che sulla base degli assiomi di Σ non si riesce a dimostrare né H né *non* H, è lecito costruire sia la geometria euclidea, in cui si accetta il postulato di Euclide, sia le geometrie non euclidee, in cui si accetta la negazione del postulato di Euclide.

Esempi di sistemi di assiomi.

64 Nei capitoli precedenti abbiamo sviluppato la **geometria euclidea** del piano e dello spazio, precisandone gli enti primitivi e gli assiomi. Nella lettura XXII è riportata l'impostazione di D. Hilbert.

In generale, le considerazioni precedenti si applicano ad ogni settore della matematica, anche se non è sempre facile individuare assiomi ed enti primitivi. Vediamo alcuni esempi, a partire da quelli già noti ai nostri lettori.

65 Nelle **geometrie non euclidee** (iperbolica ed ellittica) non cambia la scelta dei concetti primitivi, ma si assume un postulato diverso dall'assioma delle parallele (come abbiamo visto, per la geometria ellittica è necessaria anche una modifica agli assiomi di ordinamento).

Volendo classificare analogie e differenze fra i teoremi delle geometrie iperbolica ed ellittica e i teoremi della geometria euclidea, si possono distinguere:

– teoremi comuni alle varie geometrie, come l'uguaglianza degli angoli alla base di un triangolo isoscele (in generale, può capitare che, partendo da assiomi diversi, si ottengano gli stessi risultati);

– teoremi di geometria euclidea che non si ritrovano nelle altre geometrie: ad esempio, il teorema di Pitagora e i teoremi sulla similitudine;

– teoremi delle geometrie non euclidee che non valgono nella geometria euclidea: ad esempio, il criterio di uguaglianza dei triangoli, secondo cui se due triangoli hanno gli angoli rispettivamente uguali, allora sono uguali;

– teoremi specifici delle geometrie non euclidee, che cioè riguardano situazioni che non si presentano in geometria euclidea (ad esempio, risultati relativi all'angolo di parallelismo in geometria iperbolica);

– risultati classici che si possono generalizzare a tutte le geometrie a patto di modificare l'enunciato; ad esempio, il teorema dei seni (n. 38, cap. XVI) vale in tutte le geometrie se viene enunciato così: in ogni triangolo il rapporto fra la lunghezza della circonferenza avente per raggio un lato ed il seno dell'angolo opposto è costante (cioè è lo stesso per i tre lati).

66 Un sistema di assiomi per i numeri naturali (0, 1, 2, ...) con le consuete operazioni è dovuto a **Giuseppe Peano** (1858-1932). Il sistema di assiomi è stato successivamente lievemente modificato, ma è ancora noto come **aritmetica di Peano**.

Come enti primitivi si considerano: un elemento specifico (lo zero), il passaggio al numero successivo (che si indica con «$'$»: ad esempio, $3' = 4$), e le operazioni di addizione e moltiplicazione. Fra gli assiomi, citiamo i due seguenti:

$$\forall x\,(x' \neq 0); \qquad \forall x\,\forall y\,(x' = y' \;\Rightarrow\; x = y).$$

Il primo assioma stabilisce che 0 non è il successivo di alcun numero, mentre il secondo assicura che due numeri diversi non possono avere lo stesso successore. Anche il *principio di induzione*, che alcuni lettori hanno forse incontrato nel corso dei loro studi, rientra fra gli assiomi di Peano.

67 In algebra viene talvolta presentata la teoria dei **gruppi**. Si tratta di una teoria assiomatica i cui concetti primitivi comprendono solo una costante «0» (l'elemento neutro) e il simbolo «+» per un'operazione binaria. Gli assiomi sono:

$$\forall x\,\forall y\,\forall z\,[(x+y)+z = x+(y+z)]; \quad \forall x\,(x+0 = 0+x = x); \quad \forall x\,\exists y\,(x+y = y+x = 0).$$

Gli assiomi visti sono spesso presentati come *definizione* di gruppo; in effetti, come abbiamo notato, gli assiomi costituiscono una definizione degli enti primitivi.

68 Se consideriamo due operazioni binarie «+» e «·» con opportuni assiomi, si ottiene la teoria dei **campi**. La cosa ha interesse perché, entro certi limiti, si può ritenere che si tratti di un sistema di assiomi per l'algebra: come assiomi dell'algebra si possono cioè assumere quelle proprietà delle operazioni (proprietà commutativa e associativa dell'addizione e della moltiplicazione, proprietà distributiva della moltiplicazione rispetto all'addizione, ecc.), che usiamo normalmente nel calcolo algebrico.

Modelli di un sistema di assiomi. Il problema della coerenza.

69 Concludiamo con un cenno a concetti di logica matematica più complessi.

Per *modello* di un sistema di assiomi Σ si intende una struttura in cui sono soddisfatti gli assiomi di Σ: ad esempio, ogni gruppo è un modello per la teoria dei gruppi. In ogni modello valgono, naturalmente, tutti i teoremi che si deducono dagli assiomi di Σ.

Sottolineiamo che una dimostrazione matematica deve far riferimento solo agli assiomi e non ai modelli: non si può dimostrare un teorema considerando solo un caso particolare.

70 TEOREMA. *Se un sistema di assiomi ammette un modello, allora è coerente.*

Infatti, tenuto conto che in un modello valgono tutti i teoremi della teoria, non può capitare che, in un'unica struttura sia verificato un enunciato e, al tempo stesso, la sua negazione.

Per i sistemi di assiomi con opportune proprietà logiche, si dimostra anche l'implicazione inversa: in altre parole, *un sistema di assiomi è coerente se e solo se ammette un modello.*

71 Quanto detto al n. precedente fornisce un criterio per stabilire la coerenza di una teoria (anche se, per molte teorie importanti, non siamo nelle condizioni di dimostrarne la coerenza). Esaminiamo due esempi.

Al n. 31 del cap. XII abbiamo visto che la geometria analitica permette di costruire un *modello* del sistema di assiomi per la geometria euclidea, cioè di dare un significato algebrico alle parole *punto* e *retta*, in modo che siano soddisfatte le proprietà espresse dagli assiomi. Supponendo noto l'insieme R dei numeri reali, si stabilisce che:

per «*punto*» si intende «una coppia ordinata di numeri reali»,

per «*retta*» si intende «l'insieme delle coppie che soddisfano una equazione di primo grado in x, y».

Si può verificare che, con questa interpretazione puramente algebrica delle parole punto e retta (che prescinde dal consueto significato geometrico), valgono tutti gli assiomi da noi enunciati.

Usando i numeri reali, abbiamo così costruito un *modello* per la geometria euclidea, cioè una struttura in cui valgono le proprietà espresse dai postulati e, di conseguenza, anche i teoremi della geometria piana. In definitiva: a partire dai numeri reali, si trova che il sistema di assiomi per la geometria euclidea ammette un modello e, dunque, è coerente.

72 I modelli che abbiamo visto per le geometrie non euclidee (nn. 38 e 40) sono costruiti a partire dal piano e dallo spazio euclideo, nel senso che, sfruttando le proprietà della geometria euclidea, si dimostra che sono soddisfatti gli assiomi delle nuove geometrie. Pertanto, se gli assiomi della geometria ellittica (ad esempio) si contraddicessero fra loro, allora troveremmo una contraddizione su una superficie sferica della geometria euclidea. Questo permette di affermare che: se la geometria euclidea non è contraddittoria, allora anche le geometrie ellittica e iperbolica non sono contraddittorie.

LETTURE STORICO-CRITICHE, BRANI ANTOLOGICI E NOZIONI COMPLEMENTARI

I. *Brano antologico*: L'elogio della matematica di Alessandro Padoa.

1 **Alessandro Padoa** (1868-1937) fu uno degli esponenti della scuola italiana di logica matematica che si sviluppò, intorno a Giuseppe Peano, fra la fine dell'800 e l'inizio del '900.

Il titolo stesso della sua tesi di laurea «*Di alcuni postulati della geometria euclidea dati con la maggiore indipendenza possibile dall'intuizione*» dimostra l'interesse del Padoa per una sistemazione rigorosa dei vari rami della matematica e, in particolare, della geometria. I notevoli risultati da lui raggiunti gli procurarono una certa notorietà all'estero, tanto da venire spesso invitato a tenere seminari e conferenze presso Università straniere. Tuttavia, in Italia gli fu preclusa, per vari motivi, la carriera universitaria; fu così insegnante nelle Scuole secondarie di diverse città. Solo negli ultimi anni della sua vita ottenne riconoscimenti prestigiosi anche in Italia: fra l'altro, nel 1932 conseguì, primo in Italia, la libera docenza in logica matematica.

Il brano che riportiamo, tratto da un discorso tenuto nel 1908 ([1]), testimonia la passione del Padoa per lo studio e la ricerca matematica. Naturalmente certi spunti possono oggi sembrare un po' antiquati e forse retorici (ad esempio, dove si afferma che nella matematica «rifulge lo splendore del vero»). Riteniamo, comunque, che le considerazioni del Padoa conservino una loro coerenza e si prestino, quanto meno, a far da base per un interessante dibattito.

Mentre affermo che nessuna scienza mi sembra più utile, più bella e più facile della matematica, quei tali [che la disprezzano] forse commentano argutamente questi tre aggettivi così: Utile? E quale professore non ritiene utile più di ogni altra la dottrina che insegna? Bella? Bello è quel che piace e, se la matematica piace a lei, non piace a noi. Facile? Questo poi rasenta la canzonatura! No, no; io non scherzo. E poiché nulla più del dogmatismo è ripugnante a chi abbia la mente esercitata alle indagini

([1]) Discorso pubblicato dalla Tipografia Chiantone-Mascarelli di Pinerolo.

scientifiche, io non voglio imporre a que' tali la mia opinione: desidero soltanto aiutarli a formarsene una conforme alla mia.

Ho detto che la matematica è più *facile* di ogni altra scienza. Ed invero: quale altra scienza si occupa di verità più elementari, poiché essa non ne presuppone alcun'altra, mentre ogni altra presuppone la matematica? In quale altra scienza le argomentazioni sono altrettanto convincenti ed esaurienti? Quale altra scienza conduce a risultati più sicuri e più agevolmente controllabili?

È appunto la facilità e l'immediatezza della verifica che, dando autorità critica decisiva anche ai più ignari, rende impossibile ogni frode. Invero, mentre un matematico ciarlatano può essere messo con le spalle al muro da uno anche non molto esperto, soltanto un dotto può riuscire a confondere, se pur vi riesce, un presuntuoso che si vanti competente in questioni politiche od economiche, filosofiche od artistiche; tanto è vero che, quando due discutono di argomenti siffatti, quasi sempre accade di udir sostenere risolutamente dagli avversari opinioni, nonché diverse, contraddicentisi, senza che alcuno riesca a provare luminosamente la verità della propria; tanto è vero che, mentre il tempo fece giustizia di psicologi e moralisti, filosofi e giuresconsulti ch'ebbero grandissima e immeritata fama, la storia non registra, ch'io sappia, un solo esempio di matematico il cui nome già glorioso sia divenuto oscuro nel volgere dei secoli.

Quando affermo che la matematica è più facile d'ogni altra scienza, io non ignoro e non dimentico quant'essa riesca difficile ai più (troppi si incaricano di provarmelo quotidianamente!): gli è che, a dirla francamente, io dubito se costoro, benché siano i più, siano atti a formarsi una soda cultura in qualsiasi altro ramo dello scibile.

Ho detto che la matematica è più *bella* d'ogni altra scienza; ed invero in quale altra meglio rifulge lo splendore del vero?

Ho detto che la matematica è più *utile* d'ogni altra scienza; ed invero quale altra fornisce cognizioni tanto universali nel tempo e nello spazio, aiuto altrettanto valido alle scienze fisiche e alle arti costruttive?

Ma la matematica è universalmente utile, oltre e forse più che per la verità che essa fa conoscere, per i metodi di ricerca che essa adopera ed adoperando insegna.

Nessun altro studio richiede meditazione più pacata: nessun altro meglio induce ad esser *cauti nell'affermare, semplici ed ordinati nell'argomentare, precisi e chiari nel dire*; e queste semplicissime qualità sono sì rare che possono bastare da sole ad elevare, chi ne è dotato, molto al di sopra della maggioranza degli uomini. Perciò io esorto a studiare matematica pur chi si accinge a divenire avvocato o economista, filosofo o letterato: perché io spero e credo non gli sarà inutile per saper bene ragionare e facilmente esporre.

II. *Brano antologico*: Da un dialogo di Platone.

2 Di **Platone** (427-376 a.C.) e della sua famosa scuola abbiamo già fatto cenno nella lettura IV del primo volume, dedicata ad Eudosso. Unitamente al suo maestro **Socrate**

ed al suo discepolo **Aristotele**, Platone può, a buon diritto, essere annoverato non solo tra i massimi filosofi della antica Grecia, ma addirittura fra i fondatori della filosofia intesa come scienza.

La sua dottrina ha come punto centrale il problema della *conoscenza* da lui concepita come ricordo *di concetti* posseduti in vite precedenti. L'idea di «bellezza», egli osserva, si crea in noi osservando tante cose «belle» che ci circondano; ma come distinguere il «bello» dal «non bello» se non abbiamo già innato in noi l'ideale concetto di «bellezza»? Il conoscere è dunque un riapparire di idee già sapute e poi dimenticate; di idee che vengono richiamate alla memoria dalla osservazione di oggetti che abbiamo occasione di vedere o da nozioni che ci vengono sottoposte. Perciò anche uno schiavo ignaro di matematica, se sapientemente guidato, potrà *ricordare* un teorema di geometria.

Queste considerazioni sono presenti in molti dei *Dialoghi* di Platone (così chiamati perché scritti in forma di colloquio tra Socrate e suoi occasionali interlocutori). In particolare, nel *Menone* compare il citato esempio dello schiavo.

Noi riportiamo il corrispondente brano non per entrare in merito alla teoria della *conoscenza*, ma per presentare ai lettori un saggio matematico di Platone, che costituisce anche uno dei primi esempi di didattica della matematica.

3 SOCRATE. [...] Chiamami uno qualunque del tuo numeroso seguito, affinché io possa farti in lui la dimostrazione.

MENONE. Va bene. (*Ad un servo*) Vieni qua.

SOCRATE. È greco e parla greco?

MENONE. Sì, sì, è nato in casa.

SOCRATE. Sta' attento se ti fa l'impressione ch'egli ricordi o impari da me.

MENONE. Starò attentissimo.

SOCRATE. (*Disegna nell'arena un quadrato e parla al servo*) Dimmi ragazzo, riconosci tu in questa figura un quadrato? [fig. 1]

SERVO. Sì.

SOCRATE. Il quadrato dunque è una figura che ha tutte queste linee *AB*, *BC*, *CD*, *DA* uguali?

SERVO. Certamente.

SOCRATE. E queste due diagonali *AC*, *BD*, non sono anch'esse uguali fra di loro?

SERVO. Sì.

SOCRATE. Questa superficie *ABCD* può essere più grande o più piccola?

SERVO. Sicuro.

SOCRATE. Se un lato *AD* fosse di due piedi e quello adiacente *AB* di due, di quanti piedi [quadrati] sarebbe l'intero [quadrilatero]? Osserva in questo modo: se da questa parte *AD* fosse di due piedi e da questa *AB* soltanto di uno, la superficie non sarebbe di una volta due?

SERVO. Sì.

SOCRATE. Ma essendo di due piedi anche da questa parte *AB*, non risulta di due volte due?

SERVO. Appunto.

SOCRATE. Dunque è di due volte due piedi [quadrati].

SERVO. Sì.

Socrate. E due volte due piedi [quadrati] quanti sono? Fa' il calcolo.

Servo. Quattro, o Socrate.

Socrate. E ci può essere una superficie doppia di questa che come questa abbia tutti i quattro lati uguali?

Servo. Sì.

Socrate. Di quanti piedi [quadrati] sarà?

Servo. Di otto.

Socrate. Bene; prova a dire quanto lungo sarà ciascun lato. Questo è di due piedi; quanto sarà quello del [quadrato] doppio?

Servo. Evidentemente il doppio, o Socrate.

Socrate. (*A Menone*) Vedi Menone che io non insegno nulla, ma domando tutto? Adesso costui crede di conoscere il lato di un quadrato di otto piedi [quadrati]; non ti pare?

Menone. A me sì.

Socrate. E lo conosce?

Menone. No certo.

Socrate. Crede che il lato sia doppio.

Menone. Sì.

Socrate. Osservalo mentre comincerà a ricordare via via quanto deve ricordare. (*Al servo*) Dimmi. Tu affermi che una superficie doppia proviene da un lato doppio; e non già da un lato lungo e uno breve, ma da tutti e quattro [i lati] uguali, come in questo [in fig. 1], però doppio di esso, [...]. Questo ti sembra?

Servo. A me sì.

Socrate. Questo lato *AB* diventa doppio se gli aggiungiamo altrettanto da questa parte *BE*? [fig. 2]

Servo. Certamente.

Socrate. E da questa linea *AE* presa come lato verrà secondo te un quadrato di otto piedi [quadrati]?

Servo. Sì.

Socrate. Disegniamo dunque quattro di queste linee uguali [fig. 3] *AE*, *EG*, *GI*, *IA*. Questo *AEGI* sarà forse un quadrato di otto piedi [quadrati]?

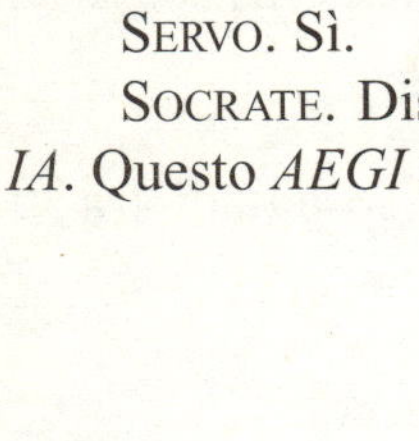

Fig. 1.

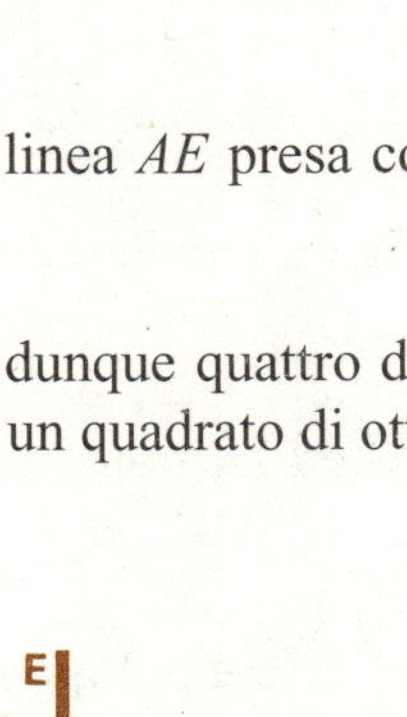

Fig. 2.

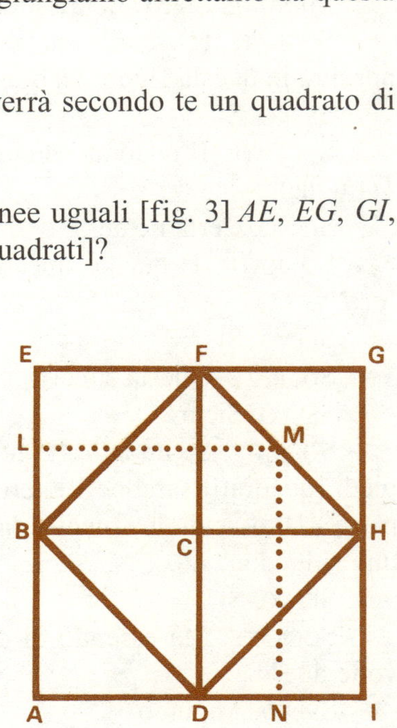

Fig. 3.

SERVO. Sicuro.

SOCRATE. Ma in esso entrano quattro quadrati *ABCD*, *BEFC*, *CFGH*, *CHID* uguali al primo, che è di quattro piedi [quadrati].

SERVO. Sì.

SOCRATE. Ebbene non è quattro volte tanto?

SERVO. Come no?

SOCRATE. Ma è forse doppio quello che è quattro volte tanto?

SERVO. No certo.

SOCRATE. E quante volte più?

SERVO. Quadruplo.

SOCRATE. Dunque, o ragazzo, da un lato doppio non s'ottiene una superficie doppia, ma una quadrupla.

SERVO. È vero.

SOCRATE. Difatti quattro volte quattro fa sedici; no?

SERVO. Sì.

SOCRATE. E una superficie di otto piedi [quadrati] da quale lato si otterrà? Da questo non se ne ha uno quadruplo?

SERVO. Sì.

SOCRATE. Dal lato metà si ha questo *ABCD* di quattro piedi [quadrati]?

SERVO. Certo.

SOCRATE. Quello di otto piedi non è il doppio dell'uno *ABCD* e la metà dell'altro *AEGI*?

SERVO. Sicuro.

SOCRATE. Dunque sarà un lato maggiore di questa linea *AB* e minore di questa *AE*; no?

SERVO. Pare anche a me.

SOCRATE. Va bene. Rispondi pure quello che pensi. Dimmi: questa linea *AB* non era di due piedi e questa *AE* di quattro?

SERVO. Sì.

SOCRATE. Dunque il lato d'una superficie di otto piedi [quadrati] dev'essere maggiore di quello di due e minore di quello di quattro.

SERVO. Necessariamente.

SOCRATE. Provati a dire quanto dev'essere.

SERVO. Di tre piedi.

SOCRATE. Se è di tre piedi, prenderemo la metà di questa *BE* e avremo i tre piedi, perché questo *AB* sono due e questo *BL* uno [fig. 3]. Ugualmente da quest'altra parte; questo *AD* sono due e questo *DN* uno. Così si forma il piano [cioè il quadrato] che tu dici *ALMN*.

SERVO. Sì.

SOCRATE. Ma se questo lato *ABL* è di tre piedi e quest'altro *ADN* di tre, il piano intero sarà di tre volte tre piedi.

SERVO. Così pare.

SOCRATE. E tre volte tre piedi quanto fa?

SERVO. Nove.

SOCRATE. E di quanti piedi doveva essere il doppio?

SERVO. Di otto.

SOCRATE. Dunque nemmeno da un lato di tre piedi avremo una superficie di otto.

SERVO. No certo.

SOCRATE. Ma da quale dunque? Studiati di dirlo esattamente. Se non vuoi contare, almeno indicalo.

SERVO. Per Giove, o Socrate, io proprio non lo so.

SOCRATE. (*A Menone*) Osservi, o Menone, a qual punto si trova sulla via del ricordare? Prima non sapeva quale fosse il lato di una superficie d'otto piedi [quadrati], come non lo sa neanche adesso; ma allora credeva di saperlo e rispondeva francamente come uno che sa, e non credeva di essere incerto; ora crede d'essere in dubbio e, come non sa, nemmeno crede di sapere.

MENONE. È vero.

SOCRATE. Non si trova quindi in miglior condizione rispetto alla cosa che ignorava?

MENONE. Pare anche a me.

SOCRATE. E rendendolo perplesso e torpido, come fa la torpedine, gli abbiamo forse nociuto?

MENONE. Non mi pare.

SOCRATE. Anzi, gli abbiamo giovato a trovare la verità. Adesso non sapendo cercherà volentieri; allora con tutta facilità avrebbe spesso e in faccia a molti sostenuto che il lato d'un quadrato doppio dev'essere una linea di doppia lunghezza.

MENONE. Pare.

SOCRATE. E credi tu che si sarebbe posto a ricercare e ad apprendere quello che credeva di sapere, non sapendolo, prima di cadere nel dubbio [...]?

MENONE. Non mi pare, o Socrate.

SOCRATE. Dunque ricavò vantaggio dall'intorpidimento?

MENONE. Pare di sì.

SOCRATE. Ora osserva quello che partendo da tale perplessità egli scoprirà cercando con me, mentre io non fo che interrogare senza insegnargli nulla. Sta' attento se puoi cogliermi ad insegnargli o spiegargli qualche cosa invece di limitarmi ad esaminare le sue idee. (*Al servo*) Dimmi tu, questo *ABCD* non è un quadrato di quattro piedi [quadrati]? Hai capito?

SERVO. Io sì.

SOCRATE. Ve ne possiamo aggiungere un altro uguale *BEFC* sul lato *BC*?

SERVO. Sì.

SOCRATE. E un terzo uguale a ciascuno dei due *CDIH* sul lato *CD*?

SERVO. Sì.

SOCRATE. E possiamo riempire lo spazio in quest'angolo con un quarto quadrato *CFGH* sul prolungamento del lato *CD*?

SERVO. Sicuro.

SOCRATE. Non avremo noi qui quattro quadrati uguali?

SERVO. Sì.

SOCRATE. E questo quadrato grande quale multiplo è del primo?

SERVO. Quadruplo.

SOCRATE. Ma noi ne volevamo uno doppio; ti rammenti?

SERVO. Certo.

SOCRATE. E queste linee trasversali che vanno da angolo ad angolo *BD*, *DH*, *HF*, *FB* non tagliano in due parti uguali ciascuno di questi quadrati?

SERVO. Sì.

SOCRATE. Queste dunque non sono quattro linee uguali che limitano questo quadrato *BDHF*?

SERVO. Appunto.

SOCRATE. Guarda dunque; quanto grande è questo quadrato *BDHF*?

SERVO. Non capisco.

SOCRATE. Ciascuna linea non taglia internamente per metà ciascuno dei quattro quadrati?

SERVO. Sì.

SOCRATE. Quante di queste metà stanno qui dentro le [quattro] diagonali?

SERVO. Quattro.

SOCRATE. E quante in questo quadrato *ABCD*?

SERVO. Due.

SOCRATE. E il quattro cosa è rispetto al due?

SERVO. Il doppio.

SOCRATE. Quanto grande dunque è questo quadrato *BDHF*?

SERVO. Di otto piedi [quadrati].

SOCRATE. Da qual linea?

SERVO. Da questa *BD*.

SOCRATE. Da quella che va da angolo ad angolo del quadrato?

SERVO. Sì.

SOCRATE. I dotti la chiamano diametro diagonale. E, dunque, come dici tu, o servo di Menone, il quadrato doppio di uno dato ha per lato la diagonale di questo.

SERVO. Certamente, o Socrate.

SOCRATE. Che ti pare, o Menone? ha egli espresso nelle sue risposte alcun pensiero che non fosse suo?

MENONE. No, tutti suoi.

SOCRATE. Eppure non sapeva, come dicevamo poc'anzi.

MENONE. È vero.

SOCRATE. Dunque all'ignorante sono insite opinioni vere sulle materie che ignora?

MENONE. Pare.

III. *Brano antologico*: Il Libro primo degli «Elementi» di Euclide.

4 Euclide, nel primo Libro degli *Elementi*, suddivide in due parti la sua esposizione. La prima è una *premessa* che, a sua volta, si compone di tre settori: *termini* (o definizioni), *postulati* e *nozioni comuni* (essendo, queste ultime, altri postulati, ma di contenuto non esclusivamente geometrico). La seconda parte che costituisce la *teoria* vera e propria, è un elenco di *proposizioni*, cioè di «problemi» geometrici (costruzioni con riga e compasso) e di «teoremi», ciascuno dei quali è risolto o dimostrato.

Noi presentiamo, del *Libro primo* degli *Elementi*, solo l'elenco completo dei termini, dei postulati e delle nozioni comuni.

5 Termini [o Definizioni]

I. Punto è ciò che non ha parti.
II. Linea è lunghezza senza larghezza.
III. Estremi di una linea sono punti.
IV. Linea retta è quella che giace ugualmente rispetto ai suoi punti.
V. Superficie è ciò che ha soltanto lunghezza e larghezza.
VI. Estremi di una superficie sono linee.
VII. Superficie piana è quella che giace ugualmente rispetto alle sue rette.

I termini I, IV, VII sembrano voler dare altrettante definizioni di punto, retta, piano. Il che potrebbe farci dubitare che in Euclide non fosse chiara l'idea che tali enti geometrici vanno assunti come «primitivi». La situazione è, invece, sostanzialmente diversa, come cercheremo di chiarire.

Cominciamo con l'osservare che al giorno d'oggi tutte le scienze, anche quelle di tipo non matematico, fanno uso di enti astratti, concepiti come puri atti di pensiero. Si pensi, ad esempio, alla velocità istantanea (cioè al limite cui tende la velocità media quando il tempo considerato tende a zero). Poiché tali enti astratti sono bagaglio quotidiano anche delle persone non colte, rientra nella normalità il presentare i segmenti come soggetti immateriali aventi, ad esempio, la forma degli spigoli di una lavagna. Ben diversa era la situazione 300 anni a.C. La matematica muoveva i suoi primi passi come capacità di astrazione; le altre scienze, ad eccezione dell'astronomia, erano praticamente inesistenti; coloro che si accostavano alla geometria, anche nella progredita Grecia, erano certamente molti meno di uno su mille. Per cui è assai probabile che Euclide si sentisse in dovere di fornire a costoro chiarimenti non equivoci circa il modo in cui – abbandonati certi comodi ma troppo grossolani modelli tratti dalla realtà materiale – andavano intesi i punti, le rette, i piani e, più in generale, le linee e le superfici.

In secondo luogo, è significativo il fatto che Euclide, nel seguito della sua trattazione, non faccia più alcun riferimento alle definizioni citate. In altre parole; mentre le successive definizioni hanno l'esplicito scopo di precisare le proprietà essenziali di certe figure (cerchi, triangoli isosceli ecc.) per consentirne lo studio, queste di cui stiamo discutendo sembrano invece rispondere ad esigenze più filosofiche che geometriche.

Vi è, infine, una terza osservazione. La definizione IV afferma sostanzialmente che «la retta viene vista sempre allo stesso modo da chi la guardi situandosi in uno dei suoi punti», cioè che «un osservatore che si trovi in un punto di una retta non può in alcun modo precisare qual è la sua posizione rispetto ad essa» (una spezzata, invece, è vista diversamente da due osservatori posti in due suoi punti distinti). Si consideri ora che anche la circonferenza gode della proprietà enunciata per la retta; e, comunque, anche supponendo che Euclide intendesse far riferimento alle sole linee "aperte" (cioè prive di primo ed ultimo punto, come diremmo oggi), è possibile trovarne talune che, senza essere rette, «giacciono ugualmente rispetto ai loro punti». Si tratta delle *eliche cilindriche,* cioè di quelle linee che hanno la forma di una molla infinitamente lunga. Analoghe considerazioni valgono per la VII: si pensi, ad esempio, che una superficie cilindrica indefinita (cioè infinitamente lunga) viene vista sempre allo stesso modo da chi si disponga lungo una delle rette (generatrici) che la compongono. Ora è improbabile che queste coincidenze siano sfuggite ad Euclide. Per cui siamo indotti, per altra via, ad argomentare che egli, con la IV e la VII, intendesse non *definire* rette e piani, ma semplicemente precisare certe loro caratteristiche.

Un'osservazione marginale. Il concetto di punto viene introdotto in due modi: con la I come ente che non avendo parti non ha neppure estensione e con la III quale estremo di una linea e quindi ancora come ente privo di dimensioni. Questa "definizione" si ricollega con la

VI, che presenta le linee come estremi (o bordi, o frontiere) delle superfici, e con la II nel Libro XI, che introduce le superfici come limiti dei solidi. Anche se in forma non esplicita Euclide viene così a distinguere le figure in tre classi: a 1, a 2, a 3 dimensioni.

VIII. Angolo piano è la reciproca inclinazione di due linee piane che si incontrano e che non giacciono entrambe su una medesima retta.
IX. L'angolo si dice rettilineo se le linee che lo comprendono sono rette.
X. Quando due rette, l'una innalzata sull'altra, formano angoli adiacenti uguali, ciascuno dei due angoli si dice retto e la retta innalzata si dice perpendicolare all'altra.
XI. Angolo ottuso è quello maggiore di uno retto.
XII. Angolo acuto è quello minore di uno retto.

Si noti, per quanto riguarda gli angoli, che Euclide: 1) non li considera come «porzioni di piano» (modo di definirli che comparirà assai più tardi), ma ricorre all'idea di «inclinazione», molto comune nel linguaggio dell'epoca; 2) prende in considerazione anche gli angoli formati da due linee curve (fig. 4); 3) esclude l'angolo piatto (le due linee che limitano l'angolo non debbono giacere sulla medesima retta); 4) immagina le rette (o, più precisamente, i segmenti) perpendicolari disposti come in fig. 5, cioè con un estremo dell'uno appartenente all'altro.

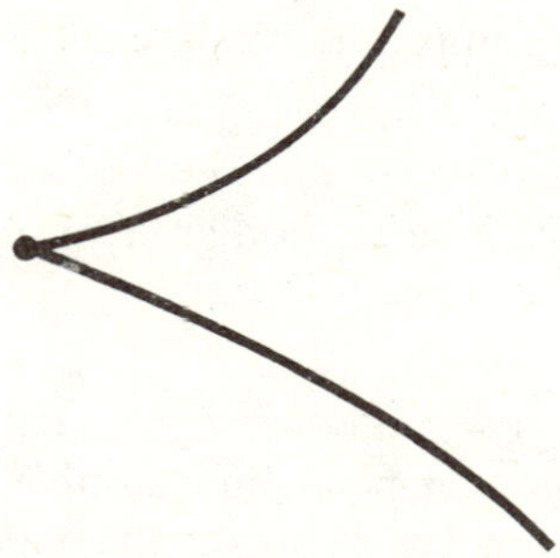

Fig. 4.

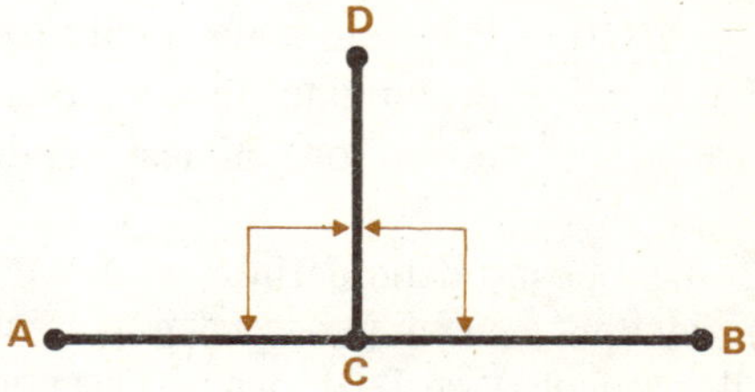

Fig. 5.

XIII. Termine è ciò che è estremo di qualche cosa.
XIV. Figura è ciò che è limitato da uno o più termini.
XV. Cerchio è una figura piana limitata da un'unica linea [la circonferenza] tale che tutte le rette le quali cadono [cioè che hanno un estremo] su di essa, a partire da un punto fra quelli che giacciono internamente alla figura, sono uguali fra loro.
XVI. Quel punto si chiama centro del cerchio.
XVII. Diametro del cerchio è una retta condotta per il centro e limitata da entrambe le parti dalla circonferenza del cerchio, la quale retta taglia anche il cerchio per metà.
XVIII. Semicerchio è la figura limitata dal diametro e dalla circonferenza da esso tagliata. E centro del semicerchio è il centro del cerchio.

Le figure, secondo la concezione euclidea, debbono essere «limitate»; e ciò in accordo con la filosofia greca che evita costantemente il ricorso all'idea di «infinito». Proprio per questo le *rette* sono semplicemente *segmenti* (si veda la XV, la XVII e, successivamente, la XIX e la XXIII). Tali segmenti, poi, possono essere prolungati di quanto si vuole (XXIII). Non si accettano, cioè, le figure infinite (infinito attuale), ma solo quelle che possono tendere all'infinito (infinito potenziale).

La definizione di cerchio (XV), anche se formalmente piuttosto laboriosa, non differisce sostanzialmente da quella oggi in uso.

XIX. Figure rettilinee sono quelle limitate da rette; vale a dire: figure trilatere quelle limitate da tre rette, quadrilatere quelle limitate da quattro, e multilatere quelle limitate da più di quattro rette.

XX. Delle figure trilatere, è triangolo equilatero quella che ha i tre lati uguali; isoscele quella che ha soltanto due lati uguali; e scaleno quella che ha i tre lati disuguali.

XXI. Infine, delle figure trilatere, è triangolo rettangolo quella che ha un angolo retto; ottusangolo quella che ha un angolo ottuso; ed acutangolo quella che ha i tre angoli acuti.

XXII. Delle figure quadrilatere, è quadrato quella che è insieme equilatera ed ha gli angoli retti; rettangolo quella che ha gli angoli retti, ma non è equilatera; rombo quella che è equilatera, ma non ha gli angoli retti; romboide quella che ha i lati e gli angoli opposti uguali fra loro, ma non è equilatera né ha gli angoli retti. E le figure quadrilatere oltre a queste si chiamano trapezi.

XXIII. Parallele sono quelle rette che, essendo nello stesso piano e venendo prolungate illimitatamente dall'una e dall'altra parte, non si incontrano fra loro da nessuna delle due parti.

A proposito delle definizioni XX e XXII si noti che oggi si preferisce partire dalle situazioni più generali per scendere poi, introducendo condizioni man mano più restrittive, a quelle particolari: così dal triangolo generico si passa a quello isoscele e da questo all'equilatero. Euclide, invece, muove dalle forme più regolari, considerate dai Greci più belle, più care agli dèi, per passare a quelle meno regolari. Non a caso la prima figura che egli introduce è il cerchio, simbolo della perfezione.

Si osservi che, per Euclide, un triangolo equilatero non è isoscele ed un quadrato non è né rettangolo né rombo.

Il romboide (parallelogramma) è stranamente introdotto senza ricorrere al parallelismo dei lati; ma forse ciò può essere spiegato con la preoccupazione di Euclide di rimandare o, se possibile, di evitare tutte le situazioni legate al parallelismo. Non per niente la definizione di rette parallele è l'ultima del suo elenco. Un'altra cosa strana è che la definizione di romboide è sovrabbondante, dato che l'uguaglianza dei lati opposti implica quella degli angoli opposti; e viceversa.

Il vocabolo «trapezio» è usato da Euclide in senso diverso dall'attuale. Dei nostri trapezi, del resto, egli non tratta mai in modo esplicito nei suoi *Elementi*. Chissà perché i trapezi sembrano destinati a creare sempre un po' di confusione: per gli americani «trapezium» è un quadrilatero non parallelogramma, mentre «trapezoid» è il nostro trapezio; per gli inglesi è esattamente il contrario.

6 POSTULATI.

I. Risulti postulato: che si possa condurre una linea retta da un qualsiasi punto ad ogni altro punto.
II. E che una retta terminata [cioè un segmento] si possa prolungare continuamente in linea retta.
III. E che si possa descrivere un cerchio con qualsiasi centro ed ogni distanza [cioè con qualsiasi raggio].
IV. E che tutti gli angoli retti siano uguali fra loro.
V. E che, se una retta venendo a cadere su due rette [fig. 6] forma gli angoli interni e dalla stessa parte minori di due retti [cioè tali che la loro somma sia minore di due retti], le due rette prolungate illimitatamente verranno ad incontrarsi da quella parte in cui sono gli angoli minori di due retti [cioè in cui la somma è minore di due retti].

I primi tre postulati chiariscono, sia pure in forma indiretta, che gli strumenti da usare nelle costruzioni geometriche sono solo la riga e il compasso: la prima consente sia di tracciare il segmento avente per estremi due punti assegnati, sia di prolungare un segmento dato; il secondo permette di descrivere cerchi (nel senso di circonferenze).

La proposizione V è il famoso postulato delle parallele che Euclide enuncia in una forma diversa, ma equivalente, a quella attualmente in uso: «per un punto esterno ad una retta passa una sola retta parallela a questa». Aggiungiamo una osservazione di carattere esclusivamente formale. Euclide evita di parlare di *somma*: nel V postulato anziché dire che le due rette r, r' debbono formare da una stessa parte della trasversale t angoli coniugati interni aventi somma minore di due retti, afferma che i due angoli sono «minori di due retti».

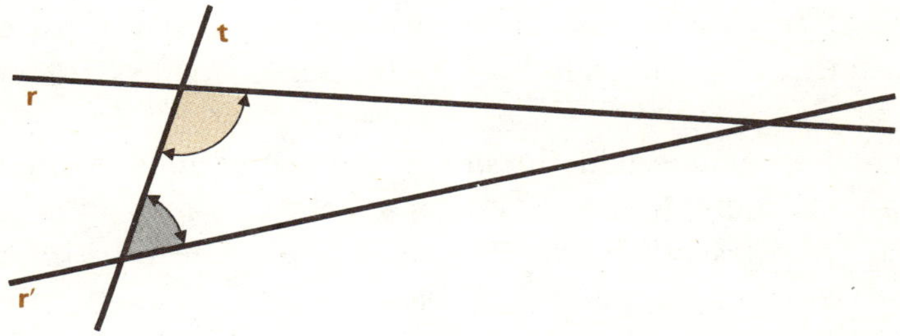

Fig. 6.

7 NOZIONI COMUNI.

I. Cose che sono uguali ad una stessa sono uguali anche fra loro.
II. E se cose uguali sono addizionate a cose uguali, le totalità sono uguali.
III. E se da cose uguali sono sottratte cose uguali, i resti sono uguali.
IV. E cose che coincidono fra loro sono fra loro uguali.
V. Ed il tutto è maggiore della parte.

La nozione I non è altro che la proprietà transitiva dell'uguaglianza.

Il senso dell'aggettivo «uguali» è quello attuale se ci riferiamo all'aritmetica (si ricordi che le Nozioni comuni riguardano tutti i rami della matematica), mentre in geometria va letto come «equivalenti»: in caso contrario, infatti, la II e la III non sarebbero corrette (perché?).

La nozione V esprime quello che oggi chiamiamo postulato di De Zolt (si veda il n. 9 del cap. X); solo che la sua formulazione appare oggi poco corretta: è accettabile ad esempio per i poligoni, ma non per altre figure. Ad esempio, sia r una semiretta di origine O, sia A un suo punto distinto da O e sia, infine, r' la semiretta di origine A ed i cui punti appartengono tutti anche alla r: la r' è chiaramente una parte di r, ma r ed r' sono uguali (o, meglio, congruenti).

IV. I Pitagorici e le grandezze incommensurabili.

8 I primi matematici che rilevarono l'esistenza di grandezze incommensurabili furono i Pitagorici.

Con la scoperta del teorema di Pitagora, applicato al triangolo rettangolo e isoscele, essi, con ragionamenti analoghi a quelli riportati al n. 14 del cap. XII, furono costretti ad ammettere l'esistenza di grandezze omogenee, sprovviste di un sottomultiplo comune. Non a caso abbiamo detto che *furono costretti* a queste conclusioni. Infatti tale scoperta, invece di rallegrarli, li sconcertò e li sconvolse.

Per capire tutto ciò, si pensi che i Pitagorici ritenevano che i corpi fossero costituiti di corpuscoli tutti uguali fra loro e disposti in forme geometriche. Tale convinzione, trasportata nel campo della geometria, faceva loro pensare che anche i punti avessero una estensione (sia pur piccolissima). Da ciò essi deducevano che un segmento doveva ritenersi formato da un numero *finito* di punti.

Pertanto il rapporto di due segmenti doveva risultare uguale al rapporto dei numeri interi che esprimevano quante volte il punto era contenuto in ciascuno dei due segmenti. In altre parole, essi pensavano che il punto fosse il sottomultiplo comune a tutti i segmenti; cioè che tutti i segmenti fossero commensurabili tra loro.

Abbiamo accennato nella lettura III del primo volume che la Scuola pitagorica aveva il carattere di setta scientifica, politica e religiosa. È, quindi, naturale che i Pitagorici dessero un significato mistico alle loro interpretazioni della realtà fisica e geometrica e che vedessero, in esse, l'anello di congiunzione tra l'umano e il divino.

Non stupisce, pertanto, che la scoperta degli incommensurabili sia sembrata ai Pitagorici blasfema e sconcertante. Ne è riprova il fatto che fu proibito ai membri della setta di rivelare ad altri la nuova verità, sotto la minaccia di esser considerati sacrileghi. Tanto è vero che, secondo la leggenda, il pitagorico Ippaso da Metaponto perì in mare proprio perché aveva rivelato la cosa ad estranei.

V. Storia delle unità di misura.

9 L'uso delle *unità* per la misura delle grandezze più comuni, come le linee, le superfici, i solidi e i pesi, si perde nell'antichità più remota e, forse, risale ai primi uomini che popolarono la terra.

Tali unità variarono da popolo a popolo, secondo la legge del caso e dell'opportunità. Esse furono, in origine, grossolane, imprecise e soggettive. Per rendersene conto basta pensare che i pesi si dedussero dal carico degli animali da soma, che le linee vennero misurate in *cubiti* (o braccia) e le estensioni di terreno in *jugeri* (o giornate impiegate da una coppia di buoi per ararle).

Naturalmente, con il progredire della civiltà e con l'aumentare dei commerci tra popolo e popolo, si fece sempre più vivo il disagio sia per l'uso di molteplici unità di misura, sia per la precarietà della esatta determinazione di ciascuna di esse. Si cercò, quindi, di stabilire dei campioni, quanto più possibile identici, delle unità adottate.

Ma solo in epoca recente si avvertì l'inderogabile esigenza di stabilire un unico e invariabile sistema di unità di misura che tutelasse le esigenze sia della scienza che delle necessità pratiche. Fu precisamente nel 1790 che l'Assemblea Costituente francese conferì ad una commissione di cinque eminenti scienziati il compito di studiare il problema e di proporre delle unità di misura che fossero indipendenti da elementi contingenti, quali la soggettività del misuratore, la temperatura, ecc. Di tale commissione facevano parte i matematici Laplace e Monge, il geodeta Borda e l'enciclopedista Condorcet, insieme al matematico italiano Lagrange.

Essi proposero all'Assemblea di adottare come unità di lunghezza *la quarantamilionesima parte di un meridiano terrestre* o *metro*.

Mentre una commissione di geodeti provvedeva alla misurazione di un arco di meridiano terrestre, un'altra commissione gettava i fondamenti del *sistema metrico decimale*.

A lavori ultimati, si provvide a costruire una sbarra di platino a forma di parallelepipedo rettangolo. Il maggiore dei suoi spigoli, alla temperatura di zero gradi centigradi e alla pressione atmosferica normale, costituiva il campione del metro. Si costruì, anche, un altro campione di platino, detto *chilogrammo*, da assumersi come unità delle *masse*, uguale alla massa di un dm^3 di acqua distillata a quattro gradi centigradi, cioè alla massima densità e alla pressione atmosferica ordinaria.

Mentre il sistema metrico decimale, pur con molte difficoltà e con l'avversità delle popolazioni, entrava in uso in Francia, altre misurazioni di archi di meridiani terrestri dimostravano che il metro campione non corrispondeva alla sua definizione. D'altra parte si riconobbe che i procedimenti adottati nella sua costruzione non davano assolute garanzie di precisione. Per questi motivi il Governo francese convocò, nel 1875, la *Conferenza diplomatica del metro*, cui aderirono venti Nazioni. Tale Conferenza creò l'*Ufficio Internazionale di pesi e misure* che provvide alla costruzione di un nuovo metro campione, costituito da una sbarra con sezione ad X, in lega di platino e iridio, in modo che fosse più resistente alle flessioni e meno suscettibile di variazioni di lunghezza al variare della temperatura. La lunghezza del metro doveva essere letta, non tra le facce terminali, ma fra due tratti incisi su una faccia longitudinale. Tale campione si conserva nei sotterranei di Sèvres ed è controllato da comparatori microscopici di altissima precisione. Negli anni successivi, però, in seguito a nuovi studi e a nuove ricerche, si concluse che anche il campione di Sèvres non corrispondeva alla definizione originaria di quarantamilionesima parte del meridiano terrestre.

Nel 1889 la Conferenza generale di pesi e misure tornò a riunirsi, ma non ritenne opportuno far costruire un nuovo campione del metro, sia perché il vecchio era ormai divenuto di uso comune, sia perché i futuri, ulteriori progressi della scienza avrebbero portato inevitabilmente a riconoscere l'inesattezza anche del nuovo modello. Essa stabilì, invece, di abbandonare la originale definizione geodetica e di adottarne una nuova, secondo la quale *il metro è,* semplicemente, *la lunghezza del campione conservato a Sèvres.* La Conferenza provvide, inoltre, a far costruire altri campioni, uguali a quelli di Sèvres, che furono assegnati alle Nazioni aderenti ad essa. A Roma, presso l'Ufficio metrico, si conservano quelli assegnati all'Italia.

Oggi, in attuazione delle direttive dell'Unione Europea (legge 28 ottobre 1988, n. 473), il metro viene definito come la lunghezza del tragitto percorso dalla luce nel vuoto in un intervallo di $1 / 299\,792\,458$ di secondo.

VI. I paradossi geometrici.

10 In tutte le materie, ma in particolare nella matematica, occorre molta cautela nel passare da una situazione ad un'altra che dalla prima consegue; perché può accadere, per mancanza di attenzione, di pervenire a conclusioni erronee.

Per convincere chi si sentisse troppo sicuro di sé esporremo due noti paradossi nei quali, con l'aiuto di una piccola dose di faciloneria, si arriva a dimostrare nell'uno che

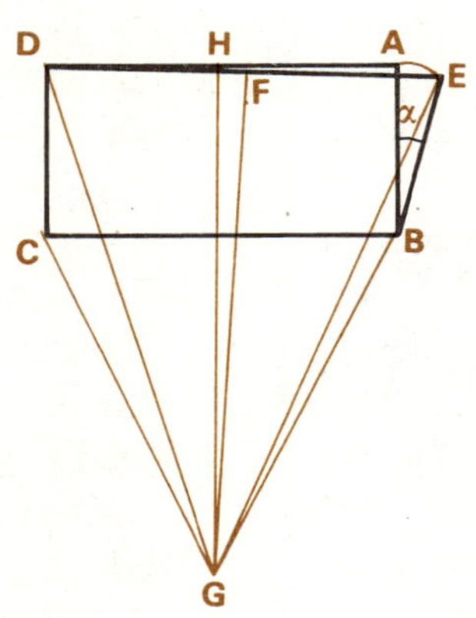

Fig. 7

un angolo retto ed uno ottuso sono uguali e nell'altro che due poligoni di aree 60 e 59 sono equivalenti!

Naturalmente, in questi due casi, l'errore contenuto nella conclusione è talmente evidente che nessuno sarebbe disposto ad accettarlo. Ma nella storia della matematica è accaduto talvolta che certi errori molto sottili di ragionamento siano stati scoperti solo dopo anni o, addirittura, dopo secoli.

1° *paradosso*. Dato un rettangolo *ABCD* (fig. 7), si faccia ruotare il lato *AB* attorno a *B* di un angolo α, esterno al rettangolo, fino a portarlo in *BE*. Ovviamente si ha: $DC = AB = EB$.

Si costruiscano, ora, gli assi dei segmenti *DA* e *DE*. Tali assi sono perpendicolari a rette che si incontrano e, quindi, anch'essi si incontrano in *G*. I triangoli *DCG* ed *EBG* hanno:

$DC = EB$	per quanto sopra visto;
$DG = EG$	perché *GF* è asse di *DE*;
$CG = BG$	perché *HG*, essendo asse di *AD*, è anche asse di *BC*.

Per il 3° criterio di uguaglianza, i due triangoli sono uguali e, in particolare, hanno

$$D\widehat{C}G = E\widehat{B}G.$$

Togliendo ad ambo i membri gli angoli uguali *BCG*, *CBG* si conclude che

$$D\widehat{C}B = C\widehat{B}E.$$

Con ciò si dimostra che un angolo retto è uguale ad un angolo ottuso.

Invitiamo i lettori che desiderano trovare da sé l'errore contenuto nella dimostrazione precedente a non leggere le righe seguenti.

L'errore consiste nell'inesattezza della figura, in quanto l'angolo *EBG* da noi disegnato convesso è, invece, concavo. Cioè il segmento *EG* è totalmente esterno al rettangolo. Disegnando la figura in modo esatto si possono ripetere i ragionamenti già fatti senza cadere in alcun assurdo.

2° *paradosso*. Su di un foglio di carta quadrettata, colorata nella parte anteriore e grigia nella parte posteriore, si disegni il triangolo isoscele rappresentato nella fig. 8, con la base di lunghezza 10 e l'altezza di lunghezza 12; e perciò di area 60. Ritagliando il triangolo in sei parti, come indicano le linee in fig. 8, rovesciandone tre e riaccostando le sei parti come è indicato in fig. 9 (le parti in grigio sono quelle rovesciate) si ottiene un poligono che, ovviamente, è equivalente al triangolo primitivo. Tuttavia, contando i quadretti, si trova che l'area di questo poligono è 59!

Questa volta non riveliamo il "trucco" ai lettori per non togliere loro il divertimento di scoprirlo da soli. Ci limitiamo a consigliarli di riprodurre con molta accuratezza il disegno del triangolo isoscele.

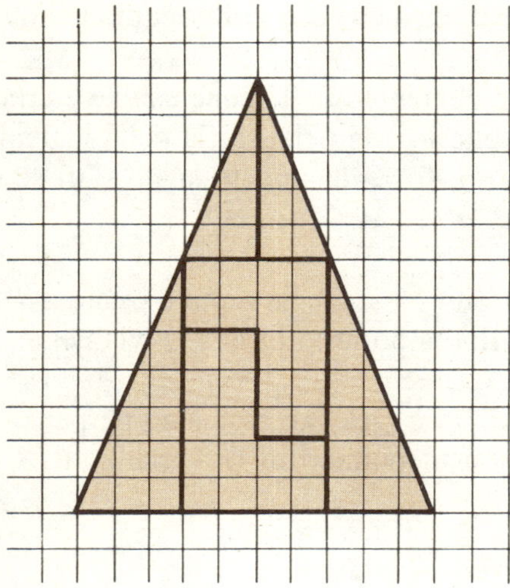

Fig. 8.

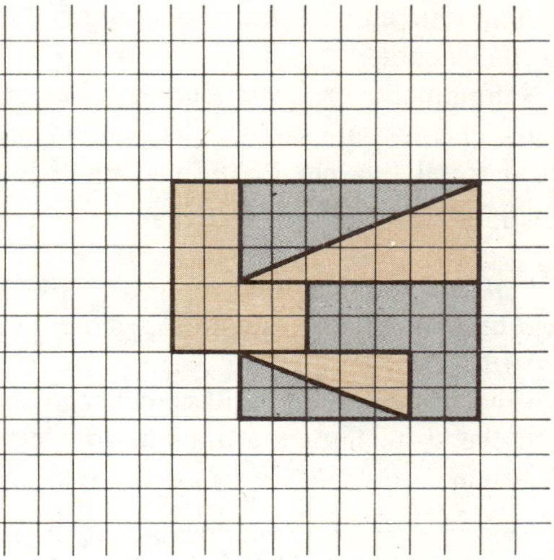

Fig. 9.

VII. La sezione aurea di un segmento e la geometria della carta piegata.

11 Euclide riporta nei suoi *Elementi* la costruzione della parte aurea di un segmento. Si ritiene, però, che tale costruzione sia dovuta ai Pitagorici e che anche Platone ed Eudosso abbiano portato il loro contributo allo studio della questione.

Luca Pacioli, matematico del XV secolo, chiamò *divina proporzione* il rapporto di un segmento alla sua parte aurea e scrisse il trattato *De divina proportione*, nel quale mise in rilievo come tale rapporto sia più armonico di ogni altro, tanto da essere alla base dei principi architettonici. Egli osservò che in tale rapporto stanno anche certe parti del corpo umano.

Prendiamo spunto dalla costruzione della sezione aurea di un segmento, per ricordare una originale e interessante curiosità matematica. Le costruzioni che possono farsi con riga e compasso, si possono anche effettuare senza alcuno strumento, purché si abbia a disposizione un foglio di carta con un bordo rettilineo r (che si può anche ottenere con una piegatura del foglio). È questa la cosiddetta *geometria della carta piegata*.

Per chiarire la cosa, facciamo vedere come, con tale metodo, si possa costruire la sezione aurea di un segmento AB (fig. 10).

Contrassegnati su r, con una matita o con una breve rottura della carta, due punti A, B e tenendo presente la costruzione geometrica illustrata nel testo, per individuare il segmento AE, sezione aurea di AB, dobbiamo trovare:

1) il punto M, centro della circonferenza tangente in B ad AB e di diametro $CB = AB$;

2) il punto E di intersezione di tale circonferenza con la retta MA.

Per trovare M si comincia con il piegare il foglio in B in modo da sovrapporre le due parti del bordo rettilineo r: la piegatura individua la retta s, perpendicolare in B ad r. Piegando ancora il foglio in B, si porta AB sulla s nella posizione BC e si contrassegna il punto C. A questo punto, si piega la carta facendo coincidere C con B: la piegatura t taglia s in M.

Per trovare E si piega la carta lungo la retta $AM = u$. Riportando s su u, il segmento MB assume la posizione ME, individuando E.

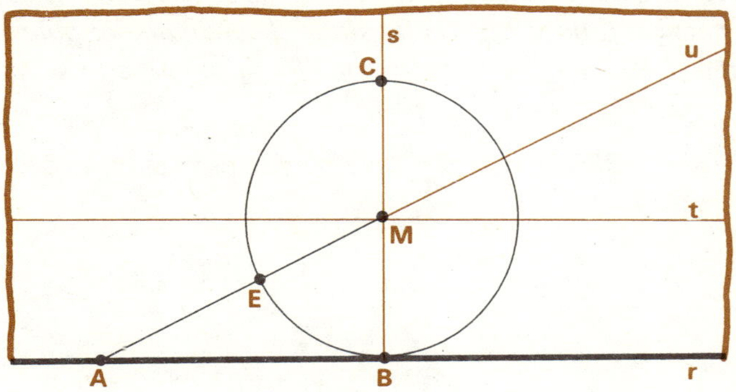

Fig. 10.

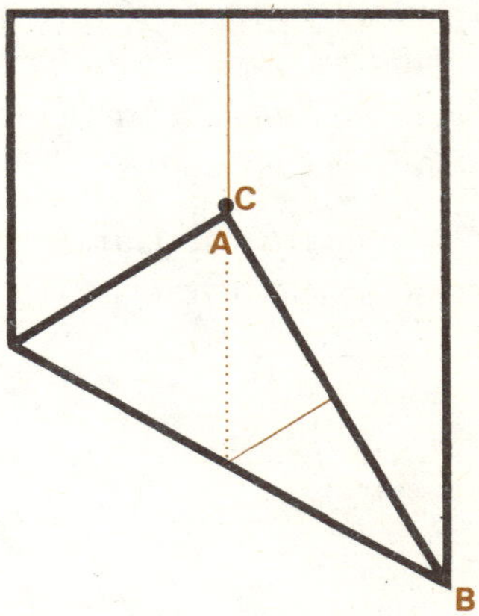

Fig. 11.

La «geometria della carta piegata» presenta molte altre costruzioni interessanti: ad esempio, si possono realizzare rapidamente un triangolo equilatero, un quadrato ed un pentagono regolare. A questo scopo, si osservi in primo luogo che, ripiegando il bordo r su se stesso, si ottiene immediatamente un angolo retto; dopo di che, costruendo successivamente altri due angoli retti, si ottiene un rettangolo. In genere, si preferisce sottointendere questa prima parte della costruzione e partire direttamente da un rettangolo.

A questo punto ci limitiamo a fornire solo alcune indicazioni, invitando i lettori a realizzare praticamente i poligoni citati. Per il quadrato non ci sono difficoltà; la fig. 11 suggerisce come costruire un triangolo equilatero (dopo aver individuato la retta che congiunge i punti medi di due lati opposti del rettangolo); la fig. 12 mostra che facendo un nodo in una striscia di carta (cioè in un rettangolo con una dimensione molto maggiore dell'altra) si ottiene un pentagono regolare.

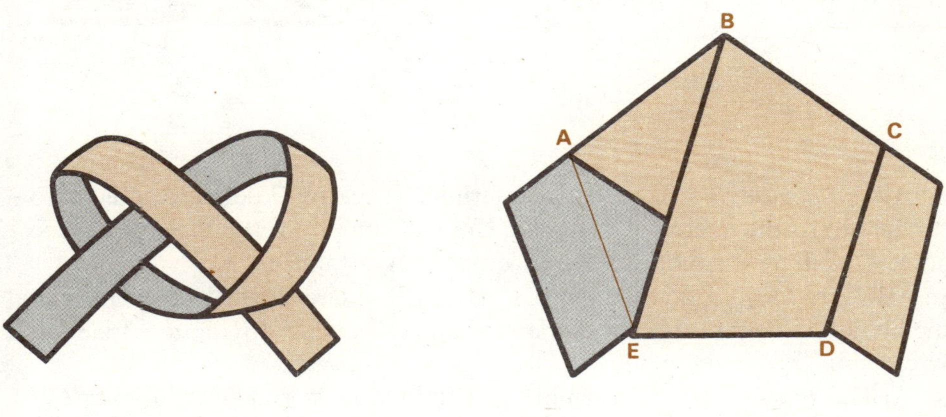

Fig. 12.

VIII. Il vestito del clown.

12 *Un clown possedeva un abito di color rosso dalla parte esterna e blu da quella interna. Con le forbici egli tagliò, in questo vestito, un triangolo* ABC, *pensando di ricucirlo a rovescio, per ottenere un triangolo blu su fondo rosso. Si accorse, allora, che il triangolo rovesciato non copriva il buco fatto nella stoffa. Domandiamo: poteva egli, tagliando il triangolo in più parti, ricucire queste in modo da ottenere lo scopo che si era prefisso?*

Sia ABC il dato triangolo e sia $A'B'C'$ la nuova posizione che esso assume dopo essere stato rovesciato (fig. 13).

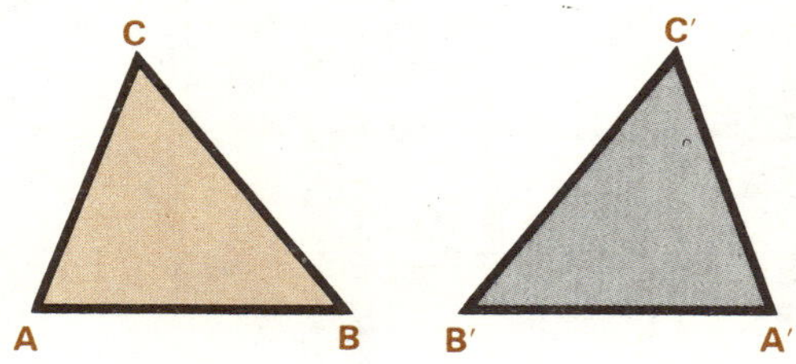

Fig. 13.

Se il triangolo ABC è *isoscele*, ad esempio sulla base AB, è evidente che, essendo $\widehat{A} = \widehat{B'}$, $\widehat{B} = \widehat{A'}$, $AB = B'A'$, $AC = B'C'$, $BC = A'C'$, si può portare il triangolo $B'A'C'$ a coincidere col triangolo ABC. Se, invece, ABC è *scaleno*, ciò non è possibile.

In quest'ultimo caso il clown può trarsi d'impaccio tagliando ABC in un certo numero di triangoli isosceli.

Possono darsi tre casi:

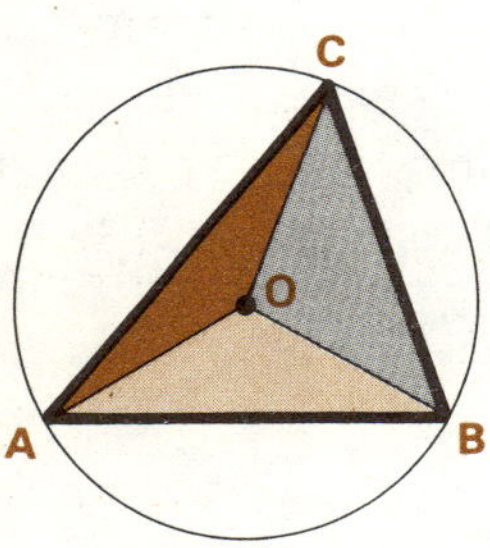

Fig. 14.

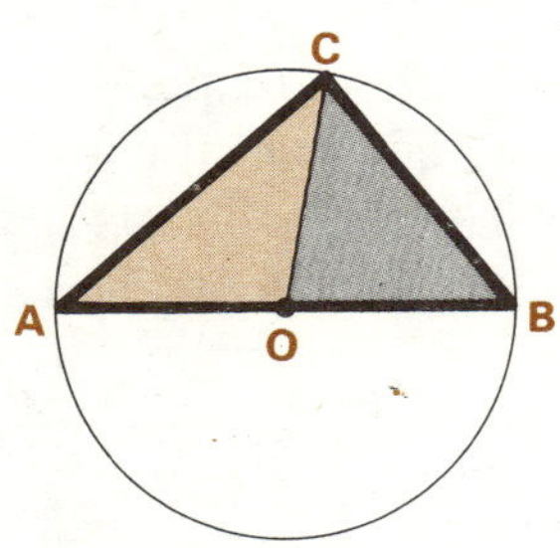

Fig. 15.

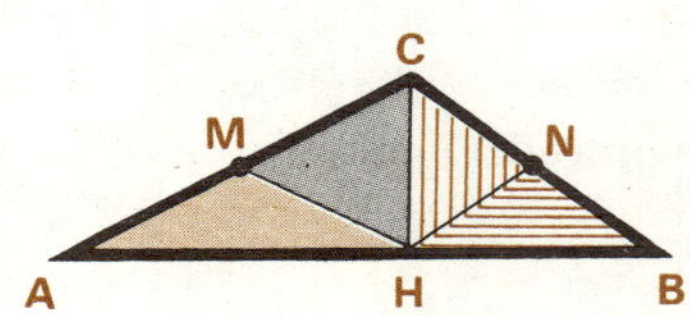

Fig. 16.

1°) *se* ABC *è acutangolo* (fig. 14), si determina il centro O del cerchio ad esso circoscritto; questo risulta interno al triangolo. Unito O con i tre vertici A, B,C si viene a decomporre ABC in *tre* triangoli isosceli (e, quindi, rovesciabili);

2°) *se* ABC *è rettangolo*, ad esempio in C (fig. 15), il circocentro O coincide con il punto medio dell'ipotenusa AB, per cui la mediana OC divide ABC in *due* triangoli isosceli rovesciabili;

3°) *se* ABC *è ottusangolo*, ad esempio in C (fig. 16), si conduce l'altezza CH relativa al lato AB; essa scompone ABC in due triangoli rettangoli, ciascuno dei quali, per il caso 2°), può essere suddiviso in due triangoli isosceli. Con ciò *ABC* viene scomposto in *quattro* triangoli isosceli rovesciabili (2).

IX. *Brano antologico*: Un problema di Niccolò Tartaglia.

13 Il brano che proponiamo ai lettori è dedotto dal volume *Quesiti et inventioni diverse* di **Niccolò Tartaglia** (1500?-1557). L'autore, che fu matematico di alto livello, nacque a Brescia dove ebbe una giovinezza particolarmente sfortunata. Rimasto orfano di padre in tenera età, nel 1512, durante il sacco di Brescia ad opera delle truppe francesi di Gastone de Foix, ricevette cinque ferite di sciabola da lui così descritte: «tre sulla testa, che in cadauna la panna del cervello si vedeva, e due su la faza, che se la barba non le occultasse pareria un mostro». Una di queste gli deturpò la bocca al punto da renderlo così balbuziente che i suoi concittadini trasformarono il suo cognome (Fontana) in quello di Tartaglia: «poiché io non poteva ben proferire parole, ma sempre balbettava nel parlare, per causa di quella ferita a' traverso della bocca e denti, li putti della mia età me imposero per sopra nome Tartaglia».

La sua famiglia era così indigente che solo quando ebbe 14 anni poté pagargli un maestro che, in 15 giorni, gli insegnò a leggere e a scrivere.

I suoi interessi matematici si rivolsero principalmente all'algebra che, nel Rinascimento, visse in Italia – e in prevalenza a Bologna – una stagione particolarmente felice. La sua opera più nota, il *General trattato di numeri et misure*, rappresenta una vera e propria enciclopedia delle cognizioni matematiche del suo tempo. In essa figurano moltissimi problemi, risolti spesso con metodi originali e particolarmente ingegnosi.

Il suo nome è legato soprattutto alla risoluzione delle equazioni di 3° grado. La storia di questa risoluzione è piuttosto intricata e non molto cristallina. Infatti, i primi risultati sono dovuti non a Tartaglia, ma a **Scipione Dal Ferro** (1465?-1526), professore a Bologna, che prima di morire, li rivelò al suo discepolo Antonio Maria Fior. Questi ne fece parola negli ambienti universitari: non si sa bene se riferendo solo dell'esistenza di una risoluzione (che, all'epoca, venne considerata un sensazionale evento scientifico) od anche divulgandone i particolari.

Fatto sta che, qualche anno più tardi, Tartaglia ebbe a dichiararsi in grado di risolvere equazioni di 3° grado di ogni tipo, asserendo di essere giunto a tanto esclusivamente con le proprie forze e precisando che la notizia del successo ottenuto dal Dal Ferro lo aveva soltanto "stimolato" ad occuparsi dell'argomento. I commenti poco amichevoli del Fior dettero origine ad una "matematica disfida" tra Fior e Tartaglia nella quale ciascuno dei contendenti propose all'altro trenta problemi (di 3° grado) da risolvere entro un tempo prestabilito. Tartaglia stravinse la sfida risolvendo tutte le questioni propostegli, mentre Fior non venne a capo di alcuna.

La notizia di quella vittoria impressionò il matematico, medico ed astronomo **Gerolamo Cardano** (1501-1576) che promosse degli incontri con Tartaglia durante i quali quest'ultimo rivelò a Cardano i risultati della sua scoperta (tenuti fino ad allora gelosamente segreti in attesa di pubblicarli) in cambio della promessa, oltre che di assoluta discrezione, anche di un suo intervento per procurargli l'appoggio di un mecenate.

Sennonché Cardano, nel 1545, nella sua opera *Ars magna*, divulgò i risultati di Tartaglia attribuendone, sì, la paternità a lui, ma solo in parte, cioè dividendola tra Tartaglia, Dal Ferro, se stesso ed il suo discepolo **Ludovico Ferrari**.

---

(2) Questo brano è stato desunto (in libera traduzione) da un passo di G. Boucheny, per gentile concessione dell'Editore Larousse.

La cosa generò, fra il matematico bresciano ed i sostenitori di Cardano, una memorabile disputa durata oltre due anni. Disputa che fu seguita con enorme interesse dai contemporanei perché dette luogo a ben sei cartelli di "pubblica disfida" ed a sei controcartelli, tutti dati alle stampe.

Ma torniamo al nostro brano. Esso, pur non essendo fra i più significativi dell'opera di Tartaglia, può interessare i nostri lettori perché tratta un tipo di problema affrontato anche da noi: come si inscrive un quadrato in un triangolo.

Come vedremo, si fa riferimento ad un triangolo equilatero: ai lettori il compito di verificare che la costruzione proposta vale anche per un qualunque triangolo isoscele.

Misser BERNARDINO. Io son stato a Bressa e me stato fatto uno quesito da un certo Maestro Zoan da Coi el quale sapendo haria da caro che mel resolvesti el qual quesito dice in questa forma. Voria che nel sottoscritto triangolo *ABC* equilatero me gli fusse inscritto geometricamente un quadrato.

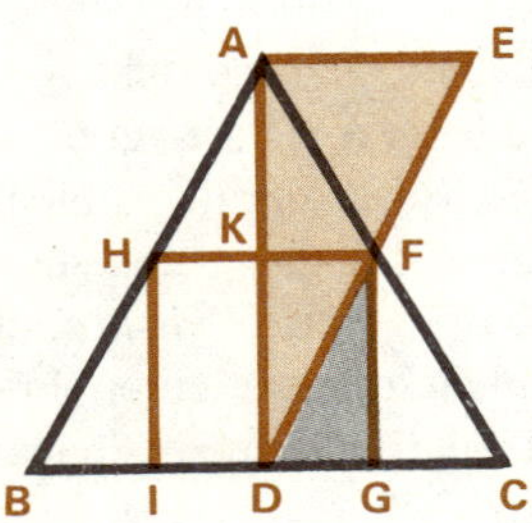

Fig. 17.

NICCOLÒ. Questo si può fare in più modi, ma quello che per al presente mi è venuto in mente è questo. Tiro nel detto triangolo *ABC* [fig. 17] la sua perpendicolare *AD* e dal ponto *A* tiro la *AE* equidistante alla *BC* e facio la detta *AE* equale alla mità della perpendicolare *AD*, e dal ponto *E* tiro la *ED*, la qual sega el lato *AC* nel ponto *F*, dal qual ponto *F* tiro la *FG* perpendicolare sopra *BC*, e ancora dal medesimo ponto *F* tiro la *FH* equidistante alla *BC* e dal ponto *H* tiro la linea *HI* perpendicolare alla *BC*, e così nel detto triangolo sarà inscritto il quadrilatero *FGHI*, qual dico esser quadrato, perché il triangolo *ADE* è simile al triangolo *FDG*, e perch'el lato *AD* è doppio al lato *AE*. Similmente el lato *FG* sarà doppio al lato *DG*, e perché *FK* è equale al *DG*, lo medesimo lato *FG* sarà anchora doppio al *FK*, e perché la *FH* è ancora lei doppia alla medesima *FK*, seguita che il lato *FH* sia equale al *FG*, e similmente li altri dui contrapositi (cioè *HI* e *GI*) sono equali alli medesimi e simelmente li suoi quattro angoli sono retti per esser le linee *FG* e *HI* perpendicolari sopra *BC*; adunque tal figura è quadrata, ch'è il proposito.

Misser BERNARDINO. Questa vostra conclusione molto mi piace e ve ne ringratio assai.

X. Il problema della quadratura del cerchio.

14 È ben noto che i due classici problemi della «rettificazione della circonferenza» e

della «quadratura del cerchio» consistono l'uno nel tracciare un segmento uguale alla circonferenza rettificata di raggio assegnato e l'altro nel costruire un quadrato (o un poligono) equivalente al cerchio corrispondente. In sostanza, essi costituiscono un unico problema in quanto, come sappiamo, il cerchio è equivalente ad un triangolo che ha per base la circonferenza rettificata e per altezza il raggio. Così come rientra nello stesso schema anche il problema della ricerca del valore di π: infatti, noto tale valore, si può facilmente risalire dal raggio alla circonferenza rettificata.

Abbiamo detto nel testo che la circonferenza non è rettificabile con gli ordinari strumenti della geometria elementare, cioè con la riga ed il compasso. Aggiungiamo, ora, che la cosa è possibile con strumenti più complessi che permettono di tracciare certe curve come la «quadratrice di Dinostrato», la «cicloide», la «sinusoide», ecc. dalle quali è poi facile risalire alla circonferenza rettificata. Ad esempio, si consideri un arco completo di sinusoide (nella quale i nostri lettori, ove già non la conoscano, si imbatteranno fra breve), cioè il diagramma della funzione $y = \text{sen}\, x$ con x compreso tra 0 ed un angolo giro: basta unire i due estremi di tale arco per ottenere un segmento di lunghezza 2π, cioè per ottenere la circonferenza rettificata nel caso in cui il raggio sia unitario.

Vogliamo, ora, brevemente, ricordare i progressi fatti nello studio di questo argomento dall'origine della civiltà ai giorni nostri.

5 Nella antichità più remota il problema in esame venne certamente affrontato: non sappiamo se per motivi esclusivamente pratici o per esigenze mistico-religiose.

La prima e più grossolana regola di cui siamo a conoscenza fu usata dai Babilonesi e dagli antichi Indiani e Cinesi; essa presupponeva che la circonferenza fosse lunga il triplo del diametro o, come diremmo oggi, che π fosse uguale a 3. Ne troviamo conferma nella Bibbia (*I Re*, libro I, cap. VII, 23) ove, riferendosi ad un bacino di bronzo che ornava il tempio di Salomone in Gerusalemme, è detto: «esso era rotondo e misurava dieci cubiti da una sponda all'altra; una corda di 30 cubiti ne faceva il giro».

La regola precedente implica l'uguaglianza delle lunghezze della circonferenza e del perimetro dell'esagono regolare inscritto. In quest'ultimo, infatti, il lato è uguale al raggio, per cui il suo perimetro è sei raggi, cioè tre diametri.

Nella Lettura I del primo volume *Le origini della geometria* abbiamo citato il problema 50 del libro di Ahmes (papiro di Rhind), risalente circa al 1800 a.C., nel quale si fornisce una regola per determinare l'area del cerchio con il diametro di lunghezza 9; regola che corrisponde ad assumere $\pi = 3{,}16...$

Secondo alcuni commentatori, gli antichi Egizi avrebbero avuto conferma della regola sopra esposta attraverso misure pratiche di capacità, effettuate su vasi cilindrici. Se, infatti, si riempie di liquido un cilindro, servendosi di un recipiente a forma di cubo, si può facilmente determinare il volume del cilindro. Dividendo tale volume per l'altezza si ottiene l'area del cerchio base. Misurata, poi, la lunghezza del diametro di base, si trova senza difficoltà il rapporto tra il cerchio e il quadrato costruito sul diametro.

Dovettero trascorrere molti secoli prima che il problema passasse, con l'affermarsi della geometria greca, dalla ricerca di una regola empirica ad uno studio razionale. Tra coloro che si occuparono, con maggiore o minor successo, dell'argomento, ricordiamo Anassagora, Ippocrate, Antifonte, Brissone, Euclide ed Eudosso. Solo con Archimede, però, si pervenne ad una soddisfacente soluzione del problema. Egli stabilì, per primo, la costanza del rapporto tra la circonferenza e il diametro, e cercò il valore di π con procedimenti di approssimazione successiva, ottenuti (come abbiamo visto nel testo) considerando i perimetri dei poligoni regolari inscritti e circoscritti al cerchio, con numero di lati crescente. Archimede operò sui poligoni regolari di 6, 12, 24, 48, 96 lati, e giunse a stabilire che

$$3 + \frac{10}{71} < \pi < 3 + \frac{10}{70} = \frac{22}{7} = 3,1428....$$

Ottenne, così, un valore di π approssimato a meno di 2 millesimi.

Il grande siracusano stabilì, inoltre, la equivalenza tra il cerchio e il triangolo rettangolo avente per cateti la circonferenza rettificata e il raggio.

I geometri successivi ad Archimede cercarono, senza successo, sia di quadrare il cerchio con riga e compasso, sia di trovare il valore esatto di π. Tali studi ebbero il solo risultato di stabilire un maggior numero di cifre decimali esatte di π.

Nel 1770 lo svizzero Lambert dimostrò che era impossibile trovare una frazione il cui valore uguagliasse quello di π, in quanto π è un *numero irrazionale*. Ciò confermava la intuizione di Archimede, secondo il quale si poteva conoscere π solo attraverso un procedimento di indefinita approssimazione.

Finalmente, nel 1882, il tedesco Lindemann concluse lo studio di questo millenario problema. Egli dimostrò, infatti, che π è un numero trascendente, cioè tale che non esiste alcuna equazione algebrica a coefficienti razionali che lo ammetta come radice. Da ciò discende, come corollario, l'impossibilità di ottenere, con riga e compasso, la quadratura del cerchio.

Il calcolo delle successive cifre decimali di π fu, in un primo tempo, effettuato manualmente: si riuscirono a determinare ben 808 cifre. Recentemente, con l'aiuto di moderni elaboratori elettronici che hanno reso il calcolo estremamente veloce, ne sono state determinate oltre 6 miliardi. Naturalmente, la conoscenza di tutte queste cifre non è servita a studiare la natura di π (sulla quale dopo il 1882 non vi è molto da aggiungere), ma solamente a cercare eventuali particolarità nel succedersi delle cifre.

16 Vediamo ora un metodo per determinare un valore approssimato di π. Il procedimento che proponiamo presuppone che si disponga di un *calcolatore* capace di generare «numeri casuali» (*random sequences*); cioè di fornire una successione di numeri scelti a caso nell'intervallo [0; 1].

Si disegnino il quadrato **Q** = *OABC* di lato unitario e area unitaria (fig. 18) ed il quarto di cerchio **S** = *OAC*, di centro *O*, la cui area è π/4 .

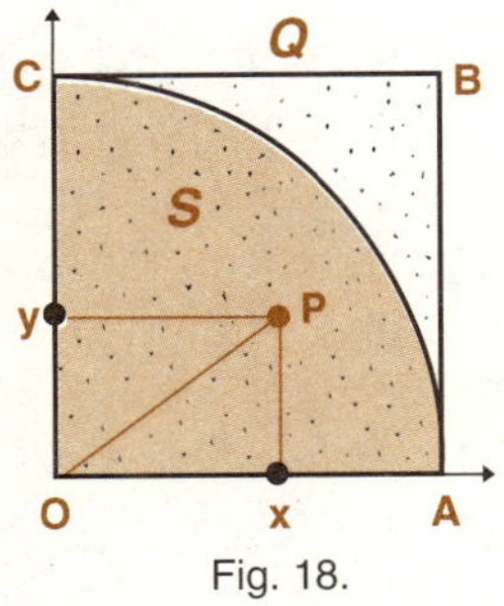

Fig. 18.

Fissato un sistema di assi cartesiani come indicato in fig. 18, sia $P(x; y)$ un punto del quadrato **Q**, cioè un punto tale che valgano le disuguaglianze $0 \leqslant x \leqslant 1$ e $0 \leqslant y \leqslant 1$. Il punto *P* appartiene anche ad **S** se e solo se

$$\overline{OP}^2 \leqslant 1, \quad \text{cioè se e solo se} \quad x^2 + y^2 \leqslant 1.$$

Scelte *a caso* ad esempio 100 coppie di numeri x, y, controlliamo, volta per volta, se il punto P sta, o no, in **S**. Supponendo che vi stia f volte, la *frequenza* $f/100$ fornisce un valore approssimato della *probabilità* che un punto P di **Q** sia anche punto di **S**. D'altra parte, tale *probabilità* è uguale al rapporto fra le aree $\pi/4$ di **S** ed 1 di **Q**. Per cui si conclude che:

$$\frac{f}{100} = \frac{\pi/4}{1}; \qquad \pi = \frac{4f}{100} = \frac{f}{25}.$$

Approssimazioni via via migliori di π si ottengono ovviamente aumentando il numero delle prove (il che, con un *computer*, non è un problema).

17 Abbiamo detto che, con la dimostrazione di Lindemann, il problema della quadratura del cerchio era definitivamente chiuso e risolto. Non tutti, però, furono o sono della stessa opinione...

Ma lasciamo all'arguta penna di Italo Ghersi ([3]) il compito di narrare l'umoristico seguito della nostra storia.

«La previsione che la serie dei *quadratori* non sia per finire neanche dopo la data storica del 1882, è purtroppo facile a stabilire. Molti *pseudomatematici*, tra la numerosa falange di coloro che per essere riusciti a comprendere la dimostrazione del *ponte dell'asino* – denominazione volgare del teorema di Pitagora – si credono dei saccentoni, molti ancora saranno che, pur non comprendendo talvolta neppur la natura del problema, procureranno lavoro alle Tipografie per lanciare nel campo scientifico la loro soluzione da aggiungersi alle tante altre già messe fuori dai loro colleghi ora morti o ancora viventi. Essi, in generale, manifestano o una grande commiserazione o un supremo disprezzo per i loro predecessori che, poveretti, nella loro ignoranza crassa, accecati da preconcetti assolutamente erronei, non sono riusciti a trovarla. [...]

«Per gli autori di quegli aurei opuscoletti, dove in poche pagine sono accumulati i più esilaranti strafalcioni matematici, la soluzione è innegabilmente trovata; peggio per chi non arriva a comprenderne la dimostrazione!

«A me è occorso, per esempio, di trovare in un volumetto del genere questa preziosa osservazione: "... dal momento che un quadrato me lo dite circoscritto ad un circolo, come mai potete poi ammettere l'*uguaglianza* del suo lato col diametro del circolo? *Evidentemente* avete dimenticato di tener calcolo della *grossezza* delle rette lati del quadrato!".

«Io spero che nessuno dei miei Lettori appartenga a tale categoria di *matematici*; lo spero, perché sarei certo di farmene con queste righe un nemico o almeno di vedermi gratificato di tutto il suo disprezzo, senza la più lontana speranza di convincerlo del suo errore».

([3]) Quanto segue è tratto da I. Ghersi, *Matematica dilettevole e curiosa*, Editore Hoepli, Milano.

XI. *Brano antologico*: Saggi geometrici di Leon Battista Alberti.

18 **Leon Battista Alberti** (1404-1472) fu uno dei primi esponenti del Rinascimento italiano. Letterato e, soprattutto, architetto di indiscusso valore, scrisse anche trattati matematici. A lui si deve, fra l'altro, la prima sistemazione teorica della prospettiva. Riportiamo qui alcuni brani dei *Ludi matematici*, un libretto dedicato al Principe Meliaduso d'Este, iniziando con qualche riga tratta dalla dedica.

Forse arò satisfattovi, quando in queste cose iocundissime qui raccolte voi prenderete diletto sì in considerarle sì ancora in praticarle e adoperarle. Io mi sforzai di scriverle molto aperte; pure mi conviene rimentarvi che queste sono materie molto sottili, e male si possono trattare in modo sì piano che non convenga stare attento a riconoscerle. Se vi saranno grate, sarò molto lieto.

Varie costruzioni illustrate nei *Ludi* spiegano come valutare certe distanze «solo col vedere»: si tratta, cioè, di misurare un segmento in cui uno o entrambi gli estremi non risultano accessibili. Vediamo come, sfruttando proprietà dei triangoli simili, Leon Battista Alberti riesce a determinare l'altezza di un obelisco e la larghezza di un fiume. La prima costruzione si basa anche sulla legge di ottica che assicura che l'angolo di riflessione è uguale all'angolo di incidenza.

Togli uno specchio, o più presto qualche scodella piena d'acqua, e ponla in terra, e discostatevi da essa, sempre volgendo il volto alla torre e alla detta scodella, per insino che tu veda in quella superficie dell'acqua ripresentata la cima della torre, e troverrete che quante volte lo spazio che sia fra l'occhio tuo e' piedi tuoi, entra nello spazio che sia fra' piedi tuoi e lo specchio, tante volte entra la torre nello spazio che sia fra lo specchio e il piè della torre. Siavi questo essemplo. Chiamisi la cima della torre *A* e il suo piè *B*, lo specchio *C*, l'occhio *D*, e il sito vostro dove sono e' vostri piedi si chiami *I*, come qui vedete la pittura [fig. 19].

Dico che se *AB* sarà piedi cento, e *BC* sarà piedi mille, troverete pari ragione fra *CI* e *DI*, cioè che come cento entra in mille dieci volte, così *DI* entra in *CI* volte pur dieci.

Misurerete la larghezza d'un fiume, essendo in sulla ripa sua, in questo modo. Ponetevi co' piedi in luogo piano, e lì ficcate in terra uno dardo, come dicemmo di sopra, e chiamisi questo dardo *AB*. In questo dardo, proprio all'altezza dell'occhio vostro ponete segno una cera, e chiamisi questa cera *C*. Poi scostatevi da questo dardo *AB* quanto aprite le braccia, e ficcate ivi un altro dardo come di sopra, e chiamisi questo secondo dardo *DE*; e in questo *DE* ponete simile una cera proprio all'altezza dell'occhio vostro, e chiamisi *F*. Tenete l'occhio giunto a questa cera *F*, e mirate per dirittura del dardo *AB* qualche cosa nota di là dal fiume qual sia in sulla ripa, come sarebbe uno cespuglio o qualche luogo o sasso, e chiamisi questa cosa *G*; e dove mirando il vostro vedere taglia el dardo *AB*, vi ponete un'altra cera, e chiamisi questa cera *H*, come qui vedete la pittura [fig. 20].

Dico che se misurerete lo spazio fra la prima e la seconda cera del primo dardo, cioè in *AB* lo spazio *CH*, quante volte egli entri fra lo spazio che sta fra

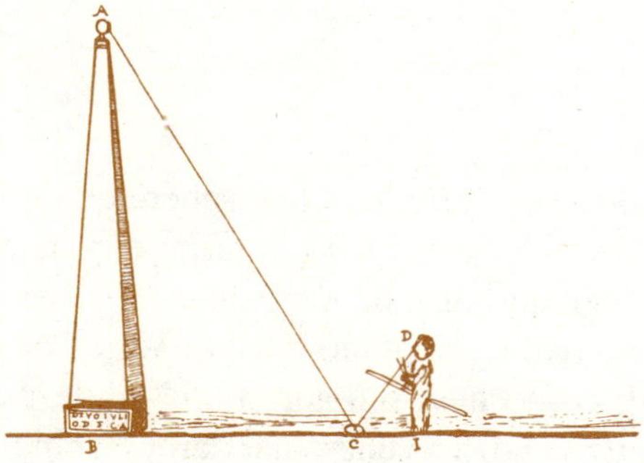

Fig. 19.

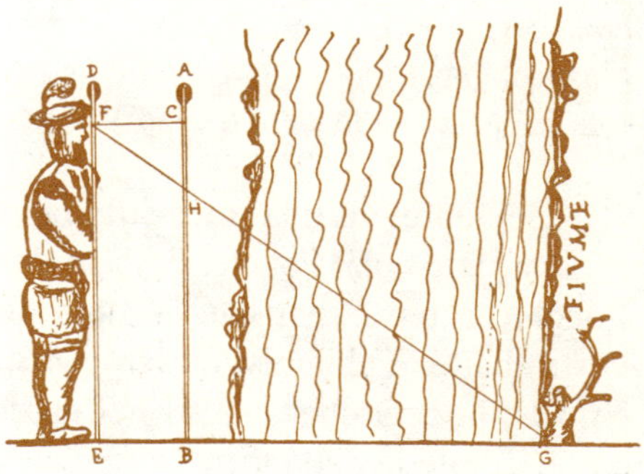

Fig. 20.

l'uno dardo e l'altro, cioè *CF*, tanto troverrete che *HB* entra in *BG*, cioè lo spazio quale è nel primo dardo e il cespuglio quale voi mirasti.

Dopo aver portato un esempio numerico, l'Alberti osserva che il problema è risolubile anche sfruttando la similitudine fra i triangoli *CFH* ed *EGF*:

e più se *HC* entra in *CF* trenta volte, *FE* entra in *EG* pur trenta volte, che sarà largo il fiume trenta volte quanto è dall'occhio vostro al piè.

Per risolvere questo secondo problema, l'Alberti propone anche un'altra via, in cui, invece di ricorrere alla similitudine, si riporta la distanza incognita in una zona accessibile, procedendo poi a una misurazione diretta. Vediamo come.

Eccovi un'altra via molto espedita. Se il paese dove voi sete sarà piano, fate come qui dicemmo di sopra. Ponete due dardi e segnate tutto come dissi *C*, *F*, *H*, e pigliate la misura quanto sia fra *C* e *H*, e ponete una cera a quella medesima misura sotto *F* nel dardo *DE*, quale cera si chiami *I*. E poi ponete l'occhio vostro che tocchi el primo dardo, cioè *AB*, proprio nel punto *C*, e mirate per dirittura della cera *I* posta nel secondo dardo *FE*, e dove il vedere vostro batte in terra sul piano là oltre a lungi dal dardo *FE*, ivi fate porre uno segno, uno sasso o che vi pare, e chiamisi questo segno *K*, come qui di sotto vedete dipinto [fig. 21].

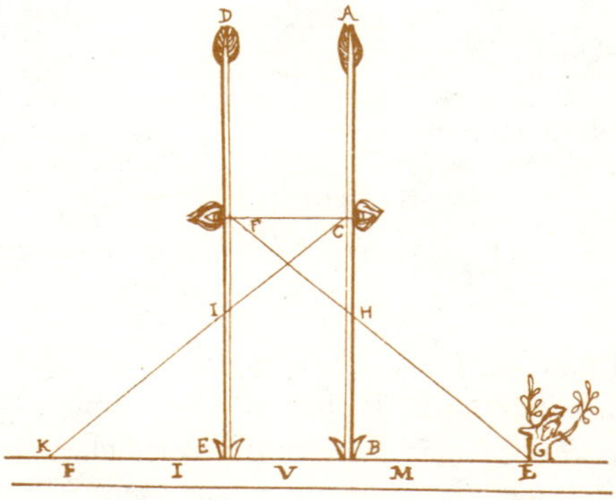

Fig. 21.

Un problema più difficile si pone quando si voglia misurare l'altezza di una torre di cui si vede la cima, senza tuttavia che sia possibile accedere alla base della torre stessa. Sono capaci i nostri lettori di capire il procedimento suggerito dall'Alberti solo osservando la figura 22, prima di leggere il testo?

Se vedrete d'una torre solo la cima e nulla altra sua parte, e volete sapere quanto sia alta, fate così. Ponete, come è detto di sopra, il vostro dardo fitto in terra, e ponete l'occhio a terra e mirate la cima della torre, e segnate con una cera dove il vedere vostro batte, e chiamisi el dardo *AB*, la cima della torre *C*, el punto dove ponesti l'occhio *D*, la cera che ponesti nel dardo *E*. Fatto questo, tiratevi più adrieto, e simile da basso mirate la detta torre, e segnate dove testé batte el vostro vedere nel dardo, e chiamisi questa seconda cera *F*, e dove ponesti l'occhio si chiami *G*, come qui vedete dipinto [fig. 22].

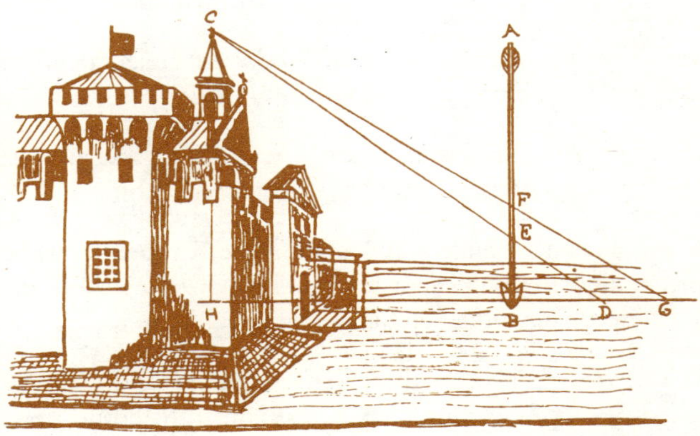

Fig. 22.

L'Alberti prosegue spiegando come, per la similitudine dei triangoli *CHD*, *EBD*, si può (sfruttando la conoscenza di *BD* ed *EB*) determinare il rapporto $HD/CH = \alpha$. E, analogamente, dalla similitudine dei triangoli *CHG*, *FBG* si può (essendo noti *BG* ed *FB*) trovare il rapporto $GH/HC = \beta$. Da

$$\frac{HD}{CH} = \alpha \qquad \text{ed} \qquad \frac{HG}{CH} = \beta$$

si ricava successivamente che:

$$\begin{aligned} HG - HD &= \beta\, CH - \alpha\, CH; \\ DG &= (\beta - \alpha)\, CH; \\ CH &= DG : (\beta - \alpha). \end{aligned}$$

Non abbiamo riportato per intero questo passo perché di lettura particolarmente faticosa (e non convincente in tutti i dettagli). Il che non deve stupire, ove si rifletta che lo scritto dell'Alberti risale agli albori del Rinascimento: un'epoca che risentiva di secoli di disinteresse per gli studi matematici; senza contare che la prosa scientifica in lingua «volgare» muoveva i suoi primi passi, nella completa assenza di validi modelli cui far riferimento.

Nei *Ludi* viene poi spiegato come si possa in varie situazioni calcolare l'area di un campo. A questo scopo, è necessario saper tracciare angoli retti e l'Alberti riporta il classico procedimento basato sulla costruzione con funi e picchetti di un triangolo con i lati di lunghezze 3, 4 e 5. Ed aggiunge:

Sono alcuni che misurano il filo cinque e poi pur cinque e poi sette, e fanno come noi un triangulo. Questi errano, però che i quadrati loro non rispondono a pieno: màncavi delle cinquanta parti l'una.

In effetti, $5^2 + 5^2 = 50$, mentre $7^2 = 49$.

Passando poi a campi di forma circolare, l'Alberti utilizza come valore (approssimato) di π il numero $3 + (1/7)$ indicato da Archimede. Si noti che l'unità di misura "passo" viene usata tanto per i segmenti quanto per le superfici: seguendo l'uso degli antichi Greci non si fa distinzione fra "passi" e quelli che oggi chiameremmo "passi quadri".

Se 'l campo sarà circulare, bisogna pigliare la sua larghezza e multiplicarla tre volte e un settimo. Verbigrazia, se sarà largo passi quattordici, questo multiplicato in tre e un settimo fa quarantaquattro passi, e questa somma sarà tutto il suo circuito. Poi pigliate la metà della sua larghezza quale è sette, e la metà del suo tondo quale è ventidue, e multiplicate sette in ventidue: somma centocinquantaquattro; e questo sarà tutto il campo, cioè passi centocinquantaquattro.

XII. Le figure riflesse in uno specchio.

19 Una delle prime osservazioni che sorgono spontanee in chi osservi la propria immagine riflessa in uno specchio è che questo «inverte la destra con la sinistra». Ad esempio, chi porta l'orologio al polso sinistro, vede, invece, l'immagine riflessa con l'orologio al suo polso destro. Più in generale, una persona che maneggi normalmente gli oggetti osserva, nel muoversi davanti ad uno specchio, che la sua immagine si comporta in modo mancino.

Ma il discorso non può considerarsi concluso a questo punto perché un osservatore più attento può legittimamente chiedersi «come mai lo specchio inverte la destra con la sinistra e non, invece, l'alto con il basso?».

La domanda appare senz'altro sconcertante se si considera che un oggetto e la sua immagine costituiscono una coppia di figure simmetriche rispetto al piano dello specchio, e se si tiene conto del fatto che nella simmetria rispetto al piano dello specchio la direzione «destra-sinistra» non è privilegiata rispetto alla direzione «alto-basso».

Molti hanno cercato di dare una spiegazione a questo problema; ma ognuna di esse presenta qualche lato poco convincente. Una delle più attendibili è stata fornita da due fisiologi americani secondo i quali la chiave dell'enigma è più di natura psicologica che geometrica. Essi sostengono, infatti, che l'apparente anomalia è legata al fatto che il nostro corpo ammette un piano di simmetria verticale che ci attraversa dalla parte anteriore a quella dorsale. Proprio per questo motivo, allorché una persona sta in piedi davanti ad uno specchio e osserva la propria immagine riflessa, è psicologicamente indotta a identificarsi con essa, immaginando che la sovrapposizione possa essere realizzata con una rotazione di 180° attorno alla retta di intersezione fra il proprio piano di simmetria ed il piano dello specchio. E questo particolare movimento ha la caratteristica di portare a coincidere sia la parte anteriore sia la parte superiore dell'osservatore rispettivamente con la parte anteriore e con la parte superiore dell'immagine, ma inverte fra loro la destra e la sinistra. Se il piano di simmetria del nostro corpo fosse diversamente disposto, saremmo inconsciamente portati ad identificarci con l'immagine operando mediante un movimento ideale di tipo differente che ci condurrebbe ad una diversa valutazione dell'immagine.

Notino i lettori che esistono altre situazioni fisiche nelle quali entra in gioco il nostro apparato psico-sensorio e che sembrano paradossali. Si pensi, ad esempio, al fenomeno della visione: poiché l'occhio funziona come una camera oscura, l'immagine di un oggetto si forma rovesciata sulla retina. Perché, allora, non vediamo il mondo a testa in giù?

Tornando al caso dello specchio facciamo notare ai nostri lettori che anche la spiegazione sopra riportata può lasciare perplessi. Per cui non ci resta che invitarli a riflettere e a discutere sull'argomento: lo studio e l'indagine non sono fecondi solo quando conducono a conclusioni inoppugnabili; anzi, talvolta sono più formativi se si occupano di situazioni che consentono di argomentare lasciando adito al dubbio.

XIII. La formula di Eulero per i poliedri.

20 Nel capitolo XXI abbiamo enunciato la *formula* di **Eulero** secondo la quale, indicando con f, s, v i numeri delle *facce*, degli *spigoli* e dei *vertici* di un *poliedro*, vale l'uguaglianza

$$f + v = s + 2. \qquad (1)$$

In questa lettura vogliamo dare una dimostrazione della (1) di tipo sostanzialmente diverso da quelli usualmente adottati. Il procedimento che seguiremo è di carattere *topologico*.

La *topologia* è un moderno ramo della geometria che, ignorando l'idea stessa di misura di segmenti, angoli ecc., si occupa esclusivamente di quelle proprietà delle figure che si conservano per deformazioni continue; cioè per deformazioni che non provochino né rotture né sovrapposizioni di punti. In parole povere, si ottiene una trasformazione topologica disegnando una figura su di una lamina elastica e poi sottoponendo quest'ultima a trazioni, torsioni, pressioni a piacere, ma che non lacerino il materiale elastico e non determinino sovrapposizione dei suoi punti. Il fatto che lunghezze, aree, ampiezze di angoli si alterino durante la trasformazione non ha alcuna rilevanza.

Ma veniamo alla nostra dimostrazione. Sia **P** una superficie poliedrica (fig. 23). Togliamole una faccia (*ABCD* nel caso esemplificato) e deformiamo topologicamente la parte residua fino a distenderla su di un piano; si ottiene in tal modo la configurazione $\mathbf{P}_1$ in fig. 24, od altra similare (a lati eventualmente anche curvilinei).

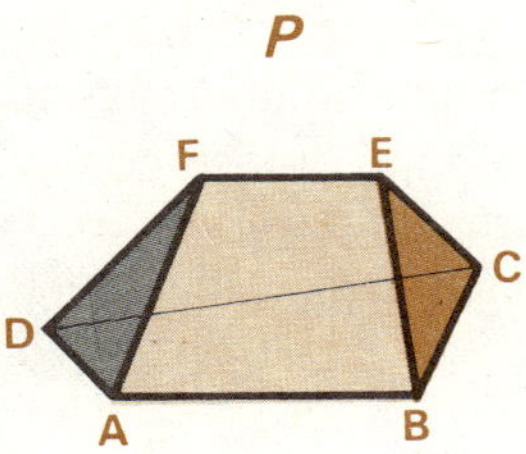

Fig. 23.

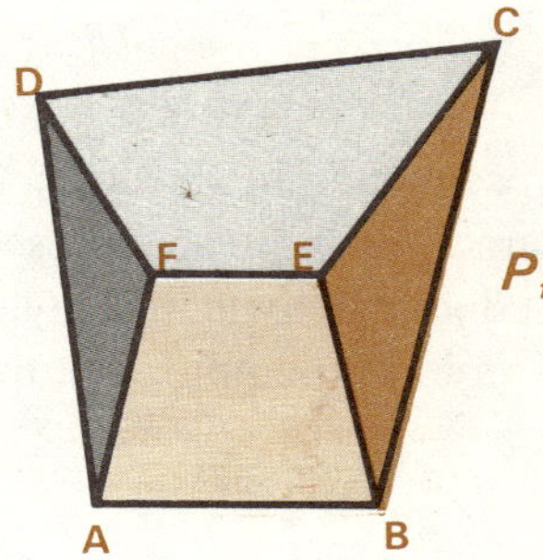

Fig. 24.

Nel passaggio dalla prima alla seconda configurazione (figg. 23 e 24) i numeri v dei vertici ed s degli spigoli non mutano, mentre diminuisce di 1 il numero f delle facce.

Per dimostrare che per **P** vale la (1), basta dunque dimostrare che per la configurazione $\mathbf{P}_1$ si ha $f + v = s + 1$; ovvero:

(2) $$f - s + v = 1.$$

Passiamo, ora, a configurazioni via via più semplici sopprimendo successivamente gli spigoli *esterni* di $\mathbf{P}_1$ (e, naturalmente, evitando che la figura si spezzi in due parti); ad esempio passiamo alle configurazioni $\mathbf{P}_2$, $\mathbf{P}_3$, $\mathbf{P}_4$, riprodotte in fig. 25. Si noti che le "soppressioni" operate non alterano il primo membro $f - s + v$ della (2). Infatti, si possono presentare le due situazioni seguenti, ed esse soltanto:

1) f ed s diminuiscono entrambi di 1 e v non varia (come nel passaggio da $\mathbf{P}_1$ a $\mathbf{P}_2$ ed in quello da $\mathbf{P}_2$ a $\mathbf{P}_3$):

$$(f - 1) - (s - 1) + v = f - s + v;$$

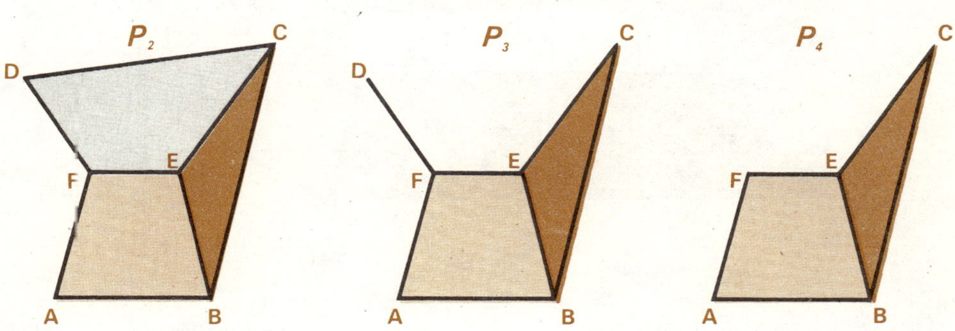

Fig. 25.

2) f non varia ed s e v diminuiscono entrambi di 1 (come nel passaggio da $\mathbf{P}_3$ a $\mathbf{P}_4$):

$$f-(s-1)+(v-1) = f-s+v.$$

Proseguendo in questo modo la configurazione si riduce ad un poligono; ed il teorema sarà dimostrato se per esso vale la (2). Ora, un poligono di n spigoli (o lati) ha n vertici ed, ovviamente, una sola faccia. Per cui $f-s+v = 1-n+n = 1$.

A titolo di esempio, i lettori possono completare i dati della seguente tabella:

	f	s	v	$f-s+v$
cubo	6	12	8	2
tetraedro regolare	4	...	...	2
piramide con base di n lati	$n+1$	...	...	2
prisma con base di n lati	$n+2$	...	...	2

21 La formula di Eulero vale per i poliedri, ma non per altri solidi limitati da poligoni; ad esempio non vale per il solido in fig. 26, avente la forma di un mattone in cui è stato praticato un foro e che potremmo chiamare «poliedro forato». È facile verificare che, per esso,

$$f=12, \qquad s=24, \qquad v=12;$$

$$\text{e, quindi,} \qquad f-s+v=0.$$

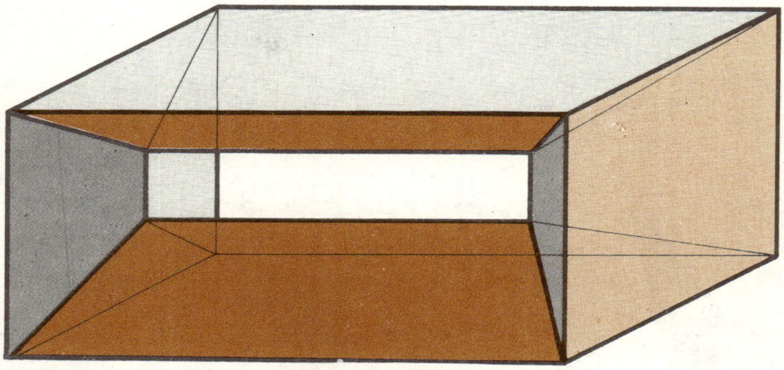

Fig. 26.

Allo stesso valore 0 per $f-s+v$ si perviene considerando un qualunque altro poliedro forato. Se, poi, i fori sono 2, o 3, o 4, ... si ottengono valori diversi.

22 Il teorema secondo il quale esistono al più cinque tipi di poliedri regolari si può dimostrare anche applicando la formula di Eulero. Tale teorema, espresso in termini topologici, viene enunciato nella forma seguente (che è più generale):

esistono al più cinque tipi di poliedri tali che tutte le facce abbiano uno stesso numero n *di lati e che in ciascun vertice concorra un ugual numero* x *di facce* (*o, indifferentemente, di spigoli*).

Si osservi che ogni faccia ha n spigoli; per cui alle f facce corrispondono $n \cdot f$ spigoli. Tenendo conto che ogni spigolo è comune a due facce, se ne deduce che il numero s degli spigoli è uguale ad $n \cdot f / 2$. Da cui si ricava che $f = 2s / n$.

Inoltre, in ogni vertice concorrono x spigoli; per cui ai v vertici corrispondono $x \cdot v$ spigoli. Tenuto presente che ogni spigolo unisce due vertici, se ne deduce che $s = x \cdot v / 2$, da cui si ricava che $v = 2s / x$.

Sostituendo i valori trovati per f e per v nella formula di Eulero si ottiene

$$\frac{2s}{n} - s + \frac{2s}{x} = 2;$$

ovvero, risolvendo rispetto ad s,

$$(*) \qquad s = \frac{2nx}{2x - nx + 2n}.$$

Si consideri, ora, che

per $n = 3$, (1) $s = \dfrac{6x}{6 - x}$;

per $n = 4$, (2) $s = \dfrac{4x}{4 - x}$;

per $n = 5$, (3) $s = \dfrac{10x}{10 - 3x}$;

per $n = 6$, (4) $s = \dfrac{3x}{3 - x}$.

Si osservi, ora, che s deve essere un numero intero positivo e che ad x possiamo attribuire solo valori naturali maggiori o uguali a 3. Per cui, relativamente agli elementi di un poliedro,

la (1) è soddisfatta solo per $x = 3$, $x = 4$, $x = 5$,
la (2) è soddisfatta solo per $x = 3$,
la (3) è soddisfatta solo per $x = 3$,
la (4) non è soddisfatta da alcun valore attribuibile ad x.

Analogamente si ricava che per $n > 6$ la (*) non è soddisfatta, qualunque sia il valore assegnato ad x.

XIV. L'equivalenza nel piano e nello spazio.

23 I più lontani studi sull'equivalenza delle figure piane risalgono, a quanto sembra, al V secolo a.C. Dell'argomento si occuparono certamente i pitagorici ai quali viene attribuita la costruzione con riga e compasso di un rettangolo avente una dimensione assegnata ed equivalente ad un altro rettangolo dato. Abbiamo già avuto occasione di accennare che, più o meno nella stessa epoca, anche in India venne affrontato un problema analogo.

Ma colui che per primo si dedicò in modo sistematico allo studio dell'equivalenza fu probabilmente **Ippocrate di Chio** (seconda metà del V secolo a.C.), da non confondersi con il suo omonimo e contemporaneo, il ben noto medico Ippocrate di Coo.

Secondo quanto ci riferisce Aristotele, Ippocrate, attorno al 430 a.C., lasciò le natie isole del Dodecaneso con l'intenzione di dedicarsi al commercio in Atene. Ma a Bisanzio fu derubato di tutto il suo denaro. Ippocrate, in seguito, giudicò questo evento come la sua maggior fortuna perché, privato dei mezzi necessari per fare il mercante, rivolse tutti i suoi interessi allo studio della geometria, nella quale conseguì risultati di notevole rilievo. La sua opera *Elementi di geometria*, che in alcuni settori anticipava gli *Elementi* di Euclide, è andata perduta, ma di essa ci dà testimonianza Aristotele.

Il nome di Ippocrate è legato, in particolare, alla quadratura delle lunule, cioè di quelle regioni del piano che sono delimitate da archi di circonferenze (generalmente di raggi diversi). Ad esempio dimostrò che la lunula in fig. 27 è equivalente al triangolo rettangolo ABC e, quindi, al quadrato $AOO'Q$.

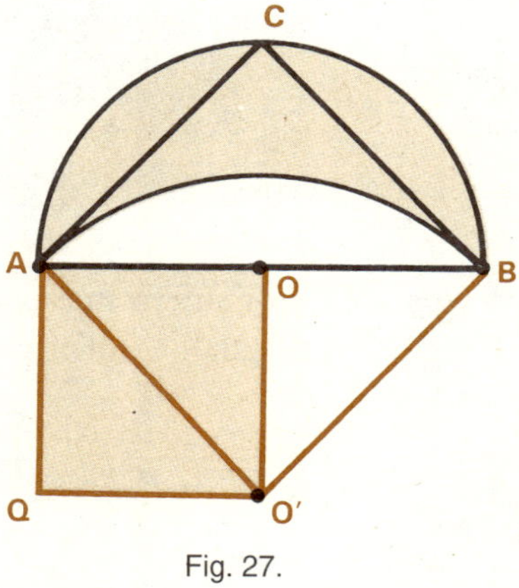

Fig. 27.

24 Euclide non distinse i due concetti di uguaglianza a mezzo di movimento (*congruenza*) e di *uguaglianza di estensione*. Tanto è vero che nelle Nozioni comuni riportate negli *Elementi* si afferma, fra l'altro, che somme e differenze di cose uguali sono uguali; ed è facile verificare che tale proprietà non vale per l'uguaglianza intesa nel senso usuale.

Solo molto più tardi i matematici, distinguendo l'uguaglianza dalla equiestensione, hanno dato un assetto ordinato e definitivo alla teoria della equivalenza.

Fu il **Duhamel** (1866) che, per primo, costruì una teoria dell'equivalenza (limitata ai poligoni) partendo dalla *definizione* secondo la quale *due poligoni si dicono equivalenti se sono* **equiscomponibili**, *cioè se sono scomponibili in uno stesso numero di poligoni rispettivamente uguali.*

In tale teoria non vengono assunte come postulati le Nozioni comuni di Euclide.

La trattazione di Duhamel fu oggetto delle critiche del matematico italiano **De Zolt**, il quale osservò che per dimostrare, con il metodo della equiscomponibilità, che due parallelogrammi equivalenti e di uguale altezza hanno ugual base, si faceva implicitamente uso di una Nozione comune di Euclide, secondo la quale «il tutto è maggiore della parte». Di conseguenza, De Zolt reintrodusse un postulato dal contenuto analogo. Come abbiamo osservato nel cap. X, quest'ultima proposizione (nel caso dei poligoni) venne successivamente dimostrata dallo Shur, dal Veronese e da Hilbert.

25 Una volta stabilito che due poligoni equivalenti sono sempre equiscomponibili, si pone il problema di trovare, nei vari casi, la scomposizione con il *minimo* numero possibile di parti. Si tratta di un campo di ricerche che presenta a tutt'oggi un buon numero di problemi aperti: sono note, infatti, numerose scomposizioni molto eleganti di poligoni equivalenti; ma, come è intuibile, è estremamente difficile dimostrare che tali scomposizioni non si possono migliorare riducendo il numero delle parti.

Nelle figg. 28 e 29 sono riportate, a titolo di esempio, due scomposizioni notevoli: un quadrato viene suddiviso in parti mediante le quali si può comporre in un caso una croce latina e nell'altro un dodecagono regolare. (Precisiamo che il braccio maggiore della croce ha lunghezza doppia dei bracci minori e che, nella fig. 29, tutti i segmenti, salvo i lati del quadrato, sono uguali fra loro).

Scomposizioni e ricomposizioni analoghe a quelle ora viste sono alla base di molti giochi, alcuni dei quali tutt'altro che semplici. Il più antico di essi è il cosiddetto *tangram*, noto ai cinesi da tempi immemorabili con il nome di *chichio-tu* che significa «disposizione ingegnosa di 7 pezzi».

Fig. 28.

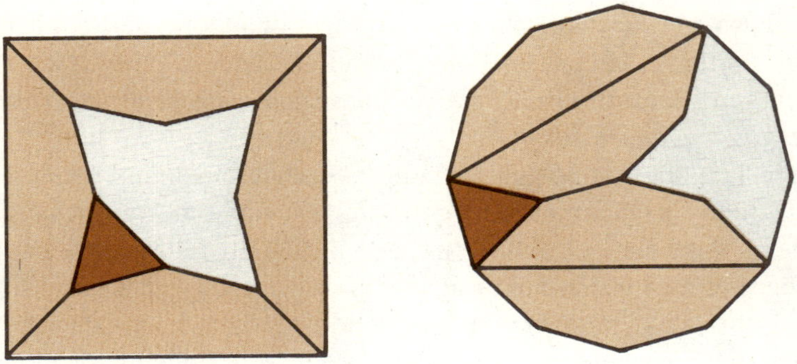

Fig. 29.

I 7 pezzi, come mostra la fig. 30, sono tavolette, che possono essere disposte in modo da formare un quadrato, verniciate tutte nello stesso modo e da entrambe le parti per poter essere rovesciate (anche se, in effetti, la cosa riveste importanza solo per il pezzo a forma di parallelogramma, l'unico sprovvisto di un asse di simmetria). Usando con inventiva e fantasia i 7 pezzi, si riescono a realizzare configurazioni strane e spiritose (fig.30).

Fig. 30.

Il gioco ha anche un risvolto geometrico. Si tratta, sempre usando tutti e 7 i pezzi, di costruire un poligono *convesso*. Due matematici cinesi dell'Università di Che Kiang hanno affermato, in un loro studio pubblicato nel 1942, che si possono costruire 13 poligoni convessi diversi fra loro. Nella fig. 31 ne proponiamo 3, invitando i lettori a costruirne qualcun altro.

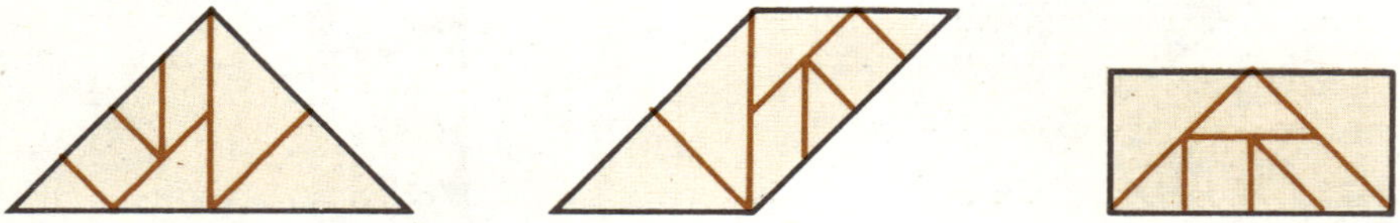

Fig. 31.

26 Passando dallo studio della geometria del piano a quella dello spazio, molti tra i metodi di indagine si conservano; naturalmente occorre adattarli (generalizzandoli) al nuovo ambiente.

In questo sforzo di generalizzazione i matematici trovarono un serio ostacolo nella equiscomponibilità dei poliedri equivalenti. Poiché, come sappiamo, due poligoni equivalenti sono sempre scomponibili in parti poligonali a due a due uguali, si pensava che una analoga situazione dovesse verificarsi anche per qualsiasi coppia di poliedri equivalenti; tanto più che alcuni tentativi in merito avevano avuto successo (ad esempio per i prismi equivalenti). Ma un criterio di carattere generale non lo si riusciva a trovare.

Questa situazione di incertezza si protrasse fino al 1900 allorché Hilbert segnalò all'attenzione dei matematici la questione, unitamente ad altri 22 «problemi aperti». A questo proposito facciamo presente che i «23 problemi di Hilbert» hanno costituito e costituiscono tutt'ora la base di numerosi studi di elevato interesse.

Il matematico tedesco fece presente che nessuno era riuscito a provare per mezzo della equiscomponibilità quel teorema, che Euclide aveva dimostrato col metodo di esaustione, secondo il quale «due piramidi triangolari di uguale altezza e uguale base sono equivalenti»; ed avanzò l'ipotesi che una sua dimostrazione per equiscomposizione fosse impossibile.

La risposta arrivò nel giro di pochi mesi. Il matematico Dehn provò, infatti, che un cubo ed un tetraedro regolare equivalenti non sono equiscomponibili, deducendo da ciò l'impossibilità ipotizzata da Hilbert.

Proprio in virtù di questa situazione, nelle trattazioni riguardanti l'equivalenza dei poliedri, si preferisce introdurre e sfruttare il Principio di Cavalieri, limitando il ricorso alla equiscomponibilità solo a pochi casi particolari.

XV. Bonaventura Cavalieri e il suo Principio.

27 Il nome di **Bonaventura Cavalieri** (1598-1647) è probabilmente sconosciuto alla maggior parte delle cosiddette persone colte, anche se va ascritto a suo merito un decisivo passo in avanti in quelle ricerche matematiche che portarono al fondamentale traguardo del calcolo infinitesimale; per non parlare dei suoi contributi alla geometria, alla trigonometria, al calcolo logaritmico, all'ottica e all'astronomia.

La vita modesta e schiva di questo buon frate milanese fu dedicata interamente ai doveri del suo ministero, all'insegnamento (fu docente all'Università di Bologna), agli studi e alle controversie scientifiche, affrontate sempre con signorilità e tolleranza.

La sua opera più celebre, *Geometria degli indivisibili*, si incentra sulla considerazione che una superficie piana può essere pensata come la totalità delle corde aventi una comune direzione ed un solido come la totalità delle sezioni piane di medesima giacitura. Queste corde e queste sezioni di spessore infinitesimo sono gli *indivisibili* rispettivamente della superficie e del solido; né più né meno come i punti sono gli elementi indivisibili di un segmento.

Da questa concezione delle figure geometriche discende il Principio di Cavalieri da noi enunciato in forma ridotta nel capitolo XXIII. La sua formulazione generale è la seguente.

Se due superfici piane sono tagliate da un fascio di rette parallele in modo che le corde corrispondenti siano uguali, allora le due superfici sono equivalenti; se le corde corrispondenti stanno tutte nel rapporto r, *allora anche le due superfici stanno nel medesimo rapporto.*

Se due solidi sono tagliati da un fascio di piani paralleli in modo che ciascuno di essi determini sezioni equivalenti, allora i due solidi sono equivalenti; se le sezioni corrispondenti stanno tutte in un rapporto r, *allora anche i due solidi stanno nel rapporto* r.

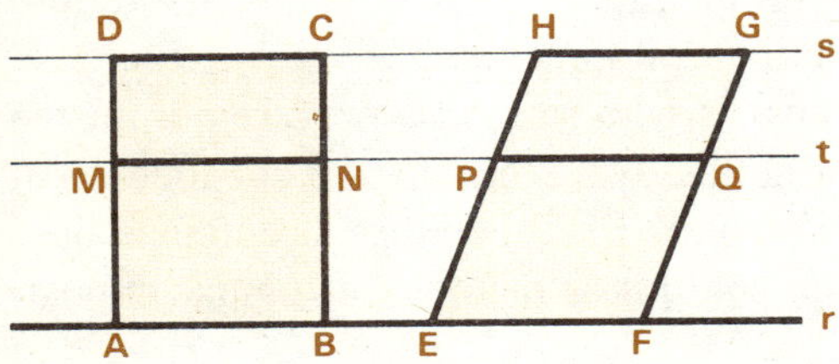

Fig. 32.

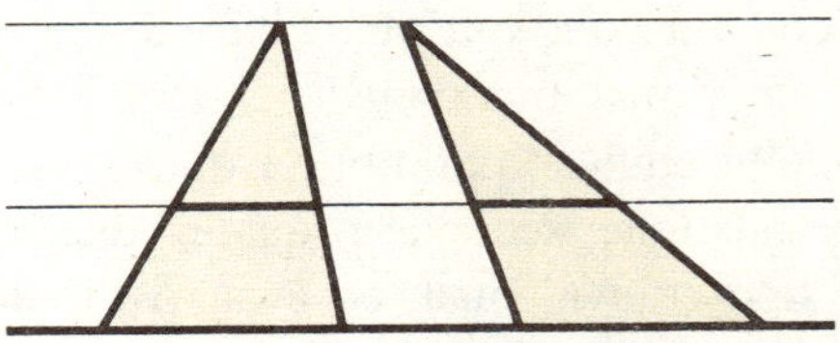
Fig. 33.

Noi, nell'esporre la teoria dell'equivalenza delle superfici piane, non abbiamo sfruttato la prima parte di tale Principio per evitare l'introduzione di un nuovo postulato. Ma non vi è dubbio che se ci fossimo appoggiati ad esso avremmo semplificato notevolmente certe dimostrazioni. Ad esempio, per dimostrare che *un rettangolo* ABCD *ed un parallelogramma* EFGH *di uguali basi* AB, EF *e di medesima altezza sono equivalenti* ci sarebbe bastato osservare che, disposti i due quadrilateri da una stessa parte di una retta *r* (fig. 32), con le basi su di essa, due loro corde *MN*, *PQ* giacenti su di una stessa retta *t*, parallela ad *r*, sono uguali in quanto rispettivamente uguali ad *AB* ed *EF* come lati opposti di un rettangolo e di un parallelogramma.

Provino i lettori a dimostrare con lo stesso metodo che *due triangoli di uguali basi e di medesima altezza sono equivalenti* (fig. 33).

XVI. *Brano antologico*: Le dimensioni dello spazio e il paese di Flatlandia.

28 Quante dimensioni ha lo spazio in cui viviamo? Siamo tutti pronti a rispondere «tre», forse senza renderci ben conto che la nostra sicurezza è soprattutto dovuta ad un insieme di condizionamenti culturali.

Se fossimo più cauti nel dare giudizi, dovremmo asserire che le dimensioni del nostro mondo sono «tre sicuramente, ma forse anche di più». Che almeno tre ce ne siano, lo possiamo provare in tanti modi; il più semplice è costituito dalla visione degli oggetti che ci circondano nei quali possiamo agevolmente distinguere una larghezza, un'altezza ed una profondità. In proposito, osserviamo per inciso che, se madre natura ci avesse provvisti di un occhio solo, anziché di due, questa prova perderebbe gran parte della sua evidenza: chiunque, dopo aver chiuso un occhio, provi a versare acqua da una bottiglia in uno stretto bicchiere finisce, infatti, per ... sbagliare la mira, avendo perduto il senso della profondità.

Il dubbio che *possa* esistere una quarta dimensione, oltre alle tre a noi ben note, non nasce solo dalla lettura dei romanzi di fantascienza. Già la teoria della relatività ristretta (di Einstein) assume il *tempo* come quarta dimensione del nostro universo; ma la relatività generale va al di là di questa rappresentazione che, tutto sommato, è più un artifizio matematico che una effettiva espressione della realtà fisica. Tale teoria, infatti, prospetta la suggestiva immagine di un universo chiuso su se stesso, la cui complessa interpretazione non esclude il ricorso all'ipotesi di uno spazio geometrico a quattro dimensioni.

Noi, comunque, non vogliamo entrare in questioni tanto ardue, che, oltre tutto, richiedono conoscenze fisico-matematiche di alto livello. Desideriamo solo divertire – una volta tanto! – i nostri lettori coinvolgendoli in una discussione circa la possibile esistenza di una quarta dimensione, basata su considerazioni facete (nostre e dello scrittore Abbott), seppur non prive di coerenza logica.

29 Nulla vieta di immaginare un ipotetico mondo a due o, addirittura, ad una sola dimensione. Cominciamo a prospettarci quest'ultima eventualità. In un universo ridotto ad una retta r (fig. 34) un essere E può passeggiare lungo la retta stessa, ad esempio da A verso B; ma se si imbattesse in un essere E' che procede in senso contrario, uno dei due dovrebbe necessariamente tornare indietro; così come un E'' che segua E non avrebbe mai, finché esista E, l'opportunità di avere contatti con E'. Inoltre, se E si trovasse all'interno di un segmento AB e gli venisse in qualche modo impedito il passaggio per A e per B, rimarrebbe prigioniero di quel segmento.

Ci potremmo dilungare a descrivere altri impedimenti cui sono soggetti gli esseri unidimensionali; ma preferiamo lasciare il divertimento ai lettori. Non senza averli prima rassicurati sul fatto che gli abitanti della retta non soffrono più che tanto delle restrizioni cui sono costretti. E ciò perché, non potendo neppure supporre l'esistenza di una seconda dimensione, non sono in grado di immaginare un modo di essere diverso dal loro. Ad esempio, perché dovrebbero sentirsi turbati dal restar prigionieri in un segmento sbarrato agli estremi, se noi non siamo angosciati dalla consapevolezza di non poter uscire da una stanza senza finestre e con la porta chiusa a chiave?

Da quanto detto fin qui si capisce che un mondo a due dimensioni può sembrare un paradiso in confronto a quello ad una sola; anche se tristissimo rispetto al nostro. Noi ci limiteremo a tratteggiare pochi aspetti di un cosmo bidimensionale, lasciando il compito di descriverlo più in dettaglio a brani tratti dal romanzo *Flatlandia* di Edwin A. Abbott (*flat*, in inglese, significa *schiacciato*, *piano*, *piatto*; Flatlandia è il paese in cui tutto è assolutamente piatto, cioè bidimensionale).

Gli abitanti di Flatlandia, vivendo su di un piano, possono muoversi in lungo e in largo, oltrepassarsi, venire a contatto l'uno con l'altro; ma sono imprigionati da un poligono (o da un cerchio) a contorno non attraversabile (fig. 35).

Naturalmente, mentre gli esseri unidimensionali non sono capaci neppure di ipotizzare l'esistenza di un paese come Flatlandia, i Flatlandesi, invece, non hanno alcuna difficoltà ad immaginare la grama esistenza degli unidimensionali, traendo dal confronto un legittimo senso di superiorità: loro che possono (come mostra la fig. 36) entrare ed uscire senza problemi da un segmento AB sbarrato agli estremi.

Fig. 34.

Fig. 35.

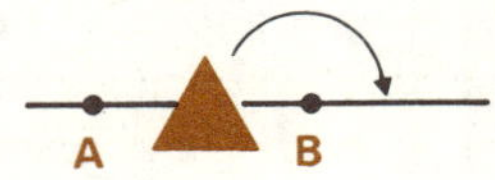

Fig. 36.

Un analogo senso di superiorità lo sentiamo noi tridimensionali nei riguardi degli abitanti di Flatlandia: le nostre possibilità sono enormemente superiori alle loro! Ad esempio, per entrare o uscire da un rettangolo a lati non attraversabili, come quello in fig. 35, ci basta "scavalcarne" il contorno.

A questo punto possiamo cominciare a tirare qualche conclusione. L'abitante di Flatlandia non può assolutamente capire in che cosa consista il nostro mondo perché gli manca il senso della terza dimensione. Ma che una terza dimensione *possa* esistere (e con essa un universo differente dal suo) è in grado di ipotizzarlo. Basta che ragioni così. Se io sono capace di immaginare un mondo unidimensionale e di rendermi conto che gli unidimensionali non possono fare altrettanto nei riguardi del mio mondo, devo ammettere, per analogia, che potrebbero esistere degli esseri superiori a me che sono in grado di immaginare senza difficoltà Flatlandia, mentre io non riesco a figurarmi il loro universo. Come io non sono prigioniero di un segmento sbarrato agli estremi, ma non so uscire da un rettangolo a contorno non attraversabile, così potrebbe esistere un essere superiore capace (Dio solo sa come!) di uscire da quel rettangolo; anche se lui potrebbe a sua volta rimanere imprigionato in qualcosa che io non riesco neppure a concepire.

Ora, se siamo d'accordo che il ragionamento dell'omino di Flatlandia non fa una grinza, perché non dovremmo ripeterlo anche noi? Gli interrogativi da porci sono chiarissimi.

Se l'individuo a due dimensioni arriva a sospettare che ne esista una terza, per quale motivo noi tridimensionali non dovremmo ipotizzare che possa essercene una quarta? Considerato che, anche se riusciamo a fare cose interdette ai bidimensionali (come entrare e uscire dal solito rettangolo), abbiamo però i nostri bravi limiti (quali il rimaner prigionieri di una stanza chiusa), perché non dovremmo estendere l'analogia ed ammettere che potrebbe anche esistere un essere che ha una dimensione più di noi ed è capace di entrare e uscire da quella stanza chiusa? Oltretutto, stando ai "si dice", i fantasmi e le entità evocate nelle sedute spiritiche lo fanno in continuazione.

Inoltre, da un punto di vista geometrico, si può osservare che come la retta è immersa nel piano ed il piano è immerso nello spazio, così lo spazio potrebbe essere immerso in qualcosa d'altro da chiamare, ad esempio, iperspazio. Di tale iperspazio, posto che esista, noi non riusciamo ad avere una percezione sensibile; tuttavia possiamo descriverlo matematicamente, ad esempio mediante equazioni in quattro variabili.

30 Ma torniamo a *Flatlandia* e al suo autore Abbott.

Quest'ultimo era un pastore protestante nato a Londra nel 1838 e morto nel 1926. Nella sua lunga vita, oltre a dirigere una delle migliori scuole inglesi dell'epoca, si occupò attivamente di letteratura antica e moderna, di filologia, di filosofia, di teologia, scrivendo oltre quaranta opere, una sola delle quali, *Flatlandia* appunto, di "evasione"; anche se, sotto il sottile umorismo che la permea, si nascondono intenti pedagogici e divulgativi: solo pochi decenni prima del 1882, data di pubblicazione, i matematici avevano infatti iniziato uno studio sistematico degli spazi a più di tre dimensioni.

Il romanzo, di cui raccomandiamo la lettura completa ([4]), è preceduto da questa strana dedica.

Agli
Abitanti dello SPAZIO [...]
è dedicata quest'opera
da un umile nativo della Flatlandia
nella speranza che,
come egli fu iniziato a misteri
delle TRE Dimensioni
avendone sino ad allora conosciute
SOLTANTO DUE,
così anche i cittadini di quella Regione Celeste
possano aspirare sempre più in alto
ai segreti delle QUATTRO, CINQUE O ADDIRITTURA
SEI Dimensioni,
in tal modo contribuendo
all'arricchimento dell'IMMAGINAZIONE
e al possibile sviluppo
della MODESTIA, qualità rarissima ed eccellente
fra le Razze Superiori
dell'UMANITÀ SOLIDA.

L'inizio è il seguente.

Chiamo il nostro mondo Flatlandia, non perché sia così che lo chiamiamo noi, ma per renderne più chiara la natura a voi, o lettori beati, che avete la fortuna di abitare nello Spazio.

Immaginate un vasto foglio di carta su cui dei Segmenti, dei Triangoli, dei Quadrati, dei Pentagoni, degli Esagoni e altre figure geometriche, invece di restar ferme al loro posto, si muovano qua e là, liberamente, sulla superficie o dentro di essa, ma senza potersene sollevare e senza potervisi immergere, come delle ombre, insomma; consistenti, però, e dai contorni luminosi. Così facendo avrete un'idea abbastanza corretta del mio paese e dei miei compatrioti. Ahimè, ancora qualche anno fa avrei detto: «del mio universo», ma ora la mia mente si è aperta a una più alta visione delle cose.

In un paese simile, ve ne sarete già resi conto, è impossibile che si possa trovare alcunché di quel che voi chiamate «solido». Può darsi però che crediate che a noi sia almeno possibile distinguere a prima vista i Triangoli, i Quadrati e le altre figure che si muovono come ho spiegato. Al contrario, noi non siamo in grado di vedere niente di tutto ciò, perlomeno non in misura tale da poter distinguere una figura da un'altra. Niente è visibile per noi, né può esserlo, tranne che dei segmenti; e il perché lo dimostrerò subito.

([4]) L'opera è pubblicata in italiano dall'Editore Adelphi, Milano (trad. di Masolino d'Amico).

Posate una monetina nel mezzo di uno dei vostri tavolini nello Spazio e chinatevi a guardarla dall'alto. Essa vi apparirà come un cerchio.

Ma ora, ritraendovi verso il bordo del tavolo, abbassate gradatamente l'occhio (avvicinandovi così sempre più alle condizioni degli abitanti della Flatlandia) e vedrete che la monetina diverrà sempre più ovale; finché da ultimo, quando avrete l'occhio precisamente all'altezza del piano del tavolino (cioè, come se foste un autentico abitante di Flatlandia), la moneta avrà cessato di apparire ovale, e sarà divenuta, per quanto potrete vederla, un segmento.

Lo stesso accadrebbe se faceste il medesimo esperimento con un Triangolo, un Rettangolo, o una qualsiasi altra figura ritagliata nel cartone. Se la guardaste con l'occhio al livello del piano del tavolino, vedreste che essa cesserebbe di apparirvi come una figura e che diverrebbe identica per l'aspetto ad un segmento.

Dopo altri particolari sullo stesso argomento ed alcune precisazioni sul clima di Flatlandia, l'autore si sofferma a descriverne le case e gli abitanti. Riportiamo solo tre brani, suggerendo che il mistero della luce che arriva non si sa da dove è ovviamente spiegabile pensando ad una fonte luminosa posta fuori del piano di Flatlandia.

Finestre, nelle nostre case, non ce ne sono: perché la luce ci giunge allo stesso modo in casa e fuori, di giorno e di notte, ugualmente a ogni ora e in ogni luogo; donde, non lo sappiamo. «Qual è l'origine della luce?». Nei vecchi tempi era questo un problema canonico, che i nostri eruditi si ponevano sovente. La risposta è stata cercata più volte, con l'unico risultato di affollare di aspiranti risolutori i nostri manicomi. Di conseguenza, dopo alcuni vani tentativi di sopprimere tali ricerche indirettamente, rendendole passibili di una tassa gravosa, la Legislazione, in tempi relativamente recenti, le ha proibite del tutto. Io – ahimè, io solo in tutta la Flatlandia – conosco ora anche troppo bene la soluzione di questo misterioso problema, ma non c'è verso di fare intendere la mia scienza a uno solo dei miei compatrioti; e mi si irride – me, il solo possessore delle verità dello Spazio e della teoria dell'introduzione della Luce dal mondo a Tre Dimensioni – come se fossi il più pazzo dei pazzi! [...].

La massima lunghezza o larghezza di un abitante adulto della Flatlandia si può calcolare all'incirca in ventotto dei vostri centimetri. Trenta centimetri può considerarsi un'eccezione.

Le nostre Donne sono dei Segmenti.

I nostri Soldati e gli Operai delle Classi inferiori sono dei Triangoli con due lati uguali, ciascuno della lunghezza di ventotto centimetri circa, e un terzo lato, o base, così corto (spesso appena più lungo di un centimetro) da formare al vertice un angolo assai acuto e temibile. E specialmente quando le loro basi sono di tipo infimo (cioè lunghe non più della terza parte di un centimetro) è difficile distinguerli dai Segmenti o Donne, tanto acuminati sono i loro vertici. Da noi, come da voi, questi Triangoli si distinguono dagli altri col nome di Isosceli, e così mi riferirò ad essi nelle pagine che seguiranno.

La nostra Borghesia è composta da Equilateri, ovvero da Triangoli dai lati uguali.

I nostri Professionisti e Gentiluomini sono Quadrati (classe a cui io stesso appartengo) e Figure a cinque lati, o Pentagoni.

Subito al di sopra di costoro viene l'Aristocrazia, divisa in parecchi gradi, cominciando dalle Figure a sei lati o Esagoni per continuare, via via che il numero dei lati aumenta, fino a ricevere il titolo onorifico di Poligonali, o dai molti lati. Infine, quando il numero dei lati diventa tanto grande, e i lati tanto piccoli, che la figura non è più distinguibile da un cerchio, si entra a far parte dell'ordine Circolare o Sacerdotale; e questa è la classe più elevata di tutte [...].

Se i nostri acuminati Triangoli della classe Militare sono pericolosi, se ne può facilmente dedurre che le nostre Donne lo sono ancora di più. Perché se un Soldato è un cuneo, una Donna è un ago, essendo, per così dire, *tutta* punta, almeno alle due estremità. Si aggiunga a ciò la sua facoltà di rendersi praticamente invisibile quando vuole, e vi renderete conto che in Flatlandia una femmina è una creatura con cui c'è assai poco da scherzare.

Ma forse a questo punto qualcuno dei miei lettori più giovani si chiederà come fa una Donna a rendersi invisibile. [...] Poche parole lo renderanno chiaro ai meno riflessivi. Mettete un ago su un tavolo; poi, con l'occhio a livello del tavolo, guardatelo lateralmente e lo vedrete in tutta la sua lunghezza; se invece avrete di fronte una delle sue estremità, non vedrete che un punto: è diventato praticamente invisibile [...].

Omettendo molte pagine dedicate alle classi sociali, alla legislazione e soprattutto alle Donne (Abbott non è davvero un femminista!), ci soffermiamo su certi passi che illustrano, fra i tre «metodi per riconoscerci a vicenda», quello basato sulla vista (gli altri due, fondati sul riconoscimento della voce e sul tatto, hanno un minore interesse).

Voi, che avete la fortuna di avere tanto l'ombra che la luce, voi che avete due occhi dotati della conoscenza prospettica e allietati dal godimento dei vari colori, voi che potete *vederlo* per davvero, un angolo, e contemplare l'intiera circonferenza di un Circolo nella beata regione delle Tre Dimensioni ... come potrò mai render chiara a voi l'estrema difficoltà che incontriamo noi, in Flatlandia, per riconoscere le nostre rispettive configurazioni?

Ricordate quanto vi ho detto dianzi. Tutti gli esseri della Flatlandia, animati o inanimati, qualunque sia la loro forma, presentano *al nostro occhio* il medesimo, o quasi il medesimo aspetto, quello cioè di un segmento. Se dunque tutti hanno lo stesso aspetto, come si farà a distinguere l'uno dall'altro? [...]

Adesso mi si accuserà di incongruenza. Nei paragrafi precedenti ho detto che in Flatlandia tutte le figure hanno l'aspetto rettilineo; ho aggiunto, ovvero l'ho dato per scontato, che, di conseguenza, non è possibile utilizzare l'organo visivo per distinguere fra individui di classi diverse. Eppure mi sto ora accingendo a spiegare ai miei critici della Spacelandia come facciamo a riconoscerci a vicenda mediante il senso della vista [...].

Che questa possibilità esista [...] è una conseguenza della Nebbia; la quale per la maggior parte dell'anno regna dappertutto con l'eccezione delle zone torride. E quello che per voi in Spacelandia è considerato una calamità, che cancella il paesaggio, deprime gli spiriti e mina la salute, è salutato da noi come una benedizione di poco inferiore all'aria stessa, come autrice delle Arti, e progenitrice delle Scienze. Ma lasciate che vi spieghi che cosa voglio dire, senza altri elogi per questo benefico Elemento.

Se non ci fosse la Nebbia, tutte le linee sarebbero ugualmente e indifferentemente nitide; come infatti avviene in quelle infelici regioni dove l'atmosfera è perfettamente asciutta e trasparente. Ma dovunque ci sia una buona dose di Nebbia, ecco che gli oggetti a una distanza, diciamo, di un metro, sono sensibilmente meno nitidi di quelli che si trovano a novantacinque centimetri; di conseguenza, con l'esperienza di un'attenta e costante osservazione della maggiore o minore nitidezza, siamo in grado di dedurre con grande precisione la configurazione dell'oggetto osservato.

Per quello che voglio spiegare, un esempio varrà meglio di un intero volume di discorsi geometrici.

Immaginate che io veda venire verso di me due individui del cui rango voglio accertarmi. Supponiamo che essi siano un Mercante e un Medico, ovvero, in altre parole, un Triangolo Equilatero e un Pentagono. Come farò a distinguerli?

Per qualunque fanciullo della Spacelandia che abbia toccato la soglia degli Studi geometrici sarà ovvio che, se io posso dispormi con l'occhio in modo che lo sguardo bisechi un angolo (A) dell'estraneo che si avvicina, quello che vedrò di lui sarà per così dire equamente ripartito fra i suoi due lati a me più vicini (cioè CA e AB), così che io li contemplerò imparzialmente, ed entrambi mi appariranno delle medesime dimensioni.

Ora nel caso della figura (1), il Mercante, che cosa vedrò? Vedrò una linea retta DAE, in cui il punto centrale (A) sarà assai nitido, essendo il più vicino a me; ma dalle due parti, sui due lati, la linea si farà sempre meno nitida, *fino a sfumare rapidamente nel vago*, perché i lati AC e AB *si perdono rapidamente nella nebbia*, e quelle che mi sembrano le estremità del Mercante, cioè D ed E, saranno *assai offuscate*.

D'altra parte nel caso della figura (2), il Medico, benché anche qui io veda una linea (D′A′E′) con un centro nitido (A′), pure la rapidità con cui la linea si offuscherà sarà minore, perché i lati (A′C′, A′B′) *si perderanno meno rapidamente nella nebbia*: e quelle che mi appariranno le estremità del Medico, cioè D′ ed E′, non saranno *altrettanto offuscate* che le estremità del Mercante.

Il Lettore avrà probabilmente capito da questi due esempi come – dopo un lun-

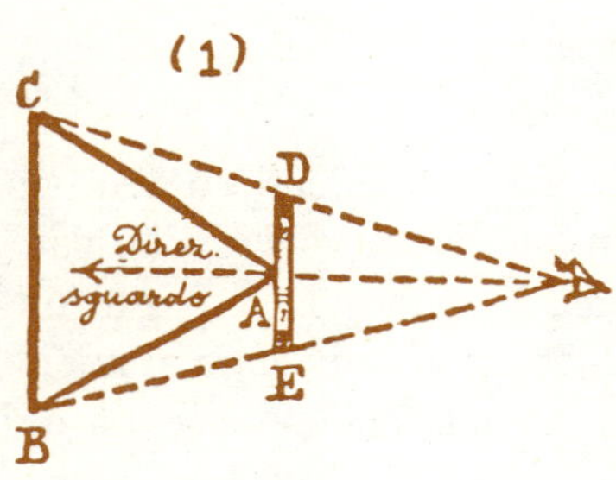

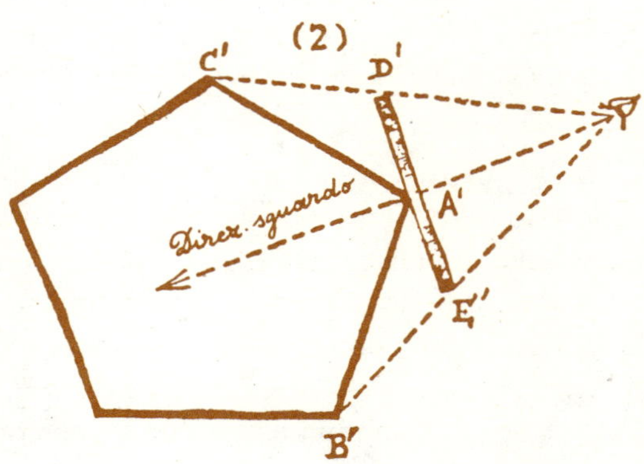

ghissimo allenamento, rafforzato da un'esperienza costante – sia possibile alle nostre classi istruite discernere con una certa precisione fra gli ordini medi e quelli inferiori mediante il senso della vista. [...]

Saltiamo un'ottantina di pagine per arrivare al punto centrale del romanzo che narra l'incontro del Quadrato (quello che l'autore fa parlare in prima persona) con una Sfera venuta da Spacelandia, cioè dal nostro universo tridimensionale. Dopo i primi momenti di paura, incredulità, stupore, il Quadrato accetta di farsi erudire dalla Sfera sui misteri della terza dimensione; ma ogni sforzo è vano. Così la Sfera decide di trasportare il Quadrato nel mondo tridimensionale dove questi finisce per rendersi conto compiutamente dei segreti del nuovo universo. A questo punto il Quadrato, resosi conto che il passaggio ad un paese con una dimensione in più è possibile, chiede alla Sfera di portarlo nel regno delle quattro dimensioni. E quando la Sfera stupita e sdegnata gli dice che la cosa è impossibile, l'alunno si fa maestro e cerca di dimostrare alla Sfera che la sua domanda non è poi così peregrina. Ecco una parte di quella accesa discussione.

IO. [...] Vorrei ricapitolare il passato. Non mi è stato insegnato laggiù che, quando vedevo una Linea e deducevo un Piano ([5]), io in realtà vedevo una Terza Dimensione non riconosciuta, che non era la stessa cosa della lucentezza, e chiamata "altezza"? E non ne segue che, in questa regione, quando vedo un Piano e deduco un Solido, in realtà vedo una Quarta Dimensione non riconosciuta, che non è la stessa cosa del colore, ma che esiste, benché infinitesimale e impossibile a misurarsi? E oltre a ciò, vi è l'argomento portato dall'analogia delle Figure.

SFERA. L'analogia! Sciocchezze: che analogia?

IO. La Signoria Vostra sta mettendo il suo servo alla prova per vedere se ricorda le rivelazioni che gli sono state fatte. Non scherzate con me, mio Signore, io sono affamato, assetato di sapere. Senza dubbio noi non possiamo *vederla* ora, quell'altra Spacelandia, perché non abbiamo occhi nei nostri stomaci ([6]). Ma proprio come il regno della Flatlandia esisteva, benché quel povero minuscolo Monarca della Linelandia non potesse voltarsi né a destra né a sinistra per scorgerlo, e proprio come *esisteva* lì accanto, a contatto della mia superficie, la terra delle Tre Dimensioni, benché io, povero cieco senza sensi, non avessi il potere di toccarla, né occhio nel mio interno per discernerla, così certamente c'è una Quarta Dimensione, che il mio Signore percepisce con l'occhio interiore del pensiero. E, che debba esistere, il mio Signore in persona me l'ha appreso. O è forse possibile che abbia dimenticato quel che egli stesso ha insegnato al suo servo? In Una Dimensione, un punto in movimento non generava una linea con *due* punti terminali? In Due Dimensioni, una linea in movimento non generava un Quadrato con *quattro* punti terminali? In Tre Dimensioni, un Quadrato in movimento non generava – e questo mio occhio non l'ha forse contemplato – quell'Essere benedetto, un Cubo, con *otto* punti terminali? E in Quattro Dimensioni, un Cubo in movi-

([5]) Il Quadrato intende dire che dando *spessore* ad una linea, questa diviene una superficie; per cui attribuendo spessori più o meno grandi alle cose o alle persone di Flatlandia si arriva a percepire il mondo tridimensionale.

([6]) La Sfera aveva spiegato al Quadrato come, guardandolo dall'alto, potesse vedere nel suo interno e quindi scorgere anche il suo stomaco. Viceversa, se il Quadrato avesse potuto vedere dal suo stomaco (cioè guardare verso l'alto), avrebbe acquistato una visione tridimensionale.

mento non darà origine – ahimè per l'analogia e ahimè per il progresso della Verità se così non fosse! – non darà origine, dicevo, il movimento di un Cubo divino, a un Organismo più divino con *sedici* punti terminali?

Osservate la conferma infallibile della Serie, 2, 4, 8, 16: non è una progressione geometrica, questa? – se posso citare le stesse parole del mio Signore – "in stretto accordo con l'analogia"?

Ancora: non mi ha forse insegnato il mio Signore che, come una linea è delimitata da *due* punti, e un Quadrato da *quattro* linee, così un Cubo dovrà essere delimitato da *sei* Quadrati? Osservate ancora una volta la conferma della serie, 2, 4, 6: non è questa una progressione aritmetica? E perciò non ne segue, necessariamente, che il rampollo più divino del divino Cubo nella terra delle Quattro Dimensioni dovrà essere delimitato da 8 Cubi: e non è anche questo, come il mio Signore mi ha insegnato a credere, "in stretto accordo con l'analogia"? [...]

XVII. Il pensiero scientifico di Leonardo.

31 **Leonardo da Vinci** (1452-1519) fu non soltanto un sommo artista, ma un genio poliedrico che spaziò nei più svariati campi della scienza, dalla geometria alla meccanica, dall'idraulica all'aerodinamica, dalla biologia all'anatomia, dall'ottica alla geologia.

Leonardo si occupò di varie questioni geometriche, alcune delle quali legate alle applicazioni pittoriche ed architettoniche.

Uno degli aspetti meno noti della sua multiforme attività di pensiero è costituito dal tentativo di inquadrare in uno schema logico-filosofico i processi di ricerca scientifico-sperimentali. In effetti Leonardo può, a buon diritto, esser considerato uno degli iniziatori di quella corrente filosofico-scientifica del Rinascimento che, un secolo dopo, doveva trovare in Galilei il suo massimo esponente.

Noi esporremo le linee essenziali del pensiero vinciano, anche per dare un esempio di come, talvolta, la matematica possa essere considerata quale strumento essenziale per collegare mondi di natura estremamente diversa, quali la metafisica e la fisica.

Leonardo muove da posizioni neo-platoniche, in quanto parte dalla considerazione che la realtà terrena ha in sé il crisma della *creazione* divina. Per cui la nostra realtà terrena non può non contenere il crisma dell'infinita saggezza creatrice, così come la mente umana deve necessariamente, nelle sue radici, rispecchiare il Creatore. Per Leonardo, quindi, la scienza umana sta nella corrispondenza fra questa struttura razionale del mondo sensibile e la capacità della mente umana di fruire di una divina luce di ragione.

Secondo Leonardo la natura nasconde sotto spoglie «carnali» una impalcatura matematica perfettamente razionale, nella quale si manifestano i principi universali della creazione. Compito dello scienziato è di scartare l'elemento contingente, accidentale dei fenomeni, per cogliere in essi l'elemento matematico e universale, cioè la legge che li governa.

Il metodo vinciano per costruire la *vera scienza* si articola in tre momenti.

In un primo tempo lo scienziato deve, con procedimento empirico, interrogare la natura, cioè deve andare sperimentando, per procurarsi tutti gli elementi necessari alla soluzione del problema. «La sapienzia è figliola della sperienzia» scrive Leonardo «chi disputa allegando l'autorità [di altri] non adopera lo ingegno, ma piuttosto la memoria. Fuggi i precetti di quelli speculatori che le loro ragioni non sono confermate dalla isperienza».

Nella seconda fase della ricerca si ha la fusione dell'elemento empirico con quello razionale: mediante la ragione, lo scienziato deve, dagli elementi sperimentali che ha a disposizione, trovare la legge matematica del fenomeno, scostando il velo carnale che la nasconde. Sarebbe, però, grave errore il credere che la legge non sia che il risultato di una serie di esperienze: questa non sarebbe scienza, ma statistica. Lo studioso, mediante la sua mente – che è partecipe della infinita sapienza divina –, deve invece trovare quella espressione matematica e universale del fenomeno che non ha più nulla di empirico, ma è solo una pura costruzione razionale.

Siamo così giunti all'ultima fase. Quando lo scienziato avrà trovato nella natura le ragioni matematiche che vi sono nascoste, quando, cioè, si sarà impadronito degli elementi universali che regolano la realtà, egli non avrà più bisogno della esperienza perché, partendo da quel nesso razionale che è in essenza nella natura, potrà ricostruirne ogni aspetto. Non solo; ma potrà addirittura costruire qualcosa che nella natura non è rappresentato o prevedere una manifestazione futura. Scrive Leonardo: «nessun effetto è in natura sanza ragione; intendi ragione e non ti farà mestieri l'esperienza».

XVIII. Nasce, con Galilei, il pensiero scientifico moderno.

32 Chiunque abbia una certa cultura conosce le tormentate vicende della vita di **Galileo Galilei** (1564-1642) legate ai controversi e clamorosi aspetti della cosiddetta *questione galileiana*, culminata con la condanna da parte del Tribunale dell'Inquisizione.

Noi non intendiamo soffermarci né su quegli avvenimenti, né sui notevoli risultati raggiunti dal grande pisano nell'astronomia, nella matematica e, soprattutto, nella dinamica (studi sulla caduta dei gravi, sulla composizione dei movimenti, sull'isocronismo delle oscillazioni pendolari, enunciazione del principio della relatività galileiana, ecc.). Preferiamo proseguire il discorso iniziato nella lettura su Leonardo, cioè soffermarci su quello che – a giudizio di molti – è l'aspetto più significativo dell'opera di Galileo: il contributo decisivo da lui dato alla nascita e allo sviluppo di una moderna metodologia di ricerca nel campo delle scienze.

Cominciamo col ricordare che l'indagine fisica non aveva conosciuto sostanziali progressi dai tempi di Archimede fino al Rinascimento. Tra le molte cause di questo lunghissimo ristagno, una delle principali fu indubbiamente il culto per quel pensiero aristotelico che sembrava così monolitico, così solidamente costruito, così omnicomprensivo da scoraggiare ogni tentativo di incrinarlo e da far apparire quasi blasfemo chiunque avanzasse proposte innovatrici.

Il celebre matematico e filosofo inglese Bertrand Russell (1872-1970) osservò paradossalmente a questo proposito che «Aristotele costituì uno dei più grossi infortuni fra quelli che hanno colpito l'umanità».

Il merito di Galileo sta proprio nell'essersi reso conto che un proficuo studio della natura sarebbe stato possibile solo al patto di svincolarlo da pregiudizi e preoccupazioni di ordine metafisico e di sgombrare il campo delle indagini da ogni timore di scalfire preesistenti modelli di pensiero. La battaglia che ne derivò ebbe toni aspri come prova questo suo scritto: «E qual cosa è più vergognosa che 'l sentir nelle pubbliche dispute, mentre si tratta di conclusioni dimostrabili, l'uscir un di traverso con un testo [...] e con esso serrar la bocca all'avversario? Ma quando pure voi vogliate continuare in questo modo di studiare, deponete il nome di filosofi e chiamatevi o istorici o dottori di memoria; che non conviene che quelli che non filosofano mai, si usurpino l'onorato titolo di filosofo».

Va comunque dato atto a Galileo di non aver rinnegato, anche nei momenti di maggiore tensione, i suoi legami con l'insegnamento di Aristotele; legami non soltanto di formazione culturale, ma anche, per certi aspetti, di metodo. Egli scrive: «io mi rendo sicuro che, se Aristotele tornasse al mondo, egli riceverebbe me trai suoi seguaci, molto più che tantissimi altri. E quando Aristotele vedesse le novità scoperte novamente in cielo, dove egli affermò quello essere inalterabile et immutabile perché niuna alterazione vi si era sino allora veduta, indubitatamente egli, mutando opinione, direbbe il contrario; direbbe essere alterabile perché alterazioni vi si scorgono». E altrove: «lo stesso Aristotele m'ha insegnato quietar l'intelletto a quello che m'è persuaso dalla ragione, e non dalla sola autorità».

L'antiaristotelismo di Galileo è soprattutto lotta contro due aspetti di una mentalità cui il Rinascimento aveva inopinatamente prestato appoggio: l'accettazione del *principio di autorità*, come prova del vero, ed il culto, divenuto fanatico, del *ritorno all'antico*.

Ad essi egli oppose il suo appello alla ragione e alla «sensata esperienza»; in ciò aiutato anche dalla concomitante lotta sostenuta da altri scienziati del '600 a favore delle teorie eliocentriche di Copernico, contro le quali gli aristotelici si barricavano dietro le cosiddette «obiezioni fisiche».

33 Galileo viene spesso considerato il fondatore del *metodo sperimentale*. In proposito occorre precisare che ciò non significa che egli abbia, per primo, introdotto l'esperienza come mezzo di indagine: il ricorso alla sperimentazione, infatti, non si era mai spento dall'antichità classica al Rinascimento.

L'innovazione galileiana sta, invece, nell'aver trasformato un empirismo talvolta grossolano in una indagine razionalmente concepita e logicamente articolata. Egli non si limita ad *osservare* i fenomeni, ma li *interpreta*, sforzandosi di spogliarli da ogni fenomeno accessorio, ben convinto che il compito del fisico è quello di *ideare* l'esperimento; di *ripeterlo* fino all'eliminazione di ogni fattore estraneo; di riconoscere la *legge matematica* che lega i dati raccolti; di predisporre *nuove verifiche* della legge enunciata in situazioni quanto più possibile diverse dalle precedenti; di *procedere oltre con criterio deduttivo* per cogliere ogni spunto fornito da quella legge, al fine o di generalizzarla, o di individuare certi suoi imprevisti casi particolari; salvo poi sottoporre a *nuove prove sperimentali* i fenomeni e le leggi emerse in quest'ultima fase.

Contrariamente a Francesco Bacone che fu soltanto un teorico del suo «metodo sperimentale», mai attuato da qualche fisico, Galileo non redasse alcuna organica trattazione sul processo di indagine da lui adottato. Possiamo ricostruire tale processo solo sulla falsariga delle sue descrizioni e commenti riguardanti le esperienze da lui concretamente effettuate.

Del resto, quasi tutti gli epistemologi d'oggi hanno rinunciato all'idea di formulare un metodo scientifico universalmente valido; se non altro per la convinzione che esso andrebbe periodicamente emendato sulla base del continuo evolversi del sapere.

Galileo intuì questa situazione (e ciò accresce la statura del personaggio): pur innovando la metodologia della ricerca, non ebbe la presunzione di codificarla rigidamente. Le indicazioni che ci ha lasciato sono ancora attuabili proprio perché possono elasticamente adattarsi ad ogni nuova e non prevedibile fase del progresso.

34 Val la pena di ripercorrere la strada aperta da Galileo, attraverso qualche frase saliente tratta dai suoi scritti.

La ricerca deve muovere dalla «sensata esperienza» (la percezione del problema), che ci conduce a studiare un particolare gruppo di fenomeni, per poi passare all'«assioma» (all'"ipotesi di lavoro").

Segue il momento del «progresso matematico», a proposito del quale egli scrive «è forza confessare che il voler trattare le questioni naturali senza la geometria è un tentar di fare quello che è impossibile ad esser fatto». E, più esplicitamente, «la filosofia è scritta in questo grandissimo libro che continuamente ci sta aperto innanzi agli occhi (io dico l'Universo); ma non si può intendere se prima non si impara a intender la lingua e conoscer i caratteri ne' quali è scritto. Egli è scritto in lingua matematica, i caratteri son triangoli, cerchi e altre figure geometriche, senza i quali è impossibile intenderne umanamente parola; senza questi è un aggirarsi vanamente per uno oscuro labirinto».

Ma l'interpretazione matematica non esaurisce la ricerca in quanto essa non sempre si adatta a descrivere l'esperienza: «perché i discorsi nostri hanno da essere intorno ad un mondo sensibile e non sopra un mondo di carta». Occorre, dunque, la riprova pratica, «il cimento sperimentale», che costituisce l'ultimo e decisivo atto dell'indagine.

In definitiva, lo studio del fenomeno parte e si conclude con l'esperienza dopo essersi sviluppato attraverso la mediazione della matematica. Secondo Galileo, la matematica è indispensabile per decifrare l'esperienza, ma non è una realtà superiore ad essa; la «nuova scienza» deve essere, sì, guidata dalla ragione, ma da una ragione duttile, che si adegua ai fatti, che non cerca mai di imporsi alla natura con la pretesa di poterla descrivere a priori.

35 L'abbandono del *principio di autorità* determinò, fra l'altro, una radicale modifica del concetto stesso di *verità* di una teoria scientifica. Se la garanzia delle conclusioni non si fonda nella aprioristica sicurezza di principi accettati come eternamente validi, siamo costretti ad ammettere che le leggi della natura da noi enunciate siano perfettibili o, quantomeno, valide limitatamente agli ambienti nei quali esse siano state sperimentate ed ai mezzi di indagine a disposizione.

Al concetto di *verità immutabile* subentra quello di *verità aperta*, che genera sviluppi di pensiero che potranno integrarla o addirittura sostituirla. La verità della geometria euclidea è suscettibile di venir ampliata se prospettiamo l'esistenza di spazi più complessi interpretabili attraverso le geometrie non euclidee. Così come la verità della meccanica galileiana sussiste solo in ambito terrestre, cioè in un certo ordine di approssimazione; ma bisogna ricorrere alla meccanica relativistica allorché si analizzano fenomeni nei quali le velocità sono comparabili con quella della luce.

L'astronomo e matematico Pierre Simon de Laplace (1749-1827) osservò con felice intuizione: «diversamente dall'arte, le scienze si accrescono all'infinito: l'opera più perfetta genera nuove scoperte e così prepara le nuove opere che dovranno eclissarla».

XIX. Il razionalismo cartesiano.

36 Per i pensatori razionalisti dell'età moderna, la matematica assume il ruolo fondamentale di piattaforma di ogni ricerca, di trama sulla quale deve essere tessuta ogni costruzione del pensiero. A riprova di ciò illustriamo brevemente il tentativo di **René Descartes** (1596-1650) di estendere il procedimento della geometria a tutte le cognizioni umane.

Iniziamo con un significativo brano tratto dall'opera *Il discorso sul metodo* (Parte II).

«Quelle lunghe catene di ragioni, tanto semplici e facili, di cui i geometri sogliono servirsi per giungere alle loro più difficili dimostrazioni, m'avevano dato occasione d'immaginare che tutte le cose che possono cadere sotto la conoscenza degli uomini, si concatenino nello stesso modo, e che – con la sola condizione che ci si astenga da accoglierne per vera alcuna che non sia tale, e che si mantenga sempre l'ordine conveniente per dedurle le une dalle altre – non ce ne possa essere alcuna così lontana cui non si possa arrivare, né così celata che non la si possa scoprire. E non penai molto a cercare da quali si dovesse cominciare; infatti già sapevo di dover muovere dalle più semplici e dalle più facili a conoscere; e considerando che tra tutti coloro che hanno finora indagato la verità nelle scienze, i soli matematici hanno potuto trovare delle dimostrazioni, ossia delle ragioni certe ed evidenti, ero sicuro che bisognava prendere le mosse da quelle stesse verità che essi hanno esaminate».

Muovendo da tali premesse, Cartesio meditò lungamente sui rapporti fra algebra e geometria, tra matematica e fisica, e giunse alla conclusione che la scienza delle «quantità» è unica, anche se riferita a grandezze diverse. Cioè un numero, o la posizione di un punto su una retta, o l'inclinazione di un raggio luminoso rispetto ad un piano, intesi nel loro valore numerico, sono espressioni di un medesimo atto di pensiero, e dunque differiscono solo per il diverso modo con cui sono rappresentati.

Proprio da questo sforzo di unificazione di ogni processo suscettibile di interpretazione numerica in un puro ed unico ragionamento matematico ebbe origine la *geometria analitica*, cioè il metodo delle coordinate cartesiane.

Merito di Cartesio è anche quello di aver dato forma definitiva al metodo di *analisi* e *sintesi*, secondo il quale – quando la natura di un problema non è di per sé evidente – si deve suddividere l'argomento in esame in parti singolarmente evidenti (analisi) per passare, poi, allo studio dei rapporti fra i singoli elementi (sintesi).

Con questo metodo, Cartesio articola un sistema di correlazioni che consente di esprimere anche i termini incogniti, grazie ai rapporti che li legano con i termini noti. Nasce così l'espressione grafica delle *funzioni*, cioè delle variazioni di una grandezza in relazione al variare di altre.

Nel suo sforzo di unificazione, Cartesio costruì anche un'abile fisica geometrica, nella quale ogni fenomeno era traducibile in termini matematici deducibili *a priori*. Secondo Cartesio, ogni punto mobile nello spazio materiale deve il suo moto alla spinta iniziale impressagli da Dio. Partendo da queste premesse e applicando il procedimento analitico, egli pensò di poter ricostruire i vari momenti dell'evoluzione del mondo fisico; cioè di poter ripercorrere il processo di formazione dell'universo.

Questa ardita e geniale ipotesi di un mondo meccanico pensato come un'immensa macchina cui Dio aveva dato la prima spinta, aveva però il difetto di essere solo una costruzione ipotetica. Ne è riprova il fatto che, accanto ad alcune parti ancor oggi pienamente valide (come le leggi della rifrazione della luce) troviamo teorie (come quella dei vortici cosmici) definitivamente scadute. Come osserva Eugenio Garin, la fisica di Cartesio era solo «un sogno mirabile di un grandissimo ingegno matematico», «un universo possibile, forse, ma non l'universo in cui viviamo. Il matematico aveva tradito il fisico».

XX. *Pagine* di Gerolamo Saccheri.

37 Abbiamo già fatto cenno, nella lettura V del primo volume e al n. 33 del cap. XXIV, ai molteplici tentativi di dimostrazione del postulato delle parallele, sottolineando come il più serio ed interessante fu quello esposto dal gesuita **Gerolamo Saccheri** (1667-1733) nella sua opera *Euclides ab omni naevo vindicatus* nella quale, anche se in modo del tutto inconsapevole, precorse la nascita delle geometrie non euclidee. Ma lasciamo all'autore la spiegazione dei motivi che lo indussero a scrivere questo volumetto ([7]).

DEDICA DELL'AUTORE

Gerolamo Saccheri della Compagnia di Gesù
all'Eccellentissimo Senato Milanese

Sapientissimi Senatori, a Voi presento umilmente Euclide difeso da ogni macchia; a Voi che per quotidiana pratica ben conoscete quanto importi di stabilire con rigore i principi fondamentali di qualsiasi scienza, affinché l'edificio su di essi costruito non venga a crollare. [...] E questa scrupolosità nello stabilire con rigore i principii fondamentali, come è utile in qualsiasi disciplina, così è necessaria nella matematica, ove non esiste libertà di opinioni e dove la verità scaturisce chiara e precisa dallo stretto legame che hanno le conseguenze con i loro principii. Per questo Geometri insigni, dai più antichi tempi sino ai nostri giorni, tentarono di ridurre i primi principii della Matematica a vere leggi stabili e rigorose: ma i loro tentativi (sia detto senza ombra d'orgo-

([7]) Come si capisce dal titolo, Saccheri scrive in latino. Per la traduzione ci siamo serviti di quella preparata da G. Boccardini per la edizione Hoepli del 1904.

glio) hanno lasciato anche a me la possibilità di far qualche cosa e risvegliato il desiderio di mettere alla prova il mio ingegno. Del successo saranno giudici gli Scienziati. Io certamente non mi dolgo dell'opera mia [...].

PREFAZIONE DELL'AUTORE

Nessun cultore delle scienze matematiche può ignorare quanto sia il pregio e l'eccellenza degli *Elementi* d'Euclide; ne fanno fede Archimede, Apollonio, Teodosio ed altri innumerevoli matematici fino ai nostri giorni, i quali si servirono degli *Elementi* come di dottrina da lungo tempo e su basi sicure stabilita. Ciò peraltro non impedì che molti tra gli antichi e moderni celebrati cultori della geometria non vi trovassero qualche cosa a ridire; ed, in effetti, vi notano tre nei.

Il primo riguarda la definizione delle parallele e con essa il postulato V del libro I: «due rette segate da una terza, se formano con questa angoli interni da una medesima parte la cui somma è minore di due retti, si incontrano da questa parte». Nessuno per certo dubita della verità di questo postulato, ma la sola accusa che si muove ad Euclide è di averlo chiamato col nome di assioma, come se al solo enunciarlo esso riuscisse evidente.

In definitiva, il Saccheri non mette in discussione la validità dell'enunciato di Euclide, cioè la sua completa aderenza alla concezione del mondo fisico. L'unico problema che si pone è se esso, anziché essere assunto come assioma, possa essere dimostrato deducendolo dai restanti assiomi citati negli *Elementi*.

Proprio per questo, in seguito, non pochi, pure accettando la definizione euclidea delle parallele, ne tentarono la dimostrazione servendosi di quelle sole proposizioni del libro I che precedono la 29, per la quale incomincia a essere indispensabile l'uso del controverso postulato.

Ma poiché gli sforzi degli antichi riuscirono vani a raggiungere l'intento, ne venne che molti esimi geometri a noi più vicini, ritennero necessaria una nuova definizione di rette parallele; pertanto, alla definizione euclidea «linee rette parallele sono quelle le quali, essendo in un medesimo piano e prolungate indefinitamente dall'una e dall'altra parte, non s'incontrano mai» pensarono di sostituire la seguente: «linee rette parallele sono quelle le quali, essendo in un medesimo piano e prolungate indefinitamente, sono sempre tra loro equidistanti».

Senonché alcuni, e sono i più acuti, cercano di provare che esistono linee rette così fatte, per passare poi a dimostrare la verità del controverso postulato, su cui, a partire dalla proposizione 29, poggia quasi tutta la geometria; altri invece (non senza peccare gravemente contro la logica) assumono linee rette così fatte come date, e di poi passano senz'altro a dimostrare le rimanenti proposizioni della geometria.

Questi sono gli argomenti che offriranno materia al primo libro del mio opuscolo [...].

Passo a considerare gli altri due nei: il primo riguarda la definizione 6 del libro V sulle grandezze proporzionali; e il secondo la definizione 5 del libro VI sulla ragione composta. L'unico scopo del mio secondo libro sarà di illustrare le anzidette definizioni di Euclide e di mostrare al tempo stesso quanto ingiustamente sia stato maltrattato il nome di lui [...].

Nella parte non riportata della prefazione, l'Autore afferma che dimostrerà il V postulato senza considerare le rette parallele come «linee equidistanti», basandosi solo sulle prime 28 proposizioni degli *Elementi*. Successivamente proverà che «il luogo dei punti equidistanti da una retta è una retta», prendendo spunto da ciò per «sottoporre i principii fondamentali della geometria ad una rigorosa disamina».

PRIMA PARTE

PROPOSIZIONE I. – Nel quadrilatero *ABDC* i lati *AC*, *BD* siano uguali e formino con *AB* gli angoli *CAB*, *DBA* uguali; dico che gli angoli *ACD*, *BDC* sono uguali.

Dimostrazione. Si congiungano *A* con *D* e *B* con *C* e si considerino i triangoli *CAB*, *DBA*: i lati *CB* e *AD* saranno uguali (Euclide I, 4). Poi si considerino i triangoli *ACD*, *BDC*: gli angoli *ACD*, *BDC* saranno uguali (Euclide I, 8), come d.d.

[...]

PROPOSIZIONE III. – Nel quadrilatero *ABDC*, rettangolo in *A* e in *B*, i lati *AC* e *BD* siano uguali; dico che *CD* sarà uguale, minore o maggiore della base *AB* a seconda che gli angoli uguali in *C* e in *D* siano rispettivamente retti, ottusi o acuti.

Non riportiamo la complessa dimostrazione di quest'ultima proposizione che sfrutta il teorema dell'angolo esterno di un triangolo, la cui dimostrazione, negli *Elementi* così come nella nostra esposizione (cap. III), prescinde dal postulato delle parallele.

È chiaro che chi, invece, adoperasse tale postulato (calandosi con ciò nella geometria euclidea ed escludendo le altre geometrie) potrebbe facilmente provare la proposizione III osservando che il *quadrilatero birettangolo isoscele ABDC* (così lo denomina il Saccheri) ha tutti gli angoli retti ed è, quindi, un rettangolo. Ovviamente, il Saccheri, nei suoi ragionamenti, non utilizza il postulato delle parallele.

Nella figura 37 abbiamo rappresentato – forzando il disegno – le tre situazioni che si desumono dalla proposizione III. La prima è quella che si presenta nel piano euclideo, mentre le altre due (che si presentano rispettivamente nel piano ellittico e in quello iperbolico) vengono prese in considerazione dal Saccheri proprio al fine di essere successivamente escluse. Si potrà così concludere che l'unica configurazione possibile è quella che corrisponde al postulato delle parallele. La successiva proposizione IV è dimostrata seguendo la via esaminata al n. 20 del cap. XXII (*appunti di logica*).

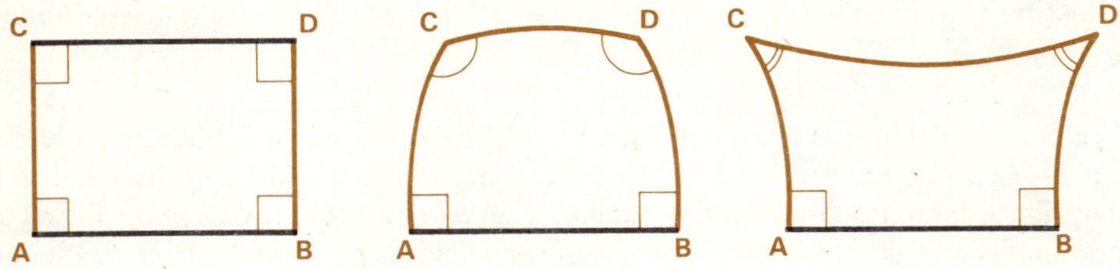

Fig. 37.

Proposizione IV. – Reciprocamente, nello stesso quadrilatero birettangolo isoscele *ABDC* gli angoli ai vertici in *C* e in *D* saranno retti, ottusi o acuti a seconda che il lato *CD* sia uguale, minore o maggiore della base *AB*.

Dimostrazione. – Infatti se *CD* è uguale ad *AB* gli angoli in *C* e in *D* non possono essere ottusi perché allora sarebbe *CD* minore di *AB* contro l'ipotesi; non possono essere acuti perché sarebbe *CD* maggiore di *AB* contro l'ipotesi. Dunque sono retti. Così si dimostrano gli altri due casi.

Definizione. – Poiché in ogni quadrilatero birettangolo isoscele gli angoli ai vertici sono uguali, si possono distinguere tre ipotesi circa la natura di questi angoli; le chiameremo «ipotesi dell'angolo retto», «ipotesi dell'angolo ottuso», «ipotesi dell'angolo acuto».

Proposizione V. – Se l'ipotesi dell'angolo retto è vera, anche in un sol caso, essa è vera in ogni altro caso.

Proposizioni VI e VII. – Se l'ipotesi dell'angolo ottuso [acuto] è vera, anche in un sol caso, essa è vera in ogni altro caso.

Saccheri passa poi a discutere le conseguenze delle sue tre ipotesi. Oggi possiamo dire che alle ipotesi dell'angolo retto, ottuso, acuto corrispondono rispettivamente le geometrie euclidea, ellittica, iperbolica. Vediamo alcune di tali conseguenze che non sono altro che teoremi delle varie geometrie (senza riportare le relative dimostrazioni).

Proposizione VIII. – Nel triangolo *ABD*, rettangolo in *B*, si prolunghi *DA* sino ad un punto qualunque *X* e per *A* si conduca la perpendicolare *HAC* alla *AB*, essendo il punto *H* interno all'angolo *XAB*; dico che l'angolo *XAH* sarà uguale, minore o maggiore dell'angolo *ADB* a seconda che sia vera l'ipotesi dell'angolo retto, ottuso o acuto; e reciprocamente.

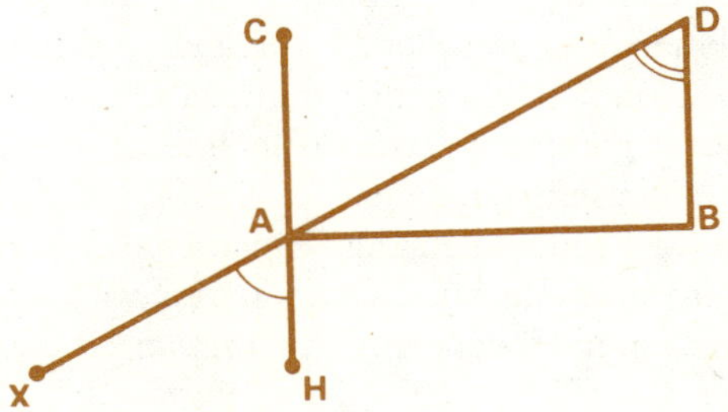

PROPOSIZIONE IX. – In ogni triangolo rettangolo la somma degli angoli acuti è uguale, maggiore o minore di un angolo retto a seconda che sia vera l'ipotesi dell'angolo retto, dell'angolo ottuso, dell'angolo acuto.

PROPOSIZIONE XII. – Nell'ipotesi dell'angolo ottuso, una perpendicolare ed una obliqua ad una medesima retta si incontrano.

PROPOSIZIONE XV. – Dall'esistenza di un triangolo in cui la somma degli angoli [interni] sia uguale, maggiore o minore di due retti, si deduce che è soddisfatta rispettivamente l'ipotesi dell'angolo retto, ottuso, acuto.

A proposito della proposizione XII, avvertiamo che, nel seguito dell'opera, il Saccheri dimostra anche il teorema secondo il quale «nell'ipotesi dell'angolo acuto si possono trovare una perpendicolare ed una obliqua ad una medesima retta che non si incontrano», che esprime una proprietà della geometria iperbolica.

A questo punto, il Saccheri è in grado di dimostrare che l'ipotesi dell'angolo ottuso porta ad una contraddizione. In proposito facciamo notare che il ragionamento del Saccheri non è in contrasto con l'esistenza della geometria ellittica in quanto in essa vanno modificati anche altri postulati della geometria euclidea (si veda il n. 39 del cap. XXIV).

PROPOSIZIONE XIV. – L'ipotesi dell'angolo ottuso è falsa perché distrugge se stessa.

Non riportiamo la dimostrazione (corretta) di questa proposizione, ma precisiamo che si tratta di un ragionamento per assurdo, tipica applicazione della cosiddetta «consequentia mirabilis» che si ritrova anche in Euclide. Si tratta di questo: per dimostrare un enunciato «p» si suppone per assurdo che valga la proposizione «non p» (che è la negazione di «p»), deducendo da tale ipotesi proprio la validità di «p». Segue da ciò la necessità di escludere «non p» che, come dice il Saccheri, «distrugge se stessa»: chi la accetta cade in contraddizione. Esclusa «non p», non resta che accettare «p».

Saccheri tenta poi, per diverse strade, di ottenere una contraddizione anche nell'ipotesi dell'angolo acuto. Ma le sue dimostrazioni in proposito non sono corrette. Va comunque dato atto al Padre gesuita di aver lui stesso avanzato dei dubbi, quantomeno sulla prima di tali dimostrazioni. Così scrive, infatti, a conclusione del I Libro:

«Ora, relativamente all'ipotesi dell'angolo ottuso, la cosa è più chiara della luce del sole; in quanto, assunta questa come vera, si dimostra l'assoluta verità universale del controverso postulato euclideo; dal quale poi si dimostra l'assoluta falsità di tale ipotesi. Per contro, non arrivo alla prova della falsità dell'altra ipotesi, cioè di quella dell'angolo acuto [...]».

XXI. I giudizi matematici secondo Kant.

38 La storia del pensiero moderno è dominata dalla figura di **Emanuele Kant** (1724-1804), che riuscì a trovare una sintesi fra le due grandi e contrapposte correnti dell'empirismo e del razionalismo ed ebbe una influenza non trascurabile

sui successivi movimenti di idee, dal positivismo all'idealismo. Correnti di pensiero che si definivano neo-kantiane sono esistite fino a pochi decenni or sono.

Kant fu soprattutto un filosofo, anche se con vasti interessi per le dottrine scientifiche (basti pensare alla sua *Storia universale della natura e teoria del cielo* nella quale anticipò, sotto certi aspetti, la teoria di Laplace sulla formazione del sistema solare).

Secondo Kant il problema della *conoscenza* (cioè lo studio dei limiti e delle possibilità della ragione umana al fine di costruire una metafisica non inficiata da dubbi) è collegato alla nostra capacità di dare *giudizi*. Giudicare significa attribuire o negare un predicato (un attributo) ad un soggetto; esistono due tipi di *giudizi*: *analitici* e *sintetici*.

I giudizi *analitici* stabiliscono, del soggetto *analizzato*, proprietà caratteristiche, che sono già insite in esso. Ad esempio, dicendo che «i corpi sono estesi» noi non aggiungiamo nulla al concetto di corpo, in quanto è proprio di ogni corpo occupare un certo spazio. Con tale proposizione ci limitiamo a rendere esplicita una proprietà che era implicita. I giudizi analitici, dunque, non allargano la nostra conoscenza, ma la rendono più chiara. Essi, poiché esprimono proprietà innegabili e generali, sono universali e necessari o – come dice Kant – sono *a priori*.

I giudizi *sintetici* stabiliscono, del soggetto esaminato, nuove proprietà che non sono implicite nel soggetto stesso. Ad esempio, dicendo che «i corpi si attraggono» noi esprimiamo una proprietà che non è insita nel concetto di corpo. Per affermare tale proprietà dobbiamo ricorrere all'esperienza; e siccome anche una grandissima somma di esperienze non può darci una legge universale, Kant ne deduce che i giudizi sintetici allargano, sì, le nostre conoscenze, ma sono particolari e contingenti.

Ciò premesso, Kant osserva che per costruire una vera scienza è necessario far uso di giudizi *sintetici a priori*; cioè di giudizi estensivi del nostro sapere (*sintetici*) e di valore universale (*a priori*). Il problema diviene pertanto: «esistono giudizi *sintetici a priori*?».

Kant risponde affermativamente riferendosi proprio ai giudizi matematici. Egli afferma, infatti, che i giudizi matematici accrescono il nostro sapere perché allargano le nostre cognizioni, e sono universali perché si fondano sulle forme *a priori* della conoscenza sensibile, cioè sullo *spazio* e sul *tempo*. Kant scrive (*Prolegomeni*):

«Nessun principio della geometria è analitico. La proposizione che la retta è la linea più breve tra due punti è sintetica. Perché il mio concetto della retta non implica niente di quantità, ma solo di qualità. Il concetto "più breve" è completamente aggiunto e non può con alcuna analisi esser ricavato dal concetto di retta. Qui si deve far ricorso all'intuizione per mezzo della quale soltanto è possibile la sintesi».

Non è questa la sede adatta per esprimere apprezzamenti sul pensiero kantiano; né noi possediamo la competenza necessaria per farlo. Riteniamo tuttavia opportuno precisare che le osservazioni di Kant sono legittime se riferite allo sviluppo del pensiero scientifico della sua epoca; vanno invece prese con una qualche cautela se inquadrate nella attuale fase del progresso fisico-matematico.

Kant parte dal presupposto che lo spazio ed il tempo siano forme *a priori* della nostra realtà. Ora, anche senza entrare nei particolari della fisica relativistica (Einstein), basta riflettere sull'esistenza delle geometrie non euclidee per rendersi conto che l'idea di spazio può essere variamente intesa, dipendentemente dal modello geometrico che vogliamo assumere; tanto più che, teoricamente, ciascuno dei tre possibili modelli è ugualmente legittimo.

Ma ammettiamo pure di muoverci in uno spazio euclideo. Neanche in tal caso l'affermazione di Kant secondo la quale «nessun principio di geometria è analitico» sarebbe oggi accettabile. Infatti, sembra più convincente dire che i teoremi esprimono giudizi analitici, essendo le tesi da dimostrare implicite nelle ipotesi dei teoremi stessi. Se, invece, ci riferiamo ai postulati, questi esprimono indubbiamente giudizi *sintetici*; ma non *a priori* (cioè universali). Infatti, secondo le moderne vedute matematiche (che i nostri lettori già dovrebbero aver inquadrato e sulle quali torneremo nelle ultime due letture), la geometria non parte da premesse (i postulati, appunto) ritenute certe in quanto esistenti in natura al di sopra di ogni nostra capacità di raziocinio: esse sono semplicemente «ipotesi di lavoro» sulle quali costruire un edificio deduttivo, e dunque non possiedono il crisma della universalità.

XXII. *Brani* dai «Fondamenti della Geometria» di Hilbert.

9 **David Hilbert** (1862-1943) è stato forse l'ultimo dei "matematici enciclopedici", cioè di quegli studiosi capaci di ottenere risultati di grande rilievo nei più svariati settori della matematica.

Nel 1899 pubblicò i *Fondamenti della Geometria*, opera basilare, che dette, ventidue secoli dopo Euclide, un assetto organico, in chiave puramente deduttiva, alla geometria euclidea. L'opera è pubblicata in italiano dall'Editore Feltrinelli (trad. di Piero Canetta). I brani riportati sono tratti dal capitolo I nel quale vengono fra l'altro enunciati gli *assiomi* (o postulati). I capitoli successivi affrontano problemi di carattere logico, come la non contraddittorietà e l'indipendenza degli assiomi, e questioni geometriche di carattere generale, come le connessioni fra la geometria euclidea e altre geometrie.

Rimandiamo alla lettura seguente per un inquadramento storico dell'opera e del pensiero di Hilbert.

Introduzione. – Come l'aritmetica, così anche la geometria richiede, per venire fondata in modo coerente, solo poche, semplici proposizioni fondamentali. Queste proposizioni fondamentali si chiamano gli assiomi della geometria. L'esposizione degli assiomi e lo studio dei loro mutui rapporti sono stati oggetto di discussione fin dai tempi di Euclide in numerosi, ottimi trattati della letteratura matematica ed hanno portato ad analizzare in termini logici la nostra intuizione dello spazio.

La presente ricerca costituisce un nuovo tentativo di introdurre la geometria mediante un adeguato sistema di assiomi che sia il più semplice possibile [...]; e ciò in modo tale da porre chiaramente in luce sia il significato dei diversi gruppi di assiomi, sia la portata delle conseguenze di ciascuno di essi.

Vedremo che, diversamente da quanto viene fatto di solito nei trattati scolastici, Hilbert introduce una assiomatica direttamente riferita allo *spazio*. Ciò non porta alcun inconveniente concettuale perché risulta chiaramente dal contesto quali sono gli assiomi necessari per uno svolgimento della sola geometria *piana*.

Precisiamo anche che il vocabolo *spiegazione*, che Hilbert premette a certi periodi del suo discorso, sta per *nomenclatura* nel senso che, in tali periodi, vengono introdotti gli enti primitivi e le successive definizioni e locuzioni.

1. *Gli elementi della geometria ed i cinque gruppi di assiomi.*

Spiegazione. – Consideriamo tre diversi insiemi di oggetti; chiameremo *punti* gli oggetti del primo insieme e li indicheremo con A, B, C, ...; chiameremo *rette* gli oggetti del secondo insieme e li indicheremo con a, b, c, ...; chiameremo *piani* gli oggetti del terzo insieme e li indicheremo con α, β, γ, ...; i punti verranno anche detti gli *elementi della geometria della retta*, i punti e le rette gli *elementi della geometria piana*, i punti, le rette ed i piani gli *elementi della geometria solida* o *dello spazio*.

Noi considereremo punti, rette e piani in certe relazioni reciproche ed indicheremo queste relazioni con parole come «giacere», «fra» [o «compreso fra»], «congruente» [od «uguale»]; la descrizione esatta e completa, ai fini matematici, di queste relazioni segue dagli *assiomi della geometria*.

Con quest'ultimo periodo Hilbert ribadisce la sua posizione concettuale; la descrizione matematica dei concetti geometrici viene data, direttamente o indirettamente, soltanto attraverso gli assiomi; e non facendo leva sull'intuizione, sull'esperienza, su idee innate, ecc. L'intuizione – come viene chiarito nel periodo che segue – può semplicemente aiutarci nella scelta degli assiomi.

Possiamo suddividere gli assiomi della geometria in cinque gruppi; ciascuno di questi gruppi esprime certi fatti fondamentali, fra loro omogenei, della nostra intuizione. Indicheremo questi gruppi di assiomi nel seguente modo:

I. 1-8. Assiomi di *collegamento*,
II. 1-4. Assiomi di *ordinamento*,
III. 1-5. Assiomi di *congruenza*,
IV. Assioma delle *parallele*,
V. 1-2. Assiomi di *continuità*.

2. *Il primo gruppo di assiomi: assiomi di collegamento.*

Gli assiomi di questo gruppo stabiliscono un *collegamento* tra gli oggetti sopra introdotti: punti, rette e piani, ed hanno la forma seguente:

I 1. *Per due punti* A, B *c'è sempre una retta cui appartiene ognuno dei due punti* A, B.

I 2. *Per due punti* A, B *c'è al massimo una retta cui appartiene ognuno dei due punti* A, B.

Qui, come in seguito, per due, tre, ... punti (o rette, o piani) si deve sempre intendere punti (o, rispettivamente, rette, o piani) *distinti*.

Useremo, invece di «appartenere», anche altre locuzioni; per esempio *a passa* per *A* e per *B*, *a congiunge A* con *B*, *A giace* su *a*, *A* è un punto di *a*, c'è un punto *A* su *a*, e così via. Quando *A* giace sulla retta *a* ed inoltre anche su un'altra retta *b*, usiamo le locuzioni: le rette *a* e *b* si *intersecano* in *A*, hanno *in comune* il punto *A*, ecc.

I 3. *Su una retta ci sono sempre almeno due punti. Ci sono almeno tre punti che non giacciono su una retta.*

I 4. *Per tre punti qualsiasi* A, B, C, *che non giacciano su una stessa retta, c'è sempre un piano* α *al quale appartiene ciascuno dei tre punti* A, B, C. *Per ogni piano c'è sempre un punto che gli appartiene.*

I 5. *Per tre punti qualsiasi* A, B, C *che non giacciono su una medesima retta, c'è al massimo un piano al quale appartiene ciascuno dei tre punti* A, B, C.

I 6. *Se due punti* A, B *di una retta* a *giacciono in un piano* α, *allora ogni punto di* a *è nel piano* α.

I 7. *Se due piani* α, β *hanno in comune un punto* A, *allora hanno in comune almeno un altro punto* B.

I 8. *Ci sono almeno quattro punti che non stanno in un piano.*

Gli assiomi I 1-3 possono venire chiamati gli *assiomi piani del gruppo* I, per distinguerli dagli assiomi I 4-8 che indico come gli *assiomi spaziali del gruppo* I.

I lettori avranno notato alcune differenze fra gli assiomi di Hilbert e quelli da noi riportati; anche se la nostra impostazione assiomatica si ispira a quella hilbertiana. Ciò è dovuto – a parte certe esigenze di semplificazione – ad una situazione cui abbiamo fatto cenno al n. 56 del cap. XXIV: accade talvolta che, di un certo gruppo di proposizioni, se ne possano assumere indifferentemente alcune come assiomi per poi dedurre da queste le restanti. Le diverse scelte possibili danno allora luogo a due o più assiomatizzazioni che appaiono formalmente diverse anche se, in sostanza, sono del tutto equivalenti fra loro.

Vedremo che, dopo aver introdotto i primi otto assiomi, Hilbert enuncia, senza dimostrarli, due teoremi. In effetti, nei *Fondamenti della Geometria* vengono dimostrate solo certe proposizioni che non figurano negli usuali trattati. Questo atteggiamento si spiega considerando che l'opera di Hilbert, a differenza degli *Elementi* di Euclide, non si propone di insegnare la geometria, ma solo di dare una sistemazione logica alla materia. Anche lo stile espositivo, estremamente attento e schematico, privo di ogni concessione a ricercatezze formali, conferma questo atteggiamento dell'Autore.

Fra i teoremi che seguono dagli assiomi I 1-8 menzioniamo soltanto i due seguenti:

Teorema 1. – Due rette di un piano hanno o un punto in comune o non ne hanno alcuno; due piani o non hanno punti in comune ovvero hanno in comune una retta e nessun punto fuori di essa; un piano ed una retta, che non giaccia su di esso, o non hanno punti in comune, ovvero ne hanno uno.

Teorema 2. – C'è sempre un piano ed uno solo che passa per una retta e per un punto che non giaccia su questa, come pure per due rette aventi un punto in comune.

3. *Il secondo gruppo di assiomi: assiomi di ordinamento.*

Gli assiomi di questo gruppo definiscono il concetto «fra» e rendono possibile, sulla base di questo concetto, l'*ordinamento* dei punti su una retta, in un piano e nello spazio.

Spiegazione. – I punti di una retta stanno fra loro in una certa relazione, per la cui descrizione ci serve particolarmente la parola «*fra*».

A questo punto Hilbert enuncia quattro assiomi sull'ordinamento di cui noi riportiamo solo il 2° e il 4°. In proposito è opportuno precisare che noi, introducendo nel cap. II gli insiemi ordinati, abbiamo osservato come ad ogni ordinamento ne corrisponde un altro ad esso opposto; per cui una retta *r* può essere orientata secondo due versi opposti, nessuno dei quali è fissato a priori.

Hilbert, invece, evita di parlare di due possibili ordinamenti sulla retta *r* (e di introdurre locuzioni come «il punto *A precede* sulla *r* il punto *B*»); a questo scopo coinvolge sempre nei suoi assiomi d'ordine tre punti (con locuzioni del tipo «il punto *A giace fra* i punti *B* e *C*»), il che lo porta ad una caratterizzazione più complessa, anche se a rigore preferibile, di quella da noi adottata.

Facciamo notare che, dei due assiomi che riportiamo, il II 2 comporta che ogni retta è priva di primo e di ultimo elemento, ed il II 4 – che Hilbert attribuisce a Pasch (1882) – implica la proposizione da noi enunciata all'inizio del cap. III come «postulato dei semipiani» e che nei *Fondamenti della Geometria* diviene il teorema n. 8.

II 2. *Per ogni coppia di punti* A *e* C, *c'è sempre almeno un punto* B, *sulla retta* AC, *tale che* C *giace fra* A e B.

Spiegazione. – Consideriamo due punti *A* e *B* su una retta *a*; chiamiamo *segmento* l'insieme dei due punti *A* e *B* e lo indichiamo con *AB* ovvero con *BA*. I punti fra *A* e *B* si dicono punti del segmento *AB* ovvero posti *all'interno* del segmento *AB*; i punti *A, B* si chiamano *estremi* del segmento *AB*. Tutti i punti rimanenti della retta *a* si dicono posti *all'esterno* del segmento *AB*.

II 4. *Siano* A, B, C *tre punti non allineati ed* a *una retta del piano* ABC *che non passi per alcuno dei punti* A, B, C: *allora, se la retta* a *passa per un punto del segmento* AB, *essa passa certamente anche per un punto del segmento* AC *ovvero per un punto del segmento* BC.

Detto in maniera intuitiva: se una retta entra nell'interno di un triangolo, essa ne esce pure. Si può dimostrare che i due segmenti *AC* e *BC* non possono venire intersecati entrambi dalla retta *a*.

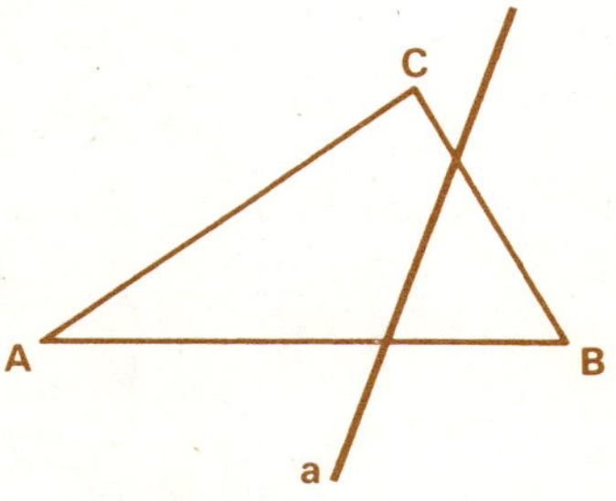

4. *Conseguenze degli assiomi di collegamento ed ordinamento.*

Dagli assiomi I e II derivano i seguenti teoremi.

Teorema 3. – Per ogni coppia di punti *A* e *C* c'è sempre almeno un punto *D* sulla retta *AC* che giace fra *A* e *C*. [Segue dimostrazione].

Seguono i teoremi 4, 5, 6 (i primi due con dimostrazione) che fanno riferimento alle mutue posizioni di 3, 4, *n* punti su di una retta.

Teorema 7. – Tra due punti qualsiasi di una retta ci sono sempre infiniti punti.

Teorema 8. – Ogni retta *a*, che giaccia in un piano α, divide i punti di questo piano α che non stanno su di essa in due regioni con la seguente proprietà: ogni punto *A* di una regione definisce con ogni punto *B* dell'altra un segmento *AB* internamente al quale giace un punto della retta *a*; al contrario, due punti *A*, *A'* di una stessa regione definiscono un segmento *AA'* che non contiene punti di *a*.

Spiegazione. – Noi diciamo: i punti *A* ed *A'* stanno *nel piano* α *da una stessa parte della retta* a, ed i punti *A*, *B* giacciono *nel piano* α *da parti opposte rispetto alla retta* a.

Vengono quindi introdotti i concetti di semiretta, di spezzata, di poligono, di semispazio ed alcune proprietà di questi enti. A proposito dei semispazi, Hilbert non attribuisce loro questo od altro nome: in modo analogo a quanto fatto per i semipiani, si limita a distinguere i punti dello spazio che stanno da una medesima parte o da parti opposte di un piano α.

5. *Il terzo gruppo di assiomi: assiomi di congruenza.*

Gli assiomi di questo gruppo definiscono il concetto di congruenza e quindi anche quello di movimento.

Spiegazione. – I segmenti stanno fra loro in una certa relazione per la cui descrizione ci servono le parole «*congruente*» oppure «*uguale*».

III 1. *Se* A, B *sono due punti di una retta ed inoltre* A' *è un punto sulla stessa retta ovvero su un'altra* a', *si può trovare un punto* B', *da una data parte della retta* a' *rispetto ad* A', *tale che il segmento* AB *sia congruente, ovvero uguale, al segmento* A'B'.

L'assioma III 1 esprime la possibilità di "trasportare" un segmento su di una retta e, quindi, prelude ai concetti di confronto e di addizione di segmenti. Ad esso Hilbert fa seguire altri assiomi sulla congruenza che noi non riportiamo per non entrare in questioni troppo complesse. Ci limitiamo a precisare che, dopo aver trattato della congruenza dei segmenti e degli angoli, egli si serve di questi concetti per introdurre la congruenza di due figure qualunque. Il suo modo di impostare la cosa è espresso abbastanza chiaramente dal periodo che segue.

Due figure si dicono *congruenti* se i loro punti possono venire associati a due a due in modo che tutti i segmenti e tutti gli angoli che così si corrispondono siano tra loro congruenti.

L'ultimo brano che riportiamo si riferisce all'assioma delle parallele. A questo proposito rimandiamo i lettori alla lettura XI del primo volume e al n. 39 del cap. XXIV, dove è precisato come, a rigore, vada postulata solo l'*unicità* della parallela per un punto ad una retta data, perché la sua *esistenza* può essere dimostrata. Naturalmente Hilbert segue la strada del rigore.

7. *Il quarto gruppo di assiomi: assioma delle parallele.*

Sia α un qualsiasi piano, *a* una qualsiasi retta di α ed *A* un punto di α esterno ad *a*. Se tracciamo su α una retta *c* che passi per *A* ed intersechi *a* e quindi una retta *b* di α che passi per *A*, tale che la retta *c* intersechi le rette *a* e *b* formando angoli alterni interni uguali, segue facilmente dal teorema dell'angolo esterno che le rette *a* e *b* non hanno punti in comune; cioè nel piano α si può tracciare sempre una retta per un punto *A* esterno ad una retta *a* che non intersechi quella retta *a*.

Spiegazione. – Chiamiamo *parallele* due rette che stanno su di un piano e non si intersecano.

Ora l'assioma delle parallele ha il seguente enunciato:

IV (assioma euclideo). – *Siano* a *una qualsiasi retta ed* A *un punto fuori di* a: *allora c'è, nel piano definito da* A *e da* a, *al massimo una retta che passa per* a *e che non interseca la* a.

Per quanto precede e sulla base dell'assioma delle parallele, riconosciamo che per un punto esterno ad una retta c'è *una sola* retta parallela alla data.

Il postulato delle parallele IV ha lo stesso significato della seguente proposizione:

se due rette *a*, *b* di un piano non intersecano una terza retta *c* dello stesso piano, allora non si intersecano fra loro.

Se, infatti, *a* e *b* avessero un punto *A* in comune, ci sarebbero, nello stesso piano, le due rette *a*, *b* per *A* che non intersecano *c*; questa circostanza contraddice l'assioma delle parallele IV. Con altrettanta facilità l'assioma IV delle parallele segue dalla citata condizione.

L'assioma IV delle parallele è un *assioma piano*.

L'introduzione dell'assioma delle parallele *semplifica* i fondamenti e *facilita* la costruzione della geometria in misura molto notevole.

XXIII. *Brano antologico*: La nascita della moderna assiomatica.

40 Riportiamo alcuni brani di **Corrado Mangione**, tratti dalla *Storia del pensiero filosofico e scientifico* edita da Garzanti nel 1971 (a cura di Ludovico Geymonat), che inquadrano

storicamente il pensiero di David Hilbert relativamente alla sua opera di revisione dell'assetto assiomatico della geometria.

Alla fine dell'800 fu avvertita l'esigenza di sottoporre ad una rigorosa sistemazione logica tutta la matematica fino ad allora elaborata (è questo il cosiddetto *problema dei fondamenti*). In altre parole, si sentì la necessità di chiarire e uniformare l'impostazione generale del discorso matematico. Si attivò, così, un processo di rielaborazione del pensiero che portò, fra l'altro, al riconoscimento del significato astratto degli assiomi, a qualunque materia venissero premessi.

Come vedremo, la polemica che ne derivò vide come interpreti contrapposti **D. Hilbert** ed il suo connazionale **F.L.G. Frege** (1848-1925). Per Frege (posizione *realista*) gli assiomi della geometria descrivono lo spazio fisico e, in questo senso, sono veri. In un tale ordine di idee, gli enti primitivi hanno un significato ben preciso: si tratta di oggetti esistenti in natura, anche se idealizzati. Proprio questo loro significato concreto ci garantisce la non contraddizione sia degli assiomi sia dei teoremi che si possono dimostrare a partire da essi; e ciò per il semplice motivo che nello spazio fisico non esistono contraddizioni. Secondo Hilbert (posizione *formalista*) i punti, le rette e i piani di cui si parla negli assiomi sono concetti astratti e gli assiomi possono essere scelti arbitrariamente. Come conseguenza di questa arbitrarietà è necessario dimostrare che gli assiomi non si contraddicono fra di loro, perché non abbiamo, a priori, alcuna garanzia in proposito. Una volta dimostrata la non contraddittorietà, gli assiomi e i teoremi diventano *veri*, così come gli enti di cui si parla divengono *reali*. Naturalmente Hilbert usa gli aggettivi *veri* e *reali* in un ordine di idee puramente matematico, escludendo qualsiasi riferimento alla realtà fisica.

Oggi, se l'impostazione di Frege è stata definitivamente superata, anche i sostenitori del formalismo hilbertiano hanno dovuto assumere posizioni meno rigide; in particolare, al concetto di «verità matematiche» è stato dato un preciso significato, completamente diverso, da Tarski fra il 1930 e il 1940 (verità in un modello).

I *Fondamenti della geometria* di Hilbert dal 1899, anno in cui furono pubblicati, a oggi hanno conosciuto oltre dieci edizioni e sono stati tradotti praticamente in tutte le lingue. Già la data di pubblicazione pone questo volume simbolicamente come coronamento di un'epoca quanto mai feconda e decisiva per la ricerca matematica e per il *problema dei fondamenti* da una parte, e dall'altra ne fa l'ideale punto di partenza per gli ulteriori sviluppi sui quali i metodi e le concezioni in esso contenuti agiranno da potente catalizzatore.

[...] Il riconoscimento della natura «logica» degli assiomi dell'aritmetica si era nel complesso già configurato come qualcosa di abbastanza «naturale»; un tale riconoscimento era in effetti molto più impegnativo e «innaturale» per quanto riguardava i principi della geometria, e trovava ben più gravi resistenze proprio per la innata convinzione che l'*oggetto* di quei principi fosse in fin dei conti pur sempre lo spazio fisico. Certo, le geometrie non euclidee avevano di molto contribuito a far vacillare la fede nell'assolutezza ed evidenza dei principi della geometria, ma non avevano portato in generale all'esigenza di una considerazione puramente logica di tali principi e delle loro relazioni. Si era indubbiamente evoluta la concezione delle proposizioni geometriche fondamentali: accanto a coloro che ancora persistevano a considerarle come «evidenze», si parlava di «ipotesi» e di «fatti» che stanno alla base della geometria;

si intrecciavano fitte e impegnate discussioni sulla loro natura di proposizioni date kantianamente dalla pura intuizione, o frutto di una ipotetica postulazione, o ottenute da una idealizzazione dell'esperienza, o ancora come proposizioni trascendenti la realtà. Non era però cambiato in effetti quello che era ritenuto essere il riferimento fondamentale e comune di queste proposizioni: la geometria era pur sempre considerata come la scienza dello *spazio reale*, e la sua organizzazione deduttiva dipendeva strettamente da tale interpretazione privilegiata e *univoca*, sicché le sue proposizioni fondamentali, comunque le si considerasse, intuitive, ipotetiche o fattuali, avevano sempre, in definitiva, un «contenuto» precisamente individuato.

[...] Certo, nel frattempo Dedekind e Cantor [...] avevano chiaramente indicato la strada per una considerazione della geometria come «indipendente» dallo spazio fisico; ma ancora Frege, ad esempio, riteneva corretta la posizione di Kant circa le proposizioni geometriche come sintetiche *a priori* e individuanti relazioni e proprietà di ben precisi elementi spaziali in senso reale (i «punti», le «rette», ecc.). Del resto questo riferimento fondamentale allo spazio fisico è ravvisabile anche nelle concezioni di quegli stessi geometri che possono considerarsi come diretti precursori di Hilbert, e che anzi talora esprimono nei loro lavori metodi ed esigenze della nuova assiomatica in modo anche più chiaro ed esplicito dello stesso Hilbert: alludiamo in particolare a Moritz Pasch e ad alcuni componenti di quella che può ben essere chiamata la «scuola italiana», ossia Giuseppe Peano, Giuseppe Veronese, Mario Pieri, Alessandro Padoa, Giovanni Vailati, Gino Fano, Federigo Enriques ed altri.

[...] Ma in tutti questi tentativi rimaneva sempre la costante comune di ricercare e assegnare contenuto empirico ai principi della geometria; la sistemazione logica era per così dire «esterna», riguardava le connessioni di proposizioni di cui per comodità si poteva eventualmente, nel corso della deduzione o comunque del procedimento logico, «dimenticare» il contenuto reale: questo tuttavia non veniva posto assolutamente in discussione.

Si può ben dire che la vera innovazione dei *Fondamenti* hilbertiani sia proprio un reciso e netto «taglio» con la «realtà»: le proposizioni fondamentali della geometria, gli assiomi che Hilbert pone alla base del suo sistema non esprimono, in linea di principio, nessun contenuto che non sia quello dato dalle loro mutue relazioni di tipo puramente logico; la questione di come e se questi assiomi si applichino alla realtà diventa, come dice molto bene il Freudenthal, «... esattamente la stessa che per ogni altra branca della matematica. Gli assiomi non sono verità evidenti. Essi non sono addirittura verità, nel senso usuale». La geometria è così diventata matematica. Gli assiomi diventano «definizioni implicite» dei concetti e dei termini primitivi o indefiniti che essi contengono.

Un rivolgimento di questo tipo non poteva certo non sollevare riserve e perplessità di ogni tipo, anche se, si noti bene, Hilbert non usa mai l'espressione «definizione implicita» che invece viene usata letteralmente dai geometri italiani prima nominati; egli in effetti tende a considerare i vari gruppi di assiomi come definizioni sì, ma *esplicite*, dei relativi concetti che in essi intervengono. Ma, comunque si considerasse la cosa, che senso poteva avere «definire» dei concetti in modo non univoco? Come si poteva ad esempio pensare che venissero in tal modo definiti enti quali i punti, i piani, le rette, se di principio *qualunque* sistema di enti che soddisfacesse gli assiomi aveva lo stesso diritto di essere chiamato e inteso come costituito di punti, piani, rette? (e non è difficile nello stesso ambito geometrico trovare esempi di questo tipo).

Tipiche a questo proposito, addirittura irridenti a volte, le obiezioni di Frege; e assai illuminanti, d'altra parte, le risposte che Hilbert dà a queste obiezioni. Frege sostanzialmente rimprovera a Hilbert di confondere i significati di termini quali «assioma», «definizione», «spiegazione», e in definitiva di non giungere, con i suoi assiomi, a «definire» alcunché per il semplice motivo che egli, in realtà, assume come noti i significati dei termini «punto», «retta», «piano», ecc. che figurano negli assiomi. A questo Hilbert risponde di non voler «... presupporre nulla come noto» e di vedere negli assiomi «... la definizione dei concetti punto, retta, piano ... Se si cercano altre definizioni di "punto", ricorrendo ad esempio a perifrasi come "privo di estensione" ecc.», prosegue Hilbert, «si capisce che debbo oppormi nel modo più deciso a siffatti tentativi; si va infatti alla ricerca di qualcosa là dove non la si potrà mai trovare, per il semplice motivo che non è dove la si cerca; e così facendo tutto si disperde, diviene vago e confuso e degenera in un giocare a rimpiattino».

Altro punto cruciale, legato al precedente, ma che mette in evidenza il significato nuovo che certe proprietà dei sistemi assiomatici venivano acquistando nella concezione hilbertiana, è quello circa la natura logica degli assiomi e dell'esistenza di «modelli» degli assiomi stessi. Per Frege gli assiomi (in particolare, della geometria) sono proposizioni «... vere; ma che non vengono dimostrate perché la loro conoscenza scaturisce da una fonte conoscitiva di natura extralogica, che possiamo chiamare intuizione spaziale. Il fatto che gli assiomi siano veri ci assicura di per sé che essi non si contraddicono fra loro, e ciò non abbisogna di alcuna ulteriore dimostrazione ...». Proprio in risposta a questa frase Hilbert ribatte: «Mi ha molto interessato leggere ... questa frase, poiché io, da quando ho cominciato a riflettere, scrivere e tenere conferenze su questo argomento, ho detto esattamente il contrario: se assiomi arbitrariamente stabiliti non sono in contraddizione, con tutte le loro conseguenze, allora essi sono veri, allora esistono gli enti definiti per mezzo di quegli assiomi. Questo è per me il criterio della verità e dell'evidenza».

In risposta a ulteriori obiezioni di Frege, Hilbert rileva: «Lei dice che i miei concetti, per esempio "punto" e "fra", non sono stabiliti univocamente ... Certamente si comprende da sé che ogni teoria è solo un telaio, uno schema di concetti unitamente alle loro mutue relazioni necessarie e che gli elementi fondamentali possono venir pensati in modo arbitrario. Se ... voglio intendere un qualunque insieme di enti, per esempio l'insieme: amore, legge, spazzacamino ..., allora basterà che assuma tutti i miei assiomi come relazioni fra questi enti perché le mie proposizioni, ad esempio il teorema di Pitagora, valgano anche per essi ([8]). In altre parole: *ogni teoria può essere*

([8]) Qui Hilbert afferma che se, in luogo di punto, retta, piano, usiamo altre parole come «amore», «legge», ecc., e le correliamo con i soliti assiomi della geometria euclidea (i "miei assiomi"), arriviamo ugualmente a dimostrare il teorema di Fitagora, insieme a tutti gli altri.

sempre applicata a infiniti insiemi di enti fondamentali ... La circostanza ora menzionata ... non può mai rappresentare un difetto di una teoria (ne è piuttosto un grandissimo pregio) e in ogni caso è inevitabile».

Nelle parole precedenti è sostanzialmente contenuto il senso del «formalismo» hilbertiano ... che verrà tuttavia affinandosi e precisandosi ulteriormente negli anni successivi e troverà piena e matura espressione attorno agli anni Venti. E Hilbert in effetti dovrà superare ostacoli non indifferenti per imporre al mondo matematico queste sue vedute; in compenso esse acquisirono una portata del tutto generale e influenzarono enormemente il modo stesso di intendere la «matematizzazione» della realtà. Sono significative a questo proposito le parole che Einstein ebbe a scrivere nel 1921, nel suo saggio *Geometria ed esperienza*: «Nella misura in cui i teoremi matematici si riferiscono alla realtà essi non sono sicuri, e nella misura in cui sono sicuri essi non si riferiscono alla realtà ... Il progresso portato dall'assiomatica consiste nella decisa separazione della forma logica e del contenuto intuitivo e reale ... Gli assiomi sono creazioni volontarie della mente umana ... Io assegno grande importanza a questa concezione della geometria perché se non avessi preso familiarità con essa, non sarei mai stato in grado di sviluppare la teoria della relatività».

XXIV. *Brano antologico*: Matematica pura e matematica applicata.

41 La discussione circa la preminenza della matematica pura su quella applicata, o viceversa, appassiona da più di un secolo a questa parte il mondo scientifico. Per chiarirne il senso riportiamo alcuni brani di **Angiolo Maros Dell'Oro** tratti dalla sua opera *Filosofia, scienza e tecnica dal positivismo ad oggi*, edita da Le Monnier, intercalandoli con nostri commenti.

La epistemologia [cioè lo studio storico-critico della natura e dei limiti della conoscenza scientifica] col chiarimento della distinzione fra matematica pura e matematica applicata ha realizzato un grande progresso del pensiero contemporaneo. La distinzione era stata preparata da quella di Leibniz fra verità di ragione e verità di fatto, da quella di Kant fra giudizi sintetici *a priori* e *a posteriori* e da quella di Hegel e Bradley fra verità di coerenza e verità di corrispondenza. Ma la sua piena coscienza è maturata solo in questi ultimi anni.

I vari settori della matematica pura sono costruzioni perfettamente logiche che partono da premesse (definizioni, postulati) e arrivano, indipendentemente dall'esperienza, alle proprie dimostrazioni. Il procedimento della matematica pura è quindi *ipotetico deduttivo*. Le ipotesi sono le premesse, da cui derivano, per deduzione logica, i teoremi e le loro dimostrazioni.

Ricordiamo ai lettori quanto già abbiamo fatto notare in proposito in varie occasioni. Cioè che la scelta dei postulati è arbitraria (nel senso che non è vincolata ai suggerimenti fornitici dall'esperienza) e che la coerenza di una teoria matematica sta nella correttezza dei ragionamenti mediante i quali, dalle premesse liberamente assunte, si *deducono* le possibili conseguenze, e nel fatto che queste non si contraddicano fra loro; ma non nella maggiore o minore attendibilità delle *ipotesi* fatte.

Questo non significa che l'esperienza non abbia dato o non possa dare preziosi spunti. In fondo, le stesse figure che io traccio sulla lavagna o sul foglio, per dimostrare un teorema di geometria, appartengono all'esperienza. L' *a priori* della matematica significa solo che i numeri, i triangoli, le uguaglianze, pur essendo suggeriti dall'esperienza, non esistono in natura nel modo perfetto con cui li considera il matematico. Lo stesso rigore del procedimento deduttivo della matematica pura, che non ha bisogno di prove e riprove sperimentali, sta a dimostrarlo. Del resto già lo stesso Platone aveva argutamente osservato che la geometria è l'arte di ragionare in modo perfetto su delle figure imperfette. La differenza fra il grande Ateniese e gli epistemologi d'oggi è che il primo ritrovava le perfette entità matematiche nel mondo delle Idee, e i secondi, invece, le fanno nascere nella mente umana a mezzo di definizioni e convenzioni.

La matematica applicata è, invece, lo strumento usato per esprimere quantitativamente i fenomeni, le leggi di natura e le teorie scientifiche. Essa ha quindi un carattere ben diverso dalla matematica pura. Questa, nella sua astrazione, è universale e necessaria; quella, da strumento pratico, è invece particolare e contingente, come appunto gli oggetti che esprime.

La discussione, cui abbiamo accennato all'inizio, fra coloro che privilegiano quei rami della matematica che offrono efficaci strumenti di organizzazione e di indagine alle altre discipline scientifiche e quelli che, invece, ritengono preminente lo studio della matematica fine a se stesso, ha assunto talvolta i toni aspri della disputa. Ricordiamo, in proposito, il celebre brindisi-invettiva di David Hilbert: «viva la matematica pura! possa, questa, non essere mai utile ad alcuno!».

Senza entrare nel merito della polemica, vogliamo sottolineare che è errato cercare nella matematica pura immediate applicazioni pratiche. Infatti, gli intenti di questa disciplina consistono prevalentemente nell'elaborare catene di ragionamenti corretti, nello sviluppare un linguaggio chiaro, rigoroso e sintetico, nel costruire schemi di carattere generale, nei quali, poi, possano essere inquadrate teorie di varia natura.

Per chiarire quest'ultima affermazione, rifacciamoci ad un esempio classico. Abbiamo visto che, relativamente all'esistenza di rette parallele ad una retta data, passanti per un punto esterno ad essa, sono state formulate tre ipotesi fra loro contrastanti, che portano alla costruzione di tre diverse geometrie: la euclidea (che abbiamo studiato in questo corso), nella quale si ammette che di tali parallele ne esista una sola; la geometria ellittica (o di Riemann), nella quale si nega l'esistenza di tali parallele; la geometria iperbolica (o di Lobačevski), secondo la quale di tali parallele ne esistono infinite.

Ora, dal punto di vista della matematica pura, si può solo affermare che ciascuna delle tre geometrie ha la stessa validità logica delle altre. Spetta, invece, al fisico scegliere lo schema geometrico che, a suo giudizio, meglio si adatta a rappresentare lo spazio reale in relazione alla situazione conoscitiva di cui egli dispone.

Non esiste una geometria applicata più *vera* di un'altra, ma solo una geometria più facile, più efficace, o come dice il Poincaré, più *comoda* di un'altra, nel senso appunto che la natura, o un suo settore particolare, si presta più ad esser trattata con essa che con un'altra geometria. A noi che viviamo in un mondo limitato di oggetti rigidi riesce più comoda la geometria euclidea, che è quella, infatti, usata normalmente. Così come, per delle ragioni che sarebbe lungo esporre qui, noi troviamo familiare uno spazio a tre dimensioni. Ma, ripeto, questa non è una regola assoluta. L'abilità dello studioso della natura sta infatti nel saper scegliere lo schema geometrico che meglio riesce ad esprimere i fenomeni da lui studiati. Ad esempio i fisici della teoria della relatività hanno trovato che in certi casi la geometria di Riemann e degli spazi a più di tre dimensioni (che non ci è possibile immaginare, ma che i matematici sanno perfettamente esprimere col calcolo) è uno strumento più facile e più efficace che non la geometria di Euclide a tre dimensioni, confermando così la tesi del Poincaré.

In definitiva, le varie geometrie sono soltanto degli schemi elaborati dalla matematica pura e di cui si potrà servire, di volta in volta, la matematica applicata. Ma non è detto – anzi, appare oggi estremamente improbabile – che si riesca a costruire una teoria geometrica che rispecchi fedelmente tutti i fenomeni naturali.

[...] I pregi di esattezza, di rigore deduttivo, in una parola di razionalità, della matematica diventano preziosi quando essa è usata come strumento per costruire le teorie scientifiche. Un'equazione, ad esempio, può riassumere interi mondi di fenomeni. Ma forse la meraviglia maggiore della matematica è che in alcuni casi essa consente di anticipare la stessa esperienza. Maxwell ha trovato *a priori*, dall'esame delle equazioni matematiche di certi campi elettromagnetici, i primi suggerimenti della sua grande teoria elettromagnetica della luce, che solo molti anni più tardi Hertz doveva confermare sperimentalmente. Se avesse esaminato i soli fenomeni si sarebbe trovato in un mondo così complesso che, lungi dal potervi fare scoperte, sarebbe stato già molto non smarrirvisi. In analoghe circostanze Dirac ha predetto l'elettrone positivo, che più tardi l'esperienza ha trovato.

Concludendo, possiamo asserire che, proprio perché talvolta le speculazioni più astratte si rivelano *a posteriori* particolarmente utili alle interpretazioni del mondo fisico, risulta assai arduo tracciare un confine netto fra la matematica pura e quella applicata. Per cui, chi volesse limitare la matematica alle sole applicazioni immediate in altre scienze finirebbe per perdere, oltre ad un non trascurabile patrimonio culturale, anche preziosi strumenti per future indagini su questa nostra sempre nuova e affascinante natura.

ESERCIZI E PROBLEMI

Parte I

PROBLEMI DI GEOMETRIA SINTETICA DEL PIANO.

AVVERTENZA. *Gli esercizi di questa e della successiva raccolta sono la continuazione di quelli della «Parte I» del 1° volume. Sono, dunque, prevalentemente costituiti da «teoremi da dimostrare» e da «problemi da risolvere graficamente», di geometria piana (Parte I) e geometria solida (Parte II).*

La «Parte I» si conclude con un riepilogo dei «metodi di risoluzione grafica», relativamente al quale raccomandiamo ai lettori un ripasso di quanto studiato in merito nel 1° volume.

La «Parte II», invece, si conclude con esercizi sul cap. XXIV (trasformazioni geometriche, geometrie non euclidee e metodo ipotetico deduttivo).

1. Problemi sulla misura delle grandezze (XII Capitolo).

1 Se $\mathbf{a} \equiv 5\mathbf{b}$ e $\mathbf{b} \equiv 2\mathbf{c}$, qual è la misura di **c** rispetto ad **a**?

2 Se è noto che $5\mathbf{a} \equiv 3\mathbf{b}$ e $2\mathbf{b} \equiv 4\mathbf{c}$, quali sono le misure di **c** rispetto ad **a** e di **a** rispetto a **c**?

3 Il rapporto di **a** rispetto a **b** è 3/5, quello di **b** rispetto a **c** è 1/3. Qual è il rapporto di **a** rispetto a **c**? E di **c** rispetto a **b**?

4 Dimostrare che se le due grandezze **a** ed $\mathbf{a} + \mathbf{b}$ sono multiple di una grandezza **c**, allora anche **b** è multipla di **c**.

5 Sono date le tre seguenti coppie di classi:
1) i multipli ed i sottomultipli di un angolo dato;
2) i perimetri dei triangoli inscritti e di quelli circoscritti ad un cerchio dato;
3) i lati maggiori dei triangoli inscritti e i lati minori dei triangoli circoscritti ad un cerchio dato.
Quali di esse costituiscono una coppia di classi separate? (*Si tenga presente che il triangolo equilatero è quello di massimo perimetro tra i triangoli inscritti e di minimo perimetro fra i triangoli circoscritti ad un medesimo cerchio*).

6 Fra le coppie di classi separate di cui al precedente esercizio, quali sono gli *elementi separatori*?

7 Come si può provare, basandosi sul postulato di Eudosso-Archimede, che l'insieme dei segmenti non ammette né massimo né minimo?

8 Dimostrare che se due grandezze ammettono un multiplo comune esse sono commensurabili.

9 Dimostrare che se **a** è commensurabile con **b** e con **c**, anche **b** e **c** sono commensurabili fra loro.
Dimostrare che se **a** è commensurabile con **b** e incommensurabile con **c**, allora **b** e **c** sono incommensurabili. (*Ragionare per assurdo*).

10 Dimostrare che il lato *AB* di un triangolo equilatero *ABC* e l'altezza *CH* del medesimo sono fra loro incommensurabili. (*Si ragioni analogamente a quanto fatto nel testo per la diagonale e il lato del quadrato. Supposto, per assurdo, che sia* CH : AH = m/n, *con* m, n *interi, si applichi il teorema di Pitagora ...; si ottiene un'uguaglianza del tipo* $3n^2 = m^2$).

11 Se in un rettangolo le dimensioni sono l'una doppia dell'altra, allora la diagonale è incommensurabile con ognuna di esse. (*Vedere suggerimento precedente*).

12 Dimostrare che se due grandezze **a** e **b** sono incommensurabili, anche i loro multipli *m***a** ed *n***b** sono incommensurabili. (*Ragionare per assurdo: se fosse* m**a**:n**b** = p/q, *allora ...*).

13 Provare mediante esempi che se due grandezze **a** e **b** sono entrambe incommensurabili con una grandezza **c**, allora **a** e **b** possono essere sia commensurabili che incommensurabili fra loro.

14 Dimostrare che il lato e la diagonale di un cubo sono segmenti incommensurabili. (*Si applichi due volte il teor. di Pitagora per provare che il quadrato costruito sulla diagonale è triplo di quello costruito sul lato. Ragionare per assurdo: si ottiene l'uguaglianza fra numeri interi* $m^2 = 3n^2$).

15 Dimostrare che il lato di un triangolo equilatero inscritto in un cerchio di raggio *r* è incommensurabile con *r*.

16 Dati tre poligoni $\mathbf{P}_1$, $\mathbf{P}_2$, $\mathbf{P}_3$, siano α e β le misure (aree) rispettivamente di $\mathbf{P}_1$ rispetto a $\mathbf{P}_3$ e di $\mathbf{P}_2$ rispetto a $\mathbf{P}_1$. Quali sono le misure di $\mathbf{P}_3$ rispetto a $\mathbf{P}_2$ e di $\mathbf{P}_1 + \mathbf{P}_2$ rispetto a $\mathbf{P}_3$?

17 Costruire con riga e compasso due segmenti **a** e **b** tali che $\mathbf{b}:\mathbf{a} = \sqrt{3}$ (*vedere figura*). Costruire, poi, operando analogamente, segmenti le cui misure rispetto ad **a** sono $\sqrt{5}$, $\sqrt{6}$, $\sqrt{7}$, ...

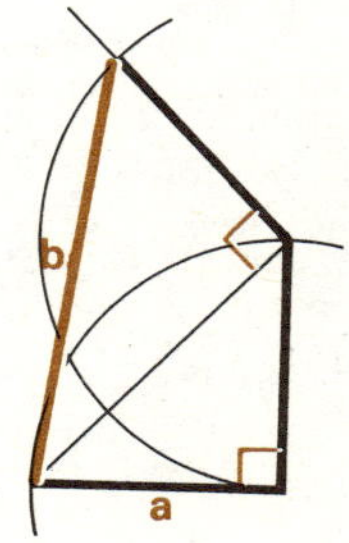

18 Si mostri che il «teorema degli intervalli imbottigliati» non può essere esteso alle semirette, cioè che esistono infinite semirette, tali che la prima contiene la seconda, la seconda contiene la terza, ecc., ma tali che non esiste alcun punto comune a tutte le semirette.

19 VERO O FALSO? - *Stabilire quali delle seguenti affermazioni sono* **vere** *e quali* **false**, *giustificando le risposte date.*

(a) Se il rapporto di due grandezze è un numero intero o decimale limitato, allora le due grandezze sono commensurabili.

(b) Se due grandezze ammettono un sottomultiplo comune, allora il loro rapporto è un numero intero o decimale limitato.

(c) Due grandezze che siano elementi separatori della medesima coppia di classi separate sono equivalenti.

(d) La relazione di commensurabilità gode della proprietà transitiva: se **a** è commensurabile con **b** e **b** è commensurabile con **c**, allora anche **a** e **c** sono commensurabili.

(e) Dato un rettangolo **R**, sono separate le due classi costituite dai perimetri dei poligoni convessi: 1) contenuti in **R**; 2) che contengono **R**.

[*R.* Sono vere 3 affermazioni]

2. Problemi sulla proporzionalità fra grandezze (XIII Capitolo).

1 Dimostrare che se valgono le proporzioni fra grandezze

$$\mathbf{A}:\mathbf{B} = \mathbf{C}:\mathbf{D}, \qquad \mathbf{A}:\mathbf{E} = \mathbf{C}:\mathbf{F},$$

allora si ha pure $\mathbf{B}:\mathbf{E} = \mathbf{D}:\mathbf{F}$.

2 Dimostrare che dalle proporzioni fra grandezze

$$\mathbf{A}:\mathbf{X} = \mathbf{C}:\mathbf{Y}, \qquad \mathbf{X}:\mathbf{B} = \mathbf{Y}:\mathbf{D},$$

segue la proporzione: $\mathbf{A}:\mathbf{B} = \mathbf{C}:\mathbf{D}$.

3 Dimostrare che dalle proporzioni fra grandezze:

$$\mathbf{A}:\mathbf{X} = \mathbf{Y}:\mathbf{D}, \qquad \mathbf{X}:\mathbf{B} = \mathbf{C}:\mathbf{Y},$$

segue la proporzione $\mathbf{A}:\mathbf{B} = \mathbf{C}:\mathbf{D}$.

4 Dimostrare che dalle proporzioni fra grandezze

$$\mathbf{A}:\mathbf{X} = \mathbf{X}:\mathbf{D}, \qquad \mathbf{B}:\mathbf{X} = \mathbf{X}:\mathbf{C},$$

segue la proporzione $\mathbf{A}:\mathbf{B} = \mathbf{C}:\mathbf{D}$.

5 Dimostrare che

$$(\mathbf{A} + \mathbf{B}):\mathbf{A} = (\mathbf{C} + \mathbf{D}):\mathbf{C} \iff (\mathbf{A} + \mathbf{B}):\mathbf{B} = (\mathbf{C} + \mathbf{D}):\mathbf{D}.$$

6 Dimostrare che dalla proporzione fra grandezze

$$\mathbf{A}:\mathbf{B} = \mathbf{C}:\mathbf{D}, \quad \text{con } \mathbf{A} > \mathbf{B},$$

segue la proporzione

$$(\mathbf{A} + \mathbf{B}):(\mathbf{A} - \mathbf{B}) = (\mathbf{C} + \mathbf{D}):(\mathbf{C} - \mathbf{D}).$$

(*Applicare le proprietà del comporre e dello scomporre; poi ...*).

7 Dimostrare che esiste una ed una sola grandezza **X** media proporzionale fra due date grandezze omogenee **A** e **B**.

8 Dimostrare che le basi di due rettangoli equivalenti sono inversamente proporzionali alle rispettive altezze.

9 Dimostrare che due classi di grandezze direttamente proporzionali ad una terza classe sono direttamente proporzionali fra loro.

10 Dimostrare che due classi di grandezze entrambe inversamente proporzionali ad una terza classe sono direttamente proporzionali fra loro.

11 Dimostrare che i triangoli di ugual base stanno come le rispettive altezze.

12 Dimostrare che i trapezi di uguale altezza stanno come le somme delle basi.

13 Dimostrare che i rettangoli stanno fra loro come i rombi aventi per vertici i punti medi dei lati dei rettangoli.

14 Un poligono **P** è circoscritto ad un cerchio di centro O. Dimostrare che unendo O con i vertici di **P** si scompone **P** in triangoli che stanno fra loro come i lati corrispondenti di **P**.

15 Dividere un triangolo ABC in tre parti che stanno fra loro come i numeri 1, 3, 4. (*Dividere il lato* AB *in* 8 *parti uguali; per* C *condurre ...*).

16 Dimostrare che ogni rettangolo **R** è medio proporzionale fra i quadrati $\mathbf{Q}_a$, $\mathbf{Q}_b$ costruiti su due suoi lati consecutivi a, b. (*A che cosa sono uguali i rapporti* $\mathbf{Q}_a:\mathbf{R}$ *ed* $\mathbf{R}:\mathbf{Q}_b$?)

17 Dimostrare che in un triangolo rettangolo le proiezioni dei cateti sull'ipotenusa stanno fra loro come i quadrati costruiti sui cateti. (*Si applichi il* 1° *teorema di Euclide*).

18 In un triangolo un lato è medio proporzionale fra la somma e la differenza degli altri due. Dimostrare che quel triangolo è rettangolo.

19 Sia P un punto interno ad un triangolo equilatero ABC; detti L, M, N i piedi delle perpendicolari condotte da P ai lati del triangolo, si dimostri che la somma $PL+PM+PN$ è costante, cioè non dipende dal punto P. (*Unire* P *con i vertici* A, B, C *e considerare le aree dei tre triangoli* PAB, PBC, PCA).

20 VERO O FALSO? – *Stabilire quali delle seguenti affermazioni sono* **vere** *e quali* **false**, *giustificando le risposte date.*

(a) Due segmenti stanno fra loro come i quadrati costruiti su di essi.

(b) Due rombi con la stessa diagonale maggiore stanno fra loro come le rispettive diagonali minori.

(c) Due trapezi con la stessa altezza e la stessa base maggiore stanno fra loro come le rispettive basi minori.

(d) Date tre classi di grandezze in corrispondenza biunivoca $\mathbf{S}_1 = \{A_1, B_1, C_1, ...\}$, $\mathbf{S}_2 = \{A_2, B_2, C_2, ...\}$, $\mathbf{S}_3 = \{A_3, B_3, C_3, ...\}$, se $\mathbf{S}_1$ è inversamente proporzionale ad $\mathbf{S}_2$ ed $\mathbf{S}_2$ è inversamente proporzionale ad $\mathbf{S}_3$, allora $\mathbf{S}_1$ ed $\mathbf{S}_3$ sono direttamente proporzionali.

(e) L'area di un poligono circoscritto ad un cerchio è uguale al prodotto delle misure del perimetro e della metà del raggio.

[*R.* Due affermazioni sono false]

3. Problemi sulle applicazioni del teorema di Talete (XIV Capitolo).

1 Costruire un triangolo, dati il perimetro e tre segmenti proporzionali ai lati.

2 Costruire un triangolo, dato il perimetro, un lato e due segmenti proporzionali agli altri due lati.

3 Condurre, per un punto P, una retta che determini sui due lati di un angolo AOB due segmenti OA', OB' proporzionali a due segmenti dati. (*A partire da* O *si riportino sui due lati dell'angolo i segmenti dati; da* P *si conduca la parallela* ...). In quali situazioni il problema è impossibile?

4 Dimostrare che la retta che unisce il punto medio O della mediana AM di un triangolo ABC con il vertice B divide il lato AC in due parti l'una doppia dell'altra. (*Da* M *si conduca la parallela ad* OB *e si applichi due volte il teorema di Talete*).

5 Costruire il segmento quarto proporzionale dopo due triangoli e un segmento dato. (*Si trasformi il secondo dei due triangoli dati in altro equivalente e con la stessa altezza del primo*).

6 Costruire un rettangolo medio proporzionale fra due rettangoli dati. (*Si trasformino i dati rettangoli in altri equivalenti e di uguale altezza*).

7 Dati due punti A, B, una retta r e un punto $P \in r$, condurre per A e per B due rette parallele che intersechino r rispettivamente in due punti M ed N in modo che si abbia $MN : NP = m : n$, essendo m, n due segmenti prefissati. (*Si osservi la figura: sulla semiretta* PB *si determini il punto* Q *tale che* QB:BP = m:n; *si conduca poi la retta* QA *e la parallela ad essa per* B).

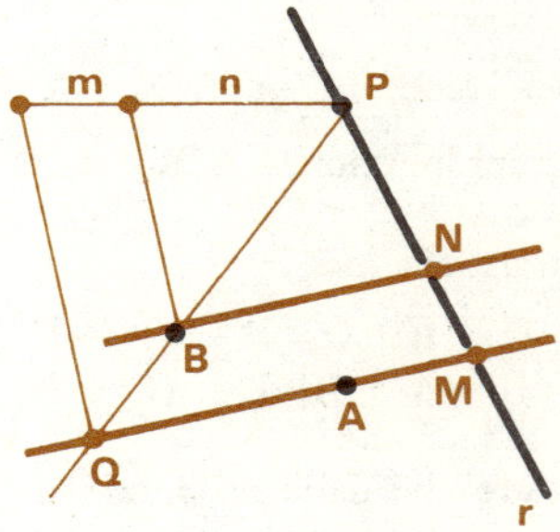

8 Date tre semirette OX, OY, OZ, si fissino su OZ due punti A, B, su OX un punto A' e su OY un punto A''. Congiunto A con A' e con A'', si conducano per B le parallele a tali congiungenti che intersecano OX ed OY rispettivamente in B' e B'' (*vedere figura*). Dimostrare il parallelismo delle rette $A'A''$, $B'B''$. (*Tanto* OA', OB' *quanto* OA'', OB'' *sono proporzionali ai segmenti ...; per cui sono proporzionali fra loro; inverso del corollario del teor. di Talete*).

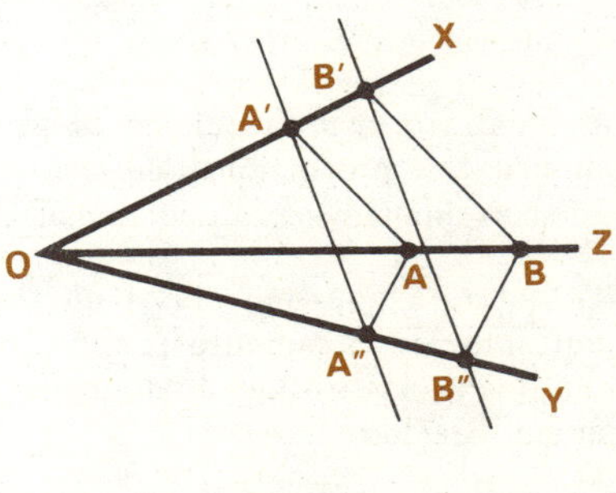

9 Date due rette parallele a, b ed un punto P non appartenente ad esse, sia r una retta per P che interseca la a in A e la b in B. Dimostrare che, al variare di r, gli infiniti segmenti PA sono proporzionali agli infiniti segmenti corrispondenti PB.

10 La parallela ad un lato di un triangolo, passante per il baricentro di questo, divide gli altri due lati in parti che stanno come 1 sta a 2. Perché?

11 Determinare il luogo geometrico dei punti le cui distanze da due rette parallele r, s stanno, nell'ordine, come due dati segmenti m, n (con $m > n$). (*Il luogo è costituito da due rette parallele ad* r, s *e passanti per due punti* P, Q *la cui determinazione è illustrata in figura. Ove la distanza delle due rette* r, s *sia maggiore del segmento* m – n, *si sostituiscano ad* m, n *due loro mul...*).

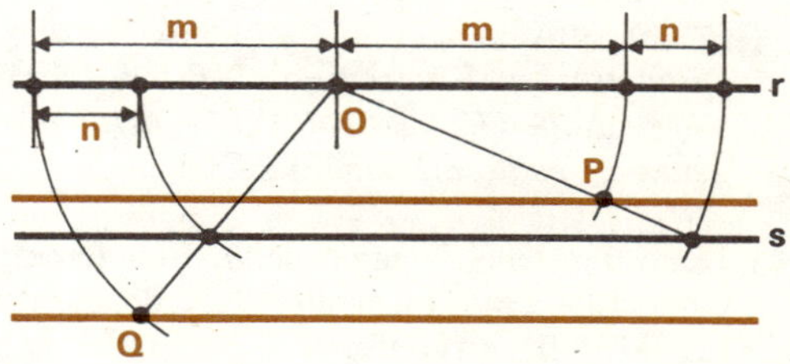

12 Determinare il luogo geometrico dei punti le cui distanze da due rette r, s, incidenti in O, stanno, nell'ordine, come due dati segmenti m, n. (*Il luogo è costituito dalle due rette* OP, OQ, *con* P, Q *punti di intersezione di una delle rette parallele ad* r, *distante* m *da essa, con le due parallele ad* s, *distanti ...*).

4. Problemi sui triangoli simili (XIV Capitolo).

1 Dimostrare che in due triangoli simili due lati omologhi stanno come:
a) due bisettrici corrispondenti;
b) due mediane corrispondenti;
c) i raggi dei cerchi circoscritti;
d) i raggi dei cerchi inscritti.
(*Dimostrazioni analoghe a quelle fatte nel testo per le altezze*).

2 Dimostrare che ciascuna delle diagonali di un trapezio è divisa dall'altra in parti proporzionali alle basi. (*Considerare i due triangoli formati dalle diagonali e dalle basi*).

3 Costruire un triangolo di dato perimetro MN, simile ad un triangolo dato ABC. (*Si prolunghi* AB *di due segmenti* AP, BQ *uguali rispettivamente ad* AC *e a* BC. *Si costruisca poi il triangolo, di lato* MN, *simile al triangolo* PCQ. *Da tale triangolo, facendo uso dell'asse di un segmento, si risale al triangolo richiesto. Oppure dividere il segmento ... in parti proporzionali ai segmenti dati ...*).

4 Dimostrare che ogni corda di un cerchio è media proporzionale fra il diametro passante per un suo estremo e la sua proiezione su quel diametro.

5 Dimostrare che due lati di un triangolo stanno fra loro come le proiezioni dell'uno sull'altro.

6 Dato un triangolo ABC, si prolunghi la bisettrice CD fino ad incontrare in E la circonferenza circoscritta. Dimostrare che i triangoli ACD, EBD, ECB sono simili.

7 Date tre semirette di comune origine ed un punto che si muove sopra una di esse, dimostrare che il rapporto delle distanze di questo punto dalle altre due semirette è costante. (*Presi due di tali punti e tracciate le distanze, si hanno coppie di triangoli simili*).

8 Dimostrare che la mediana relativa ad un lato di un triangolo è il luogo geometrico dei punti medi dei segmenti paralleli a quel lato e con gli estremi sugli altri due lati. (*Si traccino la mediana ed uno dei segmenti: si hanno due coppie di triangoli simili*).

9 Dimostrare che il punto di incontro P delle diagonali di un trapezio $ABCD$, dimezza il segmento MN passante per quel punto, parallelo alle basi AB, DC, e con M ed N sui lati. (*I triangoli* ABD, MPD *sono simili e così pure i triangoli* ABC, PNC; *il rapporto delle basi è uguale al rapporto delle altezze*).

10 In una circonferenza sono date le corde AB e BC, la tangente in B ed una retta parallela alla tangente che taglia le rette AB e BC rispettivamente nei due punti M ed N. Dimostrare che i triangoli ABC ed NBM sono simili. (*L'angolo di* AB *e della tangente è uguale all'angolo* ACB).

11 Dimostrare che il raggio della circonferenza circoscritta ad un triangolo ABC è doppio del raggio della circonferenza passante per i punti medi M, N, P dei lati del triangolo ABC. (*I triangoli* ABC, MNP *sono* ...).

12 Dimostrare che in un triangolo le altezze sono inversamente proporzionali ai relativi lati. (*Considerare le coppie di triangoli rettangoli simili, perché aventi comune un angolo, individuati dalle altezze del triangolo dato*).

13 Costruire un triangolo date le tre altezze. (*Si tenga conto del problema precedente: con tre segmenti inversamente proporzionali alle altezze date si ottiene un triangolo simile a quello cercato. Un altro metodo consiste nel costruire – se è possibile – un triangolo che abbia i lati uguali alle altezze date: le altezze di questo triangolo sono i lati di un triangolo simile a quello cercato*).

14 Dimostrare che due triangoli con i lati paralleli sono simili. (*Ragionare sugli angoli*).

15 Dimostrare che inscrivendo in un triangolo rettangolo un quadrato con un lato sull'ipotenusa, questa rimane divisa in tre parti, una delle quali è media proporzionale fra le altre due. (*Considerare i due triangoli con un lato sull'ipotenusa*).

16 Costruire due segmenti di cui si conosce la somma s ed il segmento p, loro medio proporzionale. (*Costruire il triangolo rettangolo di ipotenusa* s *ed altezza ad essa relativa* p).

17 Tre cerchi che hanno raggi r_1, r_2, r_3, con $r_1 < r_2 < r_3$, sono tangenti ai due lati di un angolo e quello di raggio r_2 è tangente esternamente agli altri due (*vedere figura*). Dimostrare che r_2 è medio proporzionale fra r_1 ed r_3. (*Per la similitudine di due triangoli si ha la proporzione*

$$(r_2 + r_1) : (r_2 - r_1) = (r_3 + r_2) : ...;$$

passando alle misure, si uguaglino i prodotti dei medi e degli estremi).

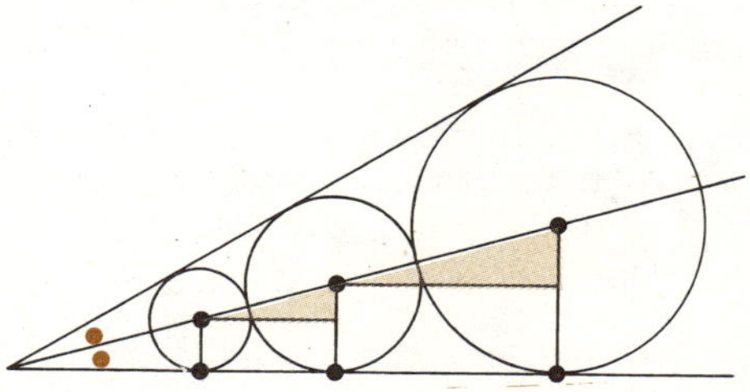

18 Dimostrare che un triangolo ABC, di baricentro G, è equilatero se gli assi dei segmenti AG, BG intersecano il lato AB rispettivamente in due punti D, E tali che $AD = DE = EB$. (*Il triangolo* DEG *è equilatero perché ...; detto* M *il punto medio del lato* AB, *si osservi che tanto* CM : GM *quanto* AM : DM *sono uguali a* 3; *triangoli simili*).

19 Due triangoli ABC, $A'B'C'$ hanno uguali gli angoli di vertici A, A' e supplementari quelli di vertici B, B' (essendo il primo di questi ultimi due maggiore del secondo). Dimostrare che $AC:CB = A'C':C'B'$. (*Per* C *si conduca una semiretta che intersechi il prolungamento del lato* AB, *dalla parte di* B, *in un punto* D *in modo che il triangolo* CBD *sia isoscele*).

20 VERO O FALSO? – *Stabilire quali delle seguenti affermazioni sono* **vere** *e quali sono* **false**, *giustificando le risposte date.*

(a) Due triangoli rettangoli, aventi ciascuno due lati uno doppio dell'altro, sono simili.

(b) Due triangoli isosceli con un angolo uguale sono simili.

(c) Due triangoli isosceli non acutangoli con un angolo uguale sono simili.

(d) Due triangoli ABC, $A'B'C'$, nei quali $\widehat{A} = \widehat{A'}$ ed $AB:BC = A'B':B'C'$, sono simili.

(e) Se due triangoli sono simili, i triangoli equilateri costruiti sui lati dell'uno sono proporzionali ai triangoli equilateri costruiti sui lati omologhi dell'altro.

[*R.* Sono vere 2 affermazioni]

5. Problemi sui poligoni simili (XIV Capitolo).

1 Sui lati di un triangolo rettangolo ABC si costruiscano tre poligoni simili disposti in modo che AB, BC, AC siano loro lati corrispondenti. Dimostrare che il poligono costruito sull'ipotenusa è equivalente alla somma dei poligoni costruiti sui cateti. (*Due poligoni simili stanno come i quadrati costruiti su due lati omologhi; teor. di Pitagora*).

2 Costruire un esagono regolare equivalente alla somma (o alla differenza) di due esagoni regolari dati. (*Probl. precedente*).

3 Costruire un poligono regolare equivalente al doppio di un poligono regolare dato. (*Probl.* n. 1; *triangolo rettangolo isoscele*).

4 Costruire il lato di un pentagono regolare equivalente al triplo di un pentagono regolare dato. (*Probl.* n. 1; *metà triangolo equilatero*).

5 Determinare il perimetro di un poligono simile ad un poligono dato ed equivalente al quintuplo di esso. (*Probl.* n. 1; *triangolo rettangolo con i cateti uno doppio* ...).

6 Dimostrare che due parallelogrammi aventi un angolo uguale compreso fra lati proporzionali sono simili. (*Condurre le diagonali opposte agli angoli uguali*).

7 Costruire un poligono simile ad un poligono dato e di perimetro assegnato. (*Dividere il perimetro in parti proporzionali ai* ...).

8 Dimostrare che sono simili due rettangoli nei quali le diagonali formano angoli uguali con le basi.

9 Si proiettino i quattro vertici di un rettangolo $ABCD$ sulle diagonali di questo. Dimostrare che le quattro proiezioni sono vertici di un rettangolo simile al dato. (*Si cominci col dimostrare che il segmento che congiunge le proiezioni di* A *e di* B *è parallelo ai due lati* AB *e* CD).

10 Problema risolto. – *Costruire un trapezio* **T**′ *simile ad un dato trapezio* ABCD = **T** *ed avente come base minore la base maggiore* DC = a *di* **T**.

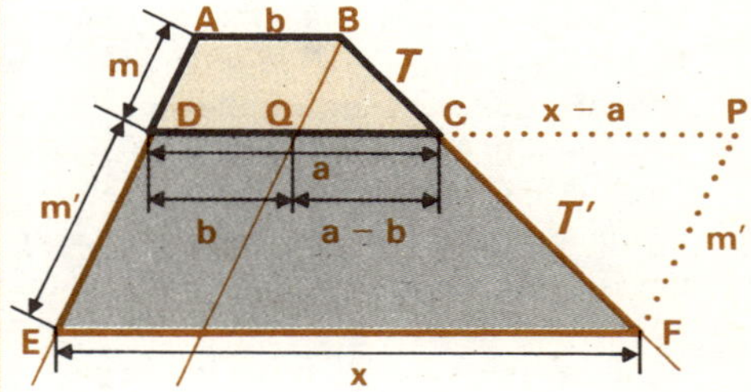

Supposto risolto il problema, indichiamo con b ed x rispettivamente la base minore AB (nota) di **T** e la base maggiore (incognita) di **T**′. Per la similitudine di **T** con **T**′ deve valere la proporzione $b:a = a:x$. Per cui x si ottiene come quarto proporzionale dopo i segmenti b, a, a [e la sua misura $\overline{x}$ è uguale ad $(\overline{a})^2/\overline{b}$].
La costruzione di **T**′ è legata alla determinazione del suo vertice F (con riferimento alle notazioni riportate in figura). Essa si può ottenere, ad esempio, prolungando la base DC fino al punto P tale che $DP = x$ e conducendo, poi, per P la parallela al lato AD: questa incontra in F il prolungamento del lato BC.
A questo punto, però, il discorso non è ancora concluso. I due trapezi in figura hanno sì gli angoli uguali e le basi omologhe proporzionali; ma per asserire che essi sono simili dobbiamo verificare che anche due loro lati obliqui corrispondenti m, m' stanno nello stesso rapporto b/a delle basi.
Per chiarire la cosa conduciamo per B la parallela al lato AD e consideriamo i due triangoli simili BQC, FPC. Ponendo in proporzione i rispettivi lati omologhi otteniamo:

$$BQ:FP = QC:PC;$$

cioè:

$$m : m' = (a - b) : (x - a).$$

Passiamo alle misure ricordando che $\overline{x} = (\overline{a})^2/\overline{b}$:

$$\overline{m} : \overline{m}' = (\overline{a} - \overline{b}) : \left(\frac{(\overline{a})^2}{\overline{b}} - \overline{a}\right) =$$

$$= (\overline{a} - \overline{b}) : \left[(\overline{a} - \overline{b})\ \frac{\overline{a}}{\overline{b}}\right] = 1 : \frac{\overline{a}}{\overline{b}} = \frac{\overline{b}}{\overline{a}}.$$

NOTA. – Il precedente problema si sarebbe potuto risolvere anche conducendo per il vertice D la parallela alla diagonale AC fino ad incontrare in F la retta BC e dimostrando, poi, la similitudine dei triangoli ABC, DCF e quella dei triangoli ACD, DFE. Abbiamo preferito un procedimento più lungo perché ci ha fornito l'occasione per sottolineare come l'aver trovato un poligono **P** avente gli angoli uguali rispetto ad un poligono **P**′ *non è sufficiente per dedurne la similitudine di* **P** *e* **P**′.

11 Con riferimento ai trapezi **T**, **T**′ del precedente problema risolto, verificare che essi stanno tra loro come la base minore di **T** sta alla base maggiore di **T**′.

12 Per un punto E della diagonale AC di un parallelogramma **P** si conducano le parallele ai lati dividendo **P** in quattro parallelogrammi. Verificare che i due di diagonali AE, EC sono simili fra loro e simili a **P**.

13 Dimostrare che due trapezi con i lati ordinatamente proporzionali sono simili. (*Per due estremi corrispondenti delle basi minori condurre le parallele a due lati obliqui omologhi: si ottengono due triangoli simili per il* 3° *criterio*).

14 Costruire un quadrilatero simile ad un dato quadrilatero $ABCD$ e con la diagonale $A'C'$ (corrispondente alla diagonale AC) assegnata.

15 Due rombi con le diagonali proporzionali sono simili? Stesso quesito per due parallelogrammi e per due trapezi isosceli. Giustificare le risposte.

16 Costruire un rombo circoscritto ad un cerchio dato e simile ad un altro rombo assegnato.

17 VERO O FALSO? – *Stabilire quali delle seguenti affermazioni sono* **vere** *e quali* **false**, *giustificando le risposte date.*
(a) Due rettangoli, ciascuno con due lati uno doppio dell'altro, sono simili.
(b) Due parallelogrammi con gli angoli ordinatamente uguali sono simili.
(c) Due rombi con un angolo uguale sono simili.
(d) Se due poligoni **P** e **Q** sono, ciascuno, la somma di un pentagono regolare e di un triangolo equilatero aventi un lato in comune, allora **P** e **Q** sono simili.
(e) Se **P**, **P**′, **Q**, **Q**′ sono quattro poligoni tali che **P** è simile a **P**′ e **Q** è simile a **Q**′, allora la somma di **P** e **Q** è simile alla somma di **P**′ e **Q**′.

[*R.* Sono vere 3 affermazioni]

LA GEOMETRIA PER TELEFONO

(A) *Figure da realizzare.*

• Si disegni un triangolo ABC ed esternamente ad esso si costruiscano i quadrati di lati AB, BC, CA. Detto O il centro del quadrato di lato AB, si verifichi che il segmento OC è uguale e perpendicolare al segmento che ha per vertici i centri degli altri due quadrati.

• Si disegnino un triangolo ABC a piacere ed un triangolo rettangolo **T** con un cateto doppio dell'altro. Sui lati del triangolo ABC ed esternamente ad esso si costruiscano tre triangoli $\mathbf{T}_1$, $\mathbf{T}_2$, $\mathbf{T}_3$ simili a **T** in modo che: AB sia il cateto minore di $\mathbf{T}_1$; BC sia il cateto maggiore di $\mathbf{T}_2$; CA sia l'ipotenusa di $\mathbf{T}_3$. Verificare che i punti medi delle ipotenuse dei triangoli $\mathbf{T}_1$, $\mathbf{T}_2$, $\mathbf{T}_3$ sono i vertici di un altro triangolo simile a **T**.

(B) *Figure da descrivere.*

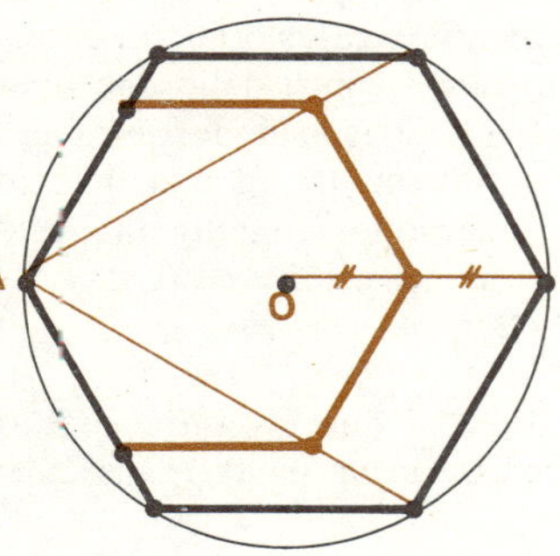

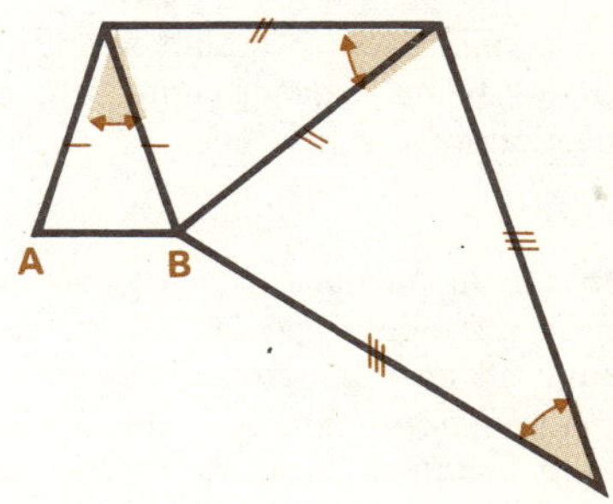

6. Problemi sulle figure omotetiche (XIV Capitolo).

1 Tre segmenti uscenti da un medesimo punto O sono divisi ciascuno in due segmenti che, a partire da O, stanno ordinatamente come m sta ad n. Dimostrare che, unendo fra loro i punti di divisione e fra loro gli estremi diversi da O, si ottengono coppie di triangoli omotetici.

2 Dato un poligono regolare di centro O, per ogni suo vertice A si consideri il punto A' della semiretta OA con $OA : OA' = k$ (essendo k costante assegnata). Dimostrare che i punti A' così ottenuti sono i vertici di un nuovo poligono regolare.

3 Dato un quadrilatero **Q**, inscrivibile in una circonferenza γ, si costruisca un quadrilatero **Q**$'$ simile a **Q** e inscritto in una data circonferenza γ' con lo stesso centro O di γ.

4 Dato un triangolo ABC, disegnare i triangoli $AB'C'$ ed $A''BC''$ omotetici di ABC rispettivamente di centro A e rapporto di omotetia 1/2 e di centro B e rapporto di omotetia 2. Verificare che tali riangoli si corrispondono nella omotetia di rapporto 4 e con il centro nel punto D del lato AB tale che $AD:DB = 1/2$.

5 Se nel problema precedente si cambiano i rapporti di omotetia da 1/2 e 2 in $-1/2$ e -2, il rapporto di omotetia trovato è ancora 4, ma il centro di omotetia si trova nel punto E, sul prolungamento del lato AB, dalla parte di A, con $EA : EB = 1/2$.

6 PROBLEMA RISOLTO. – *Costruire il quadrato inscritto in un dato triangolo acutangolo* ABC *e con un lato giacente sul lato* AB.

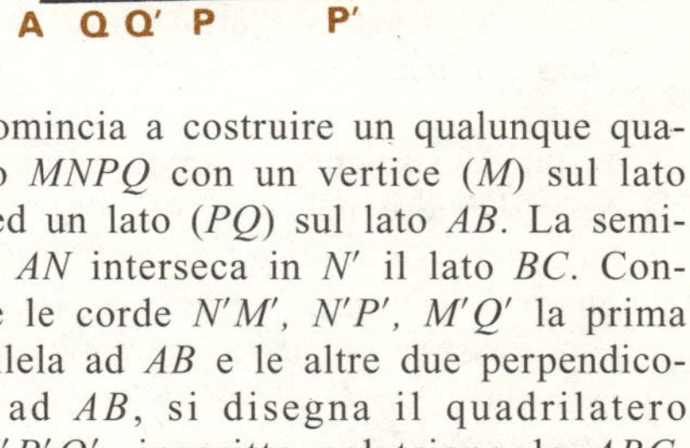

Si comincia a costruire un qualunque quadrato $MNPQ$ con un vertice (M) sul lato AC ed un lato (PQ) sul lato AB. La semiretta AN interseca in N' il lato BC. Condotte le corde $N'M'$, $N'P'$, $M'Q'$ la prima parallela ad AB e le altre due perpendicolari ad AB, si disegna il quadrilatero $M'N'P'Q'$, inscritto nel triangolo ABC. Mostriamo, ora, che i suoi vertici corrispondono a quelli del quadrato $MNPQ$ in una omotetia di centro A.
Le coppie di punti (M; M'), (N; N') ecc.

sono tutte allineate con A. Inoltre, per il parallelismo delle rette MN, $M'N'$, si ha $AM : AM' = AN : AN' = k$. Analogamente si prova che $AN : AN' = AP : AP' = k$ ed $AQ : AQ' = AM : AM' = k$.
Essendo omotetico (e quindi simile) ad un quadrato, anche il quadrilatero $M'N'P'Q'$ è un quadrato.

7 Inscrivere in un dato triangolo acutangolo ABC un rettangolo con un lato sul lato AB e simile ad un rettangolo assegnato. (*Risoluzione del tutto analoga a quella del precedente problema; questa volta, però, si hanno due soluzioni*).

8 Il problema risolto n. 10 del precedente paragrafo può essere affrontato mediante l'omotetia. Come? [*Si prolunghino*: 1) *la base minore* AB, *dalla parte del vertice* B, *per ottenere un segmento* AB′ = DC = a; 2) *il lato obliquo* AD, *dalla parte di* D, *fino ad ottenere un segmento* AD′ *che sta ad* AD *come* AB′ *sta ad* AB; 3) *la diagonale* AC ...; ... *Ovvero, alternativamente, si può prolungare* AD *nel modo detto e poi condurre certe rette parallele*].

9 Risolvere mediante l'omotetia il problema n. 14 del precedente paragrafo.

10 Su un foglio sono dati un punto P e due rette a, b, che si incontrano in un punto M esterno al foglio. Tracciare la congiungente PM. [*Si costruiscano due rette* a′ (*parallela ad* a) *e* b′ (*parallela a* b) *che si incontrino in un punto* M′ *del foglio e tali che le distanze di* a *e* a′ *da* P *stiano nello stesso rapporto* k (*ad esempio* 2) *delle distanze di* b *e* b′ *da* P. *Si ha una omotetia di centro* P *e rapporto* k *nella quale i punti corrispondenti* M *ed* M′ *sono allineati con* P].

11 In un dato segmento circolare ad una base **S**, inscrivere un rettangolo (con un lato sulla base) simile ad un rettangolo assegnato **R**. (*Disporre le basi di* **S** *ed* **R** *su di una stessa retta in modo che coincidano i loro punti medi. Ci sono due soluzioni a seconda del lato scelto come base di* **R**).

12 In un dato settore circolare convesso inscrivere un rettangolo (con due lati paralleli alla bisettrice del settore) simile ad un rettangolo dato. (*Si consideri una omotetia avente il centro nel vertice del settore; vi sono due soluzioni*).

13 Per costruire le quattro tangenti comuni a due circonferenze esterne fra loro, si possono trovare i centri delle due omotetie in cui esse si corrispondono: le tangenti condotte da tali centri ad una delle due circonferenze sono tangenti anche all'altra. Spiegare la cosa. (*Si veda la fig. 27 del cap. XIV della parte teorica*).

14 Siano $\mathbf{c}_1$ e $\mathbf{c}_2$ due circonferenze tangenti esternamente in un punto P e siano r, s due

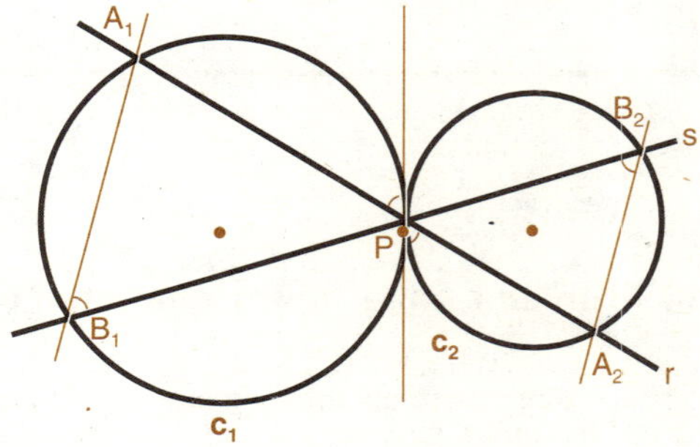

rette secanti le due circonferenze e passanti per P (si veda la fig.). Dimostrare che, dette A_1, A_2 le altre intersezioni di r rispettiv. con $\mathbf{c}_1$, $\mathbf{c}_2$, e B_1, B_2 le altre intersezioni di s rispettiv. con $\mathbf{c}_1$, $\mathbf{c}_2$, la retta A_1B_1 è parallela alla retta A_2B_2. (*Si consideri una omotetia di centro* P, *in cui alla circonferenza* $\mathbf{c}_1$ *corrisponda la circonferenza* $\mathbf{c}_2$ *e si ricordi che due rette che si corrispondono in una omotetia sono ... Un altro metodo consiste nel tracciare la retta tangente in* P *alle due circonferenze e nel dimostrare che gli angoli contrassegnati in fig. con un archetto sono uguali*).

15 VERO O FALSO? – *Stabilire quali delle seguenti affermazioni sono* **vere** *e quali* **false**, *giustificando le risposte date.*
(a) Due figure omotetiche sono sempre simili, mentre esistono coppie di figure simili che non si corrispondono in alcuna omotetia.
(b) Tanto la simmetria centrale quanto la simmetria assiale si possono pensare come particolari omotetie.
(c) Date due rette parallele r, s ed un punto O non appartenente ad esse, esi-

ste una e una sola omotetia di centro O e nella quale ad r corrisponde s.

(d) In un'omotetia di centro O (che non sia l'identità), una retta ha per immagine se stessa se e solo se passa per O.

(e) Se due poligoni si corrispondono in un'omotetia di rapporto 1/2, l'area di uno è il doppio dell'area dell'altro.

[*R.* Sono vere 3 affermazioni]

7. Problemi sulle applicazioni della similitudine (XV Capitolo).

1 Dato un triangolo ABC, si consideri il punto D del lato BC tale che $BD:DC = AB:AC$; dimostrare che AD biseca l'angolo $B\hat{A}C$. (*È questo il* teorema inverso del teorema della bisettrice; *per dimostrarlo, basta effettuare una costruzione analoga a quella vista nella dimostrazione del teorema diretto*).

2 Si dimostri che la bisettrice dell'*angolo esterno* in A di un triangolo ABC incontra il lato BC (quando non gli sia parallela) in un punto D tale che i segmenti BD, CD sono direttamente proporzionali agli altri due lati AB, AC. (*Si tracci per* C *la parallela ad* AD; *detto* E *il punto di incontro con il lato* AB, *si dimostri che il triangolo* AEC *è isoscele; si applichi il teorema di Talete*).

3 Seguendo il suggerimento indicato in figura, si dimostri in altro modo il teorema della bisettrice visto al n. 1 della parte teorica. (*Si osservi che il punto di incontro della bisettrice dell'angolo in* A *con la circonferenza circoscritta è il punto medio dell'arco* BC; *dalla similitudine dei triangoli ombreggiati in figura si deduca la proporzione* c:y = m:x; *analogamente si dimostri che* b:z = m:x).

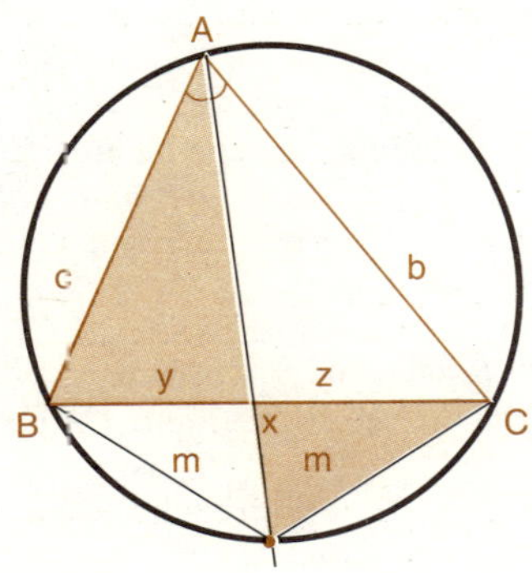

4 Dato un quadrilatero $ABCD$, sia M il punto del lato AD tale che $MA:MD = AB:BC$. La parallela condotta per M a CD taglia la retta AC in un punto E. Dimostrare che BE è la bisettrice dell'angolo $A\hat{B}C$. (*Teorema di Talete e teorema* n. 1).

5 Costruire un triangolo ABC conoscendone il lato BC, l'angolo $B\hat{A}C = \alpha$ e il rapporto m/n dei lati AB, AC. (*Diviso il lato* BC *in due parti* BD *e* DC *che stanno come* m *sta ad* n, *si disegnino gli archi dai punti dei quali* BD *e* DC *sono visti sotto l'angolo* $\alpha/2$; ...).

6 Due segmenti BC, DE si tagliano in un punto A tale che $AB:AE = AD:AC$. Dimostrare che i punti B, C, D, E appartengono ad una stessa circonferenza. (*Si tracci la circonferenza per* B, C, D *e si ricordino i teoremi delle due corde e dell'unicità del segmento quarto proporzionale*; *ragionare per assurdo*).

7 Dimostrare che se due circonferenze si tagliano in A, B, le tangenti condotte ad esse da un qualunque punto P della retta AB sono uguali. (*Applicare due volte il teorema della secante e della tangente*).

8 Date due circonferenze secanti in A e B, da un punto qualunque P della retta AB si conduca la secante PCD alla prima e la secante PEF alla seconda. Dimostrare che il rettangolo costruito su PC e PD è equivalente a quello costruito su PE e PF. (*Applicare il teorema delle due secanti una volta a* PCD, PAB *e una volta a* ...).

9 Costruire un rettangolo del quale sono noti la differenza d delle due dimensioni ed il lato PT del quadrato equivalente. (*Si costruisca il cerchio di diametro* d, *tangente in* T *al segmento* PT; *detto* O *il suo* *centro, si conduca la semiretta* PO *che taglia la circonferenza in* A *e in* B; ... *teor. della secante e della tangente*).

10 Data una circonferenza ed un punto P non appartenente ad essa, si conduca per P una retta r che interseca la circonferenza in A e in B. Dimostrare che l'area del rettangolo costruito sui segmenti PA e PB non varia al variare della retta r. (*Teor. delle due corde o delle due secanti*).

11 Data una circonferenza di centro O, si congiunga un punto esterno P con O e sia A l'intersezione del segmento PO con la circonferenza. Dimostrare che la differenza dei quadrati costruiti sulla tangente PT e sul segmento AP è equivalente al rettangolo costruito sul diametro e su AP.

12 Due triangoli rettangoli ABC, ABD sono disposti da parti opposte della comune ipotenusa AB. Detta E l'intersezione delle rette AC e DB, dimostrare che $EA:ED = EB:EC$. (*Il quadrilatero* ABCD *è inscrivibile in una circonferenza*; *teorema delle due secanti*).

13 Inscritto in una circonferenza un pentagono regolare $ABCDE$, siano M ed N i punti di intersezione della diagonale AC rispettivamente con le diagonali BD e BE. Dimostrare che MC è la sezione aurea di AM e che MN è la sezione aurea di MC. (*Considerare i triangoli* ABM, MBN *e ragionare sugli angoli*).

14 La figura mostra una costruzione del lato BC del **pentadecagono** (cioè del *poligono di* 15 *lati*) **regolare** inscritto in una data circonferenza, a partire dalla conoscenza dei lati AB dell'esagono e AC del decagono regolari inscritti. Chiarire la cosa.

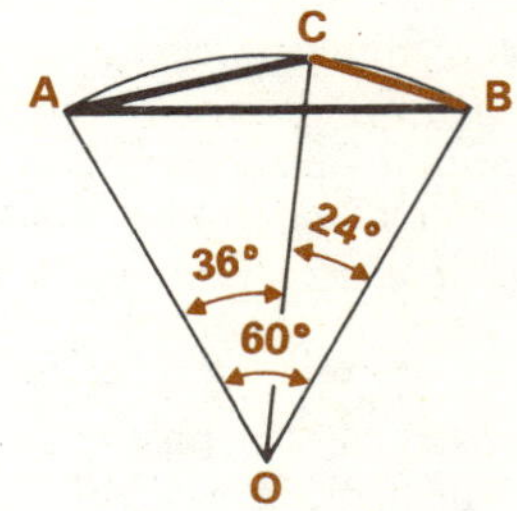

15 Mostrare che il secondo teorema di Euclide si può considerare come un caso particolare del teorema delle due corde. (*Dato un triangolo* ABC *rettangolo in* B, *si costruisca la circonferenza circoscritta e si prolunghi l'altezza* BH ...).

8. Problemi di ricapitolazione sulla similitudine (Capitoli XIV-XV).

1 Dimostrare che il rettangolo costruito su due lati AC, BC di un triangolo ABC è equivalente al rettangolo costruito sulla altezza CD e sul diametro del cerchio circoscritto al triangolo. (*Considerare il diametro con un estremo nel punto* C; *triangoli simili*).

2 Costruire un triangolo simile ad un triangolo dato ABC conoscendo il segmento corrispondente:

1) o dell'altezza AH;

2) o della mediana AM;

3) o della bisettrice AK.

(*Considerare l'omotetia di centro* A *e rapporto* ...).

3 Dimostrare che se due quadrilateri con i vertici in corrispondenza biunivoca hanno gli angoli ordinatamente uguali e due coppie di lati corrispondenti consecutivi proporzionali, essi sono simili. Il teorema non è valido se i lati omologhi in proporzione sono opposti; perché? (*Basta pensare ad un quadrato e ad un rettangolo*).

4 Dimostrare che se due quadrilateri convessi con i vertici in corrispondenza biunivoca hanno i lati corrispondenti proporzionali e due angoli corrispondenti uguali, essi sono simili. (*Si tracci una diagonale* ...). Il teorema è valido per due pentagoni?

5 È dato un triangolo isoscele ABC avente la base AB sulla bisettrice di un angolo XOY. Le rette AC e BC tagliano OX rispettivamente in A' e B' ed OY rispettivamente in A'' e B''. Dimostrare che sono simili i triangoli $OA'A''$ ed $OB'B''$.

6 Costruire una circonferenza tangente ad una data retta r e passante per due punti assegnati A e B. (*Detto* P *il punto comune alle rette* r *ed* AB *e, tenuto presente il teor. della secante e della tangente, si costruisca il segmento* m *medio proporz. fra* PA *e* PB *e lo si riporti, come mostra la figura, nelle posizioni* PT_1 *e* PT_2). Per quali posizioni dei punti A, B rispetto alla r il problema ammette due, una, o nessuna soluzione?

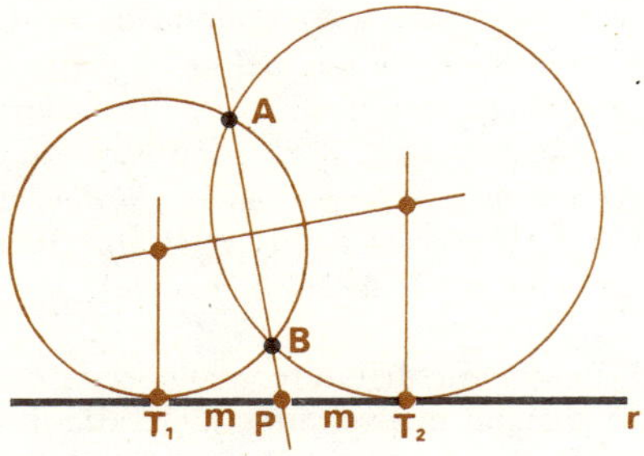

7 Per il vertice B di un triangolo ABC (in cui $\widehat{B}$ è maggiore di $\widehat{A}$) si conduca una retta che taglia in D il lato AC in modo che sia $C\widehat{B}D = C\widehat{A}B$. Dimostrare che BC è medio proporzionale fra AC e CD.

8 Dato un triangolo isoscele ABC si prolunghi la base AB, dalla parte di B, di un segmento BD tale che $C\widehat{D}B = C\widehat{B}D - 90°$. Dimostrare che l'altezza CH è media proporzionale fra HB e HD. (*L'angolo* ACD *è retto*).

9 Dato un triangolo ABC, per un punto D del lato AB si conducano i segmenti DM e DN paralleli rispettivamente ai lati BC e AC, con M su AC ed N su BC. Dimostrare che si ha $(DM:BC) + (DN:AC) =$ costante. (*Passare a rapporti di segmenti della retta* AB).

10 In una circonferenza è inscritto un triangolo ABC con il lato AB parallelo ad una data corda MN (con A ed M dalla stessa parte rispetto all'asse del segmento AB); le rette AB e CN si intersecano in un punto P. Dimostrare che vale la proporzione $CA:CM = CP:CB$. (*Gli archi* AM, NB *sono uguali*; *triangoli simili*).

11 Dimostrare che, in un trapezio, le diagonali ed i prolungamenti dei lati obliqui si incontrano sulla retta che unisce i punti medi delle due basi.

12 Nel trapezio rettangolo $ABCD$ il lato AD è perpendicolare alle basi e le diagonali sono fra loro perpendicolari. Dimostrare che l'altezza è media proporzionale fra le basi. (*I triangoli* ADC, BAD *sono simili*).

13 Nel trapezio rettangolo $ABCD$ si consideri il punto medio M del lato AD perpendicolare alle basi. Supposto retto l'angolo CMB, dimostrare che la metà dell'altezza è media proporzionale fra le basi e che la circonferenza di centro M e raggio MA è tangente a BC. (*I triangoli* DCM, AMB *e* MCB *sono* ...).

14 Dato un triangolo non rettangolo ABC, si tracci la circonferenza di diametro BC che incontra ulteriormente le rette AB, AC rispettivamente in M ed N. Dimostrare la similitudine dei triangoli ABC, ANM. (*Teor. delle due ..., o teor. delle due ...*).

15 Siano A', B' i piedi delle altezze condotte rispettivamente dai vertici A, B del triangolo ABC e sia D l'ortocentro. Dimostrare che il rettangolo costruito su AA' ed AD è equivalente al rettangolo costruito su AC ed AB'. (*Il quadrilatero* CA'DB' *è inscrivibile perché ...; teor. delle due ...*).

16 Dato un angolo acuto di vertice A ed un punto M interno ad esso, si conducano per M due segmenti BD, CE perpendicolari ai due lati dell'angolo rispettivamente in B ed in C (e tali che anche i punti D, E appartengano ai lati dell'angolo). Dimostrare che valgono le due proporzioni $AB:AC = AD:AE$ ed $MB:MC = ME:MD$.

17 Per un punto P dell'ipotenusa BC di un triangolo rettangolo ABC si conduca la perpendicolare ad essa che incontra in M e in N rispettivamente le rette AB ed AC. Dimostrare che valgono le tre proporzioni:

$$PM:PB = PC:PN,$$
$$MA:MP = MN:MB,$$
$$NA:NP = NM:NC.$$

18 Per un punto P del lato BC di un triangolo ABC condurre la parallela alla mediana AD. Tale parallela taglia le rette AB e AC rispettivamente in M ed N. Dimostrare che $AM:AB = AN:AC$. (*Applicare due volte il teorema di Talete; proprietà transitiva dell'uguaglianza*).

19 Date tre semirette a, b, c di comune origine O, con a interna all'angolo acuto o retto cOb, si prendano su a due punti A, A' e da essi si conducano le perpendicolari AB, $A'B'$ ed AC, $A'C'$ rispettivamente a b e a c. Dimostrare che BC è parallela a $B'C'$. (*Secondo criterio di similitudine applicato ai triangoli* OBC, OB'C'; *o, meglio, omotetia di centro* O).

20 TEOREMA. Su una retta r si riportino i segmenti consecutivi $AB = a$ e $BC = b$ e su una retta r', parallela ad r, i segmenti consecutivi $A'B' = a'$ e $B'C' = b'$, tali che valga la proporzione $a : a' = b : b'$. Le rette AA', BB', CC' sono parallele se $a = a'$; sono concorrenti in un medesimo punto P se $a \neq a'$.

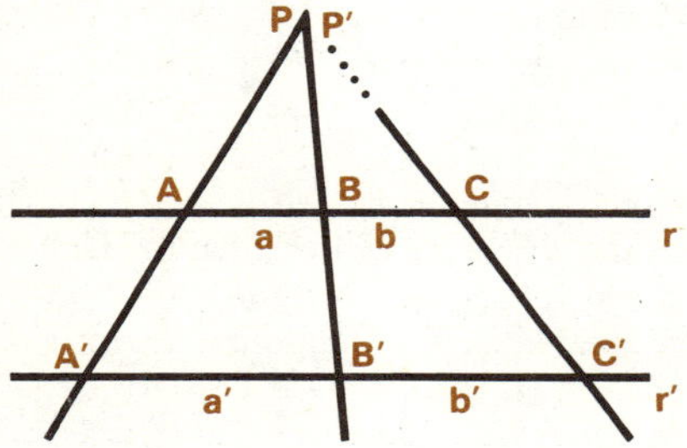

(*Per* a = a' *il teorema è ovvio. Supposto* $a < a'$, *si ha la situazione in figura nella quale* AA', BB' *si intersecano in* P *e* BB', CC' *in* P': *dobbiamo dimostrare che* P *e* P' *coincidono. Mettendo in proporzione tanto i lati dei triangoli simili* PAB, PA'B' *quanto i lati degli altri due triangoli simili* P'BC, P'B'C' *e ricordando l'ipotesi, si deduce che* PB : PB' = = P'B : P'B'. *Applicando la proprietà dello scomporre, si ricava ...; ne segue che ... e, dunque, che* P' *coincide con* P).

21 Sia P un punto dell'altezza AH di un triangolo acutangolo ABC e siano BB', CC' due segmenti passanti per P, con B' su AC e C' su AB. Siano B'' l'intersezione con CC' della perpendicolare $B'K$ condotta da B' a BC e C'' l'intersezione con BB' della perpendicolare $C'L$ condotta da C' a BC. Dimostrare che le rette BC, $B'C'$, $B''C''$ sono parallele o concorrenti in uno stesso punto. (*Si dimostri che* C'C'' : C''L = AP : PH = B'B'' : B''K. *Si applichi poi il teor. precedente*).

22 Dato un quadrilatero convesso $ABCD$, si conducono due rette parallele alla diagonale AC: l'una taglia il lato AB in M ed il lato BC in N; l'altra taglia il lato CD in P ed il lato AD in Q. Dimostrare che le due rette MQ ed NP (se non sono parallele) si incontrano in un punto della retta BD. (*Applicare il teor.* n. 20).

23 Dato un triangolo ABC, dimostrare che la distanza AH del vertice A dall'ortocentro H è doppia della distanza OM del circoncentro O dal lato BC. (*Detto* N *il punto medio di* AC, *i triangoli* ABH, MNO *sono simili perché hanno i lati paralleli*).

9. Circonferenze e cerchi: problemi di equivalenza (XVI Capitolo).

1 PROBLEMA RISOLTO. - *Costruire un cerchio equivalente alla somma o alla differenza di due cerchi dati.*

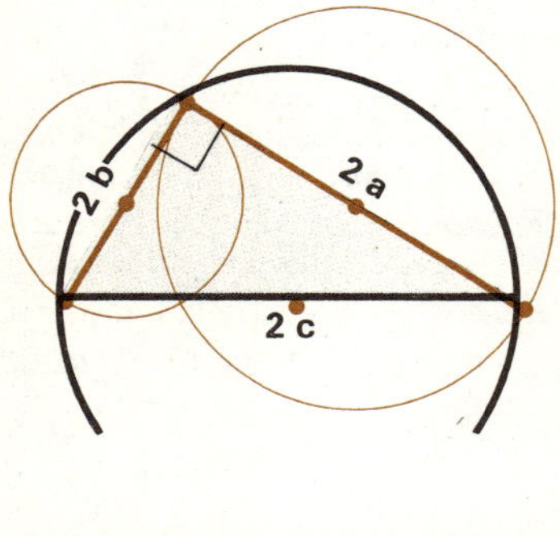

Siano a e b le lunghezze dei raggi dei cerchi dati. Costruito il triangolo rettangolo avente i cateti di misure $2a$ e $2b$ e detta $2c$ la lunghezza della sua ipotenusa, si osservi che:

$$4a^2 + 4b^2 = 4c^2;$$
$$a^2 + b^2 = c^2;$$
$$\pi a^2 + \pi b^2 = \pi c^2.$$

Pertanto, il cerchio che ha per diametro l'ipotenusa è equivalente alla somma dei due cerchi dati.
Per costruire il cerchio equivalente alla differenza di due cerchi dati basta costruire il

triangolo rettangolo con l'ipotenusa ed un cateto rispettivamente uguali ai diametri del cerchio maggiore e del cerchio minore.

2 Dato un cerchio costruirne altri due rispettivamente equivalenti al doppio e alla metà di esso. (*Si veda il precedente problema risolto*).

3 Costruire un cerchio equivalente al triplo di un cerchio dato. (*Basta costruire due segmenti che stanno fra loro come* 1 *sta a* $\sqrt{3}$; *triangolo equilatero*).

4 Costruire un cerchio equivalente ad 1/6 di un cerchio dato. (*Per costruire due segmenti che stanno come ... servirsi del* 2° *teor. di Euclide*).

5 Dividere un cerchio in tre parti equivalenti mediante due circonferenze concentriche al cerchio. (*Problemi nn.* 3 *e* 2).

6 Se un diametro di una circonferenza si divide in un numero arbitrario di parti, la lunghezza della circonferenza è uguale alla somma delle lunghezze delle circonferenze che hanno per diametri quelle parti.

7 Una corona circolare è equivalente al cerchio che ha per diametro una corda della circonferenza maggiore tangente a quella minore. Perché?

8 La figura mostra due *lunule* (dette di *Ippocrate*); cioè due superfici ciascuna delle quali ha per contorno due archi di circonferenza. Nel nostro caso le lunule si ottengono disegnando un triangolo *ABC*, rettangolo in *C*, e tre semicirconferenze di diametri *AB*, *AC*, *CB*. Dimostrare che l'unione delle due lunule è equivalente al triangolo *ABC*.

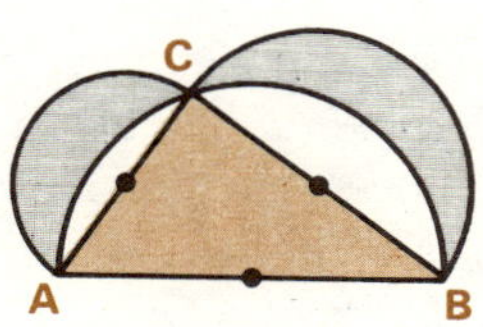

9 La prima delle due figure affiancate mostra quattro *lunule* costruite a partire da un quadrato, dal cerchio ad esso circoscritto e dai quattro semicerchi esterni al quadrato e che hanno i suoi lati come diametri. Dimostrare che l'unione delle quattro lunule è equivalente al quadrato.

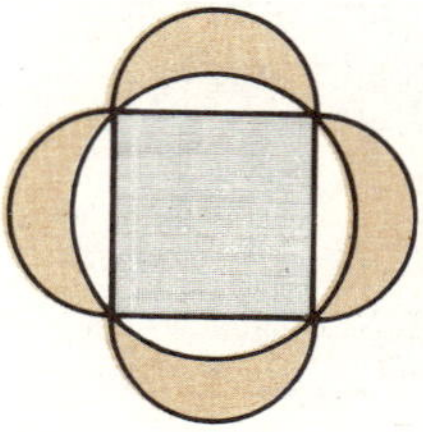

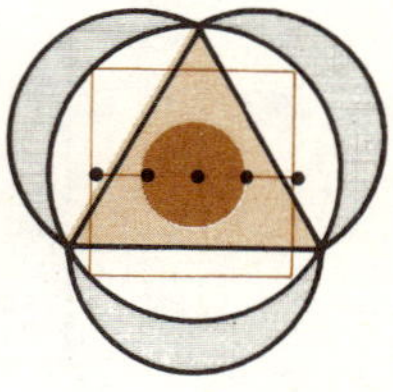

10 La seconda delle due figure affiancate mostra tre *lunule* costruite analogamente alle precedenti, ma a partire da un triangolo equilatero. Sapendo che il cerchio più piccolo ha per diametro la metà del lato del quadrato inscritto nel cerchio maggiore, dimostrare che l'unione delle tre lunule è equivalente alla somma del triangolo equilatero con il cerchio più piccolo.

11 Dato un triangolo rettangolo, dimostrare che i cerchi che hanno per diametri i cateti stanno fra loro come le circonferenze aventi per diametri le rispettive proiezioni dei cateti sull'ipotenusa.

12 Dimostrare che la circonferenza avente per diametro l'altezza relativa all'ipotenusa di un triangolo rettangolo è media proporzionale fra le circonferenze che hanno per diametri le proiezioni dei cateti sull'ipotenusa.

13 Dimostrare che due settori circolari sono equivalenti quando gli archi sono inversamente proporzionali ai rispettivi raggi.

Dimostrare l'equivalenza della superficie a fondo colorato con la superficie a fondo grigio qui sotto disegnate, tenendo conto delle indicazioni che le accompagnano (*in qualche caso abbiamo riportato la denominazione con cui una di quelle superfici viene indicata*):

14

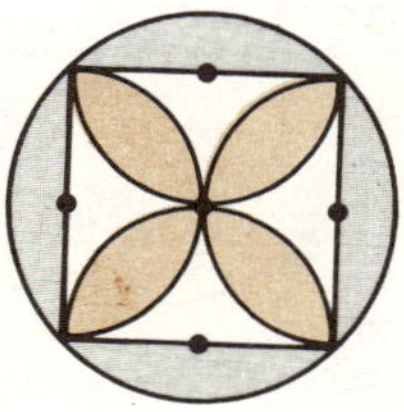

cerchio e quadrato concentrici; i quattro archi sono semicirconferenze con i centri nei punti medi dei lati del quadrato; la superficie a fondo colorato è un *rosone a quattro foglie*;

15

i due quadrati ed il cerchio sono concentrici; i quattro archi hanno centri nei vertici del quadrato minore;

16

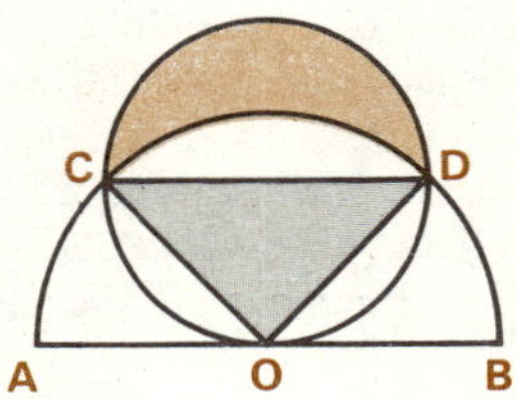

il triangolo *COD* è rettangolo e isoscele; la sua ipotenusa *CD* è parallela ad *AB* ed è il diametro del cerchio; l'arco *ACDB* è una semicirconferenza;

17

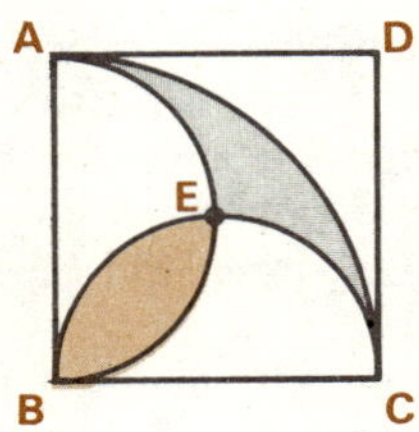

ABCD è un quadrato; l'arco *AC* ha centro in *B*; gli archi *AEB*, *BEC* sono semicirconferenze; la superficie a fondo colorato è un *fuso circolare*;

18

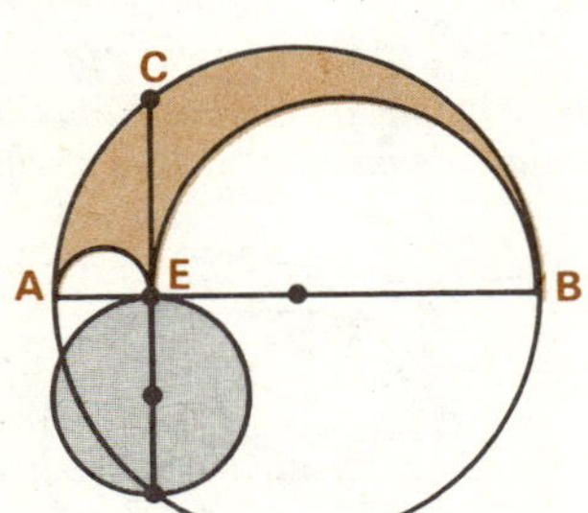

la corda *CD* è perpendicolare al diametro *AB*; gli archi *AE*, *EB* sono semicirconferenze; la circonferenza minore ha per diametro *ED*; la superficie a fondo colorato è un *arbelo*;

19

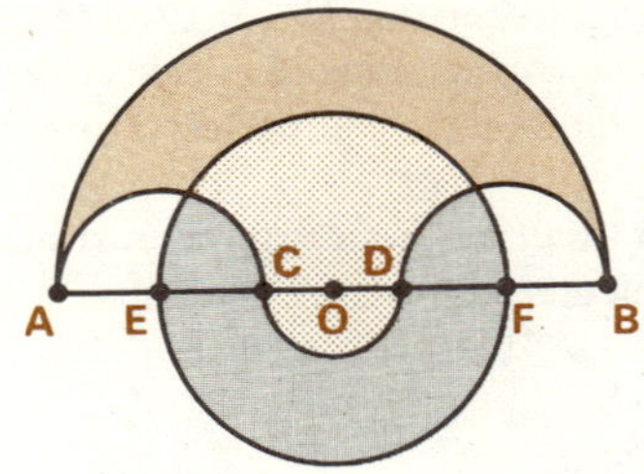

gli archi sono semicirconferenze; i segmenti *AB* e *CD* hanno lo stesso punto medio *O*, i punti *E*, *F* sono medi di *AC* e *DB*; l'unione delle due superfici a fondi colorato e punteggiato è un *salinon di Archimede*; conviene confrontare il salinon con il cerchio di raggio *OE*.

20 Con riferimento al probl. n. 17 e alla relativa figura, dimostrare che i punti *A*, *E*, *C* sono allineati, che i due triangoli mistilinei (a fondo chiaro) *AEB*, *BEC* sono uguali (*sfruttare la simmetria* ...) e che la loro somma è equivalente alla metà del quadrato *ABCD*.

21 Per un punto *P* interno ad un cerchio di centro *O* si conducano due corde perpendicolari *AB* e *CD*. Dimostrare che il cerchio dato è equivalente alla somma dei quattro cerchi di diametri *AP*, *BP*, *CP*, *DP*. (*Si assuma* $\overline{AB} = 2m$, $\overline{CD} = 2n$, $\overline{OH} = a$, $\overline{OK} = b$, *essendo* H, K *i piedi delle perpendicolari condotte per* O *rispettivamente ad* AB *e* CD. *Esprimere le misure dei raggi in funzione di* m, n, a, b, *tenendo conto che* $a^2 + m^2 = b^2 + n^2$).

22 Si osservi la figura nella quale *C*, *D* sono due punti qualunque del diametro *AB* ed i quattro archi sono semicirconferenze. Dimostrare che il cerchio e la superficie a fondo colorato, detta *pelecoide*, stanno come *AB* sta a *CD* e che i loro contorni (rettificati) sono uguali.

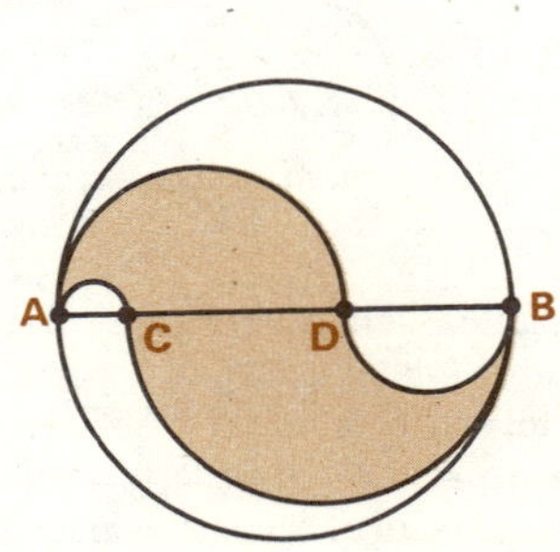

23 Con riferimento al pelecoide di cui all'esercizio precedente, verificare che, se si ha $AC = CD = DB$, le tre superfici nelle quali il contorno del pelecoide divide il cerchio sono equivalenti ed hanno contorni di ugual lunghezza.

24 Sono date due circonferenze **C** e **C'**, rispettivamente di raggi r e $2r$, tangenti internamente in un punto A. Dimostrare che ogni retta r passante per il centro O di **C'** individua due archi AP ed AP' di uguale lunghezza. (*Si veda la figura*).

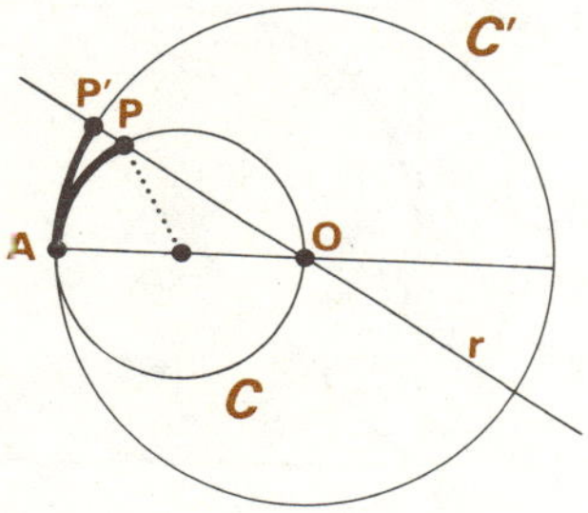

25 Una circonferenza **C** "rotola senza strisciare" all'interno di una circonferenza **C'** di raggio doppio. Che curva descrive, in tale movimento, un punto P della circonferenza **C**? (*Si tenga conto dell'esercizio precedente e si osservi la nuova figura. Se nella posizione iniziale le due circonferenze erano tangenti nel punto* A = P, *allora, quando la circonferenza minore è rotolata fino a diventare tangente a* **C'** *nel punto* A', *il punto* P *si è spostato nella posizione* Q. *E siccome il ragionamento si può ripetere qualunque sia l'arco* AA' *descritto e il risultato non dipende dalla posizione iniziale di* P, *si conclude che, inaspettatamente, il punto* P *descrive il* ...).

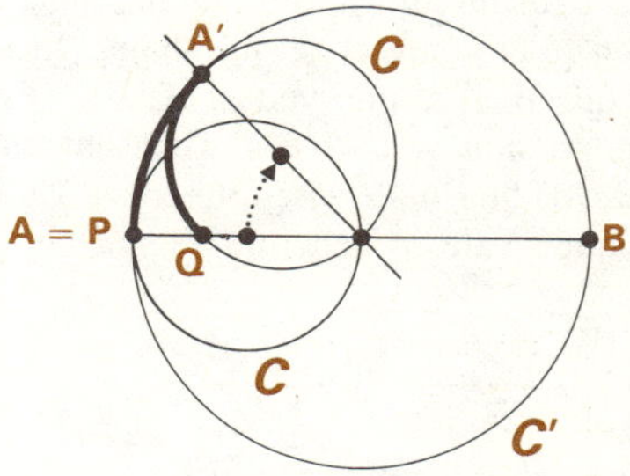

26 VERO O FALSO? - *Stabilire quali delle seguenti affermazioni sono* **vere** *e quali* **false**, *giustificando le risposte date.*

(*a*) Una circonferenza rettificata è maggiore del perimetro di un qualunque poligono (anche non regolare ma non intrecciato) inscritto nella circonferenza.
(*b*) Una circonferenza rettificata è maggiore della somma dei lati di una qualunque poligonale chiusa (eventualmente intrecciata) con tutti i vertici sulla circonferenza.
(*c*) Una circonferenza rettificata è minore della somma dei lati di una qualunque poligonale chiusa (eventualmente intrecciata) con tutti i lati tangenti alla circonferenza.
(*d*) Due cerchi stanno fra loro come le rispettive circonferenze.
(*e*) Due cerchi stanno fra loro come due poligoni regolari inscritti con lo stesso numero di lati.

[*R.* Sono vere 3 affermazioni]

LA GEOMETRIA PER TELEFONO

(A) *Figure da realizzare.*

• Si costruiscano un angolo di 60° e due circonferenze di centri A e B, tangenti ai suoi lati e tangenti esternamente fra loro. Verificare che le due circonferenze stanno fra loro come 1 sta a 3.

Verificare poi che il cerchio di diametro AB sta al più piccolo dei cerchi limitati dalle circonferenze prima costruite come 4 sta a 1.

• Si disegnino tre circonferenze uguali, ciascuna esterna alle altre. Introduciamo ora la seguente definizione: un punto A di una circonferenza è «visibile» se esiste almeno un punto B di un'altra circonferenza tale che il segmento AB non abbia punti interni in comune con le circonferenze disegnate. (In termini più concreti: se, supponendo i cerchi di materiale opaco, A si può vedere da B). Si considerino gli archi delle varie circonferenze formati dai punti *non visibili* e si verifichi che la somma delle loro lunghezze è uguale alla lunghezza di una delle circonferenze. Vale ancora la proprietà se le circonferenze sono quattro o cinque? Vale in generale?

(B) *Figure da descrivere.*

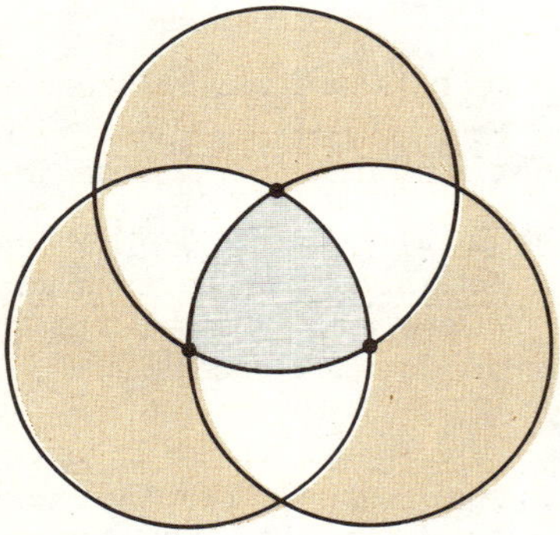

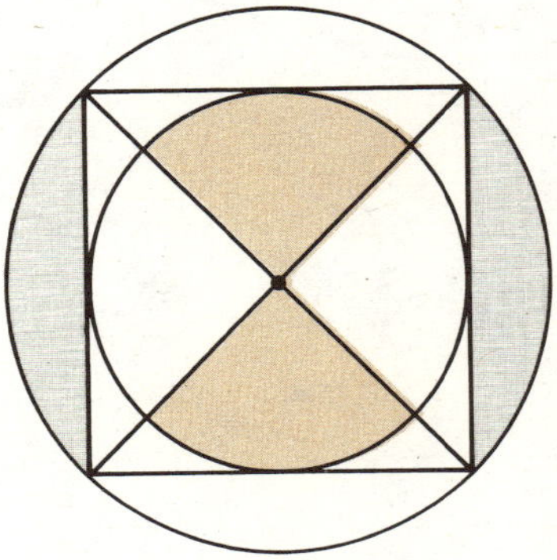

Digressione sui metodi di risoluzione dei problemi geometrici.

10. Considerazioni generali.

• I problemi di geometria si distinguono in **teoremi**, nei quali si chiede di *dimostrare* che tra gli elementi di una figura intercorrono certe proprietà, e in **problemi** propriamente detti, in cui si richiede di *costruire* una figura geometrica della quale sono noti alcuni elementi o certe relazioni che legano fra loro gli elementi stessi.

Nelle pagine che seguono noi ci occuperemo solo di *problemi di costruzione* e studieremo i più importanti *metodi* di risoluzione dei problemi medesimi. Tali metodi possono essere suddivisi in due categorie:

1) i **metodi algebrici** (o **analitici**) che consentono di trovare uno o più elementi della figura esaminata, mediante l'ausilio del *calcolo algebrico*; la conoscenza di tali elementi permette, poi, di risalire alla costruzione della figura richiesta; di questi metodi ci siamo occupati nella Parte III degli esercizi del 1° volume e torneremo ad occuparci nella Parte III di questo;

2) i **metodi geometrici** (o **sintetici**) che consentono di determinare opportuni elementi della figura mediante l'uso degli *strumenti del disegno*; in particolare, per i problemi che risolti per via algebrica conducono ad equazioni di 1° e 2° grado, tali strumenti sono la *riga* e il *compasso*. Si può, anzi, dimostrare che *tutti e soli i problemi riconducibili alla risoluzione di equazioni di 1° e 2° grado sono risolubili con riga e compasso.*

• Tra i vari metodi sintetici, noi ci soffermeremo sui tre seguenti:

a) *il metodo di analisi e sintesi*;
b) *il metodo dei luoghi geometrici*;
c) *il metodo di similitudine.*

• La risoluzione di un problema geometrico, qualunque sia il metodo adottato, viene classicamente divisa nelle seguenti fasi:

a) *Analisi del problema*. In essa si suppone risolto il problema e si disegna la figura; partendo dagli elementi noti si individuano quelli che da essi possono subito essere dedotti; si stabiliscono le relazioni che legano gli elementi noti e quelli così trovati agli incogniti e gli elementi incogniti fra loro.

b) *Costruzione degli elementi incogniti*. In questa fase si indicano quali operazioni si devono effettuare con riga e compasso per determinare gli elementi incogniti, che portano alla risoluzione del problema.

c) *Dimostrazione*. Servendosi di teoremi studiati, o di problemi già risolti, si dimostra la correttezza delle precedenti costruzioni.

d) *Costruzione della figura*. Si mostra come, dalla conoscenza delle incognite, si possa determinare ogni altro elemento della figura.

e) *Discussione*. Si stabilisce quante soluzioni ammette il problema, cioè quante figure, diverse fra loro, si possono costruire, che soddisfano alle caratteristiche richieste dall'enunciato. Il numero di tali figure può dipendere da condizioni relative agli elementi noti; in particolare, occorre stabilire se le soluzioni trovate sono sempre accettabili, oppure se lo sono solo per certi valori degli elementi dati.

11. Il metodo di analisi e sintesi.

• Di questo metodo abbiamo già parlato nella Parte I del 1° volume. Ripetiamo che esso consiste nel supporre risolto il problema e nel disegnare la relativa figura. Dall'*analisi* di questa e delle varie relazioni intercorrenti fra i suoi elementi, si deduce una costruzione degli elementi incogniti. Si fa, infine, la *sintesi* delle costruzioni effettuate, cioè si descrive il metodo che consente di passare dagli elementi dati alla figura richiesta.

Il metodo descritto è, fra tutti gli altri, il più generale, ossia quello che offre meno suggerimenti e aiuti. Pertanto, nella risoluzione di problemi molto complessi, è utile affiancarlo con altro metodo.

1 PROBLEMA RISOLTO - *Costruire un triangolo, dati un lato* a *e le mediane* m, n *relative agli altri due lati.*

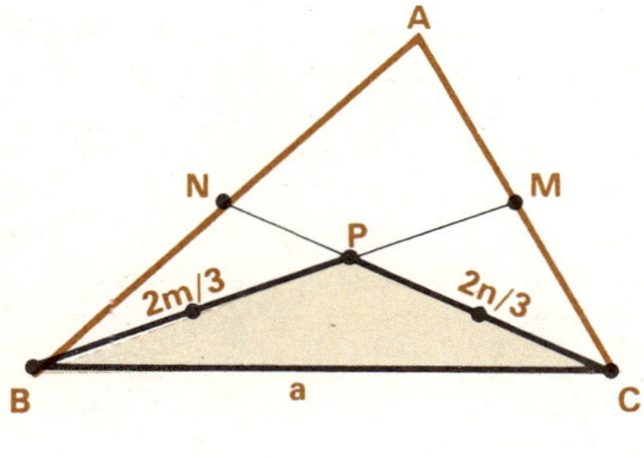

Analisi. Supposto risolto il problema e disegnata la figura, si osserva che le mediane $BM = m$ e $CN = n$ si incontrano nel baricentro P del triangolo. Ricordando che P divide le mediane in parti l'una doppia dell'altra, si ha: $BP = 2m/3$ e $CP = 2n/3$. Pertanto, il triangolo BCP è di immediata costruzione e da esso si può risalire al triangolo richiesto ABC.

Sintesi. Dati i segmenti a, m, n si costruiscono i segmenti $2m/3$ e $2n/3$ e si disegna il triangolo BCP che ha per lati a e i due segmenti ora determinati. Si prolungano i lati BP e CP di due segmenti PM e PN rispettivamente uguali alle metà di BP e CP. Si tracciano le semirette BN e CM e si individua la loro intersezione A, terzo vertice del triangolo ABC.

Discussione. La costruzione del triangolo ABC è legata a quella del triangolo PBC; e quest'ultima è possibile se e solo se il maggiore dei suoi lati è minore della somma degli altri due. Ad esempio, se il maggiore dei lati del triangolo PBC è BC, deve essere:

$$a < \frac{2}{3}m + \frac{2}{3}n;$$

o anche $3a < 2(m + n)$.

2 PROBLEMA RISOLTO. - *Costruire un quadrato sapendo che la differenza tra la diagonale e il lato è un segmento assegnato* d.

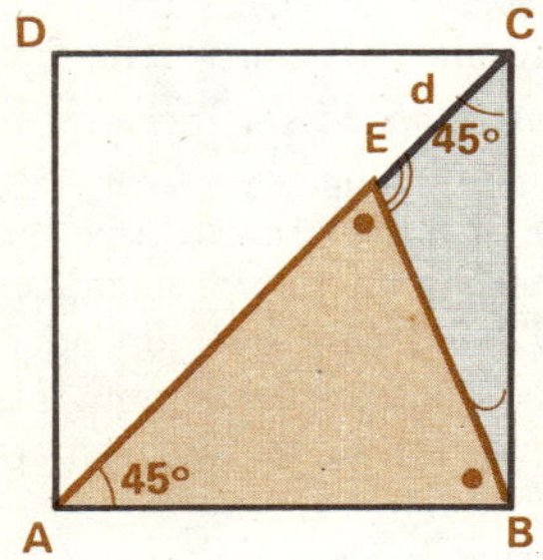

Analisi. Supposto risolto il problema, disegniamo il quadrato *ABCD*. Poiché è data la differenza fra diagonale e lato, costruiamo tale differenza *EC*, riportando *AB* su *AC*. Congiunto *E* con *B*, osserviamo la figura per stabilire se vi è una parte di essa che sappiamo costruire. Con semplici considerazioni sugli angoli, deduciamo $E\widehat{C}B = 45°$, $C\widehat{E}B = 180° - 135°/2 = 112°30'$. Pertanto il triangolo *ECB* è facilmente costruibile in quanto se ne conoscono il lato $EC = d$ e gli angoli ad esso adiacenti. Da tale triangolo si risale al quadrato richiesto.

Sintesi. Si costruisca il triangolo di base $EC = d$ ed avente gli angoli adiacenti $E\widehat{C}B = 45°$ e $C\widehat{E}B = 112°30'$. (La costruzione di quest'ultimo angolo si realizza disegnando un qualunque quadrato *A'B'C'D'* e riportando sulla diagonale *A'C'* il lato *A'B'* in *A'E'*; per motivi di similitudine l'angolo *C'E'B'* è uguale al richiesto angolo *CEB*). Disegnato il triangolo *ECB*, si conduce la perpendicolare in *B* a *BC*; sia *A* l'intersezione di tale perpendicolare con la retta *EC*. Il triangolo *ACB*, così ottenuto, ha, per costruzione, un angolo retto e un angolo di 45°; esso, pertanto, è la metà di un quadrato che viene facilmente completato. Resta da dimostrare che $EC = d$ è la differenza fra la diagonale *AC* e il lato *AB* del quadrato così costruito. A questo scopo, con semplici calcoli sulle ampiezze degli angoli, si mostra che $A\widehat{B}E = A\widehat{E}B$.
Pertanto, il triangolo *ABE* è isoscele sulla base *BE*; per cui si ha

$$EC = AC - AE = AC - AB.$$

Discussione. Il problema ammette sempre una e una sola soluzione. Infatti, il quadrato *ABCD* esiste se e solo se è possibile costruire il triangolo *ECB*; il che può essere sempre realizzato in uno ed un sol modo.

3 Costruire un triangolo di cui si conosca un lato, un angolo ad esso adiacente ed il raggio del cerchio inscritto. (*Disegnata la figura, si osservi che il centro del cerchio appartiene alla bisettrice dell'angolo noto; per cui è sufficiente costruire un triangolo rettangolo del quale sono noti un cateto e l'angolo opposto*).

4 Condurre le rette equidistanti da tre punti *A*, *B*, *C* non allineati. (*Una delle rette congiunge i punti medi dei segmenti* AB, AC).

5 Costruire un triangolo, dati i punti medi *M*, *N* di due lati ed il piede *H* dell'altezza relativa al terzo lato. (*Si determini* H' *simmetrico di* H *rispetto alla retta* ...).

6 Per un punto *P* condurre una retta che intersechi due date rette, incidenti in un punto *O*, in due punti *A*, *B* ugualmente distanti da *P*. (*Si prolunghi* OP *del segmento* PM *uguale ad* OP; *si osservi la figura*).

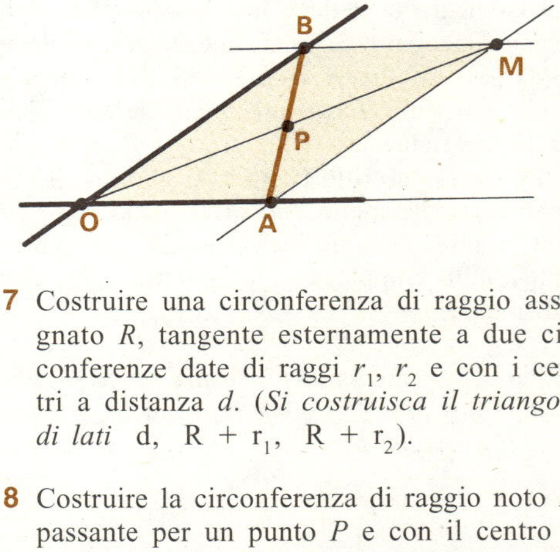

7 Costruire una circonferenza di raggio assegnato *R*, tangente esternamente a due circonferenze date di raggi r_1, r_2 e con i centri a distanza *d*. (*Si costruisca il triangolo di lati* d, $R + r_1$, $R + r_2$).

8 Costruire la circonferenza di raggio noto *R*, passante per un punto *P* e con il centro *C* su di una circonferenza data. Quante soluzioni ammette il problema? (*Si consideri la circonferenza di centro* P *e raggio* R).

9 Costruire un triangolo del quale sono dati un lato *a* e le altezze h_2, h_3 relative agli altri due. (*Costruire due triangoli rettangoli di ipotenusa* a *e con un cateto uguale rispettivamente ad* h_2 *e ad* h_3).

10 Costruire un triangolo, dati un lato *a*, l'altezza h relativa ad un altro lato e la mediana m relativa a questo stesso lato. (*Costruire un triangolo rettangolo di ipotenusa* m *e cateto* h. *Centro di compasso in un suo vertice e apertura* a).

11 Costruire un trapezio di basi a, b (con $a > b$) e lati obliqui c, d. (*Costruire il triangolo di lati* $a - b$, c, d).

12 Costruire un trapezio $ABCD$ di cui sono date le basi $AB = a$, $CD = b$ e le diagonali $AC = d$, $DB = c$. (*Da* C *condurre la parallela a* DB; *sia* E *la sua intersezione con la retta* AB. *Costruire il triangolo* ACE).

13 Costruire un triangolo di cui sono dati un lato a, l'altezza ad esso relativa h ed un'altra altezza k. (*Costruire il triangolo rettangolo di ipotenusa* a *e cateto* k; *la retta dell'altro cateto interseca la parallela all'ipotenusa* ...).

14 Costruire un triangolo ABC, essendo dati $BC = a$, l'altezza $CH = h$ e la somma $BA + AC = s$. (*Si osservi la figura: costruito il triangolo rettangolo* BCH *e tracciato un segmento* BHD = s, ...).

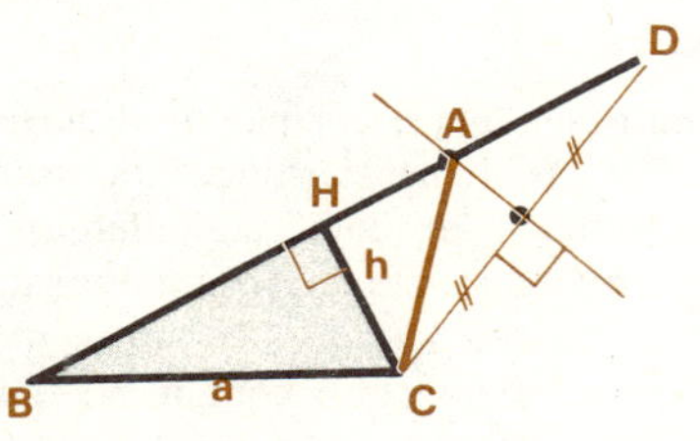

15 Costruire un triangolo ABC, essendo dati $BC = a$, $BA - AC = d$ e l'altezza $CH = h$. (*Risoluzione analoga a quella del probl. precedente*).

16 Costruire un triangolo ABC, dati i lati CA, CB (con $CA < CB$) e la differenza α degli angoli A e B. (*Costruire l'angolo* CAB′ *uguale ad* α *e con* B′ *sul lato* CB. *Il triangolo* ACB′ *si può costruire perché se ne conosce un lato, un angolo adiacente e la somma degli altri due lati*).

17 Costruire un triangolo, dati un lato a, l'altezza h relativa ad un altro lato, e il raggio r del cerchio circoscritto. (*Nel cerchio di raggio* r *determinare una corda uguale ad* a; *su essa, come ipotenusa, costruire un triangolo rettangolo* ...).

18 Costruire un triangolo di cui sono noti due angoli α, β e il raggio r del cerchio inscritto. (*Costruire due triangoli rettangoli di cateto* r *e angolo opposto* $\alpha/2$ *e* $\beta/2$. *Ovvero, ragionare sugli angoli al centro*).

19 Costruire un triangolo di cui sono dati due lati e la mediana relativa al terzo. (*Si prolunghi la mediana, dalla parte del terzo lato, di un segmento ad essa uguale. Si ottiene un triangolo che si sa costruire*).

20 Costruire un triangolo ABC di cui sono note le tre mediane. (*Detto* O *il baricentro del triangolo, si consideri il triangolo* AOB: *di esso si conoscono i lati* OA, OB *e la mediana* OM; *si ricade nel problema precedente*).

21 Costruire due segmenti x, y conoscendo la loro differenza $x - y = m$ ed il segmento n medio proporzionale fra x ed y. (*Costruita la circonferenza di centro* O *e diametro* PQ = m *e condotta la tangente in* P, *si determini su di essa il segmento* AP = n. *La retta congiungente* A *con* O *interseca la circonferenza nei punti* M *ed* N, *con* AM < AN. *Tenuto presente il teorema della secante e della tangente, si conclude che* AN = x *e* AM = y).

NOTA. - La precedente costruzione consente di risolvere con riga e compasso tutti i problemi che, interpretati algebricamente, sono traducibili in un sistema del tipo:

$$\begin{cases} x - y = m \\ xy = n^2, \end{cases}$$

ovvero in equazioni come:

$$x\,(x - m) = n^2; \qquad y\,(y + m) = n^2,$$

che si ottengono per sostituzione dal sistema precedente.

22 Dividere un dato segmento AB in due parti tali che il quadrato costruito sull'una sia doppio del quadrato costruito sull'altra. (*Si costruisca il triangolo rettangolo e isoscele* ABC, *con* AB *cateto; si tracci la bisettrice* CD *e si applichi il teor. della bisettrice dell'angolo di un triangolo*).

23 Sono dati un angolo convesso $r\widehat{O}s$ ed un punto P; condurre per P una secante t dell'angolo in modo che r, s e t limitino un triangolo di perimetro $2p$. (*Si riporti* p *su* r *ed* s *in* OR *ed* OS, *e si descriva la circonferenza tangente in* R *ed* S *ai lati dell'angolo; da* P *si conduca «una» tangente a tale circoferenza*). Esistono punti *P* per i quali il problema è impossibile?

24 Costruire un triangolo rettangolo *ABC* conoscendo l'altezza *CH* = *h* relativa alla ipotenusa e quattro punti: due (*M* ed *N*) sull'ipotenusa e due (*P* e *Q*) sull'uno e sull'altro cateto. (*Il vertice* C *si individua come intersezione fra la circonferenza di diametro* PQ *e la retta parallela ad* MN *e distante* ...). Il problema è sempre possibile?

25 Detto *P* uno dei due punti comuni a due circonferenze secanti di centri *A* e *B*, condurre per *P* una retta che stacchi sulle due circonferenze due corde uguali *PC* e *PD*. (*Supposto risolto il problema e detti* M, N *i punti medi delle due corde, si conduca per* P *la parallela alle basi* AM *e* BN *del trapezio rettangolo* AMNB; *essa incontra in* O *il lato obliquo* AB; *essendo* MP = PN *è pure* AO = OB. *Ciò premesso si capisce come, trovato* O, *si può risalire alla retta* CD).

26 Dati un punto *P* e due strisce non parallele, condurre per *P* una retta *r* che stacchi segmenti uguali *AB*, *CD* sulle due strisce. (*Supposto risolto il problema, come in figura, si deduca da* AB = CD *l'uguaglianza dei triangoli* AMC, BND *e da essa il parallelismo delle rette* MN *ed* r). Il problema ammette un'altra soluzione. Quale?

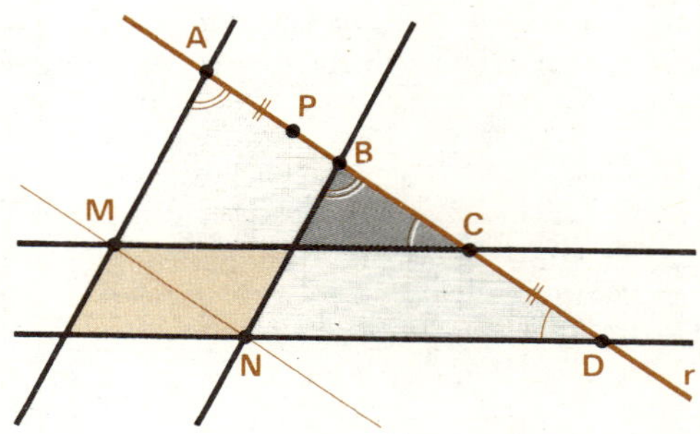

12. Il metodo dei luoghi geometrici.

• Anche al *metodo dei luoghi geometrici* abbiamo fatto cenno nella Parte I del 1° volume. Riteniamo, però, opportuno ribadire i concetti già esposti ed aggiungere nuove considerazioni, dato che il metodo in parola è, fra tutti gli altri, quello di più largo uso e di più facile applicazione.

• Cominciamo col ricordare che:

a) il metodo dei luoghi si usa, in generale, quando la determinazione della figura richiesta dipende dalla *determinazione di un suo punto* che sia *soggetto ad almeno due condizioni*;

b) il metodo dei luoghi consiste nel prendere in considerazione *due condizioni*, tra quelle assegnate dal problema, e nel descrivere le due curve che rappresentano il luogo dei punti che soddisfano a *tutte* le condizioni poste dal quesito da risolvere, *eccetto prima l'una e poi l'altra delle due prese in esame*. I punti comuni alle due curve luogo individuano le figure che, soddisfacendo a *tutte* le condizioni del problema, sono quelle cercate.

• Se le curve luogo sono *rette* o *circonferenze* o parti di esse, cioè se i problemi sono risolubili con riga e compasso, allora la *discussione* del problema si riduce allo studio delle mutue posizioni di rette e circonferenze. In altre parole, la discussione consiste nello stabilire per quali valori dei dati queste rette e queste circonferenze hanno punti comuni. Il numero dei punti comuni fornisce il numero delle soluzioni. Tali soluzioni sono dette *simmetriche* ove le corrispondenti figure siano uguali.

• Poiché l'applicazione del presente metodo presuppone la conoscenza dei principali luoghi geometrici, crediamo utile ricapitolare i luoghi geometrici nei quali ci siamo fino ad ora imbattuti e introdurne qualcuno fin qui non ancora studiato, ma di uso frequente nei problemi di costruzione. Avvertiamo che, nei suggerimenti, abbiamo tralasciato le dimostrazioni inverse, che provano come *solo* i punti del luogo godano delle proprietà in esame.

• Luoghi geometrici notevoli.

a) *Il luogo dei punti «aventi da un punto dato* O *una assegnata distanza* r» *è la* **circonferenza** *di centro* O *e raggio* r.

b) *Il luogo dei punti «che hanno da una data retta* a *una assegnata distanza* h*» è la* **coppia di rette** *parallele alla* a *e distanti* h *da essa.*

c) *Il luogo dei punti «equidistanti da due punti dati* A *e* B*» è l'***asse del segmento** AB.

d) *Il luogo dei punti «che vedono un segmento dato* AB *sotto un assegnato angolo* α*» è una* **coppia di archi** AB.

e) *Il luogo dei punti «equidistanti da due rette date» è la coppia delle* **bisettrici** *degli angoli formati dalle rette* (se queste sono incidenti), *ovvero la bisettrice della striscia* (se le rette sono parallele).

f) *Il luogo degli «estremi dei segmenti di tangente di lunghezza* d*, condotti ad una circonferenza di raggio lungo* r*» è la* **circonferenza**, *concentrica alla data, il cui raggio misura* $\sqrt{r^2+d^2}$.

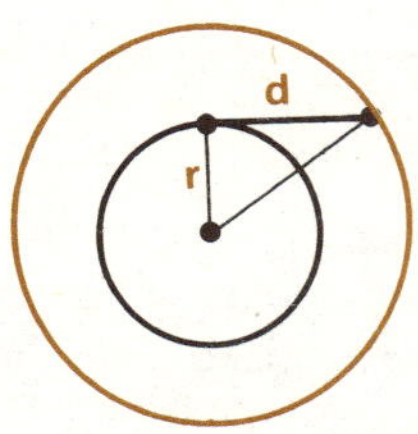

g) *Il luogo dei punti «che vedono una data circonferenza di raggio* r *sotto un assegnato angolo* α*» è la* **circonferenza** *concentrica alla data, che ha per raggio l'ipotenusa del triangolo rettangolo di cateto* r *ed angolo opposto* $\alpha/2$.

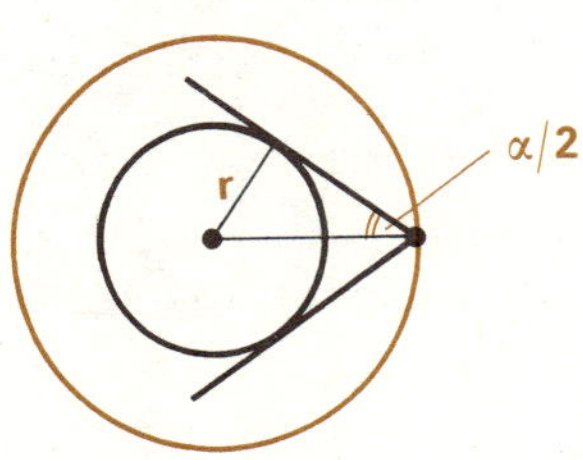

h) *Il luogo dei «punti medi dei segmenti che hanno un estremo in* P *ed un estremo su di una retta* r*» è la* **parallela** *ad* r, *ugualmente distante da* P *e da* r.

i) *Il luogo dei punti* P *«per i quali è*

$$PA : PB = m : n, \quad \text{con} \quad m > n,$$

dove $AB = a$ *è un segmento dato ed* m, n *sono due numeri reali positivi assegnati» è una* **circonferenza** (*detta di* APOLLONIO). *Tale circonferenza ha il centro sulla retta* AB *e taglia la stessa retta in* C, *interno ad* AB, *e in* D, *esterno dalla parte di* B, *essendo*:

$$(1) \qquad CB = \frac{n\,a}{m+n}, \qquad BD = \frac{n\,a}{m-n}$$

e, di conseguenza,

$$CD = \frac{2\,m\,n\,a}{m^2-n^2}.$$

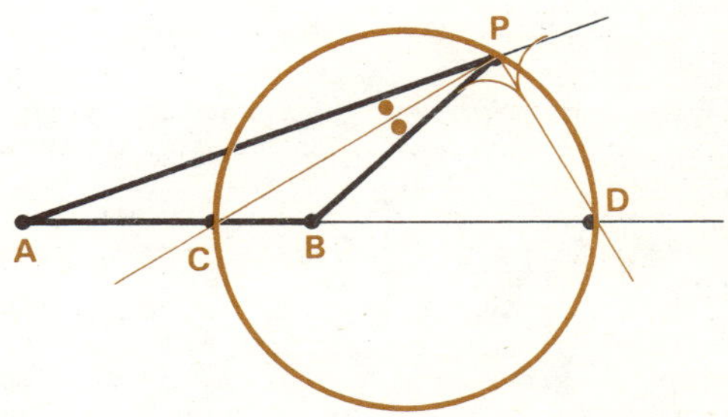

Disegnato il triangolo *ABP* e condotte le bisettrici *PC* e *PD* dell'angolo interno e dell'angolo esterno di vertice *P*, per il teorema della bisettrice e per l'eserc. n. 2 del paragrafo 7, si ha:

$$(2) \qquad \frac{AC}{CB} = \frac{AD}{BD} = \frac{PA}{PB} = \frac{m}{n}.$$

Si osservi che, in virtù delle (2), restano univocamente fissati il punto *C* del segmento *AB* ed il punto *D* esterno ad *AB* e giacente sulla retta *AB*. Tenuto conto che l'angolo *CPD* è retto, possiamo affermare che, qualunque sia la posizione assunta da *P* sulla curva luogo, da *P* si vede il segmento *CD* sotto un angolo retto. Ciò equivale a dire che la curva luogo è la circonferenza di diametro *CD*. Si noti, poi, che dalle (2) si ricava che

$$\frac{a-CB}{CB} = \frac{m}{n}, \qquad \frac{a+BD}{BD} = \frac{m}{n}.$$

Risolvendo tali uguaglianze rispetto a *CB* ed a *BD* si ottengono le (1).

k) *Il luogo dei punti* P *«di un angolo convesso* XOY *per i quali è*

$$PA + PB = a,$$

con a *segmento dato ed* A, B *intersezioni dei lati dell'angolo con le parallele ad essi condotte per* P*» è il* **segmento** MN, *con* M *su* OX *ed* N *su* OY, *e con* $OM = ON = a$.

Supposto risolto il problema, si osservi che i triangoli *MON*, *MAP* sono simili; per cui, essendo $OM = ON$, è pure $AM = AP$.

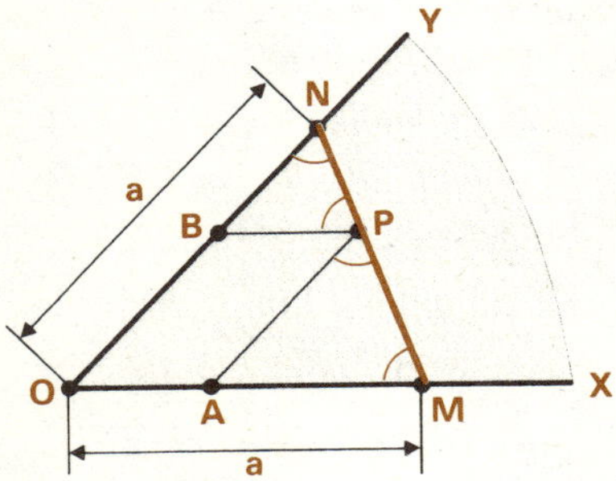

Inoltre $OA = BP$ come lati opposti del parallelogramma $OAPB$. Ne segue che, qualunque sia $P \in MN$, si ha

$$PA + PB = AM + OA = OM = a.$$

1 PROBLEMA RISOLTO. - *Costruire un triangolo* ABC *conoscendone il lato* AB = a, *l'altezza* CH = h *e la mediana* CM = m.

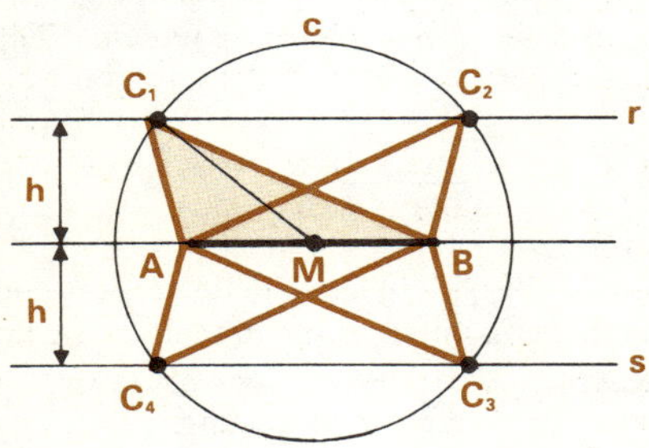

Il problema chiede, in sostanza, di determinare il terzo vertice C del triangolo ABC.
Se non teniamo conto del fatto che la mediana CM *è nota*, siamo condotti a cercare il luogo dei vertici dei triangoli di data base AB e di data altezza CH. Tale luogo è costituito dalle due rette r ed s, parallele alla retta AB e distanti da questa di un segmento h (caso *b*).
Se non teniamo conto del fatto che l'altezza CH *è nota*, siamo condotti a cercare il luogo dei vertici dei triangoli di data base AB e di data mediana CM. Tale luogo è la circonferenza c di centro M e raggio m (caso *a*). Per $h < m$ la circonferenza c incontra le rette r, s in quattro punti, vertici di quattro triangoli che soddisfano l'enunciato.

Dalla osservazione della figura discende la *discussione* del problema. Il problema non ha soluzioni se $h > m$; ne ha due (triangoli isosceli di base AB) se $h = m$; ne ha quattro se $h < m$. Osserviamo anche che tanto le due soluzioni relative al caso $CH = CM$, che le quattro soluzioni relative a $CH < CM$, sono tra loro *simmetriche*, cioè danno luogo a figure risolutive *uguali*; per cui, dal punto di vista geometrico, esse sono da considerarsi come un'unica figura risolutiva.

2 PROBLEMA RISOLTO. - *Sulla origine* r *di un semipiano sono dati due punti* A, B, *con* $\overline{AB}$ = a. *Trovare un punto* P *del semipiano la cui distanza da* r *misuri* h *e tale che le sue distanze da* A *e da* B *stiano fra loro come* a *sta a* b, *essendo* a, b *due numeri assegnati, con* b *minore di* a.

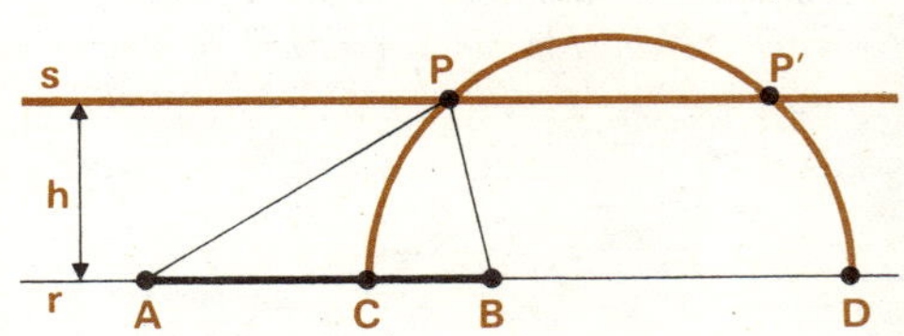

Il punto P, per avere da r distanza lunga h, deve appartenere alla retta s, parallela ad r, interna al semipiano e distante da r di un segmento lungo h (caso *b*). D'altra parte P, affinché si abbia $PA : PB = a : b$, deve stare sulla metà della circonferenza di Apollonio (caso *i*) che giace nel semipiano; essa ha il diametro CD su r, essendo C interno al segmento AB e D esterno dalla parte di B, con

$$\overline{CD} = \frac{2ab \cdot a}{a^2 - b^2}.$$

Il problema non ammette soluzioni se la retta s è esterna alla semicirconferenza; cioè se:

$$h > \frac{a^2 b}{a^2 - b^2}.$$

Se la s è tangente alla semicirconferenza $[h = a^2b/(a^2 - b^2)]$ si ha una soluzione.
Se, infine, la retta s risulta secante $[h < a^2b/(a^2 - b^2)]$, allora esistono due punti P, P' che risolvono il problema.

3 Costruire il triangolo isoscele ABC di data base AB e con il vertice C a distanza d da un punto dato N. (*Asse di* AB *e circonferenza*).

4 Determinare un punto equidistante da due punti dati e dai lati di un angolo dato. (*Asse del segmento e bisettrice*).

5 Determinare un punto che disti d da ciascuna di due rette date (*caso* b).

6 Determinare un punto tale che le tangenti da esso condotte a due dati cerchi abbiano lunghezza l (*caso* f).

7 Condurre da un punto P una retta che abbia distanza d da un punto dato O. (*Circonferenza di centro* O *e raggio* d; ...).

8 Dati due segmenti non paralleli, costruire su essi, come basi, due triangoli isosceli di medesimo vertice (*caso* c).

9 Determinare i punti di una data retta dai quali una data circonferenza, esterna alla retta, è vista sotto un assegnato angolo α (*caso* g).

10 Costruire un triangolo ABC, rettangolo in B, noti $BC = h$ e $BM = d$, dove M è il punto medio di AC. (*Costruiti* BC *e la retta* AB, *individuare* M; *casi* a *ed* h).

11 Determinare un punto che vede sotto uno stesso angolo un segmento dato e un cerchio dato (*casi* d *e* g).

12 Determinare un punto di un triangolo dal quale si vedano i tre lati sotto uno stesso angolo. (*Notare che tale angolo è di* 120°; *caso* d).

13 *Problema di* Nellius-Pothenot. Determinare il punto P che vede due segmenti non allineati AB e CD sotto due angoli dati (*caso* d).

14 Dati due segmenti uguali AB, CD non allineati, determinare un punto P tale che i triangoli APB, CPD siano uguali. (*Assi dei segmenti* AC, BD, *oppure assi dei segmenti* AD, BC).

15 Costruire un triangolo, essendo dati un lato a, l'altezza relativa h e il raggio r del cerchio circoscritto. (*Descritta la circonferenza di raggio* r *e costruita una sua corda uguale ad* a, *si conducano le rette* ...).

16 Costruire un triangolo essendo dati un lato, la mediana relativa e l'angolo opposto.

17 Costruire un triangolo ABC, dati AB, l'altezza CH e la mediana BM. (*Determinare* M; *casi* a *ed* h).

18 Costruire il triangolo ABC, dati BC, $AB + AC$ e $B\widehat{A}C = \alpha$. (*Prolungare* BA *di* AD = AC; *costruire il triangolo* BCD *di cui sono noti* BC, BD *e* $B\widehat{D}C = \alpha/2$. *Per trovare* A: *asse del segmento* CD).

19 Costruire un quadrilatero $ABCD$ inscritto in un cerchio dato, conoscendo AC, BD e $AB+BC$. (*Nel cerchio dato si costruisca una corda uguale ad* AC; *si viene così a determinare l'angolo* B *col quale si può costruire il triangolo* ABC *di cui si conosce il lato* AC, *l'angolo opposto e la somma degli altri due; si veda il probl. precedente*).

20 Costruire un parallelogramma, dati un lato e le due altezze. (*Costruire prima un triangolo rettangolo con il lato e una altezza*).

21 Costruire un triangolo equivalente ad un dato triangolo ABC, avente in comune con esso il lato BC e con un altro lato uguale ad un segmento noto (*casi* a *e* b).

22 Costruire un parallelogramma $ABCD$ equivalente ad un altro dato e che abbia la stessa base AB di questo e uno degli altri vertici equidistante da due punti dati M, N (*casi* b *e* c; *quattro soluzioni*).

23 Costruire un triangolo ABC, equivalente al triangolo DEF, avente $AB = 2\ DE$ e con C equidistante da due date rette parallele (*casi* b *ed* e).

24 Costruire un triangolo ABC, di data base AB, con C a distanza d da un punto noto P ed equivalente ad un dato quadrato.

25 Nel triangolo rettangolo ABC inscrivere un rettangolo di perimetro noto $2p$ ed avente un angolo coincidente con l'angolo retto del triangolo (*caso* k).

26 Costruire una circonferenza tangente tanto ad una retta data a quanto ad una circonferenza assegnata di centro C in un suo dato punto T. (*Si osservi la figura alla pagina seguente: il richiesto centro* O *appartiene alla retta* CT *e ad una delle due bisettrici* ...).

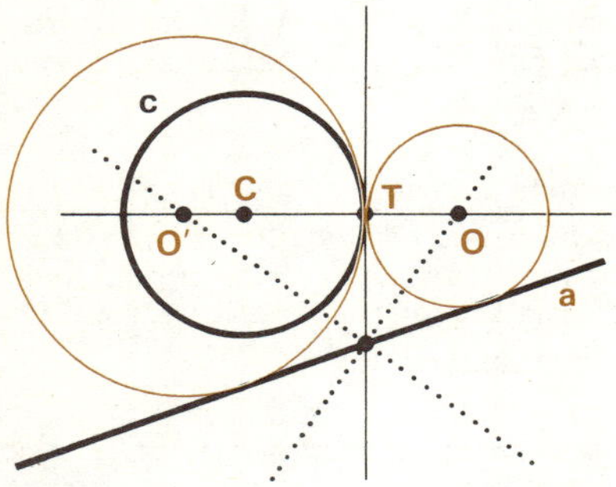

Determinare il centro di una circonferenza di dato raggio r *sapendo che questa*

27 passa per due punti noti A, B (*casi* a *e* c);

28 passa per un punto A ed è tangente ad una retta a (*casi* a *e* b);

29 passa per un punto A ed è tangente ad un cerchio c di raggio $R > r$ (*circonferenze di raggi* R ± r *e circonferenza avente centro in* A);

30 è tangente a due rette date (*caso* b);

31 è tangente ad una retta data e ad un cerchio dato di raggio $R > r$ (*caso* b *e circonferenze di raggi* R ± r);

32 è tangente a due cerchi dati di raggi R ed R' maggiori di r (*circonferenze di raggi* R ± r *ed* R′ ± r).

13. Il metodo di similitudine.

• Questo metodo si applica alle costruzioni per le quali – trascurando una condizione A, imposta dall'enunciato – si individua un insieme di figure fra loro simili.

In generale, le altre condizioni B, C, ..., non trascurate, sono del tipo: *conoscenza di angoli*; *conoscenza di rapporti di segmenti*; *conoscenza di rapporti di superfici*. La condizione A, inizialmente trascurata, è, invece, di tipo diverso, perché, mediante essa, si deve poter scegliere *una* tra le infinite figure simili inizialmente costruite. Essa, ad esempio, è data da: *conoscenza della lunghezza di una linea*, oppure *appartenenza di un certo punto ad una linea nota*, ...

Normalmente, delle infinite figure soddisfacenti alle condizioni B, C, ..., se ne disegna soltanto una, scelta ad arbitrio. Da questa, sfruttando la condizione A, si passa ad una figura simile che risolve il problema.

Se, ad esempio, l'enunciato chiede di disegnare un poligono **P** di cui sono noti gli angoli, i rapporti dei lati (condizioni B, C), e la lunghezza di una diagonale (condizione A), si costruisce, prima, un qualunque poligono **P′** che ha gli angoli uguali agli angoli dati ed i lati nei rapporti assegnati; poi si disegna il poligono **P**, simile a **P′**, con quella diagonale della lunghezza assegnata.

• Ricordiamo che due *figure simili* sono fra loro *omotetiche* allorché è possibile introdurre una corrispondenza che ad ogni punto P di una figura associa un punto P' dell'altra in modo che:

1) tutte le rette che congiungono punti corrispondenti passano per un medesimo punto O (detto *centro* dell'omotetia);

2) il rapporto $OP' : OP$ è costante (*rapporto* di omotetia).

Se le figure sono poligoni, per verificare che essi si corrispondono in una omotetia, basta controllare che sono soddisfatte le condizioni 1 e 2 limitatamente ai loro vertici.

Ciò premesso, facciamo presente che i problemi di cui ci stiamo occupando risultano particolarmente facilitati allorché le figure simili in esame vengono disposte in modo che siano anche omotetiche. Chiariremo meglio la cosa nei due problemi risolti che seguono.

1 PROBLEMA RISOLTO. - *Date una circonferenza di centro* Q *e raggio* r *ed una retta* t, *esterna alla circonferenza e situata a distanza* QO = d *dal centro* Q, *costruire un quadrato che abbia due vertici consecutivi su* t *e gli altri due sulla circonferenza.*

Trascuriamo inizialmente la condizione secondo la quale due vertici del quadrato debbono stare sulla circonferenza. Costruia-

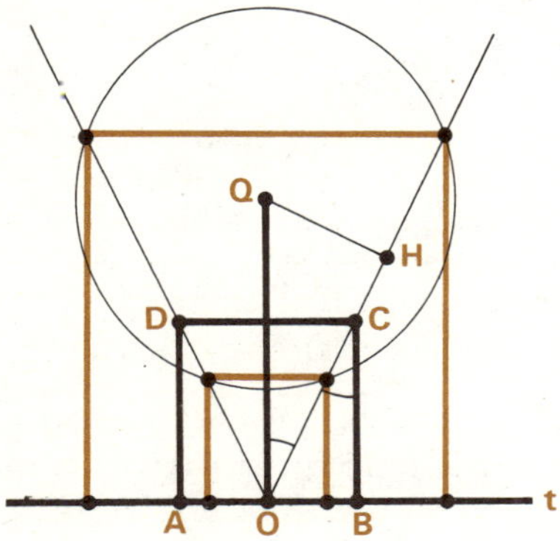

mo quindi, nel semipiano tQ, un quadrato $ABCD$ con A e B su t, in posizioni simmetriche rispetto ad O, dato che sia la retta t sia la circonferenza ammettono la retta QO come asse di simmetria.
La figura mostra come tutti gli infiniti quadrati che possiedono le stesse caratteristiche di $ABCD$ hanno i due vertici non situati sulla retta t l'uno sulla retta OC e l'altro sulla retta OD (la dimostrazione è immediata). Tali quadrati si corrispondono in omotetie di centro O. Fra di essi, quelli che risolvono il problema (sono due) hanno i due vertici esterni a t situati nei punti di intersezione della circonferenza con le rette OC e OD.

Naturalmente, tali soluzioni esistono e sono distinte se e solo se la retta OC (o, indifferentemente, la OD) è secante rispetto alla circonferenza; cioè se la distanza QH di Q da OC è minore di r. A questo proposito si osservi che i due triangoli rettangoli OBC, QHO sono simili; per cui da $CB = 2OB$, segue $OH = 2QH$. Applicando il teorema di Pitagora al triangolo QHO, otteniamo:

$$(QH)^2 + (2QH)^2 \equiv (OQ)^2 \ ;$$

$$5(QH)^2 \equiv (OQ)^2 = d^2 \ .$$

$$QH = \frac{d}{\sqrt{5}} \ .$$

Dunque, si hanno due soluzioni distinte per

$$\frac{d}{\sqrt{5}} < r; \qquad \text{cioè per} \qquad d < r\sqrt{5}.$$

Il problema ammette una sola soluzione (o due coincidenti) per $d = r\sqrt{5}$; ed è invece impossibile ove sia $d > r\sqrt{5}$.

2 PROBLEMA RISOLTO. - *Costruire un triangolo conoscendone due angoli* α, β *ed il perimetro* p.

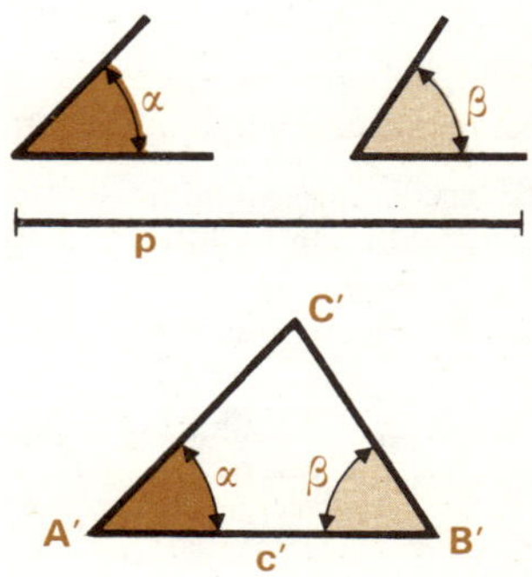

Costruito un qualunque triangolo $A'B'C'$, con $B'\widehat{A'}C' = \alpha$ ed $A'\widehat{B'}C' = \beta$, si vengono ad individuare i due segmenti $A'B' = c'$ ed $A'B' + B'C' + C'A' = p'$.
Tale triangolo $A'B'C'$ è simile al triangolo ABC da costruire. Pertanto, indicato con c il lato AB, vale la proporzione

$$p' : c' = p : c$$

nella quale i primi tre elementi sono noti ed il quarto è facilmente determinabile come quarto proporzionale dopo i primi tre.
A questo punto il problema è ricondotto al seguente, del tutto immediato; «costruire un triangolo ABC dati $AB = c$, $B\widehat{A}C = \alpha$ ed $A\widehat{B}C = \beta$».

È questo un esempio di applicazione del metodo di similitudine nel quale non interviene il concetto di omotetia.

3 Costruire un triangolo ABC, essendo dati $BC = a$, $B\widehat{A}C = \alpha$ nonché il rapporto $AB : AC = m : n$. (*Si costruisca un triangolo simile* A′B′C′ *trascurando la prima condizione. La figura mostra uno dei modi in cui è possibile risalire da* A′B′C′ *ad* ABC).

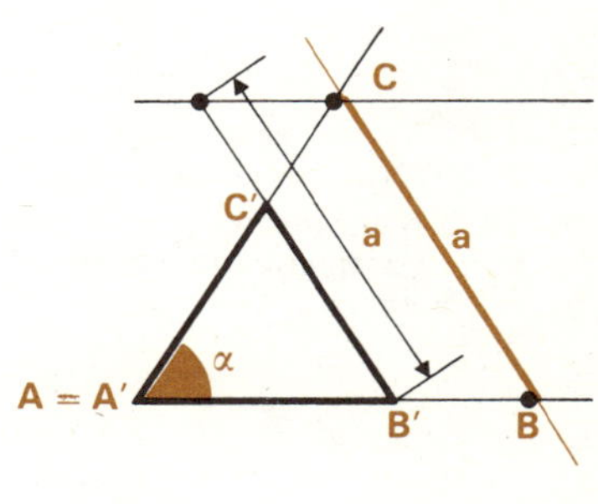

4 Costruire un triangolo ABC, dati l'altezza $AH = h$, $B\widehat{A}C = \alpha$ e il rapporto $AB:AC = 2/3$. (*Si costruisca, in primo luogo, un triangolo che soddisfa alla seconda e alla terza condizione*).

5 Costruire un triangolo, dati il perimetro e tre segmenti proporzionali ai lati.

6 Inscrivere in un triangolo acutangolo ABC un rettangolo simile ad un rettangolo dato e con due vertici su AB. (*Al rettangolo dato circoscrivere un triangolo simile al dato*).

7 Inscrivere in un rombo un rettangolo simile ad un rettangolo dato, in modo che i lati del rettangolo siano paralleli alle diagonali del rombo.

8 Costruire un quadrato $ABCD$ conoscendo la somma s di AC e CD. (*Costruire un quadrato* AB′C′D′ *con* B′ *sulla semiretta* AB *e* D′ *sulla semiretta* AD).

9 Costruire un triangolo ABC, dati il raggio r del cerchio inscritto, $A\widehat{C}B = \gamma$ e sapendo che $AC:BC = a:b$, essendo a, b due segmenti dati. (*Sui lati dell'angolo* ACB *si riportino* a *in* CA′ *e* b *in* CB′; *si costruisca la circonferenza di centro* O′ *inscritta nel triangolo* A′B′C; *si sfrutti l'omotetia di centro* C).

10 Risolvere il problema precedente, sostituendo ad r il raggio R del cerchio circoscritto. (*Suggerimento analogo*).

11 Costruire un triangolo ABC, noti BC, l'angolo A e sapendo che AB e l'altezza CH stanno come i segmenti m, n. (*Costruire, col metodo dei luoghi, un triangolo* AB′C′, *simile al richiesto e con* AB′ = m, C′H′ = n).

12 Costruire un triangolo equilatero ABC conoscendo la somma s del lato e dell'altezza. (*Costruito un qualunque triangolo equilatero* A′B′C′ *e detta* s′ *la somma del lato e dell'altezza di* A′B′C′, *vale la proporzione* AB : A′B′ = s : s′).

13 Costruire un triangolo equilatero conoscendo la differenza d del lato e dell'altezza. (*Si veda il suggerimento del problema precedente*).

14 Costruire un triangolo simile ad un triangolo ABC i cui vertici stiano su tre assegnate rette parallele a, b, c. (*Sia* b *la retta intermedia e siano* m, n *le distanze di* b *da* a *e da* c; *costruire sul lato* AC *il punto* D *tale che* AD : DC = m : n; *trasportare il triangolo in modo che* BD *giaccia su* b *e che* A *sia nel semipiano di origine* b *e che contiene* a).

15 Inscrivere un quadrato in un settore circolare convesso AOB, con due vertici sull'arco AB. (*Costruire il quadrato* ABCD *dalla parte contenente l'arco* AB; *congiungere* D *e* C *con* O: *le intersezioni con l'arco* AB *sono due vertici del quadrato da costruire*).

16 In un triangolo ABC inscrivere una coppia di cerchi uguali, tangenti esternamente fra loro e tangenti entrambi al lato AB. (*La figura mostra come, detto* I *l'incentro del triangolo* ABC, *sia sufficiente inscrivere nel triangolo* ABI *un rettangolo con un lato doppio dell'altro; quest'ultimo problema è facilmente risolubile con il metodo di similitudine*).

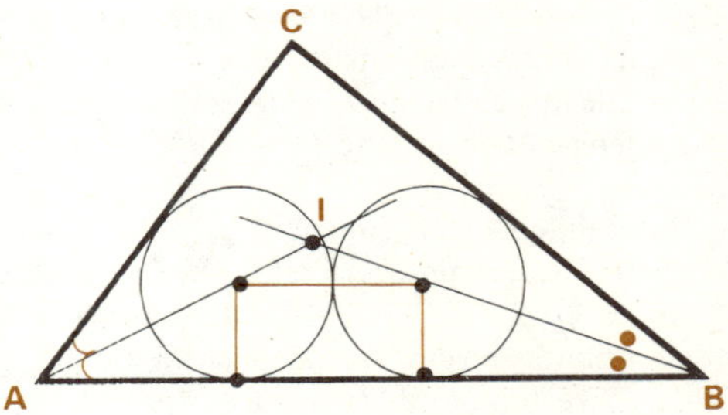

17 Costruire un triangolo con i lati paralleli a tre rette date (a due a due non parallele), conoscendo il raggio r del cerchio ad esso circoscritto. (*Costruire un qualunque triangolo con i lati paralleli a quelle rette*; *ad esso circoscrivere il cerchio*; *cerchio concentrico di raggio ...*).

18 In un dato triangolo ABC inscriverne un altro con i lati paralleli a tre rette assegnate. (*Si prescinda dalla condizione che uno dei tre vertici del triangolo da costruire appartenga al lato* BC *del triangolo* ABC. *La retta che unisce tale vertice con* A *interseca* BC *nel punto* A′; *da* A′ *si conducano le parallele ...*).

14. Problemi sulle figure omotetiche.

1 Dati due punti O ed A costruire i punti corrispondenti ad A nelle omotetie di centro O e rapporti $\pm m/n$, con m, n numeri positivi dati. (*Su di una retta* r *per* O, *distinta dalla* OA, *riportare i segmenti* OM, ON, *di lunghezze* m, n *dalla stessa parte, o da parti opposte rispetto a* ...; *congiunto* A *con* N, *condurre per* M ...).

2 Dati un punto O ed una retta a, costruire le rette corrispondenti di a nelle omotetie di centro O e rapporti $\pm m/n$, con m, n numeri positivi dati. (*Come nel probl. precedente si determinino i corrispondenti di un punto* A *di* r; *per essi si conducano le parallele* ...).

3 Dati un punto O ed una circonferenza **c**, costruire le circonferenze corrispondenti di **c** nelle omotetie di centro O e rapporti $\pm m/n$, con m, n numeri positivi dati. (*Basta costruire i corrispondenti del centro della circonferenza* **c** *e di un suo punto*).

4 Dati due triangoli simili ABC, $BB'C'$ disposti come in figura, determinare il centro O della omotetia in cui essi si corrispondono e verificare che, posto $\overline{AB} = a$ e $\overline{BB'} = b$ si ha $\overline{OB'} = x = b^2/(a-b)$.

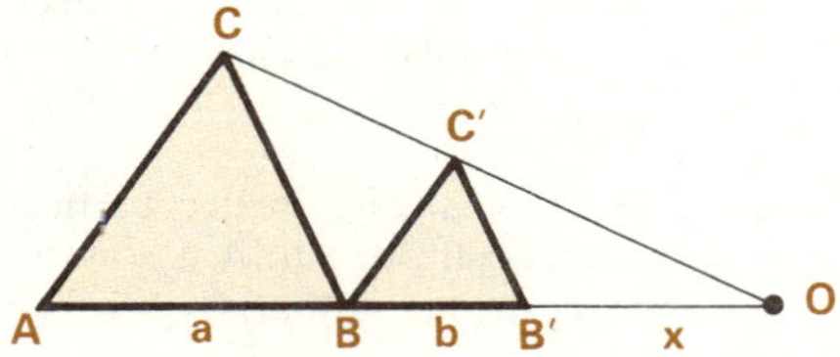

5 Dato un trapezio $OABC$, costruire i due trapezi che ad esso corrispondono nelle omotetie di centro O e rapporti $\pm 3/2$. Che tipo di omotetia lega fra loro i due trapezi così costruiti?

6 Dato un triangolo ABC rettangolo in A, si costruisca prima il suo simmetrico $AB'C'$ rispetto al punto A e poi il triangolo $CB''C''$ che corrisponde ad ABC in un'omotetia di centro C' e nella quale C è l'immagine di A. In quale omotetia si corrispondono i triangoli $AB'C'$ e $CB''C''$? (*Per individuare il centro si tracci il segmento* B′B″; *il valore assoluto del rapporto è* CC″/AC′ = ...).

7 Sono date una circonferenza **c** di centro O e raggio r ed una retta t, esterna a **c** e distante $OH = 3r$ da O. Tracciate le circonferenze $\mathbf{c}_1$ e $\mathbf{c}_2$ con centri sulla retta OH e tangenti entrambe sia alla **c** che alla t, stabilire i centri ed i rapporti delle due omotetie in cui esse si corrispondono. (*Uno dei centri è il punto* ...; *l'altro si trova sul segmento* OH, *a distanza* 5r/3 *da* ...).

8 Da un punto dato O di una circonferenza **c** condurre una corda OX (se esiste) che sia dimezzata da una corda data AB. (*Si trovi il segmento corrispondente della corda* AB *nella omotetia di centro* O *e rapporto* 2; *esso interseca* **c** *in due punti* X *ed* X′).

15. Problemi di costruzione di tipo vario.

1 Costruire un triangolo con un'altezza data h e con i lati paralleli a tre rette assegnate. (*Costruito un triangolo qualunque con i lati paralleli a quelle tre rette, condurre per un suo vertice la perpendicolare* ...). Quante sono le soluzioni?

2 Costruire un trapezio isoscele nel quale la base minore sia doppia del lato obliquo, conoscendo la base maggiore e l'altezza. (*Individuare il punto medio della base minore*).

3 Risolvere il problema precedente nel caso in cui la base minore sia uguale al lato obliquo. (*Questa volta, individuato il punto medio della base minore, ci si deve servire del cerchio di Apollonio di cui al punto* i *del* n. 4).

4 Descrivere una circonferenza tangente ai due lati di una striscia e passante per un punto interno ad essa. (*Trovare il centro con il metodo dei luoghi*).

5 In un triangolo *ABC*, rettangolo in *B*, inscrivere un rettangolo *BDEF* con *D* su *AB* e con *BF* doppio di *BD*. (*Costruire un rettangolo simile a quello richiesto*).

6 Costruire un trapezio conoscendone le basi e le diagonali. (*Le diagonali si dividono in parti proporzionali alle basi*).

7 Date due rette parallele *a*, *b* ed un punto *O*, condurre per *O* una retta sulla quale *a* e *b* stacchino un segmento di lunghezza *d*. (*Con centro in* $P \in a$ *e raggio* d ...; *condurre per* O *le parallele* ...).

8 Dato un quadrilatero *ABCD*, tracciare una circonferenza situata ad ugual distanza da ciascuno dei suoi vertici; per distanza di un punto *A* da una circonferenza si intende il minore dei segmenti *AM*, *AN*, con *M*, *N* punti di intersezione della circonferenza con la retta diametrale per *A*. (*Circonferenza concentrica a quella circoscritta al triangolo* BCD *e passante per il punto medio del minore dei due detti segmenti* AM, AN). Quante sono le soluzioni?

9 Tracciare una circonferenza situata ad ugual distanza dai vertici di un dato triangolo *ABC* e tangente ad una circonferenza data. (*Situazione analoga a quella di cui al probl. precedente*).

10 Costruire un rettangolo i cui lati stanno come i segmenti dati *m*, *n* e che sia equivalente ad un quadrato dato. (*Costruire il quadrato equivalente al rettangolo di dimensioni* m, n).

11 Data una striscia ed un suo punto interno *P*, determinare una corda *AB* perpendicolare ai lati della striscia e tale che l'angolo *APB* sia retto. (*Si consideri una qualunque corda* A′B′ *perpendicolare ai lati della striscia*; *si costruisca la circonferenza di diametro* A′B′ *e si chiamino* M, N *le sue intersezioni con la parallela per* P *ai lati della striscia*; *traslare* A′B′ *di* NP *o di* MP).
NOTA. - La risoluzione proposta è un esempio del METODO DI TRASLAZIONE.

12 Costruire un parallelogramma, noti un angolo e le diagonali.

13 Data una circonferenza, circoscrivere ad essa un trapezio isoscele con i lati obliqui uguali ad un dato segmento *a*. (*Costruire un triangolo isoscele con i lati uguali ad* a *e l'altezza coincidente con un diametro*).

14 Risolvere il problema precedente nel caso in cui il trapezio non sia isoscele e siano dati i due lati obliqui.

15 Costruire un rettangolo *OABC* di perimetro $2p$ e diagonale *d*. (*Tracciate le semirette* OA, OC, *si considerino i casi* a *e* k *del* n. 4).

16 Descrivere una circonferenza tangente ai lati *a*, *b* di una striscia di altezza $2h$ e tangente ad una circonferenza di raggio *r* con il centro *P* su uno dei lati della striscia. (*Si osservi la figura*). Al variare di *r* in funzione di *h* il problema può ammettere due, o tre, o quattro soluzioni: si chiarisca la cosa.

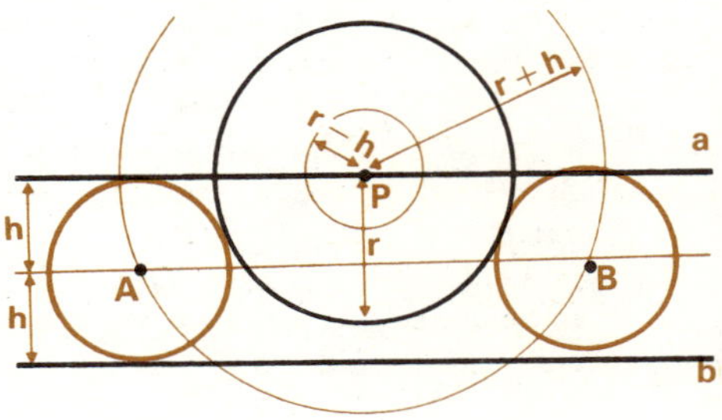

17 Costruire un triangolo *ABC*, noti i lati *AB*, *AC* e la bisettrice *AD*. (*Prolungato* BA *dalla parte di* A *di un segmento* AE = AC, *dalla similitudine dei triangoli* BAD, BEC *segue la costruzione di* EC *come quarto proporzionale dopo* ...; *costruito il triangolo* AEC, *si risale da esso*...).

18 Dividere un segmento in due parti tali che il quadrato costruito sull'una sia triplo del quadrato costruito sull'altra. (*Costruire due quadrati simili ai richiesti*).

19 Costruire un triangolo *ABC* di dato perimetro, sapendo che:

$$AB : BC = m : n \quad \text{ed} \quad AB : AC = p : q,$$

essendo *m*, *n*, *p*, *q* segmenti assegnati. (*Costruire un triangolo soddisfacente alle condizioni richieste, salvo quella relativa al perimetro*).

20 In un triangolo *ABC*, determinare un punto *X* del lato *BA* ed un punto *Y* del lato *BC* in modo che *BX* = *XY* = *YC*. (*Su* BA *si prenda un punto qualsiasi* X′. *Fatto centro in* X′, *con raggio* X′B, *si tracci un arco che interseca la retta* BC *in* Y′. *Si riporti* X′Y′ *su* Y′C *nella posizione* Y′C′. *Da* C *si tracci la parallela alla retta* C′X′: *essa interseca la* AB *in* X; ...).

Parte II

PROBLEMI DI GEOMETRIA SINTETICA DELLO SPAZIO.

1. Problemi su rette e piani nello spazio (XVII Capitolo).

1 Fra gli spigoli di una scatola (rappresentati in nero in figura) determinarne tre che siano a due a due sghembi. È possibile trovare quattro di tali spigoli a due a due sghembi? Cambia la risposta alla precedente domanda se, oltre agli spigoli, consideriamo anche i segmenti tracciati in colore nella figura, ciascuno dei quali è parallelo a due spigoli della faccia su cui giace?

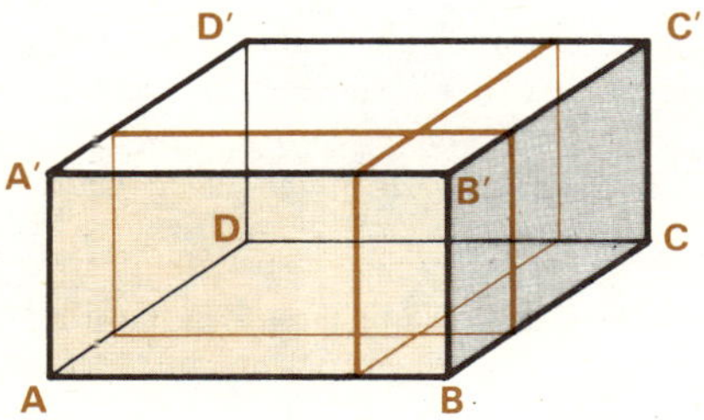

2 La figura rappresenta quattro punti A, B, C, D, vertici di un rettangolo che giace su di un piano α, e due punti M, N situati in semispazi opposti rispetto ad α e non allineati con alcuno dei vertici del rettangolo. Fra le rette indicate in figura se ne individuino tre che siano a due a due sghembe. Sopprimendo il punto N e le rette passanti per esso, esistono coppie di rette sghembe? Esistono terne di rette a due a due sghembe?

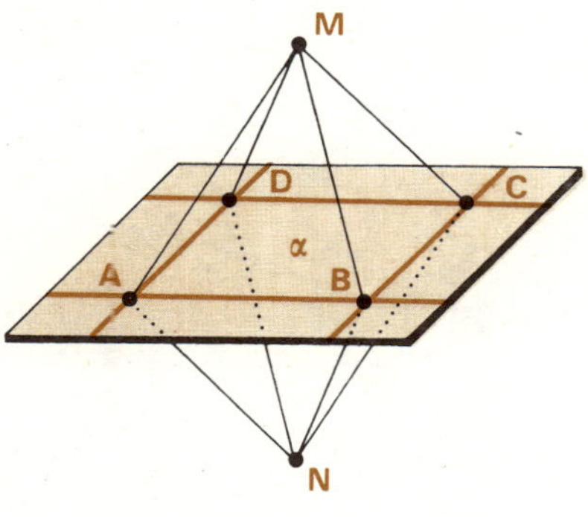

3 Sono dati quattro punti A, B, C, D non complanari: quanti e quali sono i piani che ne contengono tre? Qual è l'intersezione di due di tali piani? E di tre di essi? Quali sono le reciproche posizioni delle rette AB, BC e delle rette AB, CD?

4 Sono dati una retta r ed un punto P non appartenente ad essa; si dimostri che tutte le rette passanti per P ed incidenti ad r giacciono su uno stesso piano. Quali postulati occorre utilizzare?

5 Se due rette r ed s sono complanari, è vero che ogni retta complanare ad r è complanare anche ad s?

6 Dati due piani incidenti α e β, come si possono costruire due rette r ed s, giacenti rispettivamente su α e su β, in modo che risultino: a) incidenti? b) parallele? c) sghembe?

7 Se una retta r giace su un piano α, una retta s non contenuta in α è necessariamente sghemba rispetto ad r? E una retta t, sghemba rispetto ad r, può essere parallela ad α?

8 Dimostrare che se due rette AB e CD sono sghembe, allora lo sono anche le rette AC e BD. (*Se le rette date sono sghembe, allora i punti* A, B, C, D *non sono* ...).

9 Dimostrare che, date tre rette a due a due incidenti ma non passanti tutte per uno stesso punto, esiste un piano che le contiene. (In altre parole, la terza retta giace sul piano individuato dalle prime due). Trovare poi quattro rette a, b, c, d, con a incidente a b, b incidente a c, c incidente a d e d incidente ad a, ma tali che non esiste un piano che le contiene tutte.

10 Due punti A e B, non appartenenti ad un piano α, giacciono in semispazi opposti rispetto ad α; un secondo piano β contiene A e B. È vero che l'intersezione di α e β è una retta r? In virtù di quale postulato e di quale teorema? Come risultano, fra loro, le rette AB ed r?

11 È vero che, se una retta r giace interamente in un semispazio avente per origine un piano α, allora r ed α sono paralleli? E che, viceversa, se una retta r è parallela ad un piano α (ma non giace su di esso), allora r è contenuta in uno dei due semispazi di origine α?

12 Per una retta r parallela ad un piano α (si veda la figura) si conducono due piani che intersecano α rispettivamente secondo le rette a e b. Dimostrare che le rette a e b sono parallele.

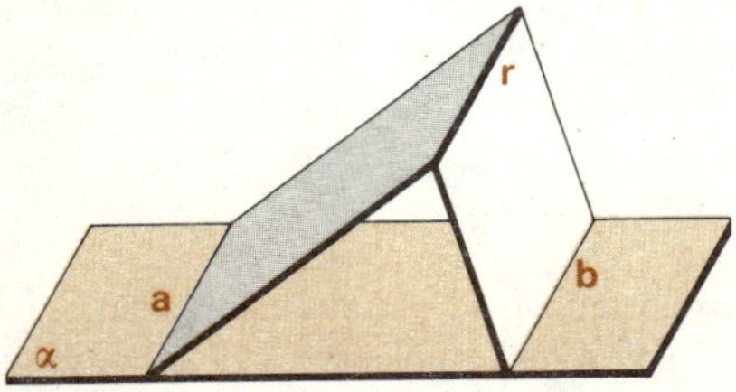

13 Dimostrare che se per due rette parallele r, s si conducono due piani α, β che s'intersecano secondo una retta t, questa retta è parallela alle rette r, s. (*Infatti* r, *essendo parallela ad* s, *è parallela al piano* α, *e, di conseguenza, il piano* α *interseca* β *secondo la retta* t *parallela ad* r; *in modo analogo si dimostra che* t *è parallela ad* s).

14 Date due rette sghembe r, s, condurre per r un piano parallelo ad s. (*Per un punto qualsiasi* P *di* r *si conduca, come mostra la figura, la parallela* p *ad* s).

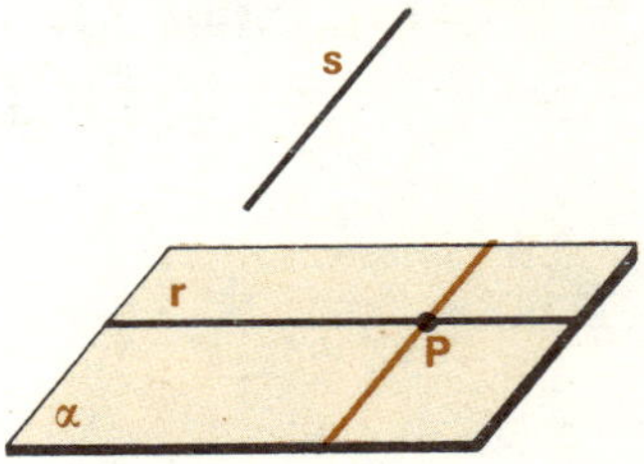

15 Dati un punto P e due rette sghembe r, s, condurre per P un piano parallelo ad r e ad s. (*Per* P *si traccino le parallele* ...).

16 Tre piani α, β, γ s'intersecano a due a due secondo le rette non parallele c, a, b. Dimostrare che tali rette hanno un punto P comune. (*Consideriamo i due piani* α, β *che s'intersecano secondo la retta* c, *e i piani* β, γ *che s'incontrano secondo la retta* a. *Sia* P *il punto d'incidenza delle rette* c, a; *poiché* P *appartiene evidentemente ai piani* α, γ, *appartiene anche a* ...).

17 Tre piani α, β, γ s'intersecano a due a due secondo tre rette c, a, b. Dimostrare che, se due di queste rette sono parallele, anche la terza è a queste parallela. (*Se la terza fosse incidente in un punto* P *con una delle due precedenti, anche l'altra dovrebbe passare per* P, *in virtù di quanto visto nell'esercizio precedente*).

18 Dimostrare che una retta r, parallela a due piani α, β che s'incontrano secondo una retta p, è parallela alla p. (*Sia* P *un punto di* p; *poiché* $P \in \alpha$, *il piano di* r *e di* P *interseca* α *secondo una retta parallela ad* r; *analogamente, poiché* $P \in \beta$, *lo stesso piano di* r *e di* P *interseca* β *secondo una retta parallela ad* r. *Per l'unicità della parallela condotta per* P *alla* r, *si conclude che* ...; *si veda la figura*).

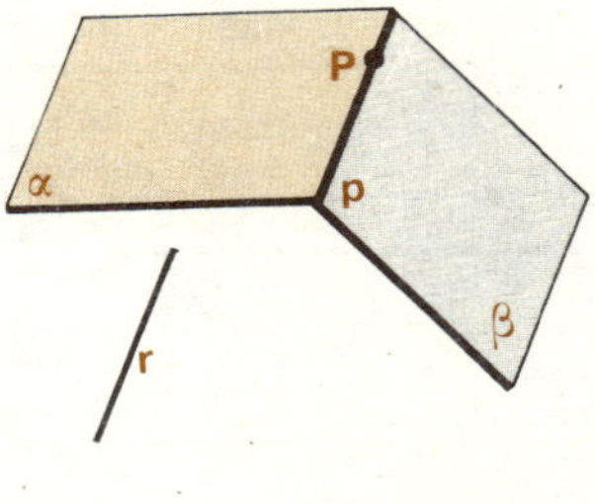

19 Dimostrare che per un punto P passano infiniti piani paralleli ad una retta r assegnata, che si intersecano secondo la retta p passante per P e parallela ad r. (*Si veda il probl. precedente*).

20 Condurre per un punto P una retta che sia complanare a due date rette sghembe r, s. (*Considerare il piano* α *passante per* P *e per* r *ed il piano* β *passante per* P *e per* s).

21 VERO O FALSO? – *Stabilire quali delle affermazioni seguenti sono* **vere** *e quali* **false**, *giustificando le risposte date.*

(a) Se due rette non hanno punti in comune, allora non esiste un piano che le contenga entrambe.

(b) Se non esiste alcun piano che contenga due rette date, allora tali rette non hanno punti in comune.

(c) Condizione necessaria e sufficiente affinché una retta sia parallela ad un piano è che essa sia parallela ad una retta del piano.

(d) Se una retta a è sghemba rispetto ad una retta b e questa è sghemba rispetto ad una retta c, allora anche le rette a e c sono sghembe fra loro.

(e) Se una retta a è incidente ad una retta b e questa è incidente ad una retta c, allora anche le rette a e c sono incidenti fra loro.

[*R.* Sono vere 2 affermazioni]

VEDIAMO NELLO SPAZIO

NOTA PER L'INSEGNANTE – Mentre l'abitudine a disegnare le usuali figure piane ci permette di «vederle» senza particolari problemi, sorgono spesso difficoltà quando si passa allo spazio tridimensionale. Anche se si tratta dell'ambiente in cui si svolge la nostra esperienza concreta, non sempre riusciamo a visualizzarlo, dominandolo in modo chiaro: già l'esistenza delle rette sghembe non è scontata per tutti, ma maggiori incertezze si presentano allorché entrano in gioco parecchi piani, oppure sezioni non elementari di solidi, ecc.

Del resto, anche nella vita quotidiana, mentre non abbiamo problemi a sistemare in modi prestabiliti oggetti piani su di un foglio, possiamo invece, incontrare difficoltà dovendo muovere corpi voluminosi in spazi ristretti, specie se la manovra richiede convenienti inclinazioni e rotazioni (ad esempio nel far passare un tavolo attraverso una porta stretta).

Lo scopo degli esercizi contenuti in questa rubrica è proprio quello di sviluppare l'intuizione tridimensionale e la fantasia spaziale. Si chiede, per lo più, di completare tabelle; le risposte devono essere accompagnate non tanto da dimostrazioni rigorose, quanto da disegni o rappresentazioni che illustrino le varie situazioni possibili.

Si tratta, in definitiva, di acquisire una visione «globale» dello spazio che permetta di estendere alle figure tridimensionali quella familiarità e sicurezza che abbiamo nei riguardi delle figure piane.

• Una retta divide il piano in due parti, così come un piano divide lo spazio in due parti. In generale, tuttavia, non è vero che n rette dividono il piano nello stesso numero di parti in cui n piani dividono lo spazio. Si chiarisca la situazione completando le seguenti tabelle. L'ultimo numero (in basso a destra) di ciascuna tabella è stato scritto in luogo dei consueti puntini perché la sua determinazione presenta notevoli difficoltà.

Rette *o* **piani** *distinti passanti tutti per un medesimo punto* P.		
numero *n* delle rette o dei piani	numero massimo delle parti in cui le *n* rette dividono il piano	numero massimo delle parti in cui gli *n* piani dividono lo spazio
1	2	2
2	...	...
3	...	...
4	...	14

Rette *o* **piani** *distinti a due a due incidenti ma non aventi tutti (se sono più di due) uno stesso punto in comune.*		
numero *n* delle rette o dei piani	numero massimo delle parti in cui le *n* rette dividono il piano	numero massimo delle parti in cui gli *n* piani dividono lo spazio
1	2	2
2	...	...
3	...	...
4	...	15

• Possiamo parlare di punti, rette e circonferenze tanto nel piano quanto nello spazio. Tuttavia, le loro proprietà sono spesso diverse nei due ambienti. Nella seguente tabella sono riportate alcune domande: si scriva a fianco di ciascuna di esse *sì* oppure *no*, esaminando separatamente i casi del piano e dello spazio. Ad esempio, nella prima riga abbiamo scritto due volte *sì* perché si può costruire un triangolo equilatero tanto nel piano quanto nello spazio; invece, nella seconda riga abbiamo scritto un *no* ed un *sì*, perché nel piano l'unico punto equidistante dai tre vertici di un triangolo equilatero *ABC* è il centro *O* di questo, ma i segmenti *OA, OB, OC* non sono uguali ai segmenti *AB, BC, CA*; invece nello spazio ...

Si tenga presente, riguardo all'ultima domanda, che una retta tangente a una circonferenza giace, anche nello spazio, sul piano di questa.

	l'ambiente è il *piano*	l'ambiente è lo *spazio*
Esistono 3 punti a due a due equidistanti?	*sì*	*sì*
Esistono 4 punti a due a due equidistanti?	*no*	*sì*
Due rette senza punti in comune sono parallele?	...	...
Una retta divide l'ambiente in due parti?	...	...
Esistono 3 rette a due a due perpendicolari?	...	...
Una circonferenza divide l'ambiente in due parti?	...	...
Ogni retta passante per il centro di una circonferenza la interseca in 2 punti?	...	...
Una retta ed una circonferenza che hanno un sol punto in comune sono tangenti?	...	...

2. Problemi sulla perpendicolarità ed il parallelismo (XVIII Capitolo).

1 Trovare il luogo geometrico dei punti dello spazio equidistanti dagli estremi di un segmento *AB*. (*Lo stesso luogo, nel piano, è l'asse del segmento* AB. *Nello spazio, è l'unione di tali assi, cioè il piano* ...).

2 Trovare un punto di una data retta *r* equidistante da due dati punti *A* e *B*. (*Vedere esercizio precedente. Quando non esiste un tale punto*?).

3 Dimostrare che una retta *r* ed un piano α, perpendicolari ad una stessa retta *s*, sono paralleli. (*Condurre il piano delle due rette* r, s, *che incontra* α *secondo una retta* t. *Le due rette* r, t, *giacenti in uno stesso piano, come risultano rispetto ad* s? *E fra loro*?).

4 Sono dati due piani incidenti α e β, una retta *r* di α parallela a β ed una retta *s* di β parallela ad α. Dimostrare che *r* ed *s* sono parallele. (*Si usino il teorema* n. 23 *del cap.* XVII *e il corollario* n. 11 *del cap.* XVIII).

5 Dimostrare che, dati un piano α ed una retta *r* incidenti in un punto *H*, esiste almeno una retta di α perpendicolare in *H* alla *r*. (*Si considerino il piano perpendicolare in* H *alla ... e l'intersezione fra questo piano ed il* ...).

6 Dimostrare che, se per il centro della circonferenza circoscritta ad un poligono si conduce la perpendicolare *r* al piano di questo, ogni punto della *r* è equidistante dai vertici del poligono. (*Triangoli rettangoli uguali*).

7 Dimostrare che, se per il centro della circonferenza inscritta in un poligono si conduce la perpendicolare *r* al piano di questo, ogni punto di *r* è equidistante dai lati del poligono. (*Teorema delle tre perpendicolari; triangoli rettangoli uguali*).

8 Determinare il luogo geometrico dei punti dello spazio equidistanti da tre punti *A, B, C* non allineati. (*Vedere probl.* n. 1: *il luogo richiesto è la retta* r *perpendicolare al piano* ...).

9 Dimostrare che esiste un solo punto equidistante da quattro punti *A, B, C, D* non appartenenti ad uno stesso piano. (*Si veda il probl. precedente. Determinata la retta* r, *luogo dei punti equidistanti da* A, B, C, *si consideri il piano perpendicolare ad* AD *condotto per il punto medio di questo segmento*).

10 Dimostrare che se due piani α e β sono rispettivamente paralleli a due piani incidenti, allora α e β sono incidenti fra loro. (*Si ragioni per assurdo; si veda la figura*).

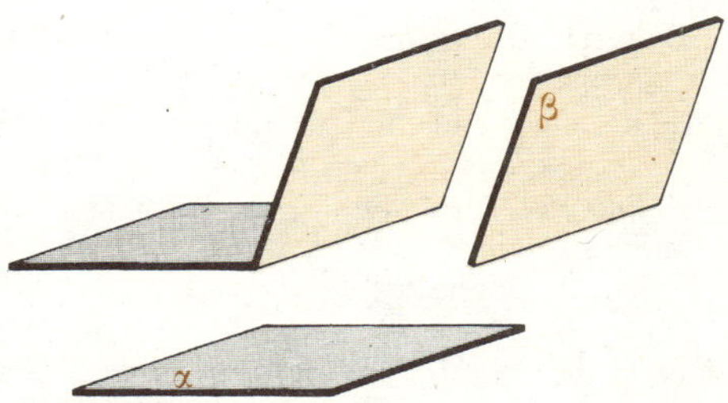

11 Dimostrare che, se due rette *r, s* s'incontrano, due piani α, β, perpendicolari rispettivamente a queste, sono incidenti. (*Si ragioni per assurdo*).

12 Ripetere la dimostrazione precedente a partire da due rette *r, s* sghembe.

13 Dimostrare che, se di due rette parallele *r, s* una è parallela ad un piano α, anche l'altra è parallela ad α. (*Il piano* β *delle due rette parallele* r, s *è parallelo ad* α, *oppure interseca* α *secondo una retta* t *che, risultando parallela ad una delle rette* r, s, *è anche parallela all'altra*).

14 Dimostrare che, se due piani α, β sono paralleli, ogni retta *r* dell'uno è parallela all'altro. (*Sia* r *una retta del piano* α; *se* r *incidesse* β *in un punto* P, *questo punto apparterrebbe ai piani* α, β).

15 Trovare il luogo geometrico dei punti equidistanti da due distinte rette complanari *r, s*. (*Distinguere i casi di* r, s *parallele e di* r, s *incidenti*).

16 La figura (alla pagina seguente) mostra come, date due rette sghembe *a, b*, si possano costruire due piani paralleli α, β, il primo passante per *a* ed il secondo per *b*.

Se le rette fossero tre, a due a due sghembe, sarebbe possibile la costruzione di tre piani paralleli passanti per esse?

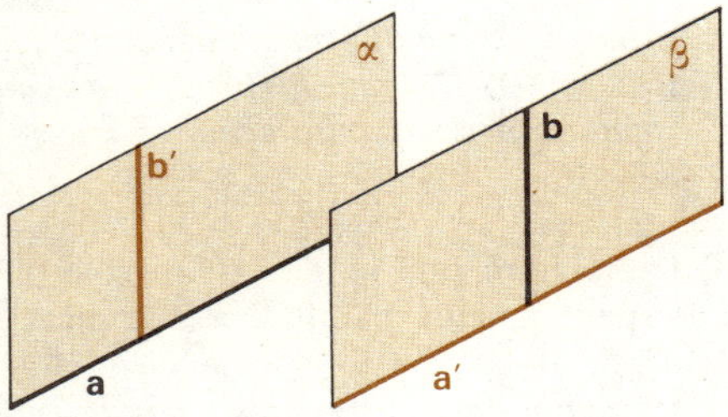

17 Date tre rette a, b, c, a due a due sghembe, costruire la retta r parallela alla a e incidente a ciascuna delle altre due. (*Si considerino i due piani paralleli alla* a *e passanti uno per* b *ed uno ...; si veda la prima parte del probl. precedente*). La costruzione è sempre possibile?

18 Sono dati una retta r ed un punto P esterno ad essa. Detto α un piano passante per r, sia H il piede della perpendicolare condotta da P ad α. Dimostrare che il luogo dei punti H, al variare di α, è una circonferenza, della quale si chiede di indicare un diametro. (*Si osservi la figura*).

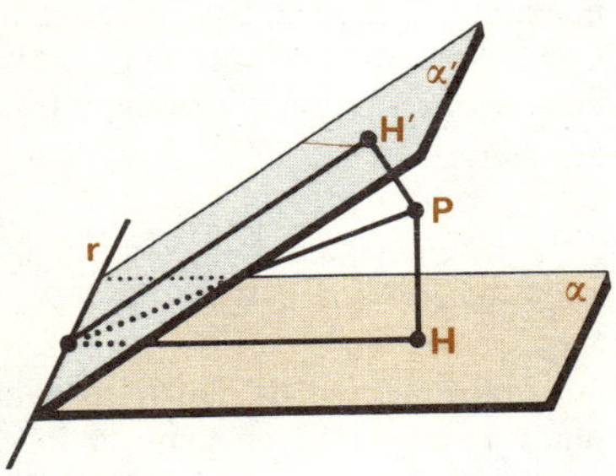

19 Vero o falso? – *Stabilire quali delle seguenti affermazioni sono* **vere** *e quali* **false**, *giustificando le risposte date.*

(a) Se due piani α e β sono paralleli, una retta è parallela, incidente, perpendicolare ad α se e solo se è rispettivamente parallela, incidente, perpendicolare a β.

(b) Se intersecando due piani α e β con un terzo piano si ottengono due rette parallele, allora i due piani α e β sono paralleli.

(c) Se tre rette a due a due perpendicolari passano per un medesimo punto, il piano di due di esse è perpendicolare alla terza.

(d) Se tre rette a, b, c passano per uno stesso punto ed a è perpendicolare al piano individuato da b e c, allora anche b è perpendicolare al piano individuato da a e c.

(e) Se per due rette a, b, perpendicolari ad un piano π, si conducono rispettivamente i piani α, β che si intersecano secondo una retta c, allora anche la c è perpendicolare a π.

[*R.* Sono vere 3 affermazioni]

VEDIAMO NELLO SPAZIO

• Completare la seguente tabella, scrivendo negli spazi liberi a destra: «nessuna», o «una ed una sola», ovvero «infinite» a seconda della situazione.

Quante sono le rette passanti per un assegnato punto P e	
parallele ad una retta r?	....
parallele ad un piano α?	....
perpendicolari ad r?	....
perpendicolari ad α?	....
Attenzione! Per una delle risposte occorre distinguere fra $P \in r$ e $P \notin r$.	

• Nella tabella che segue le lettere r, s, t indicano *rette*, mentre α e β indicano *piani*. Dopo aver enunciato certe ipotesi, vengono poste domande del tipo «come sono r ed s?», «come sono r ed α?» che presuppongono una delle tre risposte: «parallele/i», «perpendicolari», «non si sa» (indicando, quest'ultima risposta, che non si può trarre alcuna conclusione circa il parallelismo o la perpendicolarità dei due enti geometrici in esame).

Ipotesi e domanda	Risposta
r è perpend. ad α; α è perpend. ad s; come sono r ed s?	....
r è perpend. ad α; α è parall. ad s; r ed s sono incidenti; come sono r ed s?	....
r è perpend. ad s; s giace su α; come sono r ed α?	....
r è parall. ad s; s giace su α; come sono r ed α?	....
α è parall. ad r; r è parall. a β; come sono α e β?	....
r è parall. ad α; α è parall. ad s; come sono r ed s?	....

3. Problemi sui diedri e sui piani perpendicolari (XIX Capitolo).

1 Per un punto P interno ad un diedro acuto si conducono le perpendicolari alle facce del diedro. Dimostrare che gli angoli acuti formati dalle due perpendicolari sono uguali alla sezione normale del diedro. (*Intersecare il diedro col piano passante per le due perpendicolari. Si ricade in un teorema analogo della geometria del piano*).

2 Dimostrare che, se una retta r è perpendicolare ad un piano α, qualunque piano β parallelo alla r è perpendicolare ad α. (*Condurre per* r, *come mostra la figura, un piano che intersechi* β *secondo una retta* s; *poiché la* r *è parallela a* β, *la* r *è anche parallela alla* s *e questa risulta, allora, perpendicolare ad* α; *quindi* ...).

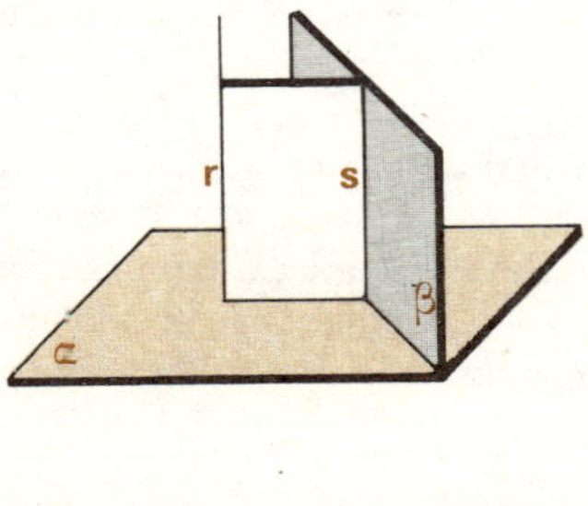

3 Dimostrare che i piani passanti per un punto P e perpendicolari ad un piano α sono tutti e soli i piani che contengono la retta per P perpendicolare ad α. (*Si tengano presenti i teoremi ai* nn. 10 *e* 11 *della parte teorica*).

4 Due piani α e β si intersecano individuando quattro angoli diedri. Dimostrare che i *semipiani bisettori* di quei diedri (cioè i semipiani che dividono ciascun diedro in due diedri uguali) sono, a due a due, opposti o perpendicolari. (*Condurre per un punto della retta intersezione di* α *e* β *un piano ad essa perpendicolare, ed operare sulle sezioni normali dei vari diedri*).

5 Sono dati due piani perpendicolari α, β e due rette incidenti r, s perpendicolari rispettivamente ai piani α, β. Dimostrare che le rette r, s sono perpendicolari. (*Si consideri il piano individuato da tali rette*).

6 Sono dati due piani incidenti α, β ed un punto P. Dimostrare che esiste uno e un sol piano per *P* perpendicolare ad α e a β. (*Detta* r *la retta di intersezione di* α *e* β, *condurre per* P *il piano perpendicolare* ...).

7 Se due rette *a*, *b* sono perpendicolari a un piano γ, due piani α, β, passanti il primo per *a* e l'altro per *b*, se non sono paralleli, si tagliano secondo una retta *s*, che è perpendicolare a γ. (*Si osservi la figura*).

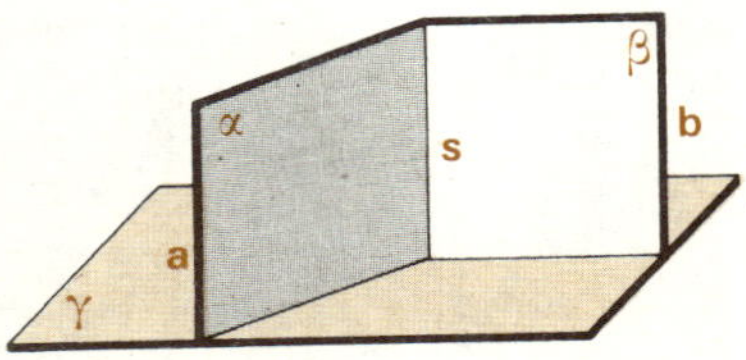

8 Per due rette parallele *a*, *b*, non perpendicolari ad un piano γ, si conducono due piani α, β perpendicolari a γ. Dimostrare che i due piani α e β sono paralleli. (*Infatti, se* α *e* β *si incontrassero secondo una retta* r, *questa risulterebbe parallela ad* a *e* a b, *e quindi anch'essa non sarebbe perpendicolare a* γ. *Pertanto, per una retta non perpendicolare a un piano passerebbero due piani* ...).

9 Dimostrare che i piani α, β, γ perpendicolari ai lati di un triangolo *ABC* nei loro punti medi *M*, *N*, *P*, passano per una retta perpendicolare al piano δ del triangolo. (*Il piano* δ, *passando per la retta* AB, *perpendicolare al piano* γ, *è perpendicolare a* γ *stesso; in modo analogo si dimostra che anche* α *e* β *sono perpendicolari a* δ; *così pure è perpendicolare a* δ *la retta* r *intersezione di* α *e* β. *Poiché i piani* α, β, γ *sono i luoghi geometrici dei punti equidistanti dagli estremi dei lati del triangolo* ABC, *si conclude che anche* γ *passa per* r).

10 Dimostrare che la proiezione di un segmento su di un piano è uguale o minore del segmento, a seconda che questo sia parallelo o no al piano.

11 Qual è il luogo dei punti equidistanti da due piani paralleli α e β? (*Si conduca una retta* r *perpendicolare ad* α *e quindi anche a* β; *il piano passante per il punto medio di ... e parallelo a ... è il luogo richiesto*).

12 Dato un segmento *AB* e condotto un qualunque piano α per il suo punto medio, dimostrare che i punti *A* e *B* sono equidistanti da α. (*Condurre per* AB *il piano* β *perpendicolare ad* α).

13 Costruire il piano passante per una data retta *r* ed equidistante da due punti *A* e *B*. (*Condurre il piano per* r *e per il punto medio di* AB; *si veda il probl. precedente*).

14 Determinare il luogo degli estremi dei segmenti condotti da un punto *P* ad un piano α e che formano un dato angolo con questo. (*È una circonferenza che ha per centro la proiezione di* P *su* α).

15 Dimostrare che due piani paralleli formano angoli uguali con una retta incidente ad entrambi. (*I due angoli hanno i lati paralleli*).

16 Si proietti un punto *P* dello spazio su due piani α, β, secanti secondo una retta *r*, in due punti *A*, *B*, rispettivamente. Dimostrare che, se da *A* e da *B* conduciamo le perpendicolari ad *r*, queste s'incontrano in uno stesso punto *C* di *r*. (*Si osservi la figura: il piano* γ *delle due rette* PA, PB *è perpendicolare ad* α *e a* β *e quindi ad* r. *Detto* C *il punto comune ad* r *e a* γ, *ne segue che* AC *e* BC *sono perpendicolari ad* r; ...).

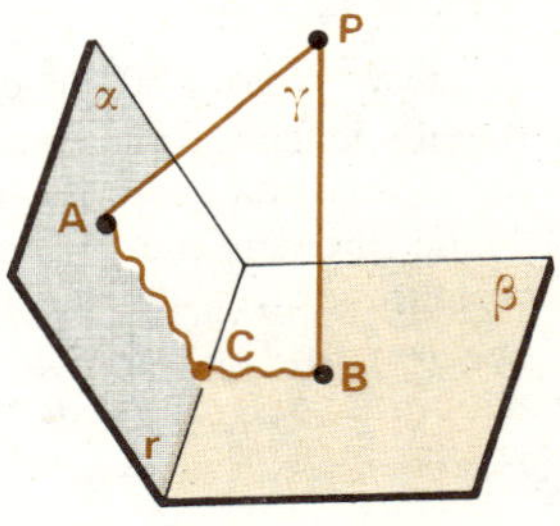

17 Dimostrare che le proiezioni *r*, *s* di due rette parallele *a*, *b* su di uno stesso piano γ sono parallele. (*Si tenga presente il probl.* n. 8).

18 Una retta *r* è perpendicolare ad un piano α in un punto *P*; una seconda retta *s* giace su α, ma non passa per *P*. Dimostrare che le rette sghembe *r* ed *s* sono ortogonali. (*Basta tracciare la parallela ad* s *per* ...).

19 Sono date una circonferenza di centro *O*, giacente su un piano α, e la retta *r* perpendicolare in *O* ad α. Dimostrare che le distanze di *r* dalle tangenti alla circonferenza sono uguali; così come sono uguali le distanze da tali tangenti di un punto qualunque P di r.

20 VERO O FALSO? – *Stabilire quali delle seguenti affermazioni sono* **vere** *e quali* **false**, *giustificando le risposte date.*

(a) La proiezione di una retta su un piano si riduce ad un punto se e solo se la retta è perpendicolare al piano.

(b) Due rette parallele formano angoli uguali con un piano incidente ad entrambe.

(c) Due rette che formino angoli uguali con uno stesso piano sono parallele.

(d) Dati due piani perpendicolari α e β, si possono trovare altri due piani, il primo perpendicolare sia ad α sia a β, e il secondo perpendicolare ad α e parallelo a β.

(e) Nello spazio si possono trovare quattro piani a due a due perpendicolari.

[*R.* Sono vere 3 affermazioni]

VEDIAMO NELLO SPAZIO

• Completare la tabella seguente, scrivendo negli spazi liberi a destra: «nessuno», o «uno ed uno solo», ovvero «infiniti» a seconda della situazione.

Quanti sono i piani passanti per un assegnato punto P e	
paralleli ad una data retta r?	....
perpendicolari ad r?	....
paralleli ad un dato piano α?	....
perpendicolari ad α?	....

• Nella tabella che segue le lettere r, s indicano *rette*, mentre α, β, γ indicano *piani*. Dopo aver enunciato certe ipotesi, vengono poste domande del tipo «come sono α e γ?» che presuppongono una delle tre risposte: «paralleli», «perpendicolari», «non si sa» (indicando, quest'ultima risposta, che non si può trarre alcuna conclusione circa il parallelismo o la perpendicolarità dei due enti geometrici in esame).

Ipotesi e domanda	Risposta
α è parall. a β; β è perpend. a γ; come sono α e γ?	....
α è perpend. a β; β è perpend. a γ; come sono α e γ?	....
r è perpend. ad α; α è perpend. a β; come sono r e β?	....
α è parall. ad r; r è perpend. a β; come sono α e β?	....
r è parall. ad α; α è perpend. a β; come sono r e β?	....

4. Problemi sugli angoloidi (XX Capitolo).

1 Dimostrare che se le sezioni di un angoloide con due piani paralleli sono due poligoni, allora tali poligoni sono simili. (*Gli angoli sono uguali perché ...; i lati sono proporzionali perché ...*).

2 Condurre per un punto P un piano che intersechi gli spigoli di un triedro dato in punti equidistanti dal vertice V. (*Si prendano sugli spigoli tre punti a piacere equidistanti da* V, *e poi si conduca il piano per* P *...*).

3 In ogni triedro i piani bisettori dei suoi tre diedri si intersecano secondo una retta r. (*Si osservi che i punti del piano bisettore di ogni diedro sono equidistanti dalle facce di questo. Si consideri, prima, la retta* r *intersezione di due piani bisettori*).

4 Trovare il luogo dei punti equidistanti dalle tre facce di un triedro. (*Si veda il probl. precedente*).

5 Dimostrare che con tre angoli dati si può costruire un triedro se e solo se la somma dei tre angoli è minore di un angolo giro e il maggiore di quei tre angoli è minore della somma degli altri due.

6 Dimostrare che in un *triedro isoscele* (cioè con due facce uguali) due dei diedri formati dalle sue facce sono uguali. (*Si osservi la figura nella quale*: $\widehat{ac} = \widehat{bc}$ *per ipotesi*; m *è la bisettrice dell'angolo* $\widehat{ab}$; VA = VB *per costruzione. Condotte nel piano* ab *la perpendicolare* a′ *per* A *ad* a *e la perpendicolare* b′ per B *a* b, *queste si incontrano in un punto* M *di* m *perché .... Siano poi* a″ *la perpendicolare per* A *ad* a *nel piano* ac *e* b″ *la perpendicolare per* B *a* b *nel piano* bc; *per l'uguaglianza dei triangoli rettangoli ...,* a″ *e* b″ *intersecano* c *in uno stesso punto* C. *I triangoli ... sono uguali; ne segue che* $\widehat{a'a''} = \widehat{b'b''}$).

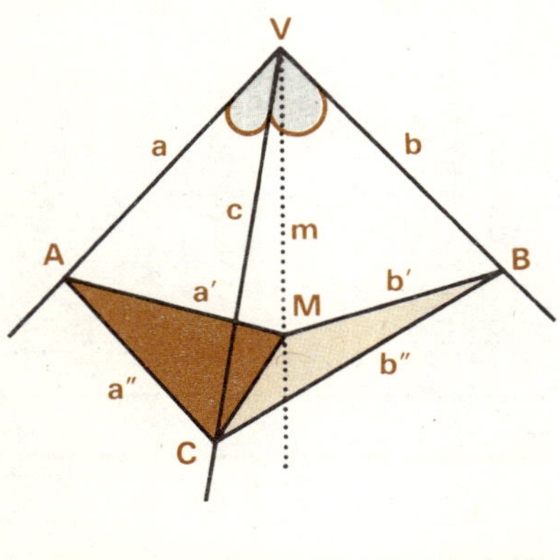

7 Dimostrare l'inverso del teorema precedente, cioè che un triedro è isoscele se due dei diedri formati dalle sue facce sono uguali. (*Con riferimento alla figura precedente, per un punto* C *di* c *si conducano i piani perpendicolari rispettivamente ad* a *e a* b. *La loro intersezione* CM *è perpendicolare alla faccia* ab; *pertanto i triangoli* AMC *e* BMC *sono rettangoli in* M. *Dall'uguaglianza di tali triangoli segue ...*).

8 Dedurre dai due teoremi precedenti che in un *triedro equilatero* (cioè con le tre facce uguali) i tre diedri formati dalle sue facce sono uguali; e viceversa.

9 Dimostrare che se un *triedro trirettangolo VABC* (cioè con gli spigoli *VA, VB, VC* a due a due perpendicolari) è intersecato da un piano α secondo un triangolo **T** = *ABC*, allora l'ortocentro di **T** coincide con la proiezione *H* del vertice *V* sul piano α. (*Da* V *si conduca la perpendicolare alla retta* AB, *che la interseca nel punto* K. *Essendo* CV *perpendicolare al piano* VAB, *per il teorema delle tre perpendicolari* AB *è perpendicolare al piano* CVH = β. *Dalla perpendicolarità tra* AB *e* β *segue la perpendicolarità tra* α *– che passa per* AB *– e* β; *per cui ...* VH *giace su* β. *Ne discende che* H *appartiene alla retta* CK, *cioè alla perpendicolare condotta da* C *alla* AB. *Analogamente si dimostra che* H *appartiene alla perpendicolare per* A *alla ...*).

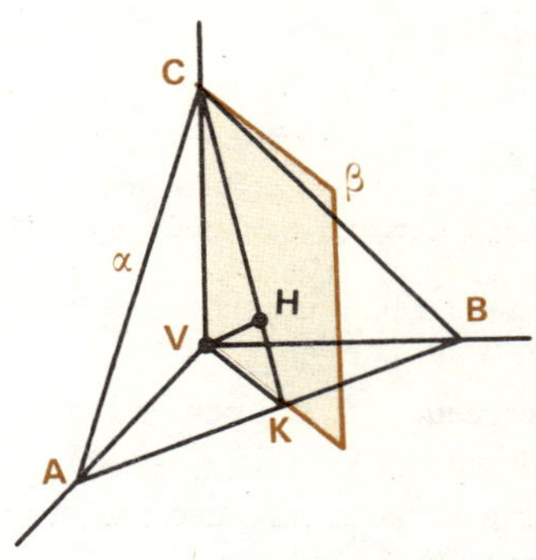

10 VERO O FALSO? – *Stabilire quali delle seguenti affermazioni sono* **vere** *e quali* **false**, *giustificando le risposte date.*

(a) Tutti i triedri equilateri (cioè con le tre facce uguali) sono uguali.

(b) Dell'angoloide *VABCD* si sa che *ABCD*

è un quadrato e che lo spigolo VA è perpendicolare ad esso. Segue da ciò che due facce dell'angoloide sono uguali e così pure le altre due.

(c) La precedente affermazione non è vera se $ABCD$ è un rettangolo.

(d) 4 punti non complanari individuano 4 triedri; 3 rette non complanari, incidenti in V, ne individuano 8.

[*R.* È falsa solo una affermazione]

VEDIAMO NELLO SPAZIO

• Si intersechi un *triedro trirettangolo* (cioè avente per facce tre angoli retti) con un piano α non passante per il vertice. Descrivere una posizione di α in modo che la sezione sia la figura di volta in volta indicata (attenzione: due casi sono impossibili):

un triangolo equilatero;
un triangolo isoscele non equilatero;
un triangolo rettangolo;
metà di una striscia;
un angolo retto;
un angolo acuto;
un angolo ottuso.

• Dato un triedro avente per spigoli le semirette a, b, c, si indichino con α, β, γ le ampiezze dei suoi diedri rispettivamente di spigoli a, b, c. In ciascuno dei seguenti casi si dica se esiste un triedro che soddisfa alle condizioni enunciate:

$\widehat{ab} = 90°$,	$\widehat{bc} = 90°$,	$\widehat{ca} = 90°$,
$\widehat{ab} = 90°$,	$\widehat{bc} = 30°$,	$\widehat{ca} = 30°$,
$\widehat{ab} = 90°$,	$\widehat{bc} = 140°$,	$\widehat{ca} = 140°$,
$\widehat{ab} = 30°$,	$\widehat{bc} = 30°$,	$\widehat{ca} = 30°$,
$\alpha = 90°$,	$\beta = 90°$,	$\gamma = 90°$,
$\alpha = 30°$,	$\beta = 30°$,	$\gamma = 30°$,
$\alpha = 120°$,	$\beta = 120°$,	$\gamma = 120°$.

5. Problemi sulle simmetrie nello spazio (XX Capitolo).

1 Sono dati due punti distinti P e Q. Trovare un punto O, una retta r e un piano π tali che P e Q siano simmetrici rispetto ad O, rispetto ad r e rispetto a π. Una sola delle tre simmetrie può essere realizzata in più modi: quale?

2 Sono dati una retta r ed un suo punto O. Detto α il piano per O perpendicolare ad r, si dimostri che, per ogni punto P di α, il simmetrico di P rispetto ad O coincide con il simmetrico di P rispetto ad r. Ci sono altri punti dello spazio che godono della stessa proprietà?

3 Sono dati un piano π ed una retta r giacente su π. Trovare il luogo geometrico dei punti P dello spazio tali che il simmetrico di P rispetto a π coincida con il simmetrico di P rispetto ad r. Trovare, poi, il luogo nel caso in cui si considerino un piano π ed un suo punto O.

4 Siano r ed r' due rette simmetriche rispetto

ad un piano π. Supponendo che r sia incidente a π, dimostrare che r ed r' formano con π angoli uguali. Dimostrare, inoltre, che se da un punto H appartenente ad r (ma non a π) si manda la perpendicolare t a π, le rette r, r' e t individuano un triangolo isoscele.

5 Sappiamo che le due mani di una persona si possono disporre in modo da risultare simmetriche rispetto ad un piano. Si possono disporre in modo da essere simmetriche rispetto ad una retta? E a un punto? (Una sola delle due risposte è positiva).

6 Siano α e β due piani paralleli. Si dimostri che è possibile trovare (e in infiniti modi) una terna di punti A, B, C che, presi a due a due, siano simmetrici rispetto: o ad α, o a β, o al punto restante.

7 Siano r, s due rette parallele e sia d la loro distanza. Scelto comunque un punto P, siano P' e P'' i simmetrici di P rispetto ad r e ad s. Esprimere in funzione di d la distanza $P'P''$. Stabilire, poi, sotto quale condizione i punti P, P', P'' sono allineati. (*Si operi sul piano per* P *perpendicolare ...*).

8 Dati un piano α, un suo punto A ed un punto P esterno ad α, siano P' il simmetrico di P rispetto ad α e P'' il simmetrico di P' rispetto ad A. Dimostrare che, se P'' non coincide con P, la retta PP'' è parallela ad α.

9 La figura mostra tre punti A, B, C non allineati ed un punto P non appartenente al piano ABC. Si dimostri che i simmetrici P_A, P_B, P_C di P rispetto ai punti A, B, C sono vertici di un triangolo simile al triangolo ABC. Qual è il rapporto dei due triangoli? [*R.* 4]

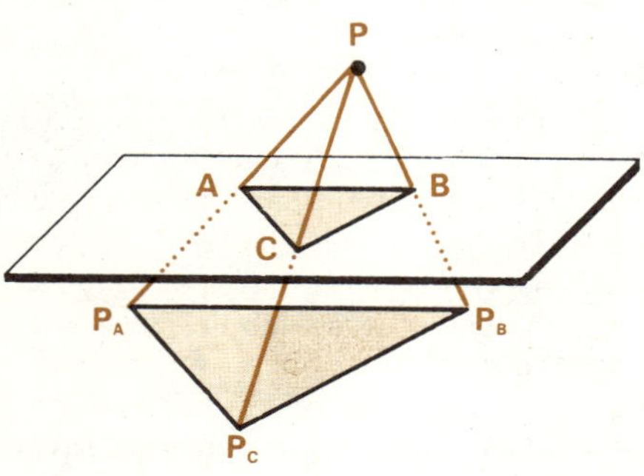

10 Due punti A, A' sono simmetrici rispetto ad un piano α. Presa su α una retta a, trovare una retta r, incidente alla a, rispetto alla quale siano simmetrici tanto A ed A' quanto le due semirette in cui r divide a. (*Dalla proiezione di* A *su* α *si mandi la perpendicolare ...*).

11 «Dati due piani α e β e due rette parallele a giacente su α e b giacente su β, esiste sempre una retta r rispetto alla quale sono simmetriche tanto a e b quanto α e β». Dimostrare che la precedente affermazione è vera se α e β sono paralleli, è falsa se α e β sono incidenti.

12 Sono dati due piani paralleli α, β ed una retta r incidente ad essi. Si dimostri che le rette r_α, r_β, simmetriche di r rispetto ad α e a β, sono parallele. (*Le due rette giacciono sul piano per* r *perpendicolare ...; e formano con* r *angoli ...*).

13 La figura mostra una retta r, due punti A, B (non appartenenti ad r e con proiezioni H, K su r non coincidenti) e i punti A', B' simmetrici di A e di B rispetto ad r. Osservato che $A'B = AB'$ (*si tenga presente il teor.* n. 9, 1° *della teoria*), se ne deduca che $\widehat{ABA'} = \widehat{AB'A'}$, come pure $\widehat{BA'B'} = \widehat{BAB'}$. Si studi, poi, il caso particolare in cui $AA' = BB'$ mostrando che i quattro triangoli in figura sono allora uguali.

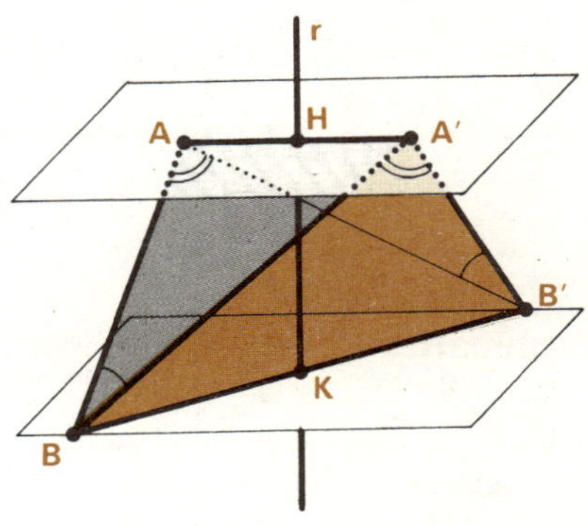

14 VERO O FALSO? – *Stabilire quali delle seguenti affermazioni sono* **vere** *e quali* **false**, *giustificando le risposte date.*

(a) Detti P' e P'' i simmetrici di un punto qualunque P rispetto a due piani paralleli α e β, i tre punti P, P', P'' sono allineati.

(b) Esiste sempre una retta r rispetto alla

quale due piani paralleli α e β sono simmetrici.

(c) Due rette simmetriche rispetto ad una terza retta sono incidenti o parallele fra loro.

(d) Due figure simmetriche rispetto ad un piano sono uguali, ma mai «direttamente uguali».

[*R.* 2 affermazioni sono vere]

6. Problemi sui poliedri (XXI Capitolo).

1 Data una piramide triangolare $VABC$, dimostrare che se si congiungono opportunamente i punti medi di quattro spigoli si ottiene un parallelogramma. (*Si ricordi che, in un triangolo, il segmento che unisce i punti medi di due lati è parallelo al terzo. Si uniscano i punti medi di* VA, VB, AC *e* ...).

2 Dimostrare che i tre segmenti che congiungono i punti medi di ciascuna delle tre coppie di lati opposti di una piramide triangolare concorrono in un punto che li dimezza. Tale punto è detto *baricentro* del tetraedro. (*Per lati opposti s'intendono due lati che non hanno vertici comuni. Si veda il probl. precedente e si ricordi che in un parallelogramma le diagonali si tagliano* ...).

3 Verificare che i punti medi degli spigoli di un tetraedro regolare sono i vertici di un ottaedro regolare. (*Si veda il probl.* n. 1).

4 Mostrare come, scegliendo in modo opportuno una diagonale per ogni faccia di un cubo, si ottengono gli spigoli di un tetraedro regolare.

5 Dimostrare che un cubo si può scomporre in tre piramidi uguali. (*Una delle tre piramidi è disegnata in figura; si individuino le altre due e si descrivano tutte e tre in modo preciso: come sono situate le loro basi rispetto al vertice* **V**? *le facce laterali sono triangoli di quali tipi? ecc.*).

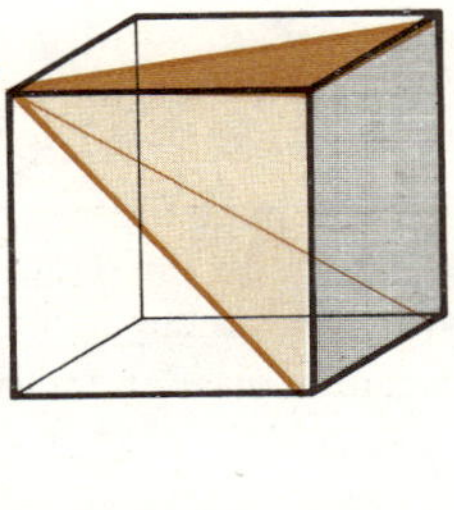

6 Dato un poliedro **P**, consideriamo un suo vertice A e indichiamo con S_A la somma degli angoli di **P** che hanno il vertice in A (cioè la somma degli angoli che limitano l'angoloide di vertice A). Chiamiamo *difetto* relativo al vertice A la differenza fra un angolo giro ed S_A (tale differenza è positiva perché, come sappiamo, la somma delle facce di un angoloide è minore di un angolo giro). Un teorema, che alcuni attribuiscono a Cartesio, afferma che, qualunque sia **P**, la somma dei *difetti* relativi a tutti i suoi vertici è uguale a 720°. Ad esempio, in un cubo il *difetto* è, in ogni vertice, uguale a $360° - 3 \cdot 90° = 90°$; tenendo presente che i vertici sono 8, si ottiene $8 \cdot 90° = 720°$. Verificare il teorema nel caso degli altri poliedri regolari.

7 Dimostrare il teorema enunciato nel problema precedente nel caso in cui **P** sia un tetraedro qualunque. (*Si indichino con* α, β, γ *gli angoli di una faccia, con* α', β', γ' *gli angoli di un'altra faccia, ecc.; si scriva la formula relativa alla somma dei* difetti: *tale formula risulta piuttosto lunga, ma si semplifica ricordando che* $\alpha+\beta+\gamma = ...$; *ecc.*).

8 È vero che se si taglia un parallelepipedo con un piano che incontra i quattro spigoli laterali, allora la sezione è un parallelogramma? (*Lati opposti paralleli*).

9 Dimostrare che la perpendicolare AD condotta dal vertice A di un cubo ad una diagonale BC divide questa diagonale in parti una doppia dell'altra. (*Il triangolo* ABC, *i cui lati stanno come* $1 : \sqrt{2} : \sqrt{3}$, *è rettangolo in* A; 1° *teor. di Euclide*).

10 Dimostrare che, in un tetraedro regolare, la perpendicolare condotta da un vertice alla faccia opposta passa per il baricentro di questa. (*Poiché il vertice è equidistante dai vertici della faccia opposta, anche la sua proiezione su tale faccia è ... dai vertici*).

11 Dato un poliedro regolare **P**, consideriamo i centri delle sue facce, congiungiamo due di tali centri se e solo se le due facce corrispondenti hanno un lato in comune. Si può dimostrare che, nel modo descritto, si ottengono i vertici e gli spigoli di un altro poliedro regolare **P**′, che viene detto **duale** di **P**. Quali sono i poliedri duali di un tetraedro regolare, di un cubo e di un ottaedro regolare?

12 Relativamente alla costruzione vista nel precedente problema, verificare che, se v, s, f sono rispettivamente i numeri dei vertici, degli spigoli e delle facce di **P**, allora **P**′ ha v facce, s spigoli ed f vertici. Si cerchi di giustificare, almeno in parte, la circostanza descritta.

13 La figura mostra una poligonale chiusa di sei vertici ottenuta congiungendo i punti medi di sei spigoli di un cubo. È possibile dimostrare che i sei vertici sono complanari. Ciò premesso, si chiede di provare che la citata poligonale è il contorno di un esagono regolare.

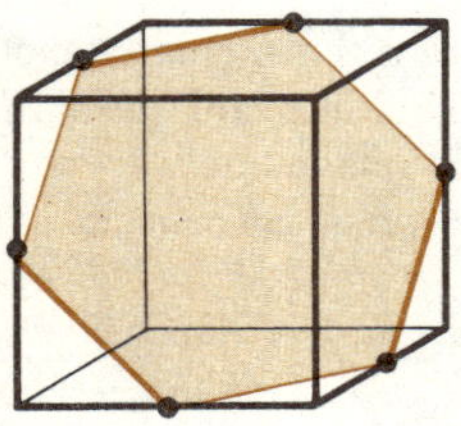

14 Il poliedro in figura, costituito dall'unione di due tetraedri regolari con una faccia in comune, è convesso, ha per facce poligoni regolari tutti uguali fra loro e, tuttavia, non è regolare. Perché?

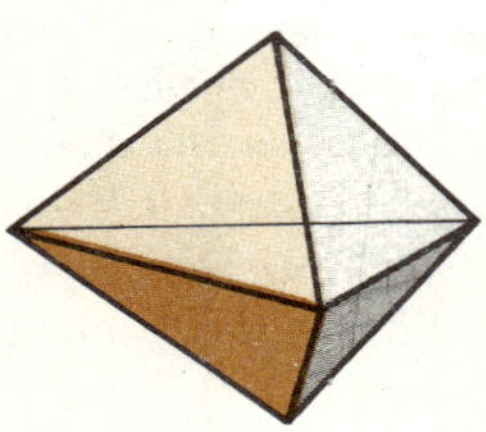

15 Tenendo presente il teorema n. 22 della parte teorica, mostrare che una piramide retta avente per base un rombo ammette un asse e due piani di simmetria.

16 Tenendo presente il teorema n. 24 della parte teorica, mostrare che un parallelepipedo retto ammette (almeno) un centro, un asse e un piano di simmetria.

17 Costruire due piramidi che ammettano rispettivamente uno ed un solo piano e tre piani di simmetria. (*Si possono considerare, come basi, due particolari triangoli*).

18 Al n. 26 della parte teorica abbiamo visto che un cubo ammette un centro, 9 assi e 9 piani di simmetria. Quante di queste simmetrie si ritrovano in un parallelepipedo rettangolo **P** con le dimensioni diverse a due a due?

[*R.* **P** ammette un centro, 3 assi e ...]

19 Dimostrare che se una retta r è asse di simmetria per un poliedro **P**, allora ogni piano che contiene r divide **P** in due poliedri uguali. (*Basta osservare che tali poliedri sono ... rispetto ad* r). Come si può formulare un enunciato analogo nel caso in cui **P** sia simmetrico rispetto a un punto O o ad un piano α?

20 Si dimostra che un ottaedro regolare ammette un centro, 9 assi e 9 piani di simmetria. Si stabilisca di quali elementi si tratta. (*Alcuni dei piani e delle rette di simmetria si possono dedurre dalla figura*).

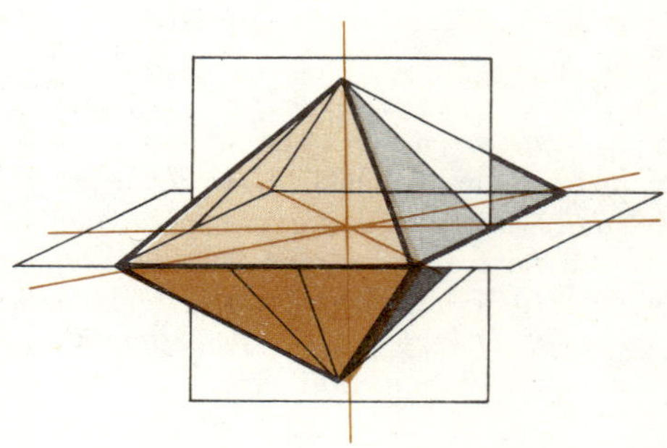

21 VERO O FALSO? – *Stabilire quali delle seguenti affermazioni sono* **vere** *e quali* **false**, *giustificando le risposte date.*

(a) Se si raddoppia l'altezza di un prisma retto (lasciando inalterata la base), raddoppia anche la superficie laterale.

(b) Se si raddoppia l'altezza di una piramide retta (lasciando inalterata la base), raddoppia anche la superficie laterale.

(c) La superficie laterale di una piramide è maggiore della superficie di base.

(d) In ogni piramide il numero dei vertici è uguale al numero delle facce.

(e) Ogni poliedro ha almeno sei spigoli.

(f) Un parallelepipedo in cui (almeno) quattro facce sono rettangoli, è necessariamente un parallelepipedo rettangolo.

[*R.* Sono false 2 affermazioni]

VEDIAMO NELLO SPAZIO

• Le *sezioni* di un poliedro **P**, cioè le intersezioni di **P** con un piano, non sono sempre facili da individuare. In effetti, anche limitandosi ai più semplici poliedri regolari, si presentano situazioni poco prevedibili. Nella tabella seguente sono riportati in orizzontale i nomi di tre poliedri regolari e in verticale i nomi di alcuni poligoni. In ciascuna casella vuota si indichi se il poligono nominato alla sua sinistra si può ottenere, o no, come sezione del poliedro indicato al di sopra; in caso affermativo si precisi la posizione del piano secante rispetto al poliedro. Anche se può sembrare strano, la risposta è negativa in un solo caso.

Si tenga presente che ogni faccia di un poliedro **P** è anche una sezione di **P**. Suggeriamo, inoltre, di considerare le sezioni ottenute con i seguenti piani; 1) per il tetraedro, il piano parallelo a due spigoli non aventi un vertice in comune ed equidistante da questi; 2) per il cubo, il piano perpendicolare ad una diagonale nel suo punto medio; 3) per l'ottaedro, il piano parallelo a due facce "opposte" ed equidistante da queste.

	Tetraedro regolare	Cubo	Ottaedro regolare
Triangolo equilatero			
Quadrato			
Trapezio isoscele			
Esagono regolare			

• Conveniamo di chiamare «dello stesso tipo» due poliedri convessi **P** e **P′** se è possibile porre in corrispondenza biunivoca i loro vertici in modo che ai vertici di ciascuna faccia di **P** corrispondano, nello stesso ordine, i vertici di una faccia di **P′**, e viceversa (in termini intuitivi: se si può ottenere **P′** a partire da **P** modificando le lunghezze dei lati e le ampiezze degli angoli, ma senza alterare il numero dei lati di ciascuna faccia, né il numero delle facce che concorrono in ciascun vertice).

Si pone, ora, il problema seguente: fissato il numero f delle facce, quanti sono i «tipi» di poliedri con f facce? Ebbene, si dimostra che per $f = 4$ e per $f = 5$ vi sono solo, rispettivamente, un «tipo» e due «tipi» di poliedri, mentre per $f \geqslant 6$ il numero dei «tipi» di poliedri aumenta rapidamente.

Ciò premesso si chiede di individuare mediante un disegno:

l'unico «tipo» di poliedri con 4 facce;
i due «tipi» di poliedri con 5 facce;
almeno tre «tipi» di poliedri con 6 facce (di tali «tipi» ne esistono 7, uno dei quali rappresentato in figura).

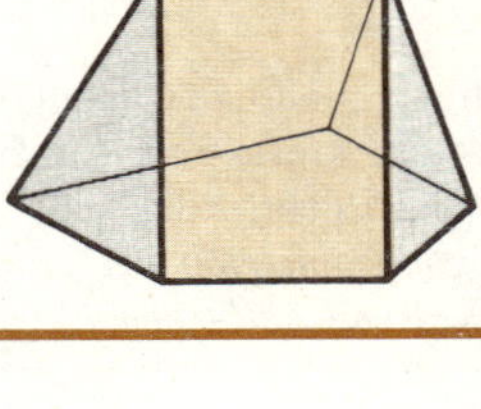

7. Problemi sui corpi rotondi (XXII Capitolo).

1 Verificare che l'area della superficie laterale del cilindro generato da un rettangolo **R** nella rotazione attorno a un suo lato è direttamente proporzionale all'area di **R**.

2 Verificare che le aree delle superfici laterali dei due coni generati da un medesimo triangolo rettangolo nelle rotazioni attorno all'uno o all'altro dei due cateti, sono inversamente proporzionali ai cateti fissi.

3 Determinare i piani tangenti ad un cilindro, passanti per un punto P la cui distanza dall'asse sia maggiore del raggio del cilindro. (*Tracciare il piano per* P *perpendicolare all'asse del cilindro e poi, per* P, *le tangenti al cerchio sezione*).

4 Determinare i piani tangenti ad un cilindro, paralleli ad un piano dato α, parallelo all'asse del cilindro. (*Si consideri un piano* β *perpendicolare all'asse del cilindro e che interseca il cilindro secondo un cerchio. Detta* r *l'intersezione di* α *e* β, *condurre le tangenti al cerchio, parallele ad* r).

5 Condurre da un punto P i piani tangenti ad un cono. (*Tracciare per* P *il piano perpendicolare all'asse del cono e poi, per* P, *le tangenti al cerchio sezione; considerare i piani passanti per tali tangenti e per il vertice del cono*). In quali casi non esiste alcun piano tangente?

6 Determinare i piani tangenti ad una superficie sferica, passanti per una retta r esterna alla superficie. (*Dal centro della sfera condurre il piano* β *perpendicolare ad* r, *e dal punto comune a* β *e ad* r *tracciare le tangenti alla circonferenza sezione*).

7 Dimostrare che, se da un punto esterno ad una sfera si conducono una tangente e una secante, il segmento di tangente è medio proporzionale fra l'intera secante e la sua parte esterna. (*Condurre il piano per la secante e la tangente, e operare sulla circonferenza sezione*).

8 Dimostrare che il piano perpendicolare ad una corda di una sfera per il suo punto medio, passa per il centro della sfera. (*Tale piano è il luogo geometrico dei punti equidistanti dagli estremi della corda*).

9 Verificare che per una circonferenza di centro C passano infinite superfici sferiche e che il luogo geometrico dei loro centri è la perpendicolare condotta per C al piano della circonferenza.

10 Dimostrare che per una circonferenza e per un punto B esterno al piano di questa passa una ed una sola superficie sferica. (*Si veda il probl. precedente. Unito* B *con un punto qualsiasi* A *della circonferenza si consideri il piano perpendicolare al segmento* AB *nel punto medio di questo*).

11 Dimostrare che per quattro punti non appartenenti ad un piano passa una ed una sola superficie sferica. (*Si veda il probl. precedente e si tracci la circonferenza per tre dei punti dati*).

12 Determinare il luogo geometrico dei centri delle sfere di raggio assegnato e tangenti:
1) ad un dato piano;
2) ad un dato segmento.

13 Qual è il luogo geometrico dei centri delle sfere tangenti a due piani paralleli? E a due piani secanti?

14 Dimostrare che due circonferenze non complanari aventi due punti distinti A e B in comune giacciono su una stessa superficie sferica. (*Si indichino con* α, β *i piani delle due circonferenze, e con* H, K *i rispettivi centri. Sia* a *la retta per* H *perpendicolare ad* α *e sia* b *la retta per* K *perpendicolare a* β; *le rette* a *e* b *sono complanari perché giacciono sul piano equidistante dai punti* A *e* B: *detto* O *il loro punto di incontro, si consideri la superficie sferica di centro* O *e raggio ...; si veda la figura*).

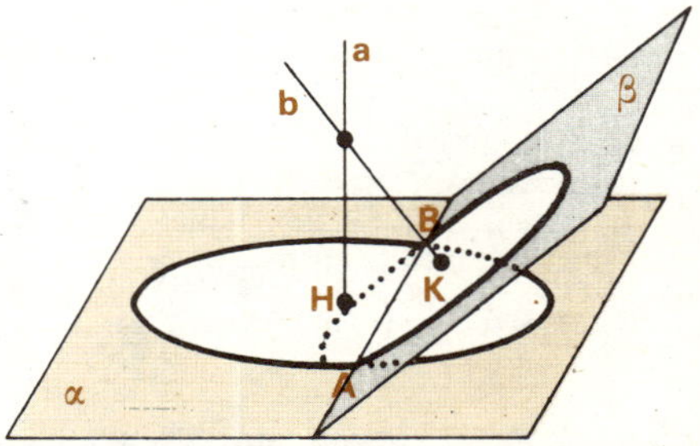

15 Dimostrare che i segmenti di tangente condotti ad una sfera da un punto P ad essa esterno sono uguali e che il luogo dei punti di contatto è una circonferenza. (*Considerare la circonferenza intersezione della sfera con il piano passante per il centro e per una tangente*).

16 Dimostrare che ad ogni prisma regolare si può circoscrivere una superficie sferica. (*Tracciare le circonferenze circoscritte alle basi del prisma. Il centro della sfera è il punto medio del segmento congiungente i centri delle due circonferenze*).

17 Dimostrare che ad ogni cono si può circoscrivere e inscrivere una superficie sferica. (*Circoscrivere e inscrivere la circonferenza nella sezione del cono con un piano passante per l'asse*).

18 Dimostrare che ad ogni piramide regolare si può circoscrivere e inscrivere una superficie sferica. (*Considerare i coni che hanno per vertice il vertice della piramide e per base il cerchio circoscritto e inscritto nella base della piramide. Probl. precedente*).

19 Verificare che la superficie di una sfera è equivalente alla superficie laterale del cilindro equilatero circoscritto.

20 Verificare che la parte di superficie laterale del cilindro equilatero, circoscritto a una sfera, e la parte di superficie sferica comprese fra due piani paralleli alle basi del cilindro sono equivalenti. (*Indicare con* r *il raggio della sfera e con* h *la distanza dei due piani*).

21 Verificare che l'area di una calotta sferica è uguale a quella di un cerchio che ha per raggio il segmento che unisce il vertice della calotta con un punto della circonferenza base. (*Unire il vertice con il punto diametralmente opposto al vertice. Si ha un triangolo rettangolo; 1° teor. di Euclide*).

22 Dimostrare che la superficie totale del cilindro equilatero inscritto in una sfera è media proporzionale fra la superficie della sfera e la superficie totale del cono equilatero in questa inscritto. (*Esprimere le superfici mediante il raggio* r *della sfera*).

23 Dimostrare che l'ampiezza, in gradi, del settore ottenuto sviluppando la superficie laterale di un cono nel quale il raggio di base e l'apotema misurano r ed a, è data da $360° \cdot r : a$.

24 Per un punto P di una sfera si conducano tre corde PA, PB, PC a due a due perpendicolari. Dimostrare che il quadrato costruito sopra un diametro è equivalente alla somma dei quadrati costruiti sulle tre corde. (*Si consideri il parallelepipedo rettangolo che ha per dimensioni le tre ...*).

25 Fissato su di una sfera di centro O un punto P, si considerino gli infiniti piani α passanti per P e secanti la sfera. Dimostrare che il luogo geometrico dei centri C dei cerchi sezione, al variare di α, è un'altra sfera di cui si chiede di determinare il centro. (*Si consideri la sezione con un piano passante per la retta* OP *e perpendicolare ad* α; *il triangolo* OCP *è rettangolo in* C; ...).

26 Un solido **S** è costituito dalla differenza fra un cilindro e due coni uguali, con il vertice in comune e con la base coincidente con una base del cilindro. Determinare gli elementi di simmetria di **S**. (*Si tratta degli stessi elementi di simmetria del c...*).

27 Determinare gli elementi di simmetria del solido **S** ottenuto dalla rotazione completa di un triangolo isoscele attorno alla retta contenente la base. (*Oltre agli elementi di simmetria presenti in tutti i solidi di rotazione,* **S** *è simmetrico rispetto ad un punto, rispetto ad un piano e rispetto a tutte le rette ...*).

28 Sono date due sfere, l'una interna all'altra, aventi per centri due punti distinti O e O'. Dimostrare che il solido differenza delle due sfere ammette una retta e infiniti piani di simmetria. (*Si considerino la retta* OO′ *e tutti i piani ...*).

29 Se una figura piana **F** è simmetrica rispetto ad una retta r, allora il solido generato nella rotazione completa di **F** attorno a una retta perpendicolare ad r è simmetrico rispetto al piano ... Dopo aver completato la precedente affermazione, si portino alcuni esempi in merito. Come si può dimostrare la proprietà enunciata?

30 VERO O FALSO? – *Stabilire quali delle seguenti affermazioni sono* **vere** *e quali* **false**, *giustificando le risposte date.*

(a) Tutti i solidi di rotazione che abbiamo considerato ammettono un asse di simmetria. Fra di essi, soltanto la sfera ne ammette più di uno.
(b) Il solido generato da un triangolo che ruota attorno alla retta che contiene uno dei suoi lati è sempre o un cono o la somma di due coni.
(c) Un rettangolo, ruotando successivamente attorno alle rette che contengono due lati consecutivi, genera due cilindri con le superfici laterali equivalenti.
(d) La superficie laterale di un cono è sempre maggiore della superficie di base e minore della superficie del cerchio avente per raggio l'apotema.

[*R.* Sono vere 2 affermazioni]

VEDIAMO NELLO SPAZIO

• In ciascuna delle figure seguenti sono rappresentati un poligono **P**, una retta *r* ed un punto *A* appartenente ad *r*. Immaginando di far ruotare di un giro completo **P** attorno ad *r* si ottiene ogni volta un solido di rotazione **S** che può essere pensato come somma o differenza di cilindri, coni e tronchi di cono (non tenendo conto del fatto che un tronco di cono può essere pensato come differenza di due coni).

Le prime tre righe della tabella che segue vanno compilate indicando il numero dei coni, quello dei cilindri e quello dei tronchi che entrano a far parte della somma o della differenza di cui sopra.

Nell'ultima riga della tabella, invece, va indicato, casella per casella, il tipo della sezione ottenuta tagliando **S** con un piano α passante per *A* e perpendicolare ad *r*.

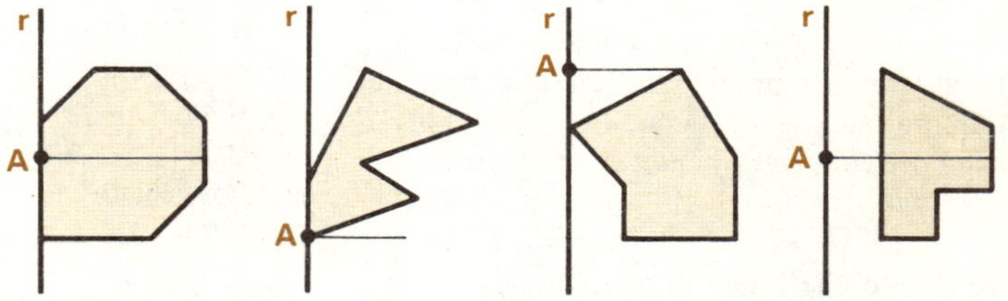

Num. dei cilindri				
Num. dei coni				
Num. dei tronchi				
Sezione di **S** con α				

• Si ritagli un rettangolo di carta, con una dimensione nettamente maggiore dell'altra (si veda la fig. alla pag. seguente). Se, mediante una striscetta di carta adesiva, incolliamo il lato *AB* sul lato *CD* senza torcere il rettangolo (in modo che vadano a coincidere il vertice *A* col vertice *D* ed il vertice *B* con il vertice *C*), otteniamo una superficie **L** che può essere pensata come la superficie laterale di un cilindro (fig. b).

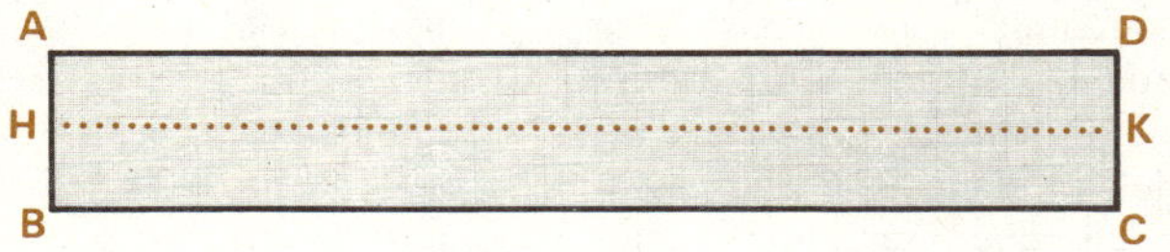

Fig. a

Possiamo, invece, incollare i due lati minori del rettangolo in modo che il vertice *A* vada a coincidere con *C* ed il vertice *B* con *D*: a questo scopo è sufficiente una *mezza torsione* del rettangolo lungo la sua dimensione maggiore. Si ottiene così una superficie **M**, detta *foglio di Möbius* (fig. c).

Infine, incolliamo i due lati *AB* e *CD* facendo ancora coincidere i vertici *A*, *D* e i vertici *B*, *C*, ma dopo aver dato *due* mezze torsioni al rettangolo, in modo da ottenere la superficie **N** (fig. d).

Si completi la tabella seguente, stabilendo per ciascuna delle superfici **L**, **M**, **N**:

il numero degli *orli* (per *orlo* intendiamo la linea o le linee cui danno luogo i lati maggiori *AD* e *BC* del rettangolo; quelli che non sono stati incollati fra loro);

il numero delle *facce* (tale numero può essere 1 oppure 2: in termini concreti, una superficie ha due *facce* se la si può colorare da una parte e non dall'altra, mentre ha una sola faccia se, cercando di colorarla da una parte, si finisce inevitabilmente per colorarla anche dall'altra);

quante e quali *parti* si ottengono tagliando la superficie lungo la linea *HK*, punteggiata nella fig. a.

Prima di rispondere, è opportuno costruire modelli di carta delle tre superfici.

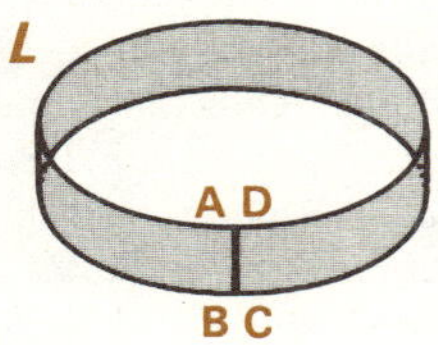

Fig. b

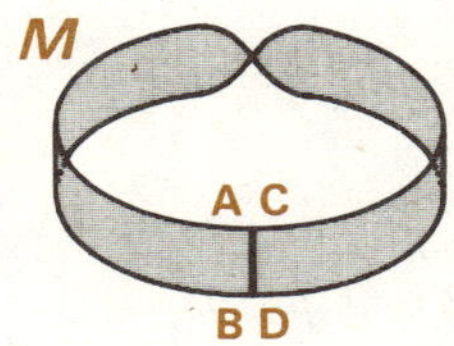

Fig. c

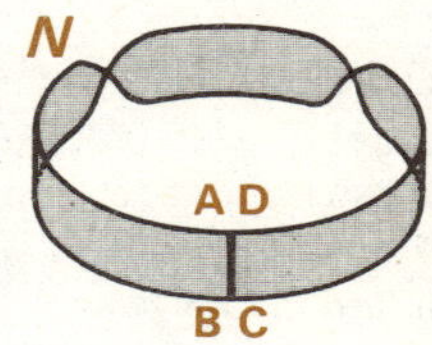

Fig. d

Num. degli *orli*			
Num. delle *facce*			
Num. delle *parti*			

8. Problemi sulla equivalenza dei solidi (XXIII Capitolo).

1 Si dimostri che in ogni piramide triangolare le facce sono inversamente proporzionali alle rispettive altezze. (*Considerare i prodotti delle aree delle singole facce per ...*).

2 Prendendo spunto dalla figura a fianco, si dimostri per via geometrica la nota identità

$$(a + b)^3 = a^3 + 3a^2b + 3ab^2 + b^3.$$

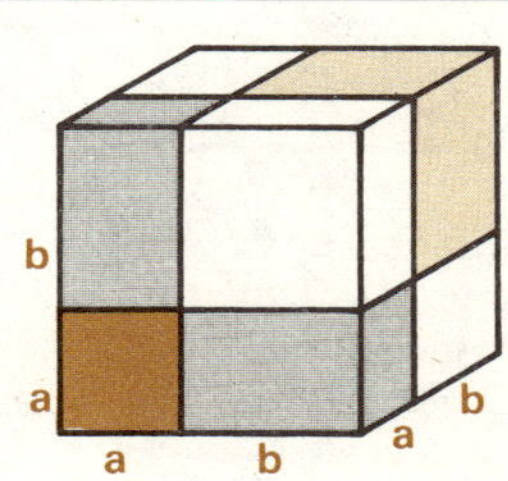

3 Una *bipiramide* è un solido costituito dalla somma di due piramidi aventi la base B in comune (si veda la figura). Chiamiamo altezza h della bipiramide la distanza fra i due piani paralleli al piano di B che passano per i vertici delle due piramidi. Si dimostri che il volume di una bipiramide dipende da B e da h, ma non dall'altezza di ciascuna piramide.

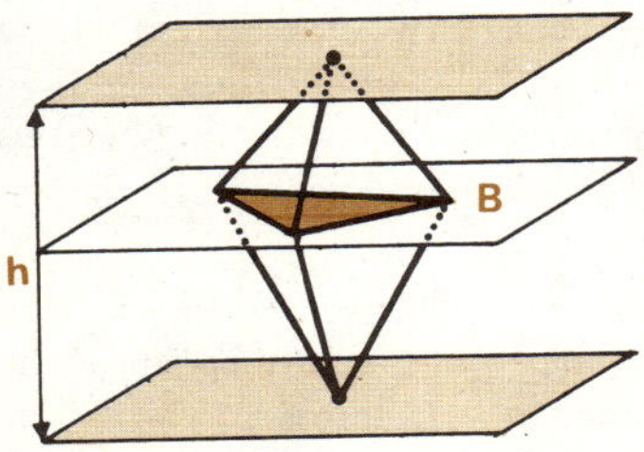

4 Sono dati due poligoni uguali **P** e **P′**, giacenti su piani paralleli. Detto A un punto qualunque compreso fra i piani di **P** e **P′**, si considerino le due piramidi di vertice A ed aventi per basi rispettivamente **P** e **P′**: si dimostri che la somma dei loro volumi non dipende dalla scelta di A. (*Indicare con* h *la distanza fra i piani di* **P** *e* **P′**, *e con* x *la distanza di* A *dal primo di essi*).

5 Detti **C** un cubo e **T** l'ottaedro che ha per vertici i centri delle facce del cubo, si dimostri che **T** è equivalente ad 1/6 di **C**. (*Si scomponga* **T** *in due piramidi a base quadrata: tale base è la metà di una faccia di un cubo e l'altezza è* ...).

6 Siano a, b, c, gli spigoli laterali di un prisma triangolare **T**. Si conoscono l'area A della faccia laterale **F** di spigoli a, b e la lunghezza h della distanza dello spigolo c dal piano di **F**. Si dimostri che il volume di **T** è uguale ad $Ah/2$. (*Un metodo consiste nel considerare il punto di incontro* O *delle diagonali della faccia laterale di spigoli* b *e* c *e nel costruire, come in figura, il prisma* **T′** *simmetrico di* **T** *rispetto ad* O; *l'unione di* **T** *e* **T′** *è un prisma di base* **F** *e* ...).

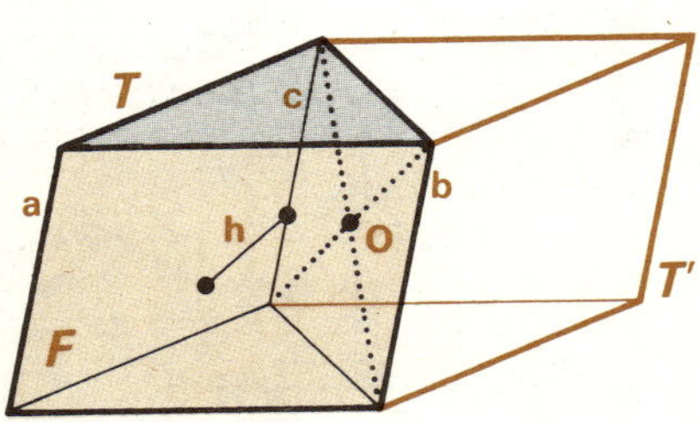

7 Dimostrare che i volumi dei due coni generati da un triangolo rettangolo che ruota attorno all'uno o all'altro dei cateti sono inversamente proporzionali ai cateti fissi.

8 Dimostrare che i volumi dei tre solidi generati da un triangolo qualunque che ruota attorno a ciascuno dei tre lati sono inversamente proporzionali ai lati fissi. (*Si ricordi che i lati di un triangolo sono inversamente proporzionali alle rispettive altezze*).

9 Dimostrare che un poliedro regolare è equivalente ad una piramide con la base equivalente alla superficie del poliedro e con l'altezza uguale al raggio della sfera inscritta nel poliedro. (*Scomporre il poliedro in piramidi regolari uguali aventi per vertice il centro della sfera e per altezza il raggio*).

10 La proprietà di cui al problema precedente vale per tutti i poliedri circoscrivibili a una sfera?

11 Dimostrare che un cono circoscritto ad una sfera è equivalente ad un cono che ha per altezza il raggio della sfera e la cui base è equivalente alla superficie totale del cono. (*Si intersechino il cono e la sfera inscritta con un piano passante per l'asse del cono e si ricordi che l'area di un triangolo è uguale al prodotto delle lunghezze del raggio del cerchio inscritto e del semiperimetro*).

12 Dimostrare che il cilindro equilatero inscritto in una sfera è medio proporzionale fra la sfera e il cono equilatero inscritto.

13 Dimostrare che il cilindro equilatero circoscritto ad una sfera è medio proporzionale fra la sfera stessa ed il cono equilatero circoscritto.

14 Dimostrare che i coni equilateri inscritto e circoscritto ad una medesima sfera stanno fra loro come i cubi costruiti sulle rispettive altezze.

15 Siano $ABCD$ ed $A'B'C'D'$ le basi di un cubo di altezza AA'. Si consideri il tetraedro $ACB'D'$: si dimostri che è regolare e che è equivalente alla piramide di base $ABCD$ e vertice A'. (*Si determini il volume di* ACB′D′ *per differenza*).

16 VERO O FALSO? – *Stabilire quali delle seguenti affermazioni sono* **vere** *e quali sono* **false**, *giustificando le risposte date.*

(a) Un cono ed una piramide di basi equivalenti stanno fra loro come le rispettive altezze.
(b) Un prisma ed un cilindro con le altezze uguali stanno fra loro come le rispettive basi.
(c) Due prismi retti di ugual base stanno fra loro come le rispettive superfici laterali.
(d) Due cubi stanno fra loro come le rispettive superfici laterali.
(e) Figure piane uguali che ruotano intorno a uno stesso asse generano solidi equivalenti.

[*R.* Sono false 2 affermazioni]

VEDIAMO NELLO SPAZIO

- Nella tabella che segue sono disegnati:

una piramide triangolare con tre spigoli a due a due perpendicolari (due dei quali uguali fra loro);
un parallelepipedo rettangolo con due dimensioni uguali;
un cilindro sormontato da un cono di ugual base e uguale altezza.

In ciascun solido figurano segmenti indicati con a, b.
Senza ricorrere – ove possibile – a calcoli scritti, si specifichi in ciascuna casella come varia il volume del solido disegnato sopra qualora si apportino le variazioni indicate a sinistra.

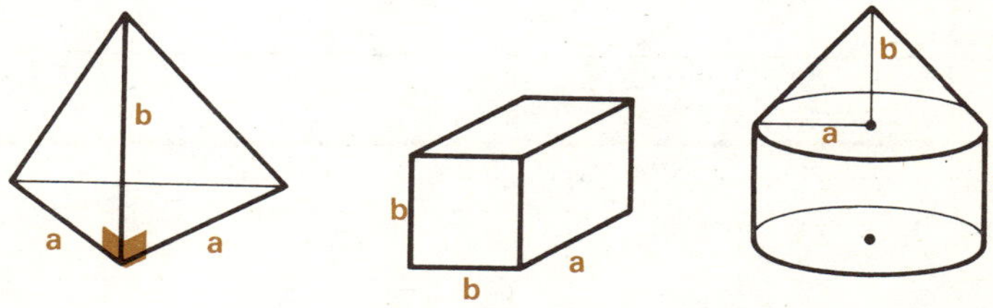

Raddoppia a con b invariato			
Raddoppia b con a invariato			
Raddoppia a e si dimezza b			

- Una stessa figura ruotando di 360° attorno a rette diverse genera solitamente solidi non equivalenti. Per rendersi conto della cosa si determini, per ciascuna delle seguenti coppie di figure uguali, che ruotano attorno ad assi diversi, il rapporto dei solidi così generati.

Gli assi di rotazione sono disegnati in colore.

Le lettere indicano le lunghezze dei segmenti corrispondenti.

Con un po' di attenzione ci si rende conto che i rapporti possono essere calcolati senza eseguire calcoli scritti e, in due casi, prescindendo addirittura dalle lettere. Chi trovasse difficile l'ultimo caso indichi con b' e b'' le lunghezze dei segmenti in cui l'altezza del triangolo divide la base.

RAPPORTI

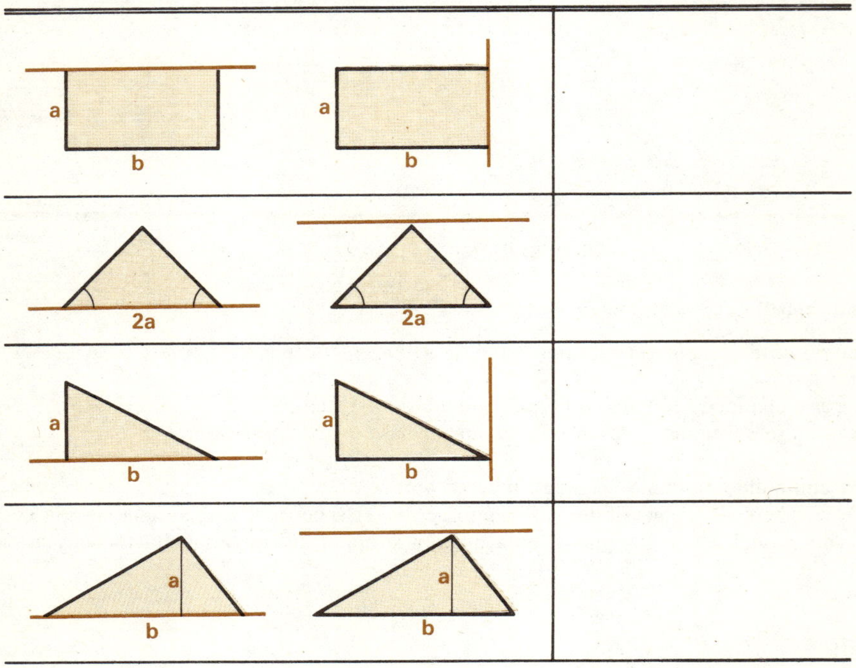

9. Problemi su trasformazioni geometriche e proprietà invarianti (XXIV Capitolo).

1 Si consideri la proprietà, relativa ad un poligono, «avere area uguale a 3 m^2»: si tratta di una proprietà invariante per traslazioni (cioè che si conserva applicando una qualunque traslazione)? e per rotazioni? e per omotetie? La proprietà «avere tutti gli angoli uguali» è invariante per simmetrie? e per similitudini?

[*R.* Una sola risposta è negativa]

2 Si consideri una retta in un piano cartesiano. Stabilire per quali delle seguenti trasformazioni è invariante la proprietà «essere parallela all'asse delle x»: traslazioni; simmetrie rispetto agli assi x ed y; simmetria rispetto ad una generica retta; simmetria rispetto ad un generico punto; rotazioni.

3 Nel n. 8 della teoria abbiamo parlato dell'affinità che associa ad ogni punto di coordinate $(x; y)$ il punto di coordinate $(x; 2y)$. Scelti a piacere tre punti allineati A, B, C, si verifichi che le loro immagini in tale affinità sono tre punti A', B', C' a loro volta allineati, e che l'immagine del punto medio di AB è il punto medio di $A'B'$. Inoltre, disegnato un rettangolo $PQRS$ (con i lati non paralleli agli assi), si verifichi che le immagini dei punti P, Q, R, S sono, nell'ordine, vertici di un parallelogramma che non è un rettangolo.

4 Si dimostri il teorema 1° del n. 12 della teoria. (*Sia* C *un punto della retta* AB *e sia* C′ *la sua immagine*; *per il teorema del n.* 10, *il rapporto* AC/AB *è uguale al rapporto* ...).

5 Si deduca dall'esercizio precedente il teorema 2° del n. 12 della teoria.

6 Si mostri che dal teorema 3° del n. 12 della teoria segue il teorema 4°. (*Dati due parallelogrammi* ABCD *ed* A′B′C′D′, *si consideri l'affinità che trasforma il triangolo* ABC *nel triangolo* A′B′C′; *in tale affinità il punto* D *ha per immagine* D′ *perché un'affinità conserva il parallelismo fra rette e, quindi, alla retta per* C *parallela alla* AB *corrisponde* ...).

Ricorrendo alle affinità si riescono talvolta a dimostrare rapidamente teoremi relativi a certe figure **F** *con un ragionamento del tipo seguente: si verifica l'enunciato nel caso di una particolare figura* **F′** *e si mostra, poi, che ogni figura* **F** *è immagine di* **F′** *in una opportuna affinità. Se le proprietà coinvolte nel teorema si conservano per affinità, allora si può concludere che: siccome il teorema vale per* **F′**, *allora vale anche per* **F**. *Si applichi un procedimento di questo tipo nei quattro esercizi seguenti.*

7 Dimostrare che le aree delle sei parti in cui un triangolo è diviso dalle mediane sono uguali. (*L'enunciato è immediato nel caso particolare di un triangolo equilatero; per il teorema* 3° *del n.* 12 *della teoria ogni triangolo è immagine di un ...; si osservi, infine, che un'affinità conserva il rapporto delle aree*).

8 Se P, Q, R sono i punti medi dei lati di un triangolo ABC, allora il baricentro del triangolo PQR coincide con il baricentro del triangolo ABC. (*Suggerimento, analogo a quello dell'eserc. precedente; si noti che il concetto di baricentro è affine*).

9 Sia P un punto della mediana BM di un triangolo ABC, e siano H e K i due punti in cui le rette CP e AP incontrano rispettivamente i lati AB e BC. Dimostrare che la retta HK è parallela alla base AC.

10 Sapendo che, per ogni trapezio **T** esiste una affinità che trasforma **T** in un trapezio isoscele, dimostrare che, in un qualunque trapezio **T**, i punti medi delle basi, il punto di incontro delle diagonali e il punto di incontro dei lati obliqui sono allineati.

11 Classificare ciascuno dei seguenti concetti (o proprietà), stabilendo se si tratta di un concetto della geometria metrica, della geometria simile o della geometria affine:
(a) ortocentro di un triangolo;
(b) mediana di un triangolo;
(c) bisettrice di un angolo;
(d) diagonale di un poligono;
(e) segmento AB di lunghezza 8 cm;
(f) segmento AB, doppio del segmento CD;
(g) punto C della semiretta AB tale che il segmento AC è il doppio del segmento AB;
(h) triangolo rettangolo;
(i) circonferenza;
(l) cerchio di area 1 m^2;
(m) esagono con i lati opposti paralleli;
(n) esagono regolare.
[*R.* 2 concetti sono metrici, 6 simili e ...]

12 Considerati i punti A $(-1; 1)$ ed A' $(1; -1)$, trovare una traslazione, una simmetria centrale ed una simmetria assiale in cui ad A corrisponde A'. Quali sono le immagini di A' in ciascuna delle tre trasformazioni ottenute? e del punto $(-1; -1)$? [*R.* ...; $(-1; -1)$]

13 Quali sono le cinque isometrie in cui un punto $(x; y)$ ha rispettivamente per immagine: $(-x; y)$; $(-x; -y)$; $(y; x)$; $(x; y)$; $(-y; -x)$?

10. Le isometrie e le similitudini nello spazio (XXIV Capitolo).

1 Siano α ed α' due piani che si corrispondono in una traslazione di vettore (non nullo) $\vec{\mathbf{v}}$. Al variare di α, fra quali valori massimo e minimo varia la distanza d di α' da α?

2 Se due triangoli equilateri ABC, DEF si corrispondono in una simmetria rispetto ad un punto O, esiste una traslazione in cui DEF è il corrispondente di ABC? Cambia la risposta se al triangolo DEF si sostituisce il suo simmetrico rispetto ad uno qualunque dei suoi lati?

3 Dato un diedro retto **D**, definire una rotazione tale che, detto **D**$'$ il diedro che in essa corrisponde a **D**, si abbia $\mathbf{D} \cup \mathbf{D}' =$ $=$ *diedro piatto.*

4 La figura mostra due punti P, Q ed i loro corrispondenti P', Q' in una rotazione di spigolo r. Indicate con H, K le proiezioni di P, Q su r, dimostrare che i triangoli PHP', QKQ' sono simili. In quale caso sono uguali? In quale sono equilateri?

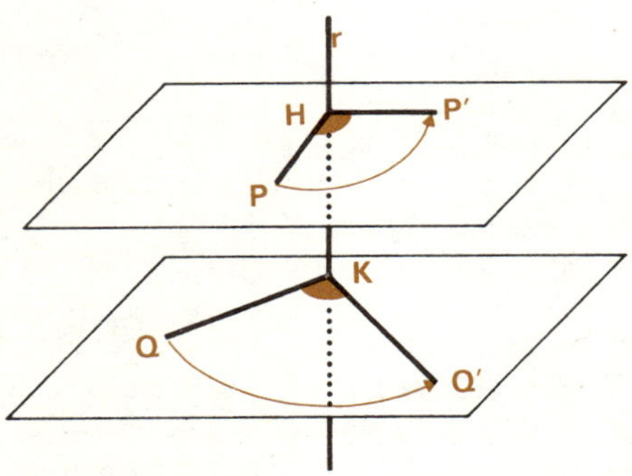

5 Sono dati due piani perpendicolari α e β ed una retta r. Siano α' e β' i corrispondenti di α e β in una rotazione di un angolo diedro retto di spigolo r. Quali sono le mutue posizioni di α', β' rispetto ad α, β allorché: 1) r è la retta intersezione di α e β? 2) r giace su α ed è parallela alla retta intersezione di α e β? 3) r giace su α ed è perpendicolare alla retta intersezione di α e β?

6 Sono date due sfere uguali **S** ed **S**$'$, aventi per centri due punti distinti. Individuare una traslazione, una simmetria rispetto ad un punto, una simmetria rispetto a una retta ed una simmetria rispetto ad un piano, in ciascuna delle quali **S**$'$ sia l'immagine di **S**.

7 Stabilire in quali delle seguenti isometrie può capitare che una retta e la sua immagine siano sghembe: traslazione, simmetria rispetto ad un punto, simmetria rispetto ad una retta, simmetria rispetto ad un piano, rotazione di un angolo diedro. (*La cosa è possibile solo in due casi*).

8 In una traslazione di vettore $\vec{\mathbf{v}}$ non nullo esistono infinite rette unite ed infiniti piani uniti. Le une e gli altri sono paralleli ad una certa retta. Quale? Chiarire la cosa precisando se si tratta, o no, di rette e piani di punti uniti.

9 Trovare una isometria (diversa dall'identità) nella quale un assegnato piano α è un piano di punti uniti. Trovare, poi, almeno due isometrie rispetto alle quali α è un piano unito, ma non di punti uniti.

10 Individuare tutti gli elementi uniti (punti, rette, piani) nelle simmetrie rispetto ad un punto O e ad una retta r. (*Nel secondo caso non si dimentichi di considerare anche le rette ed i piani perpendicolari ad* r).

11 Dati un piano π ed una retta r, si dimostri che se r è unita nella $\mathbf{S}_\pi$, allora π è unito nella $\mathbf{S}_r$.

12 Due piani α e β, incidenti secondo una retta r sono tali che vale l'uguaglianza $\mathbf{S}_\alpha \circ \mathbf{S}_\beta = \mathbf{S}_r$. Qual è l'ampiezza dell'angolo diedro $\alpha\beta$? (*Si tengano presenti i* nn. 26 *e* 30 *della parte teorica*).

13 Dimostrare che la composizione delle due simmetrie rispetto a un punto O e rispetto ad un punto O', prese nell'ordine, è la traslazione di vettore $2\,\overrightarrow{\mathbf{OO'}}$.

14 Dati una retta r, un suo punto O ed il piano π perpendicolare alla r in O, dimostrare che

$$\mathbf{S}_r \circ \mathbf{S}_O = \mathbf{S}_\pi .$$

[*Si può procedere per via geometrica come suggerito dalla figura. Ma si può anche notare che, detti* α, β *due piani perpendicolari che si intersecano secondo la* r, *si ha*:

$S_\alpha \circ S_\beta = S_r$; $\quad S_\beta \circ S_\alpha \circ S_\pi = S_O$ (*si veda il* n. 24 *della teoria*). *Se ne deduce che* $S_r \circ S_O = ...$].

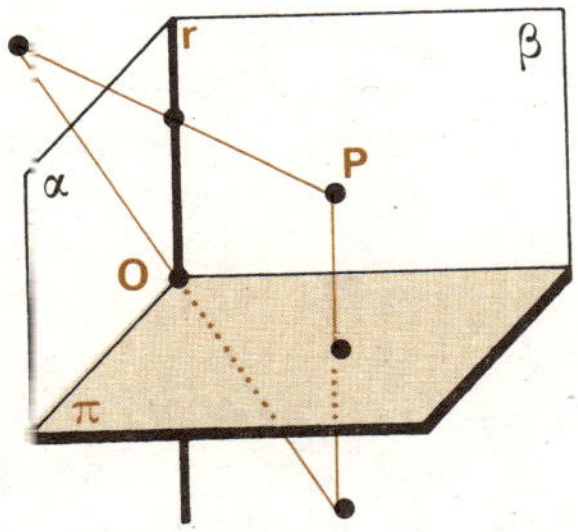

15 VERO O FALSO? – *Stabilire quali delle seguenti affermazioni sono* **vere** *e quali* **false**, *giustificando le risposte date.*

(a) Un punto e la sua immagine in una rotazione di un angolo diedro di spigolo r hanno la stessa proiezione su r.
(b) Se una retta a è parallela ad una retta r, allora a è parallela anche alla sua simmetrica a' rispetto ad r.
(c) Se una retta a è parallela alla sua simmetrica a' rispetto ad una retta r, allora a è parallela anche ad r. (*Attenzione*: *si esamini il caso in cui* a *giace su un piano perpendicolare* ...).
(d) Date due rette incidenti r, s ed indicata con s' l'immagine di s in una rotazione attorno ad r, gli angoli rs ed rs' sono uguali.
(e) Se due rette s ed s' sono entrambe incidenti ad una terza retta r in uno stesso punto e formano con r angoli uguali, allora esiste una rotazione attorno alla retta r nella quale l'immagine di s è s'.

[*R.* È falsa solo una affermazione]

16 Due piramidi a base quadrata, in cui tutte le facce laterali sono triangoli equilateri, sono sempre *simili*? E due prismi aventi per basi triangoli equilateri, in cui tutte le facce laterali sono rettangoli, sono sempre simili? (*Solo una delle due risposte è positiva*).

17 È vero che ruotando di un angolo giro due rettangoli simili, attorno a due lati corrispondenti, si ottengono due cilindri simili? E che ruotando un rettangolo $ABCD$ di un angolo giro, prima attorno al lato AB e poi attorno al lato BC, si ottengono due cilindri simili?

18 Le lunghezze in metri delle tre dimensioni di due parallelepipedi rettangoli costituiscono due progressioni geometriche di ragione 2; si può concludere che i due parallelepipedi sono simili? E nel caso in cui le lunghezze delle tre dimensioni costituiscano due progressioni aritmetiche di ragione 2? (*Può convenire ricorrere a qualche esempio numerico, prima di rispondere*).

19 Determinare il rapporto di similitudine di due solidi simili, sapendo che il rapporto dei loro volumi è uguale a 27. Qual è il rapporto delle superfici dei due solidi?

20 Le superfici di due solidi simili sono una doppia dell'altra. Qual è il rapporto fra i volumi dei due solidi? (*Calcolare, prima, il rapporto di similitudine*). [*R.* $2\sqrt{2}$]

21 I volumi di due solidi simili sono uno doppio dell'altro. Qual è il rapporto fra le superfici dei due solidi? [R. $\sqrt[3]{4}$]

11. Problemi sulle geometrie non euclidee (XXIV Capitolo).

1 Stabilire quali dei seguenti concetti richiedono la conoscenza delle rette parallele e quali, invece, si possono definire senza ricorrere alle rette parallele: triangolo equilatero, parallelogramma, rombo, trapezio, cerchio, traslazione.

2 Stabilire quali dei seguenti teoremi richiedono la conoscenza delle rette parallele e delle loro proprietà, e quali, invece, si possono dimostrare senza ricorrere alle rette parallele:
– gli angoli alla base di un triangolo isoscele sono uguali;
– ciascuno degli angoli acuti di un triangolo rettangolo isoscele è la metà di un angolo retto;
– la somma degli angoli di un poligono con n lati è uguale ad $n-2$ angoli piatti;
– le bisettrici di un triangolo passano per uno stesso punto;
– il teorema di Pitagora.

3 Che cosa si può dire, nelle geometrie iperbolica ed ellittica, della somma degli angoli di un quadrilatero? (*Si tracci una diagonale e si ricordi quanto detto al n.* 41, 1° *della teoria*).

4 Si dimostri, senza usare l'assioma delle parallele, che se la somma degli angoli di un triangolo assume *sempre* lo stesso valore S, allora S è un angolo piatto. (*Dato un triangolo* ABC *e detto* E *un punto del segmento* BC, *si considerino i triangoli* ABE *ed* ACE: *la somma degli angoli del triangolo* ABC *è* ...).

5 Sia ABC un triangolo isoscele e siano M ed N i punti medi dei lati uguali AB ed AC. Qual è il più grande fra i due angoli AMN ed ABC in geometria euclidea, in geometria iperbolica e in geometria ellittica? (*Si applichi quanto visto nell'eserc. n.* 3 *al quadrilatero* BCNM, *tenendo presente che gli angoli in* B *e in* C *sono uguali e così pure gli angoli* ...).

6 Sia ABC un triangolo rettangolo isoscele e sia CH l'altezza relativa all'ipotenusa. Qual è il più grande fra i due segmenti AH e CH in geometria euclidea, in geometria iperbolica e in geometria ellittica? (*Si tenga presente che, in tutte le geometrie, in un triangolo ad angolo maggiore sta opposto lato maggiore*).

7 Facendo riferimento al *cerchio del Klein*, si verifichi che, in geometria iperbolica, se due rette a e b non hanno punti in comune e P è un punto che non appartiene né ad a né a b, esiste almeno una retta per P che non ha punti in comune con a e con b. È sempre possibile tracciare una retta per P che incontra sia a sia b? E una retta per P che sia incidente ad una sola delle rette a e b? Si confrontino le risposte date con la situazione che si presenta in geometria euclidea.

8 Facendo riferimento al *cerchio del Klein*, si mostri che in geometria iperbolica esistono tre rette tali che, rispetto a ciascuna di loro, le altre due giacciono nello stesso semipiano.

9 Dato in geometria iperbolica un segmento AP di punto medio B, si traccino le rette a, b perpendicolari ad AP e passanti rispettivamente per A e per B. È vero che se una retta per P è incidente ad a allora è incidente anche a b? E che se una retta per P è incidente a b allora è incidente anche ad a?

10 Date in geometria iperbolica due rette a, b incidenti in un punto P e detta r una delle due bisettrici degli angoli ab, si dimostri che esiste una retta perpendicolare ad r che non incontra né a né b. (*Sia* α *l'angolo acuto formato da* a *ed* r; *in base alla formula che fornisce la misura dell'angolo di parallelismo, basta considerare un punto* Q *su* r *tale che* PQ *soddisfi l'uguaglianza* ...).

11 Trovare in geometria sferica un triangolo con gli angoli di 45°, 90°, 90°.

12 Dimostrare che in geometria sferica due qualsiasi rette a e b ammettono una perpendicolare comune. (*Detti* P *e* P' *i punti in comune alle due rette, si consideri il piano passante per il centro della sfera e perpendicolare a* ...).

12. Problemi su assiomi, teoremi, enti primitivi, definizioni (XXIV Capitolo).

1 Una sola delle seguenti condizioni è accettabile come definizione di vertici opposti in un cubo; quale?
(a) il fatto di appartenere a due distinte facce parallele;
(b) il fatto di non appartenere ad uno stesso spigolo;
(c) il fatto di non appartenere ad una stessa faccia.

2 Tutte le definizioni seguenti sono criticabili; chiarire volta per volta la situazione.
(a) Due triangoli si dicono uguali se hanno i tre lati uguali. (*Non è una definizione ma un* ...).
(b) Un poligono non è regolare se ha i lati disuguali e gli angoli disuguali. (*Un rombo è regolare*?).
(c) Una retta si dice perpendicolare a un piano se la sua proiezione sul piano si riduce ad un punto. (*C'è un circolo vizioso*).
(d) Due piani si dicono perpendicolari se contengono rispettivamente due rette

perpendicolari fra loro. (*Questa condizione è soddisfatta anche da piani ...*).

(e) Si dice centro di una sfera il punto in cui si incontrano i diametri. (*Anche qui c'è un ...*).

3 Sia Σ un insieme di assiomi indipendente e coerente; eliminando uno degli assiomi di Σ si ottiene un insieme di assiomi Σ′. Il sistema Σ′ è indipendente? È coerente?

4 Siano Σ e Σ′ due sistemi di assiomi equivalenti, nel senso che Σ e Σ′ permettono di dimostrare gli stessi teoremi. Se Σ è coerente, o indipendente, valgono le analoghe proprietà per Σ′?

5 Sia **S** un sistema di equazioni nelle incognite x, y, z, e sia **S′** il sistema che si ottiene sostituendo in tutte le equazioni di **S** un numero al posto di z. Si può affermare che se **S** è impossibile, anche **S′** è impossibile? E che se **S** ammette soluzioni, anche **S′** ammette soluzioni?

6 Sia **T** una teoria coerente e sia A un enunciato tale che né A né *non* A sono dimostrabili in **T**. Sia **T′** la teoria che si ottiene aggiungendo A agli assiomi di **T**, e sia **T″** la teoria che si ottiene aggiungendo *non* A agli assiomi di **T**. È vero che la teoria **T′** è coerente? E che anche la teoria **T″** è coerente? (*Si tenga presente il n.* 63 *della teoria*)

7 Sia Σ il sistema di assiomi che si ottiene aggiungendo agli assiomi della geometria piana l'enunciato «la somma degli angoli interni di un triangolo è un angolo piatto». Il sistema Σ è indipendente? È coerente?

8 Sia Σ il sistema di assiomi che si ottiene aggiungendo agli assiomi della geometria piana l'enunciato «presi comunque tre punti A, B, C, c'è una retta che passa per A, B, C». Il sistema Σ è indipendente? È coerente?

9 VERO O FALSO? - *Stabilire quali delle seguenti affermazioni sono* **vere** *e quali* **false**, *giustificando le risposte date.*

(a) In una definizione ci deve essere una e una sola parola (o locuzione) nuova.

(b) In un teorema ci deve essere una e una sola parola (o locuzione) nuova.

(c) Se in un teorema rimpiazziamo ogni parola con la rispettiva definizione e continuiamo questo processo fin che è possibile, troviamo una proprietà di cui godono gli enti primitivi.

(d) Se un enunciato H è un teorema di una teoria **T** coerente, allora *non* H non è un teorema di **T**.

(e) Se un enunciato H è un assioma di una teoria **T** con un sistema di assiomi dipendente, allora H si può dedurre dai rimanenti assiomi.

[*R.* Sono vere tre affermazioni]

Parte III

PROBLEMI DI GEOMETRIA PIANA
DA RISOLVERSI PER VIA ALGEBRICA.

AVVERTENZA. – *I problemi di questa raccolta costituiscono la continuazione di quelli della «terza Parte» del 1° volume. Alcuni di essi sono risolubili per via aritmetica; ma la maggior parte presuppone lo svolgimento del programma di algebra.*

Abbiamo ordinato i problemi dei primi paragrafi, oltre che per crescenti difficoltà di carattere geometrico, anche secondo le conoscenze algebriche necessarie per la loro risoluzione.

Nei paragrafi finali, invece, abbiamo supposto definitivamente acquisito lo strumento algebrico, per cui gli esercizi sono stati ordinati in base alle loro caratteristiche geometriche.

Per comodità dei lettori abbiamo riprodotto i «consigli per la risoluzione dei problemi» e l'«avvertenza» premessi alla «terza Parte» del 1° volume.

1. Qualche consiglio per la risoluzione dei problemi.

• Si cominci con il leggere e rileggere attentamente l'enunciato del problema fino a capire compiutamente ogni particolare, anche minimo del discorso.

La rilettura va poi ripetuta ogni qual volta ci si viene a trovare in difficoltà durante la risoluzione del problema. Spesso gli ostacoli dipendono dall'aver trascurato certi particolari che l'enunciato non menziona esplicitamente, ma che rientrano fra le proprietà generali della figura presa in esame.

• Si tenga presente che, quasi sempre, tutti gli elementi forniti dall'enunciato sono necessari alla risoluzione del problema. Se, dunque, arrivati alla fine del lavoro, ci si accorge di non aver sfruttato qualche elemento che il testo forniva, bisogna setacciare opportunamente il metodo di risoluzione adottato per stabilire se e dove si è commesso un errore.

• Se nell'enunciato vi sono misure di grandezze della stessa specie riferite ad unità di diverso nome, è bene esprimerle secondo una stessa unità opportunamente scelta.

Ad esempio, se le lunghezze sono date in dm, m, cm, conviene esprimerle tutte in centimetri.

• *Supposto risolto il problema*, si costruisce la corrispondente *figura*. Essa va tracciata con accuratezza, aiutandosi, nei casi più complessi, con la riga ed il compasso. Nell'effettuare il disegno bisogna stare ben attenti a non cadere in casi particolari non previsti dall'enunciato. Così, se questo parla di un triangolo isoscele o di un trapezio, occorre evitare che il triangolo disegnato sia «quasi equilatero» o che il trapezio sia «quasi isoscele», per non essere indotti nell'errore di considerare uguali certi segmenti che, invece, sono disuguali.

- Prima di passare ai calcoli conviene risolvere «mentalmente» il problema ragionando, ad esempio, così:
«indicando con x quel segmento, posso impostare una equazione; trovato il valore di x posso dedurne l'area di una parte della figura; dalla conoscenza dell'area, mediante la formula inversa, posso ricavare la lunghezza del tale segmento; e così via».

Questo sistema permetterà di scegliere il più semplice fra i diversi metodi di risoluzione del problema ed eviterà calcoli che servono solo a trovare misure non richieste, inutili per il seguito.

La risoluzione «mentale» del problema consente anche di capire se il quesito può essere spezzato in due o tre distinti quesiti (più facili) da affrontare in un certo ordine.
Molta importanza ha la determinazione delle grandezze da assumere come incognite e dalle quali, poi, si possono ricavare le altre grandezze richieste. Se l'incognita, o le incognite, non sono espressamente indicate in enunciato, la scelta deve farsi nel modo più opportuno.

- Certi semplici accorgimenti consentono di snellire notevolmente i calcoli che, quando sono troppo lunghi, non solo diventano noiosi, ma sono spesso fonte di errori. Esponiamo qui i casi più comuni.

1) Intanto, nelle espressioni aritmetiche o algebriche è bene eseguire subito le addizioni e le sottrazioni, mentre conviene lasciare in un primo tempo indicate le altre operazioni, nella speranza che si possa, prima o poi, effettuare qualche semplificazione. Ad esempio:

$$\frac{7+5+6^2}{18+6^2} = \frac{12+6^2}{18+6^2} = \frac{6(2+6)}{6(3+6)} = \frac{8}{9};$$

$$\frac{21(2a+3a)}{53+37} = \frac{21 \cdot 5a}{90} = \frac{21a}{18} = \frac{7}{6}a;$$

$$\frac{3\sqrt{2}+\sqrt{8}}{5} = \frac{3\sqrt{2}+2\sqrt{2}}{5} = \frac{5\sqrt{2}}{5} = \sqrt{2}.$$

2) Spesso il *razionalizzare* i denominatori delle frazioni contenenti radici quadrate porta a snellimenti dei calcoli. Ad esempio:

$$\frac{4}{\sqrt{18}} + \frac{\sqrt{8}}{6} = \frac{4}{3\sqrt{2}} + \frac{2\sqrt{2}}{6} =$$

$$= \frac{4\sqrt{2}}{3 \cdot 2} + \frac{\sqrt{2}}{3} = \frac{2}{3}\sqrt{2} + \frac{1}{3}\sqrt{2} = \sqrt{2}.$$

- Conclusi i calcoli, è prudente non fidarsi troppo della propria abilità nell'eseguire i medesimi; per cui è opportuno provvedere ad una *verifica*. Se, ad esempio, l'enunciato chiede di determinare la misura x di un certo segmento in modo che l'area di un determinato trapezio sia 18, si dovrà accertare che ciò accada, sfruttando la conoscenza sia dei dati che di x. Altrimenti, si potrà, a partire dal risultato e operando a ritroso, ritrovare qualcuno dei dati del problema; ovvero si potrà controllare se sono soddisfatte certe particolari proprietà della figura in esame (come l'uguaglianza dei lati opposti di un parallelogramma, ecc.).

- I valori che si determinano a partire dai dati, con particolare riferimento a quelli assunti dalle incognite, vanno esaminati per stabilire se sono, o no, *accettabili*. Ad esempio, dato un segmento AB e detti M e P rispettivamente il suo punto medio ed un punto interno al segmento MB, se si pone $\overline{AB} = a$ ed $\overline{AP} = x$ dobbiamo *scartare* ogni valore trovato per x per il quale non sia $a/2 < x < a$. Analogamente, una corda deve essere minore o uguale del rispettivo diametro, un lato di un triangolo compreso tra la differenza e la somma degli altri due, un angolo di un poligono convesso minore di un angolo piatto, ecc.
La situazione può complicarsi in presenza di uno o più dati parametrici. Così, riferendoci al precedente esempio nel quale doveva risultare $a/2 < x < a$, se troviamo $x = 2m - a$, allora occorre stabilire per quali valori del parametro m sono simultaneamente verificate le disequazioni $a/2 < 2m - a$ e $2m - a < a$. In ciò consiste la *discussione delle soluzioni*.

2. Avvertenza.

• In alcuni dei problemi che seguono, abbiamo adoperato scritture abbreviate come: «*l'area del triangolo è* 38 cm^2» in luogo della espressione più prolissa, ma precisa: «*l'area del triangolo, rispetto al* cm^2, *è* 38». Questo modo di esprimerci – reso opportuno per non appesantire gli enunciati dei problemi – non deve, però, trarre in inganno i lettori: *lunghezze, aree, volumi*, ecc., sono *misure* di grandezze e, quindi, **numeri**.

3. Problemi di 1° grado con radicali.

1 PROBLEMA RISOLTO. – *Un trapezio isoscele* **P** *ha la base minore uguale all'altezza e gli angoli adiacenti alla base maggiore di* 45°. *Detti* $\mathbf{P}_1$ *e* $\mathbf{P}_2$ *i trapezi simmetrici di* **P** *rispetto alle rette delle due basi, trovare l'area dell'ottagono* $\mathbf{P} \cup \mathbf{P}_1 \cup \mathbf{P}_2$ *sapendo che il suo perimetro è* 14a.

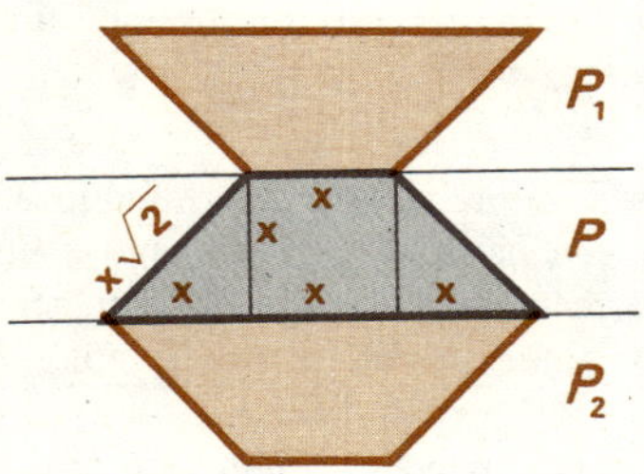

Costruita la figura e detta x la lunghezza della base minore, si stabilisce facilmente che le lunghezze della base maggiore e del lato obliquo di **P** sono rispettivamente $3x$ ed $x\sqrt{2}$.
Tenuto conto dell'enunciato, si ha l'equazione

$$6x\sqrt{2} + x + 3x = 14a.$$

Risolviamola:

$$3x\sqrt{2} + 2x = 7a;$$

$$x\,(3\sqrt{2} + 2) = 7a;$$

$$x = \frac{7a}{3\sqrt{2} + 2} = \frac{7a\,(3\sqrt{2} - 2);}{9 \cdot 2 - 4};$$

$$x = \frac{a\,(3\sqrt{2} - 2)}{2}.$$

Per il calcolo dell'area dell'ottagono, osservato che essa è tripla di quella di **P**, conviene operare inizialmente con x, anziché con l'espressione ovviamente più complicata $a\,(3\sqrt{2} - 2)/2$.

$$\text{Area} = 3 \cdot \frac{3x + x}{2} \cdot x = 6x^2 =$$

$$= \frac{6\,(3\sqrt{2} - 2)^2\,a^2}{4} =$$

$$= 3\,(11 - 6\sqrt{2})\,a^2.$$

2 Trovare il perimetro di un triangolo rettangolo sapendo che la somma e la differenza di un cateto e della sua proiezione sull'ipotenusa sono rispettivamente 65 m e 15 m.
[*R.* $(104 + 8\sqrt{39})$ m]

3 I cateti di un triangolo rettangolo sono uguali a $3\sqrt{15}$ m e $3\sqrt{10}$ m. Determinare l'altezza relativa all'ipotenusa e le proiezioni dei cateti sulla ipotenusa.
[*R.* $3\sqrt{6}$ m, 9 m e 6 m]

4 Trovare il perimetro di un triangolo rettangolo di ipotenusa a, sapendo che le proiezioni dei cateti sull'ipotenusa stanno come 2 sta a 3. [*R.* $a\,(5+\sqrt{10}+\sqrt{15}) : 5$]

5 Calcolare l'area di un triangolo rettangolo isoscele sapendo che il suo perimetro è 4 cm. [*R.* $(3 - 2\sqrt{2})\,4$ cm^2]

6 Calcolare il perimetro di un triangolo rettangolo isoscele sapendo che la sua area è a^2. [*R.* $2a\,(\sqrt{2} + 1)$]

7 In un trapezio rettangolo *ABCD*, la diago-

nale AC è perpendicolare al lato obliquo CB. Determinare il perimetro, l'altra diagonale e l'area del trapezio sapendo che $AC = 45$ dm e $AD = 30$ dm.

[*R.* $30(1 + 2\sqrt{5})$ dm, $3\sqrt{505}$ dm e $630\sqrt{5}$ dm^2]

8 Trovare la diagonale di un rettangolo avente il perimetro di 24 cm e nel quale il triplo del lato minore diminuito del lato maggiore è uguale alla differenza fra il lato maggiore e il minore. [*R.* $4\sqrt{5}$ cm]

9 Trovare le diagonali di un rettangolo conoscendo la somma a e la differenza b delle misure delle sue dimensioni.

[*R.* $\sqrt{(a^2 + b^2)/2}$]

10 L'altezza relativa all'ipotenusa di un triangolo rettangolo divide questa in due parti di cui una è 33 dm e l'altra è minore di 3 dm del cateto adiacente. Determinare tale cateto e l'altezza del triangolo. (1° *teor. di Euclide*). [*R.* (10/3) dm e $\sqrt{11}$ dm]

11 Di un triangolo isoscele si sa che il perimetro è 32 m e che la somma della base e di un lato è 20 m. Determinare le altezze relative ai lati uguali. (*Determinare prima l'altezza relativa alla base e ricordare l'espressione dell'area di un triangolo*).

[*R.* $16\sqrt{2}/3$ m]

12 I cateti di un triangolo rettangolo sono l'uno doppio dell'altro. Sapendo che il triplo della proiezione sull'ipotenusa del cateto minore supera di 12 cm la differenza fra la proiezione del cateto maggiore e l'altezza relativa all'ipotenusa, determinare l'area del triangolo. [*R.* 720 cm^2]

13 Di un rombo $ABCD$ si sa che l'ampiezza dell'angolo in A è 60°. Si consideri la *rotazione* di centro A e nella quale B ha per immagine D, e si indichino con C', D' i punti che corrispondono rispettivamente a C, D. Sapendo che l'area del pentagono $ABCC'D'$ è $10\sqrt{3}$ m^2, calcolare il perimetro del rombo. [*R.* $8\sqrt{2}$ m]

14 Il perimetro di un triangolo rettangolo è $a(5 + 3\sqrt{5})$; determinare l'ipotenusa sapendo che il rapporto fra il cateto minore e la sua proiezione sull'ipotenusa è $\sqrt{5}$.

[*R.* $5a$]

15 In un triangolo rettangolo l'altezza relativa all'ipotenusa aumentata di 3 m è uguale al cateto maggiore, mentre la proiezione di quest'ultimo sull'ipotenusa è uguale a $3\sqrt{3}$ m. Trovare il perimetro.

[*R.* $6(1 + \sqrt{3})$ m]

16 Un punto P è esterno ad un cerchio di centro O. Condotte per P le tangenti al cerchio, calcolare l'area del triangolo determinato da tali tangenti e dal diametro perpendicolare alla retta PO, sapendo che le lunghezze del raggio e del segmento OP sono r e d. [*R.* $d^2r/\sqrt{d^2 - r^2}$]

17 In un cerchio di raggio r è data una corda uguale ai 5/6 del raggio. Per gli estremi della corda si conducano le tangenti al cerchio. Trovare la distanza dal centro del punto d'incontro delle tangenti.

[*R.* $12r\sqrt{119} : 119$]

18 In un cerchio il cui raggio è 36 dm è inscritto un rettangolo le cui diagonali formano un angolo di 60°. Determinare i lati e l'area del rettangolo.

[*R.* 36 dm, $36\sqrt{3}$ dm e $1296\sqrt{3}$ dm^2]

19 Due lati opposti di un parallelogramma sono tripli degli altri due e il perimetro è 120 m. La proiezione di un lato minore sul lato adiacente è la metà del lato stesso. Determinare il perimetro del triangolo equilatero equivalente al parallelogramma.

[*R.* $45\sqrt{6}$ m]

20 In un trapezio rettangolo $ABCD$ la base maggiore AB è 45 cm e il rapporto fra la base minore CD e il lato perpendicolare AD è $4\sqrt{3}/9$. Si sa, inoltre, che la diagonale DB forma con la base maggiore BA un angolo di 30°. Calcolare i restanti lati del trapezio.

[*R.* $15\sqrt{3}$ cm, 20 cm e $10\sqrt{13}$ cm]

21 In un trapezio rettangolo la base maggiore è tripla della minore ed i lati sono uno doppio dell'altro. Sapendo che il perimetro è $12(3 + \sqrt{12})$ dm, determinare le diagonali del trapezio. (*Assumere come incognita* x *il lato perpendicolare alle basi*).

[*R.* $6\sqrt{7}$ dm e $6\sqrt{31}$ dm]

22 Un quadrato è equivalente a un triangolo equilatero. Determinare il rapporto dei loro lati. [*R.* $\sqrt[4]{3}/2$]

23 La base di un triangolo è $(2 + 2\sqrt{3})$ cm. Calcolare l'altezza relativa e gli altri due lati sapendo che gli angoli alla base sono di 45° e 30°. (*Indicare con* x *l'altezza menzionata*).
[*R.* 2 cm, 4 cm e $2\sqrt{2}$ cm]

24 In un triangolo isoscele la base è 20 m e il rapporto fra l'altezza relativa alla base e l'altezza relativa a un lato è $\sqrt{5}/2$. Determinare i lati e le altezze.
[*R.* $10\sqrt{5}$ m, 20 m e $8\sqrt{5}$ m]

25 Un punto P dista dal centro di un cerchio di un segmento uguale al diametro di questo. Che angolo formano le tangenti condotte da P al cerchio? Determinare i segmenti di tangente sapendo che il raggio è 125 m.
[*R.* 60°, $125\sqrt{3}$ m]

26 Da un punto esterno ad un cerchio si sono condotte le tangenti a questo. La corda che unisce i punti di contatto è uguale al raggio. Che angolo formano le tangenti? Qual è la distanza del punto dal centro se il raggio è $12a$?
[*R.* 120°, $8a\sqrt{3}$]

27 In un trapezio isoscele le diagonali sono perpendicolari ai lati obliqui; le proiezioni di una diagonale e di un lato obliquo sulla base maggiore sono rispettivamente 75 cm e 48 cm. Determinare i lati del trapezio e la diagonale del quadrato equivalente al trapezio stesso. [*R.* 123 cm, $12\sqrt{41}$ cm, 27 cm e $30\sqrt{10}$ cm]

28 La somma dei segmenti di tangente condotti da un punto esterno ad un cerchio e del raggio di questo è 225 cm; il rapporto fra la distanza del punto dato dal centro e il raggio è $\sqrt{5}$. Trovare il raggio.
[*R.* 45 cm]

29 I segmenti di tangente PT, PT' condotti da un punto esterno P ad un cerchio di centro O sono uguali alla corda TT'; la differenza fra il triplo del raggio e il doppio della proiezione di OT sulla retta OP è $2a\sqrt{3}$. Determinare la corda TT'. [*R.* $3a$]

30 Dato un triangolo equilatero, il cui lato ha per misura a, si consideri un punto della base che la divide in parti che stanno come 2:3. Tracciate da tale punto le parallele agli altri due lati, si viene a formare un parallelogramma del quale si chiedono perimetro e area. [*R.* $2a$, $3a^2\sqrt{3}/25$]

31 Le due basi di un trapezio sono uguali al lato e alla diagonale di un quadrato di apotema a; congiungere il punto N che divide la base minore in parti che stanno nel rapporto 2:3 con un punto P della base maggiore in modo che i due trapezi che si vengono a formare siano equivalenti. [*R.* Una delle parti in cui resta divisa la base magg. è $a(1 + 5\sqrt{2}):5$]

32 Il lato di un quadrato è 28 m. Con una retta perpendicolare ad una diagonale dividere il quadrato in due parti il cui rapporto sia 5/11. (*Assumere come incognita* x *la distanza della perpendicolare dall'estremo più vicino della diagonale*).
[*R.* $x = 7\sqrt{5}$ m]

33 Le dimensioni di un rettangolo misurano a e b. Calcolare il rapporto fra il raggio del cerchio circoscritto al rettangolo e il raggio del cerchio inscritto nel quadrilatero che ha per vertici i punti medi dei lati del rettangolo. [*R.* $(a^2 + b^2):ab$]

34 Il perimetro di un triangolo isoscele è uguale a 60 m; il lato supera di 15 m i 3/4 della base. Determinare il raggio della circonferenza circoscritta al triangolo.
[*R.* $16\sqrt{15}/5$ m]

35 Il perimetro di un trapezio è $148a$, la base maggiore è i 28/15 di uno dei lati obliqui e questo è i 15/13 dell'altro lato obliquo; la base minore è i 9/14 della maggiore. Calcolare l'altezza del trapezio.
[*R.* $12a\sqrt{114}:5$]

36 In un trapezio la somma dei lati obliqui è 9 dm e la loro differenza è 10 cm. Inoltre il triplo della differenza delle basi supera di 12 dm la somma dei lati obliqui, mentre la somma delle basi è 17 volte la differenza dei lati obliqui. Trovare l'area del trapezio. [*R.* $68\sqrt{6}/7$ dm²]

37 Un rettangolo $ABCD$ è inscritto in un cerchio col raggio di lunghezza r e si ha $\overline{AB} = 3\,r/2$. Tracciata una corda EF parallela ad AB ed uguale al raggio, determinare l'area del rettangolo i cui lati sono uguali alle distanze di EF da AB e da CD.
[*R.* $5r^2/16$]

38 Determinare il perimetro di un triangolo isoscele equivalente ad un quadrato inscritto in un cerchio di raggio r sapendo che base e altezza stanno come 16:15.
[*R.* $5r\sqrt{15} : 3$]

39 Determinare l'area di un rombo sapendo che ha un angolo di 60° e che la diagonale maggiore è 46 m.
[*R.* $1058\sqrt{3} : 3$ m²]

40 In un cerchio il cui raggio è 24 cm è data una corda che è i 3/5 del diametro. Da una parte della corda è inscritto un triangolo isoscele e dall'altra un rettangolo aventi entrambi la corda come base. Calcolare il perimetro del pentagono somma del triangolo e del rettangolo.
[*R.* $48(11 + \sqrt{10}) : 5$ cm]

41 In un cerchio il cui raggio è 12 m è inscritto un quadrilatero con due angoli opposti retti e due lati opposti rispettivamente uguali al raggio del cerchio e al lato del quadrato inscritto. Calcolare l'area del quadrilatero. [*R.* $72(\sqrt{3} + 2)$ m²]

42 Dato un cerchio di raggio r, determinare il lato del dodecagono regolare inscritto. (*Inscrivere l'esagono regolare e determinare la differenza fra* r *e l'apotema*).
[*R.* $r\sqrt{2 - \sqrt{3}}$]

43 Data la misura r del raggio di un cerchio, calcolare l'area dell'ottagono regolare inscritto. (*Unendo il centro con i vertici, si scompone il poligono in otto triangoli isosceli, il cui angolo al vertice è di 45°; si determini l'altezza relativa a un lato obliquo*).
[*R.* $2r^2\sqrt{2}$]

44 Dimostrare che l'ottagono regolare inscritto in un cerchio è medio proporzionale fra il quadrato inscritto e quello circoscritto allo stesso cerchio. (*Vedi il probl. preced.*).

45 Di un parallelogramma $ABCD$ si sa che $\overline{AB} = 4$, $\overline{BC} = 2\sqrt{2}$ e che $A\widehat{B}C = 45°$. Si indichino: con A' il *simmetrico* di A rispetto a B, con B' il *simmetrico* di B rispetto a C, con C' il *simmetrico* di C rispetto a D, con D' il *simmetrico* di D rispetto ad A. Si dimostri che il quadrilatero $A'B'C'D'$ ha i lati opposti uguali (*triangoli uguali per il* 1° *criterio*) ed è, quindi, un parallelogramma, e se ne calcolino il perimetro e l'area. (*Ciascuno dei triangoli* A'BB', B'CC', ... *è equivalente al* ...).
[*R.* $4\sqrt{10} + 8\sqrt{5}$; 40]

4. Problemi di 2° grado.

1 PROBLEMA RISOLTO. – *Sono dati un segmento* AB *di lunghezza* 10a *ed un suo punto* P. *Dalla stessa parte di* AB *si costruiscono i due quadrati* APQR *e* PBMN *nonché il rettangolo* PMSR *avente per dimensioni le diagonali* PR *e* PM *dei due quadrati. Come deve essere scelto* P *affinché tale rettangolo abbia area* 42a²?

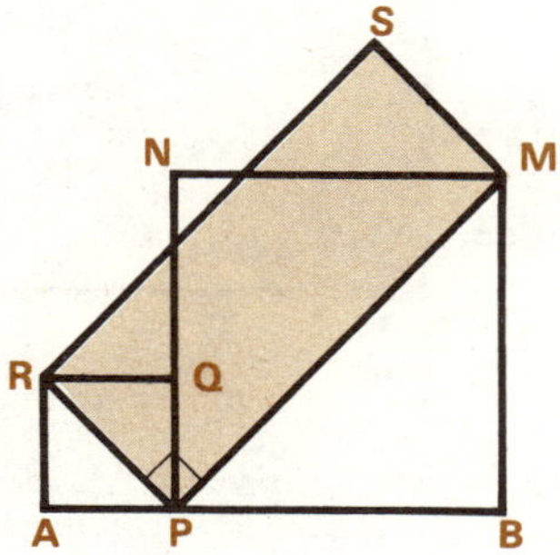

Disegnata la figura, poniamo $\overline{AP} = x$ e $\overline{PB} = 10a - x$.
Poiché la diagonale di un quadrato di lato l è uguale ad $l\sqrt{2}$, abbiamo:

$$\overline{PR} = x\sqrt{2}, \qquad \overline{PM} = (10a - x)\sqrt{2}.$$

Per l'enunciato del problema deve essere:

$$x\sqrt{2}\,(10a - x)\sqrt{2} = 42a^2;$$
$$2x(10a - x) = 42a^2;$$
$$10ax - x^2 = 21a^2;$$
$$x^2 - 10ax + 21a^2 = 0;$$
$$x = 5a \pm \sqrt{25a^2 - 21a^2};$$
$$x_1 = 3a, \qquad x_2 = 7a.$$

Si hanno dunque due soluzioni ($\overline{AP} = 3a$ ed $\overline{AP} = 7a$) che vengono dette *simmetriche* in quanto non danno luogo a due figure differenti, bensì alla figura rappresentata nel disegno e ad una figura uguale ad essa (più precisamente, *simmetrica* della prima rispetto all'asse del segmento AB).

NOTA. – Il precedente problema si sarebbe potuto risolvere anche ponendo $\overline{AP} = x$ e $\overline{PB} = y$. In tal caso avremmo ottenuto il sistema di 2° grado (simmetrico)

$$\begin{cases} x + y = 10a \\ (x\sqrt{2})\,(y\sqrt{2}) = 42a^2; \end{cases}$$

cioè

$$\begin{cases} x + y = 10a \\ xy = 21a^2. \end{cases}$$

La *simmetria* delle soluzioni

$$\begin{cases} x = 7a, \\ y = 3a, \end{cases} \qquad \begin{cases} x = 3a \\ y = 7a \end{cases}$$

risulta, con questo procedimento, ancor più palese.

2 PROBLEMA RISOLTO. - *In un rettangolo avente le dimensioni di* 6 m *e* 8 m *si riporta sui due lati maggiori, a partire dagli estremi* A, C *di una diagonale, un segmento di lunghezza* x *e sui due lati minori, sempre a partire da* A *e da* C, *un segmento doppio del precedente. Congiungendo gli estremi (distinti da* A *e* C) *dei quattro segmenti citati, si ottiene un parallelogramma. Determinare* x *in modo che questo abbia area* 28 (*in* m²).

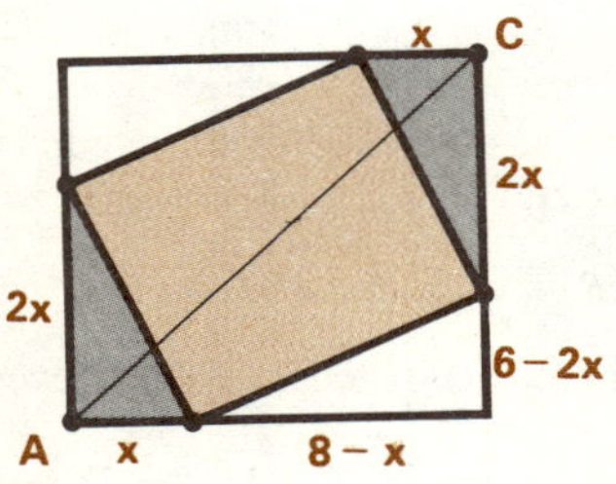

Disegnata la figura, si osserva che i due triangoli a fondo grigio sono uguali e così pure i due a fondo bianco perché rettangoli ed aventi a due a due i cateti uguali. Dalla uguaglianza delle loro ipotenuse segue che il quadrilatero a fondo colorato ha i lati opposti a due a due uguali e, dunque, che è un parallelogramma.
Per imporre che la sua area sia uguale a 28, conviene esprimere tale area come differenza fra quella del rettangolo e la somma delle aree dei quattro triangoli. Poiché le misure dei cateti di tali triangoli sono quelle indicate in figura, si ha l'equazione

$$6 \cdot 8 - 2\left[\frac{1}{2}x \cdot 2x + \frac{1}{2}(8 - x)(6 - 2x)\right] = 28.$$

Semplificando ed ordinando otteniamo:

$$2x^2 - 11x + 14 = 0;$$

$$x_1 = 2, \qquad x_2 = \frac{7}{2} = 3{,}5.$$

Solo la prima di tali *soluzioni* è *accettabile* perché deve essere

$$0 < 2x \leq 6, \qquad \text{cioè} \qquad 0 < x \leq 3.$$

OSSERVAZIONE. - Se nel precedente problema l'area del parallelogramma anziché a 28 avesse dovuto essere uguale a 30, saremmo pervenuti all'equazione

$$2x^2 - 11x + 15 = 0,$$

le cui soluzioni $x_1 = 2{,}5$ ed $x_2 = 3$ sarebbero state *entrambe accettabili* perché soddisfacenti, ciascuna, alle limitazioni $0 < x \leq 3$.
Quando una radice (come nel nostro caso x_2) coincide con uno dei limiti geometrici del problema, essa, in certi contesti, viene chiamata *soluzione limite*. Poiché frequentemente le soluzioni limite danno luogo a situazioni particolari, è opportuno, in presenza di una di esse, procedere ad un esame diretto della figura. Nel caso in esame per $x = x_2 = 3$ ci si rende subito conto che i due triangoli a fondo bianco scompaiono, cioè che la figura assume l'aspetto seguente.

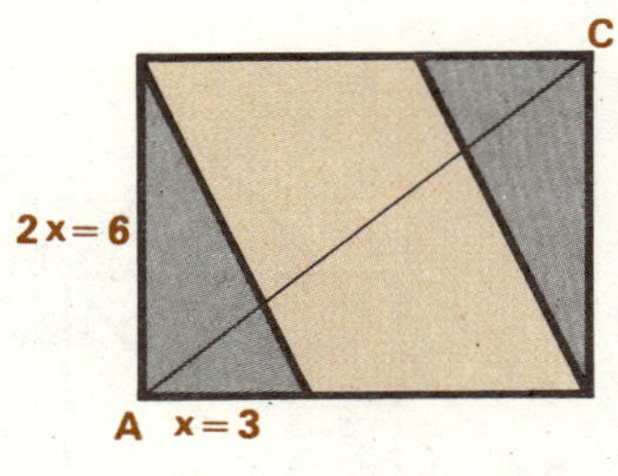

3 PROBLEMA RISOLTO. - *In un triangolo acutangolo* ABC *l'altezza* AH *divide* BC *in due parti* BH *ed* HC *rispettivamente ugua-*

li a 9 cm *e* 5 cm. *Trovare* AH *sapendo che il perimetro del triangolo è* 42 cm.

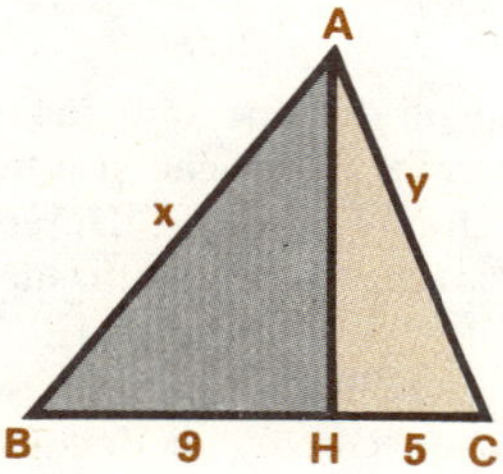

Indichiamo con x ed y le misure in cm dei lati AB ed AC.
Una prima equazione si ottiene immediatamente imponendo che il perimetro sia uguale a 42 cm:

$$x + 9 + 5 + y = 42, \qquad x + y = 28.$$

Per trovare la seconda equazione si adotta un accorgimento che i lettori debbono tenere ben presente. Si osserva che l'area del quadrato costruito su AH può essere espressa applicando il teorema di Pitagora sia al triangolo rettangolo ABH, sia al triangolo rettangolo ACH:

$$(1) \qquad \overline{AH}^2 = \overline{AB}^2 - \overline{BH}^2; \quad \overline{AH}^2 = \overline{AC}^2 - \overline{CH}^2;$$

$$\overline{AB}^2 - \overline{BH}^2 = \overline{AC}^2 - \overline{CH}^2;$$

$$x^2 - 9^2 = y^2 - 5^2,$$

$$x^2 - y^2 = 56.$$

Il sistema risolutivo è, dunque,

$$\begin{cases} x^2 - y^2 = 56 \\ x + y = 28. \end{cases}$$

Esso può essere risolto rapidamente riducendolo al 1° grado:

$$\begin{cases} (x + y)\,(x - y) = 56 \\ x + y = 28; \end{cases} \qquad \begin{cases} 28\,(x - y) = 56 \\ x + y = 28; \end{cases}$$

$$\begin{cases} x - y = 2 \\ x + y = 28; \end{cases} \qquad \begin{cases} x = 15 \\ y = 13. \end{cases}$$

Sostituendo nella (1) ricaviamo:

$$\overline{AH}^2 = x^2 - 9^2 = 15^2 - 9^2 = 144;$$
$$AH = 12 \text{ cm}.$$

4 Siano $5a$ e $12a$ le lunghezze dei cateti di un triangolo rettangolo. Di quale segmento x vanno aumentati i tre lati del triangolo affinché i tre segmenti ottenuti siano lati di un nuovo triangolo rettangolo?
[*R.* Probl. imposs.: $\bar{x}_1 = 0$ e $\bar{x}_2 = -8a$]

5 Di quale segmento x vanno diminuite le dimensioni 10 cm e 8 cm di un rettangolo affinché l'area del nuovo rettangolo così ottenuto sia 35 cm²? [*R.* $x = 3$ cm]

6 In un rettangolo i 2/5 della base sono uguali ai 6/25 dell'altezza e l'area, espressa in cm², è 135. Trovare il perimetro.
[*R.* 48 cm]

7 In un cerchio di raggio unitario inscrivere un rettangolo nel quale la differenza delle dimensioni misuri $\sqrt{2}$.
[*R.* Una dimensione è $(\sqrt{6} - \sqrt{2}):2$]

8 Calcolare i tre lati di un triangolo rettangolo, dati il perimetro di 40 m e la differenza dei cateti di 7 m.
[*R.* 8 m, 15 m e 17 m]

9 Dato un cerchio di centro O e raggio r, determinare sulla tangente condotta per un suo punto A un punto M tale che AM sia doppio della parte esterna al cerchio del segmento MO. [*R.* $AM = 4r/3$]

10 Calcolare le basi e l'altezza di un trapezio sapendo che esse stanno, nell'ordine, come i numeri 2, 5, 7 e che il trapezio è equivalente a 22 050 m².
[*R.* 60 m, 150 m e 210 m]

11 Un quadrilatero $ABCD$ è *simmetrico* rispetto alla retta AC ed è inscrivibile in un cerchio. Sapendo che il suo perimetro è 34 cm e la sua area è 60 cm², si determinino le lunghezze dei suoi lati.
[*R.* 5 cm e 12 cm]

12 I lati di un rettangolo sono 4 cm e 7 cm. Di quale segmento debbono essere aumentati affinché il nuovo rettangolo così ottenuto abbia area uguale a 70 cm²?
[*R.* 3 cm]

13 Un rettangolo ha le dimensioni che sono il triplo e il quintuplo del lato di un quadrato. Calcolare le dimensioni delle due figure sapendo che la differenza delle loro aree è 2016 m². [*R.* Lato quadrato = 12 m]

14 In un triangolo equilatero **T**, di lato 4 cm,

inscriverne un altro **T**′ tale che l'area di **T** – **T**′ sia $9\sqrt{3}/4$ cm².
[*R.* I vertici di **T**′ dividono i lati di **T** in segmenti di 1 cm e 3 cm]

15 In un trapezio la base maggiore è i 9/7 della minore e questa è i 35/6 dell'altezza. Determinare le basi e l'altezza del trapezio sapendo che la sua area è 10140 m². (*Si indichi con* x *l'altezza*). [*R.* $x = 39$ m]

16 In un trapezio rettangolo la diagonale minore forma con la base maggiore un angolo di 45° e la base minore è i 3/5 della maggiore. Calcolare le basi del trapezio sapendo che la sua area è 48 m². (*Assumere come incognita* x *la base minore*).
[*R.* 6 m e 10 m]

17 L'area di un rettangolo è 1400 m² e la base è i 7/8 dell'altezza. Calcolare la differenza tra l'area del quadrato che ha lo stesso perimetro e l'area del rettangolo.
[*R.* 6,25 m²]

18 Determinare il lato di un quadrato sapendo che, se si raddoppia la sua base e si diminuisce di 8 m l'altezza, il rettangolo ottenuto ha l'area inferiore di 48 m² a quella del quadrato. [*R.* 12 m]

19 Dato un rettangolo avente dimensioni a e b ($a > b$), di quale segmento si deve diminuire a ed aumentare b affinché la diagonale non muti? [*R.* $a - b$]

20 Se la base di un rettangolo viene aumentata di 4 cm e l'altezza viene raddoppiata e poi diminuita di 20 cm, l'area diminuisce di 40 cm². Calcolare le dimensioni del rettangolo iniziale sapendo che la loro somma è 3,1 dm. [*R.* 16 cm e 15 cm]

21 Determinare l'ipotenusa x di un triangolo rettangolo conoscendo le somme $25a$ e $18a$ dell'ipotenusa con i cateti. [*R.* $13a$]

22 In un parallelogramma gli angoli acuti hanno l'ampiezza di 30°, due lati opposti sono uguali, ciascuno, alla somma di 2 cm con il doppio di uno degli altri due lati e l'area è 30 cm². Determinare il perimetro del parallelogramma. [*R.* 34 cm]

23 Calcolare l'ipotenusa di un triangolo rettangolo con il perimetro di 12 m, sapendo che la somma del doppio del cateto minore con il cateto maggiore è uguale al doppio dell'ipotenusa. (*Conviene assumere tre incognite*). [*R.* 5 m]

24 Due quadrati sono uno incluso nell'altro. L'area della figura che si ottiene come loro differenza è 731 m². Determinare i lati sapendo che il maggiore supera il minore di 17 m. [*R.* 30 m e 13 m]

25 È dato un cerchio di diametro $AB = 2r$ e la tangente t in A. A quale distanza x da B si deve condurre una corda perpendicolare ad AB affinché il rettangolo che ha per lato la corda e il lato opposto su t abbia diagonale $r\sqrt{21}/3$? [*R.* $5r/3$]

26 La somma dell'ipotenusa e del doppio di un cateto di un triangolo rettangolo è $52l$ e l'altro cateto è $12l$. Calcolare il perimetro del triangolo. [*R.* $48l$]

27 Dato un quarto di cerchio AOB di raggio r, determinare un punto P dell'arco AB, tale che la sua distanza x del raggio OB uguagli il segmento PA. (*Indicare con* y *la distanza di* P *da* OA; *teor. di Pitagora applicato al triang.* PAH, *con* H *proiezione di* P *su* OA). [*R.* $x = r(\sqrt{3} - 1)$]

28 Dato un segmento a, trovare un segmento x tale che il triangolo rettangolo di ipotenusa $a+x$ e cateto a abbia l'altro cateto uguale alla diagonale del quadrato costruito su x. [*R.* $2a$]

29 Determinare il perimetro di un triangolo rettangolo che ha area $5a^2$ e l'ipotenusa di lunghezza $5a$. [*R.* $a(5 + 3\sqrt{5})$]

30 L'area di un trapezio è 756 m² e la sua altezza è 18 m. Determinare le basi sapendo che il rettangolo che le ha per dimensioni ha l'area di 1748 m².
[*R.* 46 m e 38 m]

31 In un triangolo rettangolo la somma delle lunghezze dei cateti è $34a$ e la somma dell'area del triangolo e dell'area del quadrato costruito sull'ipotenusa è $796a^2$. Determinare il perimetro. [*R.* $60a$]

32 I punti medi dei lati di un rombo, di area $80a^2$, sono vertici di un rettangolo nel quale la differenza delle dimensioni misura

$6a$. Trovare la misura del semiperimetro del rettangolo. [*R.* $14a$]

33 In un quadrato di lato 6 m si inscriva un secondo quadrato equivalente ai 2/3 del primo. Determinare i segmenti nei quali i vertici del quadrato inscritto dividono i lati di quello circoscritto.
[*R.* $(3 + \sqrt{3})$ m e $(3 - \sqrt{3})$ m]

34 Determinare i lati di un rettangolo sapendo che la somma di uno con il doppio dell'altro è uguale a $62a$ e che il rombo ottenuto congiungendo i punti medi dei lati del rettangolo ha lato $17a$. [*R.* $30a$ e $16a$]

35 Calcolare le diagonali di un rombo conoscendo il lato l ed il raggio r del cerchio inscritto.

36 Determinare le dimensioni di un rettangolo inscritto in un cerchio di raggio $26a$ sapendo che la differenza fra il triplo della dimensione minore e la maggiore è $12a$.
[*R.* $20a$ e $48a$]

37 In un cerchio di raggio lungo r inscrivere un triangolo isoscele tale che la somma delle aree dei quadrati costruiti sui suoi tre lati sia $8r^2$. (*Assumere come incognita* x *l'altezza del triangolo*). [*R.* $x = r$]

38 Determinare le lunghezze delle basi di un trapezio isoscele, data l'area $18s^2$, la misura $3s$ dell'altezza e la differenza $32s^2$ fra le aree dei quadrati costruiti su una diagonale e su un lato obliquo. [*R.* $8s$, $4s$]

39 È dato un quadrato $\mathbf{Q} = ABCD$ con il lato di 3 m. Si consideri la *traslazione* di vettore $\overrightarrow{\mathbf{AP}}$, dove P è un punto interno alla diagonale BD, e si indichi con $\mathbf{Q}'$ l'immagine di $\mathbf{Q}$ in tale traslazione. Determinare la distanza di P dal lato AD in modo che:
1) il perimetro di $\mathbf{Q} \cap \mathbf{Q}'$ sia 9 m;
2) il perimetro di $\mathbf{Q} \cup \mathbf{Q}'$ sia 18 m;
3) l'area di $\mathbf{Q} \cup \mathbf{Q}'$ sia 16 m^2.
[*R.* 1) Impossibile; 2) indeterminato; 3) $x_1 = 1$ m, $x_2 = 2$ m (soluz. simm.)]

40 Dato un rettangolo $\mathbf{R} = OABC$ di perimetro 26 cm e con $OA < AB$, siano $\mathbf{R}_1$, $\mathbf{R}_2$, $\mathbf{R}_3$ i rettangoli ottenuti sottoponendo $\mathbf{R}$ a tre *rotazioni* attorno ad O, nello stesso senso, di 90°, 180°, 270°. Detti poi A_1, A_2, A_3 i corrispondenti del vertice A in tali *rotazioni* ed $\mathbf{S}$ il quadrilatero $AA_1A_2A_3$, si determini l'area di $\mathbf{R}$ sapendo che si ha $\mathbf{R} \cup \mathbf{R}_1 \cup \mathbf{R}_2 \cup \mathbf{R}_3 - \mathbf{S} \equiv 96$ cm^2.
[*R.* 42 cm^2, ovvero 248/9 cm^2]

41 Un lato di un triangolo è uguale a 28 m; si sa inoltre che l'altezza ad esso relativa lo divide in due parti che stanno fra loro come 2 sta a 5. Calcolare gli altri due lati sapendo che il doppio del minore supera il maggiore di 9 m. [*R.* 17 m e 25 m]

42 Un triangolo ha i lati di 15 m, 18 m, 20 m. Calcolare i segmenti in cui il lato minore viene diviso dalla relativa altezza.
[*R.* (301/30) m e (149/30) m]

43 L'altezza AH del triangolo ABC divide la base BC in due parti, delle quali $CH = 5$ cm. Sapendo che $AB = 15$ cm e che il perimetro del triangolo è 42 cm, determinare AH. [*R.* 12 cm, ovvero $2\sqrt{14}$ cm]

44 La base AB di un rettangolo è uguale a $44a$. Un segmento perpendicolare ad AB divide AB stesso in parti proporzionali ai numeri 9 e 2 e spezza il rettangolo in due rettangoli nei quali al somma delle quattro diagonali è $112a$. Trovare il perimetro del rettangolo. (*Indicare con* x *ed* y *le diagonali dei due rettangoli ottenuti per sezione e ragionare come nel problema risolto* n. 3).
[*R.* $118a$]

45 L'altezza AH di un triangolo ABC cade sul prolungamento di BC, dalla parte di C. Sapendo che $AB = 15a$, $AC = 13a$ e che, $CH - BC = a$, determinare il perimetro del triangolo. (*Porre* CH = x, BC = y).
[*R.* $32a$]

46 Due corde $2x$ e $2y$ di un cerchio distano rispettivamente $6a$ e $8a$ dal centro ed è noto che $2x + 3y = 34a$. Trovare il raggio del cerchio. [*R.* $10a$]

47 Due corde parallele di un cerchio sono disposte dalla stessa parte del centro. Sapendo che esse misurano $4a$ e $6a$ e che la loro distanza misura a, determinare la lunghezza x della distanza della corda maggiore dal centro. [*R.* $2a$]

48 Risolvere il problema precedente nel caso che le due corde siano da parti opposte del centro e la loro distanza misuri $3a$.
[*R.* $2a/3$]

5. Problemi risolubili con equazioni o sistemi irrazionali.

1 PROBLEMA RISOLTO. - *In un triangolo rettangolo un cateto supera l'altro di* 17 cm *ed il perimetro è* 56 cm. *Trovare i lati del triangolo.*

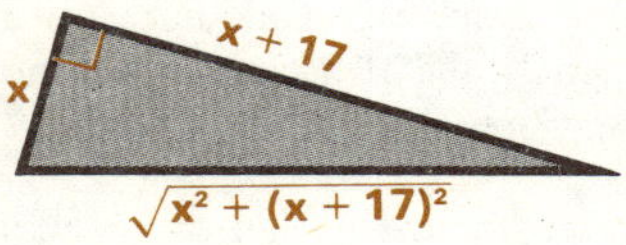

Indicate con x ed $x + 17$ le misure in cm dei due cateti, la lunghezza della ipotenusa è data, per il teorema di Pitagora, da

$$\sqrt{x^2 + (x + 17)^2} = \sqrt{2x^2 + 34x + 289}.$$

In virtù dell'enunciato abbiamo:

$$x + (x + 17) + \sqrt{2x^2 + 34x + 289} = 56;$$

$$(1) \qquad \sqrt{2x^2 + 34x + 289} = 39 - 2x.$$

Elevando ambo i membri al quadrato, ordinando e risolvendo otteniamo successivamente:

$$(2) \qquad \begin{aligned} &2x^2 + 34x + 289 = \\ &= 1521 - 156x + 4x^2; \\ &x^2 - 95x + 616 = 0; \\ &x_1 = 7, \quad x_2 = 88. \end{aligned}$$

La soluzione $x = 88$ è chiaramente non accettabile perché la misura di un lato (88) di un triangolo non può essere maggiore di quella del perimetro (56). Ma al di là di tale considerazione geometrica, detta soluzione va scartata per precisi motivi algebrici: le equazioni (1) e (2), infatti, sono equivalenti se e solo se i due membri della (1) hanno segno concorde; cioè se e solo se $39-2x > 0$. Poiché deve essere $x < 39/2$, dobbiamo escludere la radice $x = 88$.
È noto che, non volendo ricorrere al calcolo delle disequazioni, le eventuali radici estranee delle equazioni irrazionali possono essere anche scartate eseguendo una *verifica* nell'equazione che precede l'elevamento al quadrato; nel nostro caso nella (1). Senza bisogno di alcun calcolo, si nota subito che per $x = 88$ i due membri della (1) sono disuguali perché il primo è positivo, mentre il secondo è negativo.
Poiché per $x = 7$ i due membri della (1) risultano entrambi uguali a 25, o, alternativamente, osservato che $7 < 39/2$, la radice $x = 7$ è, invece, accettabile. Da $x = 7$ segue poi che

$$x + 17 = 24 \quad \text{e} \quad \sqrt{x^2 + (x+17)^2} = 25;$$

per cui i tre lati del triangolo sono uguali a 7 cm, 24 cm e 25 cm.
Il problema in esame si sarebbe anche potuto risolvere indicando con x ed y le misure in cm dei due cateti e calcolando poi le soluzioni del sistema

$$\begin{cases} y = x + 17 \\ x + y + \sqrt{x^2 + y^2} = 56. \end{cases}$$

2 Trovare il perimetro di un triangolo rettangolo ABC sapendo che la proiezione del cateto AC sull'ipotenusa AB è 1 cm e che $AB + BC = 5$ cm. [*R.* (20/3) cm]

3 Determinare la misura x del raggio di un cerchio sapendo che la somma della metà di una corda AB con la minore delle distanze di tale corda dagli estremi del diametro ad essa perpendicolare è 4,8 cm e che la distanza di AB dal centro del cerchio è 2,4 cm. [*R.* 4 cm]

4 In un triangolo isoscele l'altezza supera di 2 cm la base. Trovare l'area sapendo che il perimetro è 36 cm. [*R.* 60 cm²]

5 In un trapezio isoscele la base maggiore supera di 14 m la base minore, che è uguale all'altezza. Trovare l'area, sapendo che il perimetro è 112 m. [*R.* 744 m²]

6 Dato un quadrato $ABCD$ di lato $2a$, sia M il punto medio di BC. Determinare un punto P di AB in modo che il perimetro del pentagono $APMCD$ sia uguale a $7{,}5a$. [*R.* $AP = 1{,}25a$]

7 Determinare l'altezza x di un triangolo isoscele di base $2a$ in modo che il perimetro superi il doppio dell'altezza dei 4/3 della base. [*R.* $x = 4a/3$]

8 Dato un cerchio di raggio r determinare a quale distanza dal centro si deve tracciare una corda perpendicolare ad un diametro affinché il quadrilatero, che ha per vertici

gli estremi della corda e quelli del diametro, abbia perimetro $4p$.
[*R.* $p\sqrt{2r^2 - p^2}/r$]

9 In un cerchio di raggio r si costruiscano su una corda, presa come base, due triangoli isosceli inscritti con i vertici diametralmente opposti e tali che il rapporto del maggiore al minore dei lati obliqui sia k. Trovare la distanza x della corda dal centro. [*R.* $r(k^2 - 1):(k^2 + 1)$]

10 Il perimetro di un rettangolo è 68 m. Determinare le sue dimensioni sapendo che la somma di una di esse con la diagonale del rettangolo è 50 m. [*R.* 10 m e 24 m]

11 Data una circonferenza di diametro $AB = 2r$, determinare un punto P sul prolungamento di AB, dalla parte di B, tale che la differenza fra il segmento PA e il segmento di tangente condotto da P alla circonferenza sia uguale ai 4/3 del raggio. [*R.* $BP = 2r/3$]

12 Determinare il diametro $AB = 2x$ di un cerchio sapendo che, preso un punto C di AB tale che $AC = a$ e condotta la corda DE passante per C e perpendicolare ad AB, si ha $AB - BD = 2 \cdot AC:3$.
[*R.* $AB = 4a/3$]

13 In un semicerchio di raggio r inscrivere un rettangolo tale che la diagonale superi della metà del raggio l'altezza di un triangolo equilatero avente la stessa base del rettangolo. (*Indicare con* x *la semibase*).
[*R.* $x = r\sqrt{3}/4$]

14 Dato un triangolo equilatero ABC di lato l si indichi con M il punto medio di BC. Determinare la distanza PA (essendo P un punto del lato AB) in modo che si abbia:

$$3 \cdot AP + 3 \cdot PM = 4l.$$

[*R.* $37l:42$]

15 Dato un quadrato $ABCD$ di lato $4a$, determinare sul prolungamento di AB, dalla parte di B, un punto E tale che il triangolo EDC e il quadrato dato abbiano ugual perimetro. [*R.* $BE = a(3\sqrt{2} - 2)$]

6. Problemi risolubili con sistemi simmetrici.

1 PROBLEMA RISOLTO. - *Dato un rettangolo* **R** = ABCD *si prolunghi il lato* AB, *dalla parte di* A, *di un segmento* AE = AD *e si costruisca il quadrato* **Q** *di lato* EB *nello stesso semipiano che contiene* **R**. *Sia* **Q**′ *il quadrato costruito sulla diagonale* AC. *Trovare le dimensioni di* **R** *sapendo che l'area di* **Q**′ *è* 218 cm², *mentre l'area del poligono che si ottiene come «differenza» fra* **Q** *ed* **R** *è* 309 cm².

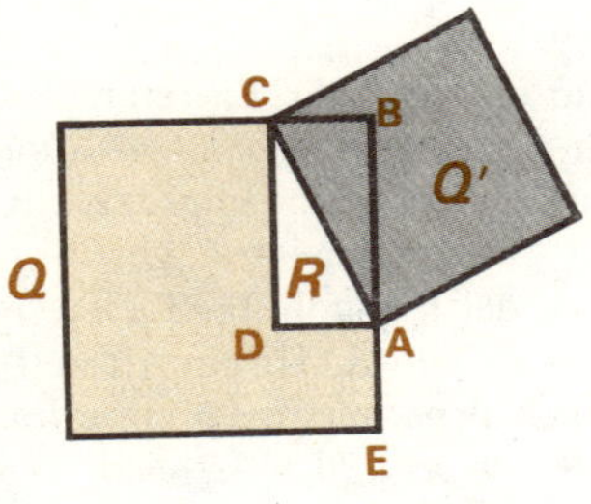

Costruita la figura, poniamo $\overline{AB} = x$ ed $\overline{AD} = y$. Per l'enunciato si ha il sistema simmetrico:

$$\begin{cases} (x + y)^2 - xy = 309 \\ x^2 + y^2 = 218. \end{cases}$$

Applicando nella 2ª equazione l'identità $x^2 + y^2 = (x + y)^2 - 2xy$, esso diviene

$$\begin{cases} (x + y)^2 - xy = 309 \\ (x + y)^2 - 2\,xy = 218. \end{cases}$$

Sottraendo membro a membro tali equazioni si ricava che $xy = 91$. Sostituito questo valore nella prima equazione, si ottiene successivamente:

$$(x + y)^2 - 91 = 309;$$
$$(x + y)^2 = 400: \qquad x + y = 20.$$

Si noti che abbiamo scartato la soluzione $x + y = -20$ perché x ed y, come misure di segmenti non orientati, debbono essere positivi.
Il sistema di somma e prodotto

$$\begin{cases} x + y = 20 \\ xy = 91 \end{cases}$$

ammette le due soluzioni simmetriche

$$\begin{cases} x = 13 \\ y = 7 \end{cases} \qquad \begin{cases} x = 7 \\ y = 13 \end{cases}$$

che sono da considerare come una sola soluzione perché danno origine a rettangoli uguali.
Concludendo: $AB = 13$ cm e $AD = 7$ cm.

2 Calcolare le diagonali di un rombo, date le misure 100 a del perimetro e $12a$ del raggio del cerchio inscritto. [*R.* $40a$ e $30a$]

3 Determinare le diagonali di un rombo, sapendo che l'area è 30 m^2 ed i perimetro è 26 m. [*R.* 12 m e 5 m]

4 In un cerchio con il raggio di 26 cm si inscrive un rettangolo di area 960 cm^2. Trovare le dimensioni del rettangolo. [*R.* 20 cm e 48 cm]

5 In un rettangolo $ABCD$ l'area del quadrato costruito sulla diagonale AC è 157 cm^2. Sui lati del rettangolo, ed esternamente a questo, si costruiscono quattro quadrati. L'area del dodecagono concavo unione di tali quadrati e del rettangolo dato è uguale a 380 cm^2. Trovare AB e BC. [*R.* 6 cm e 11 cm]

6 L'area di un triangolo rettangolo è s^2 e l'ipotenusa misura a. Determinare i cateti e dire per quali valori di a il problema è possibile. [*R.* $a > 2s$]

7 Calcolare le misure dei cateti di un triangolo rettangolo, conoscendo la sua area $60a^2$ e la misura $13a$ della mediana relativa ad un cateto. [*R.* $5a$ e $24a$; ovvero $12a$ e $10a$]

8 La somma della misura del perimetro e dell'area di un rettangolo è 76 e l'area del quadrato costruito su una diagonale supera di 52 l'area del rettangolo. Determinare la diagonale supponendo che l'unità di misura sia il cm. (*Conviene dedurre dal sistema una equazione di 2° grado nella incognita* x + y, *dove* x, y *sono le ...).* [*R.* 10 cm]

9 Determinare le misure dei cateti di un triangolo rettangolo, dato il rapporto 25/2 fra quadrato della loro somma e l'area del triangolo, e la differenza $4a^2$ tra il quadrato della loro somma e il quadrato della loro differenza. [*R.* $2a$ ed $a/2$]

10 Determinare i cateti di un triangolo rettangolo, conoscendo l'ipotenusa $5r$ e il raggio r del cerchio inscritto. (*Indicati con* x *ed* y *i cateti, l'ipotenusa è* x + y – ...). [*R.* $3r$ e $4r$]

11 Trovare i cateti di un triangolo rettangolo nel quale il raggio del cerchio inscritto è $2a$ e l'altezza relativa all'ipotenusa è $4{,}8a$. (*Indicati con* x *ed* y *i cateti, l'ipotenusa è data da* x + y – ...; *teor. di Pitagora e formula dell'altezza relativa all'ipotenusa in funzione dei lati*). [*R.* $6a$ ed $8a$]

12 Trovare le misure x, y dei cateti di un triangolo rettangolo di perimetro 240 cm e di altezza relativa all'ipotenusa 48 cm. (*Si ottiene un sistema simmetrico irrazionale*). [*R.* 60 cm e 80 cm]

13 Trovare l'ipotenusa di un triangolo rettangolo conoscendo la lunghezza $2a$ del raggio del cerchio inscritto e l'area $30a^2$. [*R.* $13a$]

14 Determinare i cateti di un triangolo rettangolo la cui ipotenusa è 25 m e nel quale la somma dei cateti e dell'altezza relativa all'ipotenusa è 47 m. [*R.* 15 m e 20 m]

15 È dato un triangolo rettangolo ABC in cui la somma dei cateti AC e BC è 70 m. Indicata con H la proiezione di C su AB, sia $A'B'C'$ l'immagine del triangolo ABC nella *traslazione* di vettore $3 \cdot \overrightarrow{\mathbf{CH}}$. Determinare AC e BC sapendo che il perimetro dell'esagono concavo $ACBB'C'A'$ è 284 m. [*R.* 30 m e 40 m]

16 Dato un triangolo $\mathbf{T}_1$, rettangolo in O, lo si sottoponga a tre *rotazioni* attorno ad O di ugual verso, con ampiezze di 90°, 180°, 270°, ottenendo i triangoli $\mathbf{T}_2$, $\mathbf{T}_3$, $\mathbf{T}_4$. L'unione dei triangoli $\mathbf{T}_1$, $\mathbf{T}_2$, $\mathbf{T}_3$, $\mathbf{T}_4$, è un ottagono stellato $\mathbf{S}$. Trovare i cateti di $\mathbf{T}_1$ conoscendo il perimetro 96 cm e l'area 240 cm^2 di $\mathbf{S}$. (*Impostato il sistema, conviene porre la misura* y *del cateto minore uguale a* – z *per ridurre il sistema stesso a simmetrico*). [*R.* 8 cm e 15 cm]

7. Problemi di tipo aritmetico sulla similitudine.

1 Due triangoli con i lati rispettivamente di 16 m, 32 m, 48 m e 4 m, 8 m, 12 m sono simili?

2 Due triangoli aventi un angolo uguale e i due lati che lo comprendono rispettivamente di 7 m, 4 m e di 21 m, 12 m sono simili?

3 In due triangoli simili due lati corrispondenti sono uguali a 13 m e 39 m. L'altezza relativa al primo lato è 7 m. Determinare l'altezza relativa al secondo lato.

4 In due triangoli simili il rapporto dei lati omologhi è 5/3. Calcolare i lati del primo triangolo sapendo che i lati del secondo sono uguali a 15 m, 18 m, 22 m.

5 Il rapporto dei lati corrispondenti di due triangoli simili è 5/9. Qual è il rapporto dei due triangoli?

6 Due rettangoli sono simili; la base e l'altezza del primo sono 15 m e 37 m. Calcolare l'altezza del secondo sapendo che la sua base è 45 m.

7 Due altezze relative a lati omologhi in due triangoli simili sono 24 cm e 36 cm. Un lato del primo triangolo è 42 cm. Determinare la lunghezza del lato omologo.

8 I lati di un triangolo sono uguali a 125 m, 75 m, 100 m. Determinare i lati di un triangolo simile al precedente, sapendo che il perimetro è di 240 m. [*R.* 100 m, ...]

9 I lati di un triangolo sono di 12,5 mm, 7 mm, 15 mm. Un triangolo simile al precedente ha il lato omologo al primo menzionato di 25 m; calcolare il suo perimetro senza trovare gli altri due lati.

10 Due triangoli simili hanno due lati omologhi di 14 m e di 42 m. L'area del primo è 75 m². Calcolare l'area del secondo.

11 Due quadrilateri aventi i lati rispettivamente di 4 m, 8 m, 7 m, 12 m e di 12 m, 24 m, 21 m, 36 m e con gli angoli ordinatamente uguali, sono simili?

12 Determinare il rapporto delle aree dei due poligoni del problema precedente.

13 Stabilire se 720 dm², 245 dm² e 14,4 m, 8,4 m possono essere rispettivamente le aree e i perimetri di due poligoni simili.

14 La somma delle aree di due poligoni simili è 965 m² e il rapporto di due lati omologhi è 12/7. Determinare le aree di tali poligoni. [*R.* 245 m² e ...]

15 Il rapporto dei perimetri di due poligoni simili è 5/8. L'area del maggiore dei due è 256 m². Determinare l'area dell'altro. [*R.* 100 m²]

16 Il rapporto di due poligoni simili è 144/400 e la somma di due lati omologhi è 160 m. Calcolare la lunghezza di tali lati.

17 Il rapporto della base all'altezza in due rettangoli simili è 8/15; e le loro basi sono 45 m e 60 m. Determinare le loro aree. [*R.* ... e 6750 m²]

18 Due triangoli rettangoli sono simili. Un cateto del primo è 12 m e le lunghezze dell'ipotenusa e del cateto omologo del secondo sono 60 m e 48 m. Determinare i lati incogniti dei due triangoli. [*R.* 15 m, 9 m e 36 m]

19 Le diagonali di due rettangoli simili sono uguali a 36 m e 27 m e la base del primo è 18 m. Determinare le loro aree. [*R.* $18^2\sqrt{3}$ m² e ...]

20 Due rettangoli sono simili e le loro aree sono 1260 cm² e 11 340 cm². Determinare le dimensioni del secondo sapendo che una dimensione del primo è 36 cm. [*R.* 108 cm e 105 cm]

21 In un triangolo ABC è $AC = 3{,}25$ m e $CB = 6$ m; su AC si prende un punto P tale che $PC = 1{,}3$ m. A quale distanza da C si deve prendere su CB un punto Q affinché il segmento PQ risulti parallelo ad AB? [*R.* 2,4 m]

22 I lati di un triangolo stanno fra loro come i numeri 3, 5, 7. Un secondo triangolo, simile al primo, ha il perimetro di 450 m. Determinare le lunghezze dei lati del secondo triangolo. [*R.* 90 m, 150 m e 210 m]

23 In un triangolo, la cui base è 46 dm e l'altezza relativa 23 dm, si conduce una parallela alla base che dista da questa 7 dm. Determinare le aree delle parti in cui la parallela scompone il triangolo dato. (*Determinare prima l'area della parte triangolare*). [*R.* 256 dm² e 273 dm²]

24 Due quadrilateri sono simili. I lati del primo sono di 12 m, 21 m, 15 m, 18 m. Calcolare i lati del secondo sapendo che il suo perimetro è di 330 m.

25 Calcolare i lati di un quadrilatero sapendo che la sua area è 1/9 di quella di un secondo quadrilatero simile al primo, le lunghezze dei cui lati sono 25 cm, 36 cm, 42 cm, 18 cm.

26 Sono dati due rettangoli simili; il rapporto delle basi è 3/20. L'area del primo rettangolo è 87,50 m² e la sua base sta alla sua altezza come 2:7. Determinare l'area e la base dell'altro rettangolo.
[*R.* (35000:9) m² e (100:3) m]

27 Le aree di due rettangoli simili stanno fra loro come 9 sta a 25. Il perimetro del primo è 250 m e la sua base è quadrupla dell'altezza. Determinare la diagonale di ciascun rettangolo.
[*R.* $25\sqrt{17}$ m e $125\sqrt{17} : 3$ m]

28 In una carta topografica su scala 1:100 000 un appezzamento di terreno ha l'area di 275 cm² e un tratto di strada ha la lunghezza di 27 cm. Stabilire le effettive misure dell'appezzamento e della strada.

8. Problemi di tipo algebrico sulla similitudine.

1 PROBLEMA RISOLTO. - *In un triangolo rettangolo con i cateti di* $\sqrt{5}$ cm *e* $2\sqrt{5}$ cm *inscrivere un rettangolo con un lato sull'ipotenusa e con la diagonale di* 2 cm.

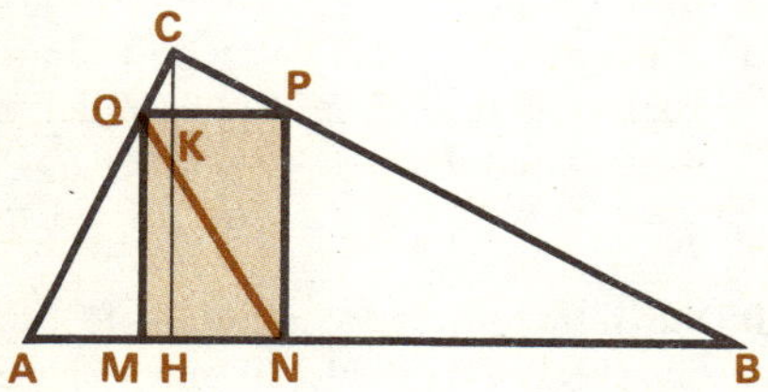

Supposto risolto il problema e disegnata la figura, siano *ABC* il triangolo (rettangolo in *C*) ed *MNPQ* il rettangolo.
Per il teorema di Pitagora applicato al triangolo rettangolo *ABC*, si ha:

$$\overline{AB}^2 = (\sqrt{5})^2 + (2\sqrt{5})^2 = 5 + 20 = 25.$$

Quanto all'altezza *CH* si ha:

$$\overline{CH} = \frac{\overline{BC} \cdot \overline{AC}}{\overline{AB}} = \frac{2\sqrt{5} \cdot \sqrt{5}}{5} = 2.$$

Consideriamo, ora, i triangoli *ABC* e *QPC*: essi sono simili perché hanno l'angolo *C* in comune e gli angoli *CAB*, *CQP* uguali perché corrispondenti rispetto alle parallele *AB*, *QP* tagliate dalla trasversale *AC*. Indicate, pertanto, con x ed y le misure in cm dell'ipotenusa *QP* e dell'altezza *CK* ad essa relativa del triangolo rettangolo *CQP*, vale la proporzione

(1) $$x : y = \overline{AB} : \overline{CH}.$$

D'altra parte, per l'enunciato del problema, si sa che

$$\overline{QP}^2 + \overline{PN}^2 = 4;$$

cioè

(2) $$x^2 + (\overline{CH} - y)^2 = 4.$$

Le relazioni (1) e (2) ci consentono di impostare il sistema

$$\begin{cases} x : y = 5 : 2 \\ x^2 + (2 - y)^2 = 4 \end{cases}$$

le cui soluzioni sono $x = 0$, $y = 0$ (da scartare) ed $x = 40/29$, $y = 16/29$. Prendendo in considerazione quest'ultima soluzione possiamo concludere che le dimensioni del rettangolo richiesto sono:

$$\overline{PQ} = (40/29) \text{ cm e}$$
$$\overline{PN} = \overline{CH} - \overline{CK} = (42/29) \text{ cm}.$$

2 PROBLEMA RISOLTO. – *Trovare il raggio del cerchio inscritto in un triangolo isoscele* ABC *con la base* AB = 84 cm *e l'altezza* CH = 40 cm.

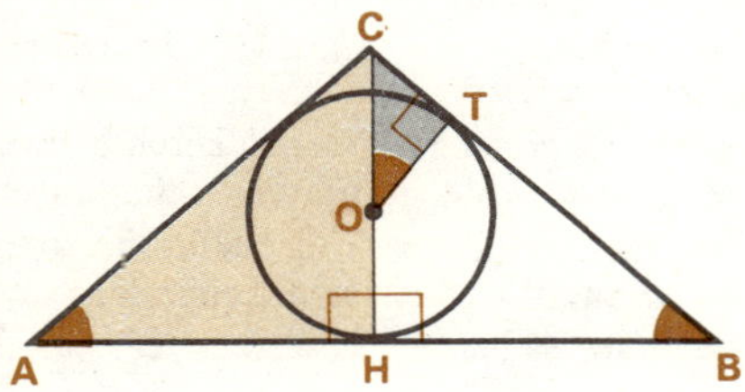

Sia O il centro del cerchio inscritto nel triangolo ABC e sia T il punto di contatto dello stesso cerchio con il lato BC.
Applicando il teorema di Pitagora al triangolo rettangolo CHB, ricaviamo

$$\overline{CB} = \sqrt{\overline{BH}^2 + \overline{CH}^2} = \sqrt{42^2 + 40^2} = 58.$$

Osserviamo ora che i triangoli rettangoli BCH, OCT sono simili perché hanno l'angolo di vertice C in comune. Per cui si ha la proporzione

(1) $$CH : HB = CT : OT.$$

Indichiamo con x la lunghezza in cm del raggio $OH = OT$. Dalla (1), passando alle misure e tenendo conto che

$$\overline{CT} = \overline{BC} - \overline{BT} = \overline{BC} - \overline{BH} = 58 - 42,$$

ricaviamo la proporzione fra numeri

$$40 : 42 = 16 : x.$$

Da essa deduciamo che $x = 16{,}8$, cioè che il raggio OH è uguale a 16,8 cm.
Si noti che avremmo potuto far uso, anziché della (1), della proporzione

$$BC : BH = CO : OT$$

ricavando che:

$$58 : 42 = (40 - x) : x\ ;$$
$$58\,x = 42 \times 40 - 42\,x; \qquad x = 16{,}8.$$

3 PROBLEMA RISOLTO. – *È dato un rettangolo* **R** = ABCD *del quale si sa che* $\overline{AB}$ = 18a *e* $\overline{BC}$ = 24a. *Detto* P *un punto del lato* BC, *si conduca per* P *la perpendicolare alla diagonale* AC *fino ad intersecarla in un punto* Q. *Determinare la misura del segmento* PC *in modo che il triangolo* **T** = CPQ *sia i 25/73 dell'esagono concavo* **E** = ABPQCD.

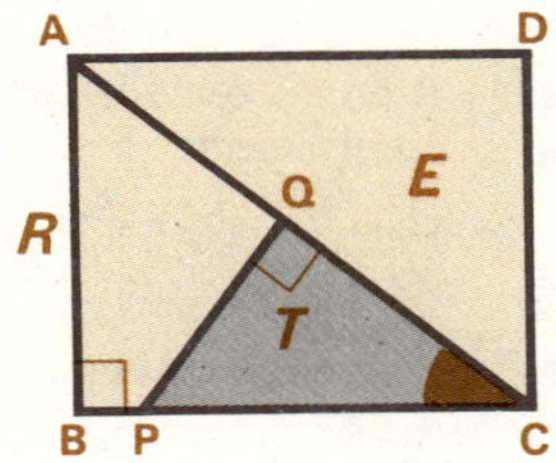

Disegnata la figura, si stabilisce intanto che i triangoli ABC, PQC sono simili perché rettangoli e con l'angolo acuto di vertice C in comune. Inoltre, per il teorema di Pitagora, si ha, con calcoli immediati:

$$\overline{AC} = \sqrt{\overline{AB}^2 + \overline{BC}^2} = 30a.$$

Primo metodo - Da **T**:**E** = 25:73 deduciamo:

$$\mathbf{T} : (\mathbf{T} + \mathbf{E}) = 25 : (25 + 73),$$
$$\mathbf{T} : \mathbf{R} = 25 : 98,$$
$$\mathbf{T} : (\mathbf{R}/2) = 25 : (98/2),$$
$$\mathbf{T} : (\text{triang. } ABC) = 25 : 49.$$

Dunque, i lati omologhi dei triangoli simili PQC, ABC stanno fra loro come $\sqrt{25} = 5$ sta a $\sqrt{49} = 7$. Per cui abbiamo

$$PC : AC = 5 : 7;$$

$$\overline{PC} = \frac{5}{7}\,\overline{AC} = \frac{5}{7} \cdot 30a = \frac{150}{7}\,a.$$

Secondo metodo. - Posto $\overline{PC} = x$, dalle proporzioni

$$AC : PC = AB : PQ \quad (30a : x = 18a : \overline{PQ}),$$
$$AC : PC = BC : CQ \quad (30a : x = 24a : \overline{CQ}),$$

ricaviamo:

$$\overline{PQ} = \frac{3}{5}\,x, \qquad \overline{CQ} = \frac{4}{5}\,x,$$

$$\text{area } \mathbf{T} = \frac{1}{2} \cdot \frac{3}{5}\,x \cdot \frac{4}{5}\,x = \frac{6}{25}\,x^2.$$

Dall'enunciato deduciamo che

$$\frac{25}{73} = \frac{\text{area } \mathbf{T}}{\text{area } \mathbf{R} - \text{area } \mathbf{T}} =$$

$$= \frac{6x^2/25}{18a \cdot 24a - 6x^2/25} = \frac{x^2}{1800a^2 - x^2}.$$

Uguagliando il primo con l'ultimo rapporto ricaviamo successivamente:

$$25 \cdot 1800a^2 - 25x^2 = 73x^2;$$
$$25 \cdot 1800a^2 = 98x^2;$$
$$25 \cdot 900a^2 = 49x^2;$$
$$5 \cdot 30a = 7x;$$
$$x = \overline{PC} = \frac{150}{7} a.$$

OSSERVAZIONE. – Si noti che il primo dei due metodi è da preferirsi al secondo. In primo luogo perché comporta calcoli molto più snelli e, in secondo luogo, perché, in alcuni casi, esso può divenire l'*unico* metodo applicabile. Se, infatti, l'enunciato, invece di fornire le due dimensioni del rettangolo **R** (e, indirettamente, la lunghezza della diagonale *AC*) avesse dato solo la lunghezza di *AC*, il primo metodo ci avrebbe condotto ugualmente al risultato, mentre il secondo sarebbe stato impraticabile perché basato sulla conoscenza di tutti e tre i lati del triangolo *ABC*.

4 La base e il lato di un triangolo isoscele sono rispettivamente di 18 m e $9\sqrt{5}$ m. Determinare il lato del quadrato inscritto nel triangolo, con un lato sulla base. [*R.* 9 m]

5 La base di un triangolo isoscele è 216 cm e la somma del lato obliquo e dell'altezza relativa alla base è 324 cm. Calcolare il raggio del cerchio inscritto. [*R.* 54 cm]

6 I cateti *AB*, *AC* di un triangolo rettangolo sono rispettivamente 45 m e 22 m. Per un punto *P* del cateto *AB* si conduce un segmento *PQ* parallelo all'altro cateto (con *Q* sull'ipotenusa). Determinare la distanza di *P* da *B* sapendo che l'area del triangolo *BPQ* è 220 m². [*R.* 30 m]

7 I cateti *AB*, *BC* di un triangolo rettangolo misurano rispettivamente *a* e *b*. Da un punto *M* del cateto *AB* condurre una corda *MN* parallela all'ipotenusa *AC* in modo che il trapezio *AMNC* abbia area $4ab/9$. [*R.* $MB = a/3$]

8 È dato un triangolo rettangolo *ABC* di cateti $AB = 6a$ ed $AC = 8a$. Condurre una retta parallela all'ipotenusa in modo che, dette *M* ed *N* le sue intersezioni con i cateti e detto *P* un punto dell'ipotenusa, il triangolo *MNP* sia i 2/9 del triangolo dato. (*Porre* AM = 6x, AN = 8x). [*R.* $AM = 2a$; ovvero $4a$]

9 Determinare il raggio del cerchio inscritto in un triangolo equilatero sapendo che il suo lato è i due terzi di quello di un secondo triangolo equilatero equivalente ad un quadrato di lato *l*. [*R.* $2l\sqrt[4]{3}/9$]

10 In un trapezio le basi misurano $20a$ e $45a$ ed un segmento parallelo alle basi divide il trapezio in due trapezi simili. Determinare la misura del segmento. [*R.* $30a$]

11 Dato un quadrato *ABCD*, nel quale $AB = a$, si prolunghi il lato *AB*, dalla parte di *B*, del segmento $BE = AB$. Sia *M* un punto del lato *AD* ed *N* l'intersezione del segmento *ME* col lato *BC*. Determinare *AM* in modo che i quadrilateri *ABNM* ed *NCDM* siano equivalenti. [*R.* $AM = 2a/3$]

12 In un triangolo isoscele i cui lati uguali sono di 39 cm vi è un cerchio tangente a quei lati uguali il cui raggio è 5 cm e il cui centro dista dal vertice del triangolo di 13 cm. Determinare la base del triangolo. (*Triangoli rettangoli simili*). [*R.* 30 cm]

13 In un trapezio isoscele la somma del doppio della base minore con il triplo di uno dei lati obliqui è 18 m, il perimetro è 20 m e ciascuno dei prolungamenti dei lati obliqui (dagli estremi della base minore al loro punto di intersezione) è 2 m. Determinare la base minore e il lato obliquo. (*Il sistema ha due soluzioni, una delle quali non è accettabile perché, in un triangolo, un lato è sempre ...*). [*R.* 3 m e 4 m]

14 Dato un segmento $AB = 18a$, dividerlo in due parti *AP* e *PB* in modo che, costruiti due triangoli isosceli simili *APC* e *PBD* di basi *AP* e *PB* e altezze *CH* e *DK*, sia:

$$CH + PK = 13a, \quad 2CH + DK = 25a.$$

(*Porre* AP = 2x, CH = y).
[*R.* $x = 6a$, $y = 10a$]

15 Indicate con *x* ed *y* le misure del cateto maggiore e del cateto minore di un trian-

golo rettangolo, determinare x ed y sapendo $x : 1 = y : m$ e che l'area di un triangolo simile al precedente, e il cui cateto maggiore è uguale all'ipotenusa del precedente, è $2m(1 - m^4)$.
[*R.* $2\sqrt{1 - m^2}$, $2m\sqrt{1 - m^2}$]

16 L'altezza di un triangolo è uguale a 12 m; a quale distanza dal vertice si deve condurre una retta parallela alla base affinché il triangolo e il trapezio nei quali rimane scomposto il triangolo dato stiano come 4 sta a 5? [*R.* 8 m]

17 Risolvere il problema precedente nel caso che il rapporto sia 1:2. [*R.* $4\sqrt{3}$ m]

18 Se si prolungano i lati obliqui di un trapezio si hanno due triangoli simili, tali che le basi del trapezio sono due loro lati omologhi. Le altezze relative a questi lati stanno come i numeri 13 e 8. Determinare le aree dei due triangoli simili sapendo che l'area del trapezio è 147 m².
[*R.* 236,60 m² e 89,60 m²]

19 In un trapezio la base minore è i 7/11 della maggiore e questa è 242 m; i lati obliqui sono uno uguale alla base minore e l'altro alla metà della maggiore. Calcolare il perimetro del trapezio e quello del triangolo che ha per lati i prolungamenti dei lati obliqui. (*Per un estremo della base minore condurre la parallela a un lato obliquo: si hanno due triangoli simili*).
[*R.* 671 m e 635,25 m]

20 Un triangolo rettangolo ha i cateti di 6 cm e 8 cm. Trovare il lato del quadrato inscritto con un lato sull'ipotenusa e quello del quadrato inscritto con un angolo coincidente con l'angolo retto del triangolo.
[*R.* (120/37) cm e (24/7) cm]

21 In un triangolo si conduce una retta parallela alla base che divide l'altezza, a partire dal vertice, in parti l'una doppia dell'altra. Determinare il rapporto delle due figure in cui viene scomposto il triangolo. [*R.* 4/5]

22 Determinare la lunghezza delle due parti nelle quali rimane diviso un cateto (di misura a) di un triangolo rettangolo da una retta perpendicolare a tale cateto e che scompone il triangolo in due parti equivalenti. [*R.* $a\sqrt{2}/2$ ed $a(2 - \sqrt{2})/2$]

23 Ad un cerchio, il cui raggio è 12 m, è circoscritto un triangolo isoscele; la distanza del suo vertice dal centro del cerchio è 18 m. Determinare i lati del triangolo isoscele.
[*R.* $24\sqrt{5}$ m e $18\sqrt{5}$ m]

24 Un triangolo rettangolo ha i cateti di 18 m e 22 m. Determinare un punto sull'ipotenusa tale che la differenza tra la sua distanza x dal cateto minore e quella dal cateto maggiore sia 10 m. [*R.* $x = 15{,}4$ m]

25 Determinare la base di un triangolo isoscele circoscritto ad un quadrato di lato $2a$ sapendo che il rapporto del triangolo al quadrato è 3. [*R.* $2a\,(3 \pm \sqrt{3})$]

26 In un angolo retto XOY è dato un punto M distante p e q rispettivamente dai lati OY ed OX. Condurre per M una retta che incontri i lati nei punti A e B (con A su OX e B su OY) in modo che risulti uguale a 6 il rapporto del triangolo OAB al rettangolo di dimensioni p e q. (*Indicare* OA *e* OB *con* x *ed* y). [*R.* $p(6 \pm 2\sqrt{6})$, $q(6 \mp 2\sqrt{6})$]

27 In un triangolo isoscele la base e l'altezza misurano rispettivamente $16a$ e $15a$. Trovare le lunghezze della mediana e della altezza relative ad uno dei lati obliqui.
[*R.* $3a\sqrt{89}/2$ e $240a/17$]

28 In un trapezio isoscele le basi sono 60 m e 132 m, e l'altezza è 40 m. Determinare i segmenti in cui si dividono le diagonali. (*Determinare la lunghezza delle diagonali; queste con le basi formano due triangoli isosceli simili*). [*R.* 65/2 m e 143/2 m]

29 Un trapezio isoscele è inscritto in un semicerchio il cui diametro, di 20 cm, coincide con la base maggiore. Sapendo che i lati obliqui sono uguali, ciascuno, a 12 cm, determinare le due parti nelle quali ogni diagonale resta divisa dall'altra. (*Vedi eserc. precedente*). [*R.* 12,5 cm e 3,5 cm]

30 Un trapezio isoscele $ABCD$ è inscritto in un semicerchio di diametro $AB = 26$ dm ed ha l'altezza di 12 dm. Determinare la distanza del punto di incontro dei prolungamenti dei lati obliqui dal centro del semicerchio.
[*R.* 19,5 dm]

31 In un trapezio isoscele l'area è 675 m² e le

basi sono uguali a 54 m e 36 m. Determinare le aree delle quattro parti in cui il trapezio viene scomposto dalle diagonali.
[*R.* 243 m^2, 108 m^2 e 162 m^2]

32 La base maggiore *BC* di un trapezio rettangolo *ABCD* è 20 cm; la base minore *AD* è 8 cm e il lato *AB*, perpendicolare alle basi, è 9 cm. Siano *K* ed *H* le proiezioni dei vertici *A* e *B* sulla retta *DC*. Calcolare il perimetro del trapezio *ABHK*. [*R.* 31,2 cm]

33 È dato un trapezio *ABCD*, in cui gli angoli *D* e *C*, adiacenti alla base *DC*, misurano rispettivamente 60° e 30°. Si prolungano i lati obliqui *DA, CB* sino ad incontrarsi in *M*. È data la base $DC = 2a$ e il rapporto 9 : 25 del trapezio *ABCD* al triangolo *DMC*. Trovare il perimetro del trapezio e l'area *MH* del triangolo *MDC* relativa al lato *DC*.
[*R.* $a(19 + \sqrt{3}) : 5$ ed $a\sqrt{3} : 2$]

34 Il cateto *AB* di un triangolo rettangolo *ABC* è 8 m. Determinare un punto *P* di *AB* in modo che, condotta per il punto *H*, medio di *AP*, la parallela al cateto *AC* e detta *D* l'intersezione di questa con *BC*, l'area del triangolo *PAD* risulti i 15/32 dell'area del triangolo *ABC*. (*Sembra che manchi un dato; ma ponendo* $\overline{AC}$ = h, ...). [*R.* $AP = 6$ m]

35 Determinare la base $2x$ e l'altezza y di un triangolo isoscele circoscritto ad un cerchio il cui raggio è 3 cm, sapendo che la differenza fra la metà del quadrato costruito sulla base e il rettangolo che ha per dimensioni l'altezza e il raggio è equivalente a 48 cm^2. [*R.* $x = 6$ cm, $y = 8$ cm]

36 Per gli estremi *A* e *B* del segmento *AB* di 18 m si conducano, nello stesso senso, due segmenti $AC = 4$ m e $BD = 8$ m, perpendicolari ad *AB*. Determinare su *AB* un punto *P* tale che il triangolo *PCD* sia rettangolo.
[*R.* $AP = 16$ m; ovvero $AP = 2$ m]

37 Risolvere graficamente il problema precedente. (*Considerare il luogo geometrico dei punti* P *dai quali si vede il segmento* DC *sotto un angolo retto*).

38 In un cerchio il cui raggio è 5 m si tracciano due diametri perpendicolari. Da una estremità di uno di questi si conduce una corda di 8 m. Determinare le due parti in cui tale corda divide l'altro diametro.
[*R.* 8,75 m e 1,25 m]

39 Dato un triangolo *ABC*, si conducano due rette *r, s* parallele alla base *AB* (con *r* compresa fra *AB* ed *s*), in modo da dividere l'altezza in tre parti uguali. Siano *M, N* le intersezioni di *r* con i lati del triangolo e siano *P, Q* le intersezioni di *s* con i lati del triangolo. Determinare il rapporto fra i due trapezi *MNQP* ed *ABQP*. [*R.* 3/8]

40 Due circonferenze sono tangenti esternamente; i loro raggi sono 12 m e 18 m. Per il punto di contatto si conduce una secante sulla quale si hanno due corde la cui somma è di 36 m. Determinare queste corde e le loro distanze dai rispettivi centri. (*Unendo gli estremi delle corde coi centri si hanno due triangoli simili*).
[*R.* 21,6 m e 14,4 m; ... e 9,6 m]

41 Due cerchi sono tangenti esternamente; Determinare il raggio del cerchio maggiore e il rapporto dei due cerchi sapendo che le tre tangenti comuni limitano un triangolo equilatero di lato *l*. [*R.* $l\sqrt{3}/2$ e 9]

42 In una semicirconferenza di diametro $AB = 25$ m, è inscritto un trapezio *ABCD*, con il lato obliquo *BC* di 15 m. Detti *A'* e *D'* i punti *simmetrici* di *A* e *D* rispetto alla retta *BC*, si determini l'area del pentagono *ABA'D'D*. (*Si scomponga il pentagono nella somma di due trapezi uguali al dato e di due triangoli rettangoli uguali, ciascuno simile al triangolo ...; vedere figura*).
[*R.* 407,52 m^2]

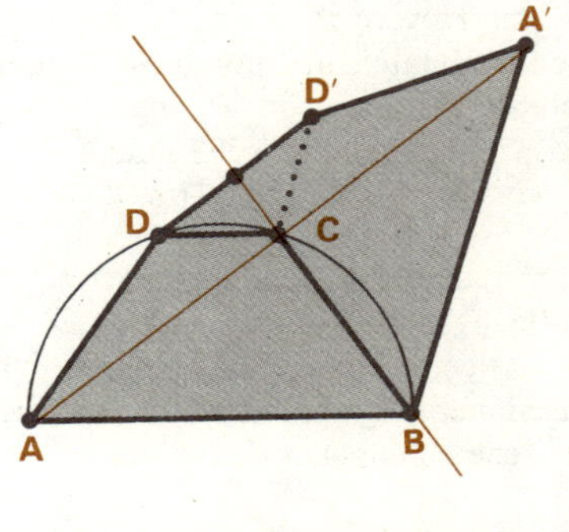

43 Le basi di un trapezio sono di 60 cm e 24 cm. Un lato obliquo è uguale alla semisomma delle basi; per un punto di questo che, a partire dalla base maggiore, lo divide in due parti che stanno come 2 sta ad 1, si conduce la parallela alle basi. Determinare il segmento di questa parallela compreso fra i lati obliqui del trapezio. [*R.* 36 cm]

44 Di un triangolo ABC, rettangolo in C, è noto che l'area è 60 m^2 e che $AC : BC = 5 : 12$. Una retta r, perpendicolare in un punto P all'ipotenusa AB, divide il triangolo in due parti equivalenti. Dopo avere determinato il segmento PB, trovare la distanza da AB del punto M in cui si intersecano le rette AC ed r.

[*R.* $PB = 12$ m;
$MP = (13\sqrt{2} - 12)12/5$ m]

45 Dimostrare che un trapezio qualunque è diviso dalle due diagonali in una coppia di triangoli simili e in una coppia di triangoli equivalenti. Se i due triangoli equivalenti hanno area b^2, il maggiore dei due triangoli simili ha area a^2 e la base maggiore è tripla della minore, quale è l'area del trapezio?
[*R.* $2(9b^2 + 5a^2)/9$]

46 È dato un trapezio rettangolo $ABCD$ nel quale il lato AD, perpendicolare alle basi, è uguale alla base minore DC ed il lato obliquo BC è i 5/4 della sua proiezione sulla base maggiore. Trovare il perimetro del trapezio sapendo che esso è simile ad un trapezio nel quale il lato non perpendicolare alle basi è uguale ad AD e la diagonale maggiore è $3\sqrt{58}$ m. [*R.* 90 m]

47 È dato un trapezio rettangolo $ABCD$ di altezza $AD = a$ e con l'angolo di vertice C di 45°. Per A e per D si conducano i segmenti di perpendicolare AN e DM alla retta BC. Dimostrare che, qualunque sia $AB = x$, il trapezio $ANMD$ è simile al dato. Trovare poi x sapendo che il perimetro del trapezio $ANMD$ è $a(3\sqrt{2}+1)$. [*R.* $x = 2a$]

48 Dato un rettangolo **R**, si costruisca il rettangolo **R′** *simmetrico* di **R** rispetto alla retta su cui giace una sua diagonale. Dimostrare che $\mathbf{Q} = \mathbf{R} \cap \mathbf{R'}$ è un rombo. Supposto poi che le dimensioni di **R** siano 24 m e 45 m, si determinino il perimetro e l'area di **Q**. (*Si può sfruttare la similitudine dei triangoli* OCN *e ... in figura*).
[*R.* 115,6 m e 693,60 m^2]

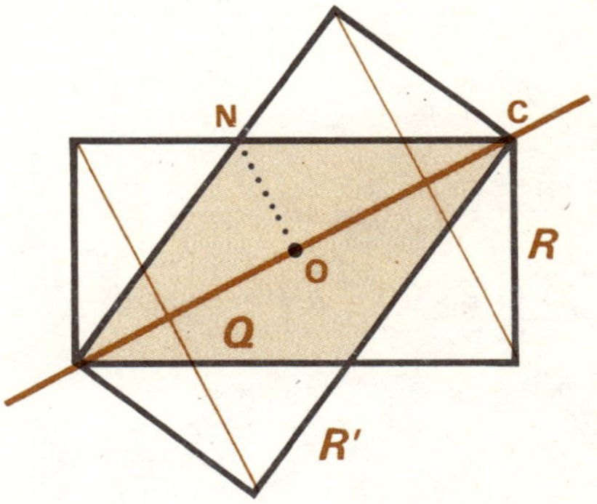

9. Problemi su alcune applicazioni della similitudine.

1 PROBLEMA RISOLTO. - *Determinare la bisettrice* CP *relativa al lato obliquo* AB *di un triangolo isoscele* ABC *sapendo che il perimetro del triangolo è* 72 cm *e che l'altezza* AH *relativa alla base* BC *è* 24 cm.

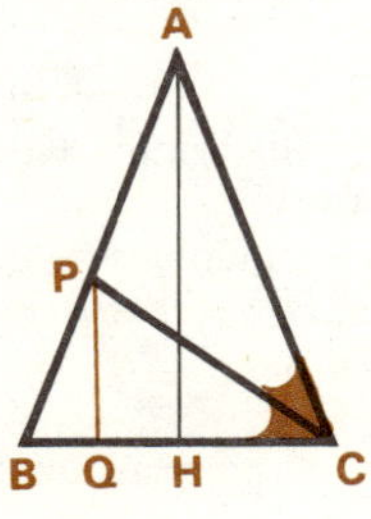

Poniamo:

$$\overline{BH} = \overline{HC} = x; \qquad \overline{AB} = \overline{AC} = y.$$

Per l'enunciato del problema e per il teorema di Pitagora applicato al triangolo rettangolo ABH si ha:

$$2\,\overline{AB} + 2\,\overline{BH} = 72,$$
$$\overline{AB}^2 = \overline{BH}^2 + \overline{AH}^2$$

e, quindi:

$$\begin{cases} y + x = 36 \\ y^2 = x^2 + 24^2. \end{cases}$$

Risolvendo otteniamo $x = 10$, $y = 26$, cioè:

$$AB = AC = 26 \text{ cm},$$
$$BH = HC = 10 \text{ cm},$$
$$BC = 2 \cdot BH = 20 \text{ cm}.$$

Per il teorema della bisettrice di un angolo di un triangolo, i segmenti AP e PB si ottengono dividendo AB in parti proporzionali ad AC e BC, cioè ai numeri 13 e 10. In particolare si ha:

$$PB = \frac{AB}{13 + 10} \cdot 10 = \frac{260}{23} \text{ cm}.$$

Osserviamo, ora, che tracciata la perpendicolare PQ a BC, i triangoli rettangoli ABH, PBQ sono simili perché hanno l'angolo acuto di vertice B in comune. Ed essendo

$$\frac{\overline{PB}}{\overline{AB}} = \frac{260}{23} : 26 = \frac{10}{23},$$

si ha anche:

$$\overline{PQ} = \frac{10}{23}\,\overline{AH} = \frac{10}{23} \cdot 24 = \frac{240}{23},$$
$$\overline{BQ} = \frac{10}{23}\,\overline{BH} = \frac{10}{23} \cdot 10 = \frac{100}{23}.$$

Pertanto, $\overline{QC}$ è uguale a

$$\overline{BC} - \overline{BQ} = 20 - \frac{100}{23} = \frac{360}{23}.$$

Applicando, infine, il teorema di Pitagora al triangolo rettangolo PQC, ricaviamo con semplici calcoli che la bisettrice richiesta è

$$PC = \frac{120}{23}\sqrt{13} \text{ cm}.$$

2 Una corda AB di un cerchio è tagliata da una seconda corda $CD = 28$ cm in due parti $AM = 16$ cm e $MB = 8$ cm. Determinare i segmenti CM e MD.
[*R.* $2(7 \pm \sqrt{17})$ cm]

3 Un triangolo ha due lati uguali a 96 dm e 60 dm. La bisettrice dell'angolo da essi formato divide il lato opposto in due parti tali che il rettangolo che ha per dimensioni la maggiore diminuita di 14 dm e la minore aumentata di 55 dm ha l'area di 2 m^2. Trovare il terzo lato. [*R.* 39 dm]

4 Un diametro AB di un cerchio taglia in P una corda in due parti uguali a 12 cm e a 20 cm. Sapendo che $AP = 4\,PB$, determinare il raggio del cerchio. [*R.* $5\sqrt{15}$ cm]

5 In un cerchio di raggio uguale a 4 cm è inscritto un triangolo equilatero. Si prolunghi un suo lato di un segmento uguale al raggio e dall'estremo esterno si conduca il segmento di tangente al cerchio. Determinare l'area del quadrato costruito su questo segmento. [*R.* $16(1 + \sqrt{3})$ cm^2]

6 Di un triangolo ABC è noto che la bisettrice CD divide il lato AB in un modo tale che $AD - DB = 2a$. Si sa inoltre che $AC - CB = 4a$ e che il perimetro del triangolo è $42a$. Determinare i lati del triangolo.
[*R.* $12a$, $14a$ e $16a$]

7 In un cerchio, una corda è uguale a 48 cm e dista dal centro 32 cm; per il suo punto medio M si conduce una seconda corda che è divisa da M in due parti che stanno come 1 sta a 9. Determinare la lunghezza di questa seconda corda e dimostrare che essa è un diametro. [*R.* 80 cm]

8 In un cerchio di raggio r è data una corda $AB = l$. Si prolunghi la corda, dalla parte di B, di un segmento $BP = x$ tale che il segmento di tangente PT uguagli la corda AB. Si determini il valore di l in modo che l'angolo BPT sia retto. (*Osservare, relativamente all'ultima domanda, che* PT *deve risultare uguale alla distanza di* AB *dal centro*).
[*R.* $x = l(\sqrt{5} - 1) : 2$; $l = 2r : \sqrt{5}$]

9 Determinare i lati di un triangolo rettangolo sapendo che la bisettrice di un angolo acuto scompone il cateto opposto in due parti uguali a 90 m e 54 m.
[*R.* 144 m, 180 m e 108 m]

10 Un punto P dista 9 m dal centro di un cerchio il cui raggio è 6 m. Condurre per P una secante che stacchi sul cerchio una corda di 4 m. Determinare la secante.
[*R.* 9 m]

11 Un punto P dista $r\sqrt{3}$ dal centro di un cerchio di raggio r. Da P si conduce una secante che incontra il cerchio in A e B. Determinare PA e PB essendo noto che $PA + PB = 3r$. [*R.* r e $2r$]

12 Un punto esterno ad un cerchio dista dal

centro 68 cm. Da questo punto si conducono una tangente e una secante la cui parte esterna è 40 cm. Determinare la tangente e l'intera secante sapendo che il raggio è 32 cm. [*R.* 60 cm e 90 cm]

13 Determinare l'area di un decagono regolare inscritto in un cerchio il cui raggio è lungo r. [*R.* $5r^2\sqrt{10 - 2\sqrt{5}} : 4$]

14 Determinare l'area di un pentagono regolare inscritto in un cerchio il cui raggio è lungo r. [*R.* $5r^2\sqrt{10 + 2\sqrt{5}} : 8$]

15 È data una circonferenza di raggio r e un punto P che dista $r\sqrt{5}$ dal centro di questa. Condurre per P una secante che intersechi in A e B la circonferenza in modo che si abbia $\overline{PA}^2 + \overline{PB}^2 = 337\ r^2/36$.
(*Porre* PA = x *e* PB = y).
[*R.* $x = 3r/2$, $y = 8r/3$]

16 Due corde di un cerchio con il raggio di 15 m si tagliano in P in modo che l'area del rettangolo che ha per dimensioni le due parti di una delle corde è 200 m². Calcolare la distanza di P dal centro del cerchio.
[*R.* 5 m]

17 Nel piano di un cerchio di raggio lungo r è dato un punto P la cui distanza dal centro ha misura d. Per P si conduce una secante che stacca sul cerchio una corda AB di lunghezza $2m$. Calcolare la lunghezza dei segmenti AP e BP distinguendo i casi di $d > r$ e $d < r$.
[*R.* $\sqrt{m^2 + d^2 - r^2} \pm m$;
$m \pm \sqrt{m^2 + d^2 - r^2}$]

18 In un triangolo isoscele il lato sta alla base come 5 sta a 6 e il perimetro è uguale a 160 cm. Determinare le bisettrici del triangolo. [*R.* 40 cm e $240\sqrt{5}/11$ cm]

19 In un cerchio di raggio r è inscritto un triangolo rettangolo e isoscele. Determinare il raggio x del cerchio tangente ai cateti del triangolo e al cerchio dato. (*Congiungendo il centro del cerchio di raggio* x *con i punti di contatto dello stesso cerchio con i cateti, si ottiene un quadrato. Teorema della secante e della tangente*). [*R.* $x = 2r(\sqrt{2} - 1)$]

20 Dato un triangolo rettangolo ABC, siano AK ed AH la bisettrice e l'altezza relative all'ipotenusa BC. Verificare che la somma dei rettangoli aventi per lati l'uno i segmenti BH e KC e l'altro HC e BK è equivalente al doppio del triangolo rettangolo dato.

10. Problemi su coseno e seno degli angoli.

N.B. Negli esercizi dal n. 12 *al n.* 18 *è necessario ricorrere ad una calcolatrice scientifica per trovare seno e coseno di determinati angoli.*

1 È dato un angolo ab di vertice O. Sulla semiretta a sono dati i punti A, B e sulla semiretta b i punti L, M, tali che $OA = 3$ cm, $OB = OL = 5$ cm, $OM = 8$ cm. Sia H la proiezione di A su b; sapendo che $OH = 2$ cm, si determinino le lunghezze della proiezione del segmento AB su b e delle proiezioni dei segmenti OL ed LM su a. [*R.* ...; ...; 2 cm]

2 Trovare il coseno e il seno dell'angolo in O di cui al precedente esercizio.
[*R.* ...; $\sqrt{5}/3$]

3 Sia AOB un angolo di 60°, con $OA = a$. Si considerino: la proiezione H di A su OB, la proiezione K di H su OA, la proiezione L di K su OB. Determinare OL.

4 Risolvere l'esercizio precedente nel caso non si conosca l'ampiezza dell'angolo AOB, ma si sappia che sen $A\widehat{O}B = 2\sqrt{2}/3$. [*R.* a /27]

5 Siano α e β due angoli acuti, con $\alpha > \beta$. È vero che $\cos\alpha > \cos\beta$? È vero che sen $\alpha >$ sen β?

I seguenti esercizi si riferiscono ad un triangolo ABC, *rettangolo in* C; *gli angoli* CAB *ed* ABC *sono indicati rispett. con* α *e* β. *Determinare, in ciascun caso, gli elementi incogniti a partire dagli elementi noti:*

6 sen $\alpha = 0{,}6$, $\cos\alpha = \ldots$

7 sen $\alpha = 1/\sqrt{5}$, sen $\beta = ...$ [*R.* $2/\sqrt{5}$]

8 $\alpha = 30°$, cos $\beta = ...$

9 sen α = cos α, $AB/AC = ...$ [*R.* $\sqrt{2}$]

10 sen $\alpha = 0{,}28$, $AC/AB = ...$ [*R.* 0,96]

11 sen $\beta = 0{,}5$, perimetro/AC = ... [*R.* $3 + \sqrt{3}$]

12 $\alpha = 15°$, $AB = c$, perimetro = ... [*R.* 2,22... c]

13 $\alpha - \beta = 32°$, $AC + AB = 2$ m, perimetro = ... [*R.* 3,17... m]

14 $\alpha = 25°$, perimetro = 4 cm, AB = ... [*R.* 1,71... cm]

15 Due angoli di un rombo differiscono di 90°. Calcolare la lunghezza delle diagonali, sapendo che il perimetro è 60 cm. [*R.* 11,47... cm; ...]

16 Gli angoli acuti di un triangolo rettangolo sono uno i 2/3 dell'altro. Determinare il rapporto fra i cateti. [*R.* 0,72...]

17 In un rettangolo le diagonali formano fra loro un angolo di 20°. Calcolare il rapporto fra due lati consecutivi del rettangolo. [*R.* 0,17...]

18 In un trapezio rettangolo la diagonale è perpendicolare al lato obliquo. Sapendo che uno degli angoli del trapezio è di 130° e che la base maggiore è lunga 1 m, determinare il perimetro del trapezio. [*R.* 2,72... m]

11. Problemi vari di geometria piana.

1 PROBLEMA RISOLTO. – *Dato un quarto di cerchio* AOB, *di raggio lungo* r, *determinare un punto* M *dell'arco* AB *tale che, detta* P *la proiezione di* M *su* OB, *si abbia* AM = PM.

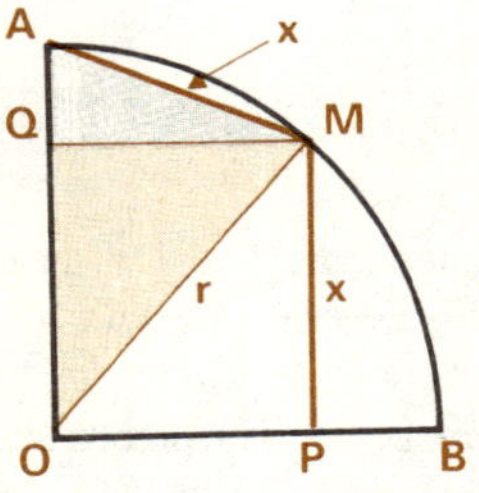

Supposto risolto il problema, indichiamo con Q la proiezione di M sul raggio OA e poniamo

$$\overline{OQ} = \overline{PM} = x.$$

Dalla figura deduciamo che deve essere $0 < x < r$.
Per il teorema di Pitagora applicato ai triangoli AMQ, MQO, abbiamo:

$$\overline{AM}^2 = \overline{AQ}^2 + \overline{QM}^2 = \\ = \overline{AQ}^2 + \overline{OM}^2 - \overline{OQ}^2.$$

Ed essendo:

$$\overline{AM} = \overline{OQ} = x, \qquad \overline{OM} = r.$$
$$\overline{AQ} = \overline{OA} - \overline{OQ} = r - x,$$

otteniamo:

$$x^2 = (r-x)^2 + r^2 - x^2;$$
$$x^2 + 2rx - 2r^2 = 0;$$
$$x = r\left(-1 \pm \sqrt{3}\right).$$

La radice $x_1 = -r\left(1 + \sqrt{3}\right)$ va scartata perché negativa. La radice

$$x_2 = r\left(\sqrt{3} - 1\right)$$

è, invece, maggiore di zero. Essa risulta accettabile perché è, anche, $x_2 < r$. Ciò è provato dal fatto che le seguenti disuguaglianze sono equivalenti (per cui il verificarsi dell'ultima comporta il verificarsi di tutte le altre):

$$r\left(\sqrt{3} - 1\right) < r; \qquad \sqrt{3} - 1 < 1;$$
$$\sqrt{3} < 2; \qquad 3 < 4.$$

2 PROBLEMA RISOLTO. – *In un triangolo* ABC *la base* AC *e l'altezza relativa* BH *misurano rispettivamente* b *ed* h. *Determinare a quale distanza dal vertice* B *si deve condurre un segmento* MN, *parallelo ad* AC (*con* M *su* AB *ed* N *su* BC), *affinché il* *trapezio* ACNM *sia medio proporzionale fra i triangoli* ABC *ed* MBN.

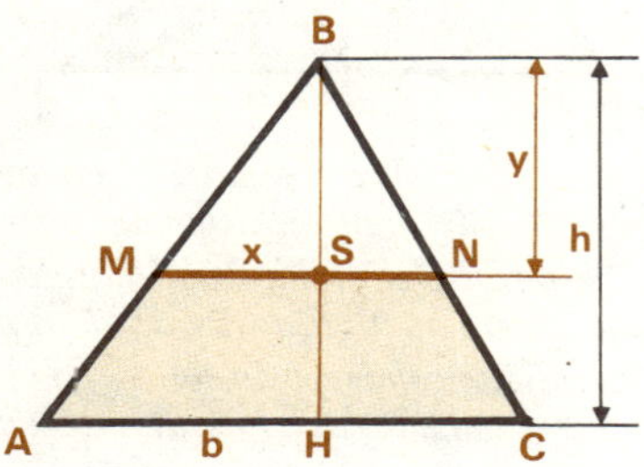

Disegnata la figura, indichiamo con S il punto di intersezione delle rette BH ed MN e poniamo $\overline{MN} = x$, $\overline{BS} = y$; ovviamente deve essere

$$0 < x < b, \qquad 0 < y < h.$$

Dalla similitudine dei triangoli MBN, ABC e dalla relazione fornita dall'enunciato deduciamo:

$$\begin{cases} MN : BS = AC : BH \\ (\text{area } ACNM)^2 = (\text{area } ABC) \cdot (\text{area } MBN); \end{cases}$$

ovvero:

$$\begin{cases} x : y = b : h \\ [(b + x)(h - y)/2]^2 = (bh/2)(xy/2); \end{cases}$$

$$\begin{cases} y = hx/b \\ (b + x)^2 (h - y)^2 = bhxy. \end{cases}$$

Sostituendo nella seconda equazione il valore di y dedotto dalla prima, ricaviamo successivamente:

$$(b + x)^2 \left(h - \frac{hx}{b}\right)^2 = h^2x^2;$$

$$(b + x)^2 (b - x)^2 = b^2x^2;$$

$$b^2 - x^2 = \pm bx;$$

$$x^2 + bx - b^2 = 0 \quad \text{e} \quad x^2 - bx - b^2 = 0.$$

Le due equazioni così ottenute ammettono le soluzioni:

$$x = b\left(-1 \pm \sqrt{5}\right)/2,$$

$$x = b\left(1 \pm \sqrt{5}\right)/2.$$

Delle quattro radici trovate, due vanno scartate perché negative ed una perché maggiore di b. L'unica accettabile è

$$(1) \qquad x = b\,\frac{\sqrt{5} - 1}{2}.$$

Ad essa corrisponde il valore

$$(2) \qquad y = h\,\frac{\sqrt{5} - 1}{2}.$$

che è accettabile in quanto compreso fra 0 ed h. La (1) e la (2) forniscono, dunque, l'unica soluzione del problema in esame.

3 Ad un cerchio di raggio lungo r è circoscritto un trapezio isoscele, il cui perimetro ha misura $2p$. Determinare l'area s^2 del trapezio. Nel caso particolare $p = 5r$, determinare la lunghezza $2x$ della base maggiore. [*R.* $s^2 = pr$; $2x = 4r$]

4 Determinare il perimetro del quadrato in figura sapendo che il cerchio centrale ha raggio r e che i quattro settori circolari sono quarti di cerchi uguali con i centri nei vertici del quadrato. [*R.* $8r\left(1 + \sqrt{2}\right)$]

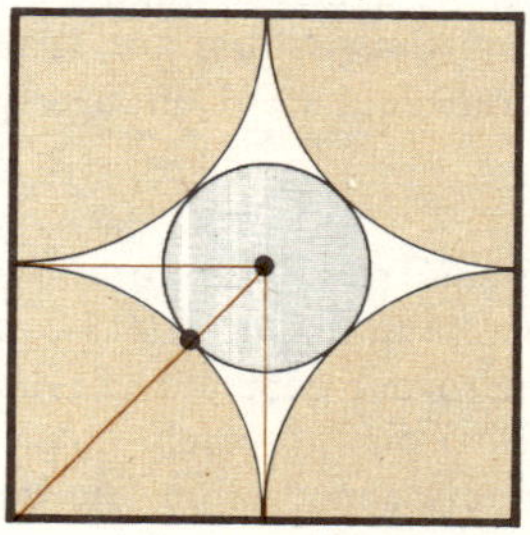

5 Un settore di un cerchio è equivalente al quadrato inscritto. Determinare la lunghezza dell'arco e l'ampiezza dell'angolo del settore sapendo che il raggio è 30 cm. [*R.* 120 cm, $(720/\pi)°$]

6 Determinare l'area del segmento circolare non contenente il centro del cerchio di cui fa parte e che è limitato da un lato del quadrato inscritto, sapendo che la lunghezza del raggio è a. [*R.* $a^2(\pi - 2):4$]

7 Il cateto di un triangolo rettangolo isoscele è uguale a 36 m. Determinare le aree delle parti in cui il triangolo resta diviso dall'arco di circonferenza che ha il centro in un estremo dell'ipotenusa e per raggio il cateto. [*R.* $162\,\pi$ m^2; $162(4 - \pi)$ m^2]

8 L'ipotenusa di un triangolo rettangolo è 26 cm e il raggio del cerchio in esso inscritto è 4 cm. Determinare i cateti. [*R.* 10 cm e 24 cm]

9 L'area di un trapezio isoscele circoscritto ad un cerchio è s^2 e gli angoli adiacenti ad una base sono di 60°. Determinare la lunghezza x del raggio del cerchio. (*Si osservi la figura*). [*R.* $x = s\sqrt[4]{12}/4$]

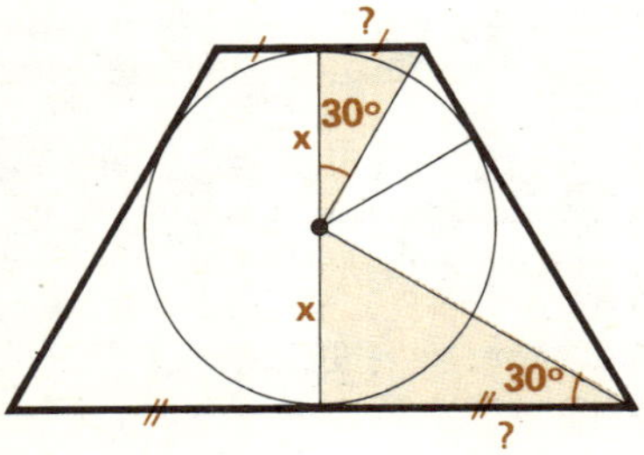

10 Inscrivere in un semicerchio di raggio r due cerchi uguali e tangenti esternamente fra loro. Calcolarne i raggi. [*R.* $r\left(\sqrt{2} - 1\right)$]

11 Tre cerchi uguali di raggio r sono tangenti a due a due. Calcolare il perimetro del triangolo equilatero circoscritto ai tre cerchi. [*R.* $6r\left(1 + \sqrt{3}\right)$]

12 Il perimetro di un rombo è 52 m e la somma delle diagonali è 34 m. Calcolare il perimetro del quadrato che ha per vertici i centri dei quattro cerchi tangenti alle diagonali e, ciascuno, ad un lato del rombo. [*R.* 16 m]

13 Risolvere il problema precedente nel caso in cui i quattro cerchi, anziché tangenti alle diagonali, debbano essere tangenti ai loro prolungamenti. (*Indicare con* x, y *le lunghezze dei segmenti in cui l'ipotenusa è divisa dal punto di tangenza; ricordare che i segmenti di tangente ...*). [*R.* 120 m]

14 In un cerchio di raggio uguale a 102 m vi è una corda uguale a 156 m. Determinare l'area della corona circolare limitata dai contorni del cerchio dato e di quello tangente alla corda citata. Dimostrare, inoltre, che la corona circolare è equivalente al cerchio che ha per diametro la corda.

15 Trovare l'area di un trapezio $ABCD$ sapendo che: 1) la misura del perimetro è $28n$; 2) la base maggiore AB è lunga $13n$; 3) la differenza delle misure dei lati obliqui è $2n$; 4) la base minore CD è uguale alla semisomma dei lati obliqui.

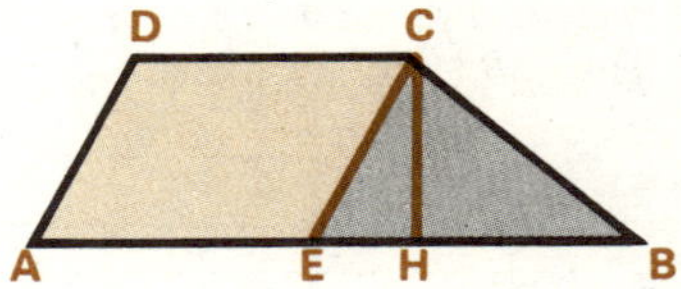

(*Trovate le misure dei lati, si conduca per un estremo* C *della base minore il segmento* CE *parallelo al lato obliquo* AD; *esso, come mostra la figura, divide il trapezio in un parallelogramma e in un triangolo* ECB. *Poiché le misure dei lati di tale triangolo sono note, si può trovare la sua area mediante la formula di Erone e dedurre da questa la misura dell'altezza* CH). [*R.* $27n^2\sqrt{15}/4$]

16 Nel quadrilatero convesso $ABCD$ la diagonale AC è perpendicolare al lato BC. Inoltre si sa che $\overline{AB} = 4\sqrt{205}$, $\overline{BC} = 12$, $\overline{CD} = 39$, $\overline{DA} = 25$. Trovare le misure delle diagonali AC e BD. (*Calcolata la misura di* AC, *si adoperi la formula di Erone per ricavare l'altezza* DH *del triangolo* ADC; *si costruisca, poi, un triangolo rettangolo di ipotenusa BD*). [*R.* $\overline{AC} = 56$, $\overline{BD} = 45$]

17 Un trapezio $ABCD$ è circoscritto ad un semicerchio con il raggio di 4 cm. Sapendo che i lati obliqui BC e AD sono rispettivamente 8 cm e 5 cm, trovare la base minore CD. (*Si tenga presente l'uguaglianza dei triangoli rettangoli* CHB, OSB *e quella dei triangoli rettangoli* DKA, OTA, *secondo le notazioni in figura*). [*R.* $CD = 2\left(5 - 2\sqrt{3}\right)$ cm]

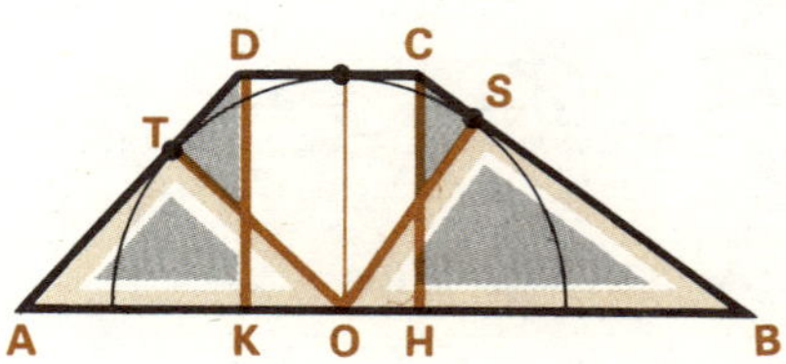

18 Un trapezio isoscele di area 252 è circoscritto ad un semicerchio di raggio lungo 12. Calcolare la misura del perimetro del trapezio. (*Si veda suggerimento al probl. precedente; indicare con* 2x *e* 2y *le misure delle basi*). [*R.* 68, ovvero 72]

19 Risolvere il problema precedente nel caso in cui il trapezio considerato è rettangolo e la sua area, anziché 252, è 270. [*R.* 70, ovvero 72]

20 Un trapezio rettangolo è circoscritto ad un cerchio di raggio lungo r. Determinare le basi del trapezio sapendo che il perimetro di questo misura $9r$. (*Con riferimento alle notazioni in figura si osservi che il triangolo* BOC *è rettangolo in* O *perché...; per cui, applicando il 2° teorema di Euclide si ha* $xy = r^2$). [*R.* $3r$ e $3r/2$]

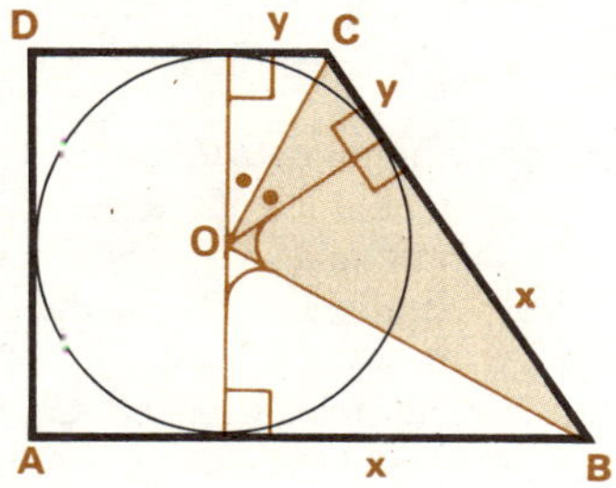

21 Un trapezio $ABCD$ è circoscritto ad un cerchio. Si sa che la differenza delle basi AB e CD è uguale a 21 cm e che i punti di contatto S e T dei lati obliqui BC e DA con il cerchio dividono i lati stessi in parti che stanno nei rapporti 1/4 e 4/9. Determinare il raggio del cerchio. (*Si veda suggerimento probl. precedente*). [*R.* 9 cm]

22 Calcolare l'area di un trapezio le cui basi sono uguali a 57 cm e 32 cm e i cui lati sono 15 cm e 20 cm. [*R.* 534 cm^2]

23 Calcolare l'area di un trapezio le cui basi sono uguali a 40 m e 16 m e le cui diagonali sono 25 m e 39 m. (*Da un estremo della base minore si conduca la parallela alla diagonale non passante per questo punto; si ottiene un triangolo a cui si può applicare la formula di Erone*). [*R.* 420 m^2]

24 Le basi di un trapezio isoscele circoscritto ad un semicerchio sono 42 m e 30 m. Calcolare il perimetro e l'area del trapezio. [*R.* 114 m e $324\sqrt{5}$ m^2]

25 In un semicerchio di centro O e diametro $AB = 2r$ è inscritto un triangolo rettangolo ABC nel quale il cateto minore AC è uguale al segmento OH (essendo H la proiezione di C su AB). Determinare HB. [*R.* $HB = r\sqrt{3}$]

26 Determinare il lato del quadrato inscritto in un triangolo ABC, con due vertici sul lato AB, sapendo che $AB = 21$ cm, $BC = 17$ cm, $CA = 10$ cm. [*R.* 168/29 cm]

27 Determinare il perimetro di un trapezio rettangolo circoscritto ad un cerchio di raggio r, sapendo che il lato obliquo forma un angolo di 60° con la base maggiore. [*R.* $4r\left(3+2\sqrt{3}\right):3$]

28 Risolvere il problema precedente nel caso che l'angolo sia di 45°. [*R.* $4r\left(\sqrt{2}+1\right)$]

29 In un trapezio, la differenza delle basi e i lati obliqui sono rispettivamente di 10 m, 11 m e 9 m. Determinare il perimetro sapendo che l'area è $90\sqrt{2}$ m^2. [*R.* 50 m]

30 Un trapezio rettangolo è circoscritto ad un semicerchio di raggio r. Determinare le basi sapendo che il loro rapporto è 3/7. (*Indicate le basi con* 3x *e* 7x, *si applichi la relazione pitagorica ad un triangolo rettangolo i cui lati sono* r, 4x *e* 7x − r). [*R.* $14r/11$ e $98r/33$]

31 In un trapezio isoscele circoscritto ad un semicerchio, la base maggiore è 26 cm e la somma del raggio del semicerchio con la base minore è 28 cm. Determinare la base minore. [*R.* 16 cm]

32 Determinare la lunghezza delle basi di un trapezio isoscele circoscritto ad un cerchio sapendo che il perimetro è 40 m e l'area è 80 m^2. [*R.* 4 m e 16 m]

33 Determinare le basi di un trapezio isoscele, circoscrivibile ad un cerchio, conoscendo la loro differenza d e il perimetro $2p$. [*R.* $(p \pm d):2$ per $p > d$]

34 Un trapezio isoscele è circoscritto ad un cerchio di raggio r. Calcolarne le diagonali sapendo che la somma delle basi è $6r$. [*R.* $r\sqrt{13}$]

35 In un trapezio $ABCD$ la base maggiore AB e la base minore DC misurano rispettivamente a e b; inoltre il rapporto tra il lato obliquo DA e l'altezza è 5/4. Sapendo che la lunghezza del perimetro del parallelogramma ottenuto conducendo per C la parallela ad AD è $2p$, determinare la distanza della base maggiore dalla intersezione dei prolungamenti dei lati obliqui.

[*R.* $\dfrac{4a(p-b)}{5(a-b)}$, con $p > b$]

36 In un trapezio *ABCD*, la base maggiore *BC* e la minore *AD* sono perpendicolari al lato *AB*. Inoltre è noto che $BC = CD$, $\overline{AB} = a$ e che l'area del trapezio è $3a^2/2$. Determinare $\overline{AD}$. [*R.* $\left(3 - \sqrt{6}\right)a/3$]

37 Un triangolo equilatero *ABC*, di lato $2a$, viene sottoposto alla *traslazione* di vettore $2\overrightarrow{\mathbf{AB}}$ che lo porta nella posizione *A′B′C′*. Si chiede di determinare il raggio del cerchio circoscritto al trapezio *AB′C′C*. (*Si osservi la figura: uguagliare le ipotenuse, espresse in funzione dei cateti, dei triangoli rettangoli* OAM, OCN).

[*R.* $x = a\sqrt{3}/3$; $OA = 2a\sqrt{21}/3$]

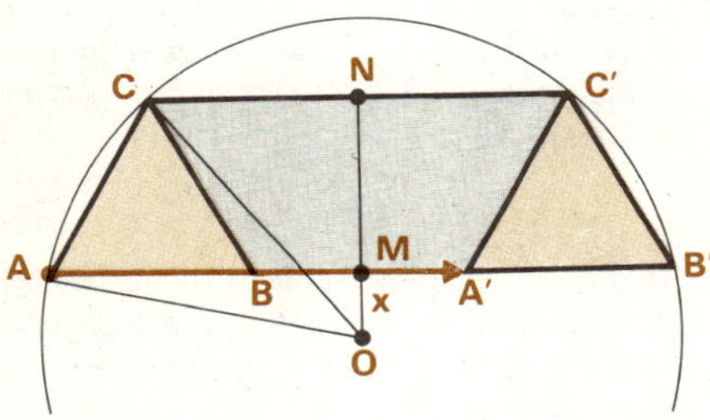

38 Determinare la base e l'altezza di un triangolo isoscele, conoscendo la loro somma, 22 cm, e sapendo che il perimetro del triangolo è 36 cm.

[*R.* 10 cm, 12 cm; ovvero 16 cm, 6 cm]

39 Un pentagono $\mathbf{P} = ABCDE$ è diviso dalla diagonale *AD* in un rettangolo *ABCD* e in un triangolo isoscele *ADE*, rettangolo in *E*. Costruito il *simmetrico* $\mathbf{P}'$ di $\mathbf{P}$ rispetto alla retta *BC*, si determini *BC* sapendo che $AB = 32$ m e che l'area dell'esagono $\mathbf{P} \cup \mathbf{P}'$ è 1152 m^2.

[*R.* $BC = 16$ m]

40 In un cerchio, di centro *O*, si hanno due corde *AB, CD* uguali e perpendicolari, che si intersecano in un punto *E*. Si proietti *O* sulle corde in *M, N*. Dimostrare che il quadrilatero *MONE* è un quadrato e che *ACBD* è un trapezio isoscele. Sapendo che il raggio è 1 cm e le corde 24/13 cm, trovare il perimetro e l'area di detto trapezio.

[*R.* $50\sqrt{2}/13$ cm; $288/169$ cm^2]

41 In un trapezio isoscele gli angoli adiacenti alla base maggiore sono di 60°; il perimetro misura $4a$ e l'area è $a^2\sqrt{3}/4$. Determinare i lati obliqui. [*R.* $\left(2 - \sqrt{2}\right)a/2$]

42 In un trapezio isoscele circoscritto ad un cerchio di raggio $4a$, la base minore è uguale al raggio. Determinare la distanza di un estremo della base maggiore dal punto comune ai prolungamenti dei lati obliqui.

[*R.* $40\,a/3$]

43 È dato un triangolo *ABC*, rettangolo in *C*, con l'angolo in *A* di 60° e con $\overline{AC} = a$. A quale distanza da *C* si deve condurre una retta *r* parallela a *BC* e situata, rispetto a *BC*, dalla parte opposta di *A* affinché, detto *A′B′C′* il *simmetrico* di *ABC* rispetto ad *r*, il trapezio isoscele *AA′B′B* sia equivalente ad un triangolo equilatero con il lato di lunghezza $2m$? [*R.* $(m^2 - a^2)/(2a)$]

44 Risolvere il problema precedente nel caso in cui la retta *r* debba intersecare la retta *AC* in un punto interno al lato *AC* ed il trapezio isoscele da considerare sia *AA′BB′*. Detto *M* il punto medio del segmento *CC′* e posto $CM = x$, si osservi che, tanto per $0 < x \leqslant a/2$ quanto per $a/2 < x < a$, il problema è impossibile ove sia $a \neq m$; è invece, indeterminato nel caso particolare $a = m$.

45 Sono dati due cerchi tangenti in *A* e *B* ad una medesima retta *r*, tangenti esternamente fra loro ed aventi raggi *r* ed *R* (con $r < R$).

1) Verificare che il segmento *AB* è medio proporzionale fra i due diametri.

2) Calcolare i valori di *R* e *r* quando si supponga che l'angolo formato dalla tangente *t* con la retta congiungente i centri sia di 30° e che la distanza dei due centri sia di 12 cm. [*R.* 9 cm, 3 cm]

46 Sono date due circonferenze di centri *A*, *B*, raggi di lunghezze *R, r* (con $R > r$) e con $\overline{AB} = 2(R + r)$. Le due circonferenze ammettono quattro tangenti comuni: due si incontrano in un punto *M* della retta *AB* esterno al segmento *AB* e due si incontrano in un punto *N* di *AB*. Trovare le lunghezze dei segmenti *AM* ed *MN*.

[*R.* $2R(R + r):(R - r)$, $4Rr:(R - r)$]

47 Un trapezio è inscritto in un semicerchio di raggio *r* in modo che la base maggiore coincida con il diametro. Determinare i lati obliqui sapendo che il rapporto fra la somma dei due lati obliqui con la base minore e la base maggiore è 11/8. [*R.* $r/2$]

48 Determinare i lati di un triangolo rettangolo conoscendo la differenza fra l'ipotenusa e la differenza dei cateti, uguale a 20 m, e l'altezza, di 12 m, relativa all'ipotenusa.
[*R.* 15 m, 20 m, 25 m]

49 Si osservi la figura. È noto che il rettangolo circoscritto all'unione dei tre cerchi (dei quali i due minori uguali) ha area $100a^2(3 + 2\sqrt{2})$. Determinare la misura x del raggio dei cerchi minori. [*R.* $x = 5a$]

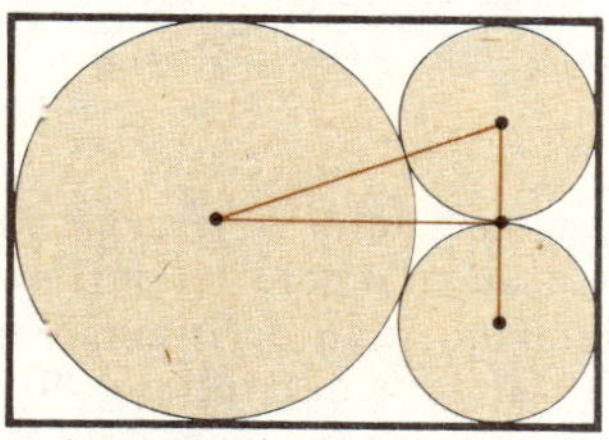

50 È dato un trapezio rettangolo $ABCD$ di base maggiore $AB = 2a$, con la diagonale DB perpendicolare al lato obliquo AD. Siano C' e D' le immagini dei punti C e D nella *simmetria* di asse AB. Determinare CD in modo che la spezzata $CDAD'C'$ sia uguale a $9a/2$. [*R.* $(5 \pm 2\sqrt{2})a/4$]

51 Si sono congiunti i punti medi dei lati obliqui di un trapezio nel quale le basi misurano a e b (con $a > b$). Per quali valori di a e b il maggiore dei due trapezi, nei quali è stato diviso il trapezio dato, supera il doppio del minore? (*Dimostrare che il segmento congiungente i punti medi dei lati obliqui è uguale alla semisomma delle basi*). [*R.* $a > 5b$]

52 Di un triangolo rettangolo ABC si conosce l'ipotenusa $BC = 2a$ e la somma $a\sqrt{5}$ della mediana relativa ad AB con la metà di AB. Calcolare AB.
[*R.* $AB = (\sqrt{5} \pm 1)a/2$]

53 Data una circonferenza di diametro AB si consideri un punto P preso sul prolungamento di AB dalla parte di B. Sia PT una tangente alla circonferenza ed M la proiezione del punto T di tangenza su AB.

1) Dimostrare che TB e TA sono le bisettrici degli angoli formati dalle rette TP, TM.
2) Determinare $\overline{PB} = x$ nel caso in cui $\overline{AB} = 2r$, $\overline{PT} = a$. [*R.* $\sqrt{r^2 + a^2} - r$]

54 In un trapezio isoscele circoscritto ad un semicerchio la somma delle basi è $16a$ e una diagonale è $a\sqrt{85}$. Determinare le basi $2x$ e $2y$.
[*R.* $10a$ e $6a$; ovvero $34a/3$ e $14a/3$]

55 Determinare l'area di un trapezio circoscritto ad un semicerchio il cui raggio misura r, sapendo che i lati obliqui formano con la base maggiore angoli di 60° e 45°.
[*R.* $r^2(\sqrt{3} + 2\sqrt{2} - 1)/2$]

56 Da un punto di una circonferenza si conducono un diametro ed una corda. La proiezione della corda sul diametro è inferiore di 12 m alla corda stessa, e la differenza fra il diametro e detta proiezione è 36 m. Determinare la corda e il diametro.
[*R.* 24 m e 48 m]

57 Il perimetro di un trapezio isoscele circoscritto ad un cerchio è 100 m e la base maggiore supera di 15 m i 5/2 della base minore. Calcolare il rapporto fra la diagonale del trapezio e il raggio della circonferenza inscritta. [*R.* $\sqrt{41} : 2$]

58 Ad un cerchio di raggio 6 m è circoscritto un trapezio isoscele avente le diagonali di $4\sqrt{34}$ m. Determinare le basi del trapezio.
[*R.* 4 m e 36 m]

59 In un trapezio rettangolo il lato perpendicolare alle basi è uguale alla base minore; il lato obliquo, di lunghezza a, è i 4/3 della sua proiezione sulla base maggiore. Si determini la lunghezza della proiezione della base minore sul prolungamento del lato obliquo. [*R.* $3a\sqrt{7}/16$]

60 Determinare i cateti di un triangolo rettangolo, conoscendo la somma $34a$ del doppio dell'uno con il triplo dell'altro e l'ipotenusa $10a$.
[*R.* $6a$ e $8a$; ovvero $126a/13$ e $32a/13$]

61 Determinare il lato del quadrato inscritto in una semicirconferenza avente il raggio di 90 m. Un lato del quadrato sta sul diametro.
[*R.* $36\sqrt{5}$ m]

62 In un cerchio sono date due corde AB e CA', che si intersecano in un punto H. Si sa che A e A' sono punti diametralmente opposti, che $3HC = 2A'H$, $AH = 10$ m, $HB = 5{,}4$ m. Tracciate le due corde *simmetriche* delle date rispetto al centro O del cerchio, si calcoli l'area del parallelogramma limitato dalle quattro corde. (*Si osservi che* AC *è altezza* ...). [*R.* 72 m^2]

63 In un triangolo viene inscritto un rettangolo di cui il perimetro è 38 m. Calcolare le dimensioni del rettangolo sapendo che la base e l'altezza del triangolo sono uguali, rispettivamente, a 40 m e 12 m. [*R.* 9 m e 10 m]

64 In un triangolo rettangolo ipotenusa e altezza ad essa relativa sono uguali a 30 cm e 14,4 cm. Determinare il lato del quadrato inscritto nel triangolo ed avente due lati consecutivi sui cateti. [*R.* 72/7 cm]

65 In un cerchio di raggio r è inscritto un trapezio le cui basi sono uguali al lato dell'esagono regolare e al lato del triangolo equilatero inscritti. Determinare uno dei lati obliqui del trapezio, sapendo che questo non contiene il centro del cerchio. [*R.* $r\left(\sqrt{6} - \sqrt{2}\right) : 2$]

66 Risolvere il problema precedente nel caso che il trapezio contenga il centro del cerchio. (*Questo problema può essere risolto senza eseguire alcun calcolo, se si fanno opportune considerazioni sugli angoli al centro*). [*R.* $r\sqrt{2}$]

67 Un quadrilatero **Q** = $ABCD$ è *simmetrico* rispetto alla diagonale AC. Si sa che l'angolo in A è retto e che, detto H il punto di incontro delle diagonali, il segmento AH è 1/7 di HC. Determinare il perimetro di **Q** sapendo che la sua area è 16 m^2. Dimostrare, poi, che **Q** è circoscrivibile ad un cerchio e calcolare il raggio di tale cerchio. (*Congiungendo il centro* O *del cerchio con* A, B, C, D, *si scompone* **Q** *in quattro triangoli con le altezze uguali*). Determinare, infine, la distanza fra i punti O ed H. [*R.* 24 m, 4/3 m e $\sqrt{2}/3$ m]

68 Il perimetro di un rettangolo è $2p$; è noto che dividendo per metà l'altezza e raddoppiando la base il perimetro non varia. Calcolare i lati. [*R.* $p/3$ e $2p/3$]

69 L'altezza di un triangolo è 2 m. Condurre una parallela alla base, secante il triangolo, in modo che l'area del trapezio ottenuto sia media proporzionale fra l'area del triangolo iniziale e quella del triangolo residuo. Si calcoli la distanza x di tale parallela dal vertice opposto alla base. (*Si indichi con* b *la lunghezza della base: a conti fatti, si stabilisce che* x *non dipende da* b. *Si ottiene un'equazione di quarto grado, che si può risolvere o considerandola come biquadratica, oppure, meglio, con una scomposizione in fattori*). [*R.* $\left(\sqrt{5} - 1\right)$ m]

70 Un trapezio isoscele di area s^2 è circoscritto ad un cerchio il cui raggio misura r. Determinare le basi e dire per quali valori di s il problema è possibile. (*Vedere suggerimento e figura del problema* n. 6). [*R.* $s \geqslant 2r$]

71 Ad un rettangolo di dimensioni a e b circoscrivere un triangolo rettangolo in modo che l'angolo retto del triangolo coincida con un angolo del rettangolo e che la somma dei cateti sia uguale a $2a + 2b$. [*R.* I cateti sono $2b$ e $2a$; ovvero $a + b$ e $a + b$]

72 È dato un triangolo rettangolo ABC nel quale i cateti AB e AC sono uguali, rispettivamente, a 10 m e a 24 m. Determinare a quale distanza da C si deve prendere un punto D dell'ipotenusa BC affinché i triangoli CAD, DAB siano il primo i 4/9 del secondo. [*R.* 8 m]

73 Un trapezio isoscele $ABCD$ è inscritto in un semicerchio di diametro $AB = 2r$ e l'angolo sotto cui è vista la base minore dal punto di incontro delle diagonali è di 120°. Determinare il perimetro del triangolo che ha per base la base maggiore e gli altri lati sulle rette dei lati obliqui. [*R.* $6r$]

74 Calcolare l'ipotenusa di un triangolo rettangolo sapendo che la differenza delle proiezioni dei cateti sull'ipotenusa è uguale all'altezza h ad essa relativa. [*R.* $h\sqrt{5}$]

75 Un triangolo isoscele ABC è inscritto in un cerchio di raggio r e ne contiene il centro. Calcolare il perimetro del triangolo ottenuto conducendo le tangenti al cerchio nei punti A, B, C, sapendo che la base AB è uguale agli 8/5 di r. [*R.* $32r/3$]

76 Risolvere il problema precedente nel caso che sia $AB = r\sqrt{2}$. (*Il procedimento di risoluzione può essere lo stesso del caso precedente; ma, con opportune considerazioni relative agli angoli, si può arrivare più rapidamente al risultato*).
[*R.* $2r\left(3 + 2\sqrt{2}\right)$]

77 Risolvere i due problemi precedenti nel caso che sia $AB = r\sqrt{3}$. (*Con considerazioni opportune, il problema si può risolvere, questa volta, senza eseguire alcun calcolo*). [*R.* $6r\sqrt{3}$]

78 Dimostrare che un quadrilatero circoscrivibile ad un cerchio e con due angoli opposti retti ammette un *asse di simmetria* (*si veda la figura*). Trovare, poi, le lunghezze dei suoi lati sapendo che la misura del raggio del cerchio inscritto è r e l'area del quadrilatero è $5r^2$. [*R.* $r\left(5 \pm \sqrt{5}\right):2$]

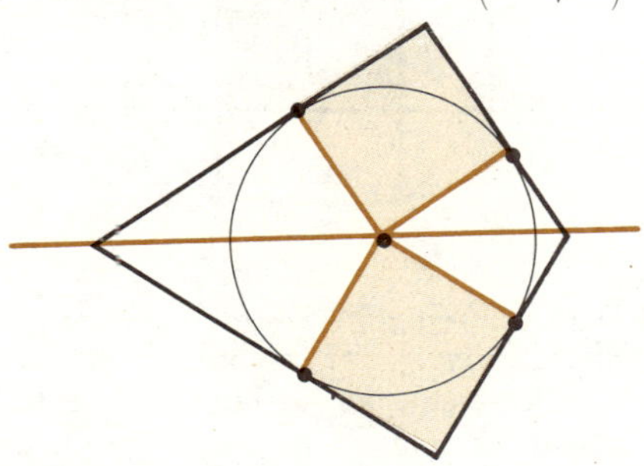

79 Un trapezio isoscele è inscritto in un semicerchio in modo che la sua base maggiore coincida col diametro. Determinare il raggio del semicerchio sapendo che ciascuno dei lati obliqui del trapezio è m e che il perimetro del trapezio è $4m$. [*R.* $m\left(\sqrt{5} + 1\right)/4$]

80 Dato un semicerchio di centro O e diametro $AB = 2r$, si conducono le tangenti in A e in B ed una terza tangente, in un punto T della semicirconferenza, che incontra le prime due rispettivamente nei punti C e D. Dimostrare che l'angolo COD è retto e che il rettangolo costruito sui segmenti AC e BD è equivalente al quadrato di lato AO.

81 Sul prolungamento del diamentro AB di un semicerchio si fissi, dalla parte di B, un punto P e per esso si conduca il segmento di tangente PT. Si tracci, poi, la corda TR parallela ad AB. Sapendo che $\overline{PT} = 8a$ e $\overline{PB} = 4a$, trovare:
1) la misura del raggio del semicerchio;
2) la somma delle aree dei tre segmenti circolari limitati dalle tre corde AR, RT e TB, precisando anche quale di tali segmenti ha area maggiore.
[*R.* $6a$; $(18\pi - 46{,}08)a^2$]

82 Un trapezio isoscele nel quale le basi e l'altezza misurano rispettivamente $4a$, $2a$ e h è inscritto in una circonferenza. Determinare la lunghezza della distanza della base minore dal centro e stabilire per quali mutui valori di a ed h il centro della circonferenza è interno al trapezio, sulla base maggiore o esterno.
[*R.* $(h^2 + 3a^2)/(2h)$; $h \gtreqless a\sqrt{3}$]

83 Di un triangolo rettangolo si conoscono le misure a e b di un cateto e della bisettrice dell'angolo retto. Determinare la misura dell'altro cateto. (*Si prolunghi uno dei cateti, dalla parte dell'angolo retto, di un segmento uguale all'altro cateto*).
[*R.* $ab/\left(a\sqrt{2} - b\right)$]

84 Calcolare il perimetro di un triangolo rettangolo, nel quale la somma dei cateti è $3a$ e la bisettrice dell'angolo retto è $2a\sqrt{2}/3$. [*R.* $a\left(3 + \sqrt{5}\right)$]

85 È dato un triangolo **T** $= ABC$, rettangolo in C, nel quale $\overline{AC} = 2b$ e $\overline{BC} = 2a$. Costruito il triangolo **T**′ *simmetrico* di **T** rispetto al punto medio O della mediana CM, determinare la misura del perimetro e l'area dell'esagono concavo **T** ∪ **T**′.
[*R.* $2\left(a + b + 2\sqrt{a^2 + b^2}\right)$; $3ab$]

86 I cateti AC e BC di un triangolo rettangolo ABC, di baricentro G, stanno come 4 sta a 3. Detto $A'B'C'$ il triangolo *simmetrico* di ABC rispetto a G, si determini $\overline{AB}$ e l'area dell'esagono intersezione dei due triangoli sapendo che il perimetro di tale esagono misura $48a$. (*Una volta dimostrato che i sei triangoli a fondo grigio in figura sono uguali, il procedimento è ovvio*).
[*R.* $\overline{AB} = 30a$; area $= 144a^2$]

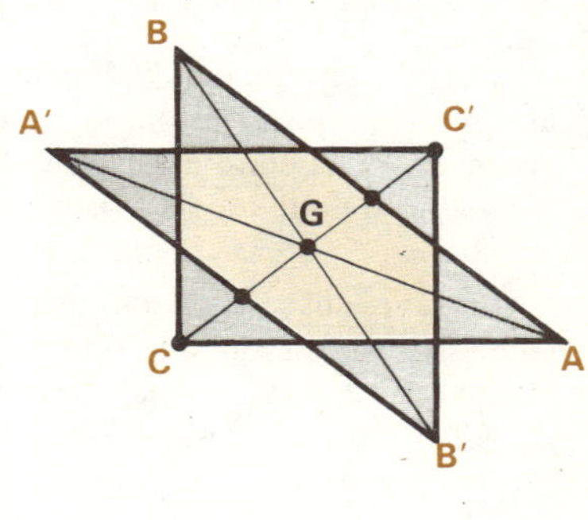

87 In un trapezio isoscele inscritto in un cerchio (e contenente il centro di questo) le basi stanno come 15 : 7 e le loro rispettive distanze dal centro come 5 : 6. Determinare il rapporto fra il trapezio e il cerchio.
[*R.* $968 : (625\pi)$]

88 In un trapezio isoscele inscritto in un cerchio le basi sono uguali ai lati del quadrato e del triangolo equilatero inscritti nello stesso cerchio. Determinare il raggio x del cerchio sapendo che il rettangolo che ha per dimensioni la somma e la differenza delle distanze delle basi dal centro è equivalente al rettangolo che ha per dimensioni il segmento a e la somma di a con la base minore del trapezio. [*R.* $2a\left(\sqrt{2}+\sqrt{3}\right)$]

89 Il triangolo rettangolo AOB ha i cateti OA, OB di lunghezza 2 e $\sqrt{3}$, rispettivamente. Determinare un punto P dell'ipotenusa AB tale che la somma della sua distanza da OA con il doppio della sua distanza dal punto medio di OB uguagli il doppio di OB. (*Indicare con* x *ed* y *le misure delle distanze di* P *da* OA *e da* OB).
[*R.* $y = 36/25$; ovvero $y = 0$]

90 È dato un triangolo rettangolo il cui perimetro misura $2p$, circoscritto ad un cerchio di raggio lungo r. Dette x ed y le misure dei due segmenti nei quali il punto di tangenza divide l'ipotenusa, calcolare i valori di xy e di $x^2 + y^2$, senza determinare x ed y. [*R.* $xy = pr$, $x^2 + y^2 = p^2 - 4rp + r^2$]

91 Le basi e l'altezza di un trapezio misurano, rispettivamente, a, b, h (con $a > b$). Verificare che la misura x della distanza dalla base maggiore alla quale bisogna condurre una retta parallela alle basi affinché il trapezio risulti diviso in due parti equivalenti, soddisfa l'equazione

$$2\,(a - b)\,x^2 = 4ahx - (a + b)\,h^2.$$

Verificare, poi, che le radici di tale equazione sono reali positive per ogni valore dei parametri e che solo la radice minore è minore di h e quindi soddisfa il problema.

92 In un trapezio isoscele le diagonali sono perpendicolari ai lati obliqui. Sapendo che la base maggiore è $10a$ e che la somma di una diagonale e di un lato obliquo è $14a$, determinare la distanza del punto di incontro delle diagonali dal punto comune ai prolungamenti dei lati obliqui.
[*R.* $35a/12$]

93 Sottoponendo un rettangolo **R** di centro O ad una *rotazione* di 90° attorno ad O si ottiene un rettangolo **R'**. Unendo, come è indicato in figura, i vertici dei due rettangoli si ottiene un ottagono. Si sa che il perimetro di **R** è $2p$ e che l'area dell'ottagono è s^2.
Verificare che deve essere $p > s\sqrt{2}$ e che, se l'ottagono è regolare, vale l'uguaglianza $s^2 = p^2\left(\sqrt{2} - 1\right)$.

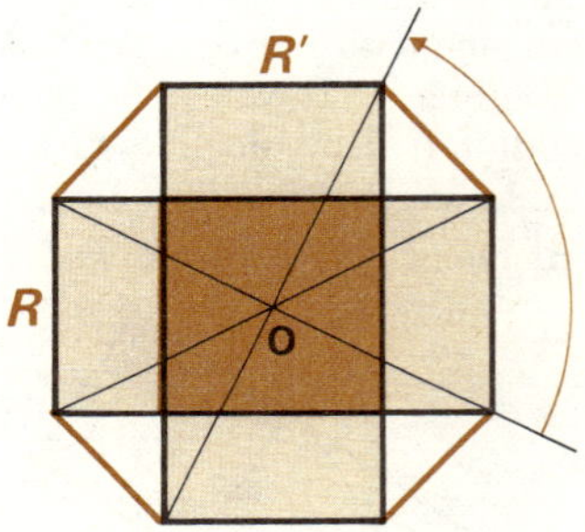

94 Dato un triangolo, sia M il suo baricentro; dimostrare: 1) che la corda condotta da M parallelamente ad un lato è i due terzi di questo; 2) che se per M si conducono le rette parallele ai tre lati del triangolo, questo viene scomposto in tre parallelogrammi equivalenti e in tre triangoli pure equivalenti, e che ciascuno dei parallelogrammi è doppio di ciascun triangolo. Nel caso particolare in cui i lati del triangolo sono uguali a 13 cm, 14 cm, 15 cm, si determini l'area del triangolo stesso e quelle dei parallelogrammi e dei triangoli sopra menzionati.
[*R.* 84 cm², 56/3 cm², 28/3 cm²]

95 Un trapezio $ABCD$ è inscritto in un semicerchio di diametro $AB = 2r$ e centro H. Indicati con O ed L i punti di intersezione delle diagonali e delle rette dei lati obliqui, calcolare uno dei lati obliqui sapendo che il rapporto fra il quadrilatero $OCLD$ e il triangolo ABO è 49 : 225. (*I triangoli* AHO, LHA *ed* LDO *sono simili*). [*R.* $6r : 5$]

96 Le lunghezze della base minore AB, della base maggiore CD e dell'altezza AD di un trapezio rettangolo $ABCD$ sono, rispettivamente, a, b ed h. Siano E ed F le proiezioni dei vertici D e B sulla diagonale AC.

1) Trovare la lunghezza del segmento FC.

2) Verificare che se AD è media geometrica fra AB e CD, allora i punti E ed F coincidono.

3) Determinare EF nel caso che si abbia $a = h = 7$ e $b = 24$.

[*R.* $(h^2 + b^2 - ab) : \sqrt{h^2 + b^2}$; 4,76]

97 Trovare le lunghezze dei cateti di un triangolo ABC, rettangolo in B, conoscendo l'area $4b^2$ del triangolo e la misura b della bisettrice BD. [*Con la costruzione indicata in figura ed adottandone le notazioni, si ricava facilmente che* $y\sqrt{2} : b = (x + y) : \ldots$].

[*R.* $2b\left(2\sqrt{2} \pm \sqrt{6}\right)$]

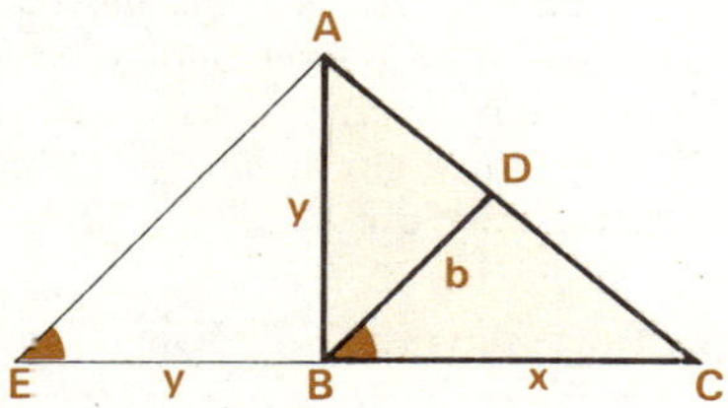

98 Determinare i cateti di un triangolo rettangolo del quale si conosce il perimetro $60a$ e la differenza $14a$ dei cateti stessi.

[*R.* $24a$ e $10a$]

99 Le misure dei cateti AB e BC di un triangolo rettangolo sono $3a$ e $4a$; M ed N sono due punti appartenenti rispettivamente ai cateti AB e BC, tali che la retta MN è parallela all'ipotenusa AC. Condurre da M e da N le perpendicolari MH ed NK ad AC. Determinare BM in modo che la somma delle aree dei triangoli MNB, AMH, CNK sia uguale a $10a^2/3$.

[*R.* a; ovvero $2a$]

100 Ad un quadrato, con il lato di 12 cm, circoscrivere un triangolo rettangolo in modo che abbia l'angolo retto in comune con un angolo del quadrato. È noto che la somma dei cateti è 54 cm. Calcolare i lati del triangolo. (*Indicare le misure dei cateti con* $12 + x$ *e* $12 + y$).

[*R.* 18 cm, 36 cm e $18\sqrt{5}$ cm]

101 Determinare l'altezza di un trapezio conoscendo la differenza delle basi $2d$ e sapendo che gli angoli alla base maggiore sono di 30° e 45°. (*Da un estremo della base minore tracciare la parallela...*).

[*R.* $d\left(\sqrt{3} - 1\right)$]

102 Le misure in cm di tre segmenti formano una progressione aritmetica di ragione 4. La somma delle misure stesse è 36. Determinare un segmento x tale che aumentando di x i tre segmenti dati si ottengano i tre lati di un triangolo rettangolo.

[*R.* $x = 4$ cm]

103 Due cerchi di raggi r e $2r$ sono tangenti internamente in un punto A. Condurre, parallelamente alla tangente in A ai due cerchi, una secante comune in modo che la somma dei quadrati delle due corde così determinate sui due cerchi sia equivalente al doppio della somma dei quadrati costruiti sui due raggi. (*Assumere come incognita* x *la distanza di* A *dalla secante*).

[*R.* $x = r/2$]

104 Calcolare le lunghezze dei tre lati x, y, z di un triangolo rettangolo, sapendo che il lato y è la semisomma degli altri due, e che il numero che esprime l'area del triangolo è uguale a quello che esprime la misura del suo perimetro. [*Ricordare che* $z^2 - x^2 = (z - x)(z + x)$]. [*R.* 6, 8 e 10]

105 La somma $x + y$ dei cateti di un triangolo rettangolo è 35 m e l'altezza relativa all'ipotenusa è 12 m. Determinare i lati. (*Detta* z *l'ipotenusa, si ottiene una equazione nella sola* z *elevando al quadrato i due membri dell'equazione* $x + y = 35$ *e sostituendo ... Successivamente si possono determinare* x *ed* y).

[*R.* 15 m, 20 m e 25 m]

106 Determinare la base e l'altezza di un triangolo isoscele conoscendone la somma $16r/5$ e il raggio r del cerchio circoscritto.

[*R.* $8r/5$, $8r/5$; ovvero $48r/25$, $32r/25$]

107 Un trapezio, inscritto in un semicerchio di raggio 10 m, ha l'altezza uguale ai 12/25 della base maggiore (coincidente con il diametro). Trovare il perimetro del trapezio e le aree delle quattro parti nelle quali le diagonali dividono il trapezio.

[*R.* 49,6 m; 75 m², 5,88 m² e 21 m²]

108 In un triangolo equilatero, avente il lato di 56 m, si conduce un segmento parallelo ad un lato e con gli estremi sugli altri due. Determinare la lunghezza di questo segmento sapendo che esso scompone il triangolo dato in un triangolo equilatero e in un trapezio isoscele, tali che il secondo ha un perimetro doppio del primo. [*R.* 24 m]

109 Due circonferenze di raggi R ed r (con $R > r$) sono tangenti esternamente. Determinare la distanza del punto P d'incontro delle tangenti comuni, oblique rispetto alla retta dei centri, dal centro della circonferenza minore ed i segmenti di tangente che congiungono il punto P con i punti di contatto.

$$\left[R.\quad r\frac{R+r}{R-r};\quad \frac{2r}{R-r}\sqrt{Rr},\ \ldots\right]$$

110 Due circonferenze di raggi R, r (con $R > r$) sono l'una esterna all'altra e la distanza dei loro centri è d. Determinare la distanza del centro della circonferenza minore dal punto d'incontro delle due tangenti "esterne" comuni e dal punto d'incontro delle due tangenti "interne" comuni. (*Si hanno due coppie di triangoli rettangoli simili*).

$$\left[R.\quad \frac{dr}{R-r}\quad \text{e}\quad \frac{dr}{R+r}\right]$$

111 Un trapezio isoscele è inscritto in un cerchio e ne contiene il centro. Il lato obliquo, l'altezza e la base maggiore sono uguali rispettivamente a $9\sqrt{10}$ cm, 27 cm e 48 cm. Determinare il raggio del cerchio e le diagonali.

[*R.* 25 cm e $15\sqrt{10}$ cm]

112 Due circonferenze i cui raggi stanno come 1:2 sono tangenti internamente in un punto A. Dal punto B della circonferenza maggiore, diametralmente opposto ad A, si traccino le tangenti alla minore. La retta che unisce i punti di contatto individua, sulle due circonferenze, due corde: determinare il rapporto di queste.

[*R.* 1/2]

113 In un cerchio di raggio r si traccino due diametri perpendicolari. Determinare il perimetro del quadrato che ha per vertici i centri dei quattro cerchi tangenti ai due diametri e, internamente, alla circonferenza data.

[*R.* $8r\left(\sqrt{2}-1\right)$]

114 In un triangolo equilatero di lato l condurre un segmento x parallelo ad un lato e con gli estremi sugli altri due, in modo che il triangolo isoscele che ha per vertice il punto medio di questo lato e per base il segmento x sia i 4/25 del triangolo dato.

[*R.* $x = 4l/5$; ovvero $x = l/5$]

115 I cateti AB e AC del triangolo rettangolo ABC hanno per misure rispettivamente 1 e 2. Condurre per A una retta r non secante il triangolo in modo che sia 22/13 la misura del segmento $B'C'$ ottenuto proiettando su r l'ipotenusa BC. (*Indicare con* x, y *le proiezioni su* r *dei cateti; triangoli simili*).

[*R.* 12/13, 10/13]

116 Di un trapezio isoscele nel quale le diagonali sono perpendicolari si conosce il perimetro $9m/2$ e si sa che è equivalente ad un quadrato di lato m. Determinare le semibasi x e y. [*R.* $m/8$ e $7m/8$]

117 Trovare i lati di un rettangolo $ABCD$ il cui perimetro è $28a$, con $AC + BC = 16a$. Prolungati, poi, tutti i lati del rettangolo di uno stesso segmento x, come mostra la figura, e dimostrato che il quadrilatero $MNPQ$ (con le notazioni della figura) è un parallelogramma, stabilire per quale valore di x l'angolo MNA è di 30°. Si faccia vedere, inoltre, che non esiste alcun valore di x per cui il parallelogramma $MNPQ$ si trasforma in un rettangolo, quando si escluda il valore $x = 0$ per cui $MNPQ$ coincide con $ABCD$. (*Si ricordi che un parallelogramma con le diagonali uguali è un* ...).

[*R.* $AB = 8a$, $BC = 6a$;
$x = 4\left(1+\sqrt{3}\right)a$]

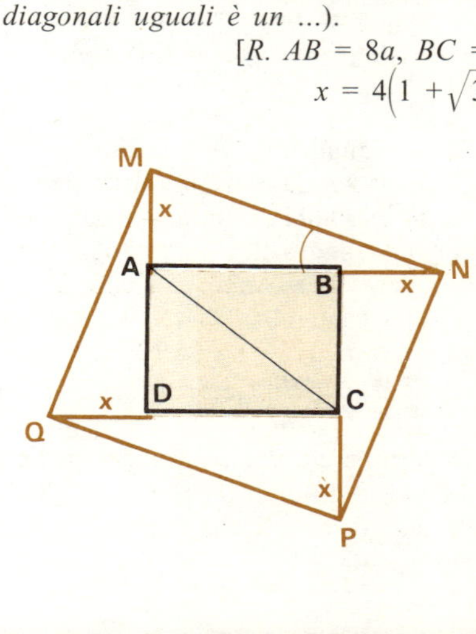

118 Un triangolo isoscele è circoscritto ad un semicerchio il cui raggio misura m. Determinarne l'altezza sapendo che la sua area è $4m^2$. [*R.* $\left(\sqrt{6} \pm \sqrt{2}\right) m$]

119 Calcolare la base di un triangolo isoscele la cui altezza è 18 cm sapendo che il rapporto fra la base e il diametro del cerchio inscritto è 3/2. (*Indicare con* 2x *la base e con* y *il lato del triangolo*). [*R.* 15 cm]

120 Di un quadrilatero $ABCD$ inscrivibile in una circonferenza si sa che:
l'angolo BCD è retto;
$DC = 6a$;
$2DB - BC = 12a$;
$AD : AB = 24 : 7$.
Determinare le diagonali AC e DB. [*R.* $AC = 9{,}36a$, $DB = 10a$]

121 In un trapezio rettangolo la base maggiore AB è uguale al lato obliquo BC, il lato AD, perpendicolare alle basi, è $12m$ e il perimetro è $56m$. Si prolunghi la base minore DC di un segmento CE tale che, detta H l'intersezione del segmento EA con il lato BC, il triangolo CHE risulti isoscele sulla base CE. Calcolare: 1) le basi x, y del trapezio; 2) i segmenti CE ed AH. [*R.* 1) $4m$, $20m$; 2) $12m$, $25m/2$]

122 Un trapezio rettangolo è circoscritto ad un cerchio. Conoscendo le misure a e b delle basi, determinare le lunghezze x, y dei lati non paralleli. [*R.* $(a^2 + b^2)/(a + b)$, $2ab/(a + b)$]

123 Determinare il diametro $AB = 2x$ di un semicerchio sapendo che il rettangolo che ha per base una corda parallela ad AB (distante a da AB) e con il lato opposto tangente al semicerchio, ha perimetro $8a$. [*R.* $x = \left(4\sqrt{7} - 5\right) a/3$]

124 Dato il rettangolo $\mathbf{R} = OABC$, con $\overline{OA} = 2a$ ed $\overline{OC} = b$, sia $\mathbf{R}'$ il rettangolo $OA'B'C'$ immagine di $\mathbf{R}$ nella composizione delle due seguenti trasformazioni:

1) *rotazione* attorno ad O di un angolo di 45° nel senso da A verso B;

2) *omotetia* di centro O e rapporto k.

Si sa che CB interseca il lato OA' ma non il lato $C'B'$ (*si veda la figura*). Determinare i valori di k per i quali è

$$\text{area } (\mathbf{R} \cup \mathbf{R}') = 4kab.$$

Supposto $a = b$, quale delle radici trovate è accettabile?
[*R.* OA' interseca CB per $k > b\sqrt{2}/(2a)$; $k = 1 \pm \sqrt{ab}/(2a)$; per $a = b$ è accettab. la soluz. maggiore]

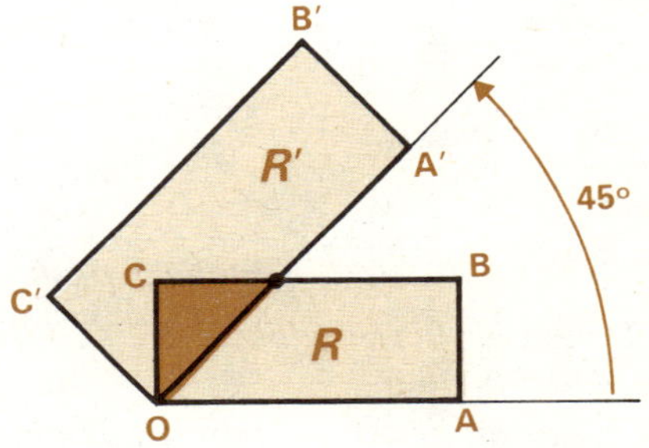

125 I tre lati di un triangolo formano una progressione aritmetica di ragione a. Determinare i lati stessi sapendo che il rapporto tra il triangolo ed il rettangolo che ha per dimensioni i due lati minori del triangolo considerato è uguale ad 1/2. Calcolare, anche, il raggio R del cerchio inscritto nel triangolo. (*Far uso della formula di Erone*). [*R.* $3a$, $4a$, $5a$; $R = a$]

126 Dato un segmento AB, di lunghezza $2a$, si traccino due semirette r ed s perpendicolari ad AB, rispettivamente in A e in B, e giacenti in uno stesso semipiano di origine AB. Detto O il punto medio di AB, si disegni un angolo retto $A'OB'$ con A' su r e B' su s. Dimostrare che, facendo ruotare tale angolo attorno al suo vertice O, nel piano rs:

1) il prodotto $\overline{AA'} \cdot \overline{BB'}$ rimane costante (ed uguale ad a^2);
2) la somma $AA' + BB'$ resta costantemente uguale ad $A'B'$;
3) la retta $A'B'$ risulta in ogni caso tangente alla circonferenza di diametro AB.

Parte IV

PROBLEMI DI GEOMETRIA SOLIDA
DA RISOLVERSI PER VIA ALGEBRICA O ARITMETICA.

AVVERTENZA. – *Anche i problemi di quest'ultima parte, così come quelli della precedente, presuppongono, per la loro risoluzione, l'intervento del calcolo algebrico o aritmetico.*

La suddivisione per argomenti non è conforme a quella adottata nella teoria perché i capitoli iniziali di questa poco si prestano alle applicazioni numeriche.

Per i solidi più comuni, via via considerati, si sono presupposte note le formule relative ad aree e volumi.

1. Premessa.

I problemi di geometria solida non differiscono sostanzialmente dagli analoghi di geometria piana, se non per la difficoltà di visualizzare certe situazioni tridimensionali che debbono essere convenientemente riprodotte sul foglio. La cosa richiede un minimo di esperienza ed una piccola dose di fantasia; doti che si possono acquisire con l'esercizio e con una accurata analisi delle tante illustrazioni di geometria solida presenti sia nella teoria che negli esercizi.

Come primo esempio abbiamo raffigurato in

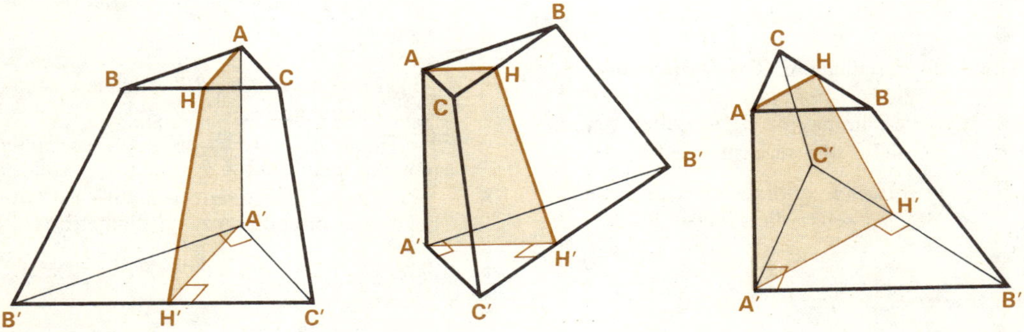

tre modi diversi un tronco di piramide avente per basi due triangoli ABC, $A'B'C'$, rettangoli in A, A', con lo spigolo AA' perpendicolare ai piani delle basi. Si osservi che abbiamo evidenziato (ipotizzando che ci interessi prenderla in considerazione) la sezione con un piano passante per AA' e per l'altezza AH del triangolo ABC.

In molti casi è utile affiancare al disegno del solido, le raffigurazioni separate di certe sue facce o sezioni piane.

2. Problemi introduttivi.

1 Su un piano α sono dati due punti A e B che distano rispettivamente 90 cm e 20 cm dal piede H della perpendicolare condotta ad α da un punto P esterno al piano. Sapendo che $PB = 52$ cm, trovare PA. [*R.* 102 cm]

2 Un cartone a forma di quadrato poggia con uno spigolo su una parete e con lo spigolo opposto sul pavimento di una stanza. Determinare la misura degli angoli diedri formati dal cartone con la parete e con il pavimento, sapendo che lo spigolo che poggia sul pavimento è il doppio della sua distanza dalla parete. [*R.* 30°, 60°]

3 I cateti AC, BC di un triangolo rettangolo ABC hanno per somma 62 cm ed AC supera di 2 cm la quarta parte di BC. Condotto il segmento $CP = 17{,}92$ cm, perpendicolare al piano del triangolo, determinare l'altezza relativa alla base AB del triangolo APB. [*R.* 22,4 cm]

4 Dato il triangolo equilatero ABC di lato l, dai vertici B e C si traccino i segmenti perpendicolari al piano del triangolo (e dalla stessa parte di questo) $BB' = CC' = 4l/3$. Determinare il perimetro del triangolo $AB'C'$. [*R.* $13l/3$]

5 Un triangolo ABC ha i vertici A e B su un piano α e il vertice C distante 15 cm da α. Sapendo che la distanza dalla retta AB della proiezione di C su α è uguale ad $AB = 8$ cm, si domanda l'area di ABC. [*R.* 68 cm²]

6 Due punti A e B situati da parti opposte rispetto ad un piano α distano da α rispettivamente 13 cm e 8 cm, mentre le rispettive proiezioni su α distano fra loro di 20 cm. Determinare la distanza dei punti A e B. [*R.* 29 cm]

7 Si osservi la figura: il triangolo ABC, rettangolo in A, giace sul piano α ed è uguale ai due triangoli ABB', ACC' i cui cateti BB' e CC' sono perpendicolari ad α. Sapendo che $BC : AC = 2{,}6$ e che $B'C' = 2a\sqrt{218}$, trovare AB ed AC. [*R.* $24a$ e $10a$]

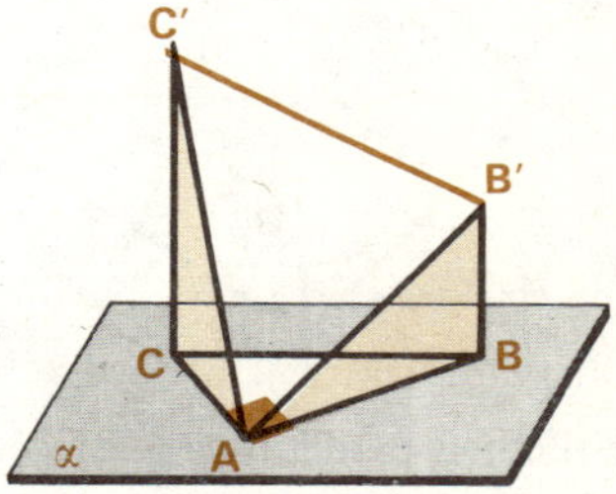

8 In un triangolo isoscele ABC si ha $AC = CB = 13a$, $AB = 7{,}4a$. Per C si tracci un piano α tale che, dette A' e B' le proiezioni di A e B su di esso, si abbia $AA' = 12a$, $BB' = 5a$. Determinare il perimetro del triangolo $A'B'C$. [*R.* 19,4 a]

9 Il lato AB di un triangolo equilatero ABC misura l. Un semipiano α, di origine AB, forma con il piano del triangolo un diedro di 45°. Determinare l'area del triangolo ABC', essendo C' la proiezione di C su α. [*R.* $l^2\sqrt{6}/8$]

10 Riferendosi al problema precedente, verificare che, se l'angolo diedro è di 60°, il rapporto fra ABC ed ABC' è 2.

11 Dato un punto P, esterno ad un piano α, si congiunga P con α mediante tre oblique che formino con il piano angoli di 30°, 45°, 60°. Verificare che i quadrati costruiti sulle tre oblique stanno come 6:3:2.

12 Due piani α e β che si incontrano secondo una retta r, formano un diedro di 30°. Determinare le misure degli angoli diedri acuti formati con α e β da un piano γ parallelo ad r ed ugualmente inclinato rispetto ad α e β. [*R.* 75°; ovvero 15°]

13 Determinare la distanza di due rette sghembe r ed s sapendo che due rette a, b, parallele ad s, intersecano la r e sono ad essa perpendicolari, che la loro distanza è 21 cm e che le distanze fra a ed s e fra b ed s sono 13 cm e 20 cm. [*R.* 12 cm]

3. Problemi sulle piramidi.

1 Problema risolto. – *Una piramide triangolare regolare, con lo spigolo di base di* 12 dm, *ha l'apotema laterale doppio dell'apotema di base. Trovarne il volume.*

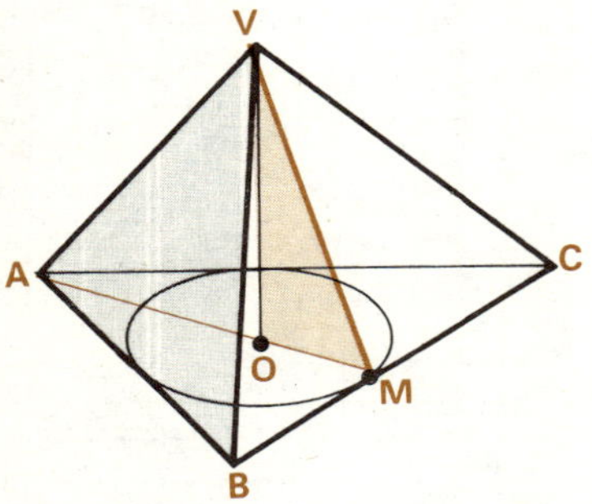

Con riferimento alla figura ed adottandone le notazioni, conviene prendere in esame il triangolo VMO, rettangolo in O.
Poiché il triangolo ABC è equilatero, il suo incentro O è anche baricentro; per cui $OM = AM/3$. D'altra parte AM, come altezza dello stesso triangolo, è esprimibile in funzione del lato BC:

$$\overline{AM} = \overline{BC}\frac{\sqrt{3}}{2} = 12\frac{\sqrt{3}}{2} = 6\sqrt{3}\,;$$

per cui si ha:

$$\overline{OM} = \frac{\overline{AM}}{3} = \frac{6\sqrt{3}}{3} = 2\sqrt{3}\,;$$

$$\overline{VM} = 2\,\overline{OM} = 2\cdot 2\sqrt{3} = 4\sqrt{3}\,.$$

Ne segue, per il teorema di Pitagora, che

$$\overline{OV}^2 = \overline{VM}^2 - \overline{OM}^2 = 48 - 12 = 36;$$
$$\overline{OV} = 6.$$

Si può, ora, passare al calcolo del volume della piramide:

$$volume = \frac{1}{3}\left(\overline{BC}^2\frac{\sqrt{3}}{4}\right)\overline{OV} =$$

$$= \frac{1}{3}\cdot 12^2\cdot\frac{\sqrt{3}}{4}\cdot 6 = 72\sqrt{3} \quad (\text{in dm}^2).$$

2 Calcolare il raggio del cerchio circoscritto alla base di una piramide esagonale regolare il cui volume è 96 cm^3 e nella quale gli spigoli laterali sono doppi degli spigoli di base. [*R.* 4 cm]

3 Determinare il volume di una piramide triangolare regolare avente lo spigolo della base di 6 cm, sapendo che le facce laterali formano con la base angoli diedri di 30°. [*R.* $3\sqrt{3}$ cm^3]

4 I 4/3 di una piramide quadrangolare regolare sono equivalenti ad un cubo con lo spigolo di 6 cm. Determinare l'area della superficie totale della piramide sapendo che la diagonale della base è 18 cm. [*R.* $54\left(\sqrt{11}+3\right)$ cm^2]

5 In una piramide quadrangolare regolare il lato di base è 5/6 dell'apotema e la differenza tra l'area della superficie laterale e quella della base è 140 cm^2. Trovare la somma di tutti gli spigoli della piramide. [*R.* 92 cm]

6 Di una piramide regolare a base quadrata è data la misura, $12a$, dell'altezza e l'area, $260a^2$, della superficie laterale. Determinare la misura $2x$ del lato di base. [*R.* $10a$]

7 La base di una piramide è il triangolo equilatero ABC il cui lato ha misura l. Lo spigolo VA è perpendicolare alla base. Determinare il volume della piramide sapendo che la somma delle aree delle facce AVB e BVC è $3l^2/2$. (*Porre* $\overline{VA} = x$). [*R.* $11l^3\sqrt{3}/96$]

8 Il volume di una piramide regolare esagonale è 324 cm^3. Un piano che passa per due spigoli laterali opposti interseca la piramide secondo un triangolo equilatero. Calcolare l'area della superficie laterale. [*R.* $54\sqrt{15}$ cm^2]

9 La base di una piramide è un quadrato il cui lato è 17 cm e il piede dell'altezza (uguale a 24 cm) sta su una diagonale e la divide in parti che sono nel rapporto 10:7. Determinare l'area della superficie totale. [*R.* 1156 cm^2]

10 In una piramide triangolare regolare, di altezza uguale ad h, il rapporto tra una faccia laterale e la base è 2/3. Determinare lo spigolo di base. [*R.* $2h$]

11 PROBLEMA RISOLTO. – *Una piramide ha per base il quadrato* ABCD; *l'altezza* VA *è doppia dello spigolo* AB. *Determinare gli spigoli laterali della piramide sapendo che, se la si taglia con un piano* α *parallelo alla base e distante* 6 cm *dal vertice* V *e si indicano con* A′ *e* C′ *le intersezioni di* α *con gli spigoli* VA *e* VC, *il quadrilatero* A′ACC′ *ha l'area* $\sqrt{2} \cdot 11{,}25$ cm^2.

Poniamo $\overline{AB} = x$; di conseguenza, abbiamo che $\overline{VA} = 2x$.
Per la similitudine dei triangoli VAB, $VA'B'$, essendo AB metà di VA è pure $A'B'$ metà di VA'; per cui $A'B' = 3$ cm.
E poiché il quadrilatero sezione $A'B'C'D'$ è simile alla base $ABCD$, anche tale quadrilatero è un quadrato; e si ha $A'C' = A'B'\sqrt{2} = 3\sqrt{2}$ cm.

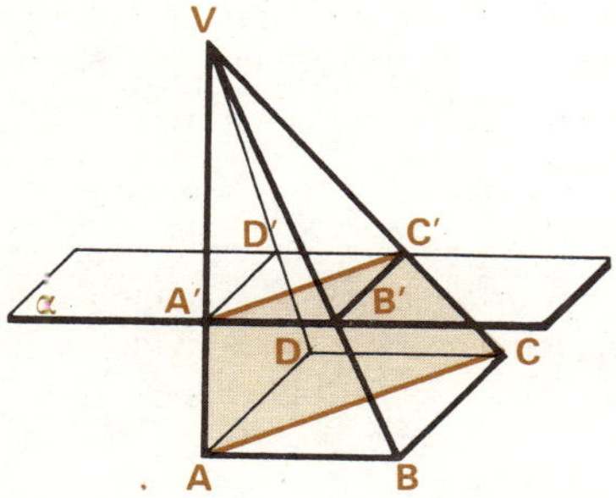

Imponiamo, ora, al trapezio rettangolo $A'ACC'$ di avere l'area data in enunciato.

$$Area = \frac{1}{2}(\overline{AC} + \overline{A'C'})\,\overline{AA'} =$$
$$= \frac{1}{2}\left(x\sqrt{2} + 3\sqrt{2}\right)(2x - 6) =$$
$$= \sqrt{2}\,(x + 3)(x - 3) = \sqrt{2} \cdot 11{,}25.$$

Risolviamo l'equazione ottenuta:

$$x^2 - 9 = 11{,}25;$$
$$x^2 = 20{,}25; \qquad x = 4{,}5.$$

D'altra parte, essendo

$$\overline{VB}^2 = \overline{VD}^2 = x^2 + (2x)^2 = 5x^2,$$
$$\overline{VC}^2 = \left(x\sqrt{2}\right)^2 + (2x)^2 = 6x^2,$$

si conclude che le misure in cm degli spigoli laterali sono:

$$\overline{VA} = 2x = 9;$$
$$\overline{VB} = \overline{VD} = x\sqrt{5} = 4{,}5 \cdot \sqrt{5};$$
$$\overline{VC} = x\sqrt{6} = 4{,}5 \cdot \sqrt{6}.$$

12 Una piramide ha per base un rettangolo e l'altezza cade nell'intersezione delle sue diagonali; le dimensioni di tale rettangolo e l'altezza della piramide stanno fra loro come 5:16:6; l'area della superficie totale è 3744 cm^2. Determinare l'area della sezione ottenuta tagliando la piramide con un piano parallelo alla base e distante da questa di un terzo dell'altezza. [*R.* 5120:9 cm^2]

13 In una piramide a base quadrata uno spigolo è perpendicolare alla base ed è uguale ai 12/5 del lato di questa. Da un punto di questo spigolo che, a partire dal vertice, lo divide in parti che stanno come 2 sta a 3 si conduce un piano ad esso perpendicolare. Tale piano individua una sezione della piramide la cui area è 36 cm^2. Calcolare l'area della superficie laterale della piramide. (*Una volta determinato lo spigolo di base della piramide, si osservi che le facce laterali di questa sono triangoli rettangoli*). [*R.* 1125 cm^2]

14 L'area della superficie totale di una piramide quadrangolare regolare è 896 cm^2 e la superficie laterale sta alla base come 25 sta a 7. Determinare lo spigolo del cubo incritto nella piramide. [*R.* 168:19 cm]

15 A quale distanza dal vertice si deve condurre un piano parallelo alla base di una piramide di altezza h affinché il rapporto fra la piramide staccata e la parte restante sia 8/19? [*R.* $2h/3$]

16 A quali distanze dal vertice si debbono condurre due piani paralleli alla base di una piramide di altezza h affinché essa resti divisa in tre parti equivalenti? (*I due piani, insieme al piano di base, individuano tre piramidi che stanno come* 1:2:3; *le relative altezze stanno, quindi come*...). [*R.* $h/\sqrt[3]{3}$, $h\sqrt[3]{2}/\sqrt[3]{3}$]

4. Problemi sui parallelepipedi e sui prismi.

1 PROBLEMA RISOLTO. – *Trovare le dimensioni di un parallelepipedo rettangolo la cui diagonale misura* 13a, *sapendo che uno degli spigoli è* 3/4 *di un altro e che la somma di tutti gli spigoli misura* 76a.

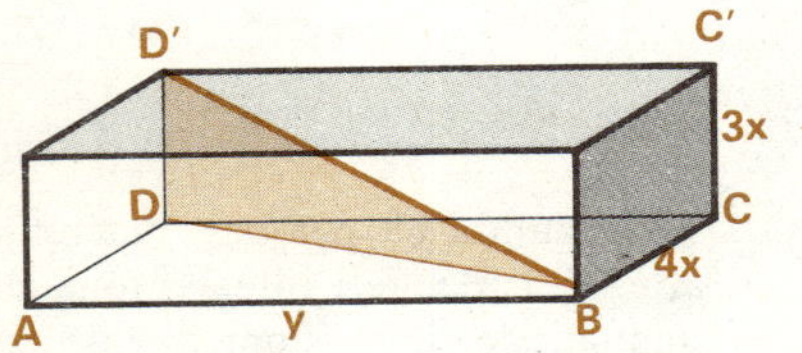

Indichiamo con $3x$, $4x$ ed y le misure delle tre dimensioni. Sappiamo dalla teoria che, con riferimento alle lettere in figura, è

$$\overline{BC}^2 + \overline{CC'}^2 + \overline{DC}^2 = \overline{BD'}^2.$$

Per cui, tenuto conto dell'enunciato del problema, possiamo impostare il sistema

$$\begin{cases} (4x)^2 + (3x)^2 + y^2 = (13a)^2 \\ 4(4x + 3x + y) = 76a. \end{cases}$$

Da esso otteniamo il sistema equivalente

$$\begin{cases} 25x^2 + (19a - 7x)^2 = 169a \\ y = 19a - 7x \end{cases}$$

che ammette le soluzioni

$$\begin{cases} x_1 = a \\ y_1 = 12a, \end{cases} \qquad \begin{cases} x_2 = 96a/37 \\ y_2 = 31a/37. \end{cases}$$

Possiamo quindi concludere che le dimensioni richieste hanno le lunghezze:

$\overline{CC'}$	$3a$	$288a/37$
$\overline{BC}$	$4a$	$384a/37$
$\overline{AB}$	$12a$	$31a/37$

2 Il volume di un parallelepipedo rettangolo è 43 200 m³. La somma di due dimensioni è 48 m e una di esse è tripla dell'altra. Calcolare la diagonale del solido.
[*R.* $4\sqrt{715}$ m]

3 Le dimensioni di un parallelepipedo rettangolo sono 15 cm, 18 cm e 21 cm. Di quanto si deve aumentare la prima dimensione affinché la superficie totale raddoppi?
[*R.* 321/13 cm]

4 Una vasca ha la forma di parallelepipedo rettangolo le cui dimensioni sono di 4 m, 6 m e 0,90 m. In quanto tempo è riempita da una cannella che versa litri 60 al minuto mentre è aperto lo scarico della vasca che perde litri 36 al minuto?
[*R.* 15 ore]

5 L'area della superficie totale di un prisma esagonale regolare è $3m^2$ e la diagonale di una faccia laterale ha per misura a. Determinare il valore t del rapporto fra l'altezza y e lo spigolo di base x del prisma. (*Si ha un sistema omogeneo. Porre* y = tx *e dividere membro a membro*).
[*R.* $m^2t^2 - 2a^2t = a^2\sqrt{3} - m^2$]

6 Di un parallelepipedo rettangolo è noto che il perimetro di una base è 12 cm che l'area della superficie totale è 76 cm² e che il volume è 40 cm³. Determinare gli spigoli x, y della base e l'altezza z. (*Impostato il sistema, si risolva rispetto ad* x + y *in un'equazione e a* xy *in un'altra e si sostituisca nella terza per avere la risolvente in* z). [*R.* 2 cm, 4 cm, 5 cm]

7 Calcolare il volume di un parallelepipedo rettangolo in cui l'altezza misura a, l'area della superficie totale è $6a^2 - 2b^2$ e la somma delle tre dimensioni misura $3a$.
[*R.* $a(a^2 - b^2)$]

8 Determinare il rapporto dei raggi delle sfere circoscritta ed inscritta in un medesimo cubo.
[*R.* $\sqrt{3}$]

9 Dato un cubo **C**, si congiungano i punti medi di ogni coppia di spigoli consecutivi. Si vengono così ad individuare otto piramidi triangolari togliendo le quali da **C** si ottiene, come mostra la figura, un bel poliedro **P**, detto *cubottaedro*, le cui facce

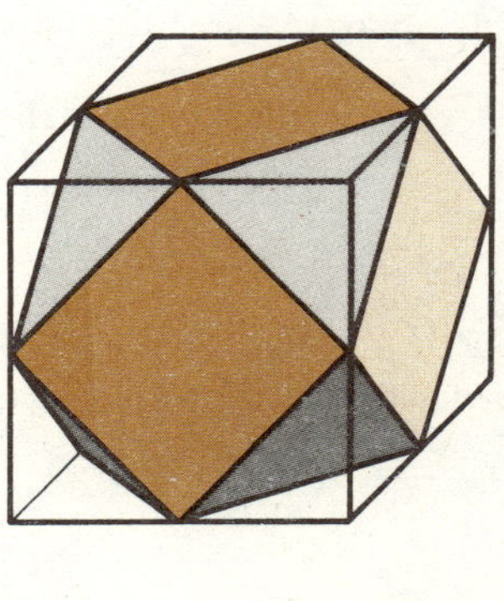

sono tutte poligoni regolari ed i cui angoloidi sono tutti uguali fra loro. Dopo aver provato che **C** e **P** hanno gli stessi assi e gli stessi piani di simmetria, si trovino il rapporto tra **P** e **C** e quello tra le superfici dei due solidi. [*R.* $5/6$ e $\left(3 + \sqrt{3}\right)/6$]

10 Determinare le dimensioni di un parallelepipedo rettangolo conoscendone la somma $29a$ e sapendo che una diagonale del parallelepipedo uguaglia la somma $17a$ di due spigoli. [*R.* $9a$, $8a$, $12a$]

11 Un cubo **C** ed una piramide regolare **P** sono disposti dalla stessa parte della comune base. Poiché l'altezza $10a$ della piramide è maggiore dello spigolo del cubo, la faccia di **C** parallela alla base taglia **P** secondo un quadrato di cui si sa che il lato è $2a$. Si chiede di determinare lo spigolo del cubo. [*R.* $a\left(5 \pm \sqrt{5}\right)$]

12 Dato un prisma si consideri un suo qualunque punto interno e lo si congiunga con i vertici delle due basi. Si ottengono così due piramidi: verificare che è costante la somma dei loro volumi.

13 Calcolare il rapporto delle due parti nelle quali un cubo è tagliato da un piano passante per i punti medi di tre spigoli uscenti da uno stesso vertice. [*R.* 1:47]

14 È dato un parallelepipedo rettangolo **P** delle cui tre dimensioni AB, AC, AD è noto che $\overline{AB} = h$ e che $\overline{AD} = 2\,\overline{AC}$. Costruito il parallelepipedo **P′** simmetrico di **P** rispetto al centro O della faccia individuata dagli spigoli AB ed AC, calcolare il volume del solido **P∪P′** sapendo che l'area della sua superficie è $7h^2$. [*R.* h^3]

15 Determinare gli spigoli di un prisma quadrangolare regolare sapendo che la superficie totale è equivalente al triplo della superficie laterale e che il volume è 432 cm^3. [*R.* 12 cm e 3 cm]

16 Un prisma retto ha per basi due triangoli ABC e $A'B'C'$, rettangoli in C e C'. È noto che $AC:CC':CB = 36:15:20$ e che $AC' + C'B = 256$ cm. Determinare il volume e la superficie laterale del prisma. [*R.* 345 600 cm^3 e $960\left(14 + \sqrt{106}\right)$ cm^2]

17 Determinare le misure delle tre dimensioni di un parallelepipedo rettangolo conoscendo la loro somma $12a$, la somma dei loro quadrati $50a^2$ e sapendo che una di tali dimensioni è la media aritmetica delle altre due. [*R.* $3a$, $4a$ e $5a$]

18 Di due cubi è data la differenza d delle misure dei lati e la differenza $19d^3$ dei loro volumi. Calcolare le misure x e y dei due lati. [*Si tenga presente l'identità* $x^3 - y^3 = (x - y)\cdot(x^2 + xy + y^2)$]. [R. $3d$ e $2d$]

19 Determinare le misure x, y, z delle tre dimensioni di un parallelepipedo rettangolo conoscendone la somma $30a$, sapendo che il volume del solido è $780a^3$ e che i tre spigoli sono lati di un triangolo rettangolo. [*Per avere l'equazione in* z, *servirsi della identità* $x^2 + y^2 = (x + y)^2 - 2xy$]. [*R.* $5a$, $12a$ e $13a$]

20 Un prisma retto ha l'area della superficie totale di 204 cm^2; la somma delle basi è i 5/12 della superficie laterale e l'altezza è uguale al perimetro di una base. Determinare il volume del prisma. [*R.* 360 cm^3]

21 La base **S** di un prisma è un esagono regolare $ABCDEF$ di centro O. Proiettando l'altra base **S′** sul piano di **S** si ottiene un esagono **S″** tale che, come mostra la figura, **S∩S″** è il quadrilatero $BCDO$. Determinare la lunghezza $2x$ del lato di **S** sapendo che gli spigoli laterali del prisma sono inclinati di 60° sul piano di **S** e che l'area della superficie laterale del prisma è $32a^2\left(1 + \sqrt{5}\right)$. (*Per esprimere in funzione di* x *l'altezza della faccia laterale che ha per base lo spigolo* AF *si tenga conto del suggerimento dato implicitamente dalla figura; si osservi anche che le facce laterali che hanno per basi gli spigoli* AF, FE, BC, CD *sono uguali fra loro*). [*R.* $\overline{AB} = 4a/\sqrt[4]{3}$]

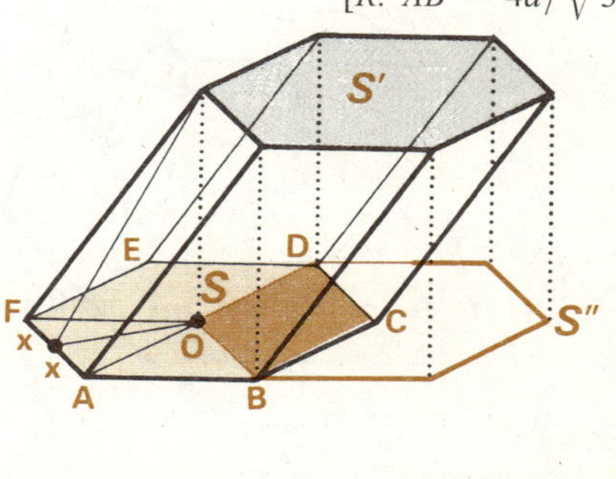

22 Un recipiente ha, internamente, la forma di un parallelepipedo rettangolo con la base avente le dimensioni di 20 cm e 25 cm. Esso è riempito parzialmente di acqua; gettandovi dentro un cubo pesante con lo spigolo di 5 cm, che rimane totalmente immerso, di quanto si innalza il livello del liquido? [*R.* 0,25 cm]

23 Risolto il precedente problema si stabilisca, senza eseguire calcoli scritti, di quanto sale il livello dell'acqua se il cubo è costruito con materiale omogeneo di peso specifico 0,5. [*R.* 0,125 cm]

24 Un parallelepipedo rettangolo ha per base un quadrato $ABCD$ di lato lungo a. Esso viene tagliato da due piani passanti per la retta AB ed inclinati di 30° e 60° sul piano della base, che lo dividono in tre prismi. Calcolare i loro volumi nel caso in cui l'altezza AA' del parallelepipedo abbia una lunghezza b, con b maggiore di $a\sqrt{3}$.

[*R.* $a^3\sqrt{3}/6$, $a^3\sqrt{3}/3$, $\left(2b - a\sqrt{3}\right)a^2/2$]

25 Risolvere il problema precedente nel caso in cui sia $a\sqrt{3}/3 < b < a\sqrt{3}$.

[*R.* $a^3\sqrt{3}/6$, $a^2b - (a^2 + b^2)a\sqrt{3}/6$, ...]

26 Determinare gli spigoli laterali di una piramide che ha per base un quadrato $ABCD$ e il cui spigolo VA (doppio di uno spigolo di base) è perpendicolare alla base stessa. È noto che il parallelepipedo di altezza doppia del proprio spigolo di base, inscritto nella piramide ed avente il triedro di vertice A in comune con essa, ha il volume di 16 cm³. [*R.* 8 cm, $4\sqrt{5}$ cm e $4\sqrt{6}$ cm]

5. Problemi sui tronchi di piramide.

1 PROBLEMA RISOLTO. – *Calcolare il volume di un tronco di piramide quadrangolare regolare, circoscritto ad una sfera il cui raggio è 1/5 dello spigolo della base maggiore, sapendo che l'area del quadrato costruito su uno spigolo laterale è* 1846,08 cm².

Supposto risolto il problema abbiamo effettuato il disegno in prospettiva. Tuttavia, come spesso avviene nella geometria solida, si può semplificare l'esercizio in esame riportandolo dallo spazio al piano. Nel nostro caso conviene prendere in considerazione la sezione del tronco di piramide (e della sfera) effettuata mediante il piano passante per il centro O della sfera e perpendicolare a due facce laterali opposte del tronco. Otteniamo così un trapezio isoscele le cui basi sono uguali agli spigoli delle basi del tronco ed i cui lati sono uguali all'apotema del tronco. Tale trapezio è circoscritto ad un cerchio massimo della sfera.

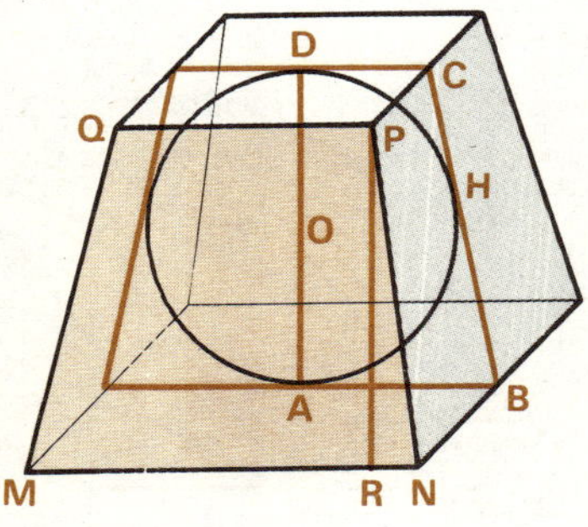

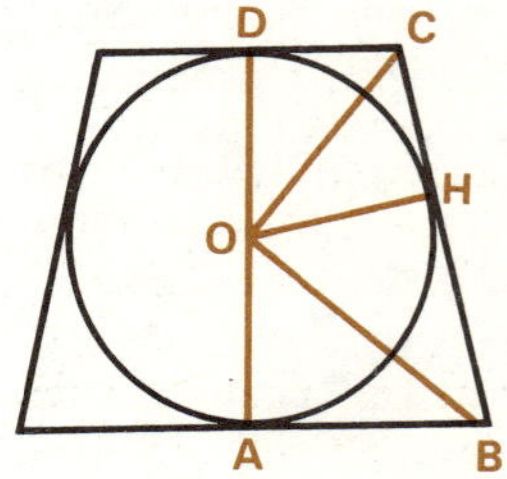

Per l'enunciato del problema possiamo indicare con $2x$ e $5x$ le misure rispettivamente del raggio OH del cerchio e della semibase maggiore AB del trapezio (perché il raggio sta all'intero spigolo della base come 1 sta a 5, cioè come 2 sta a 10).

È noto che il triangolo OBC è rettangolo e che OH è l'altezza relativa all'ipotenusa; per il 2° teorema di Euclide si ha:

$$\overline{CH} = \overline{OH}^2 : \overline{HB} = \overline{OH}^2 : \overline{AB} = = 4x^2 : 5x = 0{,}8x.$$

Consideriamo, ora, una qualunque faccia laterale del tronco; ad esempio la faccia $PQMN$. L'altezza di PR di tale trapezio isoscele è uguale a CB, mentre la proiezione RN di PN su MN è uguale alla differenza tra AB e DC. Si ha cioè:

$$\overline{PR} = \overline{CB} = \overline{CH} + \overline{HB} =$$
$$= 0{,}8x + 5x = 5{,}8x;$$
$$\overline{RN} = \overline{AB} - \overline{DC} = \overline{AB} - \overline{CH} =$$
$$= 5x - 0{,}8x = 4{,}2x.$$

Per il teorema di Pitagora, applicato al triangolo rettangolo RPN, si ha:

$$\overline{PN}^2 = \overline{PR}^2 + \overline{RN}^2 =$$
$$= 33{,}64x^2 + 17{,}64x^2 = 51{,}28x^2.$$

In virtù dell'enunciato del problema si ha, dunque:

$$51{,}28x^2 = 1846{,}08; \quad x^2 = 36; \quad x = 6.$$

E quindi:

$$\overline{MN} = 2\overline{AB} = 10x = 60;$$
$$\overline{PQ} = 2\overline{DC} = 1{,}6x = 9{,}6;$$
$$\overline{DA} = 2\overline{OH} = 4x = 24.$$

Il volume V del tronco, misurato in cm^3, risulta, pertanto:

$$V = \frac{1}{3}\overline{DA}\left(\overline{MN}^2 + \overline{PQ}^2 + \overline{MN}\cdot\overline{PQ}\right) =$$
$$= \frac{24}{3}(3600 + 92{,}16 + 576) = 34\,145{,}28.$$

2 Determinare le diagonali di un tronco di piramide quadrangolare regolare conoscendone gli spigoli delle basi, $4a$ e $8a$, e l'altezza $2a\sqrt{7}$. [*R.* $10a$]

3 Gli spigoli delle basi e l'altezza di un tronco di piramide esagonale regolare stanno come i numeri 4, 5, $\sqrt{3}$ e il volume è 732 cm^3. Determinare gli spigoli delle basi. [*R.* 8 cm e 10 cm]

4 Un tronco di piramide regolare a basi quadrate, i cui lati sono uguali a 12 m e 8 m, ha l'altezza di 16 m. Calcolare il volume della piramide che ha per base la base minore del tronco e per vertice il punto comune ai prolungamenti degli spigoli laterali del tronco stesso. [*R.* $2048/3$ m^3]

5 Determinare le misure x, y dei lati delle basi quadrate di un tronco di piramide, data la lunghezza h dell'altezza del tronco, il volume $7h^3/4$ e sapendo che $xy = h^2$. [*R.* $2h$ e $h/2$]

6 Determinare i lati delle basi quadrate di un tronco di piramide di altezza $\sqrt{57}\,a/3$, conoscendo la somma $5a$ di tali lati e sapendo che il tronco è equivalente al cubo di uguale altezza. [*R.* $2a$ e $3a$]

7 Un tronco di piramide regolare quadrangolare è inscritto in una sfera di raggio r e ne contiene il centro. Determinare l'altezza del tronco sapendo che gli spigoli delle basi sono uguali ad 1/3 e 2/3 del raggio. (*Sezionare il tronco con un piano passante per due spigoli laterali opposti*). [*R.* $r\left(2\sqrt{7} + \sqrt{34}\right)/6$]

8 Un tronco di piramide regolare ha per basi due quadrati i cui lati misurano a e b ed ha altezza lunga h. È noto che il tronco è inscrivibile in una sfera e che contiene il centro di questa. Determinare le distanze dei piani delle basi dal centro della sfera. (*Si veda suggerimento al probl. precedente*). [*R.* $(2h^2 \pm a^2 \mp b^2):(4h)$]

9 Un tronco di piramide retta ha per base maggiore un triangolo rettangolo i cui cateti sono uguali a 24 cm e 45 cm; il perimetro della base minore è 40 cm e l'altezza è 56 cm. Determinare l'altezza della piramide dalla quale è stato dedotto il tronco. [*R.* 84 cm]

10 L'area della superficie laterale di un tronco di piramide quadrangolare regolare è $2000\sqrt{2}$ cm^2. Calcolare il lato della base minore sapendo che il lato della base maggiore è 60 cm e che le facce laterali sono inclinate di 45° sul piano della base maggiore. (*Sezionare il tronco con un piano che dimezza quattro spigoli delle basi a due a due opposti*). [*R.* 40 cm]

11 Un tronco di piramide regolare a basi esagonali, i cui lati misurano rispettivamente 0,36 dm e 0,22 dm, ha le facce laterali inclinate di 60° rispetto al piano della base maggiore. Calcolare il volume del tronco. [*R.* $27\,006\sqrt{3}$ mm^3]

12 Determinare il volume del cubo costruito sullo spigolo laterale di un tronco di piramide quadrangolare regolare nel quale gli spigoli di base e l'altezza stanno come 1:2:3, sapendo che il peso del tronco, costruito con materiale omogeneo di peso specifico m, è P. [*R.* $\left(19\sqrt{38}/28\right)(P/m)$]

6. Problemi sui poliedri regolari.

1 Dopo aver verificato che in un tetraedro regolare *VABC*, il cui spigolo misura l, la lunghezza dell'altezza, l'area della superficie (totale) ed il volume sono rispettivamente uguali a

$$l\,\frac{\sqrt{6}}{3}, \qquad l^2\sqrt{3}, \qquad l^3\,\frac{\sqrt{2}}{12},$$

si trovi l'area del triangolo *MNC* (in figura) essendo *M*, *N* i punti medi degli spigoli *VA*, *VB*. [*R.* $l^2\sqrt{11}/16$]

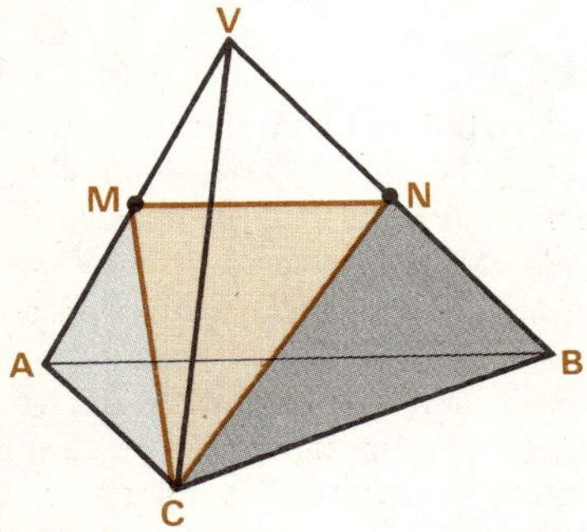

2 Trovare l'area della superficie del poliedro *ABCMN* di cui alla figura relativa al problema precedente. (*All'area del triangolo* MNC *si aggiungono gli* 11/4 *di una faccia del triedro. Perché*?)

[*R.* $l^2\left(11\sqrt{3}+\sqrt{11}\right)/16$]

3 Determinare il volume di un tetraedro regolare sapendo che la sua superficie totale è $16\sqrt{3}\,a^2$. [*R.* $16\sqrt{2}\,a^3/3$]

4 Calcolare l'area della superficie totale di un tetraedro regolare la cui altezza misura $a\sqrt{3}$. [*R.* $9a^2\sqrt{3}/2$]

5 Determinare il rapporto dei volumi di un tetraedro regolare di spigolo l e di un cubo il cui spigolo è i 3/4 dell'altezza del tetraedro. [*R.* $8\sqrt{3}/27$]

6 Determinare il raggio della sfera inscritta e quello della sfera circoscritta ad un tetraedro regolare di lato l.

[*R.* $l\sqrt{6}/12$ ed $l\sqrt{6}/4$]

7 Determinare il volume di un tetraedro regolare sapendo che l'area della sezione del solido con un piano perpendicolare alla base e passante per uno spigolo laterale è $a^2\sqrt{2}$. [*R.* $2a^3\sqrt{2}/3$]

8 Esprimere il raggio della sfera circoscritta ad un cubo in funzione della diagonale d di una faccia di questo. [*R.* $d\sqrt{6}/4$]

9 Dopo aver verificato che, in un ottaedro regolare il cui spigolo misura l, l'area della superficie e il volume sono rispettivamente uguali a

$$2l^2\sqrt{3} \quad \text{e} \quad l^3\,\frac{\sqrt{2}}{3},$$

determinare le lunghezze dei raggi delle sfere inscritta e circoscritta.

[*R.* $l\sqrt{6}/6$ ed $l\sqrt{2}/2$]

10 Calcolare il volume di un ottaedro regolare i cui vertici sono i centri delle facce di un cubo di spigolo lungo l. [*R.* $l^3/6$]

11 Determinare lo spigolo del cubo i cui vertici coincidono con i centri delle facce di un ottaedro regolare di spigolo s.

[*R.* $s\sqrt{2}/3$]

12 Verificare che un ottaedro regolare ha superficie doppia e volume quadruplo di un tetraedro regolare di uguale spigolo.

13 Determinare il rapporto degli spigoli di un cubo e di un ottaedro regolare equivalenti.

[*R.* $\sqrt[6]{2}/\sqrt[3]{3}$]

14 Determinare il rapporto degli spigoli di un tetraedro regolare e di un ottaedro regolare aventi superfici equivalenti. [*R.* $\sqrt{2}$]

15 Determinare il rapporto delle superfici di un ottaedro e di un tetraedro regolari equivalenti fra loro. [*R.* $1:\sqrt[3]{2}$]

16 Determinare i volumi delle tre parti in cui rimane diviso un ottaedro regolare da due piani perpendicolari ad una diagonale e che la dividono in tre parti uguali. È noto che lo spigolo dell'ottaedro è $3\sqrt{2}$ cm.

[*R.* 16/3 cm^3 e 76/3 cm^3]

17 Determinare il cubo del rapporto tra la diagonale di un cubo e quella di un ottaedro regolare sapendo che i due solidi sono equivalenti. [*R.* $\sqrt{3}/2$]

7. Problemi di riepilogo sui poliedri.

1 L'area della superficie totale di un prisma regolare esagonale è $S\sqrt{3}$ e gli spigoli laterali sono uguali all'apotema della base. Determinare il volume del prisma.
[*R.* $S\sqrt{S}\sqrt{6}/16$]

2 In una piramide quadrangolare regolare il rapporto della superficie laterale alla superficie di base è 5/4 e la somma dell'altezza e del perimetro di base è 70 cm. A quale distanza dal vertice si deve condurre un piano secante, parallelo alla base, affinché l'area della superficie laterale della piramide sezione sia 80 cm^2? Il problema si può risolvere senza conoscere il dato «70 cm»?
[*R.* 3 cm]

3 Un cubo di spigolo x è sormontato da una piramide regolare di apotema y e con la base coincidente con una faccia del cubo. Sapendo che $x + y = 13\sqrt{2}$ cm e che la superficie totale del solido è 800 cm^2, determinare x ed y. [*R.* $8\sqrt{2}$ cm e $5\sqrt{2}$ cm]

4 Calcolare il volume di un prisma esagonale regolare, la cui altezza misura h, conoscendone l'area della superficie totale $3h^2\sqrt{3}$. [*R.* $h^3\sqrt{3}/2$]

5 Determinare la misura x dello spigolo di base di una piramide triangolare regolare conoscendo la lunghezza $5a$ dello spigolo laterale e l'area $9a^2$ della sezione ottenuta intersecando la piramide con un piano perpendicolare alla base e passante per uno spigolo laterale. [*R.* $4a\sqrt{3}$, ovvero $3a\sqrt{3}$]

6 In un prisma esagonale regolare il lato della base è la metà della diagonale di un cubo, mentre la superficie laterale del prisma è equivalente a quella totale dello stesso cubo. Sapendo che l'altezza del prisma è 6,4 cm determinare il lato di base.
[*R.* 4,8 cm]

7 Le tre dimensioni di un parallelepipedo rettangolo sono 5 cm, 6 cm, 7 cm. Se aumentiamo tali dimensioni di tre segmenti proporzionali alle tre dimensioni stesse, il volume del parallelepipedo viene moltiplicato per 27. Determinare i tre segmenti.
[*R.* 10 cm, 12 cm, 14 cm]

8 Risolvere il problema precedente nel caso che le tre dimensioni misurino a, b, c e che il parallelepipedo ottenuto sia multiplo secondo il numero n del dato.
[*R.* $a\left(\sqrt[3]{n} - 1\right)$, ecc.]

9 Le misure del lato della base minore, dell'apotema e del lato della base maggiore di un tronco di piramide quadrangolare regolare formano, nell'ordine scritto, una progressione aritmetica. Determinare la ragione di detta progressione conoscendo l'area della superficie totale del tronco, $104a^2$, e la somma $32a$ delle misure dei perimetri delle due basi. [*R.* $2a$]

10 Due punti dividono l'altezza di una piramide in tre segmenti che, a partire dal vertice, stanno come $7:2:3$. Da tali punti si conducono due piani paralleli alla base della piramide: essi individuano due sezioni la cui differenza è equivalente a 96 cm^2. Determinare l'area di base della piramide. (*Indicare con* x, y *le aree delle due sezioni. Trovato il valore di* x *o di* y *risalire all'area di base*). [*R.* 432 cm^2]

11 Calcolare la misura della diagonale di un parallelepipedo rettangolo conoscendo la somma $12\sqrt{2}$, e il prodotto, $120\sqrt{2}$, delle misure delle tre dimensioni e sapendo che tali misure sono in progressione aritmetica. [*R.* 10]

12 In un tetraedro regolare di lato l inscrivere un prisma triangolare retto avente l'altezza uguale allo spigolo di base.
[*R.* Altezza prisma $= l\left(\sqrt{6} - 2\right)$]

13 In una piramide quadrangolare regolare la somma delle lunghezze dello spigolo di base e dell'apotema è $5s$, mentre l'area della superficie totale è $16s^2$. Determinare la misura dell'altezza della piramide.
[*R.* $2s\sqrt{2}$]

14 Tre semirette di comune origine O sono a due a due perpendicolari. Si prendano su di esse tre punti A, B, C tali che $AO = 20$ cm, $BO = 15$ cm e $OC = 9$ cm. Determinare la distanza del punto O dal piano ABC.
[*R.* 7,2 cm]

15 Nel tronco di piramide quadrangolare regolare in figura la somma degli spigoli delle due basi AB, $C'D'$ è 18 cm, l'apotema $D'H$ è 13 cm e l'area della sezione $ABC'D'$ del solido è 135 cm^2. Trovare gli spigoli di base. [*R.* 4 cm e 14 cm]

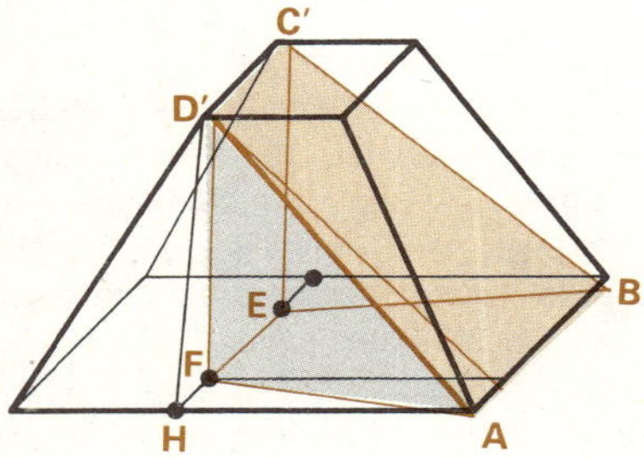

16 Risolto il problema precedente, si determini il volume del poliedro $ABEFC'D'$, essendo E, F rispettivamente le proiezioni dei vertici C', D' sul piano della base maggiore del tronco. [*R.* 396 cm^3]

17 Una piramide di base rettangolare (con dimensioni 1 dm e 1,8 dm) ha uno spigolo di 2,4 dm, perpendicolare alla base. Determinare l'area della superficie laterale della piramide ottenuta sezionando la data con un piano parallelo alla base e tale che la piramide sezione sia 1/7 del tronco. [*R.* 1,8 dm^2]

18 In una piramide quadrangolare regolare l'altezza è i 3/2 dello spigolo di base. Determinare il rapporto tra la piramide e il parallelepipedo inscritto (con quattro vertici sui quattro spigoli laterali della piramide) e tale che i suoi spigoli giacenti sul piano di base della piramide siano la metà di quelli perpendicolari al piano stesso. [*R.* 343 : 108]

19 Il lato di base e l'altezza di una piramide quadrangolare regolare hanno entrambi misura m. Determinare a quale distanza dal vertice bisogna condurre un piano secante, parallelo alla base, affinché il prisma retto inscritto nella piramide e che ha per base il poligono sezione abbia area della superficie laterale uguale ad a^2. [*R.* $\left(m \pm \sqrt{m^2 - a^2}\right)/2$]

20 Determinare il rapporto fra un tetraedro regolare e un ottaedro regolare sapendo che l'altezza del primo uguaglia la diagonale del secondo. [*R.* $3\sqrt{3}/4$]

21 Un tronco di piramide ha per basi due triangoli rettangoli e isosceli; lo spigolo laterale che congiunge i vertici dei due angoli retti è perpendicolare alle basi; gli altri due spigoli laterali sono doppi sia delle loro proiezioni sulla base maggiore che degli spigoli uguali della base minore. Determinare l'area della superficie laterale del tronco sapendo che il volume di questo è $252\sqrt{3}$ cm^3. [*R.* $54\left(2\sqrt{3} + \sqrt{7}\right)$cm^2]

22 Si sottoponga il tetraedro regolare $\mathbf{T} = ABCV$ alla traslazione di vettore $\overrightarrow{\mathbf{AB}}$ che lo porta nella posizione $BB'C'V'$. Congiunti C con C' e V con V', si consideri il poliedro $\mathbf{P} = ACC'B'V'V$ in figura e se ne trovino gli spigoli conoscendone il volume $18a^3\sqrt{2}$. (*Si dimostri che* $\mathbf{P} \equiv 4\mathbf{T}$). [*R.* $3a\sqrt[3]{2}$ e ...]

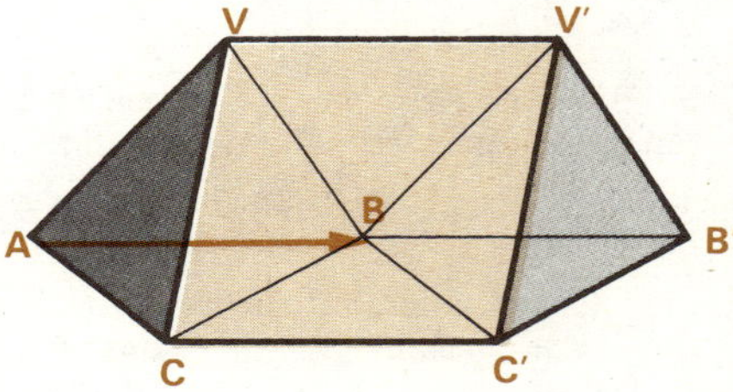

23 Le facce laterali di una piramide quadrangolare regolare sono triangoli equilateri il cui lato è 12 cm. Determinare i raggi della sfera inscritta e di quella circoscritta alla piramide. (*Considerare due sezioni perpendicolari alla base della piramide, in modo che il problema sia ricondotto alla ricerca del raggio del cerchio inscritto in un certo triangolo e di quello del cerchio circoscritto ad un secondo triangolo*). [*R.* $3\left(\sqrt{6} - \sqrt{2}\right)$ cm e $6\sqrt{2}$ cm]

24 Sezionando una piramide quadrangolare regolare con un piano perpendicolare alla base e passante per una diagonale di questa, si ottiene un triangolo equilatero il cui lato è $2\sqrt{3}$ cm. Determinare i raggi delle sfere inscritta e circoscritta alla data piramide. [*R.* $\left(\sqrt{7} - 1\right)/2$ cm e 2 cm]

25 La piramide $VABC$ ha per base il triangolo equilatero ABC; la faccia VAB è un triangolo isoscele e rettangolo in V di area s^2; le facce VAC, VBC sono triangoli rettangoli in V. Trovare l'area della superficie totale e il volume della piramide. (*La risoluzione si semplifica se si assume come base della piramide la faccia ...*).

[*R.* $s^2\left(\sqrt{3}+3\right)$ ed $s^3\sqrt{2}/3$]

26 In una piramide quadrangolare regolare, la cui altezza misura h, il rapporto fra ciascuna faccia laterale e la base è r. Determinare la misura degli spigoli di base.

[*R.* $2h/\sqrt{16r^2-1}$, con $r > 1/4$]

27 Con riferimento al cubo in figura si dimostri che il triangolo BDA' è equilatero e che il suo piano è perpendicolare alla retta AC'. (*Si osservi che tanto* A *quanto* C′ *appartengono al luogo dei punti equidistanti dai vertici ...*). Successivamente, sapendo che la piramide $ABDA'$ ha volume $36a^3$, si determinino le lunghezze dei due segmenti AH, HC' nei quali il piano BDA' divide la diagonale AC'.

[*R.* $2a\sqrt{3}$ e $4a\sqrt{3}$]

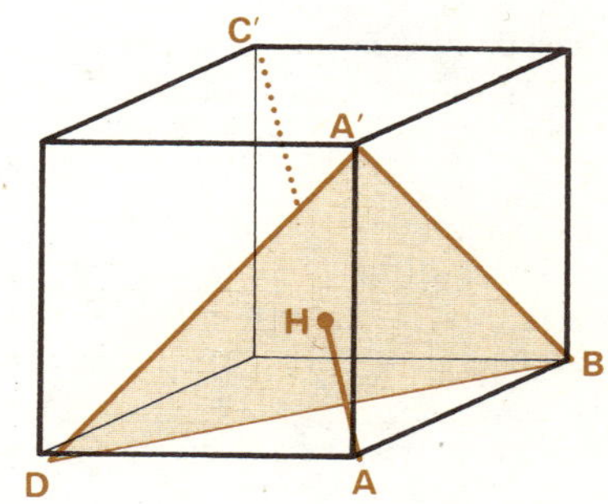

8. Problemi sui cilindri.

1 Problema Risolto. – *Determinare il volume di un cilindro sapendo che l'area della superficie totale è* $32\pi\left(1+\sqrt{3}\right)$ cm² *e che il segmento congiungente il centro* P *di una base con un punto* A *del contorno dell'altra è uguale al diametro di base.*

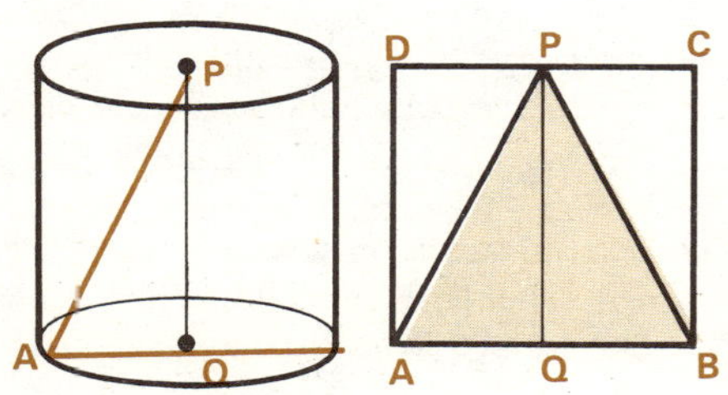

Detto Q il centro dell'altra base, si disegni il rettangolo $ABCD$, sezione del cilindro con il piano passante per A e per l'asse PQ del cilindro stesso.
Dall'enunciato e dal fatto che la retta PQ è asse di simmetria del solido, deduciamo che il triangolo ABP in figura è equilatero.
Pertanto, indicata con x la misura in cm del raggio QA, abbiamo:

$$\overline{PQ} = \overline{QA}\sqrt{3} = x\sqrt{3};$$

area sup. tot. cilindro =

$$= 2\pi x^2 + 2\pi x \cdot x\sqrt{3} = 2\pi x^2\left(1+\sqrt{3}\right);$$

$$2\pi x^2\left(1+\sqrt{3}\right) = 32\pi\left(1+\sqrt{3}\right).$$

Risolvendo quest'ultima equazione troviamo che $x = 4$. Per cui:

$$\text{volume cilindro} = \pi\,\overline{QA}^2 \cdot \overline{PQ} =$$

$$= \pi 4^2 \cdot 4\sqrt{3} = 64\pi\sqrt{3} \quad (\text{in cm}^3).$$

Nota. – Nel precedente problema abbiamo ricondotto la trattazione dalla geometria solida alla geometria piana, con l'introduzione di una sezione del cilindro ottenuta con un piano passante per l'asse.
Tale procedimento, che è spesso applicabile ai problemi sui solidi rotondi (cilindro, cono, tronco di cono e sfera), consente di sostituire ad un cilindro un rettangolo, ad un cono un triangolo isoscele, ad un tronco di cono un trapezio isoscele e ad una sfera un suo cerchio massimo.
In molti casi, si possono disegnare *solo* le sezioni dei solidi rotondi con piani che passano per i relativi assi.

2 Trovare il volume di un cilindro nel quale la somma del raggio e dell'altezza è 20 cm e il rapporto fra la superficie laterale e la somma delle basi è 3/2. [*R.* 768 π cm³]

3 Determinare il raggio x di un cilindro di altezza h la cui superficie totale sia equivalente ad un cerchio di raggio h.

[*R.* $h\left(\sqrt{3}-1\right)/2$]

4 Calcolare la misura x del raggio di un cilindro sapendo che l'area della superficie totale è $3\pi m^2/8$ e che la somma delle lunghezze del diametro della base e della altezza è m. [*R.* $m/4$]

5 Calcolare il raggio di base e l'altezza di un cilindro del quale si conosce il volume, 120 cm^3, e l'area della superficie laterale, 60 cm^2. [*R.* 4 cm e $15/(2\pi)$ cm]

6 Determinare il rapporto fra il diametro e l'altezza di un cilindro sapendo che il rapporto fra la superficie totale e la superficie laterale è 7/4. [*R.* 3/2]

7 Calcolare l'altezza di un cilindro sapendo che essa supera di 3 cm il diametro di base e che la superficie laterale del cilindro è 18π cm^2. [*R.* 6 cm]

8 Determinare la misura del raggio di un cilindro inscritto in una semisfera conoscendo l'area della superficie della semisfera, 40π, e l'area della superficie totale del cilindro, 24π. [*R.* 2]

9 Determinare le due parti in cui è divisa l'altezza di un cilindro da un piano parallelo alle basi e che divide la superficie laterale del cilindro in parti tali che la base è media proporzionale fra di esse. Indicare con r e h le lunghezze del raggio di base e dell'altezza. [*R.* $\left(h \pm \sqrt{h^2 - r^2}\right)/2$]

10 Immergendo un cilindro equilatero costruito con materiale di peso specifico maggiore di 1 in un recipiente colmo d'acqua fuoriescono 50,24 grammi d'acqua. Calcolare la superficie totale del cilindro. (*Assumere* $\pi = 3{,}14$). [*R.* 75,36 cm^2]

11 Calcolare il rapporto dei volumi dei due cilindri circoscritto e inscritto ad un prisma esagonale regolare. [*R.* 4/3]

12 Le aree delle sezioni di un cilindro con un piano passante per l'asse e con un piano perpendicolare all'asse sono, rispettivamente, a^2 e b^2. Determinare l'altezza del cilindro. [*R.* $a^2\sqrt{\pi}/(2b)$]

13 Determinare il rapporto delle superfici totali dei prismi triangolari regolari rispettivamente inscritto e circoscritto ad uno stesso cilindro equilatero. [*R.* 5/12]

14 Tagliando un cilindro con un piano passante per l'asse si ottiene un rettangolo la cui diagonale è 39 cm. L'area della superficie laterale del cilindro è 540π cm^2. Determinare il volume del cilindro.
[*R.* 4860π cm^3, ovvero 2025π cm^3]

15 Un prisma triangolare retto avente per base un triangolo rettangolo è inscritto in un cilindro di altezza h (si veda la figura). Trovare le misure x, y dei cateti della base del prisma sapendo che l'area di questa base è $120a^2$ e che la differenza fra il volume del cilindro e quello del prisma è $a^2h\,(169\pi - 120)$. [*R.* $10a$ e $24a$]

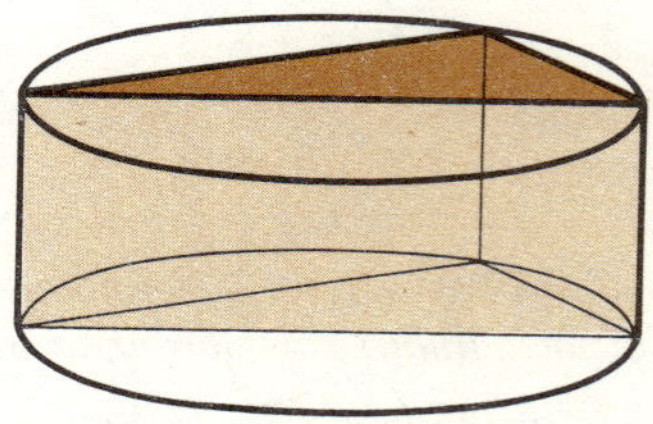

16 L'altezza di un cilindro misura $2h$. Determinare il volume del cilindro sapendo che da un suo punto, situato sull'asse, si vedono i raggi della circonferenza di una base sotto un angolo di 30° e quelli della circonferenza dell'altra base sotto un angolo di 45°.
[*R.* $4\pi h^3\left(2 - \sqrt{3}\right)$]

17 Determinare le misure dei raggi di base e delle altezze di due cilindri dei quali sono date le aree delle rispettive superfici totali $\pi a\,(a + b)$ e $\pi b\,(a + b)$ e tali che il raggio dell'uno uguaglia l'altezza dell'altro e viceversa. (*Indicare con* x, y *le misure dei raggi e delle altezze; sommare e dividere membro a membro*). [*R.* $a\sqrt{2}/2$ e $b\sqrt{2}/2$]

18 Sezionando un cilindro con un piano parallelo all'asse e distante da questo dei 3/5 del raggio si ottiene un rettangolo la cui area è 51,2 a^2. È noto, inoltre, che la sezione del cilindro con un piano passante per l'asse è quadrupla del quadrato costruito sull'altezza del cilindro. Determinare le misure del raggio e dell'altezza del cilindro. [*R.* $8a$ e $4a$]

9. Problemi sui coni.

1 PROBLEMA RISOLTO. - *Determinare l'apotema e il raggio di un cono sapendo che l'altezza di questo è* 12 cm *e che la differenza fra l'area della superficie laterale e l'area della base è* 54π cm^2.

Indicate con x ed y le misure in cm del raggio e dell'apotema del cono, per il teorema di Pitagora e per l'enunciato possiamo impostare il sistema

$$\begin{cases} y^2 - x^2 = 12^2 \\ \pi xy - \pi x^2 = 54\pi, \end{cases}$$

che può essere scritto nella forma

$$\begin{cases} (y - x)(y + x) = 144 \\ x(y - x) = 54. \end{cases}$$

Dividiamo membro a membro le due equazioni:

$$\frac{x + y}{x} = \frac{144}{54} = \frac{8}{3}.$$

Ne segue che $3y = 5x$. Pertanto, il sistema iniziale si riduce al seguente:

$$\begin{cases} y^2 - x^2 = 144 \\ 3y = 5x. \end{cases}$$

Scartando le radici negative, esso fornisce la soluzione del problema: $x = 9$, $y = 15$.

2 L'area della superficie laterale di un cono equilatero è a^2. Determinare l'area della superficie totale e il volume.

$\left[R.\ \frac{3}{2}a^2 \text{ e } \frac{1}{6}a^3\sqrt{\frac{3}{2\pi}}\right]$.

3 L'area della superficie laterale di un cono è 544π m^2 e l'altezza è 30 m. Determinare l'apotema x ed il raggio y del cono.

[*R.* 34 m e 16 m]

4 La sezione di un cono con un piano passante per l'asse è un triangolo rettangolo isoscele la cui area è s^2. Determinare l'area della superficie laterale del cono.

[*R.* $\pi s^2\sqrt{2}$]

5 L'apotema di un cono è 72 m ed il suo raggio è 25 m. Calcolare l'ampiezza del settore circolare che si ottiene sviluppando su di un piano la superficie laterale del cono. (*Il settore circolare ha il raggio uguale all'apotema* a *del cono e quindi appartiene al cerchio limitato dalla circonferenza di lunghezza* 2πa). [*R.* 125°]

6 Lo sviluppo della superficie laterale di un cono è un settore circolare il cui raggio è 36 cm e l'ampiezza del cui angolo è 120°. Calcolare il raggio del cono e il suo volume. (*Si veda il suggerimento al probl. precedente*). [*R.* 12 cm e $1152\pi\sqrt{2}$ cm^3]

7 L'altezza di un cono è 32 cm e il raggio della base è 15 cm. Determinare il rapporto fra il cono e un cilindro in questo inscritto, con la base concentrica a quella del cono, sapendo che l'altezza del cilindro è 24 cm. [*R.* 64/9]

8 Data la misura $5a$ del raggio della base di un cono, calcolarne il volume conoscendo la somma $38a$ della lunghezza dell'altezza con il doppio della lunghezza dell'apotema. [*R.* $100\pi a^3$]

9 Determinare il raggio di base e l'altezza di un cono, nota l'area πa^2 della superficie laterale e sapendo che l'altezza è la media aritmetica del raggio della base e dell'apotema. [*R.* $\sqrt{15}a/5$ e $4\sqrt{15}a/15$]

10 Determinare un segmento x tale che il cono di raggio $r + x$ e altezza $r - x$ sia equivalente a quello di raggio r e altezza r.

[*R.* $r\left(\sqrt{5} - 1\right)/2$]

11 PROBLEMA RISOLTO. - *La lunghezza dell'apotema di un cono è* 39a *ed il rapporto tra l'altezza e il raggio è* 12 : 5. *Calcolare l'area della sezione del cono con un piano* α *parallelo alla base e che divide il cono stesso in due parti equivalenti.*

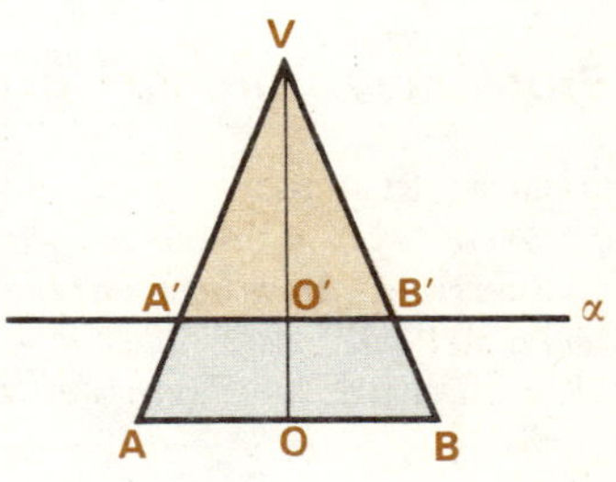

In figura abbiamo rappresentato la sezione AVB del cono con un piano passante per l'asse VO del solido. La retta $A'B'$ è la traccia del piano α.

Posto $\overline{OA} = 5z$, $\overline{VO} = 12z$, abbiamo:

$$(5z)^2 + (12z)^2 = (39a)^2.$$

Da cui si ricava, con facili calcoli, che $z = 3a$; per cui: $\overline{OA} = 15a$, $\overline{VO} = 36a$.

Dobbiamo, ora, trovare la lunghezza $\overline{O'A'}$ del raggio del cerchio sezione del cono con il piano α. A questo scopo, facciamo notare che:

1) i triangoli isosceli VAB, $VA'B'$ sono simili;

2) il volume $\mathbf{V}'$ del cono di sezione $VA'B'$ è la metà del volume $\mathbf{V}$ del cono dato (per cui $\mathbf{V}:\mathbf{V}' = 2$);

3) per quanto stabilito al n. 18 del cap. XXIII,

$$\mathbf{V}:\mathbf{V}' = \overline{VO}^3 : \overline{VO'}^3;$$

e, di conseguenza, in virtù della citata similitudine,

$$\mathbf{V}:\mathbf{V}' = \overline{OA}^3 : \overline{O'A'}^3.$$

Dall'ultima proporzione, posto $\overline{O'A'} = x$, ricaviamo:

$$2 = \frac{(15a)^3}{x^3}; \qquad x^3 = \frac{(15a)^3}{2};$$

$$x = \frac{15a}{\sqrt[3]{2}} = \frac{15}{2} a \sqrt[3]{4}.$$

Pertanto, l'area del cerchio sezione, di raggio $O'A'$, è uguale a

$$\pi x^2 = \frac{225}{4} \pi a^2 \sqrt[3]{16} = \frac{225}{2} \pi a^2 \sqrt[3]{2}.$$

12 A quale distanza dal vertice va tagliato un cono di altezza h con un piano parallelo alla base perché il cerchio sezione sia i 4/9 della base? In che rapporto stanno le parti in cui il cono è scomposto? [*R.* $2h/3$ e $19/8$]

13 A quale distanza dalla base di un cono di altezza h si deve condurre un piano a questa parallelo affinché la base e il cerchio sezione stiano come $m:n$? [*R.* $h\left(m - \sqrt{mn}\right):m$]

14 A quali distanze dal vertice di un cono di altezza h si debbono condurre due piani paralleli alla base affinché il cono resti diviso in tre parti equivalenti? [*R.* $h\sqrt[3]{9}/3$ e $h\sqrt[3]{18}/3$]

15 Determinare l'altezza del cilindro equilatero inscritto in un cono equilatero di raggio r. [*R.* $r\left(2\sqrt{3} - 3\right)$]

16 Un cono ha la base (il cui raggio è r) tangente nel suo centro ad una superficie sferica di raggio R. Il vertice del cono è su questa. Condurre un piano parallelo a quello della base in modo che le sezioni della sfera e del cono abbiano rapporto m. (*Prendere per incognita la distanza dei due piani*). [*R.* $2mr^2 R:(mr^2 + 4R^2)$]

17 Il raggio di base e l'apotema di un cono misurano $3a$ e $5a$. Determinare le misure del raggio di base e dell'altezza di un cilindro inscritto, tale che l'area della sua superficie laterale sia $2\pi a^2$. [*R.* $a\left(3 \pm \sqrt{6}\right)/2$ e $2a\left(3 \mp \sqrt{6}\right)/3$]

18 A quale distanza dal vertice di un cono si deve condurre un piano secante, parallelo alla base, affinché il cono parte, così ottenuto, abbia una superficie totale metà di quella del cono dato? È noto che il raggio del cono dato è 12 cm e l'apotema è 36 cm. [*R.* 24 cm]

10. Problemi sui tronchi di cono.

1 Problema Risolto. – *I raggi delle basi di un tronco di cono stanno nel rapporto* 3/4; *la superficie laterale è equivalente alla somma dei due cerchi base e il volume è* 1813a³. *Trovare la misura dell'altezza del tronco.*

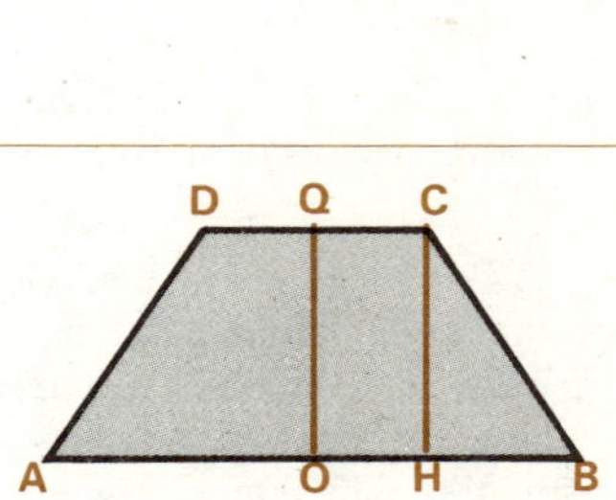

Disegniamo il trapezio isoscele $ABCD$, sezione del tronco di cono con un piano passante per l'asse OQ, essendo: O e Q i centri delle due basi, AB e DC i loro diametri, CB l'apotema del tronco.

Per l'enunciato possiamo porre $\overline{QC} = 3x$ ed $\overline{OB} = 4x$.

Sempre per l'enunciato si ha:

$$\pi\,(\overline{OB} + \overline{QC})\,\overline{CB} = \pi\,(\overline{OB}^2 + \overline{QC}^2);$$

da cui, semplificando e sostituendo:

$$7x \cdot \overline{CB} = 25x^2; \qquad \overline{CB} = \frac{25}{7}x.$$

Detta H la proiezione di C su AB, per il teorema di Pitagora applicato al triangolo rettangolo CBH si ha:

$$\overline{CH} = \sqrt{\overline{CB}^2 - \overline{BH}^2} =$$

$$= \sqrt{\overline{CB}^2 - (\overline{OB} - \overline{QC})^2} =$$

$$= \sqrt{\left(\frac{25}{7}x\right)^2 - x^2} = \frac{24}{7}x.$$

Uguagliamo, ora, il volume espresso in funzione di x al volume datoci dal testo:

$$\frac{1}{3}\pi\,\overline{CH}\left(\overline{OB}^2 + \overline{QC}^2 + \overline{OB}\cdot\overline{QC}\right) =$$

$$= \frac{1}{3}\pi\,\frac{24}{7}\,x(16x^2 + 9x^2 + 12x^2) = 1813a^3;$$

$$\frac{8 \cdot 37}{7}\pi\,x^3 = 7^2 \cdot 37a^3;$$

$$x = \frac{7a}{2\sqrt[3]{\pi}}.$$

Si ha, dunque:

$$\overline{CH} = \frac{24}{7}x = \frac{24}{7} \cdot \frac{7a}{2\sqrt[3]{\pi}} = \frac{12a}{\sqrt[3]{\pi}}.$$

2 Da un cono, il cui apotema è di 65 cm, si è staccato un tronco di cono. Calcolare il volume del tronco sapendo che la sua altezza è 24 cm e il suo apotema è 30 cm.
[*R.* $22\,248 \cdot \pi$ cm^3]

3 Calcolare l'area della superficie totale e il volume di un tronco di cono sapendo che i raggi sono 15 dm e 6 dm e che gli apotemi formano col piano della base maggiore un angolo di 30°.
[*R.* $\pi\left(126\sqrt{3} + 261\right)$ dm^2 e $351\,\pi\sqrt{3}$ dm^3]

4 Verificare che il volume di un tronco di cono i cui raggi misurano R e r ($R > r$) e nel quale le generatrici formano un angolo di 45° con il piano della base maggiore, è $\pi\,(R^3 - r^3):3$.

5 Esprimere l'area della superficie totale di un tronco di cono in funzione delle misure R e r dei raggi delle basi di questo ($R > r$) nell'ipotesi che le generatrici della superficie laterale del tronco formino un angolo di 60° con il piano della base maggiore. Determinare poi r, supposto che sia $R = a\sqrt{2}$ ed area sup. totale $= 5\pi a^2$.
[*R.* $\pi\,(3R^2 - r^2)$; a]

6 Un cono equilatero è tagliato dal piano che contiene la circonferenza di contatto della sfera inscritta con il cono stesso. Determinare il raggio del cono sapendo che l'area della superficie totale del tronco individuato dal piano secante è $99\pi a^2$.
[*R.* $6a$]

7 Determinare le misure dei raggi delle basi di un tronco di cono – la cui altezza misura a – conoscendo la loro somma $2s$ e sapendo che il volume del solido è $\pi as^2 + \pi a^3:3$.
[*R.* $s - a$, $s + a$]

8 Un tronco di cono è circoscritto ad una semisfera il cui raggio è doppio di quello del cerchio della base minore. È noto, inoltre, che è uguale a 5 cm il raggio della sfera inscritta nel cono che ha per base la base minore del tronco e per vertice l'intersezione dei prolungamenti delle generatrici della superficie laterale del tronco (si veda la figura). Determinare l'area della superficie laterale del tronco. (*Indicati con* 2x, x *ed* y *il raggio della semisfera, quello della base minore e la proiezione di un apotema del tronco sulla base maggiore, si esprima* y *in funzione di* x, *applicando il teorema di Pitagora*).
[*R.* $875\,\pi$ cm^2]

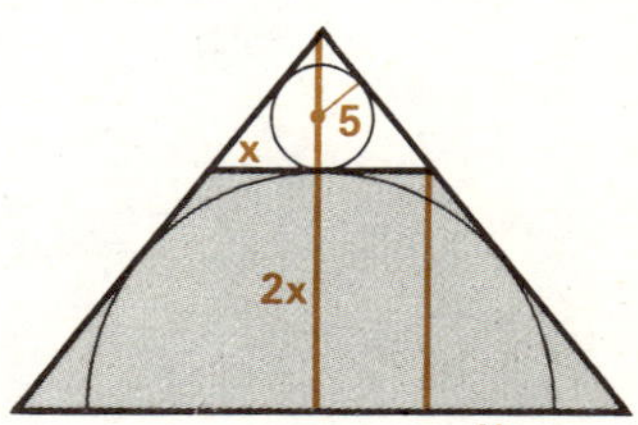

9 I raggi delle basi e l'altezza di un tronco di cono sono, rispettivamente, $3r$, $2r$, r. Determinare a quale distanza x dalla base maggiore si deve prendere un punto P del tronco, situato sull'asse, affinché siano equivalenti le superfici laterali dei due coni di vertice P ed aventi per basi le basi del tronco. [*R.* Probl. impossibile]

10 Il volume di un tronco di cono circoscritto ad una sfera è $7\pi a^3/2$ e la base maggiore è multipla della minore secondo il numero 16. Determinare l'area della superficie laterale del tronco. [*R.* $25\pi a^2/4$]

11 Un tronco di cono è inscritto in una sfera e ne contiene il centro. Determinare il raggio di tale sfera sapendo che i raggi delle due basi sono 15 cm e 24 cm e che il volume del tronco è 10 449 π cm^3. [*R.* 25 cm]

12 I raggi delle basi di un tronco di cono sono l'uno doppio dell'altro. Determinare il rapporto delle due parti nelle quali rimane diviso il tronco da un piano parallelo alle basi e che divide per metà l'altezza. [*R.* 19/37]

13 Risolvere il problema precedente nel caso in cui il piano parallelo alle basi divida l'altezza in parti che (a partire dalla base minore) stanno come 5:3. [*R.* 1685:1899]

14 A quale distanza dal vertice si deve sezionare un cono equilatero di raggio r con un piano parallelo alla base affinché il cono e il tronco ottenuti abbiano superfici laterali equivalenti? [*R.* $r\sqrt{6}/2$]

11. Problemi sulla sfera.

1 Problema Risolto. – *Dividere un segmento* AB *di lunghezza* 2r *in tre parti* AM, MN, NB *in modo che sia* MN = 2AM *e che la somma delle tre superfici sferiche di diametri* AM, MN, NB *sia equivalente ai* 9/14 *della superficie della sfera che ha per diametro* AB.

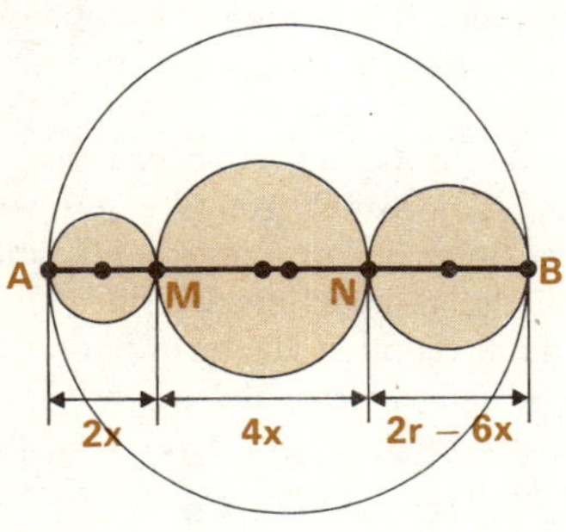

Disegnata la figura della sezione delle quattro sfere con un piano passante per la comune retta di simmetria AB, osserviamo che, posto $\overline{AM} = 2x$, i loro raggi hanno misure x, $2x$, $r - 3x$, r.

Per quanto stabilito dall'enunciato deve essere:

$$4\pi x^2 + 4\pi(2x)^2 + 4\pi(r - 3x)^2 = \frac{9}{14} \cdot 4\pi r^2.$$

Semplificando ed ordinando si ottiene l'equazione

$$14x^2 - 6rx + \frac{5}{14}r^2 = 0$$

che ammette le due soluzioni $x_1 = r/14$ ed $x_2 = 5r/14$. Di esse, solo la prima è accettabile perché è l'unica che soddisfa alle limitazioni $0 < x < r/3$ che si deducono osservando che $0 < r - 3x$.

2 Determinare il raggio di una superficie sferica la cui area è 1 m^2. [*R.* $1/\left(2\sqrt{\pi}\right)$ m]

3 L'area di una superficie sferica e π m^2. Di quanto si deve aumentare il suo raggio affinché l'area aumenti di 21π dm^2? [*R.* 0,5 dm]

4 Determinare i rapporti tra la superficie totale di un cubo e le superfici delle sfere inscritta e circoscrittta nel cubo stesso. [*R.* $6/\pi$ e $2/\pi$]

5 Determinare il rapporto di un cubo alla sfera circoscritta e alla sfera inscritta nel cubo stesso. [*R.* $2\sqrt{3}/\left(3\pi\right)$ e $6/\pi$]

6 Calcolare il rapporto tra la superficie totale di un tetraedro regolare e quelle delle superfici sferiche circoscritta e inscritta nel tetraedro. [*R.* $2\sqrt{3}/\left(3\pi\right)$ e $6\sqrt{3}/\pi$]

7 Calcolare il rapporto di un tetraedro regolare alla sfera inscritta e alla sfera circoscritta. [*R.* $6\sqrt{3}/\pi$ e $2\sqrt{3}/(9\pi)$]

8 Determinare il rapporto tra la superficie totale di un ottaedro regolare e le superfici delle sfere inscritta e circoscritta. [*R.* $3\sqrt{3}/\pi$ e $\sqrt{3}/\pi$]

9 Determinare il rapporto tra un ottaedro regolare e le sfere inscritta e circoscritta. [*R.* $3\sqrt{3}/\pi$ e $1/\pi$]

10 Il raggio di una sfera è 34 cm. Determinare a quale distanza dal centro si deve condurre un piano secante affinché i due coni che hanno per base comune il cerchio sezione e per vertici due punti diametralmente opposti, abbiano rapporto 7/10. [*R.* 6 cm]

11 Risolvere il problema precedente in modo che le superfici laterali dei due coni stiano come 5:4. [*R.* 306/41 cm]

12 Una sfera con il raggio di 30 cm viene totalmente immersa in un cilindro contenente acqua. Di quanto si alza il livello dell'acqua nel caso in cui il diametro della base del cilindro è di 90 cm? [*R.* 160/9 cm]

13 Il raggio di una sfera misura r. Essa è costituita di un materiale di peso specifico m ed il suo peso è p. È noto che la sfera ha una cavità interna vuota. Si domanda il volume di tale cavità. [*R.* $(4\pi r^3 m - 3p):(3m)$]

14 Determinare le misure del raggio di base e dell'altezza di un cilindro di area laterale $48\pi r^2/25$, inscritto in una sfera con il raggio lungo r. [*R.* $3r/5$ e $8r/5$, ovvero $4r/5$ e $6r/5$]

15 Determinare i raggi delle basi di un tronco di cono circoscritto ad una sfera di raggio r sapendo che il rapporto tra la superficie laterale del tronco e la superficie della sfera è k^2. [*R.* $r\left(k \pm \sqrt{k^2-1}\right)$]

16 Calcolare i raggi delle basi di un tronco di cono circoscritto ad una sfera di raggio r sapendo che il volume del tronco è i 13/6 di quello della sfera. [*R.* $r\sqrt{3}$, $r/\sqrt{3}$]

17 In una sfera il cui raggio misura r è inscritto un cono equilatero. Determinare la misura x della distanza dal vertice del cono di un piano parallelo alla base di questo, in modo che la corona circolare limitata dalle circonferenze sezione del piano con le superfici della sfera e del cono, abbia area $3\pi a^2$ (con $a \leqslant r/2$). [*R.* $3\left(r \pm \sqrt{r^2 - 4a^2}\right)/4$]

18 Ad una sfera, il cui raggio misura $3a$, circoscrivere un cono il cui volume è $96\pi a^3$. Determinare le misure del raggio di base e dell'altezza del cono. [*R.* $6a$ e $8a$, ovvero $2a\sqrt{3}$ e $24a$]

19 La figura mostra cinque sfere uguali disposte in modo che quattro di esse siano tangenti a tre delle altre ed una sia tangente a tutte le rimanenti. Indicata con r la lunghezza di ciascun raggio si chiede di trovare il volume del poliedro che ha per vertici i cinque centri di tali sfere. [*R.* $4r^3\sqrt{2}/3$]

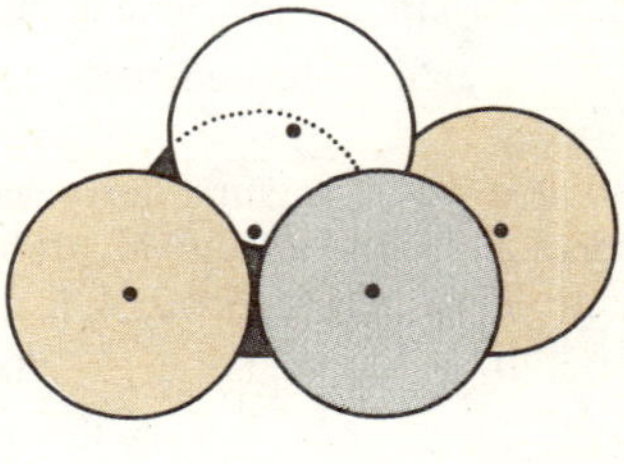

12. Problemi di riepilogo sui corpi rotondi.

1 Verificare che il rapporto delle superfici totali del cono equilatero inscritto e del cilindro equilatero circoscritto ad una stessa sfera è uguale a 3/8.

2 Lo sviluppo della superficie laterale di un cilindro è un quadrato di diagonale lunga d. Trovare il volume del cilindro. [*R.* $d^3\sqrt{2}/(16\pi)$]

3 In un tronco di cono il diametro della base maggiore, l'apotema e il raggio della base minore stanno come $4:2:1$. Si consideri il solido ottenuto sottraendo dal tronco il cono con la base coincidente con la base minore del tronco e con il vertice nel centro della maggiore e se ne determini il volume, sapendo che la sezione di tale solido con il piano parallelo alla base e che dimezza l'altezza ha l'area di 72π cm². [*R.* $432\pi\sqrt{3}$ cm³]

4 Data una sfera di raggio r determinare a quale distanza dal centro si deve condurre un piano secante affinché la piramide che ha per base il quadrato inscritto nel cerchio sezione e per vertice il centro della sfera abbia la somma degli spigoli uguale a $6r$. [*R.* $r\sqrt{14}/4$]

5 Calcolare il rapporto delle superfici totali di un cono e di un cilindro equilateri sapendo che le sezioni con piani passanti per gli assi hanno ugual perimetro. [*R.* 8/9]

6 Trovare l'area della superficie laterale di un tronco di cono la cui altezza è 24 cm sapendo che il rapporto delle superfici laterali dei cilindri inscritto e circoscritto (con una base coincidente con l'una o l'altra delle basi del tronco) è 3/10 e che la differenza dei volumi di tali cilindri è 2184π cm³. [*R.* 325π cm²]

7 Il raggio di base e l'altezza di un cono misurano, rispettivamente, a e $2a$. Quale segmento bisogna aggiungere al raggio e togliere all'altezza affinché il nuovo cono sia equivalente al precedente? [*R.* $a\sqrt{3}$]

8 Siano a e ka le misure della base e dell'altezza del cono di cui al problema precedente. Per quali valori di k il problema è impossibile? [*R.* $k \leq 1/2$]

9 Due coni hanno per basi due cerchi concentrici e gli apotemi entrambi inclinati di 60° sul comune piano delle basi rispetto al quale i coni sono situati dalla stessa parte; l'area della superficie totale del solido differenza è 1116π cm² e i volumi dei due coni stanno come $27:8$. Calcolare gli apotemi dei due coni. [*R.* 36 cm e 24 cm]

10 L'altezza VH di un cono di raggio HA è tagliata in un punto K da un piano α pependicolare ad essa. Determinare il raggio x della sfera tangente ad α e alle generatrici della superficie laterale del cono e disposta, rispetto ad α, dalla parte di H, sapendo che $VH = 24a$, $VA = 26a$ e che K divide VH in parti una doppia dell'altra. Per ciascuno dei due casi possibili stabilire se la sfera è, o no, interamente contenuta nel cono (una delle due situazioni è rappresentata in figura). [*R.* $x = 10a$, ovvero ...]

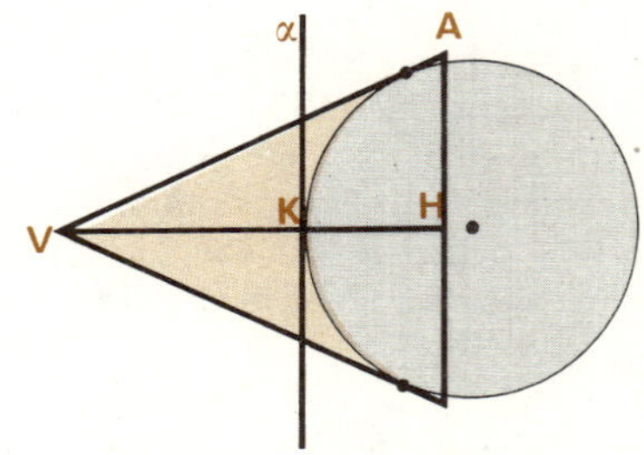

11 Verificare che le superfici laterali del cilindro e del cono equilateri circoscritti ad una sfera, del cilindro e del cono equilateri inscritti nella stessa sfera e la superficie della sfera medesima sono proporzionali ai numeri 8, 12, 4, 3, 8.

12 Verificare che le superfici totali del cilindro e del cono equilateri circoscritti ad una sfera, del cilindro e del cono equilateri inscritti nella stessa sfera, e la superficie della sfera medesima sono proporzionali ai numeri 24, 36, 12, 9, 16.

13 Il raggio della base minore, l'altezza e il raggio della base maggiore di un tronco di cono stanno come $2:3:4$. Trovare il rapporto tra la superficie laterale e quella totale del tronco di piramide quadrangolare regolare inscritto nel tronco di cono. [*R.* $\left(99 - 15\sqrt{22}\right): 49$]

14 Una sfera di raggio r è interna ad un cilindro ed è tangente alle generatrici della superficie laterale del cilindro stesso. Conoscendo l'altezza $6r$ di questo, determinare la minore delle distanze del centro della sfera dalle basi del cilindro, nel caso che la sfera sia media proporzionale tra i due solidi che, sommati alla sfera, danno il cilindro. [*R.* $\left(9 - \sqrt{33}\right)r/3$]

15 È dato un cono di raggio r e apotema a. A quale distanza dal vertice V si deve prendere un punto P dell'apotema affinché, condotto per P il piano parallelo alla base, la base del cono dato sia media proporzionale fra le superfici laterali del tronco e del cono che si ottengono per sezione? (*Porre* $\overline{PV} = x$). [*R.* $x^4 - a^2x^2 + a^2r^2 = 0$]

16 Verificare che il volume di un tronco di cono circoscritto ad una sfera è uguale al prodotto dell'area della sua superficie totale per 1/3 della misura del raggio della sfera.

17 In un cono è inscritta una sfera il cui raggio ha la lunghezza a; una seconda sfera, il cui raggio misura b, è tangente esternamente alla prima sfera e alle generatrici della superficie conica (e, dunque, è interna al cono). Determinare il volume del cono. [*R.* $2\pi a^5/(3ab - 3b^2)$]

18 Trovare l'area della superficie laterale del tronco di cono che ha per basi le circonferenze di contatto delle due sfere con il cono del precedente problema. [*R.* $4\pi ab$]

19 In una semisfera di raggio r è inscritto un cono con la base coincidente con il cerchio massimo della semisfera. Determinare a quale distanza dal vertice del cono si deve condurre un piano parallelo alla base affinché la somma dei due cerchi sezionati sul cono e sulla semisfera uguagli la superficie della sfera inscritta nel cono.
[*R.* $2r\left(3 - 2\sqrt{2}\right)$]

20 Il rapporto tra la superficie totale e la superficie laterale di un cono è 32/25 e il perimetro della sezione del cono con un piano per l'asse è 128 cm. Determinare l'angolo di apertura del settore circolare ottenuto sviluppando su un piano la superficie laterale del cono. Si può prescindere dal dato 128 cm? [*R.* 100°48′]

21 Conoscendo il volume $\pi a^3/3$ e l'area della superficie totale πb^2 di un cono, determinare le lunghezze x, y del raggio di base e dell'altezza. Che relazione deve sussistere tra a e b affinché il cono sia equilatero?
[*R.* $2b^2x^4 - b^4x^2 + a^6 = 0$; $b = a\sqrt[3]{3}$]

22 Si indichino con x ed y le misure del raggio di base e dell'altezza di un cilindro. Il cilindro è sormontato da un cono di ugual base e altezza lunga x. Determinare x ed y conoscendo l'area della superficie totale del solido, a^2, e il suo volume $\pi a^2 x/3$.
[*R.* $x^2 = a^2/\left(1 + 3\sqrt{2}\right)$]

13. Problemi sulle parti della sfera e della superficie sferica.

PROMEMORIA. – Si osservi la figura a fianco e si faccia riferimento alle notazioni in essa indicate. Valgono le formule:

area calotta $BAB' = 2\pi rh$

area zona $CBB'C' = 2\pi rk$

(per cui tali calotta e zona sferiche sono rispettivamente equivalenti alle superfici laterali dei cilindri $H'A'A''H''$ e $K'H'H''K''$);

volume segmento sferico a una base BAB' =

$$= \frac{\pi}{6}\, h(3r_1^2 + h^2);$$

volume segmento sferico a due basi $CBB'C'$ =

$$= \frac{\pi}{6}\, k(3r_1^2 + 3r_2^2 + k^2).$$

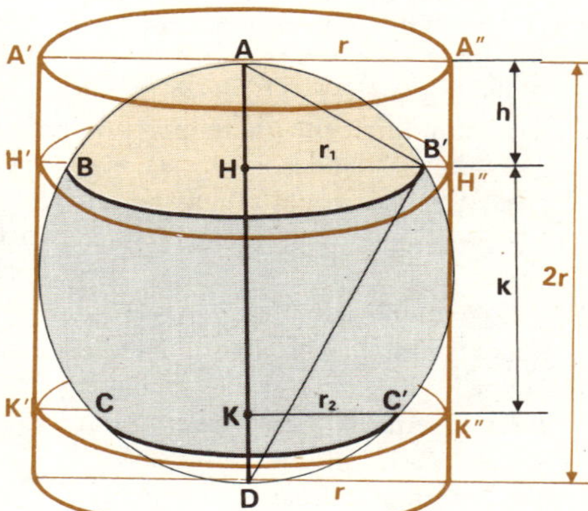

Per il 2° teorema di Euclide applicato ad esempio al triangolo rettangolo $AB'D$ valgono relazioni del tipo

$$r_1^2 = h(2r - h).$$

1 Una superficie sferica viene tagliata con un piano che dista dal centro di un terzo del raggio. Qual è il rapporto fra le due parti in cui è divisa la superficie sferica? [*R.* 1/2]

2 Trovare l'area di una superficie sferica sapendo che ad essa appartiene una calotta di altezza uguale ad 1/4 del raggio e di area 242π m^2. [*R.* 1936π m^2]

3 Due sfere hanno uguale raggio di 8 cm e ciascuna di esse passa per il centro dell'altra. Calcolare il volume della parte comune. (*La parte comune è formata da due segmenti sferici ad una base uguali*). [*R.* $640\pi/3$ cm^3]

4 In una sfera, il cui raggio è 0,15 m, è inscritto un tetraedro regolare. Determinare l'area delle calotte ottenute sezionando la sfera con il piano passante per una faccia del tetraedro. [*R.* 3π dm^3 e 6π dm^3]

5 Supposta la Terra di forma sferica, avente il diametro di 12 735 km, quanta parte della superficie terrestre si vede da un aereoplano che è a 2000 metri sul livello del mare? (*Col* 1° *teor. di Euclide calcolare la distanza della base della calotta dal centro della Terra*). [*R.* $2\pi r^2 d : (r + d)$ km^2, con $r = 12\,735 : 2$ e $d = 2$]

6 Determinare l'altezza di una calotta appartenente ad una sfera di raggio r sapendo che tale altezza è metà del raggio di base della calotta. [*R.* $2r/5$]

7 A quale distanza dal centro di una sfera si deve condurre un piano per ottenere due calotte che stiano come 5 sta a 8, sapendo che la lunghezza del raggio è 65 cm? [*R.* 15 cm]

8 Si faccia riferimento alla figura del precedente Promemoria. Dopo aver dimostrato (1° *teor. di Euclide*) che la calotta sferica BAB' è equivalente al cerchio di raggio AB', si verifichi che

$$\text{area calotta} = \pi\,(h^2 + r_1^2).$$

9 Inscrivere in una sfera di raggio r un cono in modo che la superficie laterale di questo sia equivalente a quella della calotta che ha la stessa base del cono e non contiene il vertice del cono stesso. (*Prendere per incognita l'altezza del cono*; 2° *e* 1° *teor. di Euclide*). [*R.* Parte aurea del diametro]

10 Tagliare una sfera di raggio r con un piano in modo che il cerchio sezione sia equivalente alla differenza fra la superficie di una delle calotte risultanti e quella laterale del cono inscritto nella stessa calotta. (*Sia* x *l'altezza di questa*). [*R.* Parte aurea del diametro]

11 Sezionare una sfera di raggio r con un piano la cui distanza dal centro è x in modo che il cono avente per base la sezione e per vertice il centro della sfera sia equivalente al segmento sferico che non contiene il cono. [*R.* x = Parte aurea del raggio]

12 L'area di una zona sferica è $216\pi a^2$. Calcolare il volume della sfera alla cui superficie appartiene la zona sapendo che l'altezza della zona è un terzo del raggio della sfera. [*R.* $7776\pi a^3$]

13 Sapendo che il metro è circa la quarantamilionesima parte del meridiano terrestre e considerando la Terra come una sfera, determinare l'area delle due calotte polari le quali hanno ciascuna 509 km d'altezza; l'area delle due zone temperate, ciascuna con altezza di 3311 km e l'area della zona torrida. (*Calcolare il raggio della Terra*). [*R.* 20 360 000 km^2, 132 440 000 km^2, ...]

14 Da una superficie sferica il cui raggio è di 17 cm è staccata una zona. La base maggiore della zona dista dal centro di 8 cm e l'area della zona è 340π cm^2. Determinare l'altezza della zona e il raggio della base minore. [*R.* 10 cm e $\sqrt{285}$ cm]

15 Determinare il raggio di una sfera nella quale un segmento sferico a due basi uguali ha l'altezza di 12 cm e il volume di 1056π cm^3. [*R.* 10 cm]

16 I raggi delle basi di una zona sono l'uno doppio dell'altro e l'altezza è uguale alla somma di detti raggi. Determinare l'area della zona sapendo che il volume del corrispondente segmento sferico è $96\pi a^3$. [*R.* $24\pi\sqrt{5}\,a^2$]

17 Determinare il rapporto fra un segmento

sferico a due basi e la sfera cui esso appartiene sapendo che una base del segmento coincide con un cerchio massimo della sfera e che l'altezza del segmento ed il raggio dell'altra base stanno come 4 sta a 3. [*R.* 59/125]

18 L'area della superficie di una zona sferica è 240π cm^2 e la somma dell'altezza della zona e del raggio della sfera è 23 cm. Determinare il volume della sfera sapendo che il raggio di questa è maggiore dell'altezza della zona. [*R.* 4500π cm^3]

19 Un fuso sferico il cui angolo ha l'ampiezza di 30° ha l'area di 108π cm^2. Calcolare il raggio della sfera cui appartiene il fuso. [*R.* 18 cm]

20 Uno spicchio sferico il cui raggio è uguale a 12 cm è equivalente ad una sfera il cui raggio è 3 cm. Determinare l'area della superficie del fuso che limita lo spicchio. [*R.* 9π cm^2]

21 Data una sfera di raggio r, determinare il raggio di base di un cilindro avente l'altezza uguale al diametro della sfera e la superficie laterale equivalente a quella del fuso, con l'angolo di 60°, appartenente alla sfera data. [*R.* $r/6$]

22 Determinare l'angolo di apertura di un fuso equivalente alla superficie totale del cono equilatero inscritto nella sfera cui esso appartiene. [*R.* 202° 30′]

23 Determinare l'angolo di apertura di uno spicchio equivalente al cilindro equilatero inscritto nella sfera cui esso appartiene. [*R.* $\left(135\sqrt{2}\right)°$]

14. Problemi sui solidi di rotazione.

AVVERTENZE. – Nelle rotazioni complete attorno ad una retta, i vari poligoni generano solidi che sono sempre somme o differenze di cilindri, coni e tronchi di cono. Ad esempio:

– il solido generato dal trapezio $\mathbf{T}_1$ (in figura) in una rotazione di 360° attorno alla retta r è la somma del cilindro di raggio HC e altezza AH con il cono di ugual raggio ed altezza HB;

– il solido generato dal trapezio $\mathbf{T}_2$ nella rotazione di 360° attorno alla retta r è, invece, un cilindro di raggio CK e altezza HK, sormontato da un tronco di cono con le basi di raggi CK, BL e altezza KL, entrambi attraversati da una cavità cilindrica di altezza HL e raggio BL.

Facciamo rilevare che, nella ricerca del volume e dell'area della superficie di un solido di rotazione, *è opportuno impostare prima le operazioni usando le lettere della figura e, solo dopo, sostituire i dati numerici o letterali forniti in enunciato dal problema o deducibili da questo*. Infatti, spesso ciò consente di effettuare delle semplificazioni preliminari, mediante le quali si possono evitare calcoli. Ad esempio, nel calcolo del volume V del solido generato dal triangolo $\mathbf{T}_3$ (in figura) in una rotazione completa attorno alla retta r, si ha

$$V = \frac{1}{3}\pi a h^2 + \frac{1}{3}\pi b h^2 =$$

$$= \frac{1}{3}\pi h^2 (a + b) = \frac{1}{3}\pi h^2 \overline{AB}.$$

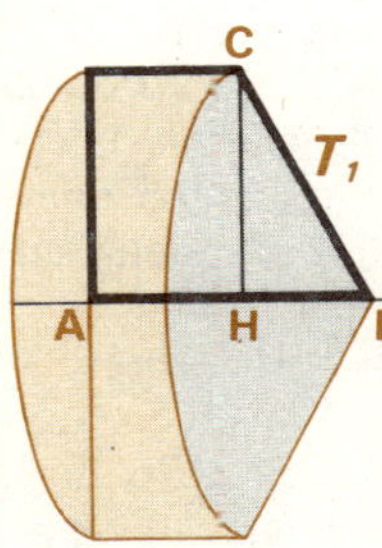

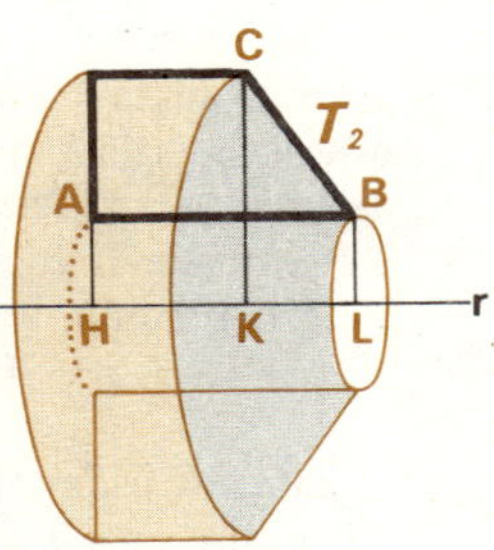

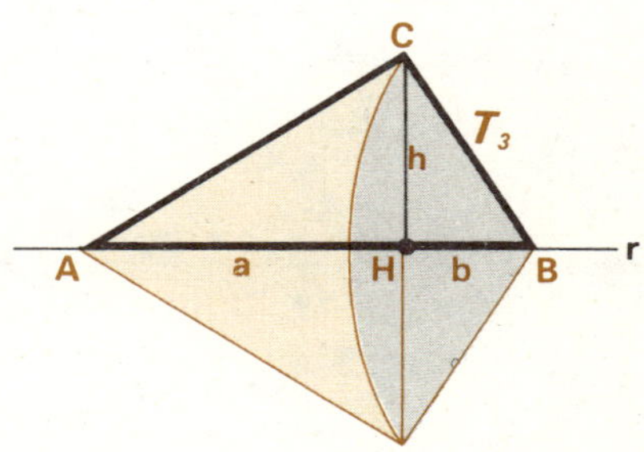

Dunque, non importa calcolare le lunghezze dei segmenti a e b (calcolo che non sarebbe possibile se l'enunciato fornisse solo le misure di h ed AB).
Le considerazioni precedenti valgono, in particolare, per quei problemi nei quali viene richiesta la determinazione non di aree e volumi, ma dì certi loro *rapporti*. In questi problemi, infatti, gli enunciati forniscono per lo più solo i dati essenziali, cioè le misure delle grandezze che non vengono semplificate.
Pertanto chi passasse subito alla ricerca dei valori delle grandezze necessarie per la determinazione dei singoli volumi o delle singole aree, rischierebbe di trovarsi ad un punto morto per mancanza di dati.
Quanto esposto è chiarito dal seguente esempio risolto.

1 Problema Risolto. – *Trovare il rapporto* **R** *dei volumi dei solidi ottenuti facendo ruotare di un giro completo un triangolo acutangolo* ABC *attorno ad un suo lato* AB *e attorno alla retta* r, *passante per* C *e parallela ad* AB.

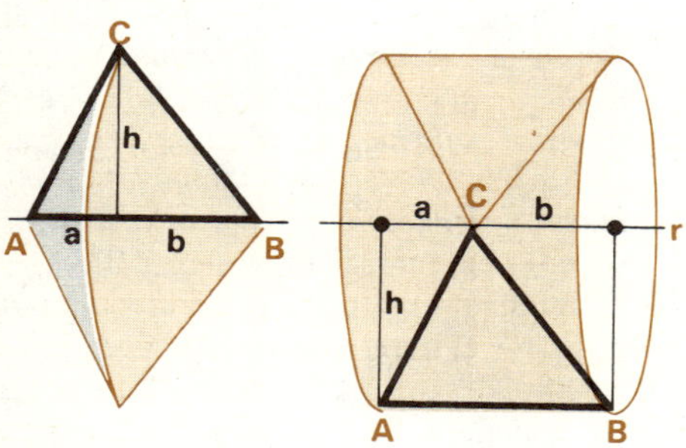

L'enunciato non fornisce alcun elemento noto. Indichiamo, allora, in forma generica, mediante le lettere a, b, h, le misure rispettivamente delle proiezioni di AC, CB su AB (o su r) e dell'altezza relativa al lato AB del triangolo. Si ha:

$$\mathbf{R} = \frac{\frac{1}{3}\pi h^2 a + \frac{1}{3}\pi h^2 b}{\pi h^2(a+b) - \frac{1}{3}\pi h^2 a - \frac{1}{3}\pi h^2 b} =$$

$$= \frac{a+b}{3\,(a+b) - a - b} =$$

$$= \frac{a+b}{2\,(a+b)} = \frac{1}{2}\,.$$

Abbiamo così trovato che **R** = 1/2 senza conoscere alcun dato; il che vuol dire che il risultato è valido qualunque sia la situazione considerata.

Osservazione. – *Mentre il* **volume** *di un solido di rotazione generato da un poligono si ottiene come* **somma algebrica** (*cioè* **somma** *o* **differenza**) *dei volumi di coni e cilindri, la* **superficie** *del solido stesso si ottiene come* **somma** (*aritmetica*) *delle superfici generate nella rotazione dai singoli lati del poligono* (*che non giacciono sull'asse di rotazione*).

2 Un triangolo equilatero ha il lato lungo l. Si unisca il centro del triangolo con i vertici e si determinino i volumi dei solidi generati dalle tre parti nelle quali si è suddiviso il triangolo, in una rotazione completa attorno ad uno dei lati.
[*R.* $\pi l^3/9$ e $\pi l^3/36$]

3 Un triangolo la cui area è 384 cm^2 ruota di 360° attorno ad un suo lato. Calcolare il volume del solido generato sapendo che l'altezza relativa al lato considerato lo divide in due parti che sono i 4/3 e i 5/3 dell'altezza stessa. [*R.* 4096π cm^3]

4 Un rettangolo ruota di un giro completo prima attorno alla sua base e poi attorno alla sua altezza, generando due cilindri la somma dei cui volumi è tripla del volume della sfera di raggio a. Sapendo che il perimetro del rettangolo è $8a$ determinarne la base e l'altezza. [*R.* $a\left(2 \pm \sqrt{3}\right)$]

5 Un triangolo isoscele ruota di 360° attorno ad uno dei suoi lati uguali. Determinare il volume del solido e l'area della sua superficie sapendo che la base è 16 cm e la relativa altezza è 15 cm.
[*R.* $19\,200\pi/17$ cm^3 e $7920\pi/17$ cm^2]

6 È dato un triangolo equilatero il cui lato ha lunghezza l e lo si fa ruotare di 360° attorno ad una retta parallela ad un lato, esterna al triangolo e distante da tale lato di un quarto dell'altezza del triangolo. Determinare il volume e l'area della superficie del solido.
[*R.* $7\pi l^3/16$ e $7\pi l^2\sqrt{3}/4$]

7 È dato un triangolo isoscele ABC di base AB e altezza CH. Determinare il rapporto

dei due solidi ottenuti facendo ruotare di 360° il triangolo attorno alla retta per B, parallela a CH, e attorno alla retta per C parallela ad AB. (*Porre* $\overline{AB} = 2b$ *e* $\overline{CH} = h$). [*R.* $3b/(2h)$]

8 Siano M, N i punti medi dei lati AB, AC di un triangolo equilatero $ABC = \mathbf{T}_1$. Costruito il triangolo $\mathbf{T}_2$ simmetrico di $\mathbf{T}_1$ rispetto alla retta MN, si ruoti il poligono $\mathbf{T}_1 \cup \mathbf{T}_2$ di 180° attorno alla perpendicolare per A ad MN. Se l'area della superficie del solido ottenuto è $320\ \pi\ dm^2$, qual è il lato del triangolo $\mathbf{T}_1$? [*R.* 16 dm]

9 È dato un trapezio rettangolo $ABCD$ avente la base minore AD di 12 cm e il lato obliquo DC inclinato di 60° sulla base maggiore BC. Determinare il perimetro del trapezio sapendo che la differenza delle aree delle superfici dei solidi ottenuti facendo ruotare di 360° il trapezio attorno ad AD e a BC è $50\pi\sqrt{3}$ cm².
[*R.* $\left(39 + 5\sqrt{3}\right)$ cm]

10 Dato un quadrato $ABCD$ di lato l, determinare sul lato AB un punto P tale che, indicata con E l'intersezione delle due rette DP, BC, la somma dei coni generati dai triangoli APD, PBE, ruotando attorno ad AB, sia equivalente alla sfera di raggio l.
[*R.* $AP = \left(\sqrt{13} - 3\right)l/2$]

11 In un trapezio rettangolo il lato obliquo è uguale alla base minore e forma un angolo di 30° con la base maggiore. Determinare il volume del solido ottenuto facendo ruotare di 360° il trapezio attorno alla base maggiore, sapendo che l'area della superficie del solido stesso è $63\pi a^2$.
[*R.* $9\pi a^3\left(6 + \sqrt{3}\right)$]

12 Determinare i cateti di un triangolo rettangolo di ipotenusa a in modo che il solido generato dalla rotazione del triangolo attorno all'ipotenusa sia equivalente alla sfera di raggio $a\sqrt[3]{4}/4$. [*R.* $a\sqrt{2}/2$ e ...]

13 In un triangolo rettangolo la proiezione di un cateto sull'ipotenusa sta all'ipotenusa come 9:25. Calcolare il rapporto tra il solido ottenuto facendo ruotare di un giro completo il triangolo attorno all'ipotenusa e la sfera circoscritta al solido stesso.
[*R.* 288/625]

14 È dato un quadrato $ABCD$ nel quale O è l'intersezione delle diagonali. È noto che l'area della superficie che limita il solido ottenuto ruotando di 360° il triangolo ABO attorno alla perpendicolare in D a BD è $25\pi\left(5 + 3\sqrt{2}\right)a^2$. Determinare l'area del quadrato. [*R.* $50a^2$]

15 Dato un qualunque triangolo rettangolo ABC si indichi con M il punto medio del cateto BC. Verificare che i volumi dei solidi ottenuti facendo ruotare attorno al cateto AB di 360° i triangoli AMB ed AMC, stanno come 1 sta a 3.

16 Si generalizzino le conclusioni del precedente problema dividendo il cateto BC in 3, 4, ..., n parti uguali BM_1, M_1M_2, M_2M_3, ... Come stanno fra loro i solidi generati dai triangoli ABM_1, AM_1M_2, AM_2M_3, ..., in una rotazione di 360° attorno ad AB? [*R.* Stanno come i primi n numeri dispari]

17 Siano M, N i punti medi rispettivamente dei lati AC, BC di un triangolo acutangolo ABC. Trovare il rapporto dei due solidi ottenuti facendo ruotare di 360° attorno alla retta MN il triangolo MCN ed il trapezio $AMNB$. (*Tenendo presente il probl.* n. 1 *ed osservando la figura, si può determinare il rapporto senza eseguire alcun calcolo*).
[*R.* 1/5]

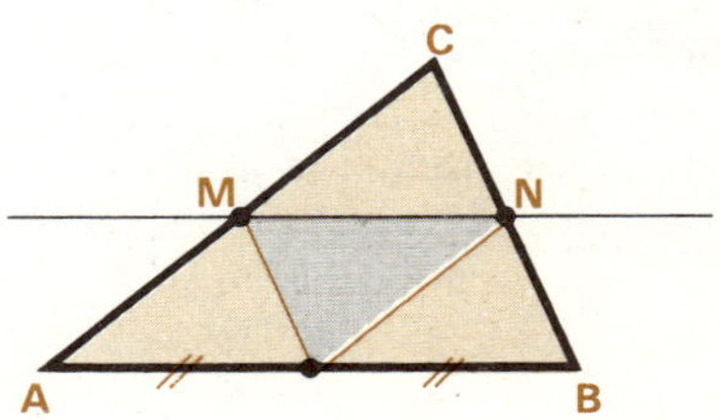

18 Dato un cerchio di diametro AB, si conduca una corda CD, perpendicolare ad AB, che lo divide in parti che stanno come m sta a n. Determinare il rapporto dei solidi generati dai due segmenti di cerchio DAC e DBC in una rotazione di 180° attorno ad AB. [*R.* $(3m^2n + m^3)/(3mn^2 + n^3)$]

15. Problemi vari di geometria solida.

1 A quale distanza dal centro di una sfera di raggio r si deve condurre un piano secante affinché i due coni aventi il cerchio sezione come base comune e i vertici diametralmente opposti stiano nel rapporto m/n, con $m > n$? [*R.* $r\,(m - n)/(m + n)$]

2 In una piramide quadrangolare regolare la differenza tra l'area della superficie laterale e l'area della base e 40 dm^2 e l'altezza è 6 dm. Calcolare il volume del tronco di piramide che si ottiene tagliando il solido con un piano parallelo alla base e che dista 4 dm da questa. [*R.* 1300/27 dm^3]

3 Un solido è formato da un cubo sormontato da una piramide quadrangolare regolare avente la base coincidente con una faccia del cubo. Il volume del solido è 264 cm^3 e la somma del triplo dello spigolo del cubo con l'altezza della piramide è 22 cm. Determinare l'area della superficie totale del solido. [*R.* 240 cm^2]

4 È dato un cono **C** di altezza lunga h e raggio di base uguale ai 3/4 dell'altezza. Determinare a quale distanza x dal vertice del cono si deve condurre un piano secante α, parallelo alla base, affinché la somma dell'area della superficie della sfera inscritta nel cono staccato da α su **C** e dell'area della superficie laterale del cilindro inscritto in **C** ed avente una base coincidente con la sezione di α con **C**, sia uguale a $7\pi h^2/12$. [*R.* $2h/3$, ovvero $14h/15$]

5 È dato un quadrato $ABCD$ di lato l. Si prolunghi BC di un segmento $CN = l$. Determinare il punto M del lato CD in modo che risultino equivalenti i due solidi ottenuti dalla rotazione completa, attorno a BN, del quadrilatero $AMNB$ e del quadrato dato. [*R.* $MC = l\left(\sqrt{17} - 1\right)/4$]

6 Dato un triangolo equilatero ABC di lato $AB = 3a$, determinare su AB un punto P tale che, conducendo per P le corde PM e PN parallele ai lati AC e BC, il volume del solido generato dal parallelogramma $PMCN$ in una rotazione di 360° attorno ad AB sia i 2/3 del volume del solido generato dal triangolo ABC nella stessa rotazione. [*R.* $AP = a$, ovvero $2a$].

7 Dato un cono **C** di altezza h, determinare a quale distanza x dal suo vertice si deve condurre un piano α parallelo alla base affinché il rapporto fra il cono $\mathbf{C}_1$ che α stacca dal cono dato e il cono $\mathbf{C}_2$ avente la stessa base di $\mathbf{C}_1$ e con il vertice nel centro della base di **C**, abbia il valore k. [*R.* $k\,h : (k + 1)$]

8 Due coni con le basi coincidenti e con i vertici da parti opposte rispetto alla base sono inscritti in una sfera di raggio r. Sapendo che i due coni hanno volume l'uno doppio dell'altro, determinare la distanza del comune piano di base dal centro della sfera. Stabilire, inoltre, il rapporto fra le superfici laterali dei due coni. [*R.* $r/3$; $\sqrt{2}$]

9 Una sfera e un cilindro equivalenti hanno entrambi raggio di 3 cm. Se il centro della sfera coincide con il punto medio dell'asse del cilindro, determinare l'area del cerchio intersezione della sfera con una base del cilindro. [*R.* 5π cm^2]

10 Sia ABC un triangolo rettangolo isoscele di ipotenusa $BC = 4$ m e sia P un punto, non appartenente al piano di ABC, la cui proiezione su tale piano coincide con A. Indicati con A', B', C' i punti simmetrici di P rispetto ad A, a B e a C, si consideri la piramide $PA'B'C'$ (si veda la figura); supposto che il suo volume sia 16 m^3, si calcoli l'area della sua superficie totale. (*Detta* x *la distanza* PA, *si osservi che le lunghezze dei lati del triangolo* A'B'C' *non dipendono da* x). [*R.* $\left(36 + 12\sqrt{2}\right)$ m^2]

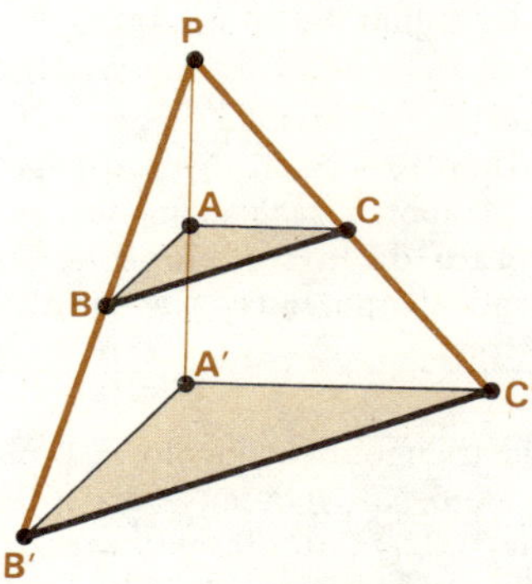

11 In una piramide, la base è un quadrato e una faccia è un triangolo equilatero disposto su un piano perpendicolare al piano di base. Nota la misura h dell'altezza della piramide, determinare l'area della superficie laterale. [*R.* $h^2\left(4+\sqrt{3}+\sqrt{7}\right)/3$]

12 Siano x e y le misure di due lati consecutivi di un rettangolo $ABCD$. Determinare in funzione di x e y la somma S dei volumi dei cilindri ottenuti facendo ruotare di 360° il rettangolo $ABCD$ intorno ad AB e intorno a BC. Supposto, poi, che x, y siano le radici dell'equazione

$$z^2 - 2\,(m-1)\,z - m = 0,$$

esprimere S in funzione di m e stabilire per quale valore di m è $S = \pi/2$.

[*R.* $2\pi m\,(1-m)$; $m = 1/2$]

13 È dato un tetraedro regolare $ABCD$ il cui spigolo ha per misura a. Sugli spigoli CA, DA, CB, DB si riportino i segmenti CE, DF, CG, DH, tutti di lunghezza x. Dimostrare che il quadrilatero $EGHF$ è un rettangolo. Determinare x in modo che la sua area sia $2a^2/9$.

[*R.* $a/3$, ovvero $2a/3$]

14 Siano F_1, F_2, F_3 tre facce di un parallelepipedo rettangolo $\mathbf{P}$, aventi un vertice in comune Siano $\mathbf{P}_1$, $\mathbf{P}_2$, $\mathbf{P}_3$ i parallelepipedi simmetrici di $\mathbf{P}$ rispetto ai piani di F_1, F_2, F_3. Sapendo che le aree delle superfici totali di $\mathbf{P} \cup \mathbf{P}_1$, di $\mathbf{P} \cup \mathbf{P}_2$, di $\mathbf{P} \cup \mathbf{P}_3$ sono rispettivamente uguali a 94 cm², 104 cm², 112 cm², calcolare le dimensioni di $\mathbf{P}$. (*In un primo tempo si assumano come incognite* x, y, z *le aree delle facce* F_1, F_2, F_3; *trovati i valori di* x, y, z, ...).

[*R.* 2 cm, 3 cm, 5 cm]

15 È dato un quarto di cerchio limitato dai raggi OA e OB di lunghezza r. Determinare la misura delle distanze di un punto M dell'arco AB dai raggi OA e OB in modo che la somma delle aree delle calotte generate dall'arco MA in una rotazione di 360° attorno ad OA e dall'arco MB in una rotazione di 360° attorno ad OB sia uguale a $18\pi r^2/13$. [*R.* $5r/13$, $12r/13$]

16 È dato un cono $\mathbf{C}$ il cui raggio di base e la cui altezza misurano, rispettivamente, r ed h. Due coni $\mathbf{C}_1$ e $\mathbf{C}_2$ hanno per basi due cerchi tangenti esternamente fra loro e tangenti internamente al cerchio base di $\mathbf{C}$ in due punti diametralmente opposti. I vertici di $\mathbf{C}_1$ e $\mathbf{C}_2$ stanno sulla superficie laterale di $\mathbf{C}$. Determinare i raggi di base di $\mathbf{C}_1$ e $\mathbf{C}_2$ in modo che il volume del solido ottenuto per differenza fra $\mathbf{C}$ e $\mathbf{C}_1 + \mathbf{C}_2$ sia $3\pi r^2 h/16$. [*R.* $3r/4$ e $r/4$]

17 Verificare che, indicando con B_1, B_2, B_m le aree delle basi di un tronco di piramide e l'area della sezione parallela alle basi ed equidistante da queste, il volume V del tronco è dato da

$$V = h(B_1 + B_2 + 4B_m):6$$

dove h è la misura dell'altezza. (*Si consideri la piramide cui appartiene il tronco e, ragionando sulle altezze delle varie piramidi, si ricavi la distanza* x *della base minore dal vertice in funzione di* B_1 *e* B_2. *Si esprima, poi,* B_m *con* x *e* B_1 *e si sostituisca nella formula data*).

18 Dato un parallelepipedo rettangolo di spigoli a, b, c (con $a > b > c$) determinare un segmento x tale che il parallelepipedo di spigoli $a - x$, $b + x$, $c + x$ abbia la stessa diagonale del primitivo. Dire per quali valori di a il problema è possibile.

[*R.* $x = 2(a - b - c):3$; $a > b + c$]

19 Si osservi la figura nella quale ABC è un triangolo rettangolo isoscele di lato $AB = 2a$, M è il punto medio dell'ipotenusa AC, M' è la proiezione di M su BC e P è un punto del segmento BM'. Si chiede di determinare la posizione di P affinché il solido generato dalla rotazione di 360° del triangolo AMP attorno alla retta BC sia equivalente ad m volte il solido generato, nella stessa rotazione, dal triangolo rettangolo isoscele MCQ. Per quali valori di m il problema è possibile?

[*R.* $BP = 2a(3 - m)/3$; $3/2 \leqslant m \leqslant 3$]

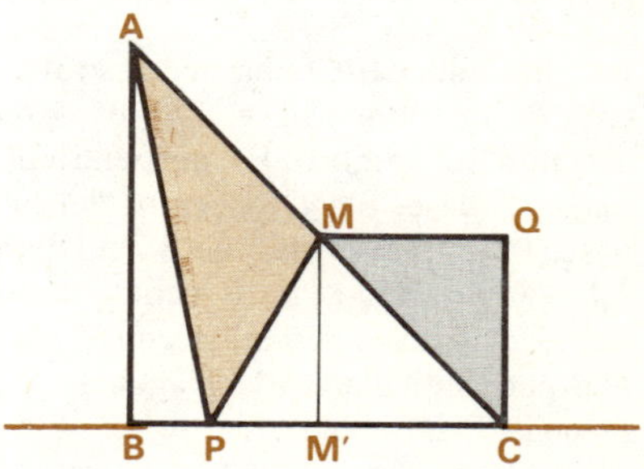

20 In una piramide regolare a base quadrata il lato di base e l'altezza sono uguali, rispettivamente, a $16b$ e $15b$. Determinare la distanza dal vertice della piramide alla quale si deve condurre un piano secante la piramide e parallelo alla base affinché la superficie laterale del tronco di piramide ottenuto sia equivalente ai 4/3 di una faccia della piramide data.

[*R.* $5b\sqrt{6}$]

21 Sezionando una piramide quadrangolare regolare con un piano passante per l'altezza e per una diagonale della base si ottiene un triangolo nel quale la somma della base e dell'altezza è $20a$ e il triplo della base meno un quarto dell'altezza è uguale a $34a$. Trovare il volume della piramide e il raggio della sfera ad essa circoscritta.

[*R.* $192a^3$ e $25a/4$]

22 La bisettrice dell'angolo retto di un triangolo rettangolo divide l'ipotenusa in parti le cui lunghezze sono a e b. Determinare la somma dei volumi dei solidi ottenuti facendo ruotare di 360° il triangolo attorno a ciascuno dei due cateti. (*Conviene applicare il teor. della bisettrice di un triangolo*).

$$\left[R.\ \frac{\pi ab(a+b)^4}{3\sqrt{(a^2+b^2)^3}}\right]$$

23 Dato un semicerchio di diametro $AB = 2r$, per il punto medio O di AB si conduca un segmento $OC = 2r$ perpendicolare ad AB e situato nel semipiano che contiene il semicerchio; si congiungano A e B con C. Ruotando la figura di 180° attorno ad OC si ottengono una semisfera ed un cono. Determinare un punto M del segmento OC tale che il piano per M e perpendicolare ad OC individui una corona circolare, limitata esternamente dalla semisfera e internamente dal cono, che sia equivalente ai 3/40 della superficie della semisfera (privata della sua base circolare).

[*R.* $OM = 3r/5$, ovvero $OM = r/5$]

24 La piramide $VABCD$ ha per base il quadrato $ABCD$, con $\overline{AC} = 2a$ e $\overline{VA} = 4a$, essendo lo spigolo VA perpendicolare al piano di base. Sia O il centro del quadrato base. Preso su AO un punto P, determinare $\overline{PA} = x$ in modo che il pentagono ottenuto sezionando la piramide con il piano per P e perpendicolare alla diagonale AC (e al piano $ABCD$) abbia area $5a^2/2$.

[*R.* $a/2$; ovvero $5a/6$]

25 Un cilindro ed un cono di uguale altezza h hanno i cerchi base concentrici e sono situati dalla stessa parte del comune piano di base. Indicati con a ed x i raggi delle basi del cilindro e del cono (con $a < x$), determinare x in modo che la intersezione del cono con il cilindro sia equivalente ai 3/4 del cilindro.

[*R.* $x = 8a/3$]

26 In una piramide quadrangolare regolare la somma dello spigolo di base, dell'altezza e dell'apotema è 70 cm e il rapporto fra l'altezza e la semidiagonale di base è $6\sqrt{2}:5$. Determinare l'area della sezione ottenuta tagliando la piramide con un piano perpendicolare alla base e passante per i punti medi di due spigoli consecutivi della base stessa. (*Si osservi la figura*).

[*R.* $60\sqrt{2}$ cm²]

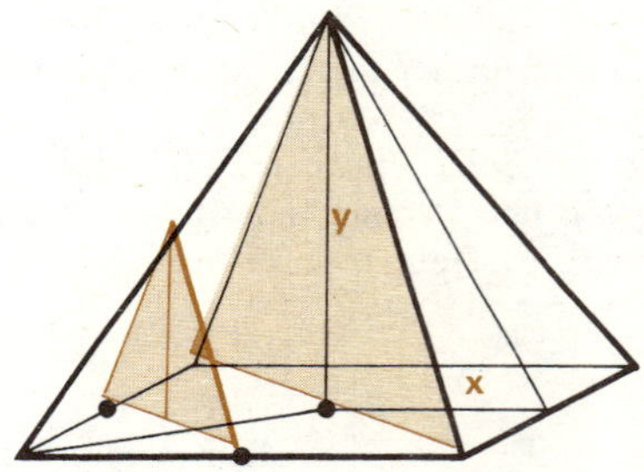

27 Una piramide è circoscritta ad un cono avente raggio e altezza di 10 cm e 24 cm. Determinare l'area della superficie totale della piramide sapendo che la sua base è un triangolo rettangolo nel quale il rapporto fra la somma dei cateti e l'ipotenusa è 7/5.

[*R.* 2160 cm²]

28 È dato un triangolo ABC inscritto in una circonferenza di diametro $AB = 2r$. Sia D l'intersezione della retta AC con la tangente in B alla circonferenza. Determinare la proiezione $AH = x$ di AC su AB sapendo che il rapporto dei volumi dei solidi generati dai triangoli ABC, ADB in una rotazione completa attorno ad AB è 25/36.

[*R.* $AH = 5r/3$]

29 Un tronco di piramide quadrangolare regolare ha le basi l'una quadrupla dell'altra e gli spigoli laterali inclinati di 60° sul piano della base maggiore. Determinare il rapporto tra la superficie laterale e la somma delle basi.

[*R.* $3\sqrt{7}/5$]

30 Una piramide triangolare $VABC$ ha per base un triangolo isoscele ABC di base AB e vertice C la cui area è 72 cm². Lo spigolo $VC = 12$ cm è perpendicolare al piano ABC. Inoltre $VA = 17$ cm. Trovare lo spigolo AB della piramide. [*R*. 18 cm, ovvero 16 cm]

31 Lo spigolo laterale di una piramide quadrangolare regolare ha per misura $5a$ e l'area della sua superficie laterale è $6a^2\sqrt{41}$. Determinarne l'altezza. [*R*. $4a$]

32 Sia M un punto di una semicirconferenza di diametro $AB = 2r$ e sia P la proiezione di M su AB. Determinare $AP = x$ in modo che il volume del solido generato dalla porzione di piano limitata dall'arco AM e dai segmenti AB e BM in una rotazione completa attorno ad AB sia triplo del volume del solido generato nella stessa rotazione dal triangolo APM. [*R*. r e $4r/3$]

33 Determinare i raggi x, y delle basi di una tronco di cono circoscritto ad una sfera conoscendo la misura, $21a$, dell'apotema del cono che ha per base la base minore del tronco e per generatrici i prolungamenti delle generatrici del tronco, e sapendo che l'area della superficie laterale del tronco è $49\pi a^2$. [*R*. $3a$ e $4a$]

34 Dato un segmento $AB = 2a$, si traccino due semirette complanari AA' e BB', perpendicolari ad AB e disposte dalla stessa parte di AB. Si consideri, poi, un triangolo rettangolo MON con il vertice O dell'angolo retto nel punto medio di AB e i vertici M, N su AA' e BB'. Posto $AM = x$, $BN = y$, $MN = z$, dimostrare che

$$xy = a^2, \qquad x + y = z.$$

Determinare, poi, z in modo che il rapporto dei solidi generati dal trapezio $MABN$ e dal triangolo MON in una rotazione completa attorno ad AB sia uguale a m. [*R*. $z^2 = 2a^2 : (2 - m)$]

35 Verificare che in un tronco di piramide quadrangolare regolare la superficie laterale sta alla differenza delle basi come l'apotema sta alla semidifferenza degli spigoli delle basi.

36 In un parallelepipedo rettangolo le misure delle tre dimensioni sono in progressione aritmetica. Conoscendo l'area della superficie totale, 132 cm^2, e la somma delle dimensioni, 15 cm, determinarne il volume. [*R*. 80 cm^3]

37 Due semicerchi complanari di diametri AB e BC sono tangenti esternamente in B. Sia PQ il segmento della comune tangente. Determinare l'area della superficie del solido ottenuto facendo ruotare di 360° attorno ad AC la porzione di piano limitata dall'arco AP, dal segmento PQ, dall'arco QC e dal segmento CA, sapendo che $\overline{AB} = 4a$ e $\overline{BC} = 12a$. [*R*. $160\pi a^2$]

38 La base di una piramide è il rettangolo $ABCD$; la proiezione H del vertice V sulla base, appartiene alla diagonale AC e dista da BC e CD di segmenti che stanno nel rapporto $2:5$ e la cui differenza è 36 cm. È noto, inoltre, che il perimetro della base è 224 cm e che $VH = 15$ cm. Determinare l'area della faccia VAB. (*Si osservi la figura*). [*R*. 400 cm^2]

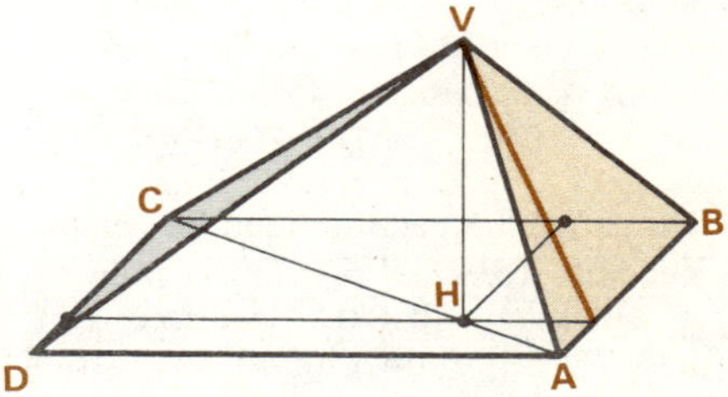

39 Si ritagli il contorno di una piramide esagonale regolare, con gli spigoli di base lunghi a, lungo gli spigoli laterali e si distenda la superficie così ottenuta sul piano della base ottenendo una stella a sei punte. Si congiungano le punte di tale stella in modo da formare un esagono convesso.

1) Dimostrare che l'esagono ottenuto è regolare.

2) Sapendo che l'area dell'esagono citato è $18a^2\sqrt{3}$, determinare il volume della piramide. [*R*. $3a^3\sqrt{2}/2$]

40 Un prisma triangolare regolare è sormontato da un tetraedro regolare con una faccia coincidente con una base del prisma. L'altezza complessiva del solido è uguale a 9 cm mentre il rapporto fra il tetraedro e il prisma è 4/15. Determinare lo spigolo del tetraedro e l'altezza del prisma. [*R*. $2\sqrt{6}$ cm e 5 cm]

41 In una sfera di raggio r è inscritto un cono equilatero. Determinare a quale distanza x dal vertice del cono si deve condurre un piano secante tanto il cono quanto la sfera e parallelo alla base del cono affinché la somma dei cerchi che esso seziona sulla sfera e sul cono sia equivalente al cerchio massimo della sfera.

[*R.* $r\left(3-\sqrt{3}\right)/2$]

42 La superficie laterale di un cilindro è quadrupla di quella di una sua base e il volume del solido è $250\pi a^3$. Determinare a quali distanze dalle basi si deve prendere un punto P dell'asse del cilindro affinché la differenza dei quadrati dei due numeri che esprimono le aree delle superfici laterali dei coni con vertice P ed aventi per basi le due basi del cilindro sia $1500\pi^2 a^4$.

[*R.* $2a$ e $8a$]

43 Il Problema di Gerone. - In una corona d'oro di peso P e volume V è stata sostituita parte dell'oro con argento. Determinare la quantità, in peso, dell'argento presente nella corona, senza rompere questa. (*Indicare con* ω ed α *i pesi specifici e con* x, y *le quantità, in peso, di oro e di argento*).

[*R.* $\alpha(\omega V-P):(\omega-\alpha)$]

44 Un parallelepipedo obliquo ha per basi due quadrati $ABCD$, $A'B'C'D'$; la proiezione di A' sul piano di $ABCD$ cade nel centro di $ABCD$. Sapendo che lo spigolo AA' è uguale ad $AC = 6$ cm, determinare il volume e l'area della superficie laterale del solido.

[*R.* $54\sqrt{3}$ cm^3 e $36\sqrt{7}$ cm^2]

45 Si sezioni un cono di apotema $5a$ e altezza $3a$ con un piano parallelo alla base e distante a dal vertice. Determinare:
1) il raggio della sfera tangente al piano (dalla parte opposta del vertice) e tangente alle generatrici della superficie conica;
2) il raggio del cerchio che la base del cono seziona sulla sfera citata.

[*R.* $4a$ e $2a\sqrt{3}$]

46 La base minore e l'altezza di un trapezio rettangolo sono uguali, rispettivamente, a b ed h. Determinare la base maggiore del trapezio sapendo che il solido generato dal trapezio stesso in una rotazione completa attorno ad una retta complanare, esterna ad esso, parallela alle basi e distante h dalla base minore, è equivalente alla sfera di raggio h. Stabilire, anche, per quali valori di b ed h il problema è possibile.

[*R.* $4(h-b)/5$; $4h > 9b$]

47 È dato un recipiente che ha, internamente, la forma di un cono nel quale la somma del raggio e dell'apotema è $90a$. Dentro il recipiente si lascia cadere una sfera il cui raggio è b. È noto, inoltre, che il rapporto fra le distanze del centro della sfera e di uno dei suoi punti di contatto dal vertice del cono è 13/12. Determinare:
1) il rapporto tra la superficie (laterale interna) del recipiente e la superficie sferica;
2) la relazione intercorrente fra a e b nel caso che il volume della sfera sia 1/75 di quello interno del recipiente;
3) per quali valori di b la sfera è totalmente interna al recipiente.

[*R.* $1625a^2:(4b^2)$, $b = 5a$, $b \leqslant 50a/3$]

48 Un trapezio isoscele è circoscritto ad un cerchio. Determinare il raggio del cerchio sapendo che il trapezio è equivalente ad un quadrato di lato $a\sqrt{2}$ e che il tronco di cono generato dal trapezio in una rotazione di 180° attorno alla congiungente i punti medi delle basi è equivalente al doppio della sfera in esso inscritta. (*Indicare con* x, y, z *le semibasi e il raggio. Eliminando* x + y *e* xy *si ottiene l'equazione risolvente in* z).

[*R.* $a/\sqrt[4]{5}$]

49 Dato, in un piano α, il triangolo isoscele ABC, con $\overline{AC} = \overline{BC} = a$ ed $\overline{AB} = b$, si conducano i segmenti $\overline{AM} = x$, $\overline{BN} = y$, perpendicolari ad α e da una stessa parte di α. Dimostrare che condizione necessaria e sufficiente affinché l'angolo MCN sia retto è $2xy = b^2 - 2a^2$. In questa ipotesi determinare x ed y sapendo che l'area del trapezio rettangolo $ABNM$ è $b^2\sqrt{2}/2$.

[*R.* $\left(b\sqrt{2} \pm 2a\right)/2$]

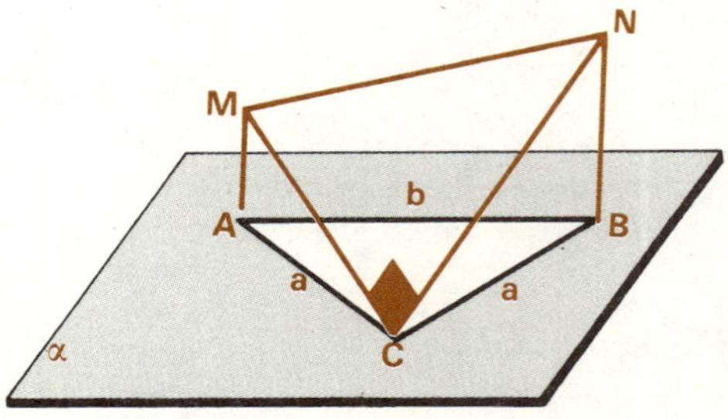

50 Dato, in un piano α, il triangolo equilatero ABC di lato a si conducano i segmenti $AA' = x$ e $BB' = y$, perpendicolari ad α e disposti da parti opposte rispetto ad α. Dimostrare che condizione necessaria e sufficiente affinché l'angolo $A'CB'$ sia retto è $2xy = a^2$. In questa ipotesi determinare x ed y sapendo che $(A'C:B'C)^2 = 17/80$.

[*R.* $a/4$ e $2a$]

Appendice B

GARE DI MATEMATICA

In questa Appendice sono raccolte alcune prove assegnate in Gare di Matematica nazionali e internazionali.

*In Italia, le Gare sono preparate, su incarico del Ministero della Pubblica Istruzione, da una Commissione che fa capo all'*Unione Matematica Italiana *(fino al 1996 era direttamente coinvolta anche la Scuola Normale Superiore di Pisa, che continua a fornire un supporto organizzativo). Le Gare comprendono più* **fasi di selezione***, che portano alla Gara Nazionale, anche in vista delle Olimpiadi Internazionali. Un primo test* ("Giochi di Archimede") *viene inviato in novembre-dicembre a tutte le Scuole Superiori che ne fanno richiesta. Vi partecipano circa 300 000 studenti in tutta Italia. Il test è suddiviso nei due livelli biennio e triennio. La prova del biennio non dà luogo a successive selezioni, mentre gli studenti del triennio che hanno ottenuto i migliori risultati (in media un centinaio per provincia) partecipano, in febbraio-marzo, al secondo test* ("Gara del triennio"). *I 300 migliori studenti vengono invitati alla* **finale italiana** ("Gara nazionale") *che si svolge da vari anni a Cesenatico in aprile-maggio.*

Nel mese di giugno, 20-30 studenti, tra i migliori classificati nella finale di Cesenatico, ricevono una **preparazione pre-olimpica** *di una settimana, che si svolge in genere a Cortona. Tra questi studenti viene infine selezionata la squadra nazionale di 6 rappresentanti per la partecipazione alle* **Olimpiadi Internazionali di Matematica** (IMO).

Le "Olimpiadi Internazionali di Matematica", *giunte nel 1999 alla 40^a edizione, vengono organizzate nel mese di luglio a cura di un Comitato Internazionale, ogni anno in un Paese diverso. Alla gara prendono parte oltre 400 concorrenti tra i 14 e i 19 anni, che rappresentano circa 80 Nazioni di tutti i continenti.*

Tornando all'Italia, va segnalato che in molte città (Catania, Firenze, Latina, Padova, Roma, Terni, ...) si svolgono gare locali per studenti delle Superiori.

I quesiti proposti nelle gare tendono a verificare l'intuito e le capacità logiche, piuttosto che la conoscenza di determinati argomenti; in particolare, tutti i problemi si possono risolvere senza ricorrere alla trigonometria. Molti degli esercizi assegnati nelle fasi di selezione sono a risposta multipla: *si deve cioè scegliere fra 5 risposte, una sola delle quali è corretta.*

Questa Appendice è divisa in due paragrafi: il primo riguarda la geometria del piano, *il secondo* la geometria dello spazio.

I problemi seguenti, scelti fra quelli di geometria assegnati negli ultimi anni, sono presentati (in ciascun paragrafo) in ordine di difficoltà. Segnaliamo che gli ultimi esercizi di geometria piana sono veramente molto difficili; in qualche caso, abbiamo aggiunto un suggerimento che non compare nel testo originario. Alla fine, abbiamo riportato le risposte con una traccia delle risoluzioni.

Geometria del piano.

1 (*Gare nazionali 1996, fasi di selezione*)
Quanti angoli maggiori di 90° può avere un quadrilatero (non intrecciato)?
(A) Ne ha sempre almeno uno
(B) ne ha al più uno
(C) ne ha al più due
(D) ne ha al più tre
(E) può averne quattro.

2 (*Gare nazionali 1993, fasi di selezione*)
La figura è delimitata da 6 archi ciascuno dei quali è 1/4 della circonferenza di raggio 1. Determinarne l'area.
(A) $5 - \pi/2$
(B) $4 - \pi/8$
(C) 4
(D) $3 + \pi/4$
(E) nessuna delle precedenti.

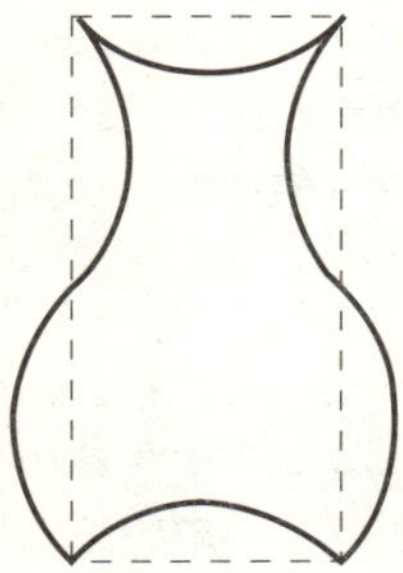

3 (*Gare nazionali 1994, fasi di selezione*)
La figura è costituita da due cerchi che si secano e hanno raggi che misurano rispettivamente 1 e 3. Sapendo che l'area della regione comune è $\pi/2$ si dica qual è l'area totale della figura tratteggiata.
(A) 10π
(B) $19\pi/2$
(C) 8π
(D) $17\pi/2$
(E) 9π.

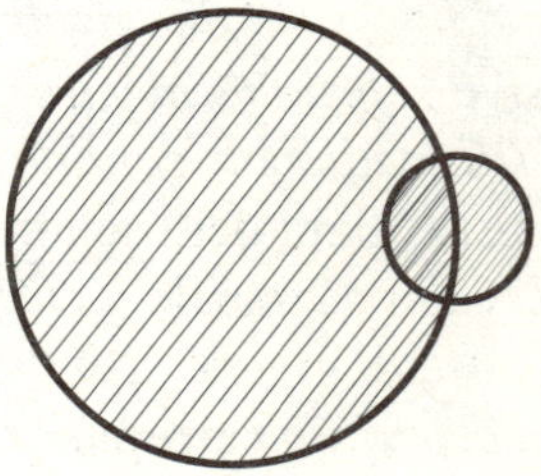

4 (*Gare locali – Roma 1997*)
Siano *M*, *N*, *P*, *Q* i punti medi dei lati di un quadrilatero convesso *ABCD*. Allora una sola delle seguenti affermazioni è corretta: quale?
(A) l'area del quadrilatero *MNPQ* è sempre la metà di quella di *ABCD*
(B) il perimetro del quadrilatero *MNPQ* è sempre la metà di quello di *ABCD*

(C) il quadrilatero *MNPQ* è un parallelogramma se e solo se lo è *ABCD*
(D) il quadrilatero *MNPQ* è un rombo se e solo se *ABCD* è un rettangolo
(E) *MNPQ* è sempre inscritto in una circonferenza.

5 (*Gare locali – Roma 1995*)
Un pentagono *ABCDE* è scomposto dalla diagonale *BD* nel quadrato *ABDE* di lato unitario e nel triangolo equilatero *BCD*. Si consideri la circonferenza passante per i punti *A*, *C*, *E*: qual è la lunghezza del raggio di tale circonferenza?

6 (*Gare nazionali 1992, fasi di selezione*)
Nella figura il cerchio grande ha centro in *O* e raggio 1. Quanto vale il raggio del cerchio più piccolo?

(A) $\frac{1}{4}$

(B) $\frac{5}{18}$

(C) $\frac{2\sqrt{3}}{9}$

(D) $\frac{1}{3}$

(E) nessuna delle precedenti risposte è corretta.

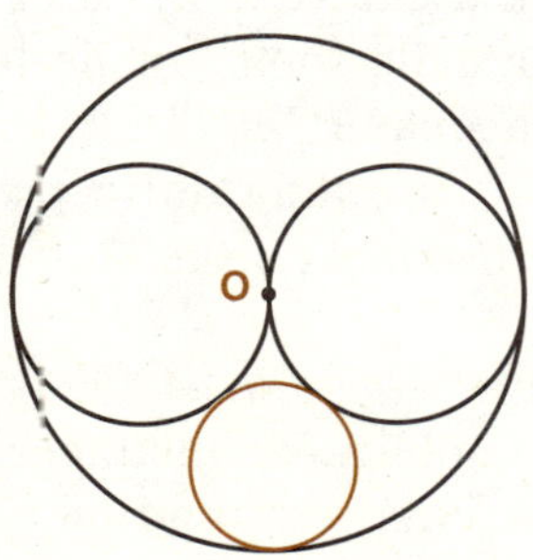

7 (*Gare Austriache, 1994*)
In figura è disegnata una semicirconferenza *AB* di centro *O* e raggio *r*. Sapendo che i due archi hanno centro in *A* e in *B*, determinare il raggio della circonferenza di centro *M*.

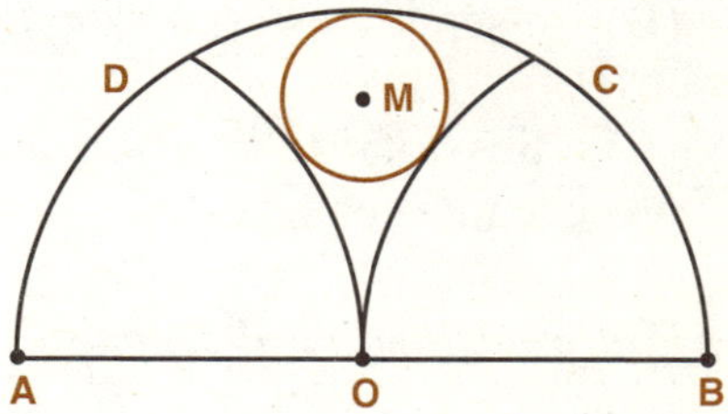

8 (*Gare nazionali 1994, fasi di selezione*)
Individuare quale delle seguenti affermazioni è errata:
Due triangoli sono simili se
(A) hanno i lati in proporzione
(B) hanno gli angoli uguali
(C) hanno gli angoli uguali e i lati in proporzione
(D) sono uguali
(E) sono entrambi isosceli.

9 (*Gare nazionali 1996, fasi di selezione*)
Nel pentagono regolare in figura il triangolo *ABC* è equilatero. Quanto vale l'angolo convesso *ECD*?
(A) 120°
(B) 144°
(C) 150°
(D) 168°
(E) 170°.

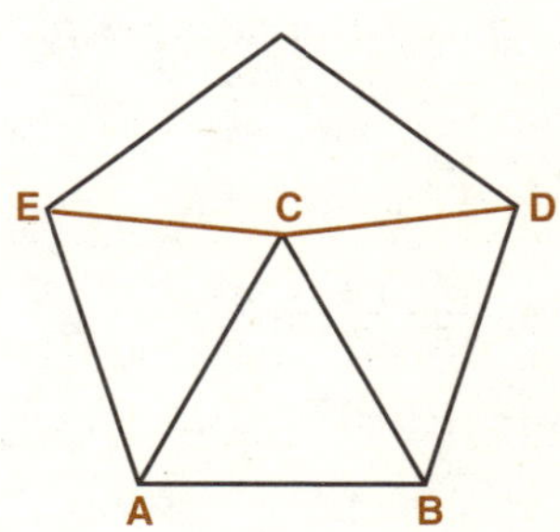

10 (*Gare locali – Roma 1996*)
Sia H l'ortocentro di un triangolo ABC. Allora l'ortocentro del triangolo ABH
(A) è il punto A
(B) è il punto C
(C) è il punto H
(D) è sempre esterno al triangolo ABH
(E) nessuna delle affermazioni precedenti è corretta.

11 (*Gare nazionali 1993, fasi di selezione*)
Conoscendo i 4 angoli a, b, c, d, quanto vale la somma degli angoli e ed f?
(A) $a+b+c+d$
(B) $(a+b+c+d)/2$
(C) $360° - a - b - c - d$
(D) $360° + a + b - c - d$
(E) non è determinata.

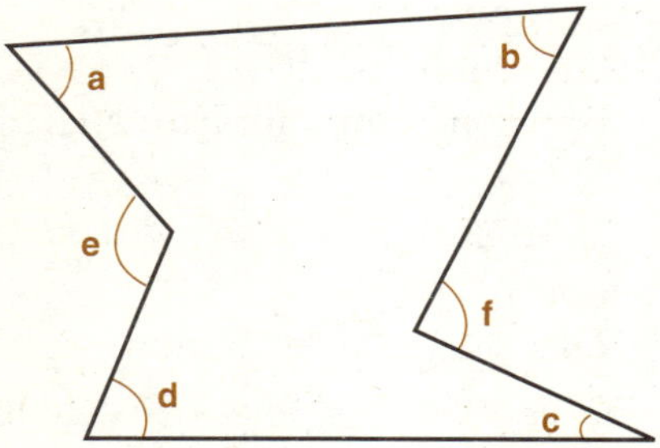

12 (*Gare nazionali 1992, fasi di selezione*)
Su un foglio di carta quadrato di lato l si vuole disegnare un ottagono regolare di area massima. Quanto vale questa area?
(A) $\frac{3}{4} l^2$
(B) $\frac{7}{8} l^2$
(C) $\frac{l^2}{\sqrt{2}}$
(D) $2\left(\sqrt{2} - 1\right) l^2$
(E) nessuna delle precedenti.

13 (*Gare nazionali 1994, fasi di selezione*)
È dato il triangolo ABC. Siano CE e BD due mediane e sia G il loro punto d'incontro. L'area del triangolo BGE vale:
(A) 1/3 dell'area del triangolo AGC
(B) 1/2 dell'area del triangolo BDA
(C) 1/6 dell'area del triangolo ABC
(D) 1/4 dell'area del triangolo ABC
(E) 1/2 dell'area del triangolo BDC.

14 (*Gare locali – Roma 1996*)
Due corde AB e CD di un cerchio si incontrano in un punto P. Sapendo che l'ampiezza dell'angolo APC è 60°, si può concludere che:
(A) l'arco AC è uguale all'arco BD
(B) la lunghezza dell'arco AC è uguale a metà della lunghezza dell'arco BC
(C) la somma delle lunghezze degli archi AC e BD è uguale alla somma delle lunghezze degli archi BC e DA
(D) la somma delle lunghezze degli archi AC e BD è uguale alla metà della somma delle lunghezze degli archi BC e DA
(E) nessuna delle precedenti affermazioni è corretta.

15 (*Gare locali – Roma 1995*)
Il lato obliquo di un trapezio rettangolo, circoscritto ad un cerchio di raggio r = 6 cm, è lungo 13 cm.

Qual è l'area del triangolo limitato dalla base minore e dalle diagonali?

16 (*Gare locali – Latina 1997*)
Si considerino le seguenti proprietà relative ad un poligono:
(a) avere tutti i lati uguali
(b) avere tutti gli angoli uguali
(c) essere inscrivibile in una circonferenza
(d) essere circoscrivibile ad una circonferenza.
È noto che, se sono soddisfatte le prime due proprietà, allora sono soddisfatte anche le ultime due; cioè: «(a) e (b) implica (c) e (d)». Trovare, più in generale, tutte le coppie fra le quattro proprietà precedenti che, insieme, implicano le altre due (dire, cioè, se è vero che «(a) e (c) implica (b) e (d)», ecc.).

17 (*Finale nazionale 1997*)
Una striscia di carta con bordi paralleli distanti 3 cm viene piegata in modo che una parte di essa risulti parzialmente sovrapposta alla parte rimanente (vedi figura). Qual è l'area minima della zona ombreggiata?

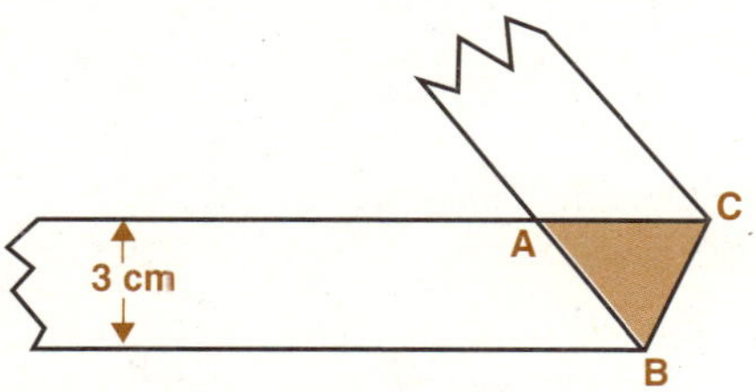

18 (*Gare nazionali 1996, fasi di selezione*)
Siano dati due quadrati uguali di lato 10 cm, uno dei quali ha un vertice nel centro dell'altro. L'area della parte comune ai due quadrati misura
(A) 20 cm^2
(B) 25 cm^2
(C) 40 cm^2
(D) 50 cm^2
(E) dipende dalla posizione.

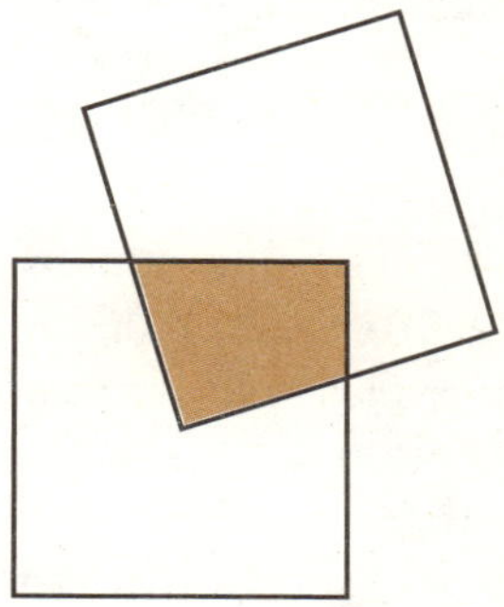

19 (*Gare locali – Roma 1997*)
Siano A e P rispettivamente l'area e il perimetro di un rettangolo. Quale delle seguenti relazioni è sempre vera?
(A) $P^2 = A$
(B) $16A \geq P^2$
(C) $P^2/4 - 6A > 0$
(D) $16A \leq P^2$
(E) $2A + 3P^2 = 0$.

20 (*Gare nazionali 1996, fasi di selezione*)
Un oblò circolare di raggio 20 cm viene grigliato con delle sbarre in modo che i quattro quadrati al centro siano di lato 10 cm. La lunghezza complessiva delle sbarre è
(A) $80\sqrt{3}$ cm
(B) $80\left(\sqrt{2}+1\right)$ cm
(C) 200 cm
(D) $80\left(\sqrt{3}+1\right)$ cm
(E) 210 cm.

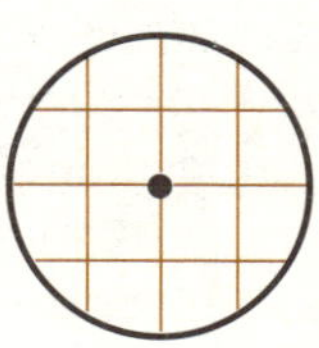

21 (*Gare locali – Latina 1996*)
Sia $ABCD$ un quadrato; M ed N siano, rispettivamente, i punti medi dei lati BC e CD: provare che i segmenti AN ed AM dividono la diagonale BD in tre parti uguali.

22 (*Gare nazionali 1992, fasi di selezione*)
Sia $ABCD$ un quadrilatero inscritto in una circonferenza γ. Dette A', B', C', D', rispettivamente, le intersezioni di γ con le bisettrici degli angoli in A, B, C, D del quadrilatero assegnato, si dimostri che $A'B'C'D'$ è un rettangolo.
In quali casi $A'B'C'D'$ è un quadrato? La medesima costruzione può essere applicata ad $A'B'C'D'$ per ottenere un rettangolo $A''B''C''D''$, e così via. Si descrivano i rettangoli così ottenuti.

23 (*Finale nazionale 1993*)
Calcolare l'area delimitata dalle tre semicirconferenze di diametri AB, BC, AC sapendo che il segmento CH è lungo $\sqrt{3}$, dove H è il punto della semicirconferenza di diametro AB la cui proiezione ortogonale sul diametro è C.

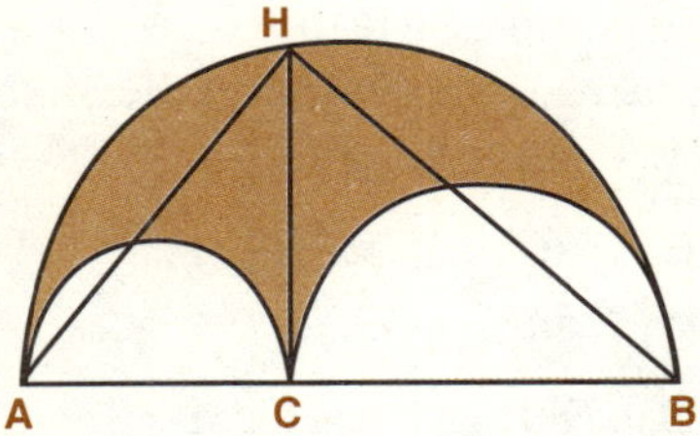

24 (*Gare nazionali 1996, fasi di selezione*)
Sia ABC un triangolo equilatero e sia DEF un altro triangolo equilatero in esso inscritto con AB perpendicolare a ED; il rapporto fra le aree di ABC e di DEF è

(A) $\sqrt{3}$
(B) 2
(C) $\frac{5}{2}$
(D) 3
(E) $3\sqrt{2}$.

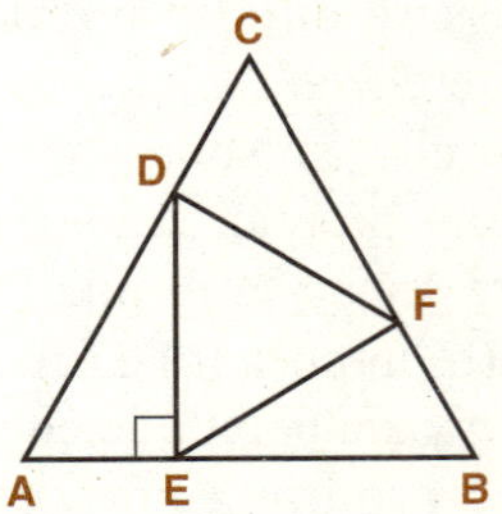

25 (*Preparazione pre-olimpica 1994*)
Dato un triangolo acutangolo ABC, siano U e V i piedi delle altezze uscenti dai vertici A e B. Dimostrare che l'asse di UV passa per il punto medio di AB.

26 (*Gare locali – Roma 1997*)
Nel quadrato $ABCD$ i punti M, N, P e Q sono i punti medi dei lati. Qual è il rapporto tra l'area della figura colorata e quella del quadrato?
(A) 1/2
(B) 1/4
(C) 1/5
(D) 1/6
(E) 1/8.

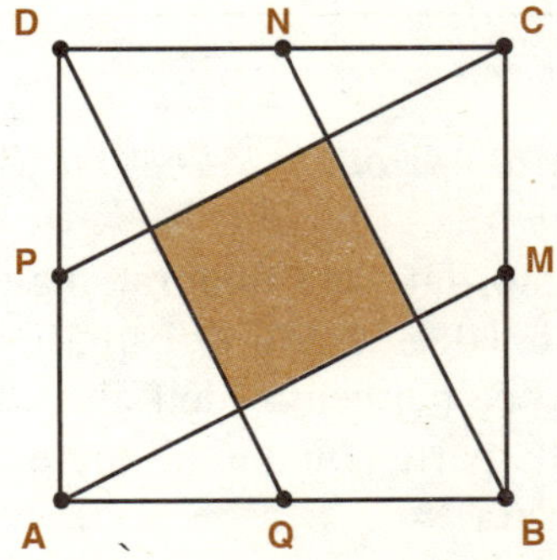

27 (*Preparazione pre-olimpica 1994*)
Dato un angolo convesso delimitato dalle due semirette r, s, sia P un punto interno ad esso. Si determini la retta (o le rette) che passa per P e che individua con r e s un triangolo di area minima.
(*Suggerimento. Si costruisca il simmetrico, rispetto a* P, *del triangolo considerato*).

28 (*Gare locali – Latina 1996*)
Nel quadrilatero $ABCD$ la diagonale BD divide a metà l'angolo ADC, ma non l'angolo ABC; inoltre $AB = BC$. Dimostrare che $ABCD$ è inscrivibile in una circonferenza.
(*Per disegnare la figura in modo corretto, si consiglia di partire dal fondo, cioè di considerare un quadrilatero* ABCD *inscritto in una circonferenza, in cui* AB = BC, *mentre gli angoli* ABD *e* DBC *sono diversi fra loro*).

29 (*Preparazione pre-olimpica 1997*)
Sia dato un semicerchio di diametro AB. Sia C un punto scelto a piacere sul prolungamento di AB, dalla parte di B. Sia CN tangente in N al semicerchio. Si provi che la bisettrice dell'angolo ACN divide il triangolo ANB in due parti, una delle quali è un triangolo isoscele.

30 (*Gare locali – Latina 1996*)
Un triangolo isoscele ABC, in cui $AB = BC$, è diviso da un segmento che unisce un vertice a un punto del lato opposto in due triangoli isosceli (non necessariamente uguali fra loro). Determinare le ampiezze degli angoli del triangolo. (Si noti che il segmento che divide il triangolo può avere un estremo in B ed uno sul lato AC; oppure può avere un estremo in uno dei vertici degli angoli uguali, ad esempio in C, ed uno sul lato opposto. Ci sono due soluzioni nel primo caso e due soluzioni nel secondo).

31 (*Finale nazionale 1994*)
Si consideri una retta r e un triangolo ABC che giace in uno dei semipiani individuati da r. Detti A', B', C' i punti simmetrici di A, B, C rispetto a r, si conduca da A' la parallela a BC, da B' la parallela ad AC, da C' la parallela ad AB. Si dimostri che queste tre rette passano per uno stesso punto.

32 (*Preparazione pre-olimpica 1997*)
Siano A e B due punti non diametralmente opposti di una circonferenza, e sia XY un diametro della circonferenza. Determinare il luogo del punto di intersezione fra le rette AX e BY al variare del diametro XY.

33 (*Sfida Matematica Scozzese, 1993*)
Sia ABC un triangolo equilatero inscritto in una circonferenza e sia P un punto qualsiasi dell'arco BC. Dimostrare che $PA = PB + PC$.
(*Suggerimento: costruire il punto* Q *dell'arco* AB *tale che* BQ = CP).

34 (*Preparazione pre-olimpica 1994*)
$ABCDE$ è un pentagono regolare. Sia P un punto della circonferenza circoscritta appartenente all'arco AB. Dimostrare che
$AP + BP + DP = CP + EP$.
(*Suggerimento. Conviene applicare il teorema di Tolomeo, che afferma che, se* QRST *è un quadrilatero inscritto in una circonferenza, allora vale l'uguaglianza*

QR · ST + RS · TQ = QS · RT.
Il teorema di Tolomeo si dimostra tracciando il segmento RK *tale che* $K\widehat{R}S = Q\widehat{R}T$ (*si veda la figura*). *Dalla similitudine dei triangoli* KRS *e* QRT *si ottiene* RS · TQ = = SK · RT; *dalla similitudine dei triangoli* RKQ *e* RST *si ottiene* QR · ST = QK · RT. *Sommando le due uguaglianze si trova la tesi*).

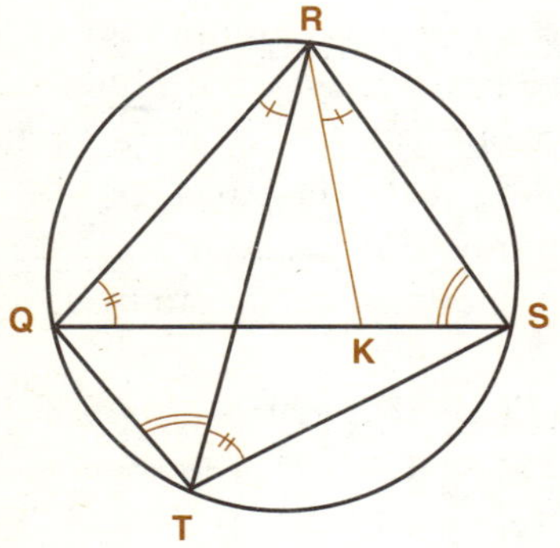

35 (*Olimpiadi Internazionali di Matematica 1994*)
È dato un triangolo isoscele ABC con $AB = AC$. Supponiamo che
(i) M sia il punto medio di BC e O sia il punto sulla retta AM tale che OB è perpendicolare ad AB;
(ii) Q sia un punto arbitrario sul segmento BC diverso da B e da C;
(iii) E giaccia sulla retta AB e F giaccia sulla retta AC in modo che E, Q e F siano distinti e allineati.
Dimostrare che OQ è perpendicolare a EF se e solo se $QE = QF$.

36 (*Olimpiadi Internazionali di Matematica 1995*)
Siano A, B, C e D quattro punti distinti su una retta, nell'ordine dato. Le circonferenze con diametro AC e BD si intersecano nei punti X e Y. La retta XY interseca la retta BC nel punto Z. Sia P un punto sulla retta XY diverso da Z. La retta CP interseca la circonferenza con diametro AC nei punti C e M, e la retta BP interseca la circonferenza con diametro BD nei punti B e N. Dimostrare che le rette AM, DN ed XY passano per uno stesso punto.

Geometria dello spazio.

37 (*Gare nazionali 1994, fasi di selezione*)
La sfera C ha raggio r e la sfera S ha raggio $2r$. Il rapporto tra i volumi di S e C è:
(A) 2
(B) 4
(C) 8
(D) π
(E) 1/2.

38 (*Gare Austriache, 1994*)
Un cilindro di legno pesa 16 kg. Quanto pesa un cilindro dello stesso legno, che ha spessore doppio ma lunghezza metà?

39 (*Gare nazionali 1996, fasi di selezione*)
Un pallone di cuoio è ottenuto cucendo 20 pezzi di cuoio a forma esagonale e 12 pezzi di cuoio a forma pentagonale. Una cucitura unisce i lati di due pezzi adiacenti. Allora il numero totale delle cuciture è:
(A) 90
(B) 172
(C) 176
(D) 180
(E) i dati del problema sono insufficienti.

40 (*Gare locali – Roma 1995*)
In un cubo di base $ABCD$ ed altez-

za CE la lunghezza di ogni spigolo è uguale ad 1. Qual è l'area della superficie della piramide che ha per vertici i punti A, B, C, E?

(A) 2

(B) $3/2 + \sqrt{2}/2$

(C) $1 + \sqrt{2} + \sqrt{3}$

(D) $1 + \sqrt{2}$

(E) $2 + 2\sqrt{2}$.

41 (*Gare nazionali 1993, fasi di selezione*)
Tra i seguenti disegni individuare tutti quelli che rappresentano lo sviluppo piano di un cubo.

(A) 2

(B) 1 e 2

(C) 1, 2, 3

(D) 1, 2, 3, 4

(E) 1, 2, 3, 4, 5.

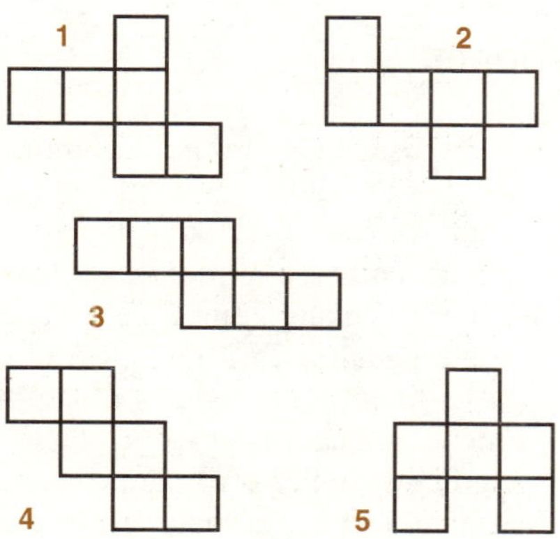

42 (*Gare locali – Roma 1995*)
Sia $ABCD$ un quadrato, realizzato in cartoncino; lo si pieghi lungo la diagonale AC, in modo che i piani su cui giacciono i due triangoli ABC e CDA siano perpendicolari. Che angolo formano i segmenti DA e AB?

(A) 90°

(B) 60°

(C) un angolo acuto diverso da 60°

(D) 120°

(E) un angolo ottuso diverso da 120°.

43 (*Gare nazionali 1992, fasi di selezione*)
Nello spazio sono assegnati 7 punti, a tre a tre non allineati, connessi a due a due con segmenti. Qual è il massimo numero di segmenti che possono essere intercettati da un piano che non passa per alcuno dei 7 punti?

(A) 6

(B) 14

(C) 12

(D) 21

(E) 28.

44 (*Gare locali – Roma 1995*)
Quante sono, in un cubo, le coppie di spigoli che giacciono su rette sghembe?

45 (*Gare nazionali 1996, fasi di selezione*)
Se si sviluppa la superficie laterale di un cilindro retto, si ottiene un rettangolo le cui diagonali sono lunghe l e formano un angolo di 30° con la base del rettangolo. Il volume del cilindro è

(A) $\frac{1}{16}\frac{l^3}{\pi}$

(B) $\frac{3}{8}l^3$

(C) $\frac{3}{4}l^3$

(D) $\frac{3}{32}\frac{l^3}{\pi}$

(E) le risposte precedenti sono tutte sbagliate.

46 (*Gara nazionale Mathesis, 1995*)
Sono dati 4 triangoli uguali. È pos-

sibile costruire un tetraedro (cioè una piramide a base triangolare) con tali triangoli
(A) se e solo se i triangoli sono equilateri
(B) se e solo se i triangoli sono isosceli
(C) se e solo se i triangoli sono acutangoli
(D) in ogni caso
(E) in nessun caso.

47 (*Gare locali – Roma 1996*)
Nello spazio due rette r ed s, passanti per un punto P, formano con uno stesso piano α un angolo di 60°. Si può concludere che
(A) le rette r ed s sono parallele
(B) le rette r ed s possono essere perpendicolari
(C) le rette r ed s formano un angolo di 60°
(D) le rette r ed s formano un angolo minore o uguale di 60°
(E) le rette r ed s formano un angolo maggiore o uguale di 60°.

48 (*Gare locali – Latina 1997*)
(a) Quante facce ha, al minimo, un poliedro concavo?
(b) Quante facce ha, al minimo, un poliedro concavo le cui facce sono tutte poligoni convessi?
(*Si ricordi che un poliedro* P *si dice concavo se esistono due suoi punti tali che il segmento che li congiunge non è interamente contenuto in* P).

49 (*Finale nazionale 1992*)
Diremo che una retta interseca propriamente un cubo se passa per un punto interno al cubo. Dato un cubo suddiviso in 27 cubetti uguali come in figura, si dica qual è il numero massimo di cubetti che una retta può intersecare propriamente.

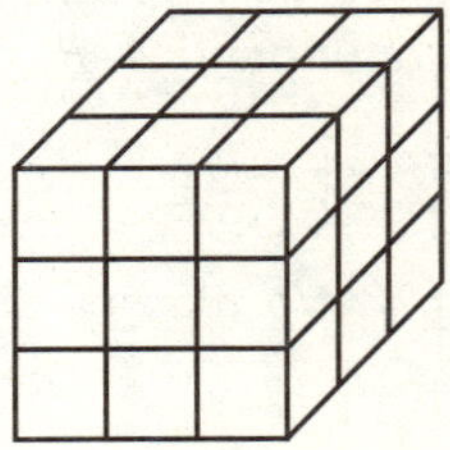

50 (*Finale nazionale 1991*)
Per quali valori di n esiste un poliedro convesso avente n spigoli? (Giustificare la risposta).

51 (*Finale nazionale 1993*)
Sia C un cubo di lato unitario e lo si ruoti di 60° intorno ad una sua diagonale ottenendo così un cubo C'. Si determini il volume del solido intersezione di C e C'.

Risposte.

1 La risposta è (D). Infatti la somma degli angoli vale 360°, quindi almeno uno di essi deve essere minore o uguale a 90°. D'altra parte, se si prende un triangolo ABC con gli angoli in A, B, C rispettivamente uguali a 25°, 95°, 60° (ad esempio) e lo si ribalta rispetto al lato AC, si ottiene un quadrilatero $ABCD$ che ha tre angoli ottusi. Per verificare che anche la risposta (A) è sbagliata si pensi ad un rettangolo.

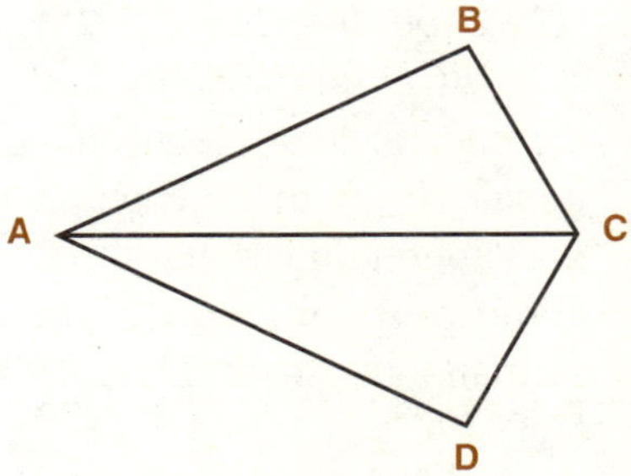

2 La risposta è (A). La figura è equivalente a due quadrati di lato $\sqrt{2}$, a cui si tolgono due segmenti circolari, che corrispondono ad angoli al centro retti: l'area è quindi $4 - 2\,(\pi/4 - 1/2)$.

3 La risposta è (B). L'area del primo cerchio è π, quella del secondo 9π. Se si sommano le due aree, la parte comune viene contata due volte; pertanto la risposta è $\pi + 9\pi - \pi/2 = 19\pi/2$.

4 La risposta è (A). Infatti, osservando i triangoli *ABC* e *ADC*, si trova che i segmenti *MN* e *QP* sono paralleli ad *AC* ed entrambi uguali alla metà di *AC*, per cui *MNPQ* è sempre un parallelogramma. Inoltre, le distanze dei lati *MN* e *QP* dal lato *AC* sono la metà delle altezze dei triangoli *ABC* e *ADC* rispettivamente; dunque l'area del parallelogramma *MNPQ* è la metà dell'area di *ABCD* (che è uguale alla somma delle aree dei triangoli *ABC* e *ADC*).

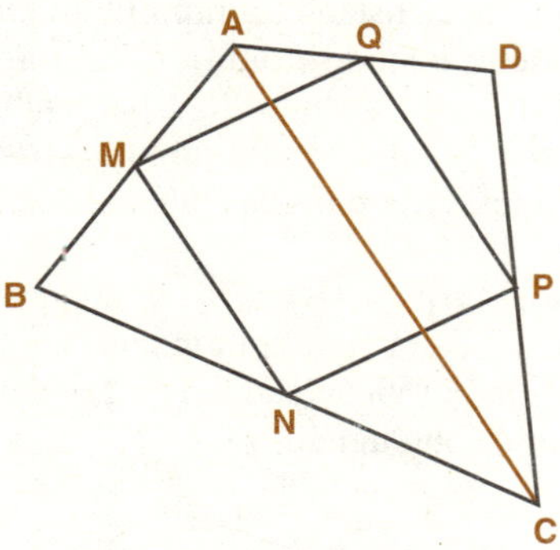

5 La risposta è 1. Infatti, basta costruire il triangolo equilatero di base *AE* e interno al quadrato: il vertice è equidistante da *A*, *E*, *C*.

6 La risposta è (D). Con riferimento alla figura, detto r il raggio incognito, si ha

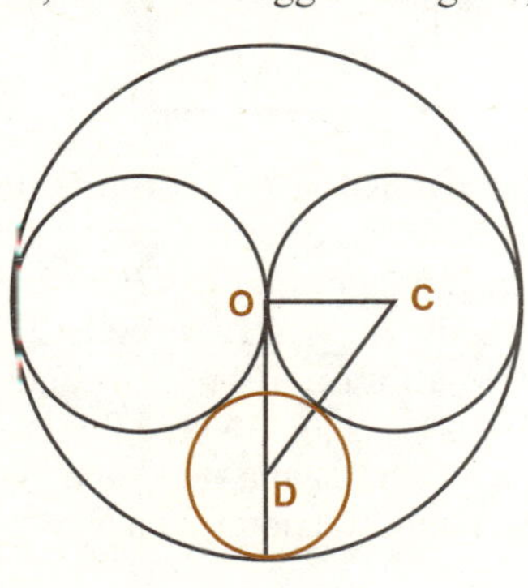

$\overline{OC} = 1/2$, $\overline{OD} = 1 - r$, $\overline{CD} = r + 1/2$. Applicando il teorema di Pitagora al triangolo *OCD* si trova $r = 1/3$.

7 La risposta è $r/4$, come si trova applicando il teorema di Pitagora al triangolo *AMO*: detto x il raggio incognito, i lati di tale triangolo sono uguali a r, $r - x$ ed $r + x$.

8 La risposta è (E). Due triangoli isosceli non sono necessariamente simili: ad esempio, non lo sono un triangolo equilatero ed un triangolo rettangolo isoscele.

9 La risposta è (D). Infatti gli angoli di un pentagono regolare hanno ampiezza 108°. Quindi $E\widehat{A}C = 108° - 60° = 48°$. Siccome il triangolo *EAC* è isoscele, $E\widehat{C}A = (180° - 48°)/2 = 66°$. Per simmetria $B\widehat{C}D = 66°$ e, concludendo, $E\widehat{C}D = 360° - E\widehat{C}A - A\widehat{C}B - B\widehat{C}D = 360° - 66° - 60° - 66° = 168°$.

10 La risposta è (B). Nella figura l'altezza *AH* è perpendicolare a *BC* e l'altezza *BH* è perpendicolare ad *AC*: quindi, *BC* è l'altezza del triangolo *ABH* relativa al lato *AH*, mentre *AC* è l'altezza del triangolo *ABH* relativa al lato *BH*.

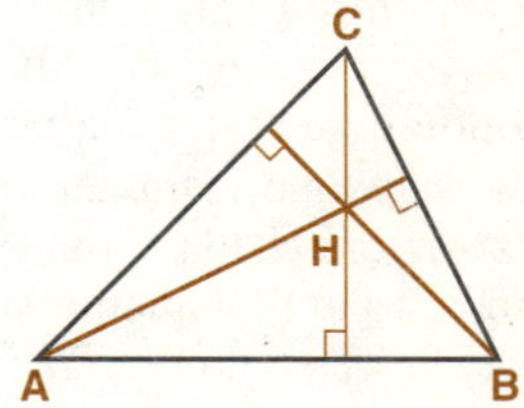

11 La risposta è (A). Per dimostrarlo, si congiungano i vertici degli angoli e, f e si ricordi che la somma degli angoli di un quadrilatero è 360°. Oppure, si osservi che la somma degli angoli interni dell'esagono dato è $4 \cdot 180°$, cioè due angoli piatti.

12 La risposta è (D). Il diametro del cerchio inscritto nell'ottagono non può superare quello del cerchio inscritto nel quadrato. Dunque l'ottagono massimo si otterrà "ritagliando" dal quadrato 4

triangoli isosceli in corrispondenza dei vertici. Detta x la lunghezza del cateto di tali triangoli, si ha $x\sqrt{2} = l - 2x$, da cui si deduce la risposta.

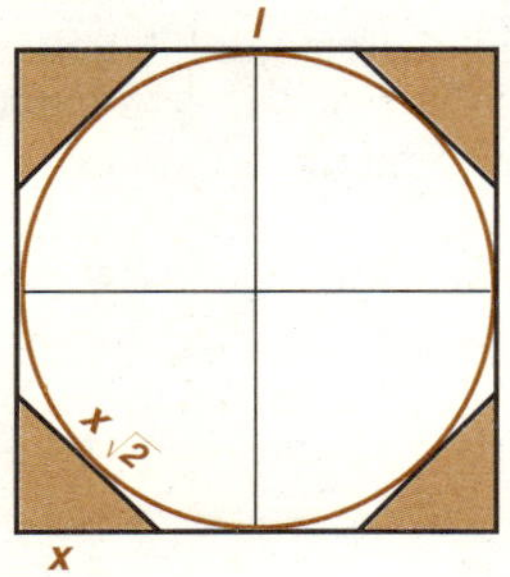

13 La risposta è (C). Le mediane si incontrano in un punto che le divide in due parti, delle quali quella che esce da un vertice è doppia dell'altra. Allora BGE ha la base pari alla metà della base AB di ABC e altezza relativa pari ad un terzo dell'altezza di ABC uscente da C. Quindi l'area di BGE è un sesto dell'area di ABC.

14 La risposta è (D). Infatti, gli angoli $B\widehat{A}D$ e $A\widehat{D}C$ sono angoli alla circonferenza relativi rispettivamente agli archi BD e AC; la loro somma è 60°; ne segue che la somma dei corrispondenti angoli al centro è 120°; allora la somma degli angoli al centro relativi agli archi CB e DA è 240°; ciò permette di pervenire alla condizione (D). Le altre affermazioni si escludono esaminando ad esempio le posizioni che la corda CD assume spostandosi parallelamente sia verso il punto A che verso il punto B.

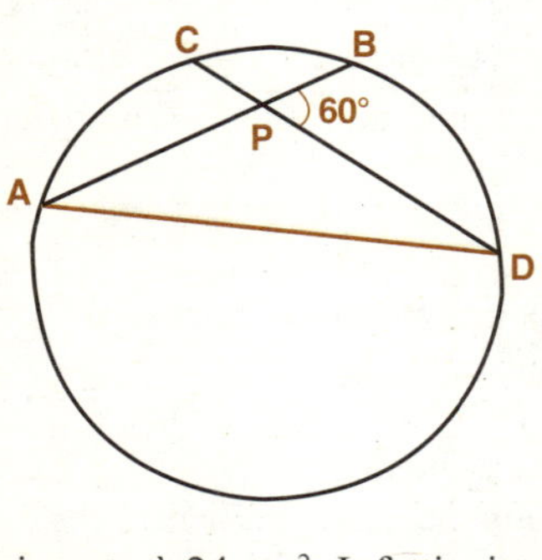

15 La risposta è 24 cm^2. Infatti, siccome in un quadrilatero circoscrivibile ad un cerchio la somma dei lati opposti è uguale, la somma delle basi è 25 cm, mentre, per il teorema di Pitagora, la loro differenza è 5 cm. I due triangoli individuati dalle basi e dalle diagonali del trapezio sono simili e, pertanto, le loro altezze sono proporzionali alle rispettive basi. A questo punto, non è difficile concludere che l'area richiesta è $10 \cdot 4{,}8/2$ cm^2 = = 24 cm^2.

16 Oltre ad "(a) e (b)", vanno bene "(a) e (c)" e "(b) e (d)". I controesempi sono semplici: basta pensare ad un rombo per "(a) e (d)", ad un rettangolo per "(b) e (c)", ad un triangolo (o ad un quadrilatero formato da due triangoli rettangoli con l'ipotenusa in comune e simmetrici rispetto ad essa) per "(c) e (d)".

17 Con riferimento alla figura, l'area del triangolo ABC è uguale ad $AC \cdot BH/2$, dove BH è l'altezza uscente da B. Siccome BH è costante, il minimo richiesto si ottiene quando è minima la lunghezza di AC, cioè quando AC è perpendicolare a BA. In tal caso il triangolo ABC è rettangolo in A e l'area è uguale a 4,5 cm^2.

18 La risposta è (B) come si deduce facilmente dalla figura, in quanto i quadrilateri in cui viene suddiviso il quadrato in basso sono uguali.

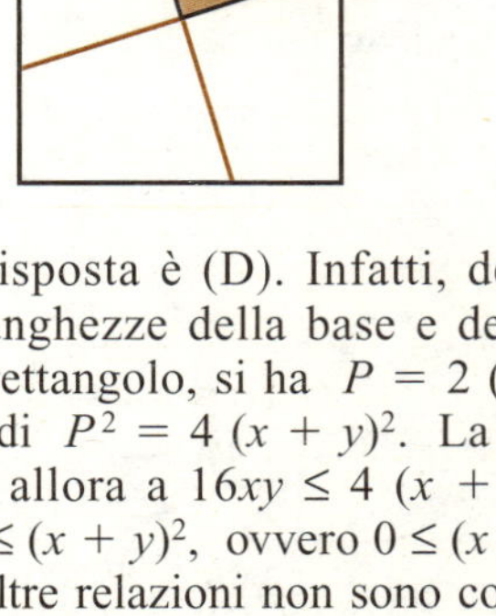

19 La risposta è (D). Infatti, dette x e y le lunghezze della base e dell'altezza del rettangolo, si ha $P = 2\,(x + y)$ e quindi $P^2 = 4\,(x + y)^2$. La (D) equivale allora a $16xy \leq 4\,(x + y)^2$ cioè $4xy \leq (x + y)^2$, ovvero $0 \leq (x - y)^2$.
Le altre relazioni non sono corrette. Ad esempio, (C) non vale per $x = y = 1$.

20 La risposta è (D). Applicando il teorema di Pitagora al triangolo rettangolo OAB si ricava $AB = 10\sqrt{3}$ cm. Quattro sbarre hanno lunghezza $2 \cdot AB$ e due sbarre sono lunghe come il diametro. Pertanto la lunghezza richiesta è
$L = \left(40 + 40 + 4 \cdot 2 \cdot 10\sqrt{3}\right)$ cm $=$
$= 80\left(\sqrt{3} + 1\right)$ cm.

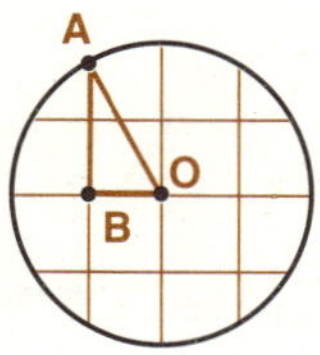

21 Con riferimento alla figura, è facile dimostrare che i triangoli DRN, NCM ed MBS sono uguali. Se ne deduce che $RN = NM = MS$; essendo MN parallela a BD, per motivi di similitudine i segmenti DP, PQ, QB sono proporzionali ai segmenti precedenti e quindi sono, a loro volta, uguali. La stessa proprietà si dimostra (in modo del tutto analogo) anche se al posto di un quadrato si considera un parallelogramma.

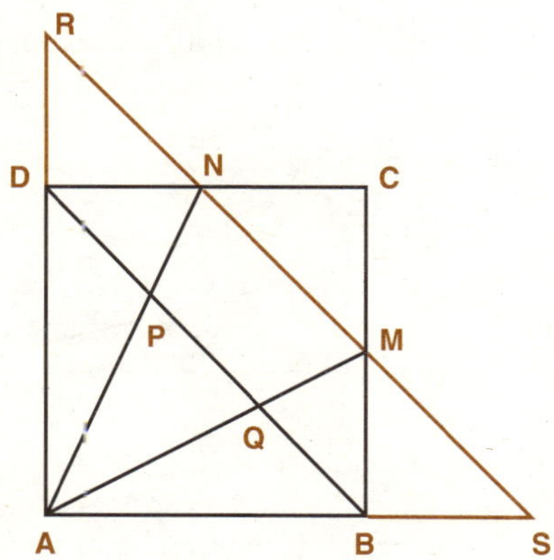

22 Il punto C' divide in due parti uguali l'arco BD contenente A perché angoli alla circonferenza uguali sottendono archi uguali; analogamente, il punto A' divide in due parti uguali l'arco BD contenente C. Quindi A' e C' sono diametralmente opposti; per lo stesso motivo, anche B' e D' sono diametralmente opposti. In definitiva, $A'B'C'D'$ è un rettangolo con le diagonali perpendicolari alle diagonali del quadrilatero $ABCD$. Si ottiene un quadrato se e solo se le diagonali di $ABCD$ sono perpendicolari. Infine, se $ABCD$ è un rettangolo, $A'B'C'D'$ è il rettangolo ottenuto ruotando $ABCD$ di 90° attorno al centro del cerchio (perché le diagonali dei due rettangoli sono perpendicolari); quindi, ripetendo il procedimento, si ottengono via via gli stessi due rettangoli.

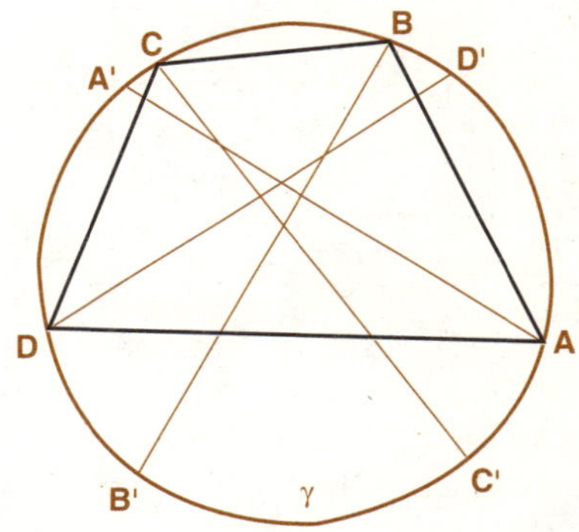

23 Indichiamo con r, r_1, r_2 rispettivamente i raggi dei cerchi di diametro AB, AC, CB. Per il secondo teorema di Euclide si ha $(2r_1)(2r_2) = 3$, cioè $r_1 r_2 = 3/4$. D'altra parte $r_1 + r_2 = r$; l'area cercata è $S = \pi/2 \cdot (r^2 - r_1^2 - r_2^2)$ e dunque, usando le uguaglianze precedenti:
$$S = \pi/2\,[(r_1 + r_2)^2 - r_1^2 - r_2^2] =$$
$$= \pi/2 \cdot 2r_1 r_2 = \pi r_1 r_2 = 3/4\pi.$$
Tale area è dunque indipendente dalla lunghezza del segmento AB.

24 La risposta è (D). Consideriamo i triangoli ADE e BEF. Essi sono uguali poiché $DE = EF$, $D\widehat{A}E = E\widehat{B}F$, e inoltre $B\widehat{E}F = 180° - 90° - 60° = 30° = A\widehat{D}E$. Ne segue $AB = AE + EB = AE + AD =$ $= AE + 2 \cdot AE = 3 \cdot AE$ e pertanto $AB = 3 \cdot AE = 3 \cdot 1/\sqrt{3} \cdot DE = \sqrt{3} \cdot DE$. Dunque il rapporto fra le aree dei due triangoli è 3.

25 I punti U e V stanno sulla circonferenza di diametro AB, perché gli angoli $A\widehat{U}B$ e $A\widehat{V}B$ sono retti. L'asse della corda UV passa per il centro della circonferenza, cioè per il punto medio di AB.

26 La risposta è (C), come si può dimostrare in vari modi. Una dimostrazione molto rapida si ottiene completando la figura come illustrato (con BS parallela ad AM). È facile dimostrare che i due triangoli colorati sono uguali: se ne deduce che il quadrato $ABCD$ è uguale a 5 volte il quadrato di lato HK.

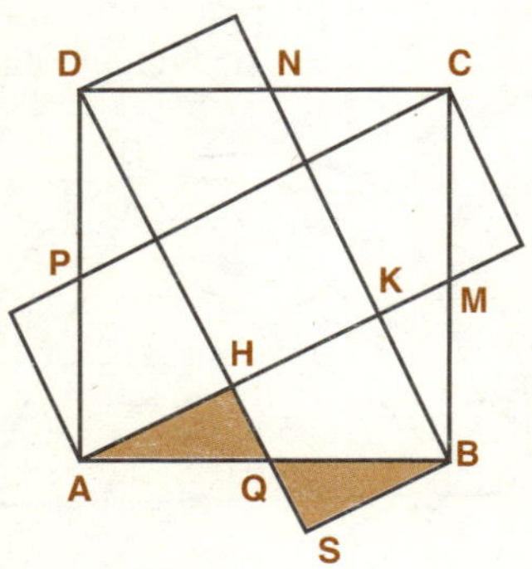

27 Il triangolo, unito con il suo simmetrico rispetto al punto P, forma il poligono a fondo grigio in figura. Tale poligono, che ha area doppia del triangolo, è la somma di un parallelogramma (che non dipende dalla retta scelta) con due triangoli T_1 e T_2: l'area minima si ottiene quando T_1 e T_2 si riducono ad un punto, cioè quando la retta è la diagonale del parallelogramma. Per costruire il parallelogramma, basta considerare il punto O' simmetrico di O rispetto a P, e tracciare le parallele alle semirette r, s passanti per O'.

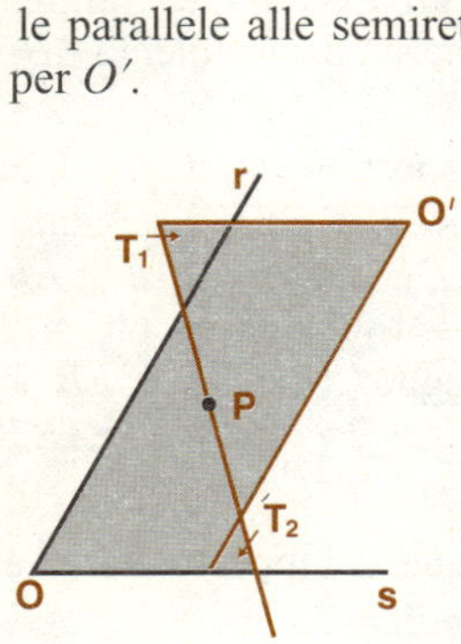

28 Cominciamo con l'osservare che $DA \neq DC$ (altrimenti i triangoli ABD e CBD sarebbero uguali); supponiamo $DA < DC$. Fissiamo allora su DC il punto E tale che $DE = DA$. I triangoli DAB e DBE sono uguali, quindi $D\widehat{A}B = D\widehat{E}B$. Inoltre $AB = BC = BE$; il triangolo BEC è cioè isoscele e $B\widehat{C}E$ è uguale a $B\widehat{E}C$, il quale è supplementare di $D\widehat{E}B$ ($= D\widehat{A}B$). Gli angoli $B\widehat{A}D$ e $B\widehat{C}D$ sono quindi supplementari e il quadrilatero è inscrivibile in una circonferenza.

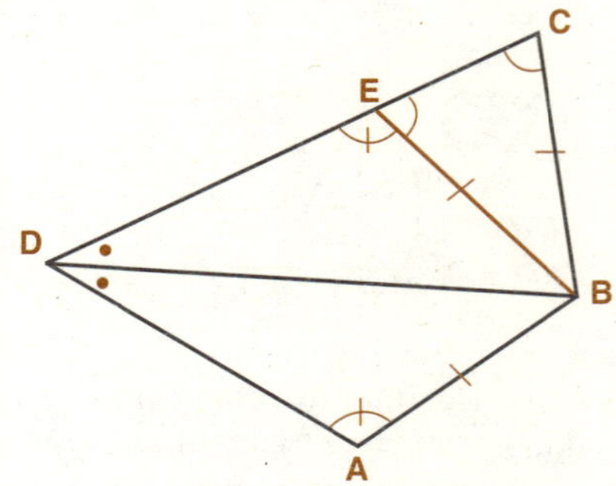

29 Con riferimento alla figura, si tratta di dimostrare che il triangolo rettangolo NPQ ha i due angoli acuti uguali. L'angolo in P è un angolo esterno del triangolo PNC e, dunque, è uguale a $P\widehat{N}C + A\widehat{C}N/2$; l'angolo in Q è un angolo esterno del triangolo QAC e, dunque, è uguale a $Q\widehat{A}C + A\widehat{C}N/2$. Infine, si ha $P\widehat{N}C = Q\widehat{A}C$ perché si tratta di due angoli alla circonferenza che insistono sullo stesso arco NB.

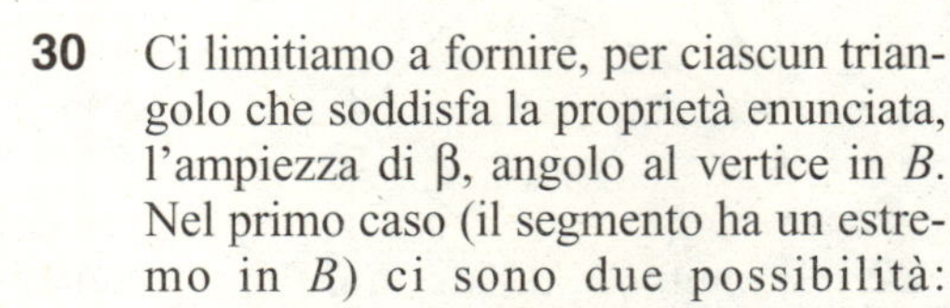

30 Ci limitiamo a fornire, per ciascun triangolo che soddisfa la proprietà enunciata, l'ampiezza di β, angolo al vertice in B. Nel primo caso (il segmento ha un estremo in B) ci sono due possibilità: $\beta = 90°$ oppure $\beta = 108°$. Anche nel secondo caso (il segmento ha un estremo in C) ci sono due possibilità: $\beta = 36°$ oppure $\beta = 180°/7$.

31 Indichiamo con a, b, c le rette passanti rispettivamente per A', B', C' e parallele a BC, AC, AB. Le rette a, b e c a due a due non sono parallele in quanto parallele ai lati di ABC; sia P l'intersezione di a e c: si ha $A'\widehat{P}C' = C\widehat{B}A = C'\widehat{B'}A'$ oppure $A'\widehat{P}C'$ è supplementare di $C'\widehat{B'}A'$. In ogni caso P giace sulla circonferenza γ circoscritta ad $A'B'C'$. Analogamente per le intersezioni di a con b e di b con c.

Supponiamo che nessuna delle rette a, b e c contenga due vertici del triangolo $A'B'C'$. L'intersezione di a e b giace su γ e sulla retta a e non può essere A' per la nostra ipotesi: quindi coincide con P, che è la tesi.

Supponiamo infine che una retta, per esempio a, passi per un altro vertice, per esempio C', e quindi $P = C'$. Vogliamo dimostrare che anche b passa per C'. La retta a, in questo caso, è $A'C'$ cioè la retta simmetrica di AC ed è parallela a BC. Usando la simmetria rispetto a r si ottiene che la simmetrica di BC è parallela alla retta AC. Questo significa che b è la simmetrica di BC, cioè è $B'C'$.

32 Si traccino le due tangenti alla circonferenza data nei punti A e B. Detto O il loro punto di incontro, il luogo cercato è la circonferenza di centro O passante per i punti A e B.

Facendo riferimento alla figura, dimostriamo che i punti P e Q stanno su tale circonferenza (si noti che anche Q appartiene al luogo: basta scambiare fra loro le lettere X ed Y). Poniamo $A\widehat{O}B = 2\alpha$; abbiamo $A\widehat{H}B = 180 - 2\alpha$, cioè $A\widehat{H}X + B\widehat{H}Y = 2\alpha$, da cui si deduce $A\widehat{Y}X + B\widehat{X}Y = \alpha$. In definitiva, $A\widehat{Q}B = X\widehat{Q}Y = 180 - \alpha$ ed $A\widehat{P}B = \alpha$

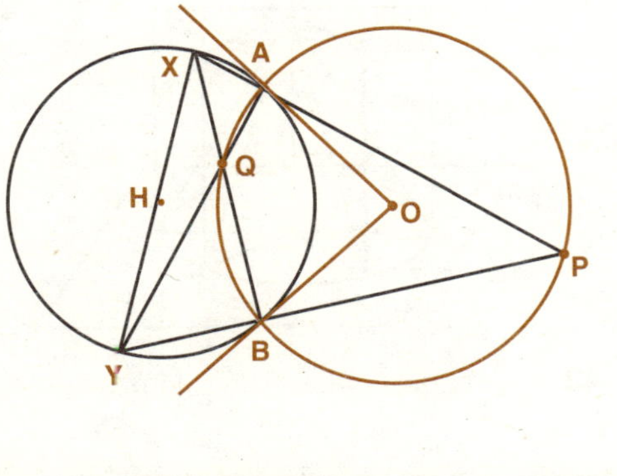

(perché il quadrilatero $AQBP$ ha due angoli retti). Si conclude che i punti P e Q "vedono" il segmento AB sempre secondo lo stesso angolo, qualunque sia la posizione di XY e, quindi, appartengono alla circonferenza trovata (si noti che $A\widehat{P}B$ è la metà dell'angolo al centro $A\widehat{O}B$).

33 Sia H il punto di incontro dei segmenti AP e CQ. I due triangoli AQH e PCH hanno due angoli di 60° e quindi sono equilateri. Pertanto, $PA = PH + HA = PC + QA = PC + PB$.

34 Applichiamo il teorema di Tolomeo ai quadrilateri $PAEB$, $PACB$, $PADB$; sia u la lunghezza di un lato del pentagono e sia d la lunghezza di una sua diagonale. Si ottengono le uguaglianze

$$u \cdot PB + d \cdot PA = u \cdot PE,$$
$$u \cdot PA + d \cdot PB = u \cdot PC,$$
$$d \cdot PA + d \cdot PB = u \cdot PD,$$

da cui si deduce la tesi (si sommino membro a membro le prime due uguaglianze e si sostituisca ...).

35 Per prima cosa supponiamo che l'angolo OQE sia di 90°. I quadrilateri $OQEB$ e $OQCF$ sono inscrivibili in una circonferenza; quindi risulta: $O\widehat{E}Q = O\widehat{B}Q = O\widehat{C}Q = O\widehat{F}Q$. Ne segue che i triangoli OEQ e OFQ sono uguali e pertanto $QE = QF$.

Supponiamo ora che l'angolo OQE sia diverso da 90°. Si conduca la perpendicolare da O ad EF e sia $Q' \neq Q$ il punto di intersezione con MB. Si tracci la retta parallela ad EF e passante per Q': siano E' ed F' i punti in cui questa incontra le rette AB e AC rispettivamente. Allora risulta $Q'E' = Q'F'$. Sia infine $P \neq Q$ l'intersezione tra AQ' ed EF. Allora si ha $PE = PF$ e quindi $QE \neq QF$. Pertanto, se $QE = QF$ l'angolo OQE è di 90°.

36 Sia Q il punto di incontro delle rette XY e DN. I triangoli rettangoli QZD e BZP sono simili (l'angolo ZBP è uguale all'angolo ZQD perché entrambi complementari dell'angolo QDZ). Ne segue che $\overline{ZQ} = \overline{ZD} \cdot \overline{ZB} / \overline{ZP}$. Chiamando poi R il punto di incontro delle rette XY

ed AM, si trova analogamente che $\overline{ZR} = \overline{ZA} \cdot \overline{ZC}/\overline{ZP}$. Infine, si ha $\overline{ZD} \cdot \overline{ZB} = \overline{ZA} \cdot \overline{ZC}$ perché, per il II teorema di Euclide, entrambi i membri sono uguali a $\overline{XZ}^2$. Confrontando le uguaglianze trovate, si conclude che Q coincide con R.

37 La risposta è (C).

38 La risposta è 32 kg: dette r ed h le lunghezze del raggio e dell'altezza del cilindro iniziale e chiamato p il peso specifico del legno, da $p \cdot \pi r^2 h = 16$ si deduce che $p \cdot \pi(2r)^2 h/2 = 32$.

39 La risposta è (A). Infatti, contando il numero delle cuciture adiacenti agli esagoni ($6 \cdot 20 = 120$) più il numero delle cuciture adiacenti ai pentagoni ($5 \cdot 12 = 60$), ogni cucitura viene contata due volte, poiché essa è adiacente a due poligoni.

40 La risposta è (D). Infatti, delle quattro facce del tetraedro, due hanno area 1/2 e due hanno area $\sqrt{2}/2$.

41 La risposta è (D). L'unico disegno che non rappresenta lo sviluppo di un cubo è il quinto, dato che presenta un quadrato che incontra tutti gli altri 5 quadrati, mentre due facce opposte non possono avere punti in comune.

42 La risposta è (B). Infatti, applicando il teorema di Pitagora si trova che, dopo la piegatura, la distanza fra i vertici B e D è uguale al lato del quadrato. Pertanto, il triangolo ABD è equilatero.

43 La risposta è (C). Dato che il piano non passa per nessuno dei 7 punti, ne lascia k da una parte e $7 - k$ dall'altra, ed incontra quindi tutti e soli i segmenti che connettono ciascuno dei primi k punti con ciascuno dei rimanenti $7 - k$, e cioè $k(7 - k)$ segmenti. k può variare da 0 a 7; il valore massimo si ottiene per $k = 3$ (o 4).

44 La risposta è 24. Infatti, ogni spigolo di un cubo è incidente a 4 spigoli e parallelo ad altri 3: siccome gli spigoli di un cubo sono 12, ogni spigolo è sghembo con i rimanenti 4 spigoli. Il ragionamento si può ripetere per ciascuno dei 12 spigoli; così si trovano $4 \cdot 12 = 48$ coppie di spigoli sghembi; ma, in questo modo, abbiamo contato due volte ogni coppia. In definitiva, il numero richiesto è $48 : 2 = 24$.

45 La risposta è (D). L'altezza del rettangolo, e quindi quella del cilindro, è lunga $l/2$ e la base è lunga $l\sqrt{3}/2$. Una circonferenza lunga $l\sqrt{3}/2$ ha raggio $l\sqrt{3}/(4\pi)$; pertanto il volume del cilindro è

$$V = \pi l^2 \, \frac{3}{16\pi^2} \, \frac{l}{2} = \frac{3}{32} \, \frac{l^3}{\pi}.$$

46 La risposta è (C). Infatti, in tal caso, basta disporre i 4 triangoli come illustrato in figura e piegare lungo i lati. Se i triangoli sono rettangoli o ottusangoli la costruzione è impossibile (per dimostrarlo rigorosamente, si può ricordare che in un triedro ogni faccia è minore della somma delle altre due).

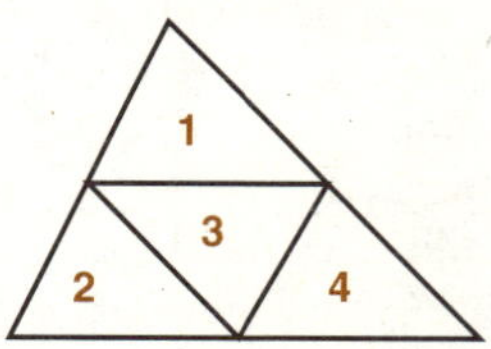

47 La risposta è (D). Infatti, le rette per P che formano con α un angolo di 60° costituiscono un cono circolare di vertice P. Due di esse possono formare un (qualunque) angolo compreso tra 0° e 60 ° (si veda la figura).

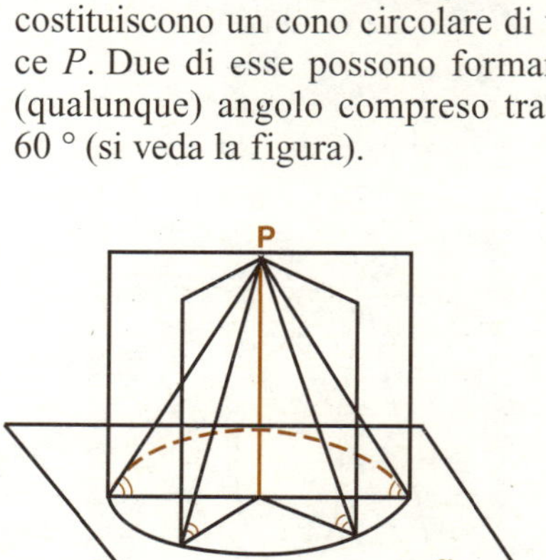

48 La risposta alla prima domanda è 5, la

risposta alla seconda domanda è 6. Infatti, una piramide avente per base un quadrilatero concavo ha 5 facce, 5 vertici e 8 spigoli; un poliedro con 4 facce ha necessariamente facce triangolari (se c'è una faccia con n lati ci sono almeno $n + 1$ facce) e quindi è convesso.
Dividendo in "due triangoli" la base concava della piramide precedente (con una piccola deformazione), si trova un poliedro concavo con 6 facce triangolari, 5 vertici e 9 spigoli.

49 Una retta interseca propriamente al massimo 7 cubetti. Infatti, pensiamo di ottenere i 27 cubetti tagliando il cubo iniziale lungo 6 piani, a 2 a 2 paralleli a 2 facce opposte del cubo. Una retta "passa" da un cubetto ad un altro attraversando uno di tali piani; siccome una retta può attraversare un piano una sola volta, i cubetti intersecati sono al massimo 7 (1 di partenza e i 6 che si incontrano attraversando i 6 piani).
Per costruire una retta r che intersechi 7 cubetti, basta considerare 2 cubetti opposti (cioè che contengono i vertici estremi di una diagonale) e congiungere due punti interni a tali cubetti (i 2 punti vanno scelti in modo che r non sia incidente alle rette di intersezione dei 6 piani citati).

50 Se n è un numero pari maggiore o uguale a 6, la piramide che ha come base un poligono di $k = n/2$ lati è un poliedro con n spigoli.
Se $k > 3$, "piegando" la base di tale piramide lungo una diagonale, si ottiene un poliedro con $2k + 1$ spigoli (si veda la figura).
Non è invece possibile costruire un poliedro con 7 spigoli. Infatti tale poliedro dovrebbe avere almeno 5 vertici (con 4 vertici si ottiene un tetraedro, che ha 6 spigoli), ma in ciascun vertice debbono confluire almeno 3 spigoli; siccome ogni spigolo connette 2 vertici, il numero degli spigoli è maggiore o uguale a $5 \cdot 3/2 > 7$.
In conclusione si possono costruire poliedri con ogni numero n di spigoli con $n \geqslant 6$, e $n \neq 7$.

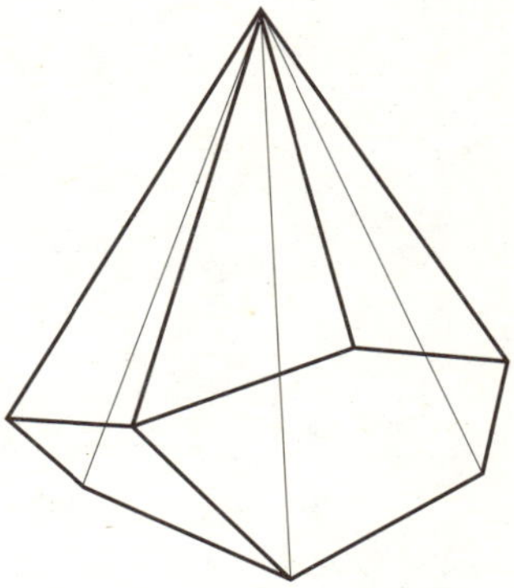

51 Si consideri il piano perpendicolare alla diagonale per V, W passante per il suo punto medio. Tale piano taglia il cubo lungo un esagono regolare.
L'esagono viene trasformato in sé da una rotazione di 60° attorno a WV e quindi l'intersezione richiesta contiene i vertici V, W e l'esagono.
Detto H il centro dell'esagono, la piramide $ABHV$ contenuta nel primo cubo viene trasformata nella piramide $BCHV$, che quindi è contenuta sia nel primo che nel secondo cubo.
D'altra parte il triangolo BCV appartiene a una faccia di C' e quindi tutti i punti della piramide $BLCV$ sono esterni a questa faccia e così non appartengono a C'.
Ripetendo il ragionamento per gli altri lati dell'esagono e per il vertice W, si vede allora che l'intersezione richiesta è costituita da una doppia piramide che ha vertici in V, W e base nell'esagono.
Il lato dell'esagono è pari a $1/\sqrt{2}$, dunque la sua area è $3\sqrt{3}/4$; l'altezza di ciascuna piramide è $\sqrt{3}/2$ e pertanto il volume richiesto è 3/4.

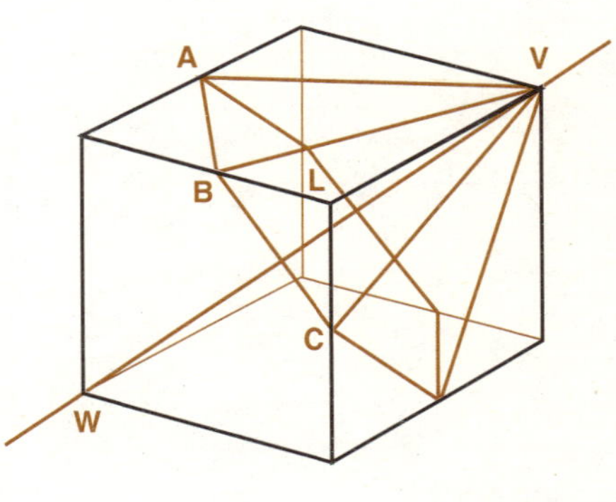

INDICE

GEOMETRIA DEL PIANO

Capitolo XII
La misura delle grandezze. La geometria analitica. p. 3

Classi di grandezze, 3. - Le classi separate. Il postulato di Dedekind, 5. - Le grandezze commensurabili ed il loro rapporto, 7. - Le grandezze incommensurabili ed il loro rapporto, 8. - Misure di grandezze, 12. - Proprietà delle misure, 12. - La geometria analitica, 15.

Capitolo XIII
La proporzionalità fra grandezze. 18

Le proporzioni fra grandezze, 18. - Proprietà delle proporzioni fra grandezze, 19. - Classi di grandezze direttamente proporzionali, 21. - 1° criterio di proporzionalità, 22. - Proprietà delle grandezze proporzionali o omogenee, 24. - 2° criterio di proporzionalità, 25. - Classi di grandezze inversamente proporzionali, 25. - Aree di poligoni, 26.

Capitolo XIV
Similitudine e omotetia. 29

Il teorema di Talete, 29. - Applicazioni del teorema di Talete, 32. - Le figure simili, 33. - I triangoli simili, 35. - Equivalenza di poligoni e proporzionalità di segmenti, 39. - I poligoni simili, 40. - Relazioni fra lati e superfici di poligoni simili, 43. - Le omotetie, 45. - La similitudine in generale, 49. - Rapporto di similitudine o scala, 50.

Capitolo XV
Applicazioni della similitudine. Coseno e seno degli angoli convessi. 52

Proprietà delle bisettrici di un triangolo, 52. - Proprietà delle secanti e delle tangenti ad una circonferenza, 53. - La parte aurea di un segmento, 54. - Il decagono ed il pentagono regolari, 55. - Raggi dei cerchi inscritto e circoscritto ad un triangolo, 57. - Coseno e seno degli angoli convessi, 58. - Relazioni fra lati e angoli nei triangoli rettangoli, 61.

Capitolo XVI
Rettificazione della circonferenza e quadratura del cerchio. p. 64

Linee piane e loro lunghezza, 64.- La lunghezza della circonferenza, 64. - Il valore di π, 69. - Lunghezza di un arco di circonferenza, 72. - Misura in radianti degli angoli e degli archi, 73. - Area di una superficie piana, 74. - Calcolo approssimato dell'area di una superficie piana, 75. - L'area del cerchio, 76. - Area del settore circolare, 79. - Aree della corona e dei segmenti circolari, 80. - Il teorema dei seni e il teorema del coseno, 81.

GEOMETRIA DELLO SPAZIO

Capitolo XVII
Rette e piani nello spazio. 85

I piani, 85. - Rette parallele e rette sghembe, 86. - I semispazi, 88. - Rette parallele intersecate da un piano. Retta e piano paralleli, 90.

Capitolo XVIII
Perpendicolarità e parallelismo nello spazio. 92

La perpendicolarità fra rette, 92. - La perpendicolarità fra rette e piano, 94. - Dalla perpendicolarità fra retta e piano al parallelismo fra rette, 96. - Angoli uguali nello spazio, 98. - Piani paralleli, 98.

Capitolo XIX
I diedri e la perpendicolarità fra piani. 101

I diedri, 101. - Le sezioni normali di un diedro, 103. - Diedri retti e piani perpendicolari, 104. - Proiezioni su di un piano. Distanza di un punto da un piano, 106. - Angolo di retta e piano. Angolo e distanza di due rette sghembe, 107.

Capitolo XX
Gli angoloidi. Simmetrie e uguaglianza nello spazio. 110

Gli angoloidi, 110. - Proprietà delle facce di un angoloide, 111. - Le simmetrie nello spazio, 113. - Uguaglianza di figure spaziali, 117.

Capitolo XXI
I poliedri. p. 119

Le piramidi, 119. - Proprietà della sezione di una piramide con un piano parallelo alla base, 120. - Le piramidi rette e le piramidi regolari, 121. - Il tronco di piramide, 122. - I prismi indefiniti e i prismi, 123. - I prismi retti e i prismi regolari, 124. - I parallelepipedi, i parallelepipedi rettangolari e i cubi, 125. - I poliedri. I poliedri regolari, 127. - Centri, assi e piani di simmetria dei poliedri, 130.

Capitolo XXII
I corpi rotondi. 136

Superfici e solidi di rotazione, 136. - Il cilindro circolare retto, 137. - Il cono circolare retto, 139. - Il tronco di cono, 142. - La supeficie sferica e la sfera, 143. - Parti della superficie sferica e della sfera, 147. - Poliedri inscritti e circoscritti ad una sfera. Solidi rotondi inscritti in solidi rotondi, 148. - Centri, assi e piani di simmetria dei solidi rotondi, 149.

Capitolo XXIII
L'equivalenza dei solidi. 151

L'equivalenza nel piano e nello spazio, 151. - Volume dei solidi. Volume del parallelepipedo rettangolo, 152. - Il principio di Bonaventura Cavalieri, 153. - Equivalenza e volume dei prismi, 154. - Equivalenza e volume delle piramidi, 155. - Volumi del cilindro e del cono, 157. - Volumi del tronco di piramide e del tronco di cono, 158. - Volume della sfera, 160. - Volumi dei segmenti, degli spicchi e dei settori sferici, 161.

Capitolo XXIV
Riflessioni e complementi sulla geometria del piano e dello spazio. 163

Parte I
Trasformazioni geometriche e proprietà invarianti. 163

Un'introduzione al programma di Klein, 163. - Geometria metrica e geometria simile, 167. - Le affinità e la geometria affine, 167. - Altre trasformazioni e classificazione delle proprietà, 170. - Le isometrie nello spazio, 171. - Gli elementi uniti nelle isometrie, 173. - La composizione delle isometrie, 173. - Isometrie dirette e isometrie inverse, 175. - I poliedri simili, 176. - La similitudine nello spazio in generale, 177.

Parte II
Le geometrie non euclidee ed il metodo ipotetico deduttivo. p. 178

Il V postulato di Euclide, 178. - La nascita delle geometrie non euclidee, 180. - La geometria iperbolica, 181. - La geometria ellittica, 184. - Aspetti teorici e pratici delle geometrie non euclidee, 185. - Un'introduzione al metodo ipotetico deduttivo. Le definizioni e i teoremi, 187. - I concetti primitivi e gli assiomi, 188. - La scelta dei concetti primitivi e degli assiomi, 190. - Coerenza e indipendenza di un sistema di assiomi, 191. - Esempi di sistemi di assiomi, 192. - Modelli di un sistema di assiomi. Il problema della coerenza, 193.

LETTURE STORICO-CRITICHE, BRANI ANTOLOGICI E NOZIONI COMPLEMENTARI

I. *Brano antologico*: L'elogio della matematica di Alessandro Padoa, 197. - **II.** *Brano antologico*: Da un dialogo di Platone, 198. - **III.** *Brano antologico*: Il Libro primo degli «Elementi» di Euclide, 203. - **IV.** I Pitagorici e le grandezze incommensurabili, 208. - **V.** Storia delle unità di misura, 209. - **VI.** I paradossi geometrici, 210. - **VII.** La sezione aurea di un segmento e la geometria della carta piegata, 212. - **VIII.** Il vestito del clown, 214. - **IX.** *Brano antologico*: Un problema di Niccolò Tartaglia, 215. - **X.** Il problema della quadratura del cerchio, 216. - **XI.** *Brano antologico*: Saggi geometrici di Leon Battista Alberti, 220. - **XII.** Le figure riflesse in uno specchio, 223. - **XIII.** La formula di Eulero per i poliedri, 224. - **XIV.** L'equivalenza nel piano e nello spazio, 228. - **XV.** Bonaventura Cavalieri e il suo Principio, 231. - **XVI.** *Brano antologico*: Le dimensioni dello spazio e il paese di Flatlandia, 232. - **XVII.** Il pensiero scientifico di Leonardo, 240. - **XVIII.** Nasce, con Galilei, il pensiero scientifico moderno, 241. - **XIX.** Il razionalismo cartesiano, 244. - **XX.** *Pagine* di Gerolamo Saccheri, 245. - **XXI.** I giudizi matematici secondo Kant, 249. - **XXII.** *Brani* dai «Fondamenti della Geometria» di Hilbert, 251. - **XXIII.** *Brano antologico*: La nascita della moderna assiomatica, 256. - **XXIV.** *Brano antologico*: Matematica pura e matematica applicata, 260.

ESERCIZI E PROBLEMI

Parte I
Problemi di geometria sintetica del piano. 265

1. Problemi sulla misura delle grandezze (XII Capitolo), 265. - **2.** Problemi sulla proporzionalità fra grandezze (XIII Capitolo), 267. - **3.** Problemi sulle applicazioni del teorema di Talete (XIV Capitolo), 268. - **4.** Problemi sui triangoli simili (XIV Capitolo), 269. - **5.** Problemi sui poligoni simili (XIV Capitolo), 271. - **6.** Problemi sulle figure omotetiche (XIV Capitolo), 273. - **7.** Problemi sulle applicazioni della similitudine (XV Capitolo), 275. - **8.** Problemi di ricapitolazione sulla similitudine (Capitoli XIV - XV), 276. - **9.** Circonferenze e cerchi: problemi di equivalenza (XVI Capitolo), 278. - DIGRESSIONE SUI METODI DI RISOLUZIONE DEI PROBLEMI GEOMETRICI. **10.** Considerazioni generali, 282. - **11.** Il metodo di analisi e sintesi, 283. - **12.** Il metodo dei luoghi geometrici, 286. - **13.** Il metodo di similitudine, 290. - **14.** Problemi sulle figure omotetiche, 293. - **15.** Problemi di costruzione di tipo vario, 293.

Parte II
Problemi di geometria sintetica dello spazio. p. 295

1. Problemi su rette e piani nello spazio (XVII Capitolo), 295. - **2.** Problemi sulla perpendicolarità ed il parallelismo (XVIII Capitolo), 299. - **3.** Problemi sui diedri e sui piani perpendicolari (XIX Capitolo), 301. - **4.** Problemi sugli angoloidi (XX Capitolo), 304. - **5.** Problemi sulle simmetrie nello spazio (XX Capitolo), 305. - **6.** Problemi sui poliedri (XXI Capitolo), 307. - **7.** Problemi sui corpi rotondi (XXII Capitolo), 310. - **8.** Problemi sulla equivalenza dei solidi (XXIII Capitolo), 313. - **9.** Problemi su trasformazioni geometriche e proprietà invarianti (XXIV Capitolo), 316. - **10.** Le isometrie e le similitudini nello spazio (XXIV Capitolo), 318. - **11.** Problemi sulle geometrie non euclidee (XXIV Capitolo), 319. - **12.** Problemi su assiomi, teoremi, enti primitivi, definizioni (XXIV Capitolo), 320.

Parte III
Problemi di geometria piana da risolversi per via algebrica. 322

Avvertenza, 322. - **1.** Qualche consiglio per la risoluzione dei problemi, 322. - **2.** Avvertenza, 324. - **3.** Problemi di 1° grado con radicali, 324. - **4.** Problemi di 2° grado, 327. - **5.** Problemi risolubili con equazioni o sistemi irrazionali, 332. - **6.** Problemi risolubili con sistemi simmetrici, 333. - **7.** Problemi di tipo aritmetico sulla similitudine, 335. - **8.** Problemi di tipo algebrico sulla similitudine, 336. - **9.** Problemi su alcune applicazioni della similitudine, 341. - **10.** Problemi su coseno e seno degli angoli, 343. - **11.** Problemi vari di geometria piana, 344.

Parte IV
Problemi di geometria solida da risolversi per via algebrica o aritmetica. 356

Avvertenza, 356. - **1.** Premessa, 356. - **2.** Problemi introduttivi, 357. - **3.** Problemi sulle piramidi, 358. - **4.** Problemi sui parallelepipedi e sui prismi, 360. - **5.** Problemi sui tronchi di piramide, 362. - **6.** Problemi sui poliedri regolari, 364. - **7.** Problemi di riepilogo sui poliedri, 365. - **8.** Problemi sui cilindri, 367. - **9.** Problemi sui coni, 369. - **10.** Problemi sui tronchi di cono, 370. - **11.** Problemi sulla sfera, 372. - **12.** Problemi di riepilogo sui corpi rotondi, 373. - **13.** - Problemi sulle parti della sfera e della superficie sferica, 375. - **14.** Problemi sui solidi di rotazione, 377. - **15.** Problemi vari di geometria solida, 380.

Appendice B
GARE DI MATEMATICA p. 385

Geometria del piano, 386. - Geometria dello spazio, 392. - Risposte, 394.